本教材获首届全国教材建设奖全国优秀教材一等奖
"十二五"普通高等教育本科国家级规划教材

通信原理

(第7版)

樊昌信 曹丽娜 编著

国防工业出版社
·北京·

图书在版编目（CIP）数据

通信原理 / 樊昌信, 曹丽娜编著. —7 版. —北京：
国防工业出版社, 2012.11 (2025.3 重印)
ISBN 978-7-118-08768-0

Ⅰ.①通… Ⅱ.①樊… ②曹… Ⅲ.①通信原理
Ⅳ.①TN911

中国版本图书馆 CIP 数据核字 (2012) 第 118214 号

版 权 声 明

未经本书作者和国防工业出版社允许，任何单位和个人均不得以任何形式将本书中的习题解答后出版，不得翻印或在出版物中选编、摘录本书的内容；否则，将依照《中华人民共和国著作权法》追究法律责任。

※

国防工业出版社出版发行

（北京市海淀区紫竹院南路23号　邮政编码100048）
三河市天利华印刷装订有限公司印刷
新华书店经销

*

开本 787×1092　1/16　印张 30　字数 715 千字
2025 年 3 月第 7 版第 26 次印刷　　印数 660001—710000 册　　定价 58.00 元

（本书如有印装错误，我社负责调换）

国防书店：(010)88540777　　　书店传真：(010)88540776
发行业务：(010)88540717　　　发行传真：(010)88540762

第7版前言

《通信原理》自1980年第1版发行起,作为全国高等学校工科电子类统编教材,约每5年修订一次,出版过6版,获得了广泛好评和多项荣誉奖项,包括1983年获世界通信年中国委员会颁发的全国优秀通信科技图书二等奖,1987年获电子工业部优秀教材特等奖,1988年获国家教委全国高等学校优秀教材奖等;第5版为国家级重点教材,并获得陕西普通高等学校优秀教材一等奖;第6版被评为普通高等教育"十一五"国家级规划教材、普通高等教育国家级精品教材。

《通信原理(第7版)》是在第6版的基础上,为了适应当前通信技术发展和教书育人需求,并吸取了多所院校教师的反馈意见而修订的。《通信原理(第7版)》的修订着眼于以下几点:

(1)加强基本理论、核心内容和应用背景的阐述。

(2)建立通信系统整体概念,加强理论与实际的联系。

(3)加强有关章节之间的融合与贯通。例如,将第6章数字基带系统中的功率谱、抗噪声性能、频带利用率的分析结果引用到第7章数字调制系统,不仅简化了推导过程,还使不同章节之间的相关内容有了更好的衔接和对比。

(4)公式推导删繁就简。采用物理概念阐述或借用对比的写法替代不必要的繁杂推导过程。

(5)改进图表曲线绘制;更好地统一名词和符号。

(6)增添信源编码内容,删除通信网全章,调整个别章节次序。

(7)增添部分例题,用以示范解决问题的思路与方法、加深对重点或难点内容的理解。

(8)更改部分习题,使其更具综合性、多样性、对比性和应用性。

(9)利用二维码,在主要章节增添"导学视频",梳理内容主线,引导学习路径。

(10)利用二维码,在每章增添"知识目标、能力目标和素质目标",将专业知识与立德树人元素有机结合,贯彻落实"二十大报告"中提出的科教兴国、人才强国、创新驱动发展战略等有关教书育人的精神。

本书共13章,分为三部分。第一部分(第1章~第5章)阐述通信基础知识和模拟调制原理。第二部分(第6章~第10章)主要论述数字通信、数字信号最佳接收和信源编码原理。第三部分(第11章~第13章)讨论数字通信中的编码和同步技术。

本书的基本教学时数为60学时~90学时。教师可根据本校课程体系的具体情况取舍章节。书中第2章确知信号和第3章随机过程,对于已经具有这些基础知识的学生,视情况可以略过不讲,作为自习内容。

本书出版以来,作者和出版社秉承"读者至上、教学优先"的服务理念,重视读者的建议和需求,不断完善与本书配套的教学资源和学习交流平台。目前已有:

(1)《通信原理(第7版)》电子课件,选用本书作为教材的任课教师,可与本书责任编辑江洪湖联系(电话:010-88540600;email:228651816@qq.com),免费获取电子课件。来信请务必写明学校名称、教师姓名、通信地址、联系电话、学生数量及课时数。

(2)《通信原理(第7版)学习辅导与考研指导》(含习题全部解答),于2013年由国防工业出版社出版发行,2023年第10次印刷。

(3)《通信原理(第7版)精编本》,于2021年由国防工业出版社出版发行,该书中利用二维码引入了导学视频、仿真波形、推演过程等数字资源。

(4)"通信原理(第7版)慕课视频",于2019年在中国大学MOOC(慕课)平台上线,已开设9期,服务线上线下混合式教学和自主学习,请登录"中国大学慕课国家精品课程在线学习平台"并搜索"曹丽娜"或登录https://www.icourse163.org/course/XDU-1449262162即可。

(5)"樊昌信通信原理讨论组"(QQ群号:302318004),任课教师如需入群须以"学校名称+实名"加入。目前群内已有千余名教师。

(6)"通信原理随堂实验与自主学习软件",通过虚拟仿真方式交互式展示《通信原理(第7版)》中的主要内容,以动态化、图形化形式呈现教材中的重点和难点。老师可进行参数配置、波形仿真、数据分析、代码讲解等随堂演示,学生可用来自主探究、巩固提高和考研复习。该软件由作者与武汉易思达科技有限公司联合开发,可申请试用,邮箱为fae@wheasystart.com。

《通信原理(第7版)》出版以来,累计印刷25次,累计印数为66万册,有600余所高等院校选用。对于大家的支持和交流,我们深表谢意,并恳切希望对本书中的缺点和错误继续给予指正,提出宝贵的建议。敬请读者来信时注明真实姓名、单位、职务、电话和通信地址,以方便交流和联系。

《通信原理(第7版)》修订稿,得到陆心如教授的校阅,周战琴、陈英及陈亚斌协助制图、录入等工作,在此一并感谢。

编者的联系邮箱:ccllna@sohu.com(曹丽娜);chxfan@xidian.edu.cn(樊昌信)。

编著者
2024年8月

目 录

第1章 绪论 ·· 1
  1.1 通信的基本概念 ··· 1
    1.1.1 通信的发展 ·· 1
    1.1.2 消息、信息与信号 ··· 2
  1.2 通信系统模型 ··· 3
    1.2.1 通信系统一般模型 ··· 3
    1.2.2 模拟通信系统模型 ··· 4
    1.2.3 数字通信系统模型 ··· 4
    1.2.4 数字通信的特点 ·· 6
  1.3 通信系统分类与通信方式 ··· 6
    1.3.1 通信系统的分类 ·· 6
    1.3.2 通信方式 ··· 9
  1.4 信息及其度量 ··· 10
  1.5 通信系统主要性能指标 ··· 13
    1.5.1 有效性 ··· 13
    1.5.2 可靠性 ··· 14
  1.6 小结 ·· 14
  思考题 ··· 15
  习题 ··· 15

第2章 确知信号 ·· 17
  2.1 确知信号的类型 ·· 17
  2.2 确知信号的频域性质 ··· 18
    2.2.1 功率信号的频谱 ·· 18
    2.2.2 能量信号的频谱密度 ·· 22

2.2.3 能量信号的能量谱密度 ………………………………………………… 26
2.2.4 功率信号的功率谱密度 ………………………………………………… 27
2.3 确知信号的时域性质 ……………………………………………………………… 29
2.3.1 能量信号的自相关函数 ………………………………………………… 29
2.3.2 功率信号的自相关函数 ………………………………………………… 30
2.3.3 能量信号的互相关函数 ………………………………………………… 32
2.3.4 功率信号的互相关函数 ………………………………………………… 32
2.4 小结 …………………………………………………………………………………… 33
思考题 …………………………………………………………………………………… 34
习题 ……………………………………………………………………………………… 34

第3章 随机过程 …………………………………………………………………………… 36

3.1 随机过程的基本概念 ……………………………………………………………… 36
3.1.1 随机过程的分布函数 …………………………………………………… 37
3.1.2 随机过程的数字特征 …………………………………………………… 38
3.2 平稳随机过程 ……………………………………………………………………… 39
3.2.1 定义 ……………………………………………………………………… 39
3.2.2 各态历经性 ……………………………………………………………… 40
3.2.3 平稳过程的自相关函数 ………………………………………………… 42
3.2.4 平稳过程的功率谱密度 ………………………………………………… 42
3.3 高斯随机过程 ……………………………………………………………………… 44
3.3.1 定义 ……………………………………………………………………… 44
3.3.2 重要性质 ………………………………………………………………… 45
3.3.3 高斯随机变量 …………………………………………………………… 45
3.4 平稳随机过程通过线性系统 ……………………………………………………… 47
3.5 窄带随机过程 ……………………………………………………………………… 49
3.5.1 $\xi_c(t)$ 和 $\xi_s(t)$ 的统计特性 ……………………………………………………… 50
3.5.2 $a_\xi(t)$ 和 $\varphi_\xi(t)$ 的统计特性 ……………………………………………………… 52
3.6 正弦波加窄带高斯噪声 …………………………………………………………… 53
3.7 高斯白噪声和带限白噪声 ………………………………………………………… 56
3.8 小结 …………………………………………………………………………………… 59
思考题 …………………………………………………………………………………… 60
习题 ……………………………………………………………………………………… 61

第4章 信道 ………………………………………………………………………………… 63

4.1 无线信道 …………………………………………………………………………… 63
4.2 有线信道 …………………………………………………………………………… 68

4.3 信道的数学模型 ………………………………………………… 71
    4.3.1 调制信道模型 …………………………………………… 71
    4.3.2 编码信道模型 …………………………………………… 72
4.4 信道特性对信号传输的影响 ……………………………………… 73
4.5 信道中的噪声 …………………………………………………… 77
4.6 信道容量 ………………………………………………………… 79
    4.6.1 离散信道容量 …………………………………………… 79
    4.6.2 连续信道容量 …………………………………………… 81
4.7 小结 ……………………………………………………………… 83
思考题 ………………………………………………………………… 84
习题 …………………………………………………………………… 84

第5章 模拟调制系统 …………………………………………… 86

5.1 幅度调制(线性调制)原理 ……………………………………… 86
    5.1.1 调幅 ……………………………………………………… 87
    5.1.2 双边带调制 ……………………………………………… 89
    5.1.3 单边带调制 ……………………………………………… 90
    5.1.4 残留边带调制 …………………………………………… 93
    5.1.5 线性调制的一般模型 …………………………………… 94
    5.1.6 相干解调与包络检波 …………………………………… 95
5.2 线性调制系统的抗噪声性能 ……………………………………… 97
    5.2.1 分析模型 ………………………………………………… 97
    5.2.2 DSB调制系统的性能 …………………………………… 98
    5.2.3 SSB调制系统的性能 ………………………………… 100
    5.2.4 AM包络检波的性能 ………………………………… 101
5.3 非线性调制(角度调制)原理 ………………………………… 104
    5.3.1 角度调制的基本概念 ………………………………… 104
    5.3.2 窄带调频 ……………………………………………… 106
    5.3.3 宽带调频 ……………………………………………… 109
    5.3.4 调频信号的产生与解调 ……………………………… 111
5.4 调频系统的抗噪声性能 ………………………………………… 116
    5.4.1 输入信噪比 …………………………………………… 116
    5.4.2 大信噪比时的解调增益 ……………………………… 116
    5.4.3 小信噪比时的门限效应 ……………………………… 120
    5.4.4 预加重和去加重 ……………………………………… 121
5.5 各种模拟调制系统的比较 ……………………………………… 122

5.6 频分复用 ………………………………………………………………………… 124
5.7 小结 …………………………………………………………………………… 125
思考题 …………………………………………………………………………… 126
习题 ……………………………………………………………………………… 127

第6章 数字基带传输系统 …………………………………………………………… 130
6.1 数字基带信号及其频谱特性 …………………………………………………… 130
    6.1.1 数字基带信号 ……………………………………………………… 131
    6.1.2 基带信号的频谱特性 ……………………………………………… 132
6.2 基带传输的常用码型 …………………………………………………………… 139
    6.2.1 传输码的码型选择原则 …………………………………………… 139
    6.2.2 几种常用的传输码型 ……………………………………………… 139
6.3 数字基带信号传输与码间串扰 ………………………………………………… 142
    6.3.1 数字基带信号传输系统的组成 …………………………………… 142
    6.3.2 数字基带信号传输的定量分析 …………………………………… 144
6.4 无码间串扰的基带传输特性 …………………………………………………… 145
    6.4.1 消除码间串扰的基本思想 ………………………………………… 145
    6.4.2 无码间串扰的条件 ………………………………………………… 146
    6.4.3 无码间串扰传输特性的设计 ……………………………………… 148
6.5 基带传输系统的抗噪声性能 …………………………………………………… 150
    6.5.1 二进制双极性基带系统 …………………………………………… 151
    6.5.2 二进制单极性基带系统 …………………………………………… 153
6.6 眼图 …………………………………………………………………………… 153
6.7 部分响应和时域均衡 …………………………………………………………… 155
    6.7.1 部分响应系统 ……………………………………………………… 155
    6.7.2 时域均衡 …………………………………………………………… 161
6.8 小结 …………………………………………………………………………… 170
思考题 …………………………………………………………………………… 171
习题 ……………………………………………………………………………… 171

第7章 数字带通传输系统 …………………………………………………………… 176
7.1 二进制数字调制原理 …………………………………………………………… 177
    7.1.1 二进制振幅键控 …………………………………………………… 177
    7.1.2 二进制频移键控 …………………………………………………… 179
    7.1.3 二进制相移键控 …………………………………………………… 183
    7.1.4 二进制差分相移键控 ……………………………………………… 186
7.2 二进制数字调制系统的抗噪声性能 …………………………………………… 189

		7.2.1 2ASK 系统的抗噪声性能	189
		7.2.2 2FSK 系统的抗噪声性能	195
		7.2.3 2PSK 和 2DPSK 系统的抗噪声性能	199
7.3	二进制数字调制系统的性能比较		204
7.4	多进制数字调制原理		206
		7.4.1 多进制振幅键控	207
		7.4.2 多进制频移键控	208
		7.4.3 多进制相移键控	209
		7.4.4 多进制差分相移键控	213
7.5	多进制数字调制系统的抗噪声性能		215
		7.5.1 MASK 系统的抗噪声性能	215
		7.5.2 MFSK 系统的抗噪声性能	218
		7.5.3 MPSK 系统的抗噪声性能	221
		7.5.4 MDPSK 系统的抗噪声性能	222
7.6	小结		223
思考题			224
习题			225

第8章 新型数字带通调制技术 228

8.1	正交振幅调制		228
8.2	最小频移键控和高斯最小频移键控		231
		8.2.1 正交 2FSK 信号的最小频率间隔	231
		8.2.2 MSK 信号的基本原理	232
		8.2.3 MSK 信号的产生和解调	236
		8.2.4 MSK 信号的功率谱	239
		8.2.5 MSK 信号的误码率性能	240
		8.2.6 高斯最小频移键控	241
8.3	正交频分复用		242
		8.3.1 概述	242
		8.3.2 OFDM 的基本原理	243
		8.3.3 OFDM 的实现	245
8.4	小结		248
思考题			248
习题			248

第9章 数字信号的最佳接收 250

9.1	数字信号的统计特性	250

9.2 数字信号的最佳接收 ……………………………………………… 252
9.3 确知数字信号的最佳接收机 ……………………………………… 254
9.4 确知数字信号最佳接收的误码率 ………………………………… 256
9.5 随相数字信号的最佳接收 ………………………………………… 260
9.6 起伏数字信号的最佳接收 ………………………………………… 262
9.7 实际接收机和最佳接收机的性能比较 …………………………… 263
9.8 数字信号的匹配滤波接收法 ……………………………………… 264
9.9 最佳基带传输系统 ………………………………………………… 271
    9.9.1 理想信道的最佳基带传输系统 …………………………… 271
    9.9.2 非理想信道的最佳基带传输系统 ………………………… 274
9.10 小结 ……………………………………………………………… 275
思考题 …………………………………………………………………… 276
习题 ……………………………………………………………………… 276

第10章 信源编码 ……………………………………………………… 279

10.1 引言 ……………………………………………………………… 279
10.2 模拟信号的抽样 ………………………………………………… 280
    10.2.1 低通模拟信号的抽样定理 ……………………………… 280
    10.2.2 带通模拟信号的抽样定理 ……………………………… 283
10.3 模拟脉冲调制 …………………………………………………… 284
10.4 抽样信号的量化 ………………………………………………… 286
    10.4.1 量化原理 ………………………………………………… 286
    10.4.2 均匀量化 ………………………………………………… 287
    10.4.3 非均匀量化 ……………………………………………… 289
10.5 脉冲编码调制 …………………………………………………… 295
    10.5.1 脉冲编码调制的基本原理 ……………………………… 295
    10.5.2 常用二进制码 …………………………………………… 296
    10.5.3 电话信号的编译码器 …………………………………… 298
    10.5.4 PCM系统中噪声的影响 ………………………………… 301
10.6 差分脉冲编码调制 ……………………………………………… 302
    10.6.1 预测编码简介 …………………………………………… 302
    10.6.2 差分脉冲编码调制原理及性能 ………………………… 304
10.7 增量调制 ………………………………………………………… 305
    10.7.1 增量调制原理 …………………………………………… 305
    10.7.2 增量调制系统中的量化噪声 …………………………… 306
10.8 时分复用 ………………………………………………………… 308

10.8.1 基本概念 308
10.8.2 准同步数字体系 309
10.9 矢量量化 312
10.10 语音压缩编码 314
10.11 图像压缩编码 317
10.11.1 静止图像压缩编码 317
10.11.2 动态图像压缩编码 320
10.12 数字数据压缩编码 321
10.12.1 基本原理 321
10.12.2 霍夫曼编码 322
10.13 小结 325
思考题 326
习题 327

第 11 章 差错控制编码 331

11.1 概述 331
11.2 纠错编码的基本原理 334
11.3 纠错编码的性能 337
11.4 简单的实用编码 337
11.4.1 奇偶监督码 337
11.4.2 二维奇偶监督码 338
11.4.3 恒比码 338
11.4.4 正反码 339
11.5 线性分组码 339
11.6 循环码 344
11.6.1 循环码原理 344
11.6.2 循环码的编解码方法 349
11.6.3 截短循环码 352
11.6.4 BCH 码 352
11.6.5 RS 码 354
11.7 卷积码 354
11.7.1 卷积码的基本原理 355
11.7.2 卷积码的代数表述 356
11.7.3 卷积码的解码 360
11.8 Turbo 码 366
11.9 低密度奇偶校验码 369

11.10 网格编码调制 ……………………………………………………………… 370
    11.10.1 网格编码调制的基本概念 …………………………………… 370
    11.10.2 TCM 信号的产生 ……………………………………………… 370
    11.10.3 TCM 信号的解调 ……………………………………………… 372
11.11 小结 ……………………………………………………………………… 374
思考题 …………………………………………………………………………… 375
习题 ……………………………………………………………………………… 376

第 12 章 正交编码与伪随机序列 …………………………………………… 379

12.1 正交编码 ………………………………………………………………… 379
    12.1.1 正交编码的基本概念 …………………………………………… 379
    12.1.2 阿达玛矩阵 ……………………………………………………… 381
    12.1.3 沃尔什函数和沃尔什矩阵 ……………………………………… 383
12.2 伪随机序列 ……………………………………………………………… 384
    12.2.1 基本概念 ………………………………………………………… 384
    12.2.2 m 序列 ………………………………………………………… 384
    12.2.3 其他伪随机序列简介 …………………………………………… 395
12.3 扩展频谱通信 …………………………………………………………… 399
12.4 伪随机序列的其他应用 ………………………………………………… 401
12.5 小结 ……………………………………………………………………… 407
思考题 …………………………………………………………………………… 407
习题 ……………………………………………………………………………… 408

第 13 章 同步原理 …………………………………………………………… 410

13.1 概述 ……………………………………………………………………… 410
13.2 载波同步 ………………………………………………………………… 411
    13.2.1 有辅助导频时的载频提取 ……………………………………… 411
    13.2.2 无辅助导频时的载波提取 ……………………………………… 412
    13.2.3 载波同步的性能 ………………………………………………… 415
13.3 码元同步 ………………………………………………………………… 418
    13.3.1 外同步法 ………………………………………………………… 418
    13.3.2 自同步法 ………………………………………………………… 419
    13.3.3 码元同步误差对于误码率的影响 ……………………………… 421
13.4 群同步 …………………………………………………………………… 422
    13.4.1 概述 ……………………………………………………………… 422
    13.4.2 集中插入法 ……………………………………………………… 423
    13.4.3 分散插入法 ……………………………………………………… 425

13.4.4　群同步性能 ·· 427
　　　13.4.5　起止式同步 ·· 428
　　　13.4.6　自群同步 ·· 429
　　　13.4.7　扩谱通信系统的同步 ·· 429
　13.5　网同步 ·· 433
　　　13.5.1　概述 ··· 433
　　　13.5.2　开环法 ··· 435
　　　13.5.3　闭环法 ··· 436
　13.6　小结 ··· 438
　思考题 ·· 439
　习题 ··· 440

附录A　巴塞伐尔定理 ·· 441
附录B　误差函数值表 ·· 442
附录C　贝塞尔函数值表 ··· 445
附录D　式(7.5-18)和式(7.5-20)的推导 ··· 446
附录E　A律的推导 ··· 448
附录F　式(9.4-1)的计算 ·· 449
附录G　式(9.5-7)的推导 ··· 451
附录H　伽罗华域 GF(2^m) ·· 453
附录I　英文缩写名词对照表 ·· 454
附录J　常用数学公式 ·· 459
附录K　部分习题答案 ·· 460

第1章 绪论

导学视频　三个目标

通信(communication)按照一般的理解就是传输信息。在当今高度信息化的时代,信息和通信已成为现代社会的"命脉"。信息作为一种资源,只有通过广泛地传播、交流与共享,才能产生利用价值,而通信作为传输信息的手段,伴随着计算机技术、传感技术和微电子等技术,正在和已经向着数字化、智能化、高速化、宽带化、综合化、移动与个人化等方向飞速发展。可以预见,未来的通信必将对人们的生活方式、经济发展、政治、军事等方面,产生更加重大和意义深远的影响。

本书讨论的主要内容就是如何有效而可靠地传输信息。为了使读者在学习各章内容之前,对通信和通信系统有一个初步的了解与认识,本章将概括地介绍通信的基本概念和术语,通信系统的组成、分类和通信方式,信息的度量以及评价通信系统性能的指标。

1.1 通信的基本概念

1.1.1 通信的发展

通信是发送者(人或机器)和接收者之间通过某种媒体进行的信息传递。实现通信的手段有很多,例如,古战场上通过鸣金和击鼓传递作战命令,利用烽火台传递敌情;以及现代社会的电报、电话、广播、电视和计算机通信等。

电信(telecommunication)是利用电信号来传输信息的通信方式。1837年莫尔斯发明的有线电报开创了电信的新时代;1876年贝尔发明的电话已成为我们日常生活中通信的主要工具;1918年调幅无线电广播问世;1936年商业电视广播开播;1983年蜂窝状移动通信网(蜂窝网)首先在美国投入商业使用;1987年11月在我国广州也开通了蜂窝网;1983年,美国国防部将阿帕网(ARPANET)分为军网和民网,后者逐渐发展为今天的因特网。100多年来,电信技术伴随着社会需求和科技进步得到了迅猛发展和广泛应用。如今,"通信"这一术语一般是指"电信"。广义来讲,光通信也属于电信,因为光也是一种电磁波。本书后面讨论的通信均指电信。

1.1.2 消息、信息与信号

消息(message)在不同的地方有不同的含义。在本书中消息是指通信系统传输的对象,它是信息的载体。例如,语音、音乐、活动图片、文字、符号、数据等。消息可以分成两大类:连续消息和离散消息。连续消息是指消息的状态连续变化或不可数的,如语音、温度数据等。离散消息则是指消息具有可数的有限个状态,例如符号、文字、数字数据等。

信息(information)是消息中所包含的有效内容。信息与消息的关系可以这样理解:消息是信息的物理表现形式,而信息是消息的内涵。例如,播报天气。语音是天气预报的表现形式,而天气情况是语音的内涵。在当今信息社会中,信息已成为最宝贵的资源之一,如何有效而可靠地传输信息是本书研究的主要内容。

信号(signal)是消息的传输载体。在电信系统中,传输的是电信号。为了将各种消息(如一幅图片)通过线路传输,必须首先将消息转变成电信号(如电压、电流、电磁波等),也就是把消息载荷在电信号的某个参量(如正弦波的幅度、频率或相位;脉冲波的幅度、宽度或位置)上。由于消息可以分为两大类,所以信号也相应分为两大类:模拟信号和数字信号。

模拟信号(analog signal)——载荷消息的信号参量取值是连续(不可数、无穷多)的,如电话机送出的语音信号,其电压瞬时值是随时间连续变化的。模拟信号有时也称连续信号,这里连续的含义是指信号载荷的消息的参量连续变化,在某一取值范围内可以取无穷多个值,而不一定在时间上也连续,如图 1-1 (b)中所示的抽样信号。

数字信号(digital signal)——载荷消息的信号参量只有有限个取值,如电报机、计算机输出的信号。最典型的数字信号是只有两种取值的信号,如图 1-2 所示。图中码元表示一个符号(数字或字符等)的电波形,它占用一定的时间和带宽。

图 1-1 模拟信号

图 1-2 数字信号

消息与电信号之间的转换通常由各种传感器来实现。例如,话筒(声音传感器)把声波转变成音频电信号;摄像机把图像转变成视频电信号;热敏电阻(温度传感器)把温度转变成电信号等。

综上所述，消息、信息和信号三者之间既有联系又有不同，即
- 消息是信息的物理形式；
- 信息是消息的有效内容；
- 信号是消息的传输载体。

基于对上述内容的理解，电信就是利用电信号传输消息中所包含的信息。

1.2 通信系统模型

1.2.1 通信系统一般模型

通信的目的是传输信息。通信系统的作用就是将信息从信源发送到一个或多个目的地。对于电通信来说，首先要把消息转变成电信号，然后经过发送设备，将信号送入信道，在接收端利用接收设备对接收信号作相应的处理后，送给信宿再转换为原来的消息。这一过程可用图1-3所示的通信系统一般模型来概括。

图1-3 通信系统一般模型

图1-3中各部分的功能简述如下。

1. 信息源

信息源（简称信源）的作用是把各种消息转换成原始电信号。根据消息的种类不同，信源可分为模拟信源和数字信源。模拟信源输出连续的模拟信号，如话筒（声音→音频信号）、摄像机（图像→视频信号）；数字信源则输出离散的数字信号，如电传机（键盘字符→数字信号）、计算机等各种数字终端。并且，模拟信源送出的信号经数字化处理后也可送出数字信号。

2. 发送设备

发送设备的作用是产生适合于在信道中传输的信号，使发送信号的特性和信道特性相匹配，具有抗信道干扰的能力，并且具有足够的功率以满足远距离传输的需要。因此，发送设备涵盖的内容很多，可能包含变换、放大、滤波、编码、调制等过程。对于多路传输系统，发送设备中还包括多路复用器。

3. 信道

信道是一种物理媒质，用来将来自发送设备的信号传送到接收端。在无线信道中，信道可以是自由空间；在有线信道中，可以是明线、电缆和光纤。有线信道和无线信道均有多种物理媒质。信道既给信号以通路，也会对信号产生各种干扰和噪声。信道的固有特性及引入的干扰与噪声直接关系到通信的质量。

图 1-3 中的噪声源是信道中的噪声及分散在通信系统其他各处的噪声的集中表示。噪声通常是随机的，形式多样的，它的出现干扰了正常信号的传输。关于信道与噪声的问题将在第 4 章中讨论。

4. 接收设备

接收设备的功能是将信号放大和反变换（如译码、解调等），其目的是从受到减损的接收信号中正确恢复出原始电信号。对于多路复用信号，接收设备中还包括解除多路复用，实现正确分路的功能。此外，它还要尽可能减小在传输过程中噪声与干扰所带来的影响。

5. 信宿

信宿是传送消息的目的地，其功能与信源相反，即把原始电信号还原成相应的消息，如扬声器等。

图 1-3 概括地描述了一个通信系统的组成，反映了通信系统的共性。根据我们研究的对象以及所关注的问题不同，图 1-3 中的各方框的内容和作用将有所不同，因而相应有不同形式的、更具体的通信模型。

通常，按照信道中传输的是模拟信号还是数字信号，相应地把通信系统分为模拟通信系统和数字通信系统。

1.2.2 模拟通信系统模型

模拟通信系统是利用模拟信号来传递信息的通信系统，其模型如图 1-4 所示，其中包含两种重要变换。第一种变换是，在发送端把连续消息变换成原始电信号，在接收端进行相反的变换。这种变换、反变换由信源和信宿来完成。这里所说的原始电信号通常称为基带信号，基带的含义是基本频带，即从信源发出或送达信宿的信号的频带，它的频谱通常从零频附近开始，如语音信号的频率范围为 300Hz～3400Hz，图像信号的频率范围为 0～6MHz。有些信道可以直接传输基带信号，而以自由空间作为信道的无线电传输却无法直接传输这些信号。因此，模拟通信系统中常常需要进行第二种变换，即把基带信号变换成适合在信道中传输的信号，并在接收端进行反变换。完成这种变换和反变换的通常是调制器和解调器。经过调制以后的信号称为**已调信号**，它应有两个基本特征：一是携带有信息；二是其频谱通常具有带通形式，因而又称**带通信号**。

应该指出，除了完成上述两种变换的部件外，实际通信系统中可能还有滤波器、放大器、天线等部件。由于上述两种变换起主要作用，而其他过程不会使信号发生质的变化，只是对信号进行放大和改善信号特性等，所以在通信系统模型中一般被认为是理想的而不予讨论。因此，本书中关于模拟通信系统的研究重点是：调制与解调原理以及噪声对信号传输的影响（详见第 5 章）。图 1-3 中的发送设备和接收设备就简化为图 1-4 中的调制器和解调器。

1.2.3 数字通信系统模型

数字通信系统是利用数字信号来传递信息的通信系统，如图 1-5 所示。数字通信涉

图 1-4 模拟通信系统模型

及的技术问题很多,其中主要有信源编码与译码、信道编码与译码、数字调制与解调、同步以及加密与解密等。

图 1-5 数字通信系统模型

1. 信源编码与译码

信源编码(Source Coding)有两个基本功能:一是提高信息传输的有效性,即通过某种压缩编码技术设法减少码元数目以降低码元速率。二是完成模/数(A/D)转换,即当信息源给出的是模拟信号时,信源编码器将其转换成数字信号,以实现模拟信号的数字传输(详见第 10 章)。信源译码是信源编码的逆过程。

2. 信道编码与译码

信道编码(Channel Coding)的作用是进行差错控制。数字信号在传输过程中会受到噪声等影响而发生差错。为了减小差错,信道编码器对传输的信息码元按一定的规则加入保护成分(监督码元),组成所谓"抗干扰编码"。接收端的信道译码器按相应的逆规则进行解码,从中发现错误或纠正错误,提高通信系统的可靠性(详见第 11 章)。

3. 加密与解密

在需要实现保密通信的场合,为了保证所传信息的安全,人为地将被传输的数字序列扰乱,即加上密码,这种处理过程叫加密(encryption)。在接收端利用与发送端处理过程相反的过程对收到的数字序列进行解密(decryption),恢复原来信息。

4. 数字调制与解调

数字调制是把数字基带信号的频谱搬移到高频处,形成适合在信道中传输的带通信号。基本的数字调制方式有振幅键控(ASK)、频移键控(FSK)、绝对相移键控(PSK)、相对(差分)相移键控(DPSK)。在接收端可以采用相干解调或非相干解调还原数字基带信号。数字调制是本教材的重点内容之一,将分别在第 7 章和第 8 章中讨论。

5. 同步

同步(Synchronization)是使收发两端的信号在时间上保持步调一致,是保证数字通信系统有序、准确、可靠工作的前提条件。按照同步的功用不同,分为载波同步、位同步、群(帧)同步和网同步。这些问题将集中在第13章中讨论。

需要说明的是:同步单元也是系统的组成部分,但在图1-5中未画出。图1-5是数字通信系统的一般化模型,实际的数字通信系统不一定包括图中的所有环节,例如数字基带传输系统(第6章)中,无需调制和解调。

此外,模拟信号经过数字编码后可以在数字通信系统中传输,数字电话系统就是以数字方式传输模拟语音信号的例子。当然,数字信号也可以通过传统的电话网来传输,但需使用调制解调器(Modem)。

1.2.4 数字通信的特点

目前,数字通信已成为当代通信技术的主流。与模拟通信相比,数字通信具有以下一些优点。

(1) 抗干扰能力强,且噪声不积累。数字通信系统中传输的是离散取值的数字波形,接收端的目标不是精确地还原被传输的波形,而是从受到噪声干扰的信号中判决出发送端发送的是哪一个波形。以二进制为例,信号的取值只有两个,这时要求在接收端能正确判决发送的是两个状态中的哪一个即可。在远距离传输时,如微波中继通信,各中继站可利用数字通信特有的抽样判决再生的接收方式,使数字信号再生且噪声不积累。模拟通信系统中传输的是连续变化的模拟信号,它要求接收机能够高度保真地重现原信号波形,一旦信号叠加上噪声后,即使噪声很小,也很难消除它。

(2) 传输差错可控。在数字通信系统中,可通过信道编码技术进行检错与纠错,降低误码率,提高传输质量。

(3) 便于用现代数字信号处理技术对数字信息进行处理、变换、存储。这种数字处理的灵活性表现为可以将来自不同信源的信号综合到一起传输。

(4) 易于集成,使通信设备微型化,重量减轻。

(5) 易于加密处理,且保密性好。

数字通信的缺点是,可能需要较大的传输带宽。以电话为例,一路模拟电话通常只占据4kHz带宽,但一路接近同样语音质量的二进制数字电话可能要占据20kHz~60kHz的带宽。另外,由于数字通信对同步要求高,因而系统设备复杂。但是,随着微电子技术、计算机技术的广泛应用以及超大规模集成电路的出现,数字系统的设备复杂程度大大降低。同时高效的数据压缩技术以及光纤等大容量传输媒质的使用正逐步使带宽问题得到解决。因此,数字通信的应用会越来越广泛。

1.3 通信系统分类与通信方式

1.3.1 通信系统的分类

1. 按通信业务分类

根据通信业务的类型不同,通信系统可以分为电报通信系统、电话通信系统、数据通信系统、图像通信系统等。由于电话通信网最为发达普及,因而其他一些通信业务也常通过公用电话通信网传输,如电报通信和远距离数据通信都可通过电话信道传输。综合业务数字通信网适用于各种类型业务的消息传输。

2. 按调制方式分类

根据信道中传输的信号是否经过调制,可将通信系统分为基带传输系统和带通传输系统。基带传输是将未经调制的信号直接传送,如市内电话、有线广播;带通传输是对各种信号调制后传输的总称。调制方式很多,表1-1列出了一些常见的调制方式。

表1-1 常见调制方式及用途

		调 制 方 式	用 途 举 例
连续波	模拟调制	常规双边带调幅 AM	广播
		双边带调幅 DSB	立体声广播
		单边带调幅 SSB	载波通信、无线电台、数据传输
		残留边带调幅 VSB	电视广播、数据传输、传真
		频率调制 FM	微波中继、卫星通信、广播
		相位调制 PM	中间调制方式
	数字调制	振幅键控 ASK	数据传输
		频移键控 FSK	数据传输
		相移键控 PSK、DPSK、QPSK	数据传输、数字微波、空间通信
		其他高效数字调制 QAM、MSK	数字微波、空间通信
脉冲序列	脉冲模拟调制	脉幅调制 PAM	中间调制方式、遥测
		脉宽调制 PDM(PWM)	中间调制方式
		脉位调制 PPM	遥测、光纤传输
	脉冲数字调制	脉码调制 PCM	市话、卫星、空间通信
		增量调制 DM(ΔM)	军用、民用数字电话
		差分脉码调制 DPCM	电视电话、图像编码
		其他语音编码方式 ADPCM	中速数字电话

3. 按信号特征分类

按照信道中所传输的是模拟信号还是数字信号,相应地把通信系统分成模拟通信系统和数字通信系统。

4. 按传输媒质分类

按传输媒质,通信系统可分为有线通信系统和无线通信系统两大类。有线通信是用导线(如架空明线、同轴电缆、光导纤维、波导等)作为传输媒质完成通信的,如市内电话、有线电视、海底电缆通信等。无线通信则是依靠电磁波在空间传播达到传递消息的目的,如短波电离层传播、微波视距传播、卫星中继等。

5. 按工作波段分类

按通信设备的工作频率或波长不同,分为长波通信、中波通信、短波通信、远红外线通信等。表 1-2 列出了通信使用的频段、常用的传输媒质及主要用途。

工作波长和频率的换算公式为

$$\lambda = \frac{c}{f} = \frac{3 \times 10^8}{f} \quad (1.3-1)$$

式中:λ 为工作波长;f 为工作频率(Hz);c 为光速(m/s)。

表 1-2 频段划分及典型应用

频率范围/Hz	名 称	典 型 应 用
3 ~ 30	极低频(ELF)	远程导航、水下通信
30 ~ 300	超低频(SLF)	水下通信
300 ~ 3000	特低频(ULF)	远程通信
3k ~ 30k	甚低频(VLF)	远程导航、水下通信、声呐
30k ~ 300k	低频(LF)	导航、水下通信、无线电信标
300k ~ 3000k	中频(MF)	广播、海事通信、测向、遇险求救、海岸警卫
3M ~ 30M	高频(HF)	远程广播、电报、电话、传真、搜寻救生、飞机与船只间通信、船—岸通信、业余无线电
30M ~ 300M	甚高频(VHF)	电视、调频广播、陆地交通、空中交通管制、出租汽车、警察、导航、飞机通信
0.3G ~ 3G	特高频(UHF)	电视、蜂窝网、微波链路、无线电探空仪、导航、卫星通信、GPS、监视雷达、无线电高度计
3G ~ 30G	超高频(SHF)	卫星通信、无线电高度计、微波链路、机载雷达、气象雷达、公用陆地移动通信
30G ~ 300G	极高频(EHF)	雷达着陆系统、卫星通信、移动通信、铁路业务
300G ~ 3T	亚毫米波(0.1mm ~ 1mm)	未划分,实验用
43T ~ 430T	红外(7μm ~ 0.7μm)	光通信系统
430T ~ 750T	可见光(0.7μm ~ 0.4μm)	光通信系统
750T ~ 3000T	紫外线(0.4μm ~ 0.1μm)	光通信系统

注:$1\text{kHz} = 10^3 \text{Hz}, 1\text{MHz} = 10^6 \text{Hz}, 1\text{GHz} = 10^9 \text{Hz}, 1\text{THz} = 10^{12} \text{Hz}, 1\text{mm} = 10^{-3} \text{m}, 1\mu\text{m} = 10^{-6} \text{m}$

6. 按信号复用方式分类

传输多路信号有三种基本复用方式,即频分复用、时分复用和码分复用。频分复用是用频谱搬移的方法使不同信号占据不同的频率范围;时分复用是用脉冲调制的方法使不同信号占据不同的时间区间;码分复用是用正交的编码分别携带不同信号。传统的模拟通信中都采用频分复用,随着数字通信的发展,时分复用通信系统的应用愈来愈广泛,码分复用多用于空间通信的扩频通信和移动通信系统中。此外,还有波分复用、空分复用。

1.3.2 通信方式

通信方式是指通信双方之间的工作方式或信号传输方式。

1. 单工、半双工和全双工通信

对于点与点之间的通信,按消息传递的方向与时间关系,通信方式可分为单工、半双工及全双工通信。

(1) 单工(Simplex)通信,是指消息只能单方向传输的工作方式,如图1-6(a)所示。通信双方中只有一个可以进行发送,另一个只能接收,如广播、遥测、遥控、无线寻呼等。

(2) 半双工(Half-duplex)通信,是指通信双方都能收发消息,但不能同时进行收和发的工作方式,如图1-6(b)所示。例如,使用同一载频的普通对讲机,问询及检索等。

(3) 全双工(Duplex)通信,是指通信双方可同时收发消息的工作方式。一般来说全双工通信的信道必须是双向信道,如图1-6(c)所示。电话是全双工通信一个常见的例子,通话的双方可同时进行说和听。计算机之间的高速数据通信也是这种方式。

图1-6 单工、半双工和全双工通信方式示意图

2. 并行传输和串行传输

在数据通信(主要是计算机或其他数字终端设备之间的通信)中,按数据码元传输方式不同,可分为并行传输和串行传输。

(1) 并行传输,是将代表信息的数字码元序列以分组的方式在两条或两条以上的并行信道上同时传输。例如,计算机送出的由"0"和"1"组成的二进制码元序列,可以每组 n 个码元的方式在 n 条并行信道上同时传输。这种方式下,一个分组中的 n 个码元能够在一个时钟节拍内从一个设备传输到另一个设备。例如,8bit字符可以用8条信道并行

传输,如图1-7所示。

并行传输的优势是节省传输时间,速度快。缺点是需要 n 条通信线路,成本高,因此一般只用于设备之间的近距离通信,如计算机和打印机之间数据的传输。

(2) 串行传输,是将数字码元序列以串行方式一个码元接一个码元地在一条信道上传输,如图1-8所示。远距离数字传输常采用这种方式。

图1-7　并行传输　　　　　　　　图1-8　串行传输

串行传输的优点是只需一条通信信道,所需线路铺设费用低。缺点是速度慢,需要外加同步措施以解决收、发双方码组或字符的同步问题。

此外,按通信设备与传输线路之间的连接类型,可分为点与点之间通信(专线通信)、点到多点和多点之间通信(网通信);还可以按通信的网络拓扑结构划分。由于通信网的基础是点与点之间的通信,所以本书的重点放在点与点之间的通信上。

1.4　信息及其度量

通信的根本目的在于传输消息中所包含的信息。信息是指消息中所包含的有效内容,或者说是受信者预先不知而待知的内容。不同形式的消息,可以包含相同的信息。例如,用语音和文字发送的天气预报,所含信息内容相同。如同运输货物多少采用"货运量"来衡量一样,传输信息的多少可以采用"信息量"去衡量。现在的问题是如何度量消息中所含的信息量。

消息是多种多样的。因此度量消息中所含信息量的方法,必须能够用来度量任何消息,而与消息的种类无关。同时,这种度量方法也应该与消息的重要程度无关。

在一切有意义的通信中,对于接收者而言,某些消息所含的信息量比另外一些消息更多。例如,"某客机坠毁"这条消息比"明天下雨"这条消息包含有更多的信息。这是因为,前一条消息所表达的事件几乎不可能发生,它使人感到意外;而后一条消息所表达的事件很可能发生,不足为奇。这表明,对接收者来说,只有消息中不确定的内容才构成信息,而且,信息量的多少与接收者收到消息时感到的惊讶程度有关。消息所表达的事件越不可能发生,越不可预测,信息量就越大。

概率论告诉我们,事件的不确定程度可以用其出现的概率来描述。因此,消息中包含的信息量与消息发生的概率密切相关。消息出现的概率越小,则消息中包含的信息量就越大。假设 $P(x)$ 表示消息发生的概率,I 表示消息中所含的信息量,则根据上面的认知,

I 与 $P(x)$ 之间的关系应当反映如下规律：

(1) 消息中所含的信息量是该消息出现的概率的函数，即

$$I = I[P(x)]$$

(2) $P(x)$ 越小，I 越大；反之，I 越小；且当 $P(x)=1$ 时，$I=0$；$P(x)=0$ 时，$I=\infty$。

(3) 若干个互相独立事件构成的消息，所含信息量等于各独立事件信息量之和，也就是说，信息具有相加性，即

$$I[P(x_1)P(x_2)\cdots] = I[P(x_1)] + I[P(x_2)] + \cdots$$

不难看出，若 I 与 $P(x)$ 之间的关系式为

$$I = \log_a \frac{1}{P(x)} = -\log_a P(x) \qquad (1.4-1)$$

则可满足上述三项要求。因此定义公式(1.4-1)为消息 x 所含的信息量。

信息量的单位和式(1.4-1)中对数的底 a 有关。若 $a=2$，则信息量的单位为比特(bit)，可简记为 b；若 $a=e$，则信息量的单位为奈特(nat)；若 $a=10$，则信息量的单位为哈特莱(Hartley)。通常广泛使用的单位为比特，这时有

$$I = \log_2 \frac{1}{P(x)} = -\log_2 P(x) \quad (b) \qquad (1.4-2)$$

下面，讨论**等概率**出现的离散消息的度量，先看一个简单例子。

【例 1-1】 设一个离散信源，以相等的概率发送二进制数字"0"或"1"，则每个数字的信息量为

$$I(0) = I(1) = \log_2 \frac{1}{1/2} = \log_2 2 = 1 \quad (b) \qquad (1.4-3)$$

由此可见，传送等概率的二进制波形之一的信息量为 1b。在工程应用中，习惯把一个二进制码元称为 1b。同理，传送等概率的四进制波形之一 ($P=1/4$) 的信息量为 2b，这时每一个四进制波形需要用两个二进制脉冲表示；传送等概率的八进制波形之一 ($P=1/8$) 的信息量为 3b，这时至少需要三个二进制脉冲。

综上所述，对于离散信源，M 个波形等概率 ($P=1/M$) 发送，且每一个波形的出现是独立的，即信源是无记忆的，则传送 M 进制波形之一的信息量为

$$I = \log_2 \frac{1}{P} = \log_2 \frac{1}{1/M} = \log_2 M \quad (b) \qquad (1.4-4)$$

式中：P 为每一个波形出现的概率；M 为传送的波形数。

若 M 是 2 的整次幂，比如 $M=2^k (k=1,2,3,\cdots)$，则式(1.4-4)可改写为

$$I = \log_2 2^k = k \quad (b) \qquad (1.4-5)$$

式中：k 是二进制脉冲数目，也就是说，传送每一个 $M(M=2^k)$ 进制波形的信息量就等于用二进制脉冲表示该波形所需的脉冲数目 k。

现在来考察**非等概率**情况。设离散信源是一个由 M 个符号组成的集合，其中每个符

号 $x_i (i = 1, 2, 3, \cdots, M)$ 按一定的概率 $P(x_i)$ 独立出现，即

$$\begin{bmatrix} x_1, & x_2, & \cdots, & x_M \\ P(x_1), & P(x_2), & \cdots, & P(x_M) \end{bmatrix}, 且 \sum_{i=1}^{M} P(x_i) = 1$$

则 $x_1, x_2, \cdots, x_M$ 所包含的信息量分别为

$$-\log_2 P(x_1), -\log_2 P(x_2), \cdots, -\log_2 P(x_M)$$

于是，每个符号所含信息量的统计平均值，即平均信息量为

$$H(x) = P(x_1)[-\log_2 P(x_1)] + P(x_2)[-\log_2 P(x_2)] + \cdots + P(x_M)[-\log_2 P(x_M)]$$

$$= -\sum_{i=1}^{M} P(x_i) \log_2 P(x_i) \quad (\text{b/符号}) \tag{1.4-6}$$

由于 H 同热力学中熵的形式相似，故通常又称它为信息源的熵(Entropy)，其单位为 b/符号。显然，当 $P(x_i) = 1/M$（每个符号等概率独立出现）时，式(1.4-6)即成为式(1.4-4)，此时信源的熵有最大值。

【例 1-2】 一离散信源由 0，1，2，3 共 4 个符号组成，它们出现的概率分别为 3/8，1/4，1/4，1/8，且每个符号的出现都是独立的。试求某条消息 201020130213001203210100321010023102002010312032100120210 的信息量。

【解】 此消息中，"0"出现 23 次，"1"出现 14 次，"2"出现 13 次，"3"出现 7 次，共有 57 个符号，故该条消息的信息量为

$$I = 23\log_2 8/3 + 14\log_2 4 + 13\log_2 4 + 7\log_2 8 = 108 \quad (\text{b})$$

每个符号的算术平均信息量为

$$\bar{I} = \frac{I}{\text{符号数}} = \frac{108}{57} = 1.89 \quad (\text{b/符号})$$

若用熵的概念来计算，由式(1.4-6)可得平均信息量为

$$H = -\frac{3}{8}\log_2\frac{3}{8} - \frac{1}{4}\log_2\frac{1}{4} - \frac{1}{4}\log_2\frac{1}{4} - \frac{1}{8}\log_2\frac{1}{8} = 1.906 \quad (\text{b/符号})$$

则该条消息的信息量为

$$I = 57 \times 1.906 = 108.64 \quad (\text{b})$$

以上两种结果略有差别的原因在于，它们平均处理方法不同。前一种按算数平均的方法，结果可能存在误差。这种误差将随着消息序列中符号数的增加而减小。而且，当消息序列较长时，用熵的概念计算更为方便。

以上我们讨论了离散消息的度量。关于连续消息的信息量可以用概率密度函数来描述。可以证明，连续消息的平均信息量为

$$H(x) = -\int_{-\infty}^{\infty} f(x) \log_a f(x) \, dx \tag{1.4-7}$$

式中：$f(x)$ 为连续消息出现的概率密度。

1.5 通信系统主要性能指标

在设计和评价一个通信系统时，需要建立一套能反映系统各方面性能的指标体系。性能指标也称质量指标，它们是从整个系统的角度综合提出的。

通信系统的性能指标涉及其有效性、可靠性、适应性、经济性、标准性、可维护性等。尽管不同的通信业务对系统性能的要求不尽相同，但从研究信息传输的角度来说，有效性和可靠性是通信系统的主要性能指标。

所谓**有效性**是指传输一定信息量所占用的频带宽度，即频带利用率；**可靠性**是指传输信息的准确程度。不同的通信系统对有效性和可靠性的要求及度量方法也不尽相同。

1.5.1 有效性

对于模拟通信系统，传输同样的信源信号，所需的传输带宽越小，频带利用率越高，有效性越好。信号带宽与调制方式有关，例如，采用单边带调幅的语音信号占用的带宽仅为 4kHz，而采用调频的语音信号占用的带宽则为 48kHz（调频指数为 5 时），这表明调幅信号的有效性比调频的好。

对于数字通信系统，其**频带利用率**定义为单位带宽（每赫）内的传输速率，即

$$\eta = \frac{R_B}{B} \quad (\text{Baud/Hz}) \qquad (1.5-1)$$

或

$$\eta_b = \frac{R_b}{B} \quad (\text{b}/(\text{s}\cdot\text{Hz})) \qquad (1.5-2)$$

式(1.5-1)中，R_B 为**码元传输速率**，简称传码率。它被定义为单位时间（每秒）传输码元的数目，单位为波特(Baud)，因此，又称 R_B 为**波特率**。

设每个码元的长度为 $T_B(\text{s})$，则有

$$R_B = \frac{1}{T_B} \quad (\text{Baud}) \qquad (1.5-3)$$

式(1.5-2)中，R_b 为**信息传输速率**，简称传信率，又称**比特率**。它定义为单位时间内传输的平均信息量，单位为比特/秒(b/s)。

因为一个 M 进制码元携带 $\log_2 M$ 比特的信息量[见式(1.4-4)]，所以码元速率和信息速率有以下确定的关系，即

$$R_b = R_B \log_2 M \quad (\text{b/s}) \qquad (1.5-4)$$

或

$$R_B = \frac{R_b}{\log_2 M} \quad (\text{Baud}) \qquad (1.5-5)$$

例如,设码元速率为1200Baud,若采用八进制,则信息速率为3600b/s。

若设每个二进制码元的持续时间为 T_b,则 T_b 与 T_B 有如下关系:

$$T_B = T_b \cdot \log_2 M \qquad (1.5-6)$$

1.5.2 可靠性

模拟通信系统的可靠性通常用接收端输出信号与噪声功率比(S/N)来度量,它反映了信号经传输后的"保真"程度和抗噪声能力。S/N 与调制方式有关,如调频信号的 S/N 比调幅的高,即抗噪能力强。但是,调频信号所需的传输频带却比调幅的宽。可见,有效性和可靠性是一对矛盾。

数字通信系统的可靠性可用差错概率来衡量。差错概率常用误码率和误信率表示。

误码率 P_e,是指错误接收的码元数在传输总码元数中所占的比例,更确切地说,误码率是码元在传输过程中被传错的概率,即

$$P_e = \frac{错误码元数}{传输总码元数} \qquad (1.5-7)$$

误信率 P_b,又称误比特率,是指错误接收的比特数在传输总比特数中所占的比例,即

$$P_b = \frac{错误比特数}{传输总比特数} \qquad (1.5-8)$$

显然,在二进制中有 $P_b = P_e$。

1.6 小结

通信的目的是传输消息中所包含的信息。消息是信息的物理表现形式,信息是消息的有效内容。

信号是消息的传输载体。根据携带消息的信号参量是连续取值还是离散取值,信号分为模拟信号和数字信号。

通信系统有不同的分类方法。按照信道中所传输的是模拟信号还是数字信号,相应地把通信系统分成模拟通信系统和数字通信系统。

数字通信已成为当前通信技术的主流。与模拟通信相比,数字通信系统具有抗干扰能力强,可消除噪声积累;差错可控;数字处理灵活,可以将来自不同信源的信号综合到一起传输;易集成,成本低;保密性好等优点。缺点是占用带宽大,同步要求高。

按消息传递的方向与时间关系,通信方式可分为单工、半双工及全双工通信。按数据码元排列的顺序可分为并行传输和串行传输。

信息量是对消息发生的概率(不确定性)的度量。一个二进制码元含 1b 的信息量;一个 M 进制码元含有 $\log_2 M$ 比特的信息量。等概率发送时,信源的熵有最大值。

有效性和可靠性是通信系统的两个主要指标。两者相互矛盾而又相对统一,且可互换。在模拟通信系统中,有效性可用带宽衡量,可靠性可用输出信噪比衡量。在数字通信系统中,有效性用频带利用率表示,可靠性用误码率、误信率表示。

信息速率是每秒发送的比特数;码元速率是每秒发送的码元个数。码元速率在数值

上小于等于信息速率。码元速率决定了发送信号所需的传输带宽。

思 考 题

1-1 以无线广播和电视为例,说明图1-3模型中信源、信宿及信道包含的具体内容是什么?

1-2 何谓数字信号?何谓模拟信号?两者的根本区别是什么?

1-3 何谓数字通信?数字通信有哪些优缺点?

1-4 数字通信系统的一般模型中各组成部分的主要功能是什么?

1-5 按调制方式,通信系统如何分类?

1-6 按传输信号的特征,通信系统如何分类?

1-7 按复用方式,通信系统如何分类?

1-8 单工、半双工及全双工通信方式是按什么标准分类的?解释它们的工作方式并举例说明。

1-9 并行传输和串行传输的适用场合及特点?

1-10 通信系统的主要性能指标是什么?

1-11 衡量数字通信系统有效性和可靠性的性能指标有哪些?

1-12 何谓码元速率和信息速率?它们之间的关系如何?

1-13 何谓误码率和误信率?它们之间的关系如何?

1-14 消息中包含的信息量与以下哪些因素有关?

(1) 消息出现的概率;

(2) 消息的种类;

(3) 消息的重要程度。

习 题

1-1 已知英文字母 e 出现的概率为 0.105,x 出现的概率为 0.002,试求 e 和 x 的信息量。

1-2 设有四个符号,其中前三个符号的出现概率分别为 $1/4,1/8,1/8$,且各符号的出现是相互独立的。试计算该符号集的平均信息量。

1-3 某信源符号集由字母 A、B、C、D 组成,若传输每一个字母用二进制码元编码,"00"代替 A,"01"代替 B,"10"代替 C,"11"代替 D,每个二进制码元宽度为 5ms。

(1) 不同的字母是等可能出现时,试计算传输的平均信息速率;

(2) 若每个字母出现的可能性分别为

$$P_A = \frac{1}{5}, P_B = \frac{1}{4}, P_C = \frac{1}{4}, P_D = \frac{3}{10}$$

试计算传输的平均信息速率。

1-4 一部电话机键盘上有10个数字键(0~9)。设发送数字1的概率为0.3,发送数字3和8的概率分别为0.14,发送数字2,4,5,6,7,9和0的概率分别为0.06。试求:

(1) 每键的平均信息量(熵);

(2) 如果按键速率为 2 个/s,试计算传送的信息速率。

1-5 设某信源的输出由 128 个不同的符号组成。其中 16 个出现的概率为 1/32,其余 112 个的出现概率为 1/224。信源每秒发出 1000 个符号,且每个符号彼此独立。试计算该信源的平均信息速率。

1-6 设二进制数字传输系统每隔 0.4ms 发送一个码元。试求:

(1) 该系统的信息速率;

(2) 若改为传送十六进制信号码元,发送码元间隔不变,则系统的信息速率变为多少?(设各码元独立等概率出现)

1-7 某信源符号集由 A,B,C,D 和 E 组成,设每一符号独立出现,其出现概率分别为 1/4,1/8,1/8,3/16 和 5/16。若每秒传输 1000 个符号,试求:

(1) 该信源符号的平均信息量;

(2) 1h 内传送的平均信息量;

(3) 若信源等概率发送每个符号,求 1h 传送的信息量。

1-8 设某四进制数字传输系统的信息速率为 2400b/s,接收端在 0.5h 内共收到 216 个错误码元,试计算该系统的误码率 P_e。

第 2 章 确知信号

三个目标

2.1 确知信号的类型

信号在数学上可以用一个时间函数表示。确知信号(deterministic signal)是指其取值在任何时间都是确定的和可预知的信号,通常可以用数学公式表示它在任何时间的取值。例如,振幅、频率和相位都是确定的一段正弦波,它就是一个确知信号。按照是否具有周期重复性,确知信号可以分为周期信号(periodic signal)和非周期信号(nonperiodic signal)。在数学上,若信号 $s(t)$ 满足下述条件:

$$s(t) = s(t + T_0) \quad -\infty < t < \infty \qquad (2.1-1)$$

式中 $T_0 > 0$,为一常数,则称此信号为周期信号,否则为非周期信号,并将满足式(2.1-1)的最小 T_0 称为此信号的周期,将 $1/T_0$ 称为基频 f_0。一个无限长的正弦波,例如,$s(t) = 8\sin(5t+1)$,$-\infty < t < \infty$,就属于周期信号,其周期 $T_0 = 2\pi/5$。一个矩形脉冲就是非周期信号。

按照能量是否有限区分,信号可以分为能量信号(energy signal)和功率信号(power signal)两类。在通信理论中,通常把信号功率定义为电流在单位电阻(1Ω)上消耗的功率,即归一化(normalized)功率 P。因此,功率就等于电流或电压的平方:

$$P = V^2/R = I^2 R = V^2 = I^2 \quad (\text{W}) \qquad (2.1-2)$$

式中:V 为电压(V);I 为电流(A)。

可以认为,信号电流 I 或电压 V 的平方都等于功率。后面我们一般化为用 S 代表信号的电流或电压来计算信号功率。若信号电压和电流的值随时间变化,则 S 可以改写为时间 t 的函数 $s(t)$。故 $s(t)$ 代表信号电压或电流的时间波形。这时,信号能量 E 应当是信号瞬时功率的积分:

$$E = \int_{-\infty}^{\infty} s^2(t) \, dt \qquad (2.1-3)$$

其中,E 的单位是焦耳(J)。

若信号的能量是一个正的有限值,即

$$0 < E = \int_{-\infty}^{\infty} s^2(t) \mathrm{d}t < \infty \tag{2.1-4}$$

则称此信号为能量信号。例如,第1章中提到的数字信号的一个码元就是一个能量信号。现在,我们将信号的平均功率定义为

$$P = \lim_{T \to \infty} \frac{1}{T} \int_{-T/2}^{T/2} s^2(t) \mathrm{d}t \tag{2.1-5}$$

由式(2.1-5)看出,能量信号的平均功率 $P=0$,因为式(2.1-5)表示若信号的能量有限,则在被趋于无穷大的时间 T 去除后,所得平均功率趋近于零。

在实际的通信系统中,信号都具有有限的功率、有限的持续时间,因而具有有限的能量。但是,若信号的持续时间非常长,如广播信号,则可以近似认为它具有无限长的持续时间。此时,认为由式(2.1-5)定义的信号平均功率是一个有限的正值,但是其能量近似等于无穷大。我们把这种信号称为功率信号。

上面的分析表明,信号可以分成两类:① 能量信号,其能量等于一个有限正值,但平均功率为零;② 功率信号,其平均功率等于一个有限正值,但能量为无穷大。顺便提醒,能量信号和功率信号的分类对于非确知信号也适用。

2.2 确知信号的频域性质

确知信号在频域(frequency domain)中的性质,即频率特性,由其各个频率分量的分布表示。它是信号的最重要的性质之一,和信号的占用频带宽度以及信号的抗噪声能力有密切关系。信号的频率特性有4种,即功率信号的频谱、能量信号的频谱密度、能量信号的能量谱密度和功率信号的功率谱密度。下面将分别对其讨论。

2.2.1 功率信号的频谱

对于周期性的功率信号,我们很容易计算其频谱。设一个周期性功率信号 $s(t)$ 的周期为 T_0,则将其频谱(frequency spectrum)函数定义为下式积分变换:

$$C_n = C(nf_0) = \frac{1}{T_0} \int_{-T_0/2}^{T_0/2} s(t) \mathrm{e}^{-\mathrm{j}2\pi nf_0 t} \mathrm{d}t \tag{2.2-1}$$

式中:$f_0 = 1/T_0$;n 为整数,$-\infty < n < +\infty$;$C(nf_0)$ 表示 C 是 nf_0 的函数,并简记为 C_n。

由傅里叶级数(Fourier series)理论可知,式(2.2-1)就是周期性函数展开成傅里叶级数的系数,即周期性信号可以展开成如下的傅里叶级数:

$$s(t) = \sum_{n=-\infty}^{\infty} C_n \mathrm{e}^{\mathrm{j}2\pi nt/T_0} \tag{2.2-2}$$

在数学上能将周期性函数展开成傅里叶级数的狄利克雷(Dirichlet)条件,一般信号都是能满足的。

当 $n=0$ 时,式(2.2-1)变成

$$C_0 = \frac{1}{T_0} \int_{-T_0/2}^{T_0/2} s(t) \, dt \quad (2.2-3)$$

它是信号 $s(t)$ 的时间平均值,即直流分量。

一般说来,式(2.2-1)中频谱函数 C_n 是一个复数,代表在频率 nf_0 上信号分量的复振幅(complex amplitude)。我们可以把它写作:

$$C_n = |C_n| \, e^{j\theta_n} \quad (2.2-4)$$

式中:$|C_n|$ 为频率 nf_0 的信号分量的振幅;θ_n 为频率 nf_0 的信号分量的相位。

式(2.2-4)表示,对于周期性功率信号来说,其频谱函数 C_n 是离散的,只在 f_0 的整数倍上取值。由于 n 可以取负值,所以在负频率上 C_n 也有值。通常称 C_n 为双边(频)谱。双边谱中的负频谱仅在数学上有意义;在物理上,并不存在负频率。但是我们可以找到物理上实信号的频谱和数学上的频谱函数之间的关系。下面就来分析两者的关系。

对于物理可实现的实信号,由式(2.2-1)有

$$C_{-n} = \frac{1}{T_0} \int_{-T_0/2}^{T_0/2} s(t) e^{+j2\pi nf_0 t} dt = \left[\frac{1}{T_0} \int_{-T_0/2}^{T_0/2} s(t) e^{-j2\pi nf_0 t} dt \right]^* = C_n^* \quad (2.2-5)$$

即频谱函数的正频率部分和负频率部分间存在复数共轭关系。这就是说,负频谱和正频谱的模是偶对称的,相位是奇对称的,如图 2-1 所示。

(a) 振幅谱　　　　　　　　　　　　(b) 相位谱

图 2-1　周期性信号的频谱

将式(2.2-5)代入式(2.2-2),并利用欧拉公式,得到

$$s(t) = C_0 + \sum_{n=1}^{\infty} C_n [\cos(2\pi nt/T_0) + j\sin(2\pi nt/T_0)] +$$

$$\sum_{n=1}^{\infty} C_n^* [\cos(2\pi nt/T_0) - j\sin(2\pi nt/T_0)]$$

$$= C_0 + \sum_{n=1}^{\infty} [(C_n + C_n^*)\cos(2\pi nt/T_0) + j(C_n - C_n^*)\sin(2\pi nt/T_0)]$$

$$(2.2-6)$$

令

$$C_n = \frac{1}{2}(a_n - jb_n), \, C_{-n} = C_n^* = \frac{1}{2}(a_n + jb_n), \, n \geq 1 \quad (2.2-7)$$

将式(2.2-7)关系代入式(2.2-6),有

$$s(t) = C_0 + \sum_{n=1}^{\infty}[a_n\cos(2\pi nt/T_0) + b_n\sin(2\pi nt/T_0)]$$

$$= C_0 + \sum_{n=1}^{\infty}[\sqrt{a_n^2 + b_n^2}\cos(2\pi nt/T_0 + \theta_n)] \quad (2.2-8)$$

式中

$$\theta_n = -\arctan(b_n/a_n) \quad (2.2-9)$$

式(2.2-8)表明,实信号 $s(t)$ 的各次谐波的振幅等于 $\sqrt{a_n^2 + b_n^2}$,但是仅有正频率分量。数学上频谱函数的各次谐波的振幅可由式(2.2-7)得

$$|C_n| = \frac{1}{2}\sqrt{a_n^2 + b_n^2} \quad (2.2-10)$$

它分布在全部正负频率范围,并且是实信号各次谐波振幅的一半。所以,可以认为,若将数学上频谱函数的负频率分量的模和正频率分量的模相加,就等于物理上实信号的频谱的模。式(2.2-8)将实信号 $s(t)$ 展开的各频率分量的振幅为 $\sqrt{a_n^2 + b_n^2}$,相位为 θ。通常我们将其称为单边谱。在许多文献中将数学上的频谱函数称为双边谱,将实信号的频谱称为单边谱。前者便于数学分析,后者便于实验测量。各有其适用的场所。

此外,若 $s(t)$ 不但是实信号,而且还是偶信号,则由式(2.2-1)得

$$C_n = \frac{1}{T_0}\int_{-T_0/2}^{T_0/2} s(t)e^{-j2\pi nf_0 t}dt = \frac{1}{T_0}\int_{-T_0/2}^{T_0/2} s(t)[\cos(2\pi nf_0 t) - j\sin(2\pi nf_0 t)]dt$$

$$= \frac{1}{T_0}\int_{-T_0/2}^{T_0/2} s(t)\cos(2\pi nf_0 t)dt - j\frac{1}{T_0}\int_{-T_0/2}^{T_0/2} s(t)\sin(2\pi nf_0 t)dt$$

$$= \text{Re}(C_n) - j\text{Im}(C_n) \quad (2.2-11)$$

式中:$\text{Re}(C_n)$ 为 C_n 的实部;$\text{Im}(C_n)$ 为 C_n 的虚部。

由式(2.2-11)可见,若 $s(t)$ 是偶信号,则因被积函数是奇函数,使 C_n 的虚部等于0,即

$$\int_{-T_0/2}^{T_0/2} s(t)\sin(2\pi nf_0 t)dt = 0 \quad (2.2-12)$$

所以 C_n 为实函数。

【例2-1】 试求图2-2(a)所示周期性方波的频谱。

【解】 此周期性方波的周期为 T,宽度为 τ,幅度为 V,它用公式表示如下:

$$\begin{cases} s(t) = \begin{cases} V & -\tau/2 \leq t \leq \tau/2 \\ 0 & \tau/2 < t < (T-\tau/2) \end{cases} \\ s(t) = s(t-T) & -\infty < t < \infty \end{cases} \quad (2.2-13)$$

其频谱可由式(2.2-1)求出

$$C_n = \frac{1}{T}\int_{-\tau/2}^{\tau/2} V e^{-j2\pi n f_0 t} dt = \frac{1}{T}\left[-\frac{V}{j2\pi n f_0}e^{-j2\pi n f_0 t}\right]_{-\tau/2}^{\tau/2}$$
(2.2 – 14)
$$= \frac{V}{T}\frac{e^{j2\pi n f_0 \tau/2} - e^{-j2\pi n f_0 \tau/2}}{j2\pi n f_0} = \frac{V}{\pi n f_0 T}\sin\pi n f_0 \tau = \frac{V\tau}{T}\mathrm{Sa}\left(\frac{n\pi\tau}{T}\right)$$

式中：$\mathrm{Sa}(t) = \sin t/t$，称为抽样函数[函数 $\mathrm{Sa}(t)$ 有时也写为 $\mathrm{sinc}(t)$]。

由式(2.2 – 14)可知，这时的频谱是一个实函数，我们记为 C_n，示于图 2 – 2(b)中。由频谱图可见，它是一些高度不等的离散线条。每根线条的高度代表该频率分量的振幅。这样，将式(2.2 – 14)代入式(2.2 – 2)，得到此信号的傅里叶级数表示式为

$$s(t) = \sum_{n=-\infty}^{\infty} C_n e^{j2\pi n f_0 t} = \sum_{n=-\infty}^{\infty} \frac{V\tau}{T}\mathrm{Sa}\left(\frac{n\pi\tau}{T}\right) e^{j2\pi n f_0 t}$$
(2.2 – 15)

(a) 周期性方波波形

(b) 周期方波的频谱

图 2 – 2 周期性方波的波形和频谱

【例 2 – 2】 试求图 2 – 3 所示周期性方波的频谱。

【解】 此周期性方波的表示式如下：

$$\begin{cases} s(t) = \begin{cases} V & 0 \leqslant t \leqslant \tau \\ 0 & \tau < t < T \end{cases} \\ s(t) = s(t-T) & -\infty < t < \infty \end{cases}$$
(2.2 – 16)

其频谱可由式(2.2 – 1)求出

$$C_n = \frac{1}{T}\int_0^\tau V e^{-j2\pi n f_0 t} dt = \frac{1}{T}\left[-\frac{V}{j2\pi n f_0}e^{-j2\pi n f_0 t}\right]_0^\tau =$$

$$\frac{V}{T}\frac{1-e^{-j2\pi n f_0 \tau}}{j2\pi n f_0} = \frac{V}{j2\pi n}(1-e^{-j2\pi n \tau/T})$$

(2.2-17)

图 2-3 信号 $s(t)$ 的波形

比较例 2-1 和例 2-2 的结果可见,例 2-1 中的信号是偶函数,其频谱 C_n 为实函数;例 2-2 中的信号不是偶函数,其频谱 C_n 是复函数。

对于非周期性功率信号,原则上可以看作其周期等于无穷大,仍然可以按照以上公式计算,但是实际上式(2.2-1)中的积分是难以计算出的。

2.2.2 能量信号的频谱密度

设一个能量信号为 $s(t)$,则将它的傅里叶变换 $S(f)$ 定义为它的频谱密度(frequency spectrum density):

$$S(f) = \int_{-\infty}^{\infty} s(t)e^{-j2\pi ft} dt \qquad (2.2-18)$$

而 $S(f)$ 的逆傅里叶变换就是原信号:

$$s(t) = \int_{-\infty}^{\infty} S(f)e^{j2\pi ft} df \qquad (2.2-19)$$

能量信号的频谱密度 $S(f)$ 和周期性功率信号的频谱 C_n 的主要区别有两点:第一,$S(f)$ 是连续谱,C_n 是离散谱;第二,$S(f)$ 的单位是伏/赫(V/Hz),而 C_n 的单位是伏(V)。能量信号的能量有限,并分布在连续频率轴上,所以在每个频率点 f 上信号的幅度是无穷小;只有在一小段频率间隔 df 上才有确定的非零振幅。功率信号的功率有限,但能量无限,它在无限多的离散频率点上有确定的非零振幅。顺便指出,在本书后面章节和其他书籍中,在针对能量信号讨论问题时,也常把频谱密度简称为频谱;这时在概念上不要把它和周期信号的频谱相混淆。

实能量信号的频谱密度和实功率信号的频谱有一个共同的特性,即其负频谱和正频谱的模偶对称,相位奇对称。这可以从式(2.2-20)看出:

$$\int_{-\infty}^{\infty} s(t)e^{-j2\pi ft} dt = \left[\int_{-\infty}^{\infty} s(t)e^{+j2\pi ft} dt\right]^* \quad S(f) = [S(-f)]^* \quad (2.2-20)$$

或者说,其频谱密度的正频率部分和负频率部分成复数共轭(complex conjugate)

关系。

【例 2-3】 试求一个矩形脉冲的频谱密度。

【解】 设此矩形脉冲的表示式为

$$g_\tau(t) = \begin{cases} 1 & |t| \leq \tau/2 \\ 0 & |t| > \tau/2 \end{cases} \tag{2.2-21}$$

则它的频谱密度就是它的傅里叶变换(Fourier transform):

$$G_\tau(f) = \int_{-\tau/2}^{\tau/2} e^{-j2\pi ft} dt = \frac{1}{j2\pi f}(e^{j\pi f\tau} - e^{-j\pi f\tau})$$

$$= \tau \frac{\sin(\pi f\tau)}{\pi f\tau} = \tau \text{Sa}(\pi f\tau) \tag{2.2-22}$$

在图 2-4 中画出了 $g_\tau(t)$ 的波形和其频谱密度 $G_\tau(f)$。$g_\tau(t)$ 称为单位门函数(unit gate function),也可以用 rect(t/τ) 表示。

图 2-4 单位门函数

如图 2-4 所示,此频谱密度曲线的零点间隔为 $1/\tau$。为了传输这样的矩形脉冲,在实用中通常按图 2-4 中第一个零点的位置作为带宽就够了,即认为矩形脉冲的带宽等于其脉冲持续时间的倒数,在这里它等于 $(1/\tau)$Hz。

【例 2-4】 试求单位冲激函数(unit impulse function)的频谱密度。

【解】 单位冲激函数常简称为 δ 函数,其定义是:

$$\begin{cases} \int_{-\infty}^{\infty} \delta(t) dt = 1 \\ \delta(t) = 0 \quad t \neq 0 \end{cases} \tag{2.2-23}$$

通常我们认为这个冲激函数是其自变量的偶函数。在物理意义上,单位冲激函数可以看作是一个高度为无穷大、宽度为无穷小、面积为 1 的脉冲。这种脉冲仅有理论上的意义,是不可能物理实现的。但是在数学上 $\delta(t)$ 可以用某些函数的极限来描述它。例如,可以用抽样函数(sample function)的极限描述。可以证明,抽样函数有如下性质:

$$\int_{-\infty}^{\infty} \frac{k}{\pi} \text{Sa}(kt) dt = 1 \tag{2.2-24}$$

参照图 2-4(b)可以看出,k 越大,式(2.2-24)中的被积因子波形的振幅越大,而波形零点的间隔越小,波形振荡的衰减越快。图 2-5 中画出了几个这样波形的例子。当 $k \to \infty$ 时,波形的零点间隔趋近于 0,被积因子仅在原点存在,但是曲线下的净面积仍等于 1。这样,将式(2.2-24)和式(2.2-23)比较可见,两式中的被积因子相当,即有

$$\delta(t) = \lim_{k \to \infty} \frac{k}{\pi} \mathrm{Sa}(kt) \tag{2.2-25}$$

换句话说,抽样函数的极限就是冲激函数。

图 2-5 函数 Sa(t) 的波形举例

单位冲激函数 $\delta(t)$ 的频谱密度 $\Delta(f)$ 为

$$\Delta(f) = \int_{-\infty}^{\infty} \delta(t) \mathrm{e}^{-\mathrm{j}2\pi ft} \mathrm{d}t = 1 \cdot \int_{-\infty}^{\infty} \delta(t) \mathrm{d}t = 1 \tag{2.2-26}$$

计算式(2.2-26)时,用了以下关系:

$$\mathrm{e}^{-\mathrm{j}2\pi ft} \big|_{t=0} = 1$$

式(2.2-26)表明单位冲激函数的频谱密度等于 1,即它的各频率分量连续地均匀分布在整个频率轴上。图 2-6 示出单位冲激函数的波形和频谱密度曲线,图中 $\delta(t)$ 用一个箭头表示。

单位冲激函数具有如下一个非常有用的特性,即

$$f(t_0) = \int_{-\infty}^{\infty} f(t) \delta(t - t_0) \mathrm{d}t \tag{2.2-27}$$

(a) 波形 (b) 频谱密度

图 2-6 单位冲激函数的波形和频谱密度

这时,假设式中的函数 $f(t)$ 在 t_0 处连续。

这个特性的证明很容易。根据单位冲激函数的定义,式(2.2-27)右边积分的被积函数仅在 $t = t_0$ 处不为零,所以 $f(t)$ 对积分的影响仅由 $t = t_0$ 处的值决定。因此可以把式(2.2-27)右边积分写成

$$\int_{-\infty}^{\infty} f(t)\delta(t-t_0)dt = f(t_0)\int_{-\infty}^{\infty}\delta(t-t_0)dt = f(t_0)$$

上式中积分的物理意义可以看作是用 δ 函数在 $t = t_0$ 时刻对 $f(t)$ 抽样。

由于单位冲激函数是偶函数,即有 $\delta(t) = \delta(-t)$,所以式(2.2-27)可以改写成

$$f(t_0) = \int_{-\infty}^{\infty} f(t)\delta(t_0-t)dt \quad (2.2-28)$$

单位冲激函数也可以看作是单位阶跃函数 (unit step function)(图 2-7)

$$u(t) = \begin{cases} 0 & t < 0 \\ 1 & t \geq 0 \end{cases} \quad (2.2-29)$$

的导数,即

图 2-7 单位阶跃函数

$$u'(t) = \delta(t) \quad (2.2-30)$$

这里需要特别指出的是,有时我们可以把功率信号当作能量信号看待,计算其频谱密度。从概念上不难想象,功率信号的频谱中,在其各个谐波频率上具有一定的非零功率,故在这些频率上的功率密度为无穷大。但是,我们可以用冲激函数来表示这些频率分量。现在以一个无限长的余弦波为例,说明之。

【例 2-5】 试求无限长余弦波的频谱密度。

【解】 设一个余弦波的表示式为 $s(t) = \cos 2\pi f_0 t$,则其频谱密度 $S(f)$ 按式(2.2-18)计算,可以写为

$$S(f) = \lim_{\tau \to \infty} \int_{-\tau/2}^{\tau/2} \cos 2\pi f_0 t \, e^{-j2\pi ft} dt$$

$$= \lim_{\tau \to \infty} \frac{\tau}{2} \left\{ \frac{\sin[\pi(f-f_0)\tau]}{\pi(f-f_0)\tau} + \frac{\sin[\pi(f+f_0)\tau]}{\pi(f+f_0)\tau} \right\}$$

$$= \lim_{\tau \to \infty} \frac{\tau}{2} \{ \mathrm{Sa}[\pi\tau(f-f_0)] + \mathrm{Sa}[\pi\tau(f+f_0)] \} \quad (2.2-31)$$

参照式(2.2-25),式(2.2-31)可以改写为

$$S(f) = \frac{1}{2}[\delta(f-f_0) + \delta(f+f_0)] \quad (2.2-32)$$

在图 2-8 中画出了其波形和频谱密度。

(a) 波形　　　　　　　　　　　(b) 频谱密度

图 2-8　无限长余弦波的波形和频谱密度

例 2-5 表明,只要引入冲激函数,我们同样可以求出一个功率信号的频谱密度。换句话说,引用了冲激函数就能把频谱密度的概念推广到功率信号上。这一点在信号分析中是非常有用的。

一些常用信号的傅里叶变换如表 2-1 所列。

表 2-1　　　　　　　　　　　　常用信号的傅里叶变换

序号	$f(t)$	$F(\omega)$	序号	$f(t)$	$F(\omega)$
1	$\delta(t)$	1	8	$\mathrm{rect}(t/\tau)$	$\tau \mathrm{Sa}(\omega\tau/2)$
2	1	$2\pi\delta(\omega)$	9	$\frac{W}{2\pi}\mathrm{Sa}\left(\frac{Wt}{2}\right)$	$\mathrm{rect}\left(\frac{\omega}{W}\right)$
3	$e^{j\omega_0 t}$	$2\pi\delta(\omega-\omega_0)$	10	$\cos(\omega_0 t)$	$\pi[\delta(\omega-\omega_0)+\delta(\omega+\omega_0)]$
4	$\mathrm{sgn}(t)$	$\frac{2}{j\omega}$	11	$\sin(\omega_0 t)$	$\frac{\pi}{j}[\delta(\omega-\omega_0)-\delta(\omega+\omega_0)]$
5	$j\frac{1}{\pi t}$	$\mathrm{sgn}(\omega)$	12	$e^{-\alpha|t|}$	$\frac{2\alpha}{\alpha^2+\omega^2}$
6	$u(t)$	$\pi\delta(\omega)+\frac{1}{j\omega}$	13	$u(t)e^{-\alpha t}$	$\frac{1}{\alpha+j\omega}$
7	$\delta_T(t)=\sum_{n=-\infty}^{\infty}\delta(t-nT)$	$\frac{2\pi}{T}\sum_{n=-\infty}^{\infty}\delta\left(\omega-n\cdot\frac{2\pi}{T}\right)$	14	$u(t)te^{-\alpha t}$	$\frac{1}{(\alpha+j\omega)^2}$

2.2.3　能量信号的能量谱密度

设一个能量信号 $s(t)$ 的能量为 E,则此信号的能量为

$$E = \int_{-\infty}^{\infty} s^2(t) dt \qquad (2.2-33)$$

若此信号的傅里叶变换(频谱密度)为 $S(f)$,则由巴塞伐尔(Parseval)定理(见附录 A)得知

$$E = \int_{-\infty}^{\infty} s^2(t) dt = \int_{-\infty}^{\infty} |S(f)|^2 df \qquad (2.2-34)$$

式(2.2-34)表示 $|S(f)|^2$ 在频率轴 f 上的积分等于信号能量,所以称 $|S(f)|^2$ 为能量谱密度(energy spectrum density),它表示在频率 f 处宽度为 df 的频带内的信号能量,或者也可以看作是单位频带内的信号能量。式(2.2-34)可以改写为

$$E = \int_{-\infty}^{\infty} G(f) df \qquad (2.2-35)$$

式中

$$G(f) = |S(f)|^2 \quad (\text{J/Hz}) \qquad (2.2-36)$$

为能量谱密度。

由于信号 $s(t)$ 是一个实函数,所以 $|S(f)|$ 是一个偶函数。因此,式(2.2-35)可以写为

$$E = 2\int_{0}^{\infty} G(f) df \qquad (2.2-37)$$

【例 2-6】 试求例 2-3 中矩形脉冲的能量谱密度。

【解】 在例 2-3 中已经求出其频谱密度为

$$S(f) = \tau \mathrm{Sa}(\pi f \tau)$$

故由式(2.2-36)得出

$$G(f) = |S(f)|^2 = |\tau \mathrm{Sa}(\pi f \tau)|^2 = \tau^2 |\mathrm{Sa}(\pi f \tau)|^2$$

2.2.4 功率信号的功率谱密度

由于功率信号具有无穷大的能量,式(2.2-33)的积分不存在,所以不能计算功率信号的能量谱密度。但是,可以求出它的功率谱密度。为此,我们首先将信号 $s(t)$ 截短为长度等于 T 的一个截短信号 $s_T(t)$,$-T/2 < t < T/2$。这样,$s_T(t)$ 就成为一个能量信号了。对于这个能量信号,我们就可以用傅里叶变换求出其能量谱密度 $|S_T(f)|^2$,并由巴塞伐尔定理有

$$E = \int_{-T/2}^{T/2} s_T^2(t) dt = \int_{-\infty}^{\infty} |S_T(f)|^2 df \qquad (2.2-38)$$

于是,我们可以将

$$\lim_{T \to \infty} \frac{1}{T} |S_T(f)|^2 \qquad (2.2-39)$$

定义为信号的功率谱密度(power spectrum density)$P(f)$,即

$$P(f) = \lim_{T \to \infty} \frac{1}{T} | S_T(f) |^2 \qquad (2.2-40)$$

信号功率则为

$$P = \lim_{T \to \infty} \frac{1}{T} \int_{-\infty}^{\infty} | S_T(f) |^2 \mathrm{d}f = \int_{-\infty}^{\infty} P(f) \mathrm{d}f \qquad (2.2-41)$$

若此功率信号具有周期性,则可以将 T 选作等于信号的周期 T_0,并且用傅里叶级数代替傅里叶变换,求出信号的频谱。这时,式(2.1-5)变成

$$P = \lim_{T \to \infty} \frac{1}{T} \int_{-T/2}^{T/2} s^2(t) \mathrm{d}t = \frac{1}{T_0} \int_{-T_0/2}^{T_0/2} s^2(t) \mathrm{d}t \qquad (2.2-42)$$

并且由周期函数的巴塞伐尔定理得知

$$P = \frac{1}{T_0} \int_{-T_0/2}^{T_0/2} s^2(t) \mathrm{d}t = \sum_{n=-\infty}^{\infty} | C_n |^2 \qquad (2.2-43)$$

式中:C_n 为此周期信号的傅里叶级数的系数。

若 f_0 是此信号的基波频率,则 C_n 是此信号的第 n 次谐波(其频率为 nf_0)的振幅;$|C_n|^2$ 为第 n 次谐波的功率,可以称为信号的(离散)功率谱。

若我们仍希望用连续的功率谱密度表示此离散谱(discrete spectrum),则可以利用上述的 δ 函数的特性(式(2.2-27))将式(2.2-43)表示为

$$P = \int_{-\infty}^{\infty} \sum_{n=-\infty}^{\infty} | C(f) |^2 \delta(f - nf_0) \mathrm{d}f \qquad (2.2-44)$$

式中

$$C(f) = \begin{cases} C_n & f = nf_0 \\ 0 & \text{其他} \end{cases}$$

式(2.2-44)中的被积因子就是此信号的功率谱密度 $P(f)$,即

$$P(f) = \sum_{n=-\infty}^{\infty} | C(f) |^2 \delta(f - nf_0) \qquad (2.2-45)$$

而

$$\sum_{n=-\infty}^{\infty} | C(f) |^2 \delta(f - nf_0) \mathrm{d}f = P(f) \mathrm{d}f \qquad (2.2-46)$$

就是在频率间隔 $\mathrm{d}f$ 内信号的功率。

【例 2-7】 试求例 2-1 中周期性信号的功率谱密度。

该例中信号的频谱已经求出,它等于式(2.2-14),即

$$C_n = \frac{V\tau}{T} \mathrm{Sa}\left(\frac{n\pi\tau}{T}\right)$$

所以由式(2.2-45),得

$$P(f) = \sum_{n=-\infty}^{\infty} | C(f) |^2 \delta(f - nf_0) = \sum_{n=-\infty}^{\infty} \left(\frac{V\tau}{T}\right)^2 \mathrm{Sa}^2(\pi\tau f) \delta(f - nf_0)$$

$$(2.2-47)$$

2.3 确知信号的时域性质

确知信号在时域中(time domain)的性质主要有自相关(autocorrelation)函数和互相关(cross-correlation)函数。下面将介绍其定义和基本性质。

2.3.1 能量信号的自相关函数

能量信号 $s(t)$ 的自相关函数的定义为

$$R(\tau) = \int_{-\infty}^{\infty} s(t)s(t+\tau)\mathrm{d}t \quad -\infty < \tau < \infty \quad (2.3-1)$$

自相关函数反映了一个信号与延迟 τ 后的同一信号间的相关程度。自相关函数 $R(\tau)$ 和时间 t 无关,只和时间差 τ 有关。当 $\tau=0$ 时,能量信号的自相关函数 $R(0)$ 等于信号的能量,即

$$R(0) = \int_{-\infty}^{\infty} s^2(t)\mathrm{d}t = E \quad (2.3-2)$$

式中:E 为能量信号的能量。

此外,$R(\tau)$ 是 τ 的偶函数,即

$$R(\tau) = R(-\tau) \quad (2.3-3)$$

这可以容易地证明如下:

由 $R(\tau)$ 的定义,有

$$R(-\tau) = \int_{-\infty}^{\infty} s(t)s(t-\tau)\mathrm{d}t \quad (2.3-4)$$

令 $x=t-\tau$,代入式(2.3-4),得

$$R(-\tau) = \int_{-\infty}^{\infty} s(x+\tau)s(x)\mathrm{d}(x+\tau) = \int_{-\infty}^{\infty} s(x)s(x+\tau)\mathrm{d}x = R(\tau) \quad (2.3-5)$$

能量信号的自相关函数和其能量谱密度之间有简单的关系。下面就来具体分析。对定义式(2.3-1)求傅里叶变换,即

$$\int_{-\infty}^{\infty} R(\tau) \mathrm{e}^{-\mathrm{j}2\pi f\tau}\mathrm{d}\tau = \int_{-\infty}^{\infty}\int_{-\infty}^{\infty} s(t)s(t+\tau)\mathrm{e}^{-\mathrm{j}2\pi f\tau}\mathrm{d}t\mathrm{d}\tau$$

$$= \int_{-\infty}^{\infty} s(t)\mathrm{d}t \left[\int_{-\infty}^{\infty} s(t+\tau)\mathrm{e}^{-\mathrm{j}2\pi f(t+\tau)}\mathrm{d}(t+\tau)\right]\mathrm{e}^{+\mathrm{j}2\pi ft} \quad (2.3-6)$$

令 $t'=t+\tau$ 代入式(2.3-6),得

$$\int_{-\infty}^{\infty} R(\tau) \mathrm{e}^{-\mathrm{j}2\pi f\tau}\mathrm{d}\tau = \int_{-\infty}^{\infty} s(t)\mathrm{d}t \left[\int_{-\infty}^{\infty} s(t')\mathrm{e}^{-\mathrm{j}2\pi ft'}\mathrm{d}t'\right]\mathrm{e}^{+\mathrm{j}2\pi ft}$$

$$= S(f)\int_{-\infty}^{\infty} s(t)\mathrm{e}^{+\mathrm{j}2\pi ft}\mathrm{d}t = S(f)S(-f) \quad (2.3-7)$$

式中：$S(f) = \int_{-\infty}^{\infty} s(t) \mathrm{e}^{-\mathrm{j}2\pi ft} \mathrm{d}t$，为能量信号 $s(t)$ 的频谱密度。

因为一般说来 $S(f)$ 是复函数，所以可以令

$$S(f) = A(f) + \mathrm{j}B(f) \qquad (2.3-8)$$

式中：$A(f)$ 和 $B(f)$ 为实函数。并且，对于实能量信号，其频谱密度的正频率部分和负频率部分有复数共轭关系。这样，式(2.3-7)变为

$$\int_{-\infty}^{\infty} R(\tau) \mathrm{e}^{-\mathrm{j}2\pi f\tau} \mathrm{d}\tau = S(f)S(-f) = [A(f) + \mathrm{j}B(f)][A(f) - \mathrm{j}B(f)] =$$

$$A^2(f) + B^2(f) = |S(f)|^2 \qquad (2.3-9\mathrm{a})$$

将式(2.3-9a)和式(2.2-34)比较表明，能量信号的自相关函数的傅里叶变换就是其能量谱密度。反之，能量信号的能量谱密度的逆傅里叶变换就是能量信号的自相关函数，即

$$R(\tau) = \int_{-\infty}^{\infty} |S(f)|^2 \mathrm{e}^{\mathrm{j}2\pi f\tau} \mathrm{d}f \qquad (2.3-9\mathrm{b})$$

$R(\tau)$ 和 $|S(f)|^2$ 构成一对傅里叶变换。

2.3.2 功率信号的自相关函数

功率信号 $s(t)$ 的自相关函数的定义为

$$R(\tau) = \lim_{T \to \infty} \frac{1}{T} \int_{-T/2}^{T/2} s(t)s(t+\tau) \mathrm{d}t \qquad -\infty < \tau < \infty \qquad (2.3-10)$$

由定义式不难看出，当 $\tau = 0$ 时，功率信号的自相关函数 $R(0)$ 等于信号的平均功率，即

$$R(0) = \lim_{T \to \infty} \frac{1}{T} \int_{-T/2}^{T/2} s^2(t) \mathrm{d}t = P \qquad (2.3-11)$$

式中：P 为信号的功率。

和能量信号的自相关函数类似，功率信号的自相关函数也是偶函数。

对于周期性功率信号，自相关函数的定义可以改写为

$$R(\tau) = \frac{1}{T_0} \int_{-T_0/2}^{T_0/2} s(t)s(t+\tau) \mathrm{d}t \qquad -\infty < \tau < \infty \qquad (2.3-12)$$

周期性功率信号的自相关函数和其功率谱密度之间也有简单的关系。下面就来具体分析。由式(2.3-12)，有

$$R(\tau) = \frac{1}{T_0} \int_{-T_0/2}^{T_0/2} s(t)s(t+\tau) \mathrm{d}t = \frac{1}{T_0} \int_{-T_0/2}^{T_0/2} s(t) \left[\sum_{-\infty}^{\infty} C_n \mathrm{e}^{\mathrm{j}2\pi n(t+\tau)/T_0} \right] \mathrm{d}t =$$

$$\sum_{-\infty}^{\infty} \left[C_n \mathrm{e}^{\mathrm{j}2\pi n\tau/T_0} \cdot \frac{1}{T_0} \int_{-T_0/2}^{T_0/2} s(t) \mathrm{e}^{\mathrm{j}2\pi nt/T_0} \mathrm{d}t \right] = \sum_{-\infty}^{\infty} [C_n \cdot C_n^*] \mathrm{e}^{\mathrm{j}2\pi n\tau/T_0} =$$

$$\sum_{-\infty}^{\infty} |C_n|^2 \mathrm{e}^{\mathrm{j}2\pi n\tau/T_0} = \int_{-\infty}^{\infty} \sum_{n=-\infty}^{\infty} |C(f)|^2 \delta(f - nf_0) \mathrm{e}^{\mathrm{j}2\pi f\tau} \mathrm{d}f \qquad (2.3-13)$$

将式(2.2-45)代入式(2.3-13),得

$$R(\tau) = \int_{-\infty}^{\infty} P(f) e^{j2\pi f \tau} df \qquad (2.3-14a)$$

式(2.3-14a)表明,周期性功率信号的自相关函数 $R(\tau)$ 和其功率谱密度 $P(f)$ 之间是傅里叶变换关系,即 $P(f)$ 的逆傅里叶变换是 $R(\tau)$,而 $R(\tau)$ 的傅里叶变换是功率谱密度,即

$$P(f) = \int_{-\infty}^{\infty} R(\tau) e^{-j2\pi f \tau} d\tau \qquad (2.3-14b)$$

【例2-8】 试求余弦信号 $s(t) = A\cos(\omega_0 t + \theta)$ 的自相关函数、功率谱密度和平均功率。

【解】 信号 $s(t)$ 是周期性功率信号,根据自相关函数定义式(2.3-12)可得其自相关函数为

$$R(\tau) = \frac{1}{T_0}\int_{-T_0/2}^{T_0/2} s(t)s(t+\tau)dt = \frac{1}{T_0}\int_{-T_0/2}^{T_0/2} A^2\cos(\omega_0 t + \theta)\cos[\omega_0(t+\tau) + \theta]dt$$

$$(2.3-15)$$

式中:$\omega_0 = 2\pi f_0 = 2\pi/T_0$。

利用三角函数公式(见附录A),式(2.3-15)可以变为

$$R(\tau) = \frac{A^2}{2}\cos\omega_0\tau \cdot \frac{1}{T_0}\int_{-T_0/2}^{T_0/2} dt + \frac{A^2}{2}\frac{1}{T_0}\int_{-T_0/2}^{T_0/2}\cos(2\omega_0 t + \omega_0\tau + 2\theta)dt$$

$$= \frac{A^2}{2}\cos\omega_0\tau \qquad (2.3-16)$$

对式(2.3-16)作傅里叶变换,则可得此余弦信号的功率谱密度为

$$P(\omega) = \frac{A^2}{2}\pi[\delta(\omega - \omega_0) + \delta(\omega + \omega_0)] \qquad (2.3-17)$$

若将角频率 ω 换成频率 f 表示,并利用冲激函数的尺度变换特性

$$\delta(\omega) = \delta(2\pi f) = \frac{1}{2\pi}\delta(f) \qquad (2.3-18)$$

则式(2.3-17)可改写为

$$P(f) = \frac{A^2}{4}[\delta(f - f_0) + \delta(f + f_0)] \qquad (2.3-19)$$

由式(2.3-11)可得信号的平均功率为

$$P = R(0) = \frac{A^2}{2}$$

2.3.3 能量信号的互相关函数

两个能量信号 $s_1(t)$ 和 $s_2(t)$ 的互相关函数的定义为

$$R_{12}(\tau) = \int_{-\infty}^{\infty} s_1(t) s_2(t+\tau) \mathrm{d}t \qquad -\infty < \tau < \infty \qquad (2.3-20)$$

由式(2.3-20)看出,互相关函数反映了一个信号和延迟 τ 后的另一个信号间相关的程度。互相关函数 $R_{12}(\tau)$ 和时间 t 无关,只和时间差 τ 有关。需要注意的是,互相关函数和两个信号相乘的前后次序有关,即有

$$R_{21}(\tau) = R_{12}(-\tau) \qquad (2.3-21)$$

这一点很容易证明。若令 $x = t + \tau$,则由式(2.3-20)得

$$R_{21}(\tau) = \int_{-\infty}^{\infty} s_2(t) s_1(t+\tau) \mathrm{d}t = \int_{-\infty}^{\infty} s_2(x-\tau) s_1(x) \mathrm{d}x$$

$$= \int_{-\infty}^{\infty} s_1(x) s_2[x + (-\tau)] \mathrm{d}x = R_{12}(-\tau) \qquad (2.3-22)$$

现在来考虑互相关函数和信号能量谱密度的关系。由定义式(2.3-20),有

$$R_{12}(\tau) = \int_{-\infty}^{\infty} s_1(t) s_2(t+\tau) \mathrm{d}t = \int_{-\infty}^{\infty} s_1(t) \mathrm{d}t \int_{-\infty}^{\infty} S_2(f) \mathrm{e}^{\mathrm{j}2\pi f(t+\tau)} \mathrm{d}f$$

$$= \int_{-\infty}^{\infty} S_2(f) \mathrm{d}f \int_{-\infty}^{\infty} s_1(t) \mathrm{e}^{\mathrm{j}2\pi f(t+\tau)} \mathrm{d}t = \int_{-\infty}^{\infty} S_1^*(f) S_2(f) \mathrm{e}^{\mathrm{j}2\pi f\tau} \mathrm{d}f$$

$$= \int_{-\infty}^{\infty} S_{12}(f) \mathrm{e}^{\mathrm{j}2\pi f\tau} \mathrm{d}f \qquad (2.3-23)$$

式中: $S_{12}(f) = S_1^*(f) S_2(f)$,称为互能量谱密度。

式(2.3-23)表示, $R_{12}(\tau)$ 是 $S_{12}(f)$ 的逆傅里叶变换。故 $S_{12}(f)$ 是 $R_{12}(\tau)$ 的傅里叶变换,即

$$S_{12}(f) = \int_{-\infty}^{\infty} R_{12}(\tau) \mathrm{e}^{-\mathrm{j}2\pi f\tau} \mathrm{d}\tau \qquad (2.3-24)$$

因此,互相关函数和互能量谱密度也是一对傅里叶变换。

2.3.4 功率信号的互相关函数

两个功率信号 $s_1(t)$ 和 $s_2(t)$ 的互相关函数的定义为

$$R_{12}(\tau) = \lim_{T \to \infty} \frac{1}{T} \int_{-T/2}^{T/2} s_1(t) s_2(t+\tau) \mathrm{d}t \qquad -\infty < \tau < \infty \qquad (2.3-25)$$

同样,功率信号的互相关函数 $R_{12}(\tau)$ 也和时间 t 无关,只和时间差 τ 有关,并且互相关函数和两个信号相乘的前后次序有关。类似式(2.3-22),有

$$R_{21}(\tau) = \lim_{T\to\infty} \frac{1}{T} \int_{-T/2}^{T/2} s_2(t) s_1(t+\tau) dt$$

$$= \lim_{T\to\infty} \frac{1}{T} \int_{-T/2}^{T/2} s_2(x-\tau) s_1(x) dx$$

$$= \lim_{T\to\infty} \frac{1}{T} \int_{-T/2}^{T/2} s_1(x) s_2(x-\tau) dx = R_{12}(-\tau) \quad -\infty < \tau < \infty$$

(2.3 − 26)

若两个周期性功率信号的周期相同,则其互相关函数的定义可以写为

$$R_{12}(\tau) = \frac{1}{T} \int_{-T/2}^{T/2} s_1(t) s_2(t+\tau) dt \quad -\infty < \tau < \infty \quad (2.3-27)$$

式中:T 为信号的周期。

在功率信号的互相关函数和其功率谱之间也有如下简单的傅里叶变换关系:

$$R_{12}(\tau) = \frac{1}{T} \int_{-T/2}^{T/2} s_1(t) s_2(t+\tau) dt = \frac{1}{T} \int_{-T/2}^{T} s_1(t) dt \sum_{n=-\infty}^{\infty} (C_n)_2 e^{j2\pi n f_0 (t+\tau)}$$

$$= \sum_{n=-\infty}^{\infty} \left[(C_n)_2 e^{j2\pi n f_0 \tau} \frac{1}{T} \int_{-T/2}^{T/2} s_1(t) e^{j2\pi n f_0 t} dt \right] = \sum_{n=-\infty}^{\infty} \left[(C_n)_1^* (C_n)_2 \right] e^{j2\pi n f_0 \tau}$$

$$= \sum_{n=-\infty}^{\infty} [C_{12}] e^{j2\pi n f_0 \tau} \quad (2.3-28)$$

式中:$C_{12} = (C_n)_1^* (C_n)_2$,称为信号的互功率谱。

式(2.3 − 28)表示,周期性功率信号的互功率谱 C_{12} 是其互相关函数 $R_{12}(\tau)$ 的傅里叶级数的系数。若用傅里叶变换表示,式(2.3 − 28)可以改写为

$$R_{12}(\tau) = \sum_{n=-\infty}^{\infty} \int_{-\infty}^{\infty} C_{12}(f) \delta(f-nf_0) e^{j2\pi n f_0 \tau} df \quad (2.3-29)$$

式中:$\int_{-\infty}^{\infty} C_{12}(f) \delta(f-nf_0) df = C_{12} = (C_n)_1^* (C_n)_2$。

2.4 小结

本章集中讨论确知信号的特性。确知信号按照其强度可以分为能量信号和功率信号。功率信号按照其有无周期性划分,又可以分为周期性信号和非周期性信号。能量信号的振幅和持续时间都是有限的,其能量有限,(在无限长的时间上)平均功率为零。功率信号的持续时间无限,故其能量为无穷大。

确知信号的性质可以从频域和时域两方面研究。

确知信号在频域中的性质有 4 种,即频谱、频谱密度、能量谱密度和功率谱密度。周期性功率信号的波形可以用傅里叶级数表示,级数的各项构成信号的离散频谱,其单位是 V。能量信号的波形可以用傅里叶变换表示,波形变换得出的函数是信号的频谱密度,其

单位是 V/Hz。只要引入冲激函数,我们同样可以对于一个功率信号求出其频谱密度。能量谱密度是能量信号的能量在频域中的分布,其单位是 J/Hz。功率谱密度则是功率信号的功率在频域中的分布,其单位是 W/Hz。周期性信号的功率谱密度是由离散谱线组成的,这些谱线就是信号在各次谐波上的功率分量$|C_n|^2$,称为功率谱,其单位为 W。但是,若用 δ 函数表示此谱线,则它可以写成功率谱密度$|C(f)|^2\delta(f-nf_0)$的形式。

确知信号在时域中的特性主要有自相关函数和互相关函数。自相关函数反映一个信号在不同时间上取值的关联程度。能量信号的自相关函数 $R(0)$ 等于信号的能量;而功率信号的自相关函数 $R(0)$ 等于信号的平均功率。互相关函数反映两个信号的相关程度,它和时间无关,只和时间差有关,并且互相关函数和两个信号相乘的前后次序有关。能量信号的自相关函数和其能量谱密度构成一对傅里叶变换。周期性功率信号的自相关函数和其功率谱密度构成一对傅里叶变换。能量信号的互相关函数和其互能量谱密度构成一对傅里叶变换。周期性功率信号的互相关函数和其互功率谱构成一对傅里叶变换。

思 考 题

2 – 1 何谓确知信号?
2 – 2 试分别说明能量信号和功率信号的特性。
2 – 3 试用语言(文字)描述单位冲激函数的定义。
2 – 4 试画出单位阶跃函数的曲线。
2 – 5 试述信号的四种频率特性分别适用于何种信号。
2 – 6 频谱密度 $S(f)$ 和频谱 $C(jn\omega_0)$ 的量纲分别是什么?
2 – 7 自相关函数有哪些性质?
2 – 8 冲激响应的定义是什么?冲激响应的傅里叶变换等于什么?

习 题

2 – 1 试判断下列信号是周期信号还是非周期信号,能量信号还是功率信号:
(1) $s_1(t) = e^{-t}u(t)$
(2) $s_2(t) = \sin(6\pi t) + 2\cos(10\pi t)$
(3) $s_3(t) = e^{-2t}$

2 – 2 试证明图 P2 – 1 中周期性信号可以展开为

图 P2 – 1

$$s(t) = \frac{4}{\pi} \sum_{n=0}^{\infty} \frac{(-1)^n}{2n+1} \cos(2n+1)\pi t$$

2-3 设信号 $s(t)$ 可以表示成
$$s(t) = 2\cos(2\pi t + \theta) \qquad -\infty < t < \infty$$
试求：(1) 信号的傅里叶级数的系数 C_n；

(2) 信号的功率谱密度。

2-4 设有一信号如下：
$$x(t) = \begin{cases} 2\exp(-t) & t \geq 0 \\ 0 & t < 0 \end{cases}$$
试问它是功率信号还是能量信号，并求出其功率谱密度或能量谱密度。

2-5 求图 P2-2 所示的单个矩形脉冲（门函数）的频谱（密度）、能量谱密度、自相关函数及其波形、信号能量。

图 P2-2

2-6 设信号 $s(t)$ 的傅里叶变换为 $S(f) = \sin\pi f/\pi f$，试求此信号的自相关函数 $R_s(\tau)$。

2-7 已知信号 $s(t)$ 的自相关函数为
$$R_s(\tau) = \frac{k}{2} e^{-k|\tau|} \qquad k = 常数$$

(1) 试求其功率谱密度 $P_s(f)$ 和功率 P；

(2) 试画出 $R_s(\tau)$ 和 $P_n(f)$ 的曲线。

2-8 已知信号 $s(t)$ 的自相关函数 $R(\tau)$ 是周期 $T=2$ 的周期性函数，其在区间 $(-1, 1)$ 上的截短函数为
$$R_T(\tau) = 1 - |\tau| \qquad -1 \leq \tau < 1$$
试求 $s(t)$ 的功率谱密度 $P(f)$ 并画出其曲线。

2-9 (1) 求正弦信号 $c(t) = \sin\omega_0 t$ 的频谱（密度）；

(2) 已知 $s(t) \Leftrightarrow S(\omega)$，试求 $x(t) = s(t)\sin\omega_0 t$ 的频谱（密度）。

第3章 随机过程

三个目标

在通信系统的分析中,随机过程(random process)是非常重要的数学工具。因为通信系统中的信号与噪声都具有一定的随机性,需要用随机过程来描述。第1章中提到,发送信号具有一定的不可预知性,或者说随机性,否则信号就失去了传输的价值。另外,介入系统中的干扰与噪声、信道特性的起伏,也是随机变化的。通信系统中的热噪声就是这样的一个例子,热噪声是由电阻性元器件中的电子因热扰动而产生的。另一个例子是在进行移动通信时,电磁波的传播路径不断变化,接收信号也是随机变化的。因此,通信中的信源、噪声以及信号传输特性都可使用随机过程来描述。

本章在介绍随机过程的分布及其数字特征等基本概念的基础上,重点讨论通信系统中常见的几种重要的随机过程的统计特性,以及随机过程通过线性系统的情况。这些内容将有助于今后分析通信系统的性能。

3.1 随机过程的基本概念

随机过程是一类随时间作随机变化的过程,它不能用确切的时间函数描述。随机过程可以从两个不同的角度来说明。一个角度是把随机过程看成对应不同随机试验结果的时间过程的集合。例如,设有 n 台性能完全相同的接收机,它们的工作条件也完全相同。现在,用 n 台示波器同时观测并记录这 n 台接收机的输出噪声波形,测试结果将表明,尽管设备和测试条件相同,但是所记录的是 n 条随时间起伏且各不相同的波形,如图 3-1 所示。这就是说,接收机输出的噪声电压随时间的变化是不可预知的。测试结果的每一个记录,即图 3-1 中的一个波形,都是一个确定的时间函数 $x_i(t)$,它称为**样本函数**(Sample function)或随机过程的一次实现(realization)。全部样本函数构成的总体 $\{x_1(t), x_2(t), \cdots, x_n(t)\}$ 就是一个随机过程,记作 $\xi(t)$。简言之,**随机过程是所有样本函数的集合**(assemble)。

从另外一个角度来看,随机过程是随机变量概念的延伸。在任一给定时刻 t_1 上,每一个样本函数 $x_i(t)$ 都是一个确定的数值 $x_i(t_1)$,但是每个 $x_i(t_1)$ 都是不可预知的,这正是随机过程随机性的体现。所以,在一个固定时刻 t_1 上,不同样本的取值 $\{x_i(t_1), i=1, 2, \cdots, n\}$ 是一个随机变量,记为 $\xi(t_1)$。换句话说,随机过程在任意时刻的值是一个随机

图 3-1 样本函数的总体

变量(random variable)。因此,又可以把随机过程看作是在时间进程中处于不同时刻的随机变量的集合。这个角度更适合对随机过程理论进行精确的数学描述。

3.1.1 随机过程的分布函数

设 $\xi(t)$ 表示一个随机过程,则它在任意时刻 t_1 的值 $\xi(t_1)$ 是一个随机变量,其统计特性可以用分布函数(distribution function)或概率密度(probability density)函数来描述。我们把随机变量 $\xi(t_1)$ 小于或等于某一数值 x_1 的概率 $P[\xi(t_1) \leqslant x_1]$,记作

$$F_1(x_1, t_1) = P[\xi(t_1) \leqslant x_1] \tag{3.1-1}$$

并称它为随机过程 $\xi(t)$ 的一维(one dimensional)分布函数。如果 $F_1(x_1, t_1)$ 对 x_1 的偏导(partial derivative)存在,有

$$\frac{\partial F_1(x_1, t_1)}{\partial x_1} = f_1(x_1, t_1) \tag{3.1-2}$$

则称 $f_1(x_1, t_1)$ 为 $\xi(t)$ 的一维概率密度函数。显然,一维分布函数或一维概率密度函数仅仅描述了随机过程在任一瞬间的统计特性,它对随机过程的描述很不充分。进而对于任意固定的 t_1 和 t_2 时刻,把 $\xi(t_1) \leqslant x_1$ 和 $\xi(t_2) \leqslant x_2$ 同时成立的概率

$$F_2(x_1, x_2; t_1, t_2) = P\{\xi(t_1) \leqslant x_1, \xi(t_2) \leqslant x_2\} \tag{3.1-3}$$

称为随机过程 $\xi(t)$ 的二维分布函数。如果

$$\frac{\partial^2 F_2(x_1, x_2; t_1, t_2)}{\partial x_1 \cdot \partial x_2} = f_2(x_1, x_2; t_1, t_2) \tag{3.1-4}$$

存在,则称 $f_2(x_1, x_2; t_1, t_2)$ 为 $\xi(t)$ 的二维概率密度函数。

同理,任意给定 $t_1, t_2, \cdots, t_n \in T$,则 $\xi(t)$ 的 n 维分布函数定义为

$$F_n(x_1, x_2, \cdots, x_n; t_1, t_2, \cdots, t_n)$$
$$= P\{\xi(t_1) \leqslant x_1, \xi(t_2) \leqslant x_2, \cdots, \xi(t_n) \leqslant x_n\} \tag{3.1-5}$$

如果

$$\frac{\partial^n F_n(x_1, x_2, \cdots, x_n; t_1, t_2, \cdots, t_n)}{\partial x_1 \partial x_2 \cdots \partial x_n} = f_n(x_1, x_2, \cdots, x_n; t_1, t_2, \cdots, t_n)$$

存在，则称其为 $\xi(t)$ 的 n 维概率密度函数。显然，n 越大，对随机过程统计特性的描述就越充分。

3.1.2 随机过程的数字特征

在大多数情况下，往往不容易或不需要确定随机过程的 n 维分布函数或概率密度函数，而是用随机过程的数字特征来部分地描述随机过程的主要特性。对于通信系统而言，这通常足以满足其需求，又便于进行运算和实际测量。随机过程的数字特征是由随机变量的数字特征推广而得到的，其中最常用的是均值、方差和相关函数。

1. 均值（数学期望）

随机过程 $\xi(t)$ 的**均值**（average）或称**数学期望**（mathematic expectation），定义为

$$E[\xi(t)] = \int_{-\infty}^{\infty} x f_1(x, t) \, dx \tag{3.1-6}$$

这是因为 $\xi(t)$ 在任意给定时刻 t_1 的取值 $\xi(t_1)$ 是一个随机变量，其概率密度函数为 $f_1(x_1, t_1)$，则 $\xi(t_1)$ 的均值为

$$E[\xi(t_1)] = \int_{-\infty}^{\infty} x_1 f_1(x_1, t_1) \, dx_1$$

由于 t_1 是任取的，所以可以把 t_1 直接写为 t，x_1 改为 x，这时上式就变为随机过程在任意时刻 t 的均值，即式(3.1-6)。

显然，$\xi(t)$ 的均值 $E[\xi(t)]$ 是时间的确定函数，常记为 $a(t)$，它表示随机过程的 n 个样本函数曲线的摆动中心（如图 3-1 中粗线所示）。

2. 方差

随机过程的方差（variance）定义为

$$D[\xi(t)] = E\{[\xi(t) - a(t)]^2\} \tag{3.1-7}$$

$D[\xi(t)]$ 常记为 $\sigma^2(t)$。这里也把任意时刻 t_1 直接写成了 t。因为

$$D[\xi(t)] = E[\xi^2(t) - 2a(t)\xi(t) + a^2(t)] = E[\xi^2(t)] - 2a(t)E[\xi(t)] + a^2(t)$$

$$= E[\xi^2(t)] - a^2(t) = \int_{-\infty}^{\infty} x^2 f_1(x, t) \, dx - [a(t)]^2 \tag{3.1-8}$$

所以，方差等于均方值与均值平方之差，它表示随机过程在时刻 t 相对于均值 $a(t)$ 的偏离程度。

3. 相关函数

均值和方差都只与随机过程的一维概率密度函数有关，因而它们只是描述了随机过

程在各个孤立时刻的特征,而不能反映随机过程内在的联系。为了衡量随机过程在任意两个时刻上获得的随机变量之间的关联程度,常采用相关函数(correlation function) $R(t_1,t_2)$ 或协方差函数(covariance function) $B(t_1,t_2)$。随机过程 $\xi(t)$ 的协方差函数定义为

$$B(t_1,t_2) = E\{[\xi(t_1) - a(t_1)][\xi(t_2) - a(t_2)]\}$$
$$= \int_{-\infty}^{\infty} \int_{-\infty}^{\infty} [x_1 - a(t_1)][x_2 - a(t_2)] f_2(x_1,x_2;t_1,t_2) \mathrm{d}x_1 \mathrm{d}x_2$$

$$(3.1-9)$$

式中:$a(t_1)$ 和 $a(t_2)$ 分别是在 t_1 和 t_2 时刻得到的 $\xi(t)$ 的均值;$f_2(x_1,x_2;t_1,t_2)$ 为 $\xi(t)$ 的二维概率密度函数。

随机过程 $\xi(t)$ 的相关函数定义为

$$R(t_1,t_2) = E[\xi(t_1)\xi(t_2)] = \int_{-\infty}^{\infty} \int_{-\infty}^{\infty} x_1 x_2 f_2(x_1,x_2;t_1,t_2) \mathrm{d}x_1 \mathrm{d}x_2 \quad (3.1-10)$$

式中:$\xi(t_1)$ 和 $\xi(t_2)$ 分别是在 t_1 和 t_2 时刻观测 $\xi(t)$ 得到的随机变量。

可以看出,$R(t_1,t_2)$ 是两个变量 t_1 与 t_2 的确定函数。$R(t_1,t_2)$ 与 $B(t_1,t_2)$ 之间有着如下确定的关系:

$$B(t_1,t_2) = R(t_1,t_2) - a(t_1)a(t_2) \quad (3.1-11)$$

若随机过程的均值为 0,则 $B(t_1,t_2)$ 与 $R(t_1,t_2)$ 完全相同;即使均值不为 0,两者所描述的随机过程的特征也是一致的,今后将常用 $R(t_1,t_2)$。

如果把相关函数的概念引伸到两个或更多个随机过程,可以得到互相关函数。设 $\xi(t)$ 和 $\eta(t)$ 分别表示两个随机过程,则互相关函数定义为

$$R_{\xi\eta}(t_1,t_2) = E[\xi(t_1)\eta(t_2)] \quad (3.1-12)$$

与此对比,由于 $R(t_1,t_2)$ 是衡量同一过程的相关程度的,所以称它为**自相关函数**。若 $t_2 > t_1$,并令 $\tau = t_2 - t_1$,则相关函数 $R(t_1,t_2)$ 可表示为 $R(t_1,t_1+\tau)$。这说明,相关函数是 t_1 和 τ 的函数。

3.2 平稳随机过程

平稳随机过程(stationary random process)是一类应用非常广泛的随机过程,它在通信系统的研究中有着极其重要的意义。

3.2.1 定义

若一个随机过程 $\xi(t)$ 的统计特性与时间起点无关,即时间平移不影响其任何统计特性,则称该随机过程是在严格意义下的平稳随机过程,简称严平稳随机过程。

因此,平稳随机过程 $\xi(t)$ 的任意有限维概率密度函数与时间起点无关,也就是说,对于任意的正整数 n 和所有实数 Δ,有

$$f_n(x_1, x_2, \cdots, x_n; t_1, t_2, \cdots, t_n)$$
$$= f_n(x_1, x_2, \cdots, x_n; t_1 + \Delta, t_2 + \Delta, \cdots, t_n + \Delta) \quad (3.2-1)$$

它的一维概率密度函数与时间 t 无关,即

$$f_1(x_1, t_1) = f_1(x_1) \quad (3.2-2)$$

而二维分布函数只与时间间隔 $\tau = t_2 - t_1$ 有关,即

$$f_2(x_1, x_2; t_1, t_2) = f_2(x_1, x_2; \tau) \quad (3.2-3)$$

显然,随着概率密度函数的简化,平稳随机过程 $\xi(t)$ 的一些数字特征也可以相应地简化,其均值和自相关函数分别为

$$E[\xi(t)] = \int_{-\infty}^{\infty} x_1 f_1(x_1) \mathrm{d}x_1 = a \quad (3.2-4)$$

$$R(t_1, t_2) = E[\xi(t_1)\xi(t_1+\tau)]$$
$$= \int_{-\infty}^{\infty}\int_{-\infty}^{\infty} x_1 x_2 f_2(x_1, x_2; \tau) \mathrm{d}x_1 \mathrm{d}x_2 = R(\tau) \quad (3.2-5)$$

可见,平稳随机过程 $\xi(t)$ 具有简明的数字特征:① 均值与 t 无关,为常数 a;② 自相关函数只与时间间隔 $\tau = t_2 - t_1$ 有关,即 $R(t_1, t_1+\tau) = R(\tau)$。实际中我们常用这两个条件来直接判断随机过程的平稳性,并把同时满足①和②的过程定义为**广义平稳**(generalized stationary)**随机过程**。显然,严平稳随机过程必定是广义平稳的,反之不一定成立。

在通信系统中所遇到的信号及噪声,大多数可视为平稳的随机过程。因此,研究平稳随机过程具有实际意义。以后讨论的随机过程除特殊说明外,均假定是平稳的,且均指广义平稳随机过程,简称平稳过程。

3.2.2 各态历经性

我们知道,随机过程的数字特征(均值、相关函数)是对随机过程的所有样本函数的统计平均,但在实际中常常很难测得大量的样本。因此,我们自然会提出这样一个问题:能否从一次试验而得到的一个样本函数 $x(t)$ 来决定平稳过程的数字特征呢?回答是肯定的。平稳过程在满足一定的条件下具有一个有趣而又非常有用的特性,称为各态历经性(ergodicity)(又称遍历性)。具有各态历经性的过程,其数字特征(均为统计平均)完全可由随机过程中的任一实现的时间平均值来代替。下面,我们来讨论各态历经性的条件。

假设 $x(t)$ 是平稳过程 $\xi(t)$ 的任意一次实现(样本),由于它是时间的确定函数,可以求得它的时间平均值。其时间均值和时间相关函数分别定义为

$$\begin{cases} \overline{a} = \overline{x(t)} = \lim_{T \to \infty} \frac{1}{T} \int_{-T/2}^{T/2} x(t) \mathrm{d}t \\ \overline{R(\tau)} = \overline{x(t)x(t+\tau)} = \lim_{T \to \infty} \frac{1}{T} \int_{-T/2}^{T/2} x(t)x(t+\tau) \mathrm{d}t \end{cases} \quad (3.2-6)$$

如果平稳过程使

$$\begin{cases} a = \overline{a} \\ R(\tau) = \overline{R(\tau)} \end{cases} \quad (3.2-7)$$

成立。也就是说,平稳过程的统计平均值等于它的任一次实现的时间平均值,则称该平稳过程具有各态历经性。

各态历经的含义:随机过程中的任一次实现都经历了随机过程的所有可能状态。因此,关于各态历经性的一个直接结论是,在求解各种统计平均(均值或自相关函数等)时,无需作无限多次的考察,只要获得一次考察,用一次实现的"时间平均"值代替过程的"统计平均"值即可,从而使测量和计算的问题大为简化。

注意:具有各态历经的随机过程一定是平稳过程,反之不一定成立。在通信系统中所遇到的随机信号和噪声,一般均能满足各态历经条件。

【例 3-1】 设一个随机相位的余弦波为

$$\xi(t) = A\cos(\omega_c t + \theta)$$

式中:A 和 ω_c 均为常数;θ 是在 $(0, 2\pi)$ 内均匀分布的随机变量。试讨论 $\xi(t)$ 是否具有各态历经性。

【解】 (1) 先求 $\xi(t)$ 的统计平均值。

数学期望为

$$\begin{aligned} a(t) &= E[\xi(t)] = E[A\cos(\omega_c t + \theta)] \\ &= AE(\cos\omega_c t\cos\theta - \sin\omega_c t\sin\theta) \\ &= A\cos\omega_c t E[\cos\theta] - A\sin\omega_c t E[\sin\theta] = 0 \end{aligned}$$

其中:$E[\cos\theta] = \int_0^{2\pi} \cos\theta \frac{1}{2\pi} d\theta = 0$;同理 $E[\sin\theta] = 0$。

自相关函数为

$$\begin{aligned} R(t_1, t_2) &= E[\xi(t_1)\xi(t_2)] = E[A\cos(\omega_c t_1 + \theta) \cdot A\cos(\omega_c t_2 + \theta)] \\ &= \frac{A^2}{2} E\{\cos\omega_c(t_2 - t_1) + \cos[\omega_c(t_2 + t_1) + 2\theta]\} \\ &= \frac{A^2}{2}\cos\omega_c(t_2 - t_1) + \frac{A^2}{2}\int_0^{2\pi} \cos[\omega_c(t_2 + t_1) + 2\theta]\frac{1}{2\pi}d\theta \\ &= \frac{A^2}{2}\cos\omega_c(t_2 - t_1) + 0 \end{aligned}$$

令 $t_2 - t_1 = \tau$,得

$$R(t_1, t_2) = \frac{A^2}{2}\cos\omega_c\tau = R(\tau)$$

可见,$\xi(t)$ 的数学期望为常数,而自相关函数与 t 无关,只与时间间隔 τ 有关,所以 $\xi(t)$ 是广义平稳过程。

(2) 现在来求 $\xi(t)$ 的时间平均值。根据式(3.2-6),得

$$\overline{a} = \lim_{T\to\infty} \frac{1}{T} \int_{-T/2}^{T/2} A\cos(\omega_c t + \theta) \, dt = 0$$

$$\overline{R(\tau)} = \lim_{T\to\infty} \frac{1}{T} \int_{-T/2}^{T/2} A\cos(\omega_c t + \theta) \cdot A\cos[\omega_c(t+\tau) + \theta] \, dt$$

$$= \lim_{T\to\infty} \frac{A^2}{2T} \left\{ \int_{-T/2}^{T/2} \cos\omega_c \tau \, dt + \int_{-T/2}^{T/2} \cos(2\omega_c t + \omega_c \tau + 2\theta) \, dt \right\}$$

$$= \frac{A^2}{2} \cos\omega_c \tau$$

比较统计平均与时间平均,有

$$a = \overline{a}, \quad R(\tau) = \overline{R(\tau)}$$

因此,随机相位余弦波是各态历经的。

3.2.3 平稳过程的自相关函数

自相关函数是表述平稳过程特性的一个特别重要的函数。它不仅可以用来描述平稳过程的数字特征,它还与平稳过程的谱特性有着内在的联系。我们可以通过它的性质来说明这一点。

设 $\xi(t)$ 为实平稳随机过程,则它的自相关函数

$$R(\tau) = E[\xi(t)\xi(t+\tau)] \qquad (3.2-8)$$

具有如下主要性质:

(1) $R(0) = E[\xi^2(t)]$,表示 $\xi(t)$ 的平均功率。 (3.2-9)

(2) $R(\tau) = R(-\tau)$,表示 τ 的偶函数。 (3.2-10)

上述性质可直接由定义式(3.2-8)得证。

(3) $|R(\tau)| \leq R(0)$,表示 $R(\tau)$ 的上界。 (3.2-11)

即自相关函数 $R(\tau)$ 在 $\tau=0$ 有最大值。考虑一个非负式 $E[\xi(t) \pm \xi(t+\tau)]^2 \geq 0$ 可以证明此关系。

(4) $R(\infty) = E^2[\xi(t)] = a^2$,表示 $\xi(t)$ 的直流功率。 (3.2-12)

这是因为

$$\lim_{\tau\to\infty} R(\tau) = \lim_{\tau\to\infty} E[\xi(t)\xi(t+\tau)] = E[\xi(t)] \cdot E[\xi(t+\tau)] = E^2[\xi(t)]$$

上式利用了当 $\tau\to\infty$ 时,$\xi(t)$ 与 $\xi(t+\tau)$ 没有任何依赖关系,即统计独立。

(5) $R(0) - R(\infty) = \sigma^2$ (3.2-13)

σ^2 是方差,表示平稳过程 $\xi(t)$ 的交流功率。当均值为 0 时,有 $R(0) = \sigma^2$。

3.2.4 平稳过程的功率谱密度

随机过程的频谱特性可以用它的功率谱密度来表述。我们知道,随机过程中的任一

样本是一个确定的功率型信号。对于任意的确定功率信号 $x(t)$，它的功率谱密度定义为

$$P_x(f) = \lim_{T\to\infty} \frac{|X_T(f)|^2}{T} \tag{3.2-14}$$

式中：$X_T(f)$ 为 $x(t)$ 的截短函数 $x_T(t)$（图 3-2）所对应的频谱函数。

图 3-2　截短函数 $x_T(t)$

我们不妨把 $x(t)$ 看成是平稳过程 $\xi(t)$ 的任一样本，因而每个样本的功率谱密度也可用式（3.2-14）来表示。一般而言，不同样本函数具有不同的谱密度 $P_x(f)$，因此，某一样本的功率谱密度不能作为过程的功率谱密度。过程的功率谱密度应看作是对所有样本的功率谱的统计平均，即

$$P_\xi(f) = E[P_x(f)] = \lim_{T\to\infty} \frac{E|X_T(f)|^2}{T} \tag{3.2-15}$$

式（3.2-15）给出了平稳过程 $\xi(t)$ 的功率谱密度 $P_\xi(f)$ 定义，尽管该定义相当直观，但直接用它来计算功率谱密度却并不简单。那么，如何方便地求功率谱 $P_\xi(f)$ 呢？

我们知道，非周期的功率型确知信号的自相关函数与其功率谱密度是一对傅里叶变换。这种关系对平稳随机过程同样成立，也就是说，平稳过程的功率谱密度 $P_\xi(f)$ 与其自相关函数 $R(\tau)$ 也是一对傅里叶变换关系，即

$$\begin{cases} P_\xi(\omega) = \int_{-\infty}^{\infty} R(\tau) e^{-j\omega\tau} d\tau \\ R(\tau) = \frac{1}{2\pi} \int_{-\infty}^{\infty} P_\xi(\omega) e^{j\omega\tau} d\omega \end{cases} \tag{3.2-16}$$

或

$$\begin{cases} P_\xi(f) = \int_{-\infty}^{\infty} R(\tau) e^{-j\omega\tau} d\tau \\ R(\tau) = \int_{-\infty}^{\infty} P_\xi(f) e^{j\omega\tau} df \end{cases} \tag{3.2-17}$$

简记为

$$R(\tau) \Leftrightarrow P_\xi(f)$$

以上关系称为维纳—辛钦（Wiener-Khinchine）定理。它在平稳随机过程的理论和应用中是一个非常重要的工具，它是联系频域和时域两种分析方法的基本关系式。

在维纳—辛钦关系的基础上,我们可以得到以下结论:

(1) 对功率谱密度进行积分,可以得到平稳过程的平均功率:

$$R(0) = \int_{-\infty}^{\infty} P_\xi(f) df \qquad (3.2-18)$$

这正是维纳—辛钦关系的意义所在,它不仅指出了用自相关函数来表示功率谱密度的方法,同时还从频域的角度给出了过程 $\xi(t)$ 平均功率的计算法,而式 $R(0) = E[\xi^2(t)]$ 是时域计算法。这一点进一步验证了 $R(\tau)$ 与功率谱 $P_\xi(f)$ 的关系。

(2) 各态历经过程的任一样本函数的功率谱密度等于过程的功率谱密度。也就是说,每一样本函数的谱特性都能很好地表现整个过程的谱特性。

(3) 功率谱密度 $P_\xi(f)$ 具有非负性和实偶性,即有

$$P_\xi(f) \geq 0$$

和

$$P_\xi(-f) = P_\xi(f)$$

这与 $R(\tau)$ 的实偶性相对应。

3.3 高斯随机过程

高斯过程(Gaussian process),也称正态随机过程(normal random process),是通信领域中最重要也是最常见的一种过程。在实践中观察到的大多数噪声都是高斯型的,例如,通信系统中的主要噪声,即热噪声,就是一种高斯随机过程。本节将介绍一些有用的高斯随机过程的性质,这些性质将有助于对高斯过程进行数学处理与计算。

3.3.1 定义

如果随机过程 $\xi(t)$ 的任意 n 维($n = 1, 2, \cdots$)分布均服从正态分布,则称它为正态过程或高斯过程。其 n 维正态概率密度函数表示如下:

$$f_n(x_1, x_2, \cdots, x_n; t_1, t_2, \cdots, t_n)$$

$$= \frac{1}{(2\pi)^{n/2} \sigma_1 \sigma_2 \cdots \sigma_n |B|^{1/2}} \exp\left[\frac{-1}{2|B|} \sum_{j=1}^{n} \sum_{k=1}^{n} |B|_{jk} \left(\frac{x_j - a_j}{\sigma_j}\right)\left(\frac{x_k - a_k}{\sigma_k}\right)\right]$$

$$(3.3-1)$$

式中: $a_k = E[\xi(t_k)]$,$\sigma_k^2 = E[\xi(t_k) - a_k]^2$;$|B|$ 为归一化协方差矩阵的行列式,即

$$|B| = \begin{vmatrix} 1 & b_{12} & \cdots & b_{1n} \\ b_{21} & 1 & \cdots & b_{2n} \\ \vdots & \vdots & \cdots & \vdots \\ b_{n1} & b_{n2} & \cdots & 1 \end{vmatrix} \qquad (3.3-2)$$

$|B|_{jk}$ 为行列式 $|B|$ 中元素 b_{jk} 的代数余因子；b_{jk} 为归一化协方差函数，即

$$b_{jk} = \frac{E\{[\xi(t_j) - a_j][\xi(t_k) - a_k]\}}{\sigma_j \sigma_k} \quad (3.3-3)$$

3.3.2 重要性质

(1) 由式(3.3-1)可以看出，高斯过程的 n 维分布只依赖各个随机变量的均值、方差和归一化协方差。因此，对于高斯过程，只需要研究它的数字特征就可以了。

(2) 广义平稳的高斯过程也是严平稳的。因为，若高斯过程是广义平稳的，即其均值与时间无关，协方差函数只与时间间隔有关，而与时间起点无关，则它的 n 维分布也与时间起点无关，故它也是严平稳的。所以，高斯过程若是广义平稳的，则也严平稳。

(3) 如果高斯过程在不同时刻的取值是不相关的，即对所有 $j \neq k$ 有 $b_{jk} = 0$，这时式(3.3-1)简化为

$$f_n(x_1, x_2, \cdots, x_n; t_1, t_2, \cdots, t_n) = \prod_{k=1}^{n} \frac{1}{\sqrt{2\pi}\sigma_k} \exp\left[-\frac{(x_k - a_k)^2}{2\sigma_k^2}\right]$$

$$= f(x_1, t_1) \cdot f(x_2, t_2) \cdots f(x_n, t_n) \quad (3.3-4)$$

这表明，如果高斯过程在不同时刻的取值是不相关的，那么它们也是统计独立的。

(4) 高斯过程经过线性变换后生成的过程仍是高斯过程。也可以说，若线性系统的输入为高斯过程，则系统输出也是高斯过程。

以上几个性质在对高斯过程进行数学处理与计算时十分有用。例如，在分析一个过程通过线性系统的情况时，若是非高斯过程，根据输入过程的统计特性并不能简单地推出输出过程的统计特性。对于高斯过程，根据性质(4)可知线性时不变系统的输出过程也是高斯过程，又由性质(1)可知，高斯过程的完全统计描述只需要它的数字特征，即均值与相关函数，所以剩下的工作就是简单地求出输出过程的均值和相关函数，如3.4节所述。

3.3.3 高斯随机变量

高斯过程在任一时刻上的取值是一个正态分布的随机变量，也称高斯随机变量，其一维概率密度函数为

$$f(x) = \frac{1}{\sqrt{2\pi}\sigma} \exp\left(-\frac{(x-a)^2}{2\sigma^2}\right) \quad (3.3-5)$$

式中：a 和 σ^2 分别为高斯随机变量的均值和方差；$f(x)$ 曲线如图3-3所示。

由式(3.3-5)及图3-3可以看出正态分布的概率密度 $f(x)$ 有以下特性：

(1) $f(x)$ 对称于 $x = a$ 这条直线，即

$$f(a + x) = f(a - x)$$

(2) $$\int_{-\infty}^{\infty} f(x)\,dx = 1 \qquad (3.3-6)$$

及

$$\int_{-\infty}^{a} f(x)\,dx = \int_{a}^{\infty} f(x)\,dx = \frac{1}{2} \qquad (3.3-7)$$

(3) a 表示分布中心,σ 称为标准偏差,表示集中程度,$f(x)$ 图形将随着 σ 的减小而变高和变窄。当 $a=0,\sigma=1$ 时,称为标准化的正态分布,即

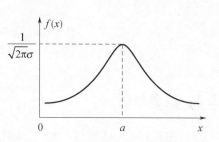

图 3-3　正态分布的概率密度

$$f(x) = \frac{1}{\sqrt{2\pi}} \exp\left(-\frac{x^2}{2}\right) \qquad (3.3-8)$$

在通信系统的性能分析中,常需要计算高斯随机变量 ξ 小于或等于某一取值 x 的概率 $P(\xi \leq x)$,它等于概率密度 $f(x)$ 的积分。我们把正态分布的概率密度 $f(x)$ 积分定义为正态分布函数,它可表示为

$$F(x) = P(\xi \leq x) = \int_{-\infty}^{x} \frac{1}{\sqrt{2\pi}\sigma} \exp\left[-\frac{(z-a)^2}{2\sigma^2}\right] dz \qquad (3.3-9)$$

这个积分的值无法用闭合形式计算,我们一般把这个积分式与可以在数学手册上查出函数值的一些特殊函数联系起来计算其值。例如,若对式(3.3-9)进行变量代换,令新积分变量 $t = (z-a)/\sqrt{2}\sigma$,有 $dz = \sqrt{2}\sigma dt$,则

$$F(x) = \frac{1}{2} \cdot \frac{2}{\sqrt{\pi}} \int_{-\infty}^{(x-a)/\sqrt{2}\sigma} e^{-t^2} dt = \frac{1}{2} + \frac{1}{2}\mathrm{erf}\left(\frac{x-a}{\sqrt{2}\sigma}\right) \qquad (3.3-10)$$

式中:$\mathrm{erf}(x)$ 表示误差函数,其定义为

$$\mathrm{erf}(x) = \frac{2}{\sqrt{\pi}} \int_{0}^{x} e^{-t^2} dt \qquad (3.3-11)$$

它是自变量的递增函数,且有 $\mathrm{erf}(0)=0, \mathrm{erf}(\infty)=1, \mathrm{erf}(-x) = -\mathrm{erf}(x)$。

$F(x)$ 也可以用互补误差函数 $\mathrm{erfc}(x)$ 表示,即

$$F(x) = 1 - \frac{1}{2}\mathrm{erfc}\left(\frac{x-a}{\sqrt{2}\sigma}\right) \qquad (3.3-12)$$

式中:

$$\mathrm{erfc}(x) = 1 - \mathrm{erf}(x) = \frac{2}{\sqrt{\pi}} \int_{x}^{\infty} e^{-t^2} dt \qquad (3.3-13)$$

它是自变量的递减函数,且有 $\mathrm{erfc}(0)=1, \mathrm{erfc}(\infty)=0, \mathrm{erfc}(-x) = 2 - \mathrm{erfc}(x)$。对于 $x > a$,互补误差函数与高斯概率密度函数曲线尾部下的面积成正比。当 x 大时(实际应用中只要 $x > 2$),互补误差函数可以近似为

$$\text{erfc}(x) \approx \frac{1}{x\sqrt{\pi}} e^{-x^2} \qquad (3.3-14)$$

另一种经常用于表示高斯曲线尾部下的面积的函数记为 $Q(x)$，其定义为

$$Q(x) = \frac{1}{\sqrt{2\pi}} \int_x^\infty e^{-t^2/2} dt \qquad x \geq 0 \qquad (3.3-15)$$

借助该函数可以计算概率 $P(\xi > x) = Q\left(\dfrac{x-a}{\sigma}\right)$。

比较式(3.3-13)与式(3.3-15)，得

$$Q(x) = \frac{1}{2}\text{erfc}\left(\frac{x}{\sqrt{2}}\right) \qquad (3.3-16)$$

和

$$\text{erfc}(x) = 2Q(\sqrt{2}x) \qquad (3.3-17)$$

利用互补误差函数的性质，不难得到 $Q(x)$ 函数的性质：$Q(-x) = 1 - Q(x)$，$x \geq 0$；$Q(0) = \dfrac{1}{2}$ 及 $Q(\infty) = 0$。

在今后分析通信系统的抗噪声性能时，经常会用到以上几个特性简明的函数，并且可以通过查 $Q(x)$ 函数表或 $\text{erf}(x)$ 函数表(见附录 B)求出函数值。在没有函数表的情况下，还可以利用互补误差函数的近似公式求出函数值。

3.4 平稳随机过程通过线性系统

通信过程主要是信号通过系统传输的过程。在分析通信系统时，往往需要了解随机过程通过线性系统后的情况。我们感兴趣的是，若输入过程是平稳的，输出过程是否也平稳？输入信号与输出信号的统计关系如何？如何求输出过程的均值与自相关函数？

随机过程通过线性系统的分析，完全是建立在确知信号通过线性系统的分析基础之上的。我们知道，线性时不变(time-invariant)系统可由其单位冲激响应(unit impulse response) $h(t)$ 或其频率响应 $H(f)$ 表征。若令 $v_i(t)$ 为输入信号，$v_o(t)$ 为输出信号，则输入与输出关系可以表示成卷积(convolution)，即

$$v_o(t) = v_i(t) * h(t) = \int_{-\infty}^{\infty} v_i(\tau) h(t-\tau) d\tau \qquad (3.4-1)$$

或

$$v_o(t) = h(t) * v_i(t) = \int_{-\infty}^{\infty} h(\tau) v_i(t-\tau) d\tau \qquad (3.4-2)$$

对应的傅里叶变换关系为

$$V_o(f) = H(f) V_i(f) \qquad (3.4-3)$$

如果把 $v_i(t)$ 看作是输入随机过程的一个样本，则 $v_o(t)$ 是输出随机过程的一个样本。那么，当该线性系统的输入端加入一个随机过程 $\xi_i(t)$ 时，对于 $\xi_i(t)$ 的每个样本 $[v_{i,n}(t), n=1,2,\cdots]$，系统的输出都有一个 $[v_{o,n}(t), n=1,2,\cdots]$ 与其相对应，它们之间满足式

(3.4-2),而所有$[v_{o,n}(t), n=1,2,\cdots]$的集合构成输出随机过程$\xi_o(t)$,因此,输入与输出随机过程也应满足式(3.4-2),即

$$\xi_o(t) = \int_{-\infty}^{\infty} h(\tau)\xi_i(t-\tau)d\tau \qquad (3.4-4)$$

下面,我们利用这个关系式,在假设输入过程$\xi_i(t)$是平稳的,其均值为a,自相关函数为$R_i(\tau)$,功率谱密度为$P_i(\omega)$的基础上,求输出过程$\xi_o(t)$的统计特性,即它的均值、自相关函数、功率谱以及概率分布。

1. 输出过程$\xi_o(t)$的均值

对式(3.4-4)两边取统计平均,有

$$E[\xi_o(t)] = E\left[\int_{-\infty}^{\infty} h(\tau)\xi_i(t-\tau)d\tau\right] = \int_{-\infty}^{\infty} h(\tau)E[\xi_i(t-\tau)]d\tau$$

设输入过程是平稳的,则有$E[\xi_i(t-\tau)] = E[\xi_i(t)] = a$(常数),所以

$$E[\xi_o(t)] = a \cdot \int_{-\infty}^{\infty} h(\tau)d\tau = a \cdot H(0) \qquad (3.4-5)$$

式中:$H(0)$为线性系统在$f=0$处的频率响应,即直流增益。因此输出过程的均值$E[\xi_o(t)]$是一个常数。

2. 输出过程$\xi_o(t)$的自相关函数

根据自相关函数的定义,输出过程的自相关函数为

$$R_o(t_1, t_1+\tau) = E[\xi_o(t_1)\xi_o(t_1+\tau)]$$

$$= E\left[\int_{-\infty}^{\infty} h(\alpha)\xi_i(t_1-\alpha)d\alpha \int_{-\infty}^{\infty} h(\beta)\xi_i(t_1+\tau-\beta)d\beta\right]$$

$$= \int_{-\infty}^{\infty}\int_{-\infty}^{\infty} h(\alpha)h(\beta)E[\xi_i(t_1-\alpha)\xi_i(t_1+\tau-\beta)]d\alpha d\beta$$

根据输入过程的平稳性,有

$$E[\xi_i(t_1-\alpha)\xi_i(t_1+\tau-\beta)] = R_i(\tau+\alpha-\beta)$$

于是

$$R_o(t_1,t_1+\tau) = \int_{-\infty}^{\infty}\int_{-\infty}^{\infty} h(\alpha)h(\beta)R_i(\tau+\alpha-\beta)d\alpha d\beta = R_o(\tau) \qquad (3.4-6)$$

式(3.4-6)表明,输出过程的自相关函数仅仅是时间间隔τ的函数。由式(3.4-5)和式(3.4-6)可知,**若线性系统的输入过程是平稳的,那么输出过程也是平稳的**。

3. 输出过程$\xi_o(t)$的功率谱密度

对式(3.4-6)进行傅里叶变换,有

$$P_o(f) = \int_{-\infty}^{\infty} R_o(\tau)e^{-j\omega\tau}d\tau$$

$$= \int_{-\infty}^{\infty} \left[\int_{-\infty}^{\infty} \int_{-\infty}^{\infty} h(\alpha)h(\beta)R_i(\tau+\alpha-\beta)\mathrm{d}\alpha\mathrm{d}\beta \right] \mathrm{e}^{-\mathrm{j}\omega\tau}\mathrm{d}\tau$$

对上式进行变量代换,令 $\tau' = \tau + \alpha - \beta$,则

$$P_o(f) = \int_{-\infty}^{\infty} h(\alpha)\mathrm{e}^{\mathrm{j}\omega\alpha}\mathrm{d}\alpha \int_{-\infty}^{\infty} h(\beta)\mathrm{e}^{-\mathrm{j}\omega\beta}\mathrm{d}\beta \int_{-\infty}^{\infty} R_i(\tau')\mathrm{e}^{-\mathrm{j}\omega\tau'}\mathrm{d}\tau'$$

即

$$P_o(f) = H^*(f) \cdot H(f) \cdot P_i(f) = |H(f)|^2 P_i(f) \tag{3.4-7}$$

由此,我们得到一个重要的结论:输出过程的功率谱密度是输入过程的功率谱密度乘以系统频率响应模值的平方。当要求的是输出过程的自相关函数 $R_o(\tau)$ 时,较容易的方法是先求功率谱密度 $P_o(\omega)$,然后计算其傅里叶反变换,这常常比直接计算 $R_o(\tau)$ 要简便得多。

4. 输出过程 $\xi_o(t)$ 的概率分布

一般来说,在已知输入过程概率分布的情况下,总可以通过式(3.4-4)来确定输出过程的概率分布。一种经常能够遇到的实际情况是:**如果线性系统的输入过程是高斯型的,则系统的输出过程也是高斯型的**。这是因为从积分原理来看,式(3.4-4)可表示为一个和式的极限,即

$$\xi_o(t) = \lim_{\Delta\tau_k \to 0} \sum_{k=0}^{\infty} \xi_i(t-\tau_k)h(\tau_k)\Delta\tau_k$$

由于 $\xi_i(t)$ 已假设是高斯型的,所以上式右端的每一项 $\xi_i(t-\tau_k)h(\tau_k)\Delta\tau_k$ 在任一时刻上都是一个高斯随机变量。因此,输出过程在任一时刻上得到的随机变量就是这无限多个高斯随机变量之和。由概率论理论得知,这个"和"随机变量也是高斯随机变量,因而输出过程也为高斯过程。但要注意,由于线性系统的介入,与输入高斯过程相比,输出过程的数字特征已经改变了。

更一般地说,**高斯过程经线性变换后的过程仍为高斯过程**。

3.5 窄带随机过程

若随机过程 $\xi(t)$ 的谱密度集中在中心频率 f_c 附近相对窄的频带范围 Δf 内,即满足 $\Delta f \ll f_c$ 条件,且 f_c 远离零频率,则称该 $\xi(t)$ 为窄带随机过程。实际中,大多数通信系统都是窄带带通型的,通过窄带系统的信号或噪声必然是窄带随机过程。

一个典型的窄带随机过程的功率谱密度和样本波形如图 3-4 所示。

可见,窄带随机过程的一个样本的波形如同一个包络和相位随机缓变的正弦波。因此,窄带随机过程 $\xi(t)$ 可表示为

$$\xi(t) = a_\xi(t)\cos[\omega_c t + \varphi_\xi(t)] \quad a_\xi(t) \geq 0 \tag{3.5-1}$$

式中:$a_\xi(t)$ 及 $\varphi_\xi(t)$ 分别为窄带随机过程 $\xi(t)$ 的随机包络和随机相位;ω_c 为正弦波的中

图 3-4 窄带随机过程的功率谱密度和样本波形示意图

心角频率。显然，$a_\xi(t)$ 及 $\varphi_\xi(t)$ 的变化相对于载波 $\cos\omega_c t$ 的变化要缓慢得多。

将式(3.5-1)进行三角函数展开，可以改写为

$$\xi(t) = \xi_c(t)\cos\omega_c t - \xi_s(t)\sin\omega_c t \qquad (3.5-2)$$

其中

$$\xi_c(t) = a_\xi(t)\cos\varphi_\xi(t) \qquad (3.5-3)$$

$$\xi_s(t) = a_\xi(t)\sin\varphi_\xi(t) \qquad (3.5-4)$$

这里的 $\xi_c(t)$ 及 $\xi_s(t)$ 分别称为 $\xi(t)$ 的同相分量和正交分量。由式(3.5-1)和式(3.5-2)看出，$\xi(t)$ 的统计特性可以由 $a_\xi(t)$，$\varphi_\xi(t)$ 或 $\xi_c(t)$，$\xi_s(t)$ 的统计特性确定。反之，若窄带过程 $\xi(t)$ 的统计特性已知，则 $a_\xi(t)$，$\varphi_\xi(t)$ 或 $\xi_c(t)$，$\xi_s(t)$ 的统计特性也随之可以确定。作为一个今后特别有用的例子，假设 $\xi(t)$ 是一个均值为0，方差为 σ_ξ^2 的平稳高斯窄带过程，我们来分析 $a_\xi(t)$，$\varphi_\xi(t)$ 及 $\xi_c(t)$，$\xi_s(t)$ 的统计特性。

3.5.1 $\xi_c(t)$ 和 $\xi_s(t)$ 的统计特性

对式(3.5-2)求数学期望：

$$E[\xi(t)] = E[\xi_c(t)]\cos\omega_c t - E[\xi_s(t)]\sin\omega_c t \qquad (3.5-5)$$

因为 $\xi(t)$ 平稳且均值为零，那么对于任意的时间 t，都有 $E[\xi(t)]=0$，所以由式(3.5-5)，得

$$E[\xi_c(t)] = 0, \quad E[\xi_s(t)] = 0 \qquad (3.5-6)$$

由自相关函数的定义式(3.2-8)和式(3.5-2)，可得 $\xi(t)$ 的自相关函数为

$$\begin{aligned}R_\xi(t,t+\tau) &= E[\xi(t)\xi(t+\tau)] \\ &= R_c(t,t+\tau)\cos\omega_c t\cos\omega_c(t+\tau) - R_{cs}(t,t+\tau)\cos\omega_c t\sin\omega_c(t+\tau) - \\ & \quad R_{sc}(t,t+\tau)\sin\omega_c t\cos\omega_c(t+\tau) + R_s(t,t+\tau)\sin\omega_c t\sin\omega_c(t+\tau)\end{aligned}$$

$$(3.5-7)$$

其中 $R_c(t,t+\tau) = E[\xi_c(t)\xi_c(t+\tau)]; R_{cs}(t,t+\tau) = E[\xi_c(t)\xi_s(t+\tau)]$

$R_{sc}(t,t+\tau) = E[\xi_s(t)\xi_c(t+\tau)]; R_s(t,t+\tau) = E[\xi_s(t)\xi_s(t+\tau)]$

因为 $\xi(t)$ 是平稳的,故有

$$R_\xi(t,t+\tau) = R(\tau)$$

这就要求式(3.5-7)的右端与时间 t 无关,而仅与 τ 有关。因此,若令 $t=0$,式(3.5-7)仍应成立,它变为

$$R_\xi(\tau) = R_c(t,t+\tau)\cos\omega_c\tau - R_{cs}(t,t+\tau)\sin\omega_c\tau \tag{3.5-8}$$

因与时间 t 无关,以下两式自然成立:

$$R_c(t,t+\tau) = R_c(\tau); R_{cs}(t,t+\tau) = R_{cs}(\tau)$$

所以,式(3.5-8)变为

$$R_\xi(\tau) = R_c(\tau)\cos\omega_c\tau - R_{cs}(\tau)\sin\omega_c\tau \tag{3.5-9}$$

再令 $t = \dfrac{\pi}{2\omega_c}$,同理可求得

$$R_\xi(\tau) = R_s(\tau)\cos\omega_c\tau + R_{sc}(\tau)\sin\omega_c\tau \tag{3.5-10}$$

其中 $R_s(t,t+\tau) = R_s(\tau); R_{sc}(t,t+\tau) = R_{sc}(\tau)$

由以上分析可知,**若窄带过程 $\xi(t)$ 是平稳的,则 $\xi_c(t)$ 与 $\xi_s(t)$ 也必然是平稳的。**

进一步分析,式(3.5-9)和式(3.5-10)应同时成立,故有

$$R_c(\tau) = R_s(\tau) \tag{3.5-11}$$

$$R_{cs}(\tau) = -R_{sc}(\tau) \tag{3.5-12}$$

式(3.5-11)表明,同相分量 $\xi_c(t)$ 和正交分量 $\xi_s(t)$ 具有相同的自相关函数。根据互相关函数的性质,应有

$$R_{cs}(\tau) = R_{sc}(-\tau)$$

将上式代入式(3.5-12),可得

$$R_{sc}(\tau) = -R_{sc}(-\tau) \tag{3.5-13}$$

式(3.5-13)表明 $R_{sc}(\tau)$ 是 τ 的奇函数,所以

$$R_{sc}(0) = 0 \tag{3.5-14}$$

同理可证

$$R_{cs}(0) = 0 \tag{3.5-15}$$

于是,由式(3.5-9)及式(3.5-10),得

$$R_\xi(0) = R_c(0) = R_s(0) \tag{3.5-16}$$

即

$$\sigma_\xi^2 = \sigma_c^2 = \sigma_s^2 \tag{3.5-17}$$

这表明 $\xi(t)$、$\xi_c(t)$ 和 $\xi_s(t)$ 具有相同的平均功率或方差(因为均值为 0)。

另外,根据平稳性,过程的特性与 t 变量无关,故由式(3.5-2)可得:

$$\xi(t_1) = \xi_c(t_1) \quad t = t_1 = 0$$

$$\xi(t_2) = -\xi_s(t_2) \quad t = t_2 = \frac{\pi}{2\omega_c}$$

因为 $\xi(t)$ 是高斯过程,所以 $\xi_c(t_1)$,$\xi_s(t_2)$ 一定是高斯随机变量,从而 $\xi_c(t)$、$\xi_s(t)$ 也是高斯过程。根据式(3.5-15)可知,$\xi_c(t)$ 与 $\xi_s(t)$ 在 $\tau=0$ 处互不相关,又由于它们是高斯型的,因此 $\xi_c(t)$ 与 $\xi_s(t)$ 也统计独立。

综上所述,我们得到一个重要结论:一个均值为零的窄带平稳高斯过程 $\xi(t)$,它的同相分量 $\xi_c(t)$ 和正交分量 $\xi_s(t)$ 同样是平稳高斯过程,而且均值为零,方差也相同。此外,在同一时刻上得到的 ξ_c 和 ξ_s 是互不相关的或统计独立的。

3.5.2 $a_\xi(t)$ 和 $\varphi_\xi(t)$ 的统计特性

由上面的分析可知,ξ_c 和 ξ_s 的联合概率密度函数为

$$f(\xi_c, \xi_s) = f(\xi_c) \cdot f(\xi_s) = \frac{1}{2\pi\sigma_\xi^2} \exp\left[-\frac{\xi_c^2 + \xi_s^2}{2\sigma_\xi^2}\right] \quad (3.5-18)$$

设 a_ξ, φ_ξ 的联合概率密度函数为 $f(a_\xi, \varphi_\xi)$,则根据概率论知识有

$$f(a_\xi, \varphi_\xi) = f(\xi_c, \xi_s) \left|\frac{\partial(\xi_c, \xi_s)}{\partial(a_\xi, \varphi_\xi)}\right|$$

根据式(3.5-3)和式(3.5-4)在 t 时刻随机变量之间的关系

$$\begin{cases} \xi_c = a_\xi \cos\varphi_\xi \\ \xi_s = a_\xi \sin\varphi_\xi \end{cases}$$

可以求得

$$\left|\frac{\partial(\xi_c, \xi_s)}{\partial(a_\xi, \varphi_\xi)}\right| = \begin{vmatrix} \frac{\partial \xi_c}{\partial a_\xi} & \frac{\partial \xi_s}{\partial a_\xi} \\ \frac{\partial \xi_c}{\partial \varphi_\xi} & \frac{\partial \xi_s}{\partial \varphi_\xi} \end{vmatrix} = \begin{vmatrix} \cos\varphi_\xi & \sin\varphi_\xi \\ -a_\xi \sin\varphi_\xi & a_\xi \cos\varphi_\xi \end{vmatrix} = a_\xi$$

于是

$$f(a_\xi, \varphi_\xi) = a_\xi f(\xi_c, \xi_s) = \frac{a_\xi}{2\pi\sigma_\xi^2} \exp\left[-\frac{(a_\xi \cos\varphi_\xi)^2 + (a_\xi \sin\varphi_\xi)^2}{2\sigma_\xi}\right]$$

$$= \frac{a_\xi}{2\pi\sigma_\xi^2} \exp\left[-\frac{a_\xi^2}{2\sigma_\xi^2}\right] \quad (3.5-19)$$

注意：这里 $a_\xi \geq 0$，而 φ_ξ 在 $(0,2\pi)$ 内取值。

再利用概率论中的边际分布关系，将 $f(a_\xi, \varphi_\xi)$ 对 φ_ξ 积分求得包络 a_ξ 的一维概率密度函数为

$$f(a_\xi) = \int_{-\infty}^{\infty} f(a_\xi, \varphi_\xi) \mathrm{d}\varphi_\xi = \int_0^{2\pi} \frac{a_\xi}{2\pi\sigma_\xi^2} \exp\left[-\frac{a_\xi^2}{2\sigma_\xi^2}\right] \mathrm{d}\varphi_\xi$$

$$= \frac{a_\xi}{\sigma_\xi^2} \exp\left[-\frac{a_\xi^2}{2\sigma_\xi^2}\right] \quad a_\xi \geq 0 \tag{3.5-20}$$

可见，a_ξ 服从瑞利(Rayleigh)分布。

由 $f(a_\xi, \varphi_\xi)$ 对 a_ξ 积分求得相位 φ_ξ 的一维概率密度函数

$$f(\varphi_\xi) = \int_0^\infty f(a_\xi, \varphi_\xi) \mathrm{d}a_\xi$$

$$= \frac{1}{2\pi} \int_0^\infty \frac{a_\xi}{\sigma_\xi^2} \exp\left(-\frac{a_\xi^2}{2\sigma_\xi^2}\right) \mathrm{d}a_\xi = \frac{1}{2\pi} \quad 0 \leq \varphi_\xi \leq 2\pi \tag{3.5-21}$$

可见，φ_ξ 服从均匀分布。

综上所述，我们又得到一个重要结论：一个均值为零、方差为 σ_ξ^2 的窄带平稳高斯过程 $\xi(t)$，其包络 $a_\xi(t)$ 的一维分布是瑞利分布，相位 $\varphi_\xi(t)$ 的一维分布是均匀分布，并且就一维分布而言，$a_\xi(t)$ 与 $\varphi_\xi(t)$ 是统计独立的，即

$$f(a_\xi, \varphi_\xi) = f(a_\xi) \cdot f(\varphi_\xi) \tag{3.5-22}$$

3.6 正弦波加窄带高斯噪声

在许多调制系统中，如第 5 章介绍的模拟调制系统和第 7 章介绍的数字调制系统，传输的信号是用正弦波作为载波的已调信号。当信号经过信道传输时总会受到噪声的干扰，为了减少噪声的影响，通常在解调器前端设置一个带通滤波器，以滤除信号频带以外的噪声。这样，带通滤波器的输出是正弦波已调信号与窄带高斯噪声的混合波形，这是通信系统中常会遇到的一种情况。因此，了解已调正弦波加窄带高斯噪声的合成波的统计特性具有很大的实际意义。

设正弦波加窄带高斯噪声的混合信号为

$$r(t) = A\cos(\omega_c t + \theta) + n(t) \tag{3.6-1}$$

式中：$n(t) = n_c(t)\cos\omega_c t - n_s(t)\sin\omega_c t$（式(3.5-2)），为窄带高斯噪声，其均值为零，方差为 σ_n^2；θ 为正弦波的随机相位，在 $(0,2\pi)$ 上均匀分布；振幅 A 和角频率 ω_c 均假定为确知量。

于是

$$r(t) = [A\cos\theta + n_c(t)]\cos\omega_c t - [A\sin\theta + n_s(t)]\sin\omega_c t$$

$$= z_c(t)\cos\omega_c t - z_s(t)\sin\omega_c t$$

$$= z(t)\cos[\omega_c t + \varphi(t)] \quad (3.6-2)$$

其中

$$z_c(t) = A\cos\theta + n_c(t) \quad (3.6-3)$$

$$z_s(t) = A\sin\theta + n_s(t) \quad (3.6-4)$$

$r(t)$ 的包络和相位分别为

$$z(t) = \sqrt{z_c^2(t) + z_s^2(t)} \quad z \geq 0 \quad (3.6-5)$$

$$\varphi(t) = \arctan\frac{z_s(t)}{z_c(t)} \quad 0 \leq \varphi \leq 2\pi \quad (3.6-6)$$

我们最为关心的是 $r(t)$ 的包络和相位的统计特性。利用 3.5 节的结果，如果 θ 值已给定，则 z_c、z_s 是相互独立的高斯随机变量，且有

$$E[z_c] = A\cos\theta; E[z_s] = A\sin\theta; \sigma_c^2 = \sigma_s^2 = \sigma_n^2$$

所以，在给定相位 θ 的条件下的 z_c 和 z_s 的联合概率密度函数为

$$f(z_c, z_s/\theta) = \frac{1}{2\pi\sigma_n^2}\exp\left\{-\frac{1}{2\sigma_n^2}[(z_c - A\cos\theta)^2 + (z_s - A\sin\theta)^2]\right\}$$

利用与 3.5 节分析 a_ξ, φ_ξ 相似的方法，根据 z_c, z_s 与 z, φ 之间的随机变量关系

$$z_c = z\cos\varphi; z_s = z\sin\varphi$$

可以求得在给定相位 θ 的条件下的 z 与 φ 的联合概率密度函数为

$$f(z, \varphi/\theta) = f(z_c, z_s/\theta)\left|\frac{\partial(z_c, z_s)}{\partial(z, \varphi)}\right| = z \cdot f(z_c, z_s/\theta)$$

$$= \frac{z}{2\pi\sigma_n^2}\exp\left\{-\frac{1}{2\sigma_n^2}[z^2 + A^2 - 2Az\cos(\theta - \varphi)]\right\}$$

然后求给定 θ 条件下的边际分布，即

$$f(z/\theta) = \int_0^{2\pi} f(z, \varphi/\theta)\,\mathrm{d}\varphi$$

$$= \frac{z}{2\pi\sigma_n^2}\exp\left(-\frac{z^2 + A^2}{2\sigma_n^2}\right)\cdot\int_0^{2\pi}\exp\left[\frac{Az}{\sigma_n^2}\cos(\theta - \varphi)\right]\mathrm{d}\varphi$$

由于

$$\frac{1}{2\pi}\int_0^{2\pi}\exp[x\cos\varphi]\,\mathrm{d}\varphi = I_0(x) \quad (3.6-7)$$

故有

$$\frac{1}{2\pi} \int_0^{2\pi} \exp\left[\frac{Az}{\sigma_n^2}\cos(\theta - \varphi)\right] \mathrm{d}\varphi = I_0\left(\frac{Az}{\sigma_n^2}\right)$$

式中：$I_0(x)$ 为第一类零阶修正贝塞尔函数。

当 $x \geq 0$ 时，$I_0(x)$ 是单调上升函数，且有 $I_0(0) = 1$，因此

$$f(z/\theta) = \frac{z}{\sigma_n^2} \cdot \exp\left[-\frac{1}{2\sigma_n^2}(z^2 + A^2)\right] I_0\left(\frac{Az}{\sigma_n^2}\right)$$

由上式可见，$f(z/\theta)$ 与 θ 无关，故 $r(t)$ 的包络 z 的概率密度函数为

$$f(z) = \frac{z}{\sigma_n^2} \exp\left[-\frac{1}{2\sigma_n^2}(z^2 + A^2)\right] I_0\left(\frac{Az}{\sigma_n^2}\right) \quad z \geq 0 \tag{3.6-8}$$

这个概率密度函数称为**广义瑞利分布**，又称**莱斯（Rice）分布**。

式(3.6.8)存在两种极限情况：

(1) 当信号很小，即 $A \to 0$ 时，信号功率与噪声功率的比值 $\gamma = \frac{A^2}{2\sigma_n^2} \to 0$，相当于 x 值很小，于是有 $I_0(x) = 1$，式(3.6-8)近似为式(3.5-20)，即由莱斯分布退化为瑞利分布。

(2) 当信噪比 $\gamma = \frac{A^2}{2\sigma_n^2}$ 很大时，有 $I_0(x) \approx \frac{e^x}{\sqrt{2\pi x}}$，这时在 $z \approx A$ 附近，$f(z)$ 近似为高斯分布，即

$$f(z) \approx \frac{1}{\sqrt{2\pi}\sigma_n} \cdot \exp\left(-\frac{(z-A)^2}{2\sigma_n^2}\right)$$

由此可见，正弦波加窄带高斯噪声的包络分布 $f(z)$ 与信噪比有关。小信噪比时，$f(z)$ 接近于瑞利分布；大信噪比时，$f(z)$ 接近于高斯分布；在一般情况下，$f(z)$ 才是莱斯分布。图 3-5(a) 给出了不同的 γ 值时 $f(z)$ 的曲线。

关于正弦波加窄带高斯噪声的相位分布 $f(\varphi)$，由于比较复杂，这里就不再演算了。不难推想，$f(\varphi)$ 也与信噪比有关。小信噪比时，$f(\varphi)$ 接近于均匀分布，它反映这时窄带高斯噪声为主的情况；大信噪比时，$f(\varphi)$ 主要集中在有用信号相位附近。图 3-5(b) 给出了不同的 γ 值时 $f(\varphi)$ 的曲线。

(a) 包络的概率密度

(b) 相位的概率密度

图 3-5 正弦波加窄带高斯过程的包络与相位分布

3.7 高斯白噪声和带限白噪声

在分析通信系统的抗噪声性能时,常用高斯白噪声作为通信信道中的噪声模型。这是因为,通信系统中常见的热噪声近似为白噪声,且热噪声的取值恰好服从高斯分布。另外,实际信道或滤波器的带宽存在一定限制,白噪声通过后,其结果是带限噪声,若其谱密度在通带范围内仍具有白色特性,则称其为**带限白噪声**(band-limited white noise),它又可以分为低通白噪声和带通白噪声。

1. 白噪声

如果噪声的功率谱密度在所有频率上均为一常数,即

$$P_n(f) = \frac{n_0}{2} \quad (-\infty < f < +\infty) \quad (\text{W/Hz}) \qquad (3.7-1)$$

或

$$P_n(f) = n_0 \quad (0 < f < +\infty) \quad (\text{W/Hz}) \qquad (3.7-2)$$

式中:n_0 为正常数,则称该噪声为**白噪声**,用 $n(t)$ 表示。

式(3.7-1)为双边功率谱密度,如图 3-6(a)所示,而式(3.7-2)表示单边功率谱密度。

对式(3.7-1)取傅里叶反变换,可得到白噪声的自相关函数为

$$R(\tau) = \frac{n_0}{2}\delta(\tau) \qquad (3.7-3)$$

如图 3-6(b)所示,对于所有的 $\tau \neq 0$ 都有 $R(\tau)=0$,这表明白噪声仅在 $\tau=0$ 时才相关,而在任意两个时刻(即 $\tau \neq 0$)的随机变量都是不相关的。

(a) 功率谱密度　　　　　　　(b) 自相关函数

图 3-6　白噪声的功率谱密度和自相关函数

由于白噪声的带宽无限,其平均功率为无穷大,即

$$R(0) = \int_{-\infty}^{\infty} \frac{n_0}{2} df = \infty$$

或

$$R(0) = \frac{n_0}{2}\delta(0) = \infty$$

因此,真正"白"的噪声是不存在的,它只是构造的一种理想化的噪声形式,其中"白"和白光中的"白"有相同的意思;白光指在电磁辐射可见范围内所有频率分量的数值都相等。

但是,白噪声作为一个很有用的数学抽象,可以使问题的分析大大简化。在实际中,只要噪声的功率谱均匀分布的频率范围远远大于通信系统的工作频带,我们就可以把它视为白噪声。例如,第 4 章中描述的热噪声就可称作工作频段上的白噪声。热噪声的功率均匀分布在从直流到 10^{12} Hz 的频率上,并不是均匀分布在整个频率轴上,但只要热噪声带宽大于系统带宽,就可以把热噪声视为白噪声。

如果白噪声取值的概率分布服从高斯分布,则称为**高斯白噪声**,我们常用它作为通信信道中的噪声模型。高斯白噪声在任意两个不同时刻上的随机变量之间,不仅是互不相关的,而且还是统计独立的。

2. 低通白噪声

如果白噪声通过理想矩形的低通滤波器或理想低通信道,则输出的噪声称为**低通**(lowpass)**白噪声**,也用 $n(t)$ 表示。假设理想低通滤波器具有模为 1、截止频率为 $|f| \leq f_H$ 的传输特性,则低通白噪声对应的功率谱密度为

$$P_n(f) = \begin{cases} \dfrac{n_0}{2} & |f| \leq f_H \\ 0 & 其他 \end{cases} \qquad (3.7-4)$$

自相关函数为

$$R(\tau) = n_0 f_H \frac{\sin 2\pi f_H \tau}{2\pi f_H \tau} \qquad (3.7-5)$$

对应的曲线如图 3-7 所示。

由图 3-7(a)可见,白噪声的功率谱密度被限制在 $|f| \leq f_H$ 内,在此范围外则为零,通

(a) 功率谱密度　　　　　　　(b) 自相关函数

图 3-7　带限白噪声的功率谱密度和自相关函数

常把这样的噪声也称为带限白噪声。

由图 3-7(b) 可以看出，这种带限白噪声只有在 $\tau = k/2f_H (k=1,2,3,\cdots)$ 上得到的随机变量才不相关。也就是说，如果按抽样定理(见第 10 章)对带限白噪声进行抽样的话，各抽样值是互不相关的随机变量。这是一个很重要的概念。

3. 带通白噪声

如果白噪声通过理想矩形的带通(bandpass)滤波器或理想带通信道，则其输出的噪声称为**带通白噪声**，仍用 $n(t)$ 表示。

设理想带通滤波器的传输特性为

$$H(f) = \begin{cases} 1 & f_c - \dfrac{B}{2} \leqslant |f| \leqslant f_c + \dfrac{B}{2} \\ 0 & \text{其他} \end{cases}$$

式中：f_c 为中心频率；B 为通带宽度。

则其输出噪声的功率谱密度为

$$P_n(f) = \begin{cases} \dfrac{n_0}{2} & f_c - \dfrac{B}{2} \leqslant |f| \leqslant f_c + \dfrac{B}{2} \\ 0 & \text{其他} \end{cases} \tag{3.7-6}$$

自相关函数为

$$R(\tau) = \int_{-\infty}^{\infty} P_n(f) e^{j2\pi f\tau} df = \int_{-f_c-\frac{B}{2}}^{-f_c+\frac{B}{2}} \frac{n_0}{2} e^{j2\pi f\tau} df + \int_{f_c-\frac{B}{2}}^{f_c+\frac{B}{2}} \frac{n_0}{2} e^{j2\pi f\tau} df$$

$$= n_0 B \frac{\sin \pi B\tau}{\pi B\tau} \cos 2\pi f_c \tau \tag{3.7-7}$$

对应的曲线如图 3-8 所示。

通常，带通滤波器的 $B \ll f_c$，因此也称窄带(narrowband)滤波器，相应地把带通白噪声称为**窄带高斯白噪声**，因此它的表达式和统计特性与 3.5 节所描述的一般窄带随机过程相同，即

(a) 功率谱密度   (b) 自相关函数

图 3-8 带通白噪声的功率谱密度和自相关函数

$$n(t) = n_c(t)\cos\omega_c t - n_s(t)\sin\omega_c t \quad (3.7-8)$$

$$E[n(t)] = E[n_c(t)] = E[n_s(t)] = 0 \quad (3.7-9)$$

$$\sigma_n^2 = \sigma_c^2 = \sigma_s^2 \quad (3.7-10)$$

式(3.7-10)表明 $n_s(t)$、$n_c(t)$ 和 $n(t)$ 具有相同的平均功率(因为均值为0),根据图 3-8 所示的功率谱密度曲线,很容易求出 $n(t)$ 的平均功率为

$$N = n_0 B \quad (3.7-11)$$

该式在第5章和第7章分析通信系统的抗噪声性能时非常有用。但应注意:这里 B 是指理想矩形的带通滤波器的带宽,而对于实际的带通滤波器,B 应是噪声等效(equivalent)带宽(见4.5节)。

3.8 小结

通信中的信号和噪声都可看作随时间变化的随机过程。因此,本章是分析通信系统必需的数学基础和工具。

随机过程具有随机变量和时间函数的特点,可以从两个不同却又紧密联系的角度来描述:① 随机过程是无穷多个样本函数的集合;② 随机过程是一族随机变量的集合。

随机过程的统计特性由其分布函数或概率密度函数描述。若一个随机过程的统计特性与时间起点无关,则称其为严平稳过程。

数字特征则是另一种描述随机过程的简洁手段。若过程的均值是常数,且自相关函数 $R(t_1, t_1+\tau) = R(\tau)$,则称该过程为广义平稳过程。

若一个过程是严平稳的,则它必是广义平稳的,反之不一定成立。

若一个过程的时间平均等于对应的统计平均,则该过程是各态历经性的。

若一个过程是各态历经性的,则它也是平稳的,反之不一定成立。

广义平稳过程的自相关函数 $R(\tau)$ 是时间差 τ 的偶函数,且 $R(0)$ 等于总平均功率,是

$R(\tau)$ 的最大值。功率谱密度 $P_\xi(f)$ 是自相关函数 $R(\tau)$ 傅里叶变换（维纳—辛钦定理）：$R(\tau) \Leftrightarrow P_\xi(f)$。这对变换确定了时域和频域的转换关系。

高斯过程的概率分布服从正态分布，它的完全统计描述只需要它的数字特征。一维概率分布只取决于均值和方差，二维概率分布主要取决于相关函数。高斯过程经过线性变换后的过程仍为高斯过程。

正态分布函数与 $Q(x)$ 或 $\mathrm{erf}(x)$ 函数的关系在分析数字通信系统的抗噪声性能时非常有用。

平稳随机过程 $\xi_i(t)$ 通过线性系统后，其输出过程 $\xi_o(t)$ 也是平稳的，且

$$E[\xi_o(t)] = a \cdot H(0)$$

$$P_o(f) = |H(f)|^2 P_i(f)$$

窄带随机过程及正弦波加窄带高斯噪声的统计特性，更适合对调制系统/带通型系统/无线通信衰落多径信道的分析。

瑞利分布、莱斯分布、正态分布是通信中常见的三种分布：正弦载波信号加窄带高斯噪声的包络一般为莱斯分布。当信号幅度大时，趋近于正态分布；幅度小时，近似为瑞利分布。

高斯白噪声是分析信道加性噪声的理想模型，通信中的主要噪声源——热噪声就属于这类噪声。它在任意两个不同时刻上的取值之间互不相关，且统计独立。

白噪声通过带限系统后，其结果是带限噪声。理论分析中常见的有低通白噪声和带通白噪声。

思 考 题

3-1　何谓随机过程？它具有什么特点？

3-2　随机过程的数字特征主要有哪些？分别表征随机过程的什么特性？

3-3　何谓严平稳？何谓广义平稳？它们之间的关系如何？

3-4　平稳过程的自相关函数有哪些性质？它与功率谱密度的关系如何？

3-5　什么是高斯过程？其主要性质有哪些？

3-6　高斯随机变量的分布函数与 $Q(x)$ 函数以及 $\mathrm{erf}(x)$ 函数的关系如何？试述 $\mathrm{erfc}(x)$ 函数的定义与性质。

3-7　随机过程通过线性系统时，输出与输入功率谱密度的关系如何？如何求输出过程的均值、自相关函数？

3-8　什么是窄带随机过程？它的频谱和时间波形有什么特点？

3-9　窄带高斯过程的包络和相位分别服从什么概率分布？

3-10　窄带高斯过程的同相分量和正交分量的统计特性如何？

3-11　正弦波加窄带高斯噪声的合成包络服从什么分布？

3-12　什么是白噪声？其频谱和自相关函数有什么特点？白噪声通过理想低通或理想带通滤波器后的情况如何？

3-13　何谓高斯白噪声？它的概率密度函数、功率谱密度如何表示？

3-14 不相关、统计独立、正交的含义各是什么？它们之间的关系如何？

习 题

3-1 设 X 是均值 $a=0$，方差 $\sigma^2=1$ 的高斯随机变量，试确定随机变量 $Y=cX+d$ 的概率密度函数 $f(y)$，其中 c,d 均为常数且 $c>0$。

3-2 设随机过程 $\xi(t)$ 可表示成
$$\xi(t) = 2\cos(2\pi t + \theta)$$
式中，θ 是一个离散随机变量，且 $P(\theta=0)=1/2$、$P(\theta=\pi/2)=1/2$，试求 $E_\xi[\xi(1)]$ 及 $R_\xi(0,1)$。

3-3 设随机过程 $Y(t)=X_1\cos\omega_0 t - X_2\sin\omega_0 t$，若 X_1 与 X_2 是彼此独立且均值为 0、方差为 σ^2 的高斯随机变量，试求：

(1) $E[Y(t)]$、$E[Y^2(t)]$；

(2) $Y(t)$ 的一维分布密度函数 $f(y)$；

(3) $Y(t)$ 的相关函数 $R(t_1,t_2)$ 和协方差函数 $B(t_1,t_2)$。

3-4 已知 $X(t)$ 和 $Y(t)$ 是统计独立的平稳随机过程，且它们的均值分别为 a_X 和 a_Y，自相关函数分别为 $R_X(\tau)$ 和 $R_Y(\tau)$。试问两者之和的过程 $Z(t)=X(t)+Y(t)$ 是否平稳？

3-5 设 $s(t)$ 是一个平稳随机脉冲序列，其功率谱密度为 $P_s(f)$，求已调信号 $e(t)=s(t)\cos\omega_c t$ 的功率谱密度 $P_e(f)$。

3-6 已知随机过程 $z(t)=m(t)\cos(\omega_c t+\theta)$，其中，$m(t)$ 是广义平稳过程，且其自相关函数为
$$R_m(\tau)=\begin{cases} 1+\tau & -1<\tau<0 \\ 1-\tau & 0\leq\tau<1 \\ 0 & 其他\ \tau \end{cases}$$
随机变量 θ 在 $[0,2\pi]$ 上服从均匀分布，它与 $m(t)$ 彼此统计独立。

(1) 证明 $z(t)$ 是广义平稳过程；

(2) 求自相关函数 $R_z(\tau)$，并画出波形；

(3) 求功率谱密度 $P_z(f)$ 及功率。

3-7 设 $X(t)$ 是一个均值为 a、自相关函数为 $R_x(\tau)$ 的平稳随机过程，它通过某线性系统的输出为
$$Y(t)=X(t)+X(t-T) \quad (T\text{ 为延迟时间})$$

(1) 画出该线性系统的框图；

(2) 求 $Y(t)$ 的自相关函数和功率谱密度；

(3) 求 $Y(t)$ 的平均功率。

3-8 一个中心频率为 f_c、带宽为 B 的理想带通滤波器如图 P3-1 所示。假设其输入是均值为零、功率谱密度为 $n_0/2$ 的高斯白噪声，试求：

(1) 滤波器输出噪声的自相关函数；

(2) 滤波器输出噪声的平均功率；

(3) 输出噪声的一维概率密度函数。

3-9 一个 RC 低通滤波器如图 P3-2 所示,假设其输入是均值为零、功率谱密度为 $n_0/2$ 的高斯白噪声,试求:

(1) 输出噪声的功率谱密度和自相关函数;

(2) 输出噪声的一维概率密度函数。

图 P3-1　　　　　　　　　图 P3-2

3-10 设有一个随机二进制矩形脉冲波形,它的每个脉冲的持续时间为 T_b,脉冲幅度取 ±1 的概率相等。现假设任一间隔 T_b 内波形取值与任何别的间隔内取值统计无关,且过程具有广义平稳性,试证:

(1) 自相关函数

$$R_\xi(\tau) = \begin{cases} 1 - |\tau|/T_b & |\tau| \leqslant T_b \\ 0 & |\tau| > T_b \end{cases}$$

(2) 功率谱密度 $P_\xi(\omega) = T_b [Sa(\pi f T_b)]^2$

3-11 图 P3-3 为单输入、双输出的线性滤波器,若输入 $\eta(t)$ 是平稳过程,求 $\xi_1(t)$ 与 $\xi_2(t)$ 的互功率谱密度的表达式。

3-12 设 $X(t)$ 是功率谱密度为 $P_x(f)$ 的平稳随机过程,让其通过图 P3-4 所示的系统。试确定:

(1) 输出过程 $Y(t)$ 是否平稳?

(2) $Y(t)$ 的功率谱密度。

图 P3-3　　　　　　　　　图 P3-4

3-13 已知平稳随机过程 $X(t)$ 的自相关函数 $R_x(\tau)$ 是周期 $T=2$ 的周期性函数,其在区间 $(-1,1)$ 上的截断函数表达式为

$$R_T(\tau) = \begin{cases} 1 - |\tau| & -1 < \tau < 1 \\ 0 & 其他 \end{cases}$$

试求 $X(t)$ 的功率谱密度 $P_x(\omega)$,并用图形表示。

第4章 信道

导学视频　三个目标

在第1章通信系统模型中已经提到过信道(channel)。信道连接发送端和接收端的通信设备，其功能是将信号从发送端传送到接收端。按照传输媒质的不同，信道可以分为两大类：无线(wireless)信道和有线(wired)信道。无线信道利用电磁波(electromagnetic wave)在空间中的传播(propagation)来传输信号，而有线信道则是利用人造的传导电或光信号的媒体来传输信号。传统的固定电话网用有线信道(电话线)作为传输媒质，而无线电广播就是利用无线信道传输电台节目的。光也是一种电磁波，它可以在空间传播，也可以在导光的媒质中传输。所以上述两大类信道的分类也适用于光信号。导光的媒质有光波导(wave guide)和光纤(optical fiber)。光纤是目前有线光通信系统中广泛应用的传输媒质。

按照信道特性不同，信道可以分为恒定参量信道和随机参量信道。恒定参量信道的特性不随时间变化，而随机参量信道的特性则随时间随机变化。

在通信系统模型中，还提到信道中存在噪声，它对于信号传输有重要的不良影响，所以通常认为它是一种有源干扰。信道本身的传输特性不良可以看作是一种无源干扰。在本章中将重点介绍信道传输特性和噪声的特性，及其对于信号传输的影响。

4.1 无线信道

在无线信道中信号的传输是利用电磁波在空间的传播来实现的。原则上，任何频率的电磁波都可以产生。但是，为了有效地发射或接收电磁波，要求天线的尺寸不小于电磁波波长的1/4。因此，频率过低，波长过长，则天线难于实现。例如，若电磁波的频率等于3000Hz，则其波长等于100km。这时，要求天线的尺寸大于10km。这样大的天线虽然可以实现，但是并不经济和方便。所以，通常用于通信的电磁波频率都比较高。

除了在外层空间两个飞船的无线电收发信机之间的电磁波传播是在自由空间(free space)传播外，在无线电收发信机之间的电磁波传播总是受到地面和大气层的影响。根据通信距离、频率和位置的不同，电磁波的传播主要分为**地波**(ground wave)、**天波**(sky wave)(或称**电离层反射波**(ionosphere reflection wave))和**视线**(line of sight)传播三种。

频率较低(约2MHz以下)的电磁波趋于沿弯曲的地球表面传播，有一定的绕射能力。

这种传播方式称为地波传播,在低频和甚低频段,地波能够传播超过数百千米或数千千米(图4-1)。

频率较高(2MHz~30MHz)的电磁波称为高频(high frequency)电磁波,它能够被电离层反射。电离层位于地面上60km~

图4-1　地波传播

400km,它是因太阳的紫外线(ultraviolet light)和宇宙射线(cosmic ray)辐射使大气电离的结果。白天的强烈阳光使大气电离产生D、E、F_1、F_2层(layer)等多个电离层,夜晚D层和F_1层消失,只剩下E层和F_2层。D层最低,在距地面60km~80km的高度。它对于电磁波主要产生吸收或衰减作用,并且衰减随电磁波的频率增高而减小。所以,只有较高频率的电磁波能够穿过D层,并由高层电离层向下反射。E层距地面100km~120km。它的电离浓度在白天很大,能够反射电磁波。晚上D层消失。F层的高度为150km~400km。它在白天分离为F_1和F_2两层,F_1层的高度为200km,F_2层的高度为250km~400km,晚上合并为一层。反射高频电磁波的主要是F层。换句话说,高频信号主要是依靠F层作远程通信。根据地球半径和F层的高度不难估算出,电磁波经过F层的一次反射距离最大可以达到约4000km。但是,经过反射的电磁波到达地面后可以被地面再次反射,并再次由F层反射。这样经过多次反射,电磁波可以传播10000km以上(图4-2)。利用电离层反射的传播方式称为**天波传播**。由图4-2可见,电离层反射波到达地面的区域可能是不连续的,图中用粗线表示的地面是电磁波可以到达的区域,其中在发射天线附近的地区是地波覆盖的范围,而在电磁波不能到达的其他区域称为**寂静区**(silent zone)。

频率高于30MHz的电磁波将穿透电离层,不能被反射回来。此外,它沿地面绕射的能力也很小。所以,它只能类似光波那样作**视线传播**。为了能增大其在地面上的传播距离,最简单的办法就是提升天线的高度从而增大视线距离(图4-3)。由地球的半径r等于6370km(若考虑到大气的折射率对于传播的影响,地球的等效半径略有不同),我们可以计算出天线高度和传播距离的关系。设收发天线的高度相等,均等于h,并且h是使此两天线间保持视线的最低高度,则由图4-3可见下列公式成立:

$$d^2 + r^2 = (h+r)^2 \quad (4.1-1)$$

或

$$d = \sqrt{h^2 + 2rh} \approx \sqrt{2rh} \quad (4.1-2)$$

图4-2　天波传播

图4-3　视线传播

设 D 为两天线间的距离,则有

$$D^2 = (2d)^2 = 8rh$$

将 r 的数值代入上式后,得

$$h = \frac{D^2}{8r} \approx \frac{D^2}{50} \quad (\text{m}) \qquad (4.1-3)$$

式中:D 为收发天线间距离(km)。

例如,若要求视线传输距离 $D=50$km,则收发天线的架设高度 $h=50$m。由于视距传输的距离有限,为了达到远距离通信的目的,可以采用**无线电中继**(radio relay)的办法。例如,若视距为 50km,则每间隔 50km 将信号转发一次,如图 4-4 所示。这样经过多次转发,也能实现远程通信。由于视线传输的距离和天线架设高度有

图 4-4 无线电中继

关,天线架设越高,视线传输距离越远;故利用人造卫星作为转发站(或称基站)将会大大提高视距。通常将利用人造卫星转发信号的通信称为**卫星通信**(satellite communication)。在距地面约 35800km 的赤道平面上人造卫星围绕地球转动的周期和地球自转周期相等,从地面上看卫星好像静止不动。这种卫星通常称为静止(geostationary)卫星。利用三颗这样的静止卫星作为转发站就能覆盖全球,保证全球通信(图 4-5)。不难想象,利用这样遥远的卫星作为转发站虽然能够增大一次转发的距离,但是却增大了对发射功率的要求和增大了信号传输的延迟(delay)时间;这不是我们所希望的。此外,发射卫星也是另一项巨大的工程。因此,近几年来,开始了平流层(stratosphere)通信的研究。**平流层通信**是指用位于平流层的高空平台电台(High Altitude Platform Stations, HAPS)代替卫星作为基站的通信[1],平台高度距地面 17km~22km。可以用充氦飞艇、气球或飞机[2]作为安置转发站的平台。若其高度在 20km,则可以实现地面覆盖半径约 500km 的通信区。若在平流层安置 250 个充氦飞艇,可以实现覆盖全球 90%以上人口的地区。平流层通信系统和卫星通信系统相比,费用低廉、延迟时间小、建设快、容量大。它是在研究中的一种通信手段[3,4]。

上述几种电磁波,无论是地波、天波还是视线传播,随着传播距离的增大,电磁波不断扩散,其强度必然逐渐衰弱。这里,我们仅考虑一种最简单的情况,即电磁波在自由空间传播的情况。所谓自

图 4-5 静止卫星转发站
▨ 重复覆盖地区; ▥ 南北极盲区。

由空间是指电磁波的传播没有任何障碍的空间,例如没有吸收、反射、折射、绕射和散射等。当天线架设得很高、天线的方向性很强时,以及在卫星通信和卫星(飞船)间通信中,电磁波的传播就极接近自由空间传播。下面就来讨论在自由空间中电磁波在发射天线和接收天线之间的传播损耗。

若假设天线是全方向性的(omnidirectional),即天线均匀地在 4π 球面度(steradian)上发射电磁波,即假设天线是理想的各向同性(isotropic)天线,则在与发射天线距离为 d 的一个假想球面上(图4-6),接收到的功率密度为

$$p(d) = \frac{P_T}{4\pi d^2} (W/m^2) \quad (4.1-4)$$

式中:$4\pi d^2$ 为此球面的面积;P_T 为发射功率。

图4-6 接收功率密度和距离的关系

这一发射功率在接收天线上产生的接收功率为

$$P_R = p(d) A_{er} = \frac{P_T A_{er}}{4\pi d^2} \quad (4.1-5)$$

式中:A_{er} 为接收天线的有效面积。

一个天线的有效面积 A_e 和它的物理面积 A_p 之间的关系为

$$A_e = \eta A_p \quad (4.1-6)$$

式中:η 为天线效率;对于抛物面天线而言,通常 $\eta \approx 0.55$。

由于实际发射天线大都不是各向同性的,并且常常设计成在接收方向上具有最大的发射功率密度 p_{max},这时将最大发射功率密度 p_{max} 与平均功率密度 p_{ave} 之比定义为发射天线(方向)增益:

$$G_T = \frac{p_{max}}{p_{ave}} \quad (4.1-7)$$

式中:p_{max} 为方向性天线在最大辐射方向上的发射功率密度;p_{ave} 为各向同性天线辐射的功率密度。

可以证明,天线增益 G 和天线有效面积 A 之间的关系为

$$G = \frac{4\pi A}{\lambda^2} \quad (当 A \gg \lambda^2 \text{ 时}) \quad (4.1-8)$$

式中:λ 为电磁波的波长(m)。

现在我们可以将发射功率 P_T 和发射天线增益 G_T 的乘积定义为**有效全向辐射功率**(EIRP):

$$EIRP = P_T G_T \quad (4.1-9)$$

在考虑到天线的方向性时,将式(4.1-9)中的 EIRP 代替式(4.1-5)中的 P_T,则得到这时接收天线上的接收功率为

$$P_R = EIRP \frac{A_{er}}{4\pi d^2} = \frac{P_T G_T A_{er}}{4\pi d^2} \quad (4.1-10)$$

若将式(4.1-8)代入式(4.1-10),则有

$$P_R = \frac{\lambda^2 P_T G_T G_R}{16\pi^2 d^2} \quad (4.1-11)$$

在以上功率计算中,忽略了天线馈线的损耗以及馈线不匹配的损耗。

若将发射机输出功率与接收机输入功率之比定义为**传播损耗**,则由式(4.1-11)可以写出传播损耗为

$$L_{\text{fr}} = \frac{P_T}{P_R} = \frac{16\pi^2 d^2}{\lambda^2 G_T G_R} \quad (4.1-12)$$

式中:L_{fr}为自由空间传播损耗;P_T为发射机输出功率(W);P_R为接收机输入功率(W);d为距离(m);λ为波长(m)。

【例4-1】 设发射功率$P_T = 10\text{W}$,发射天线增益$G_T = 100$,接收天线增益$G_R = 10$,传播距离等于50km,电磁波频率为800MHz,试求接收功率和传播损耗。

【解】 此时电磁波的波长为

$$\lambda = \frac{300}{800} = 0.375\text{m}$$

由式(4.1-11)得出接收功率为

$$P_R = \frac{\lambda^2 P_T G_T G_R}{16\pi^2 d^2} = \frac{(0.375)^2 \times 10 \times 100 \times 10}{16\pi^2 \times (50 \times 1000)^2} = 3.56 \times 10^{-9}(\text{W}) = 3560(\text{pW})$$

传播损耗为

$$L_{\text{fr}} = \frac{16\pi^2 d^2}{\lambda^2 G_T G_R} = \frac{16\pi^2 \times (50 \times 1000)^2}{(0.375)^2 \times 100 \times 10} \approx 28 \times 10^8 \approx 94.5(\text{dB})$$

电磁波在大气层内传播时会受到大气的影响。大气(主要是其中的氧气和水蒸气)及降水都会吸收和散射(scatter)电磁波,使频率在1GHz以上的电磁波的传播衰减(attenuation)显著增加。电磁波的频率越高,传播衰减越严重。在一些特定的频率范围,由于分子谐振(resonance)现象而使衰减出现峰值。图4-7(a)示出了这种衰减特性和频率的关系曲线。由此曲线可见,在频率约23GHz处,出现由于水蒸气(vapor)吸收产生的第一个谐振点。在频率约62GHz处,出现由于氧气(oxygen)吸收产生的第二个谐振点。氧气吸收的下一个谐振点发生在120GHz。水蒸气的另外两个吸收频率为180GHz和350GHz。在大气中通信时应该避免使用上述衰减严重的频率。此外,降水对于10GHz以上的电磁波也有较大的影响,如图4-7(b)所示[5]。

图4-7 大气衰减

除了上述三种传播方式外,电磁波还可以经过散射方式传播。散射传播和反射传播不同。无线电波的反射特性类似光波的镜面反射特性。而散射则是由于传播媒体的不均匀性,使电磁波的传播产生向许多方向折射的现象。散射现象具有强的方向性,散射的能量主要集中于前方,故常称其为**前向散射**(forward scatter)。由于散射信号的能量分散于许多方向,故接收点散射信号的强度比反射信号的强度要小得多。

散射传播分为电离层散射、对流层(troposphere)散射和流星余迹(meteor trail)散射三种。

电离层散射现象发生在 30MHz~60MHz 的电磁波上。由于电离层的不均匀性,使其对于在这一频段入射的电磁波产生散射。这种散射信号的强度与 30MHz 以下的电离层反射信号的强度相比,要小得多,但是仍然可以用于通信。

对流层散射则是由于对流层中的大气不均匀性产生的。从地面至高约十余千米间的大气层称为对流层。对流层中的大气存在强烈的上下对流现象,使大气中形成不均匀的湍流(turbulence)。电磁波由于对流层中的这种大气不均匀性可以产生散射现象,使电磁波散射到接收点。图4-8 示出对流层散射通信示意图。图中发射天线射束(beam)和接收天线射束相交于对流层上空,两波束相交的空间为有效散射区域。利用对流层散射进行通信的频率范围主要在 100MHz~4000MHz;按照对流层的高度估算,可以达到的有效散射传播距离最大约为 600km。

流星余迹散射则是由于流星经过大气层时产生的很强的电离余迹使电磁波散射的现象。流星余迹的高度为 80km~120km,余迹长度为 15km~40km(图4-9)。流星余迹散

图4-8 对流层散射通信　　　　图4-9 流星余迹散射通信

射的频率范围为 30MHz~100MHz,传播距离可达 1000km 以上。一条流星余迹的存留时间在十分之几秒到几分钟之间,但是空中随时都有大量的人们肉眼看不见的流星余迹存在,能够随时保证信号断续地传输。所以,流星余迹散射通信只能用低速存储、高速突发的断续方式传输数据。

目前在民用无线电通信中,应用最广的是蜂窝网(cellular network)和卫星通信。蜂窝网工作在特高频(UHF)频段。而卫星通信则工作在特高频和超高频(SHF)频段,其电磁波传播是利用视线传播方式,但是在地面和卫星之间的电磁波传播要穿过电离层。

4.2 有线信道

传输电信号的有线信道主要有三类,即明线(open wire)、对称电缆(symmetrical cable)和同轴电缆(coaxial cable)。

明线是指平行架设在电线杆上的架空线路。它本身是导电裸线或带绝缘层的导线。虽然它的传输损耗低，但是易受天气和环境的影响，对外界噪声干扰较敏感，并且很难沿一条路径架设大量的成百对线路，故目前已经逐渐被电缆所代替。电缆有两类，即对称电缆和同轴电缆。

对称电缆是由若干对叫做芯线的双导线放在一根保护套内制造成的。为了减小各对导线之间的干扰，每一对导线都做成扭绞形状的，称为双绞线（twist wire），如图4-10所示。对称电缆的芯线比明线细，直径为0.4mm~1.4mm，故其损耗较明线大，但是性能较稳定。对称电缆在有线电话网中广泛用于用户接入（access）电路。

同轴电缆则是由内外两根同心圆柱形导体构成，在这两根导体间用绝缘体隔离开（图4-11）。内导体多为实心导线，外导体是一根空心导电管或金属编织网，在外导体外面有一层绝缘保护层。在内外导体间可以填充实心介质材料，或者用空气作介质，但间隔一段距离有绝缘支架用于连接和固定内外导体。由于外导体通常接地，所以它同时能够很好地起到电屏蔽（screen）作用。目前，由于光纤的广泛应用，远距离传输信号的干线（trunk）线路多采用光纤代替同轴电缆。主要在有线电视广播（TV broadcasting）网中还较广泛地应用同轴电缆将信号送入用户。

图4-10 双绞线

图4-11 实心介质同轴线

传输光信号的有线信道是光导纤维，简称光纤。光纤是由华裔科学家高锟（Charles Kuen Kao，1933— ）发明的，他被认为是"光纤之父"。

最早出现的光纤是由折射率不同的两种导光介质（高纯度的石英玻璃）纤维制成的。其内层称为纤芯（central core），在纤芯外包有另一种折射率的介质，称为包层（cladding layer），如图4-12（a）所示。由于纤芯的折射率n_1比包层的折射率n_2大，光波会在两层的边界处产生反射。经过多次反射，光波可以达到远距离传输。由于折射率在两种介质内是均匀不变的，仅在边界处发生突变，故这种光纤称为**阶跃（折射率）型光纤**（step-index fiber）。随后出现的一种光纤的纤芯折射率沿半径增大方向逐渐减小，光波在这种光纤中传输的路径是因折射而逐渐弯曲的，并到达远距离传输的目的。这种光纤称为**梯度（折射率）型光纤**（graded-index fiber），如图4-12（b）所示。对梯度型光纤的折射率沿轴向的变化是有严格要求的，故其制造难度比阶跃型光纤大。

上述两种光纤中，光线的传播模式（mode）有多种。在这里，模式是指光线传播的路径。上述两种光纤中光线有多条传播路径，故称为**多模**（multimode）光纤。在图4-12（a）和（b）中示出了多模光纤的典型直径尺寸。它用发光二极管（LED）作为光源，这种光源不是单色的，即包含许多频率成分。由于这类光纤的直径较粗，不同入射角的光波在光纤中有不同的传播路径，各路径的传输时延不同，并且存在色散现象，故会造成信号波形的失真，从而限制了传输带宽。

图 4-12 光纤结构示意图

按照色散产生的原因不同,多模光纤中的色散可以分为三种:① 材料色散,它是由于材料的折射率随频率变化产生的。② 模式色散,它是由于不同模式的光波的群速不同引起的。③ 波导色散,它是由于不同频率分量的光波的群速不同引起的。在梯度型光纤中,可以控制折射率的合理分布,来均衡色散,故其模式色散比阶跃型光纤的小。

为了减小色散,增大传输带宽,后来又研制出一种光纤,称为**单模**(single mode)光纤,其纤芯的直径较小,在 $7\mu m \sim 10\mu m$,包层的典型直径约 $125\mu m$。在图 4-12(c)中示出的是一种阶跃型单模光纤。单模光纤用激光器作为光源。激光器产生单一频率的光波,并且光波在光纤中只有一种传播模式。因此,单模光纤的无失真传输频带较宽,比多模光纤的传输容量大得多。但是,由于其直径较小,所以在将两段光纤相接时不易对准。另外,激光器的价格比发光极管(LED)贵。所以,这两种光纤各有优缺点,都得到了广泛的应用。

在实用中光纤的外面还有一层塑料保护层,并将多根光纤组合起来成为一根光缆。光缆有保护外皮,内部还加有增加机械强度的钢线和辅助功能的电线。

为了使光波在光纤中传输时受到最小的衰减,以便传输尽量远的距离,希望将光波的波长选择在光纤传输损耗最小的波长上。图 4-13 示出了光纤损耗与光波波长的关系。由图可见,在 $1.31\mu m$ 和 $1.55\mu m$ 波长上出现两个损耗最小点。这两个波长是目前应用最广的波长。在这两个波长之间 $1.4\mu m$ 附近的损耗高峰是由于光纤材料中水分子的吸收造成的。1998 年朗讯科技(Lucent Technologies)公司发明了一项技术可以消除这一高峰,从而大大扩展了可用的波长范围。目前使用单个波长的单模光纤传输系统的传输速率已超过 10Gb/s。若在同一根光纤中传输波长不同的多个信号,则总传输速率将提高好多倍。光纤的传输损耗也是很低的,单模光纤的传输损耗可达 0.2dB/km 以下。因此,无中继的直接传输距离可达上百千米。目前,已经建成经过海底的跨洋远程光纤传输信道。

图 4 – 13 光纤损耗与光波波长的关系

4.3 信道的数学模型

为了讨论通信系统的性能,对于信道可以有不同的定义。图 1 – 4 和图 1 – 5 中示出的信道是从调制和解调的观点定义的。这时把发送端调制器输出端至接收端解调器输入端之间的部分称为信道,其中可能包括放大器、变频器和天线等装置。在研究各种调制制度的性能时使用这种定义是方便的。所以,有时称之为**调制信道**。此外,有时为了便于分析通信系统的总体性能,把调制和解调等过程的电路特性(如一些滤波器的特性)对信号的影响也折合到信道特性中一并考虑。此外,在讨论数字通信系统中的信道编码和解码时,我们把编码器输出端至解码器输入端之间的部分称为**编码信道**,如图 4 – 14 所示。在研究利用纠错编码对数字信号进行差错控制的效果时,利用编码信道的概念是方便的。

图 4 – 14 调制信道与编码信道

通常,信道一词在研究调制系统时均指调制信道;只有在讨论信道编码时,信道表示编码信道。

4.3.1 调制信道模型

最基本的调制信道有一对输入端和一对输出端,其输入端信号电压 $e_i(t)$ 和输出端电压 $e_o(t)$ 间的关系可以用下式表示:

$$e_o(t) = f[e_i(t)] + n(t) \qquad (4.3-1)$$

式中:$e_i(t)$ 为信道输入端信号电压;$e_o(t)$ 为信道输出端的信号电压;$n(t)$ 为噪声电压。

由于信道中的噪声 $n(t)$ 是叠加在信号上的,而且无论有无信号,噪声 $n(t)$ 是始终存在的。因此通常称它为**加性**(additive)**噪声**或**加性干扰**。当没有信号输入时,信道输出端也有加性干扰输出。$f[e_i(t)]$ 表示信道输入和输出电压之间的函数关系。为了便于数学分析,通常假设 $f[e_i(t)] = k(t)e_i(t)$,即信道的作用相当于对输入信号乘一个系数 $k(t)$。这样,式(4.3 – 1)可以改写为

$$e_o(t) = k(t)e_i(t) + n(t) \qquad (4.3 – 2)$$

式(4.3 – 2)就是调制信道的一般数学模型。在图 4 – 15 中画出了此数学模型。$k(t)$ 是一个很复杂的函数,它反映信道的特性。一般说来,它是时间 t 的函数,即表示信道的特性是随时间变化的。随时间变化的信道称为**时变**(time – variant)**信道**。$k(t)$ 又可以看作是对信号的一种干扰,称为

图 4 – 15 调制信道数学模型

乘性(multiplicative)**干扰**。因为它与信号是相乘的关系,所以当没有输入信号时,信道输出端也没有乘性干扰输出。作为一种干扰看待,$k(t)$,会使信号产生各种失真(distortion),包括线性失真、非线性失真、时间延迟以及衰减等。这些失真都可能随时间作随机变化,所以 $k(t)$ 只能用随机过程表述。这种特性随机变化的信道称为随机参量信道,简称**随参信道**。另外,也有些信道的特性基本上不随时间变化,或变化极慢极小。我们将这种信道称为恒定参量信道,简称**恒参信道**。综上所述,调制信道的模型可以分为两类,随参信道和恒参信道。

在 4.2 节中讨论的各种有线信道,以及在 4.1 节中讨论的无线电中继和卫星通信等视线传播信道的传输特性基本稳定,属于恒参信道;而其他各种无线信道都属于随参信道。

在本节开始处提到,有一对输入端和一对输出端的调制信道是最基本的信道。此外,还有多对输入端和多对输出端的调制信道,如图 4 – 16 所示。图中示出有 m 个输入端和 n 个输出端的信道。例如,会议电话系统的信道;在会议电话系统中每个人都可以同时听到多个人的讲话。

图 4 – 16 多输入端和输出端信道

4.3.2 编码信道模型

调制信道对信号的影响是乘性干扰 $k(t)$ 和加性干扰 $n(t)$ 使信号的波形发生失真。编码信道的影响则不同。因为编码信道的输入和输出信号是数字序列,例如,在二进制信道中是"0"和"1"的序列,故编码信道对信号的影响是使传输的数字序列发生变化,即序列中的数字发生错误。所以,可以用**转移概率**(transfer probability)来描述编码信道的特性。在二进制系统中,错误概率就是"0"转移为"1"的概率和"1"转移为"0"的概率。按照这种原理可以画出一个二进制编码信道的简单模型,如图 4 – 17 所示。图中 $P(0/0)$ 和 $P(1/1)$ 是正确转移概率。$P(1/0)$ 是发送"0"而接收"1"的概率;$P(0/1)$ 是发送"1"而接收"0"的概率。后面这两个概率为错误传输概率。实际编码信道转移概率的数

值需要由大量的实验统计数据分析得出。在二进制系统中由于只有"0"和"1"这两种符号,所以由概率论的原理可知:

$$P(0/0) = 1 - P(1/0) \qquad (4.3-3)$$

$$P(1/1) = 1 - P(0/1) \qquad (4.3-4)$$

图 4 - 17 中的模型所以称为"简单的"二进制编码信道模型是因为已经假定此编码信道是无记忆(memoryless)信道,即前后码元发生的错误是互相独立的。也就是说,一个码元的错误和其前后码元是否发生错误无关。类似地,我们可以画出无记忆四进制编码信道模型,如图 4 - 18 所示。最后指出,编码信道中产生错码的原因以及转移概率的大小主要是由于调制信道不理想造成的。

图 4 - 17 二进制编码信道模型

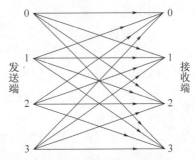

图 4 - 18 四进制编码信道模型

4.4 信道特性对信号传输的影响

按照调制信道模型,信道可以分为恒参信道和随参信道两类。在4.1节和4.2节中讨论的无线信道和有线信道中,各种有线信道和部分无线信道,包括卫星链路(link)和某些视距传输链路,可以当作为恒参信道看待,因为它们的特性变化很小、很慢,可以视作其参量恒定。恒参信道实质上就是一个非时变线性网络。所以只要知道这个网络的传输特性,就可以利用信号通过线性系统的分析方法得知信号通过恒参信道时受到的影响。恒参信道的主要传输特性通常可以用其**振幅—频率特性**和**相位—频率特性**来描述。无失真传输要求振幅特性与频率无关,即其振幅—频率特性曲线是一条水平直线;要求其相位特性是一条通过原点的直线,或者等效地要求其传输群时延与频率无关,等于常数。实际的信道往往都不能满足这些要求。例如,电话信号的频带在300Hz ~ 3400Hz 范围内;而电话信道的振幅—频率特性和相位—频率特性的典型曲线示于图4-19中。在此图中采用的是便于测量的实用参量,即用插入损耗(insertion loss)和频率的关系表示振幅—频率特性,用群延迟(group delay)和频率的关系表示相位—频率特性。这里,插入损耗是指发送端与接收端之间插入信道产生的信号损耗;群延迟是指信号通过信道传输的时延。

若信道的振幅—频率特性不理想,则信号发生的失真称为**频率失真**。信号的频率失真会使信号的波形产生畸变。在传输数字信号时,波形畸变可引起相邻码元波形之间发生部分重叠,造成**码间串扰**(intersymbol interference)。由于这种失真是一种线性失真,所以它可以用一个线性网络进行补偿。若此线性网络的频率特性与信道的频率特性之和,

图 4-19 典型电话信道特性

在信号频谱占用的频带内,为一条水平直线,则此补偿(compensation)网络就能够完全抵消信道产生的振幅—频率失真。

信道的相位特性不理想将使信号产生**相位失真**。在模拟(analog)语音信道(简称模拟话路)中,相位失真对通话的影响不大,因为人耳对于声音波形的相位失真不敏感。但是,相位失真对于数字信号的传输则影响很大,因为它也会引起码间串扰,使误码率增大。相位失真也是一种线性失真,所以也可以用一个线性网络进行补偿。

除了振幅特性和相位特性外,恒参信道中还可能存在其他一些使信号产生失真的因素,例如非线性失真、频率偏移(deviation)和相位抖动(phase jitter)等。非线性失真是指信道输入和输出信号的振幅关系不是直线关系,如图 4-20 所示。非线性特性将使信号产生新的谐波(harmonic)分量,造成所谓**谐波失真**。这种失真主要是由于信道中的元器件特性不理想造成的。频率偏移是指信道输入信号的频谱经过信道传输后产生了平移。这主要是由于发送端和接收端中用于调制解调或频率变换的振荡器(oscillator)的频率误差引起的。**相位抖动**也是由于这些振荡器的频率不稳定产生的。相位抖动的结果是对信号产生附加调制。上述这些因素产生的信号失真一旦出现,很难消除。

图 4-20 非线性特性

现在转入讨论随参信道对信号传输的影响。上述无线电信道中有一些是随参信道,例如依靠天波传播和地波传播的无线电信道、某些视距传输信道和各种散射信道。随参信道的特性是"时变"的。例如,在用天波传播时,电离层的高度和离子浓度随时间、季节和年份而在不断变化,使信道特性随之变化;在用对流层散射传播时,大气层随气候和天气在变化着,也使信道特性变化。此外,在移动通信中,由于移动台在运动,收发两点间的传输路径自然也在变化,使得信道参量在不断变化。一般说来,各种随参信道具有的共同特性:① 信号的传输衰减随时间而变;② 信号的传输时延随时间而变;③ 信号经过几条路径到达接收端,而且每条路径的长度(时延)和衰减都随时间而变,即存在**多径传播**(multipath propagation)现象。多径传播对信号的影响称为**多径效应**。由于它对信号传输质量的影响很大,下面对其作专门的讨论。

设发射信号为 $A\cos\omega_0 t$,它经过 n 条路径传播到接收端,则接收信号 $R(t)$ 可以表示为

$$R(t) = \sum_{i=1}^{n} \mu_i(t)\cos\omega_0[t - \tau_i(t)] = \sum_{i=1}^{n} \mu_i(t)\cos[\omega_0 t + \varphi_i(t)] \quad (4.4-1)$$

式中：$\mu_i(t)$ 为经过第 i 条路径到达的接收信号振幅；$\tau_i(t)$ 为经过第 i 条路径达到的信号的时延；$\varphi_i(t) = -\omega_0\tau_i(t)$。

式(4.4-1)中的 $\mu_i(t)$，$\tau_i(t)$，$\varphi_i(t)$ 都是随机变化的。

应用三角公式可以将式(4.4-1)改写为

$$R(t) = \sum_{i=1}^{n} \mu_i(t)\cos\varphi_i(t)\cos\omega_0 t - \sum_{i=1}^{n} \mu_i(t)\sin\varphi_i(t)\sin\omega_0 t \quad (4.4-2)$$

实验观察表明，在多径传播中，和信号角频率 ω_0 的周期相比，$\mu_i(t)$ 和 $\varphi_i(t)$ 随时间变化很缓慢。所以，式(4.4-2)中的接收信号 $R(t)$ 可以看成是由互相正交的两个分量组成的。这两个分量的振幅分别是缓慢随机变化的 $\mu_i(t)\cos\varphi_i(t)$ 和 $\mu_i(t)\sin\varphi_i(t)$。设

$$X_c(t) = \sum_{i=1}^{n} \mu_i(t)\cos\varphi_i(t) \quad (4.4-3)$$

$$X_s(t) = \sum_{i=1}^{n} \mu_i(t)\sin\varphi_i(t) \quad (4.4-4)$$

则 $X_c(t)$ 和 $X_s(t)$ 都是缓慢随机变化的。将式(4.4-3)和式(4.4-4)代入式(4.4-2)，得出

$$R(t) = X_c(t)\cos\omega_0 t - X_s(t)\sin\omega_0 t = V(t)\cos[\omega_0 t + \varphi(t)] \quad (4.4-5)$$

式中：$V(t) = \sqrt{X_c^2(t) + X_s^2(t)}$，为接收信号 $R(t)$ 的包络；

$\varphi(t) = \arctan\dfrac{X_s(t)}{X_c(t)}$，为接收信号 $R(t)$ 的相位。

这里的 $V(t)$ 和 $\varphi(t)$ 也是缓慢随机变化的，所以式(4.4-5)表示接收信号是一个振幅和相位作缓慢变化的余弦波，即接收信号 $R(t)$ 可以看作是一个包络和相位随机缓慢变化的窄带信号，如图 4-21 所示。和振幅恒定、单一频率的发射信号对比，接收信号波形的包络有了起伏，频率也不再是单一频率，而有了扩展，成为窄带信号。这种信号包络因传播有了起伏的现象称为**衰落**(fading)。多径传播使信号包络(envelope)产生的起伏虽然比信号的周期缓慢，但是仍然可能是在秒或秒以下的数量级，衰落的周期常能和数字信号的一个码元周期相比较，故通常将由多径效应引起的衰落称为**快衰落**。即使没有多径效应，仅有一条无线电路径传播时，由于路径上季节、日夜、天气等的变化，也会使信号产生衰落现象。这种衰落的起伏周期可能较长，甚至以若干天或若干小时计，故称这种衰落为**慢衰落**。

为简单起见，下面我们将对仅有两条路径的最简单的快衰落现象作进一步的讨论。

设多径传播的路径只有两条，并且这两条路径具有相同的衰减，但是时延不同；并设发射信号为 $f(t)$，它经过两条路径传播后到达接收端分别为 $Af(t - \tau_0)$ 和 $Af(t - \tau_0 - \tau)$。其中 A 是传播衰减，τ_0 是第一条路径的时延，τ 是两条路径的时延差。现在来求出这个多径信道的传输函数。

设发射信号 $f(t)$ 的傅里叶变换(即其频谱)为 $F(\omega)$，并将其用下式表示：

图 4 – 21　窄带信号波形

$$f(t) \Leftrightarrow F(\omega) \quad (4.4-6)$$

则

$$Af(t-\tau_0) \Leftrightarrow AF(\omega)e^{-j\omega\tau_0} \quad (4.4-7)$$

$$Af(t-\tau_0-\tau) \Leftrightarrow AF(\omega)e^{-j\omega(\tau_0+\tau)} \quad (4.4-8)$$

$$Af(t-\tau_0) + Af(t-\tau_0-\tau) \Leftrightarrow AF(\omega)e^{-j\omega\tau_0}(1+e^{-j\omega\tau}) \quad (4.4-9)$$

式(4.4-9)的两端分别是接收信号的时间函数和频谱函数。将式(4.4-6)和式(4.4-9)的右端相除，就得到此多径信道的传输函数为

$$H(\omega) = \frac{AF(\omega)e^{-j\omega\tau_0}(1+e^{-j\omega\tau})}{F(\omega)} = Ae^{-j\omega\tau_0}(1+e^{-j\omega\tau}) \quad (4.4-10)$$

式中：A 为一个常数衰减因子；$e^{-j\omega\tau_0}$ 为一个确定的传输时延 τ_0；$1+e^{-j\omega\tau}$ 因子是和信号频率 ω 有关的复因子，其模为

$$|1+e^{-j\omega\tau}| = |1+\cos\omega\tau - j\sin\omega\tau| = |\sqrt{(1+\cos\omega\tau)^2 + \sin^2\omega\tau}| = 2\left|\cos\frac{\omega\tau}{2}\right| \quad (4.4-11)$$

按照式(4.4-11)画出的模与角频率 ω 关系曲线如图 4 – 22 所示。它表示此多径信道的传输衰减和信号频率及时延差 τ 有关。在角频率 $\omega = 2n\pi/\tau$（n 为整数）处的频率分量最强，而在 $\omega = (2n+1)\pi/\tau$ 处的频率分量为零。这种曲线的最大和最小值位置决定于两条路径的相对时延差 τ。而 τ

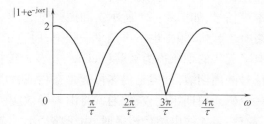

图 4 – 22　多径效应

是随时间变化的，所以对于给定频率的信号，使信号的强度随时间而变，这种现象称为衰落现象。由于这种衰落和频率有关，故常称其为**频率选择性衰落**。特别是对于宽带信号，若信号带宽大于 $(1/\tau)$ Hz，则信号频谱中不同频率分量的幅度之间必然出现强烈的差异。我们将 $(1/\tau)$ Hz 称为此两条路径信道的相关带宽(correlation bandwidth)。

实际的多径信道中通常有不止两条路径，并且每条路径的信号衰减一般也不相同，所以不会出现图 4 – 22 中的零点。但是，接收信号的包络肯定会出现随机起伏(random fluctuation)。这时，设 τ_m 为多径中最大的相对时延差，并将 $(1/\tau_m)$ Hz 定义为此多径信道

的相关带宽。为了使信号基本不受多径传播的影响,要求信号的带宽小于多径信道的相关带宽($1/\tau_m$)。

多径效应会使数字信号的码间串扰增大。为了减小码间串扰的影响,通常要降低码元传输速率。因为,若码元速率降低,则信号带宽也将随之减小,多径效应的影响也随之减轻。

综合上述,还可以将经过信道传输后的数字信号分为三类。第一类称为**确知信号**(deterministic signal),即接收端能够准确知道其码元波形的信号,这是理想情况。第二类称为随机相位信号,简称**随相信号**(random phase signal),这种信号的相位由于传输时延的不确定而带有随机性,使接收码元的相位随机变化。即使是经过恒参信道传输,大多数也属于这种情况。第三类称为**起伏信号**(fluctuation signal),这时接收信号的包络随机起伏、相位也随机变化。通过多径信道传输的信号都具有这种特性。

4.5 信道中的噪声

我们将信道中存在的不需要的电信号统称为**噪声**(noise)。通信系统中的噪声是叠加在信号上的,没有传输信号时通信系统中也有噪声,噪声永远存在于通信系统中。噪声可以看成是信道中的一种干扰,也称为**加性干扰**,因为它是叠加在信号之上的。噪声对于信号的传输是有害的,它能使模拟信号失真,使数字信号发生错码,并限制着信息的传输速率。

按照来源分类,噪声可以分为**人为噪声**(man-made noise)和**自然噪声**(natural noise)两大类。人为噪声是由人类的活动产生的,例如,电钻和电气开关瞬态(transient)造成的电火花(spark)、汽车点火系统产生的电火花、荧光灯产生的干扰、其他电台和家电用具产生的电磁波辐射等。自然噪声是自然界中存在的各种电磁波辐射,例如,闪电(lightning)、大气噪声(atmosphere noise)和来自太阳和银河系(galaxy)等的宇宙噪声(cosmic noise)。此外还有一种很重要的自然噪声,即**热噪声**(thermal noise)。热噪声来自一切电阻性元器件中电子的热运动。例如,导线、电阻和半导体器件等均产生热噪声。所以热噪声是无处不在,不可避免地存在于一切电子设备中,除非设备处于热力学温度0K。在电阻性元器件中,自由电子因具有热能而不断运动,在运动中和其他粒子碰撞而随机地以折线路径运动,即呈现为布朗运动(Brownian motion)。在没有外界作用力的条件下,这些电子的布朗运动结果产生的电流平均值等于零,但是会产生一个交流电流分量。这个交流分量称为热噪声。热噪声的频率范围很广,它均匀分布在大约从接近零频率开始,直到10^{12}Hz。在一个阻值为R的电阻两端,在频带宽度为B的范围内,产生的热噪声电压有效值为

$$V = \sqrt{4kTRB} \quad (V) \qquad (4.5-1)$$

式中:$k = 1.38 \times 10^{-23}$(J/K),为玻耳兹曼常数(Boltzmann's constant);T为热力学温度(K);R为电阻(Ω);B为带宽(Hz)。

由于在一般通信系统的工作频率范围内热噪声的频谱是均匀分布的,好像白光的频谱在可见光的频谱范围内均匀分布那样,所以热噪声又常称为**白噪声**。由于热噪声是由

大量自由电子的运动产生的,其统计特性服从高斯分布,故常将热噪声称为**高斯白噪声**(Gaussian white noise)。

按照性质分类,噪声可以分为脉冲噪声、窄带噪声和起伏噪声三类。**脉冲噪声**(impulse noise)是突发性地产生的,幅度很大,其持续时间比间隔时间短得多。由于其持续时间很短,故其频谱较宽,可以从低频一直分布到甚高频,但是频率越高其频谱的强度越小。电火花就是一种典型的脉冲噪声。**窄带噪声**(narrow band noise)可以看作是一种非所需的连续的已调正弦波,或简单地看作是一个振幅恒定的单一频率的正弦波。通常它来自相邻电台或其他电子设备,其频谱或频率位置通常是确知的或可以测知的。**起伏噪声**(fluctuation noise)是遍布在时域和频域内的随机噪声,包括热噪声、电子管内产生的散弹噪声(shot noise)和宇宙噪声等都属于起伏噪声。

上述各种噪声中,脉冲噪声不是普遍地持续地存在的,对于语音通信的影响也较小,但是对于数字通信可能有较大影响。窄带噪声也是只存在于特定频率、特定时间和特定地点,所以它的影响是有限的。只有起伏噪声无处不在。所以,在讨论噪声对于通信系统的影响时,主要是考虑起伏噪声,特别是热噪声的影响。

如上所述,热噪声本身是白色的。但是,在通信系统接收端解调器中对信号解调时,叠加在信号上的热噪声已经经过了接收机带通滤波器的过滤,从而其带宽受到了限制,故它已经不是白色的了,成为了窄带噪声或称为**带限**(band-limited)**白噪声**。由于滤波器是一种线性电路,高斯过程通过线性电路后,仍为一高斯过程,故此窄带噪声又常称为**窄带高斯噪声**。设经过接收滤波器后的噪声双边功率谱密度为 $P_n(f)$,如图 4-23 所示,则此噪声的功率为

$$P_n = \int_{-\infty}^{\infty} P_n(f) \, \mathrm{d}f \qquad (4.5-2)$$

图 4-23 噪声功率谱特性

为了描述窄带噪声的带宽,我们引入**噪声等效带宽**(equivalent bandwidth)的概念。这时,将噪声功率谱密度曲线的形状变为矩形(见图中虚线),并保持噪声功率不变。若令矩形的高度等于原噪声功率谱密度曲线的最大值 $P_n(f_0)$,则此矩形的宽度为

$$B_n = \frac{\int_{-\infty}^{\infty} P_n(f) \, \mathrm{d}f}{2P_n(f_0)} = \frac{\int_0^{\infty} P_n(f) \, \mathrm{d}f}{P_n(f_0)} \qquad (4.5-3)$$

式(4.5-3)保证了图中矩形虚线下面的面积和功率谱密度曲线下面的面积相等,即功率相等。故将式(4.5-3)中的 B_n 称为**噪声等效带宽**。利用噪声等效带宽的概念,在

后面讨论通信系统的性能时,可以认为窄带噪声的功率谱密度在带宽 B_n 内是恒定的。

4.6 信道容量

在本节中将讨论信道容量(channel capacity)的概念。信道容量是指信道能够传输的最大平均信息速率。由于信道分为连续(continuous)信道和离散(discrete)信道两类,所以信道容量的描述方法也不同。下面将分别对其作简要介绍。

4.6.1 离散信道容量

离散信道的容量有两种不同的度量单位。一种是**用每个符号**(symbol)**能够传输的平均信息量最大值表示信道容量** C;另一种是**用单位时间(秒)内能够传输的平均信息量最大值表示信道容量** C_t。这两者之间可以互换。若知道信道每秒能够传输多少个符号,则不难从第一种转换成第二种表示。因此,这两种表示方法在实质上是一样的;可以根据需要选用。

现在将图 4 – 18 中的信道模型、推广到有 n 个发送符号和 m 个接收符号的一般形式,如图 4 – 24 所示。图中发送符号 $x_1, x_2, x_3, \cdots, x_n$ 的出现概率为 $P(x_i), i = 1, 2, \cdots, n$;收到 y_j 的概率是 $P(y_j), j = 1, 2, \cdots, m$。$P(y_j/x_i)$ 是转移概率,即发送 x_i 的条件下收到 y_j 的条件概率(conditional probability)。

从信息量(information content)的概念得知,发送 x_i 时收到 y_j 所获得的信息量等于发送 x_i 前接收端对 x_i 的不确定程度(x_i 的信息量)减去收到 y_j 后接收端对 x_i 的不确定程度(给定 y_j 条件下 x_i 的不确定程度),即

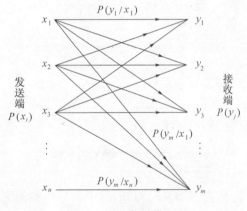

图 4 – 24 信道模型

发送 x_i 时收到 y_j 所获得的信息量 $= -\log_2 P(x_i) - [-\log_2 P(x_i/y_j)]$ (4.6 – 1)

对所有的 x_i 和 y_j 取统计平均值,得出收到一个符号时获得的平均信息量:

$$\text{平均信息量/符号} = -\sum_{i=1}^{n} P(x_i) \log_2 P(x_i) -$$

$$\left[-\sum_{j=1}^{m} P(y_j) \sum_{i=1}^{n} P(x_i/y_j) \log_2 P(x_i/y_j) \right]$$

$$= H(x) - H(x/y) \quad (4.6 – 2)$$

式中:$H(x) = -\sum_{i=1}^{n} P(x_i) \log_2 P(x_i)$,为每个发送符号 x_i 的平均信息量,称为信源的**熵**(entropy);$H(x/y) = -\sum_{j=1}^{m} P(y_j) \sum_{i=1}^{n} P(x_i/y_j) \log_2 P(x_i/y_j)$,为接收 y_j 符号已知后,发送

符号 x_i 的平均信息量。

由式(4.6-2)可知，收到一个符号的平均信息量只有$[H(x)-H(x/y)]$，而发送符号的信息量原为 $H(x)$，少了的部分 $H(x/y)$ 就是传输错误率引起的损失。

对于二进制信源(information source)，设发送"1"的概率 $P(1)=\alpha$，则发送"0"的概率 $P(0)=1-\alpha$。当 α 从"0"变到"1"时，信源的熵 $H(\alpha)$ 可以写成

$$H(\alpha) = -\alpha\log_2\alpha - (1-\alpha)\log_2(1-\alpha) \qquad (4.6-3)$$

按照式(4.6-3)画出的曲线示于图4-25中。由此图可见，当 $\alpha=1/2$ 时，此信源的熵达到最大值。这时两个符号的出现概率相等，其不确定性最大。

对于无噪声信道，发送符号和接收符号有一一对应关系。这时，信道模型将变成如图4-26所示；并且在接收到符号 y_i 后，可以确知发送的符号是 $x_i(i=1,2,\cdots,n)$，因此收到的信息量是 $-\log_2 P(x_i)$。于是，由式(4.6-1)可知，此时 $\log_2 P(x_i/y_j)=0$；以及由式(4.6-2)可知，$H(x/y)=0$。所以在无噪声条件下，从接收一个符号获得的平均信息量为 $H(x)$。而原来在有噪声条件下，从一个符号获得的平均信息量为$[H(x)-H(x/y)]$。这再次说明 $H(x/y)$ 即为因噪声而损失的平均信息量。

图4-25 二进制信源的熵

图4-26 无噪声信道模型

从式(4.6-2)得知，每个符号传输的平均信息量和信源发送符号概率 $P(x_i)$ 有关，我们将其对 $P(x_i)$ 求出的最大值定义为信道容量，即

$$C = \max_{P(x)}[H(x)-H(x/y)] \qquad (\text{b}/\text{符号}) \qquad (4.6-4)$$

若信道中的噪声极大，则 $H(x/y)=H(x)$。这时 $C=0$，即信道容量为零。

设单位时间内信道传输的符号数为 r(符号/s)，则信道每秒传输的平均信息量为

$$R = r[H(x)-H(x/y)] \qquad (\text{b/s}) \qquad (4.6-5)$$

求 R 的最大值，即得出容量 C_t 的表达式为

$$C_t = \max_{P(x)}\{r[H(x)-H(x/y)]\} \qquad (\text{b/s}) \qquad (4.6-6)$$

【例4-2】 设信源由两种符号"0"和"1"组成，符号传输速率为1000 符号/s，且这两种符号的出现概率相等，均等于1/2。信道为对称信道，其传输的符号错误概率为1/128。试画出此信道模型，并求此信道的容量 C 和 C_t。

【解】 此信道模型如图 4-27 所示。

图 4-27 对称信道模型

由式(4.6-2)知,此信源的平均信息量(熵)为

$$H(x) = -\sum_{i=1}^{n} P(x_i)\log_2 P(x_i) = -\left[\frac{1}{2}\log_2\frac{1}{2} + \frac{1}{2}\log_2\frac{1}{2}\right] = 1 \quad (\text{b}/\text{符号})$$

由给定条件:$P(y_1/x_1) = P(0/0) = 127/128$;$P(y_2/x_2) = P(1/1) = 127/128$;

$P(y_2/x_1) = P(1/0) = 1/128$; $P(y_1/x_2) = P(0/1) = 1/128$;

根据概率论中的贝叶斯公式:$P(x_i/y_j) = P(x_i)P(y_j/x_i) / \sum_{i}^{n} P(x_i)P(y_j/x_i)$

可以计算出:

$$P(x_1/y_1) = \frac{P(x_1)P(y_1/x_1)}{P(x_1)P(y_1/x_1) + P(x_2)P(y_1/x_2)} = \frac{(1/2)(127/128)}{(1/2)(127/128) + (1/2)(1/128)}$$
$$= 127/128$$

及 $P(x_2/y_1) = 1/128$;$P(x_1/y_2) = 1/128$;$P(x_2/y_2) = 127/128$。

而条件信息量 $H(x/y)$ 可以按照式(4.6-2)写为

$$H(x/y) = -\sum_{j=1}^{m} P(y_j) \sum_{i=1}^{n} [P(x_i/y_j)\log_2 P(x_i/y_j)]$$

$$= -\{P(y_1)[P(x_1/y_1)\log_2 P(x_1/y_1) + P(x_2/y_1)\log_2 P(x_2/y_1)] +$$

$$P(y_2)[P(x_1/y_2)\log_2 P(x_1/y_2) + P(x_2/y_2)\log_2 P(x_2/y_2)]\}$$

将上面求出的各条件概率值代入上式,并且考虑到 $P(y_1) = P(y_2) = 1/2$,可得出

$$H(x/y) = -[(127/128)\log_2(127/128) + (1/128)\log_2(1/128)]$$

$$= -[(127/128) \times (-0.01) + (1/128) \times (-7)] \approx 0.065$$

上面已经计算出 $H(x) = 1$,故此信道的容量为

$$C = \max_{P(x)}[H(x) - H(x/y)] = 0.935 \quad (\text{b}/\text{符号})$$

由式(4.6-6),得:$C_t = \max_{P(x)}\{r[H(x) - H(x/y)]\} = 1000 \times 0.935 = 935$ (b/s)

4.6.2 连续信道容量

连续信道的容量也有两种不同的计量单位。这里,我们只介绍按单位时间计算的容量。

对于带宽有限、平均功率有限的高斯白噪声连续信道,可以证明[6,7],其信道容量为

$$C_t = B\log_2\left(1 + \frac{S}{N}\right) \quad \text{(b/s)} \tag{4.6-7}$$

式中: S 为信号平均功率(W); N 为噪声功率(W); B 为带宽(Hz)。

由式(4.6-7)可知,在保持信道容量 C_t 不变的条件下,带宽 B 和信号噪声功率比 S/N 可以互换,即若增大 B,可以降低 S/N,而保持 C_t 不变。

设噪声单边功率谱密度为 n_0(W/Hz),则 $N = n_0 B$;故式(4.6-7)可以改写成:

$$C_t = B\log_2\left(1 + \frac{S}{n_0 B}\right) \quad \text{(b/s)} \tag{4.6-8}$$

由式(4.6-8)可知,连续信道的容量 C_t 和信道带宽 B、信号功率 S 及噪声功率谱密度 n_0 三个因素有关。增大信号功率 S 或减小噪声功率谱密度 n_0,都可以使信道容量 C_t 增大。当 $S\to\infty$ 或 $n_0\to 0$ 时, $C_t\to\infty$。然而,在实际通信系统中,信号功率 S 不可能为无穷大,噪声功率谱密度 n_0 也不会等于 0,所以信道容量 C_t 也不可能达到无穷大。但是,当 $B\to\infty$ 时, C_t 将趋向何值? 为了回答这个问题,令 $x = S/n_0 B$,这样式(4.6-8)可以改写为

$$C_t = \frac{S}{n_0} \frac{Bn_0}{S}\log_2\left(1 + \frac{S}{n_0 B}\right) = \frac{S}{n_0}\log_2(1 + x)^{1/x} \tag{4.6-9}$$

利用关系式

$$\lim_{x\to 0}\ln(1 + x)^{1/x} = 1 \tag{4.6-10}$$

及

$$\log_2 a = \log_2 e \cdot \ln a \tag{4.6-11}$$

可以从式(4.6-9)写出:

$$\lim_{B\to\infty} C_t = \lim_{x\to 0}\frac{S}{n_0}\log_2(1 + x)^{1/x} = \frac{S}{n_0}\log_2 e \approx 1.44\frac{S}{n_0} \quad \text{(b/s)} \tag{4.6-12}$$

式(4.6-12)表明,当给定 S/n_0 时,若带宽 B 趋于无穷大,信道容量不会趋于无限大,而只是 S/n_0 的 1.44 倍。这是因为当带宽 B 增大时,噪声功率也随之增大。图 4-28 示出按照式(4.6-7)画出的信道容量 C_t 和带宽 B 的关系曲线。

式(4.6-8)还可以改写成如下形式:

$$C_t = B\log_2\left(1 + \frac{S}{n_0 B}\right) = B\log_2\left(1 + \frac{E_b/T_b}{n_0 B}\right)$$

$$= B\log_2\left(1 + \frac{E_b}{n_0}\right) \tag{4.6-13}$$

图 4-28 信道容量和带宽关系

式中: E_b 为每比特能量; $T_b = 1/B$,为每比特持续时间。

式(4.6-13)表明,为了得到给定的信道容量 C_t,可以增大带宽 B 以换取 E_b 减小;另

一方面,在接收功率受限的情况下,由于 $E_b = ST_b$,可以增大 T_b 以减小 S 来保持 E_b 和 C_t 不变。例如在宇宙飞行和深空探测时,接收信号的功率 S 很微弱,就可以用增大带宽 B 和比特持续时间 T_b 的办法,保证对信道容量 C_t 的要求。

【例 4-3】 已知黑白电视图像信号每帧(frame)有 30 万个像素(pixel),每个像素有 8 个亮度电平,各电平独立地以等概率出现,图像每秒发送 25 帧。若要求接收图像信噪比达到 30dB,试求所需传输带宽。

【解】 因为每个像素独立地以等概率取 8 个亮度电平,故每个像素的信息量为

$$I_p = -\log_2(1/8) = 3 \quad (b/pix)$$

并且每帧图像的信息量为

$$I_F = 300\,000 \times 3 = 900\,000 \quad (b/F)$$

因为每秒传输 25 帧图像,所以要求传输速率为

$$R_b = 900\,000 \times 25 = 22\,500\,000 = 22.5 \times 10^6 \quad (b/s)$$

信道的容量 C_t 必须不小于此 R_b 值。将上述数值代入式(4.6-7):

$$C_t = B\log_2(1 + S/N)$$

得到

$$22.5 \times 10^6 = B\log_2(1 + 1000) \approx 9.97B$$

最后得出所需带宽为

$$B = (22.5 \times 10^6)/9.97 \approx 2.26 \quad (MHz)$$

4.7 小结

本章介绍有关信道的基础知识,包括信道特性及其对信号传输的影响。

无线信道按照传播方式区分,基本上有地波、天波和视线传播三种;另外,还有散射传播,包括对流层散射、电离层散射和流星余迹散射。为了增大通信距离,可以采用转发站转发信号。用地面转发站转发信号的方法称为无线电中继通信;用人造卫星转发信号的方法称为卫星通信;用平流层平台转发信号的方法称为平流层通信。

有线信道分为有线电信道和有线光信道两大类。有线电信道有明线、对称电缆、同轴电缆之分。有线光信道中的光信号在光纤中传输。光纤按照传输模式分为单模光纤和多模光纤。按照光纤中折射率变化的不同,光纤又分为阶跃型光纤和梯度型光纤。

信道的数学模型分为调制信道模型和编码信道模型两类。调制信道模型用加性干扰和乘性干扰表示信道对于信号传输的影响。加性干扰是叠加在信号上的各种噪声。乘性干扰使信号产生各种失真,包括线性失真、非线性失真、时间延迟以及衰减等。乘性干扰随机变化的信道称为随参信道;乘性干扰基本保持恒定的信道称为恒参信道。由于编码信道包含调制信道在内,故加性和乘性干扰都对编码信道有影响。这种影响的结果是使编码信道中传输的数字码元产生错误。所以编码信道模型主要用定量表示错误的转移概率描述其特性。

恒参信道产生的失真主要是线性失真,线性失真通常可以用线性网络补偿,得到克服。随参信道对于信号传输的影响主要是多径效应。多径效应会使数字信号的码间串扰增大。

经过信道传输后的数字信号分为三类:第一类为确知信号;第二类为随相信号;第三类为起伏信号。

噪声能使模拟信号失真,使数字信号发生错码,并限制着信息的传输速率。按照来源分类,噪声可以分成人为噪声和自然噪声两大类。自然噪声中的热噪声来自一切电阻性元器件中电子的热运动。热噪声本身是白色的。但是,热噪声经过接收机带通滤波器的过滤后,其带宽受到了限制,成为窄带噪声。

信道容量是指信道能够传输的最大平均信息量。按照离散信道和连续信道的不同,信道容量分别有不同的计算方法。离散信道的容量单位可以是 b/符号 或是 b/s;连续信道容量的单位是 b/s。

由连续信道容量的公式得知,带宽、信噪比是容量的决定因素。带宽和信噪功率比可以互换,增大带宽可以降低信噪功率比而保持信道容量不变。但是,无限增大带宽,并不能无限增大信道容量。当 S/n_0 给定时,无限增大带宽得到的容量只趋近于 $1.44(S/n_0)$ b/s。

思 考 题

4-1　无线信道有哪些种?

4-2　地波传播距离能达到多远? 它适用在什么频段?

4-3　天波传播距离能达到多远? 它适用在什么频段?

4-4　视距传播距离和天线高度有什么关系?

4-5　散射传播有哪些种? 各适用在什么频段?

4-6　何谓多径效应?

4-7　什么是快衰落? 什么是慢衰落?

4-8　何谓恒参信道? 何谓随参信道? 它们分别对信号传输有哪些主要影响?

4-9　何谓加性干扰? 何谓乘性干扰?

4-10　有线电信道有哪些种?

4-11　何谓阶跃型光纤? 何谓梯度型光纤?

4-12　何谓多模光纤? 何谓单模光纤?

4-13　适合在光纤中传输的光波波长有哪几个?

4-14　信道中的噪声有哪几种?

4-15　热噪声是如何产生的?

4-16　信道模型有哪几种?

4-17　试述信道容量的定义。

4-18　试写出连续信道容量的表示式。由此式看出信道容量的大小决定于哪些参量?

习　题

4-1　设一条无线链路采用视距传播方式通信,其收发天线的架设高度都等于 40m,

若不考虑大气折射率的影响,试求其最远通信距离。

4-2 设一条天波无线电信道,用高度等于400km的F_2层电离层反射电磁波,地球的等效半径等于$6370 \times 4/3$km,收发天线均架设在地平面,试计算其通信距离大约可以达到多少千米?

4-3 若有一平流层平台距离地面20km,试按上题给定的条件计算其覆盖地面的半径等于多少千米。

4-4 设某恒参信道的等效模型如图P4-1所示。试分析信号通过此信道传输时会产生哪些失真。

图P4-1

4-5 设一个接收机输入电路的等效电阻等于600Ω,输入电路的带宽等于6MHz,环境温度为27℃,试求该电路产生的热噪声电压有效值。

4-6 某个信息源由A、B、C和D等4个符号组成。设每个符号独立出现,其出现概率分别为1/4、1/4、3/16、5/16,经过信道传输后,每个符号正确接收的概率为1021/1024,错为其它符号的条件概率$P(x_i/y_j)$均为1/1024,试求出该信道的容量C等于多少比特/符号。

4-7 若上例中的4个符号分别用二进制码组00、01、10、11表示,每个二进制码元用宽度为0.5ms的脉冲传输,试求出该信道的容量C_t等于多少b/s。

4-8 设一幅黑白数字相片有400万个像素,每个像素有16个亮度等级。若用3kHz带宽的信道传输它,且信号噪声功率比等于20dB,试问需要传输多少时间?

4-9 设发射天线增益G_T为100,接收天线增益G_R为10,传播距离等于50km,电磁波频率为1800MHz,若允许最小接收功率等于4000pW,试求所需最小发射功率P_T(注:$1pW = 10^{-12}W$)。

参考文献

[1] HAPS – High Altitude Platform Stations.
http://www.bakom.ch/imperia/md/content/english/funk/forschungundentwicklung/studien/HAPS.pdf.

[2] Thornton J. et al. Broadband Communications from a High – altitude Platform: the European HeliNet Programme. Electronics & Communication Engineering Journal, June 2001, 138 – 144.

[3] 李进良. 移动通信100年. 移动通信(在线期刊), 移动通信国家工程研究中心, 2000, 2.

[4] ITU S1.66A

[5] Rodger E. Ziemer, William H. Tranter. Principles of Communications. Fifth Edition. New York: John Wiley & Sons, Inc., 2002, 3.

[6] 傅祖芸. 信息论——基础理论与应用. 北京:电子工业出版社, 2001.

[7] Simon Haykin. Communication Systems, Fourth Edition, Beijing: Publishing House of Electronics Industry, 2003, 3.

第 5 章 模拟调制系统

导学视频　三个目标

调制就是把信号形式转换成适合在信道中传输的一种过程。广义的调制分为基带调制和带通调制(也称载波调制)。在本书中调制一词均指载波调制。

载波调制就是用调制信号去控制载波的参数,使载波的某一个或某几个参数按照调制信号的规律变化。调制信号是指来自信源的基带信号,这些信号可以是模拟的,也可以是数字的。载波是指未受调制的周期性振荡信号,它可以是正弦波,也可以是非正弦波(如周期性脉冲序列)。载波受调制后称为**已调信号**,它含有调制信号的全部特征。**解调**则是调制的逆过程,其作用是将已调信号中的调制信号恢复出来。

调制的作用和目的:第一,在无线传输中,为了获得较高的辐射效率,天线的尺寸必须与发射信号的波长相比拟。而基带信号通常包含较低频率的分量,若直接发射,将使天线过长而难以实现。例如,天线长度一般应大于 $\lambda/4$,其中 λ 为波长;对于 3000Hz 的基带信号,若直接发射则需要尺寸约为 25km 的天线。显然,实现困难且不经济。但若通过调制,把基带信号的频谱搬至较高的频率上,就可以提高发射效率。第二,把多个基带信号分别搬移到不同的载频处,以实现信道的多路复用,提高信道利用率。第三,扩展信号带宽,提高系统抗干扰能力。因此,调制对通信系统的有效性和可靠性有着很大的影响和作用。

调制方式有很多。根据调制信号是模拟信号还是数字信号,载波是连续波还是脉冲序列,相应的调制方式有连续波模拟调制、连续波数字调制、脉冲模拟调制和脉冲数字调制等,详见表 1-1。

本章及第 7、8 章将分别介绍上述的各种调制系统,并将重点放在发展迅猛的数字调制上。由于模拟调制的理论与技术是数字调制的基础,且现用设备中还有不少模拟通信设备,故本章将讨论模拟调制系统的原理及其抗噪声性能。

最常用和最重要的模拟调制方式是用正弦波作为载波的幅度调制和角度调制。常见的调制(AM)、双边带(DSB)、单边带(SSB)和残留边带(VSB)等调制就是幅度调制的几个典型实例;而频率调制(FM)是角度调制中被广泛采用的一种。

5.1　幅度调制(线性调制)原理

幅度调制是由调制信号去控制高频载波的幅度,使之随调制信号作线性变化的过程。

设正弦型载波为

$$c(t) = A\cos(\omega_c t + \varphi_0) \quad (5.1-1)$$

式中：A 为载波幅度；ω_c 为载波角频率；φ_0 为载波初始相位（以后可假定 $\varphi_0 = 0$，而不失讨论的一般性）。

根据调制定义，幅度已调信号一般可表示成

$$s_m(t) = Am(t)\cos\omega_c t \quad (5.1-2)$$

式中：$m(t)$ 为基带调制信号。

设调制信号 $m(t)$ 的频谱为 $M(\omega)$，则由式(5.1-2)不难得到已调信号 $s_m(t)$ 的频谱：

$$S_m(\omega) = \frac{A}{2}[M(\omega+\omega_c) + M(\omega-\omega_c)] \quad (5.1-3)$$

由以上公式可见，在波形上，幅度已调信号的幅度随基带信号的规律而呈正比地变化；在频谱结构上，它的频谱完全是基带信号频谱在频域内的简单搬移（精确到常数因子）。由于这种搬移是线性的，因此，幅度调制通常又称为线性调制。但应注意，这里的"线性"并不意味着已调信号与调制信号之间符合线性变换关系。事实上，任何调制过程都是一种非线性的变换过程。

5.1.1 调幅

标准调幅就是常规双边带调制，简称调幅（AM）。假设调制信号 $m(t)$ 的平均值为 0，将其叠加一个直流偏量 A_0 后与载波相乘（图 5-1），即可形成调幅信号。其时域表达式为

$$s_{AM}(t) = [A_0 + m(t)]\cos\omega_c t = A_0\cos\omega_c t + m(t)\cos\omega_c t \quad (5.1-4)$$

式中：A_0 为外加的直流分量；$m(t)$ 可以是确知信号，也可以是随机信号。

图 5-1 AM 调制模型

若 $m(t)$ 为确知信号，则 AM 信号的频谱为

$$S_{AM}(\omega) = \pi A_0[\delta(\omega+\omega_c) + \delta(\omega-\omega_c)] + \frac{1}{2}[M(\omega+\omega_c) + M(\omega-\omega_c)]$$

$$(5.1-5)$$

其典型波形和频谱（幅度谱）如图 5-2 所示。

若 $m(t)$ 为随机信号，则已调信号的频域表示必须用功率谱描述。

由波形可以看出，当满足条件

$$|m(t)|_{\max} \leq A_0 \quad (5.1-6)$$

时，AM 波的包络与调制信号 $m(t)$ 的形状完全一样，因此，用包络检波的方法很容易恢复出原始调制信号；如果上述条件没有满足，就会出现"过调幅"现象，这时用包络检波将会发生失真。但是，可以采用其他的解调方法，如相干解调。

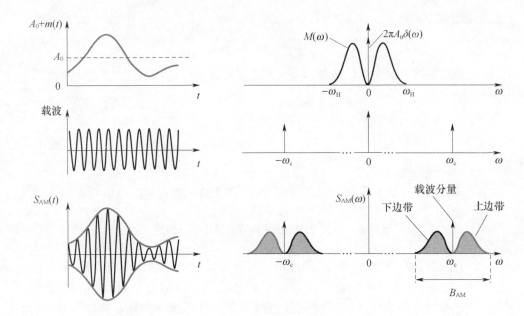

图 5-2 AM 信号的波形和频谱

由频谱可以看出，AM 信号的频谱由载频分量、上边带、下边带三部分组成。上边带的频谱结构与原调制信号的频谱结构相同，下边带是上边带的镜像。因此，AM 信号是带有载波分量的双边带信号，它的带宽是基带信号带宽 f_H 的 2 倍，即

$$B_{AM} = 2f_H \tag{5.1-7}$$

AM 信号在 1Ω 电阻上的平均功率等于 $s_{AM}(t)$ 的均方值。当 $m(t)$ 为确知信号时，$s_{AM}(t)$ 的均方值等于其平方的时间平均，即

$$P_{AM} = \overline{s_{AM}^2(t)} = \overline{[A_0 + m(t)]^2 \cos^2 \omega_c t}$$
$$= \overline{A_0^2 \cos^2 \omega_c t} + \overline{m^2(t) \cos^2 \omega_c t} + \overline{2A_0 m(t) \cos^2 \omega_c t}$$

通常假设调制信号的平均值为 0，即 $\overline{m(t)} = 0$，因此

$$P_{AM} = \frac{A_0^2}{2} + \frac{\overline{m^2(t)}}{2} = P_c + P_s \tag{5.1-8}$$

式中：$P_c = A_0^2/2$，为载波功率；$P_s = \overline{m^2(t)}/2$，为边带功率。

由此可见，AM 信号的总功率包括载波功率和边带功率两部分。只有边带功率才与调制信号有关，也就是说，载波分量并不携带信息。有用功率（用于传输有用信息的边带功率）占信号总功率的比例可以写为

$$\eta_{AM} = \frac{P_s}{P_{AM}} = \frac{\overline{m^2(t)}}{A_0^2 + \overline{m^2(t)}} \tag{5.1-9}$$

我们把 η_{AM} 称为调制效率。当调制信号为单音余弦信号时，即 $m(t) = A_m \cos \omega_m t$ 时，$\overline{m^2(t)} = A_m^2/2$。此时

$$\eta_{AM} = \frac{\overline{m^2(t)}}{A_0^2 + \overline{m^2(t)}} = \frac{A_m^2}{2A_0^2 + A_m^2} \tag{5.1-10}$$

在"满调幅"($|m(t)|_{max} = A_0$ 时,也称 100% 调制)条件下,这时调制效率的最大值为 $\eta_{AM} = 1/3$。因此,AM 信号的功率利用率比较低。

AM 的优点在于系统结构简单,价格低廉。所以至今调幅制仍广泛用于无线电广播。

5.1.2 双边带调制

在 AM 信号中,载波分量并不携带信息,信息完全由边带传送。如果在 AM 调制模型图 5-1 中将直流 A_0 去掉,即可得到一种高调制效率的调制方式——抑制载波双边带信号(DSB-SC),简称双边带信号(DSB)。其时域表达式为

$$s_{DSB}(t) = m(t)\cos\omega_c t \tag{5.1-11}$$

式中,假设 $m(t)$ 的平均值为 0。DSB 的频谱与 AM 的谱相近,只是没有了在 $\pm\omega_c$ 处的 δ 函数,即

$$S_{DSB}(\omega) = \frac{1}{2}[M(\omega + \omega_c) + M(\omega - \omega_c)] \tag{5.1-12}$$

其典型波形和频谱如图 5-3 所示。

图 5-3 DSB 信号的波形和频谱

与 AM 信号比较,因为不存在载波分量,DSB 信号的调制效率是 100%,即全部功率都用于信息传输。但是,DSB 信号的包络不再与调制信号的变化规律一致,因而不能采用简单的包络检波来恢复调制信号。DSB 信号解调时需采用相干解调,也称同步检测(比包络检波器复杂得多),将在后面的 5.1.6 小节中讨论。

DSB 信号虽然节省了载波功率,但它所需的传输带宽仍是调制信号带宽的两倍,即与 AM 信号带宽相同。我们注意到 DSB 信号两个边带中的任意一个都包含了 $M(\omega)$ 的所有频谱成分,因此仅传输其中一个边带即可。这样既节省发送功率,还可节省 1/2 的传输

频带，这种方式称为单边带调制。

5.1.3 单边带调制

单边带调制(SSB)信号是将双边带信号中的一个边带滤掉而形成的。根据滤除方法的不同，产生 SSB 信号的方法有：滤波法和相移法。

1. 滤波法及 SSB 信号的频域表示

产生 SSB 信号最直观的方法是，先产生一个双边带信号，然后让其通过一个边带滤波器，滤除不要的边带，即可得到单边带信号。

图 5-4 滤波法 SSB 信号调制器

我们把这种方法称为滤波法，它是最简单也是最常用的方法。其原理框图如图 5-4 所示。图 5-4 中，$H(\omega)$ 为单边带滤波器的传输函数，若它具有如下理想高通特性：

$$H(\omega) = H_{\text{USB}}(\omega) = \begin{cases} 1 & |\omega| > \omega_c \\ 0 & |\omega| \leqslant \omega_c \end{cases} \quad (5.1-13)$$

则可滤除下边带，保留上边带(USB)；若 $H(\omega)$ 具有如下理想低通特性：

$$H(\omega) = H_{\text{LSB}}(\omega) = \begin{cases} 1 & |\omega| < \omega_c \\ 0 & |\omega| \geqslant \omega_c \end{cases} \quad (5.1-14)$$

则可滤除上边带，保留下边带(LSB)。

因此，SSB 信号的频谱可表示为

$$S_{\text{SSB}}(\omega) = S_{\text{DSB}}(\omega) \cdot H(\omega) \quad (5.1-15)$$

图 5-5 示出了用滤波法形成上边带(USB)信号的频谱图。

图 5-5 滤波法形成上边带信号的频谱图

滤波法的技术难点是边带滤波器的制作。因为实际滤波器都不具有如式(5.1-13)

或式(5.1-14)所描述的理想特性,即在载频 f_c 处不具有陡峭的截止特性,而是有一定的过渡带。例如,若经过滤波后的语音信号的最低频率为 300Hz,则上、下边带之间的频率间隔为 600Hz,即允许过渡带为 600Hz。实现滤波器的难易程度与过渡带相对载频的归一化值有关,该值越小,边带滤波器就越难实现。因此在 600Hz 过渡带和不太高的载频情况下,滤波器不难实现;但当载频较高时,采用一级调制直接滤波的方法已不可能实现单边带调制。这时可以采用多级(一般采用两级)DSB 调制及边带滤波的方法,即先在较低的载频上进行 DSB 调制,目的是增大过渡带的归一化值,以利于滤波器的制作,经单边带滤波后再在要求的载频上进行第二次调制及滤波(常称为变频)。但当调制信号中含有直流及低频分量时滤波法就不适用了。

2. 相移法和 SSB 信号的时域表示

SSB 信号的频域表示直观、简明,但其时域表示式的推导比较困难,需借助希尔伯特(Hilbert)变换来表述。为简单起见,我们以单频调制为例,然后推广到一般情况。

设单频调制信号为

$$m(t) = A_m \cos\omega_m t \qquad (5.1-16)$$

载波为

$$c(t) = \cos\omega_c t$$

则 DSB 信号的时域表示式为

$$s_{\text{DSB}}(t) = A_m \cos\omega_m t \cos\omega_c t$$
$$= \frac{1}{2}A_m \cos(\omega_c + \omega_m)t + \frac{1}{2}A_m \cos(\omega_c - \omega_m)t$$

保留上边带,则有

$$s_{\text{USB}}(t) = \frac{1}{2}A_m \cos(\omega_c + \omega_m)t$$
$$= \frac{1}{2}A_m \cos\omega_m t \cos\omega_c t - \frac{1}{2}A_m \sin\omega_m t \sin\omega_c t \qquad (5.1-17)$$

保留下边带,则有

$$s_{\text{LSB}}(t) = \frac{1}{2}A_m \cos(\omega_c - \omega_m)t$$
$$= \frac{1}{2}A_m \cos\omega_m t \cos\omega_c t + \frac{1}{2}A_m \sin\omega_m t \sin\omega_c t \qquad (5.1-18)$$

把上、下边带公式合并起来写,可以写成

$$s_{\text{SSB}}(t) = \frac{1}{2}A_m \cos\omega_m t \cos\omega_c t \mp \frac{1}{2}A_m \sin\omega_m t \sin\omega_c t \qquad (5.1-19)$$

式中:"-"表示上边带信号;"+"表示下边带信号。

在式(5.1-19)中,$A_m \sin\omega_m t$ 可以看成是 $A_m \cos\omega_m t$ 相移 $\frac{\pi}{2}$ 的结果,而幅度大小保持不变。我们把这一过程称为希尔伯特变换,记为"∧",则有

$$A_m \hat{\cos}\omega_m t = A_m \sin\omega_m t$$

故式(5.1-19)可以改写为

$$s_{\text{SSB}}(t) = \frac{1}{2}A_m \cos\omega_m t \cos\omega_c t \mp \frac{1}{2}A_m \hat{\cos}\omega_m t \sin\omega_c t \tag{5.1-20}$$

上述关系虽然是在单频调制下得到的,但是它不失一般性,因为任意一个基带波形总可以表示成许多正弦信号之和。所以,把式(5.1-20)推广到一般情况,则可得到调制信号为任意信号时 SSB 信号的时域表示式,即

$$s_{\text{SSB}}(t) = \frac{1}{2}m(t)\cos\omega_c t \mp \frac{1}{2}\hat{m}(t)\sin\omega_c t \tag{5.1-21}$$

式中:$\hat{m}(t)$ 为 $m(t)$ 的希尔伯特变换。

若 $M(\omega)$ 为 $m(t)$ 的傅里叶变换,则 $\hat{m}(t)$ 的傅里叶变换为

$$\hat{M}(\omega) = M(\omega) \cdot [-\text{jsgn}\omega] \tag{5.1-22}$$

式中符号函数

$$\text{sgn}\omega = \begin{cases} 1 & \omega > 0 \\ -1 & \omega < 0 \end{cases}$$

式(5.1-22)有明显的物理意义:$m(t)$ 通过传递函数为 $-\text{jsgn}\omega$ 的滤波器即可得到 $\hat{m}(t)$。由此可知,$-\text{jsgn}\omega$ 即是希尔伯特滤波器的传递函数,记为

$$H_h(\omega) = \hat{M}(\omega)/M(\omega) = -\text{jsgn}\omega \tag{5.1-23}$$

式(5.1-23)表明,希尔伯特滤波器 $H_h(\omega)$ 实质上是一个宽带相移网络,对 $m(t)$ 中的任意频率分量均相移 $\frac{\pi}{2}$,即可得到 $\hat{m}(t)$。

由式(5.1-21)可画出相移法 SSB 调制器的一般模型,如图 5-6 所示。

相移法是利用相移网络,对载波和调制信号进行适当的相移,以便在合成过程中将其中的一个边带抵消而获得 SSB 信号。相移法不需要滤波器具有陡峭的截止特性,不论载频有多高,均可一次实现 SSB 调制。

相移法的技术难点是宽带相移网络 $H_h(\omega)$ 的制作。该网络必须对调制信号 $m(t)$ 的所有频率分量均精确相移 $\frac{\pi}{2}$,这一点即使近似达到也是困难的。为解决这个难题,可以采用维弗(Weaver)法[1]。限于篇幅,这里不作介绍。

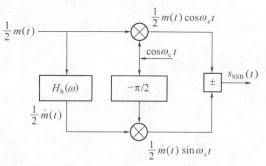

图 5-6 相移法 SSB 信号调制器

综上所述,SSB 信号的实现比 AM、DSB 要复杂,但 SSB 调制方式在传输信息时,不仅可节省发射功率,而且它所占用的频带宽度为 $B_{\text{SSB}} = f_H$,比 AM、DSB 减少了 1/2。它目前已成为短波通信中一种重要的调制方式。

SSB 信号的解调和 DSB 一样,不能采用简单的包络检波,因为 SSB 信号也是抑制载波的已调信号,它的包络不能直接反映调制信号的变化,所以仍需采用相干解调。

5.1.4 残留边带调制

残留边带(VSB)调制是介于 SSB 与 DSB 之间的一种折中方式,它既克服了 DSB 信号占用频带宽的缺点,又解决了 SSB 信号实现中的困难。在这种调制方式中,不像 SSB 中那样完全抑制 DSB 信号的一个边带,而是逐渐切割,使其残留一小部分,如图 5-7 所示。

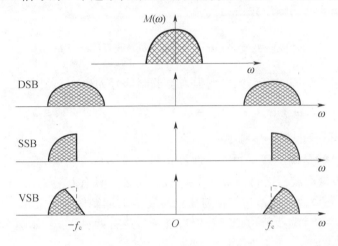

图 5-7 DSB、SSB 和 VSB 信号的频谱

用滤波法实现残留边带调制的原理框图与图 5-4 相同。不过,这时图中滤波器的特性 $H(\omega)$ 应按残留边带调制的要求来进行设计,而不再要求十分陡峭的截止特性,因而它比单边带滤波器容易制作。

现在我们来确定残留边带滤波器的特性。假设 $H(\omega)$ 是所需的残留边带滤波器的传输特性,由滤波法可知,残留边带信号的频谱为

$$S_{\text{VSB}}(\omega) = S_{\text{DSB}}(\omega) \cdot H(\omega)$$
$$= \frac{1}{2}[M(\omega + \omega_c) + M(\omega - \omega_c)]H(\omega) \quad (5.1-24)$$

为了确定式(5.1-24)中残留边带滤波器传输特性 $H(\omega)$ 应满足的条件,我们来分析一下接收端是如何从该信号中恢复原基带信号的。VSB 信号也不能简单地采用包络检波,而必须采用如图 5-8 所示的相干解调。

图 5-8 VSB 信号的相干解调

图中,残留边带信号 $s_{\text{VSB}}(t)$ 与相干载波 $2\cos\omega_c t$ 的乘积为

$$s_p(t) = 2s_{\text{VSB}}(t)\cos\omega_c t$$

因为 $s_{\text{VSB}}(t) \Leftrightarrow S_{\text{VSB}}(\omega)$ 和 $\cos\omega_c t \Leftrightarrow \pi[\delta(\omega + \omega_c) + \delta(\omega - \omega_c)]$,所以根据频域卷积定理可知,乘积 $s_p(t)$ 对应的频谱为

$$S_p(\omega) = [S_{\text{VSB}}(\omega + \omega_c) + S_{\text{VSB}}(\omega - \omega_c)] \quad (5.1-25)$$

将式(5.1-24)代入式(5.1-25),得

$$S_p(\omega) = \frac{1}{2}[M(\omega+2\omega_c)+M(\omega)]H(\omega+\omega_c) +$$
$$\frac{1}{2}[M(\omega)+M(\omega-2\omega_c)]H(\omega-\omega_c) \qquad (5.1-26)$$

式中:$M(\omega-2\omega_c)$ 及 $M(\omega+2\omega_c)$ 为 $M(\omega)$ 搬移到 $\pm2\omega_c$ 处的频谱,它们可以由解调器中的低通滤波器滤除。

于是,低通滤波器的输出频谱为

$$S_d(\omega) = \frac{1}{2}M(\omega)[H(\omega+\omega_c)+H(\omega-\omega_c)] \qquad (5.1-27)$$

显然,为了保证相干解调的输出无失真地恢复调制信号 $m(t)$,必须要求

$$H(\omega+\omega_c)+H(\omega-\omega_c) = 常数 \qquad |\omega| \leq \omega_H \qquad (5.1-28)$$

式中:ω_H 为调制信号的截止角频率。

式(5.1-28)就是确定残留边带滤波器传输特性 $H(\omega)$ 所必须遵循的条件。该条件的含义是:残留边带滤波器的特性 $H(\omega)$ 在 $\pm\omega_c$ 处必须具有互补对称(奇对称)特性,相干解调时才能无失真地从残留边带信号中恢复所需的调制信号。

满足式(5.1-28)的残留边带滤波器特性 $H(\omega)$ 有两种形式,如图 5-9 所示。并且注意,每一种形式的滚降特性曲线并不是唯一的。

(a) 残留部分上边带的滤波器特性

(b) 残留部分下边带的滤波器特性

图 5-9 残留边带的滤波器特性

5.1.5 线性调制的一般模型

在前几节讨论的基础上,可以归纳出线性调制的一般模型,见图 5-10。该模型由相乘器和冲激响应为 $h(t)$ 的滤波器组成。其输出已调信号的时域和频域表达式为

$$s_m(t) = [m(t)\cos\omega_c t] * h(t) \qquad (5.1-29)$$

$$S_m(\omega) = \frac{1}{2}[M(\omega+\omega_c) + M(\omega-\omega_c)]H(\omega) \quad (5.1-30)$$

式中：$H(\omega) \Leftrightarrow h(t)$。

在该模型中，只要适当选择滤波器的特性 $H(\omega)$，便可以得到各种幅度调制信号。

如果将式(5.1-29)展开，则可得到另一种形式的时域表达式，即

$$s_m(t) = s_I(t)\cos\omega_c t + s_Q(t)\sin\omega_c t \quad (5.1-31)$$

其中

$$s_I(t) = h_I(t) * m(t) \quad h_I(t) = h(t)\cos\omega_c t \quad (5.1-32)$$

$$s_Q(t) = h_Q(t) * m(t) \quad h_Q(t) = h(t)\sin\omega_c t \quad (5.1-33)$$

式(5.1-31)表明，$s_m(t)$可等效为两个互为正交调制分量的合成。由此可以得到图 5-10 的等效模型(图 5-11)。该模型称为线性调制相移法的一般模型，它同样适用于所有线性调制。

图 5-10 线性调制(滤波法)一般模型

图 5-11 线性调制(相移法)一般模型

5.1.6 相干解调与包络检波

解调是调制的逆过程，其作用是从接收的已调信号中恢复原基带信号(即调制信号)。解调的方法可分为两类：相干解调和非相干解调(包络检波)。

1. 相干解调

解调与调制的实质一样，均是频谱搬移。调制是把基带信号的谱搬到了载频位置，这一过程可以通过一个相乘器与载波相乘来实现。解调则是调制的反过程，即把在载频位置的已调信号的谱搬回到原始基带位置，因此同样可以用相乘器与载波相乘来实现。相干解调器的一般模型如图 5-12 所示。

图 5-12 相干解调器的一般模型

相干解调时，为了无失真地恢复原基带信号，接收端必须提供一个与接收的已调载波严格同步(同频同相)的本地载波(称为相干载波)，它与接收的已调信号相乘后，经低通滤波器取出低频分量，即可得到原始的基带调制信号。

相干解调器适用于所有线性调制信号的解调。由式(5.1-31)可知，送入解调器的已调信号的一般表达式为

$$s_m(t) = s_I(t)\cos\omega_c t + s_Q(t)\sin\omega_c t$$

与同频同相的相干载波 $c(t)$ 相乘后,得

$$s_p(t) = s_m(t)\cos\omega_c t$$
$$= \frac{1}{2}s_I(t) + \frac{1}{2}s_I(t)\cos2\omega_c t + \frac{1}{2}s_Q(t)\sin2\omega_c t \quad (5.1-34)$$

经低通滤波器(LPF)后,得

$$s_d(t) = \frac{1}{2}s_I(t) \quad (5.1-35)$$

由式(5.1-32)和图 5-11 可知,$s_I(t)$ 是 $m(t)$ 通过一全通滤波器 $H_I(\omega)$ 后的结果。因此,$s_d(t)$ 就是解调输出,即

$$s_d(t) = \frac{1}{2}s_I(t) \propto m(t) \quad (5.1-36)$$

由此可见,相干解调器适用于所有线性调制信号的解调,即对于 AM、DSB、SSB 和 VSB 都是适用的。只是 AM 信号的解调结果中含有直流成分 A_0,这时在解调后加上一个简单隔直流电容即可。

从以上分析可知,实现相干解调的关键是接收端要提供一个与载波信号严格同步的相干载波。否则,相干解调后将会使原始基带信号减弱,甚至带来严重失真,这在传输数字信号时尤为严重。

关于相干载波的获取方法及载波相位差对解调性能带来的影响将在第 13 章中进行讨论。

2. 包络检波

AM 信号在满足 $|m(t)|_{max} \leq A_0$ 的条件下,其包络与调制信号 $m(t)$ 的形状完全一样。因此,AM 信号除了可以采用相干解调外,一般都采用简单的包络检波法来恢复信号。

包络检波器通常由半波或全波整流器和低通滤波器组成。它属于非相干解调,因此不需要相干载波,广播接收机中多采用此法。一个二极管峰值包络检波器如图 5-13 所示,它由二极管 VD 和 RC 低通滤波器组成。

图 5-13 包络检波器

设输入信号是 AM 信号

$$s_{AM}(t) = [A_0 + m(t)]\cos\omega_c t$$

在大信号检波时(一般大于 0.5V),二极管处于受控的开关状态。选择 RC 满足如下关系

$$f_H \ll \frac{1}{RC} \ll f_c \quad (5.1-37)$$

式中:f_H 为调制信号的最高频率;f_c 为载波的频率。

在满足式(5.1-37)的条件下,检波器的输出为

$$s_d(t) = A_0 + m(t) \quad (5.1-38)$$

隔去直流后即可得到原信号 $m(t)$。

由此可见,包络检波器就是直接从已调波的幅度中提取原调制信号。其结构简单,且解调输出是相干解调输出的 2 倍。因此,AM 信号几乎无例外地采用包络检波。

顺便指出,DSB、SSB 和 VSB 均是抑制载波的已调信号,其包络不直接表示调制信号,因而不能采用简单的包络检波方法解调。但若插入很强的载波,使之成为或近似为 AM 信号,则可利用包络检波器恢复调制信号,这种方法称为**插入载波包络检波法**。它对于 DSB、SSB 和 VSB 信号均适用。载波分量可以在接收端插入,也可在发送端插入。

注意:为了保证检波质量,插入的载波振幅应远大于信号的振幅,同时也要求插入的载波与调制载波同频同相。

5.2 线性调制系统的抗噪声性能

5.2.1 分析模型

5.1 节中的分析都是在没有噪声条件下进行的。实际中,任何通信系统都避免不了噪声的影响。从第 4 章中有关信道与噪声的内容可知,各种信道中的加性高斯白噪声是普遍存在和经常存在的一种噪声。因此,本节将要研究的问题是,在信道加性高斯白噪声的背景下,各种线性调制系统的抗噪声性能。

由于加性噪声被认为只对已调信号的接收产生影响,因而通信系统的抗噪声性能可以用解调器的抗噪声性能来衡量。分析解调器的抗噪声性能的模型示于图 5-14 中。图中,$s_m(t)$ 为已调信号,$n(t)$ 为信道加性高斯白噪声。带通滤波器的作用是滤除已调信号频带以外的噪声,因此,经过带通滤波器后到达解调器输入端的信号仍可认为是 $s_m(t)$,而噪声为 $n_i(t)$。解调器输出的有用信号为 $m_o(t)$,噪声为 $n_o(t)$。

图 5-14 解调器抗噪声性能分析模型

对于不同的调制系统,将有不同形式的信号 $s_m(t)$,但解调器输入端的噪声 $n_i(t)$ 形式却是相同的,它是由平稳高斯白噪声 $n(t)$ 经过带通滤波器而得到的。由 3.7 节可知,当带通滤波器的带宽远小于其中心频率 ω_0 时,可视为窄带滤波器,故 $n_i(t)$ 为平稳窄带高斯噪声,它的表达式为

$$n_i(t) = n_c(t)\cos\omega_0 t - n_s(t)\sin\omega_0 t \tag{5.2-1}$$

或者

$$n_i(t) = V(t)\cos[\omega_0 t + \theta(t)] \tag{5.2-2}$$

由随机过程知识可知,窄带噪声 $n_i(t)$ 及其同相分量 $n_c(t)$ 和正交分量 $n_s(t)$ 的均值都为 0,且具有相同的方差,即

$$\overline{n_i^2(t)} = \overline{n_c^2(t)} = \overline{n_s^2(t)} = N_i \tag{5.2-3}$$

式中:N_i 为解调器输入噪声的平均功率。

若白噪声的单边功率谱密度为 n_0,带通滤波器是高度为1、带宽为 B 的理想矩形函数,则解调器的输入噪声功率为

$$N_i = n_0 B \tag{5.2-4}$$

这里的带宽 B 应等于已调信号的频带宽度,即保证已调信号无失真地进入解调器,同时又最大限度地抑制噪声。

模拟通信系统的主要质量指标是解调器的输出信噪比。输出信噪比定义为

$$\frac{S_o}{N_o} = \frac{\text{解调器输出有用信号的平均功率}}{\text{解调器输出噪声的平均功率}} = \frac{\overline{m_o^2(t)}}{\overline{n_o^2(t)}} \tag{5.2-5}$$

输出信噪比与调制方式和解调方式均密切相关。因此在已调信号平均功率相同,而且信道噪声功率谱密度也相同的情况下,输出信噪比 S_o/N_o 反映了解调器的抗噪声性能。显然,S_o/N_o 越大越好。

为了便于比较同类调制系统采用不同解调器时的性能,还可用输出信噪比和输入信噪比的比值来表示,即

$$G = \frac{S_o/N_o}{S_i/N_i} \tag{5.2-6}$$

这个比值 G 称为调制制度增益或信噪比增益。显然,同一调制方式,信噪比增益 G 越大,则解调器的抗噪声性能越好;同时,G 的大小也反映了这种调制制度的优劣。式中的 S_i/N_i 为输入信噪比,定义为

$$\frac{S_i}{N_i} = \frac{\text{解调器输入已调信号的平均功率}}{\text{解调器输入噪声的平均功率}} = \frac{\overline{s_m^2(t)}}{\overline{n_i^2(t)}} \tag{5.2-7}$$

现在的任务就是在给定 $s_m(t)$ 和 $n_i(t)$ 的情况下,推导出各种解调器的输入及输出信噪比,并在此基础上对各种调制系统的抗噪声性能作出评述。

5.2.2 DSB 调制系统的性能

在分析 DSB 及 SSB、VSB 系统的抗噪声性能时,图 5-14 模型中的解调器应为相干解调器,如图 5-15 所示。由于是线性系统,所以可以分别计算解调器输出的信号功率和噪声功率。

图 5-15 DSB 相干解调抗噪声性能分析模型

设解调器输入信号为

$$s_m(t) = m(t)\cos\omega_c t \tag{5.2-8}$$

与相干载波 $\cos\omega_c t$ 相乘后,得

$$m(t)\cos^2\omega_c t = \frac{1}{2}m(t) + \frac{1}{2}m(t)\cos2\omega_c t$$

经低通滤波器后,输出信号为

$$m_o(t) = \frac{1}{2}m(t) \tag{5.2-9}$$

因此,解调器输出端的有用信号功率为

$$S_o = \overline{m_o^2(t)} = \frac{1}{4}\overline{m^2(t)} \tag{5.2-10}$$

解调 DSB 信号时,接收机中的带通滤波器的中心频率 ω_0 与调制载频 ω_c 相同,因此解调器输入端的窄带噪声 $n_i(t)$ 可表示为

$$n_i(t) = n_c(t)\cos\omega_c t - n_s(t)\sin\omega_c t \tag{5.2-11}$$

它与相干载波 $\cos\omega_c t$ 相乘后,得

$$n_i(t)\cos\omega_c t = [n_c(t)\cos\omega_c t - n_s(t)\sin\omega_c t]\cos\omega_c t$$
$$= \frac{1}{2}n_c(t) + \frac{1}{2}[n_c(t)\cos2\omega_c t - n_s(t)\sin2\omega_c t]$$

经低通滤波器后,解调器最终的输出噪声为

$$n_o(t) = \frac{1}{2}n_c(t) \tag{5.2-12}$$

故输出噪声功率为

$$N_o = \overline{n_o^2(t)} = \frac{1}{4}\overline{n_c^2(t)} \tag{5.2-13}$$

根据式(5.2-3)和式(5.2-4),有

$$N_o = \frac{1}{4}\overline{n_i^2(t)} = \frac{1}{4}N_i = \frac{1}{4}n_0 B \tag{5.2-14}$$

这里,$B = 2f_H$,为 DSB 信号的带通滤波器的带宽。

解调器输入信号平均功率为

$$S_i = \overline{s_m^2(t)} = \overline{[m(t)\cos\omega_c t]^2} = \frac{1}{2}\overline{m^2(t)} \tag{5.2-15}$$

与式(5.2-4)相比,可得解调器的输入信噪比为

$$\frac{S_i}{N_i} = \frac{\frac{1}{2}\overline{m^2(t)}}{n_0 B} \tag{5.2-16}$$

又根据式(5.2-10)和式(5.2-14)可得解调器的输出信噪比为

$$\frac{S_o}{N_o} = \frac{\frac{1}{4}\overline{m^2(t)}}{\frac{1}{4}N_i} = \frac{\overline{m^2(t)}}{n_0 B} \tag{5.2-17}$$

因此制度增益为

$$G_{\text{DSB}} = \frac{S_o/N_o}{S_i/N_i} = 2 \qquad (5.2-18)$$

由此可见，DSB 调制系统的制度增益为 2。也就是说，DSB 信号的解调器使信噪比改善 1 倍。这是因为采用相干解调，使输入噪声中的一个正交分量 $n_s(t)$ 被消除的缘故。

5.2.3 SSB 调制系统的性能

SSB 信号的解调方法与 DSB 信号相同，其区别仅在于解调器之前的带通滤波器的带宽和中心频率不同。前者的带通滤波器的带宽是后者的一半。

由于 SSB 信号的解调器与 DSB 信号的相同，故计算解调器输入及输出信噪比的方法也相同。SSB 信号解调器的输出噪声与输入噪声的功率可由式(5.2-14)给出，即

$$N_o = \frac{1}{4}N_i = \frac{1}{4}n_0 B \qquad (5.2-19)$$

这里，$B = f_H$ 为 SSB 信号的带通滤波器的带宽。

对于单边带解调器的输入及输出信号功率，不能简单地照搬双边带时的结果。这是因为 SSB 信号的表达式与 DSB 信号的不同。SSB 信号的表达式由式(5.1-20)给出，即

$$s_m(t) = \frac{1}{2}m(t)\cos\omega_c t \mp \frac{1}{2}\hat{m}(t)\sin\omega_c t \qquad (5.2-20)$$

与相干载波相乘后，再经低通滤波可得解调器输出信号为

$$m_o(t) = \frac{1}{4}m(t) \qquad (5.2-21)$$

因此，输出信号平均功率为

$$S_o = \overline{m_o^2(t)} = \frac{1}{16}\overline{m^2(t)} \qquad (5.2-22)$$

输入信号平均功率为

$$S_i = \overline{s_m^2(t)} = \frac{1}{4}\overline{[m(t)\cos\omega_c t \mp \hat{m}(t)\sin\omega_c t]^2}$$

$$= \frac{1}{4}\left[\frac{1}{2}\overline{m^2(t)} + \frac{1}{2}\overline{\hat{m}^2(t)}\right]$$

因为 $\hat{m}(t)$ 与 $m(t)$ 幅度相同，所以两者具有相同的平均功率，故上式变为

$$S_i = \frac{1}{4}\overline{m^2(t)} \qquad (5.2-23)$$

于是，单边带解调器的输入信噪比为

$$\frac{S_i}{N_i} = \frac{\frac{1}{4}\overline{m^2(t)}}{n_0 B} = \frac{\overline{m^2(t)}}{4n_0 B} \qquad (5.2-24)$$

输出信噪比为

$$\frac{S_o}{N_o} = \frac{\frac{1}{16}\overline{m^2(t)}}{\frac{1}{4}n_0 B} = \frac{\overline{m^2(t)}}{4n_0 B} \tag{5.2-25}$$

因而制度增益为

$$G_{\text{SSB}} = \frac{S_o/N_o}{S_i/N_i} = 1 \tag{5.2-26}$$

这是因为在 SSB 系统中，信号和噪声有相同表示形式，所以相干解调过程中，信号和噪声中的正交分量均被抑制掉，故信噪比没有改善。

比较式(5.2-18)与式(5.2-26)可知，$G_{\text{DSB}} = 2G_{\text{SSB}}$。这能否说明 DSB 系统的抗噪声性能比 SSB 系统好呢？回答是否定的。因为，两者的输入信号功率不同、带宽不同，在相同的噪声功率谱密度 n_0 条件下，输入噪声功率也不同，所以两者的输出信噪比是在不同条件下得到的。如果我们在相同的输入信号功率 S_i，相同的输入噪声功率谱密度 n_0，相同的基带信号带宽 f_H 条件下，对这两种调制方式进行比较，可以发现它们的输出信噪比是相等的。这就是说，两者的抗噪声性能是相同的。但 SSB 所需的传输带宽仅是 DSB 的 1/2，因此 SSB 得到普遍应用。

VSB 调制系统的抗噪声性能的分析方法与上面的相似。但是，由于采用的残留边带滤波器的频率特性形状不同，所以，抗噪声性能的计算是比较复杂的。但是在边带的残留部分不是太大的时候，可以近似认为其抗噪声性能与 SSB 调制系统的抗噪声性能相同。

5.2.4 AM 包络检波的性能

如前所述，AM 信号可用相干解调和包络检波两种方法解调。AM 信号相干解调系统的性能分析与前面双边带(或单边带)的相同，可自行分析。这里，我们将对 AM 信号采用包络检波的性能进行讨论。此时，图 5-14 分析模型中的解调器为一包络检波器，如图 5-16 所示，其检波输出电压正比于输入信号的包络变化。

图 5-16 AM 包络检波的抗噪声性能分析模型

设解调器输入信号为

$$s_m(t) = [A_0 + m(t)]\cos\omega_c t \tag{5.2-27}$$

这里仍假设调制信号 $m(t)$ 的均值为 0，且 $|m(t)|_{\max} \leq A_0$。解调器输入噪声为

$$n_i(t) = n_c(t)\cos\omega_c t - n_s(t)\sin\omega_c t \tag{5.2-28}$$

则解调器输入的信号功率 S_i 和噪声功率 N_i 分别为

$$S_i = \overline{s_m^2(t)} = \frac{A_0^2}{2} + \frac{\overline{m^2(t)}}{2} \tag{5.2-29}$$

$$N_i = \overline{n_i^2(t)} = n_0 B \qquad (5.2-30)$$

输入信噪比为

$$\frac{S_i}{N_i} = \frac{A_0^2 + \overline{m^2(t)}}{2n_0 B} \qquad (5.2-31)$$

由于解调器输入是信号加噪声的混合波形,即

$$s_m(t) + n_i(t) = [A_0 + m(t) + n_c(t)]\cos\omega_c t - n_s(t)\sin\omega_c t$$
$$= E(t)\cos[\omega_c t + \psi(t)]$$

其中

$$E(t) = \sqrt{[A_0 + m(t) + n_c(t)]^2 + n_s^2(t)} \qquad (5.2-32)$$

$$\psi(t) = \arctan\left[\frac{n_s(t)}{A_0 + m(t) + n_c(t)}\right] \qquad (5.2-33)$$

很明显,$E(t)$便是所求的合成包络。当包络检波器的传输系数为1时,则检波器的输出就是$E(t)$。

由式(5.2-32)可以看出,检波输出$E(t)$中的信号和噪声存在非线性关系。因此,计算输出信噪比是件困难的事。为使讨论简明,我们来考虑两种特殊情况。

1. 大信噪比情况

此时,输入信号幅度远大于噪声幅度,即

$$[A_0 + m(t)] \gg \sqrt{n_c^2(t) + n_s^2(t)}$$

因而式(5.2-32)可简化为

$$E(t) = \sqrt{[A_0 + m(t)]^2 + 2[A_0 + m(t)]n_c(t) + n_c^2(t) + n_s^2(t)}$$
$$\approx \sqrt{[A_0 + m(t)]^2 + 2[A_0 + m(t)]n_c(t)}$$
$$\approx [A_0 + m(t)]\left[1 + \frac{2n_c(t)}{A_0 + m(t)}\right]^{1/2}$$
$$\approx [A_0 + m(t)]\left[1 + \frac{n_c(t)}{A_0 + m(t)}\right]$$
$$= A_0 + m(t) + n_c(t) \qquad (5.2-34)$$

这里,我们利用了近似公式,即

$$(1+x)^{\frac{1}{2}} \approx 1 + \frac{x}{2} \qquad |x| \ll 1$$

由式(5.2-34)可见,当直流分量A_0被电容器阻隔后,有用信号与噪声独立地分成两项,因而可分别计算它们的功率。

输出信号功率为

$$S_o = \overline{m^2(t)} \qquad (5.2-35)$$

输出噪声功率为

$$N_o = \overline{n_c^2(t)} = \overline{n_i^2(t)} = n_0 B \qquad (5.2-36)$$

输出信噪比为

$$\frac{S_o}{N_o} = \frac{\overline{m^2(t)}}{n_0 B} \qquad (5.2-37)$$

由式(5.2-31)和式(5.2-37)可得调制制度增益为

$$G_{AM} = \frac{S_o/N_o}{S_i/N_i} = \frac{2\overline{m^2(t)}}{A_0^2 + \overline{m^2(t)}} \qquad (5.2-38)$$

显然，AM 信号的调制制度增益 G_{AM} 随 A_0 的减小而增加。但对包络检波器来说，为了不发生过调制现象，应有 $A_0 \geq |m(t)|_{max}$，所以 G_{AM} 总是小于1，这说明包络检波器对输入信噪比没有改善，而是恶化了。例如：对于100%的调制($A_0 = |m(t)|_{max}$)，且 $m(t)$ 是单频正弦信号，这时 AM 的最大信噪比增益为

$$G_{AM} = \frac{2}{3} \qquad (5.2-39)$$

可以证明，采用相干解调法解调 AM 信号时，得到的调制制度增益 G_{AM} 与式(5.2-38)给出的结果相同。由此可见，对于 AM 调制系统，在大信噪比时，采用包络检波器解调时的性能与相干解调器时的性能几乎一样。但应该注意，后者的调制制度增益不受信号与噪声相对幅度假设条件的限制。

2. 小信噪比情况

此时，输入信号幅度远小于噪声幅度，即

$$[A_0 + m(t)] \ll \sqrt{n_c^2(t) + n_s^2(t)}$$

式(5.2-32)变成

$$\begin{aligned}
E(t) &= \sqrt{[A_0 + m(t)]^2 + n_c^2(t) + n_s^2(t) + 2n_c(t)[A_0 + m(t)]} \\
&\approx \sqrt{n_c^2(t) + n_s^2(t) + 2n_c(t)[A_0 + m(t)]} \\
&= \sqrt{[n_c^2(t) + n_s^2(t)]\left\{1 + \frac{2n_c(t)[A_0 + m(t)]}{n_c^2(t) + n_s^2(t)}\right\}} \\
&= R(t)\sqrt{1 + \frac{2[A_0 + m(t)]}{R(t)}\cos\theta(t)}
\end{aligned} \qquad (5.2-40)$$

其中 $R(t)$ 及 $\theta(t)$ 代表噪声 $n_i(t)$ 的包络及相位，即

$$R(t) = \sqrt{n_c^2(t) + n_s^2(t)}$$

$$\theta(t) = \arctan\left[\frac{n_s(t)}{n_c(t)}\right]$$

$$\cos\theta(t) = \frac{n_c(t)}{R(t)}$$

因为 $R(t) \gg [A_0 + m(t)]$，所以我们可以利用数学近似式 $(1+x)^{\frac{1}{2}} \approx 1 + \frac{x}{2}$（$|x| \ll 1$ 时）把 $E(t)$ 进一步近似为

$$E(t) \approx R(t)\left[1 + \frac{A_0 + m(t)}{R(t)}\cos\theta(t)\right]$$

$$= R(t) + [A_0 + m(t)]\cos\theta(t) \qquad (5.2-41)$$

此时，$E(t)$ 中没有单独的信号项，只有受到 $\cos\theta(t)$ 调制的 $m(t)\cos\theta(t)$ 项。由于 $\cos\theta(t)$ 是一个随机噪声，所以有用信号 $m(t)$ 被噪声扰乱，致使 $m(t)\cos\theta(t)$ 也只能看作是噪声。这时候，输出信噪比不是按比例随着输入信噪比下降，而是急剧恶化，通常把这种现象称为解调器的**门限效应**。开始出现门限效应的输入信噪比称为门限值。这种门限效应是由包络检波器的非线性解调作用所引起的。

有必要指出，用相干解调的方法解调各种线性调制信号时不存在门限效应。原因是信号与噪声可分别进行解调，解调器输出端总是单独存在有用信号项。

由以上分析可得如下结论：在大信噪比情况下，AM 信号包络检波器的性能几乎与相干解调法相同。但当输入信噪比低于门限值时，将会出现门限效应，这时解调器的输出信噪比将急剧恶化，系统无法正常工作。

5.3 非线性调制（角度调制）原理

正弦载波有三个参量：幅度、频率和相位。我们不仅可以把调制信号的信息载荷于载波的幅度变化中，还可以载荷于载波的频率或相位变化中。在调制时，若载波的频率随调制信号变化，称为**频率调制**或**调频**（FM）；若载波的相位随调制信号而变称为**相位调制**或**调相**（PM）。在这两种调制过程中，载波的幅度都保持恒定不变，而频率和相位的变化都表现为载波瞬时相位的变化，故把调频和调相统称为角度调制。

角度调制与幅度调制不同的是，已调信号频谱不再是原调制信号频谱的线性搬移，而是频谱的非线性变换，会产生与频谱搬移不同的新的频率成分，故又称为非线性调制。

FM 和 PM 在通信系统中的使用都非常广泛。FM 广泛应用于高保真音乐广播、电视伴音信号的传输、卫星通信和蜂窝电话系统等。PM 除直接用于传输外，也常用作间接产生 FM 信号的过渡。调频与调相之间存在密切的关系。

与幅度调制技术相比，角度调制最突出的优势是其较高的抗噪声性能。然而有得就有失，获得这种优势的代价是角度调制占用比幅度调制信号更宽的带宽。

5.3.1 角度调制的基本概念

1. FM 和 PM 信号的一般表达式

角度调制信号的一般表达式为

$$s_m(t) = A\cos[\omega_c t + \varphi(t)] \qquad (5.3-1)$$

式中：A 为载波的恒定振幅；$[\omega_c t + \varphi(t)]$ 为信号的瞬时相位，记为 $\theta(t)$；$\varphi(t)$ 为相对于载

波相位 $\omega_c t$ 的瞬时相位偏移；$\mathrm{d}[\omega_c t + \varphi(t)]/\mathrm{d}t$ 为信号的瞬时角频率，记为 $\omega(t)$；$\mathrm{d}\varphi(t)/\mathrm{d}t$ 为相对于载频 ω_c 的瞬时频偏。

所谓**相位调制**（PM），是指瞬时相位偏移随调制信号 $m(t)$ 作线性变化，即

$$\varphi(t) = K_P m(t) \tag{5.3-2}$$

式中：K_P 为调相灵敏度（rad/V），含义是单位调制信号幅度引起 PM 信号的相位偏移量。

将式(5.3-2)代入式(5.3-1)，则可得调相信号为

$$s_{PM}(t) = A\cos[\omega_c t + K_P m(t)] \tag{5.3-3}$$

所谓**频率调制**（FM），是指瞬时频率偏移随调制信号 $m(t)$ 成比例变化，即

$$\frac{\mathrm{d}\varphi(t)}{\mathrm{d}t} = K_f m(t) \tag{5.3-4}$$

式中：K_f 为调频灵敏度（rad/(s·V)）。

这时相位偏移为

$$\varphi(t) = K_f \int m(\tau)\mathrm{d}\tau \tag{5.3-5}$$

代入式(5.3-1)，可得调频信号为

$$s_{FM}(t) = A\cos\left[\omega_c t + K_f \int m(\tau)\mathrm{d}\tau\right] \tag{5.3-6}$$

由式(5.3-3)和式(5.3-6)可见，PM 与 FM 的区别仅在于，PM 是相位偏移随调制信号 $m(t)$ 线性变化，FM 是相位偏移随 $m(t)$ 的积分呈线性变化。如果预先不知道调制信号 $m(t)$ 的具体形式，则无法判断已调信号是调相信号还是调频信号。

2. 单音调制 FM 与 PM

设调制信号为单一频率的正弦波，即

$$m(t) = A_m \cos\omega_m t = A_m \cos 2\pi f_m t \tag{5.3-7}$$

当它对载波进行相位调制时，由式(5.3-3)可得 PM 信号：

$$\begin{aligned} s_{PM}(t) &= A\cos[\omega_c t + K_P A_m \cos\omega_m t] \\ &= A\cos[\omega_c t + m_P \cos\omega_m t] \end{aligned} \tag{5.3-8}$$

式中：$m_P = K_P A_m$ 称为调相指数，表示最大的相位偏移。

如果进行频率调制，则由式(5.3-6)可得 FM 信号：

$$\begin{aligned} s_{FM}(t) &= A\cos\left[\omega_c t + K_f A_m \int\cos\omega_m \tau \mathrm{d}\tau\right] \\ &= A\cos[\omega_c t + m_f \sin\omega_m t] \end{aligned} \tag{5.3-9}$$

式中：m_f 为调频指数，其表达式

$$m_f = \frac{K_f A_m}{\omega_m} = \frac{\Delta\omega}{\omega_m} = \frac{\Delta f}{f_m} \tag{5.3-10}$$

表示最大的相位偏移；其中的 $\Delta\omega = K_f A_m$，为最大角频偏；$\Delta f = m_f \cdot f_m$，为最大频偏。

由式(5.3-8)和式(5.3-9)画出的单音 PM 信号和 FM 信号波形如图 5-17 所示。

图 5-17 单音 PM 信号和 FM 信号波形

3. FM 与 PM 之间的关系

由于频率和相位之间存在微分与积分的关系,所以 FM 与 PM 之间是可以相互转换的。比较式(5.3-3)和式(5.3-6)可以看出,如果将调制信号先微分,而后进行调频,则得到的是调相波,这种方式叫间接调相;同样,如果将调制信号先积分,而后进行调相,则得到的是调频波,这种方式叫间接调频。图 5-18 给出了 FM 与 PM 之间的关系。

图 5-18 FM 与 PM 之间的关系

FM 与 PM 这种密切的关系使我们可以对两者作并行的分析,仅需要强调一下它们的主要区别即可。鉴于在实际中 FM 波用得较多,下面将主要讨论频率调制。

5.3.2 窄带调频

当 FM 信号的最大瞬时相位偏移满足

$$\left| K_f \int m(\tau) d\tau \right| \ll \frac{\pi}{6} \quad (\text{或} 0.5) \qquad (5.3-11)$$

时，FM 信号的频谱宽度比较窄，称为窄带调频(NBFM)。当式(5.3-11)条件不满足时，FM 信号的频谱宽度比较宽，称为宽带调频(WBFM)。

将 FM 信号一般表达式(5.3-6)展开得到

$$s_{FM}(t) = A\cos\left[\omega_c t + K_f \int m(\tau)d\tau\right]$$

$$= A\cos\omega_c t \cos\left[K_f \int m(\tau)d\tau\right] - A\sin\omega_c t \sin\left[K_f \int m(\tau)d\tau\right] \quad (5.3-12)$$

当满足式(5.3-11)的条件时，有

$$\cos\left[K_f \int m(\tau)d\tau\right] \approx 1$$

$$\sin\left[K_f \int m(\tau)d\tau\right] \approx K_f \int m(\tau)d\tau$$

故式(5.3-12)可简化为

$$s_{NBFM}(t) \approx A\cos\omega_c t - \left[AK_f \int m(\tau)d\tau\right]\sin\omega_c t \quad (5.3-13)$$

利用以下傅里叶变换对：

$$m(t) \Leftrightarrow M(\omega)$$

$$\cos\omega_c t \Leftrightarrow \pi[\delta(\omega+\omega_c) + \delta(\omega-\omega_c)]$$

$$\sin\omega_c t \Leftrightarrow j\pi[\delta(\omega+\omega_c) - \delta(\omega-\omega_c)]$$

$$\int m(t)dt \Leftrightarrow \frac{M(\omega)}{j\omega} \quad (\text{设 } m(t) \text{ 的均值为 } 0)$$

$$\left[\int m(t)dt\right]\sin\omega_c t \Leftrightarrow \frac{1}{2}\left[\frac{M(\omega+\omega_c)}{\omega+\omega_c} - \frac{M(\omega-\omega_c)}{\omega-\omega_c}\right]$$

可得 NBFM 信号的频域表达式为

$$s_{NBFM}(\omega) = \pi A[\delta(\omega+\omega_c) + \delta(\omega-\omega_c)] + $$

$$\frac{AK_f}{2}\left[\frac{M(\omega-\omega_c)}{\omega-\omega_c} - \frac{M(\omega+\omega_c)}{\omega+\omega_c}\right] \quad (5.3-14)$$

式(5.3-13)和式(5.3-14)是 NBFM 信号的时域和频域的一般表达式。将式(5.3-14)与式(5.1-5)表述的 AM 信号的频谱

$$S_{AM}(\omega) = \pi A[\delta(\omega+\omega_c) + \delta(\omega-\omega_c)] + \frac{1}{2}[M(\omega+\omega_c) + M(\omega-\omega_c)]$$

相比较，可以清楚地看出 NBFM 和 AM 这两种调制的相似性和不同处。两者都含有一个载波和位于 $\pm\omega_c$ 处的两个边带，所以它们的带宽相同，都是调制信号最高频率的两倍。不同的是，NBFM 的两个边频分别乘了因式 $1/(\omega-\omega_c)$ 和 $1/(\omega+\omega_c)$，由于因式是频率的函数，所以这种加权是频率加权，加权的结果引起调制信号频谱的失真。另外，NBFM 的一个边带和 AM 反相。

下面以单音调制为例。设调制信号为

$$m(t) = A_m\cos\omega_m t$$

则 NBFM 信号为

$$s_{\text{NBFM}}(t) \approx A\cos\omega_c t - \left[AK_f\int m(\tau)d\tau\right]\sin\omega_c t$$

$$= A\cos\omega_c t - AA_mK_f\frac{1}{\omega_m}\sin\omega_m t\sin\omega_c t$$

$$= A\cos\omega_c t + \frac{AA_mK_f}{2\omega_m}[\cos(\omega_c+\omega_m)t - \cos(\omega_c-\omega_m)t] \quad (5.3-15)$$

AM 信号为

$$s_{\text{AM}} = (A + A_m\cos\omega_m t)\cos\omega_c t = A\cos\omega_c t + A_m\cos\omega_m t\cos\omega_c t$$

$$= A\cos\omega_c t + \frac{A_m}{2}[\cos(\omega_c+\omega_m)t + \cos(\omega_c-\omega_m)t] \quad (5.3-16)$$

它们的频谱如图 5-19 所示;由此而画出的矢量图如图 5-20 所示。在 AM 中,两个边频的合成矢量与载波同相,所以只有幅度的变化,无相位的变化;而在 NBFM 中,由于下边频为负,两个边频的合成矢量与载波则是正交相加,所以 NBFM 不仅有相位的变化 $\Delta\varphi$,幅度也有很小的变化。当最大相位偏移满足式(5.3-11)时,NBFM 信号幅度基本不变。这正是两者的本质区别。

图 5-19 单音调制的 AM 与 NBFM 频谱

图 5-20 AM 与 NBFM 的矢量表示

由于 NBFM 信号最大频率偏移较小,占据的带宽较窄,但是其抗干扰性能比 AM 系统要好得多,因此得到较广泛的应用。对于高质量通信(调频立体声广播、电视伴音等)需要采用宽带调频。

5.3.3 宽带调频

当不满足式(5.3-11)的条件时,调频信号的时域表达式不能简化,因而给宽带调频的频谱分析带来了困难。为使问题简化,我们只研究单音调制的情况,然后把分析的结论推广到多音调制的情况。

1. 调频信号表达式

设单音调制信号为

$$m(t) = A_m\cos\omega_m t = A_m\cos 2\pi f_m t$$

由式(5.3-9)可知,单音调制 FM 信号的时域表达式为

$$s_{\text{FM}}(t) = A\cos[\omega_c t + m_f\sin\omega_m t] \quad (5.3-17)$$

对式(5.3-17)利用三角公式展开,有

$$s_{\text{FM}}(t) = A\cos\omega_c t \cdot \cos(m_f\sin\omega_m t) - A\sin\omega_c t \cdot \sin(m_f\sin\omega_m t) \quad (5.3-18)$$

将式(5.3-18)中的两个因子分别展成如下傅里叶级数:

$$\cos(m_f\sin\omega_m t) = J_0(m_f) + \sum_{n=1}^{\infty} 2J_{2n}(m_f)\cos 2n\omega_m t \quad (5.3-19)$$

$$\sin(m_f\sin\omega_m t) = 2\sum_{n=1}^{\infty} J_{2n-1}(m_f)\sin(2n-1)\omega_m t \quad (5.3-20)$$

式中:$J_n(m_f)$ 为第一类 n 阶贝塞尔(Bessel)函数,它是调频指数 m_f 的函数。

图 5-21 给出了 $J_n(m_f)$ 随 m_f 变化的关系曲线,详细数据可参看贝塞尔函数值表(见附录 C)。

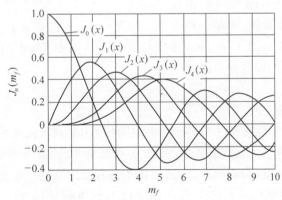

图 5-21 $J_n(m_f)$ 随 m_f 变化的关系曲线

将式(5.3-19)和式(5.3-20)代入式(5.3-18),并利用三角公式

$$\cos A\cos B = \frac{1}{2}\cos(A-B) + \frac{1}{2}\cos(A+B)$$

$$\sin A\sin B = \frac{1}{2}\cos(A-B) - \frac{1}{2}\cos(A+B)$$

及贝塞尔函数性质

$$J_{-n}(m_f) = -J_n(m_f) \quad n\text{为奇数时}$$
$$J_{-n}(m_f) = J_n(m_f) \quad n\text{为偶数时}$$

则得到 FM 信号的级数展开式为

$$\begin{aligned}s_{\text{FM}}(t) &= AJ_0(m_f)\cos\omega_c t - AJ_1(m_f)[\cos(\omega_c - \omega_m)t - \cos(\omega_c + \omega_m)t] + \\ &\quad AJ_2(m_f)[\cos(\omega_c - 2\omega_m)t + \cos(\omega_c + 2\omega_m)t] - \\ &\quad AJ_3(m_f)[\cos(\omega_c - 3\omega_m)t - \cos(\omega_c + 3\omega_m)t] + \cdots \\ &= A\sum_{n=-\infty}^{\infty} J_n(m_f)\cos(\omega_c + n\omega_m)t\end{aligned} \quad (5.3-21)$$

对式(5.3-21)进行傅里叶变换,即得 FM 信号的频域表达式为

$$S_{\text{FM}}(\omega) = \pi A\sum_{-\infty}^{\infty} J_n(m_f)[\delta(\omega - \omega_c - n\omega_m) + \delta(\omega + \omega_c + n\omega_m)] \quad (5.3-22)$$

由式(5.3-21)和式(5.3-22)可见,调频信号的频谱由载波分量 ω_c 和无数边频 $\omega_c \pm n\omega_m$ 组成。当 $n=0$ 时是载波分量 ω_c,其幅度为 $AJ_0(m_f)$;当 $n \neq 0$ 时就是对称分布在载频两侧的边频分量 $\omega_c \pm n\omega_m$,其幅度为 $AJ_n(m_f)$,相邻边频之间的间隔为 ω_m;且当 n 为奇数时,上、下边频极性相反;当 n 为偶数时极性相同。由此可见,FM 信号的频谱不再是调制信号频谱的线性搬移,而是一种非线性过程。图 5-22 示出了 m_f 取 0.2 和 5.0 时单音调频波的幅度频谱图。

图 5-22 单音调频波的幅度频谱示意图

2. 调频信号的带宽

调频信号的频谱包含无穷多个频率分量,因此理论上调频信号的频带宽度为无限宽。但是,实际上边频幅度 $J_n(m_f)$ 随着 n 的增大而逐渐减小,因此只要取适当的 n 值使边频分量小到可以忽略的程度,调频信号可近似认为具有有限频谱。通常采用的原则是,信号的频带宽度应包括幅度大于未调载波的 10% 以上的边频分量,即 $|J_n(m_f)| \geq 0.1$。当 $m_f \geq 1$ 以后,取边频数 $n = m_f + 1$ 即可。因为 $n > m_f + 1$ 以上的边频幅度 $J_n(m_f)$ 均小于 0.1,这意味着大于未调载波幅度 10% 以上的边频分量均被保留。因为被保留的上、下边频数共有 $2n = 2(m_f + 1)$ 个,相邻边频之间的频率间隔为 f_m,所以调频波的有效带宽为

$$B_{\text{FM}} = 2(m_f + 1)f_m = 2(\Delta f + f_m) \quad (5.3-23)$$

式(5.3-23)就是广泛用于计算调频信号带宽的卡森(Carson)公式。

当 $m_f \ll 1$ 时,式(5.3-23)可近似为

$$B_{FM} \approx 2f_m \quad (\text{NBFM}) \tag{5.3-24}$$

这就是窄带调频的带宽,与前面的分析相一致。这时,带宽由第一对边频分量决定,带宽只随调制频率 f_m 变化,而与最大频偏 Δf 无关。

当 $m_f \gg 1$ 时,式(5.3-23)可近似为

$$B_{FM} \approx 2\Delta f \quad (\text{WBFM}) \tag{5.3-25}$$

这时,带宽由最大频偏 Δf 决定,而与调制频率 f_m 无关。

以上讨论的是单音调频的频谱和带宽。当调制信号不是单一频率时,由于调频是一种非线性过程,其频谱分析更加复杂。根据分析和经验,对于多音或任意带限信号调制时的调频信号的带宽仍可用卡森公式来估算,即

$$B_{FM} = 2(m_f + 1)f_m = 2(\Delta f + f_m) \tag{5.3-26}$$

但是,这里的 f_m 是调制信号的最高频率,m_f 是最大频偏 Δf 与 f_m 的比值。

例如,调频广播中规定的最大频偏 $\Delta f = 75\text{kHz}$,最高调制频率 $f_m = 15\text{kHz}$,故调频指数 $m_f = 5$,由式(5.3-26)可计算出此 FM 信号的频带宽度为 180kHz。

3. 调频信号的功率分配

调频信号 $s_{FM}(t)$ 在 1Ω 电阻上消耗的平均功率为

$$P_{FM} = \overline{s_{FM}^2(t)} \tag{5.3-27}$$

由式(5.3-21),并利用帕塞瓦尔定理,可知

$$P_{FM} = \overline{s_{FM}^2(t)} = \frac{A^2}{2} \sum_{n=-\infty}^{\infty} J_n^2(m_f) \tag{5.3-28}$$

根据贝塞尔函数具有

$$\sum_{n=-\infty}^{\infty} J_n^2(m_f) = 1 \tag{5.3-29}$$

性质,因此有

$$P_{FM} = \frac{A^2}{2} = P_c \tag{5.3-30}$$

式(5.3-30)说明,调频信号的平均功率等于未调载波的平均功率,即调制后总的功率不变,只是将原来载波功率中的一部分分配给每个边频分量。所以,调制过程只是进行功率的重新分配,而分配的原则与调频指数 m_f 有关。

5.3.4 调频信号的产生与解调

1. 调频信号的产生

调频的方法主要有两种:直接调频和间接调频。

1)直接调频法

调频就是用调制信号控制载波的频率变化。直接调频就是用调制信号直接去控制载

波振荡器的频率,使其按调制信号的规律线性地变化。

可以由外部电压控制振荡频率的振荡器称为压控振荡器(VCO)。每个压控振荡器自身就是一个 FM 调制器,因为它的振荡频率正比于输入控制电压,即

$$\omega_i(t) = \omega_0 + K_f m(t)$$

若用调制信号作控制电压信号,就能产生 FM 波,如图 5-23 所示。

若被控制的振荡器是 LC 振荡器,则只需控制振荡回路的某个电抗元件(L 或 C),使其参数随调制信号变化。目前常用的电抗元件是变容二极管。用变容二极管实现直接调频,由于电路简单,性能良好,已成为目前最广泛采用的调频电路之一。

图 5-23 FM 调制器

在直接调频法中,振荡器与调制器合二为一。这种方法的主要优点是在实现线性调频的要求下,可以获得较大的频偏;其主要缺点是频率稳定度不高。因此往往需要采用自动频率控制系统来稳定中心频率。

应用如图 5-24 所示的锁相环(PLL)调制器,可以获得高质量的 FM 或 PM 信号。这种方案的载频稳定度很高,可以达到晶体振荡器的频率稳定度。但是,它的一个显著缺点是低频调制特性较差,通常可用锁相环路构成一种所谓两点调制的宽带 FM 调制器来进行改善,其具体实现方法可参考文献[2]。

图 5-24 PLL 调制器

PD—相位检测器;LF—环路滤波器;VCO—压控振荡器。

2) 间接调频法

间接调频法(简称间接法)是先将调制信号积分,然后对载波进行调相,即可产生一个 NBFM 信号,再经 n 次倍频器得到 WBFM 信号,其原理框图如图 5-25 所示。这种产生 WBFM 的方法称为阿姆斯特朗(Armstrong)法或间接法。

由式(5.3-13)可知,NBFM 信号可看成由正交分量与同相分量合成,即

$$s_{\text{NBFM}}(t) \approx A\cos\omega_c t - \left[AK_f \int m(\tau) \mathrm{d}\tau \right] \sin\omega_c t \qquad (5.3-31)$$

因此,采用图 5-26 所示的方框图可实现 NBFM。

图 5-25 中倍频器的作用是提高调频指数 m_f,从而获得宽带调频 WBFM。倍频器可以用非线性器件实现,然后用带通滤波器滤去不需要的频率分量。以理想平方律器件为例,其输出/输入特性为

$$s_o(t) = as_i^2(t) \qquad (5.3-32)$$

当输入信号 $s_i(t)$ 为调频信号时,有

$$s_i(t) = A\cos[\omega_c t + \varphi(t)]$$

图 5-25 间接法产生 WBFM　　　　图 5-26 NBFM 信号的产生

$$s_o(t) = \frac{1}{2}aA^2\{1 + \cos[2\omega_c t + 2\varphi(t)]\} \quad (5.3-33)$$

由式(5.3-33)可知,滤除直流成分后可得到一个新的调频信号,其载频和相位偏移均增为 2 倍,由于相位偏移增为 2 倍,因而调频指数也必然增为 2 倍。同理,经 n 次倍频后可以使调频信号的载频和调频指数增为 n 倍。

以典型的调频广播的发射机为例。倍频前,先以 $f_1 = 200\text{kHz}$ 为载频,用最高频率为 $f_m = 15\text{kHz}$ 的调制信号,产生频偏为 $\Delta f_1 = 25\text{Hz}$ 的 NBFM 信号。由于调频广播的最终频偏 $\Delta f = 75\text{kHz}$,载频 f_c 在 88MHz ~ 108MHz 频段内,所以需要经过 $n = \Delta f/\Delta f_1 = 75 \times 10^3/25 = 3000$ 的倍频,以满足最终频偏 $\Delta f = 75\text{kHz}$ 的要求。但是,倍频器在提高相位偏移的同时,也使载波频率提高了,倍频后新的载波频率(nf_1)高达 600MHz,不符合 $f_c = 88\text{MHz}$ ~ 108MHz 的要求,因此需用混频器进行下变频来解决这个问题。

解决上述问题的典型方案如图 5-27 所示。其中混频器将倍频器分成两个部分,由于混频器只改变载频而不影响频偏,因此可以根据 WBFM 信号的载频和最大频偏的要求适当选择 f_1, f_2 和 n_1, n_2。由图 5-27 可列出它们的关系:

$$\begin{cases} f_c = n_2(n_1 f_1 - f_2) \\ \Delta f = n_1 n_2 \Delta f_1 \end{cases} \quad (5.3-34)$$

图 5-27 阿姆斯特朗法

【例 5-1】 在上述宽带调频方案中,设调制信号是 $f_m = 15\text{kHz}$ 的单频余弦信号,NBFM 信号的载频 $f_1 = 200\text{kHz}$,最大频偏 $\Delta f_1 = 25\text{Hz}$;混频器参考频率 $f_2 = 10.9\text{MHz}$,选择倍频次数 $n_1 = 64, n_2 = 48$。

(1) 求 NBFM 信号的调频指数;
(2) 求调频发射信号(WBFM 信号)的载频、最大频偏和调频指数。

【解】 (1) NBFM 信号的调频指数为

$$m_1 = \frac{\Delta f_1}{f_m} = \frac{25}{15 \times 10^3} = 1.67 \times 10^{-3}$$

(2) 由式(5.3-34)可求出调频发射信号的载频为

$$f_c = n_2(n_1 f_1 - f_2) = 48 \times (64 \times 200 \times 10^3 - 10.9 \times 10^6) = 91.2(\text{MHz})$$

最大频偏为

$$\Delta f = n_1 n_2 \Delta f_1 = 64 \times 48 \times 25 = 76.8(\text{kHz})$$

调频指数为

$$m_f = \frac{\Delta f}{f_m} = \frac{76.8 \times 10^3}{15 \times 10^3} = 5.12$$

图 5-27 所示的 WBFM 信号产生方案是由阿姆斯特朗于 1930 年提出的,因此称为阿姆斯特朗法。这个方法提出后,使调频技术得到很大发展。

间接法的优点是频率稳定度好。缺点是需要多次倍频和混频,因此电路较复杂。

2. 调频信号的解调

调频信号的解调也分为相干解调和非相干解调。相干解调仅适用于 NBFM 信号,而非相干解调对 NBFM 信号和 WBFM 信号均适用。

1) 非相干解调

调频信号的一般表达式为

$$s_{\text{FM}}(t) = A\cos\left[\omega_c t + K_f \int m(\tau) d\tau\right] \quad (5.3-35)$$

解调器的输出应为

$$m_o(t) \propto K_f m(t) \quad (5.3-36)$$

这就是说,调频信号的解调是要产生一个与输入调频信号的频率呈线性关系的输出电压。完成这种频率—电压转换关系的器件是频率检波器,简称鉴频器。

鉴频器有多种,图 5-28 描述了一种用振幅鉴频器进行非相干解调的特性与原理框图。图中,微分器和包络检波器构成了具有近似理想鉴频特性的鉴频器。微分器的作用是把幅度恒定的调频波 $s_{\text{FM}}(t)$ 变成幅度和频率都随调制信号 $m(t)$ 变化的调幅调频波 $s_d(t)$,即

$$s_d(t) = -A[\omega_c + K_f m(t)]\sin\left[\omega_c t + K_f \int m(\tau) d\tau\right] \quad (5.3-37)$$

包络检波器则将其幅度变化检出并滤去直流,再经低通滤波后即得解调输出

$$m_o(t) = K_d K_f m(t) \quad (5.3-38)$$

式中:K_d 为鉴频器灵敏度(V/(rad/s))。

图 5-28 中,限幅器的作用是消除信道中噪声和其他原因引起的调频波的幅度起伏,带通滤波器(BPF)是让调频信号顺利通过,同时滤除带外噪声及高次谐波分量。

鉴频器的种类很多,除了上述的振幅鉴频器之外,还有相位鉴频器、比例鉴频器、正交鉴频器、斜率鉴频器、频率负反馈解调器、锁相环(PLL)鉴频器等。这些电路和原理在高频电子线路课程中都有详细的讨论,这里不再赘述。

图 5-28 振幅鉴频器特性与原理框图

2) 相干解调

由于 NBFM 信号可分解成同相分量与正交分量之和,因而可以采用线性调制中的相干解调法来进行解调,如图 5-29 所示。

图 5-29 NBFM 信号的相干解调

根据式(5.3-13),设窄带调频信号

$$s_{\text{NBFM}}(t) = A\cos\omega_c t - A\left[K_f \int m(\tau)d\tau\right] \cdot \sin\omega_c t \tag{5.3-39}$$

并设相干载波

$$c(t) = -\sin\omega_c t \tag{5.3-40}$$

则相乘器的输出为

$$s_p(t) = -\frac{A}{2}\sin2\omega_c t + \frac{A}{2}\left[K_f \int m(\tau)d\tau\right] \cdot (1 - \cos2\omega_c t)$$

经低通滤波器取出其低频分量

$$s_d(t) = \frac{A}{2}K_f \int m(\tau)d\tau$$

再经微分器,即得解调输出

$$m_o(t) = \frac{AK_f}{2}m(t) \tag{5.3-41}$$

可见,相干解调可以恢复原调制信号。这种解调方法与线性调制中的相干解调一样,要求本地载波与调制载波同步,否则将使解调信号失真。

5.4 调频系统的抗噪声性能

如前所述,调频信号的解调有相干解调和非相干解调两种。相干解调仅适用于窄带调频信号,且需同步信号,故应用范围受限;而非相干解调不需同步信号,且对于 NBFM 信号和 WBFM 信号均适用,因此是 FM 系统的主要解调方式。下面我们将重点讨论 FM 非相干解调时的抗噪声性能,其分析模型如图 5-30 所示。图中,$n(t)$ 是均值为零、单边功率谱密度为 n_0 的高斯白噪声;BPF 的作用是抑制调频信号带宽 B_{FM} 以外的噪声,其输出噪声 $n_i(t)$ 为窄带高斯噪声;限幅器的作用是消除信道中噪声和其他原因引起的调频波的幅度起伏。

图 5-30 FM 非相干解调抗噪声性能分析模型

FM 非相干解调时的抗噪声性能分析方法,也和线性调制系统的一样,先分别计算解调器的输入信噪比和输出信噪比,最后通过信噪比增益来反映系统的抗噪声性能。

5.4.1 输入信噪比

我们先来计算解调器的输入信噪比。设输入调频信号为

$$s_{FM}(t) = A\cos\left[\omega_c t + K_f \int m(\tau)d\tau\right]$$

故其输入信号功率为

$$S_i = \frac{A^2}{2} \qquad (5.4-1)$$

输入噪声功率为

$$N_i = n_0 B_{FM} \qquad (5.4-2)$$

式中:B_{FM} 为调频信号的带宽,即带通滤波器(BPF)的带宽。

因此,输入信噪比为

$$\frac{S_i}{N_i} = \frac{A^2}{2n_0 B_{FM}} \qquad (5.4-3)$$

在计算输出信噪比时,由于鉴频器的非线性作用,使得无法分别分析信号与噪声的输出。因此,也和 AM 信号的非相干解调一样,考虑两种极端情况,即大信噪比情况和小信噪比情况。

5.4.2 大信噪比时的解调增益

在输入信噪比足够大的条件下,信号和噪声的相互作用可以忽略,这时可以把信号和

噪声分开来计算。

设输入噪声为 0 时,由式(5.3 – 38)可知,解调输出信号为

$$m_o(t) = K_d K_f m(t)$$

故输出信号平均功率为

$$S_o = \overline{m_o^2(t)} = (K_d K_f)^2 \overline{m^2(t)} \tag{5.4-4}$$

式中:K_d 为鉴频器灵敏度。

现在来计算解调器输出端噪声的平均功率。假设调制信号 $m(t) = 0$,则加到解调器输入端的是未调载波与窄带高斯噪声之和,即

$$\begin{aligned} A\cos\omega_c t + n_i(t) &= A\cos\omega_c t + n_c(t)\cos\omega_c t - n_s(t)\sin\omega_c t \\ &= [A + n_c(t)]\cos\omega_c t - n_s(t)\sin\omega_c t \\ &= A(t)\cos[\omega_c t + \psi(t)] \end{aligned} \tag{5.4-5}$$

式中:包络为

$$A(t) = \sqrt{[A + n_c(t)]^2 + n_s^2(t)} \tag{5.4-6}$$

相位偏移

$$\psi(t) = \arctan\frac{n_s(t)}{A + n_c(t)} \tag{5.4-7}$$

在大信噪比时,即 $A \gg n_c(t)$ 和 $A \gg n_s(t)$,相位偏移 $\psi(t)$ 可近似为

$$\psi(t) = \arctan\frac{n_s(t)}{A + n_c(t)} \approx \arctan\frac{n_s(t)}{A} \tag{5.4-8}$$

当 $x \ll 1$ 时,有 $\arctan x \approx x$,故

$$\psi(t) \approx \frac{n_s(t)}{A} \tag{5.4-9}$$

由于鉴频器的输出正比于输入的频率偏移,故鉴频器的输出噪声(在假设调制信号为 0 时,解调结果只有噪声)为

$$n_d(t) = K_d\frac{d\psi(t)}{dt} = \frac{K_d}{A}\frac{dn_s(t)}{dt} \tag{5.4-10}$$

式中:$n_s(t)$ 为窄带高斯噪声 $n_i(t)$ 的正交分量。

由式(5.2 – 3)可知,$n_s(t)$ 的平均功率在数值上与 $n_i(t)$ 的功率相同,即有

$$\overline{n_s^2(t)} = \overline{n_i^2(t)} = N_i = n_0 B_{FM}$$

但应注意,$n_i(t)$ 是带宽为 B_{FM} 的带通型噪声(中心频率为 f_c),其单边功率谱密度为 n_0;而 $n_s(t)$ 是 $n_s(t)\sin\omega_c t$ 的包络,所以 $n_s(t)$ 可以看作是带宽为 $B_{FM}/2$ 的低通型噪声,其双边功率谱密度 $P_s(f)$ 在 $|f| \leq B_{FM}/2$ 范围内为 n_0,如图 5 – 31(a)所示。

由于 $\dfrac{dn_s(t)}{dt}$ 实际上是 $n_s(t)$ 通过理想微分电路的输出,故其功率谱密度应等于 $n_s(t)$ 的功率谱密度乘以理想微分电路的功率传输函数。理想微分电路的功率传输函数为

$$|H(f)|^2 = |j2\pi f|^2 = (2\pi)^2 f^2 \qquad (5.4-11)$$

故由式(5.4-10)可知，鉴频器输出噪声 $n_d(t)$ 的双边功率谱密度为

$$P_d(f) = \left(\frac{K_d}{A}\right)^2 |H(f)|^2 P_s(f) = \left(\frac{K_d}{A}\right)^2 (2\pi)^2 f^2 n_0 = \frac{4\pi^2 K_d^2 n_0}{A^2} f^2 \quad |f| < \frac{B_{FM}}{2} \qquad (5.4-12)$$

如图 5-31(b) 所示。

图 5-31 鉴频器前、后的噪声功率谱密度

由图 5-31 可见，鉴频器输出噪声 $n_d(t)$ 的功率谱密度已不再是均匀分布，而是与 f^2 成正比。该噪声再经过低通滤波器的滤波，滤除调制信号带宽 $f_m\left(f_m < \frac{1}{2}B_{FM}\right)$ 以外的频率分量，故最终解调器输出(LPF 输出)的噪声功率(图中阴影部分)为

$$N_o = \int_{-f_m}^{f_m} P_d(f) df = \int_{-f_m}^{f_m} \frac{4\pi^2 K_d^2 n_0}{A^2} f^2 df = \frac{8\pi^2 K_d^2 n_0 f_m^3}{3A^2} \qquad (5.4-13)$$

由式(5.4-4)和式(5.4-13)可得 FM 非相干解调器输出端的输出信噪比为

$$\frac{S_o}{N_o} = \frac{3A^2 K_f^2 \overline{m^2(t)}}{8\pi^2 n_0 f_m^3} \qquad (5.4-14)$$

为使式(5.4-14)具有简明的结果，我们考虑 $m(t)$ 为单一频率余弦波时的情况，即

$$m(t) = \cos\omega_m t$$

这时的调频信号为

$$s_{FM}(t) = A\cos[\omega_c t + m_f \sin\omega_m t] \qquad (5.4-15)$$

其中

$$m_f = \frac{K_f}{\omega_m} = \frac{\Delta\omega}{\omega_m} = \frac{\Delta f}{f_m} \qquad (5.4-16)$$

将以上这些关系式代入式(5.4-14)，可得

$$\frac{S_o}{N_o} = \frac{3}{2} m_f^2 \frac{A^2/2}{n_0 f_m} \qquad (5.4-17)$$

因此，由式(5.4-3)和式(5.4-17)可得解调器的制度增益为

$$G_{FM} = \frac{S_o/N_o}{S_i/N_i} = \frac{3}{2} m_f^2 \frac{B_{FM}}{f_m} \qquad (5.4-18)$$

考虑在宽带调频时，信号带宽为

$$B_{\text{FM}} = 2(m_f + 1)f_m = 2(\Delta f + f_m)$$

所以,式(5.4-18)还可以写成

$$G_{\text{FM}} = 3m_f^2(m_f + 1) \tag{5.4-19}$$

当 $m_f \gg 1$ 时,有近似式

$$G_{\text{FM}} \approx 3m_f^3 \tag{5.4-20}$$

式(5.4-20)表明,在大信噪比情况下,宽带调频系统的制度增益是很高的,即抗噪声性能好。例如,调频广播中常取 $m_f = 5$,则制度增益 $G_{\text{FM}} = 450$。也就是说,加大调制指数 m_f,可使调频系统的抗噪声性能迅速改善。

为了更好地说明在大信噪比情况下,宽带调频系统具有高的抗噪声性能这一特点,我们将调频系统与调幅系统作一比较。

在大信噪比情况下,AM 信号包络检波器的输出信噪比为

$$\frac{S_o}{N_o} = \frac{\overline{m^2(t)}}{n_0 B}$$

若设 AM 信号为 100% 调制,且 $m(t)$ 为单频余弦波信号,则 $m(t)$ 的平均功率为

$$\overline{m^2(t)} = \frac{A^2}{2}$$

因而

$$\frac{S_o}{N_o} = \frac{A^2/2}{n_0 B} \tag{5.4-21}$$

式中:B 为 AM 信号的带宽,它是基带信号带宽的 2 倍,即 $B = 2f_m$,故有

$$\frac{S_o}{N_o} = \frac{A^2/2}{2n_0 f_m} \tag{5.4-22}$$

将式(5.4-22)与式(5.4-17)相比,可得

$$\frac{(S_o/N_o)_{\text{FM}}}{(S_o/N_o)_{\text{AM}}} = 3m_f^2 \tag{5.4-23}$$

由式(5.4-23)可见,在大信噪比情况下,若系统接收端的输入 A 和 n_0 相同,则宽带调频系统解调器的输出信噪比是调幅系统的 $3m_f^2$ 倍。例如,$m_f = 5$ 时,宽带调频的 S_o/N_o 是调幅时的 75 倍。这一结果是很可观的。但应注意,调频系统的这一优越性是以增加其传输带宽来换取的。因为,对于 AM 信号而言,传输带宽是 $2f_m$,而对 WBFM 信号而言,相应于 $m_f = 5$ 时的传输带宽为 $12f_m$。后者是前者的 6 倍。

WBFM 信号的传输带宽 B_{FM} 与 AM 信号的传输带宽 B_{AM} 之间的一般关系为

$$B_{\text{FM}} = 2(m_f + 1)f_m = (m_f + 1)B_{\text{AM}} \tag{5.4-24}$$

当 $m_f \gg 1$ 时,式(5.4-24)可近似为

$$B_{\text{FM}} \approx m_f B_{\text{AM}}$$

故有

$$m_f \approx \frac{B_{\text{FM}}}{B_{\text{AM}}}$$

在上述条件下,式(5.4-23)变为

$$\frac{(S_o/N_o)_{\text{FM}}}{(S_o/N_o)_{\text{AM}}} = 3\left(\frac{B_{\text{FM}}}{B_{\text{AM}}}\right)^2 \qquad (5.4-25)$$

可见,宽带调频输出信噪比相对于调幅的改善与它们带宽比的平方成正比。这就意味着,对于调频系统来说,增加传输带宽就可以改善抗噪声性能。调频方式的这种以带宽换取信噪比的特性是十分有益的。在调幅制中,由于信号带宽是固定的,无法进行带宽与信噪比的互换,这也正是在抗噪声性能方面调频系统优于调幅系统的重要原因。由此我们得到如下结论:在大信噪比情况下,调频系统的抗噪声性能将比调幅系统优越,且其优越程度将随传输带宽的增加而提高。

但是,FM 系统以带宽换取输出信噪比改善并不是无止境的。随着传输带宽的增加(相当 m_f 加大),输入噪声功率增大,在输入信号功率不变的条件下,输入信噪比下降,当输入信噪比降到一定程度时就会出现门限效应,输出信噪比将急剧恶化。

5.4.3 小信噪比时的门限效应

以上分析结果都是在输入信噪比$(S_i/N_i)_{\text{FM}}$足够大的条件下得到的。当S_i/N_i低于一定数值时,解调器的输出信噪比 S_o/N_o 急剧恶化,这种现象称为调频信号解调的门限效应。出现门限效应时所对应的输入信噪比值称为门限值,记为$(S_i/N_i)_b$。

图 5-32 画出了单音调制时在不同调制指数 m_f 下,调频解调器的输出信噪比与输入信噪比的关系曲线。由图 5-32 可得如下结论:

(1) 门限值与调制指数 m_f 有关。m_f 越大,门限值越高。不过不同 m_f 时,门限值在 8dB ~ 11dB 的范围内变化,一般认为门限值为 10dB 左右。

(2) 在门限值以上时,$(S_o/N_o)_{\text{FM}}$ 与 $(S_i/N_i)_{\text{FM}}$ 呈线性关系,且 m_f 越大,输出信噪比的改善越明显。

(3) 在门限值以下时,$(S_o/N_o)_{\text{FM}}$ 将随$(S_i/N_i)_{\text{FM}}$的下降而急剧下降。且 m_f 越大,$(S_o/N_o)_{\text{FM}}$ 下降越快。

图 5-32 调频解调器的输出信噪比与输入信噪比的关系曲线

门限效应是 FM 系统存在的一个实际问题。尤其在采用调频制的远距离通信和卫星通信等领域中,对调频接收机的门限效应十分关注,希望门限点向低输入信噪比方向扩展。

降低门限值(也称门限扩展)的方法有很多,例如,可以采用锁相环解调器和负反馈解调器,它们的门限比一般鉴频器的门限电平低 6dB ~ 10dB。

另外,还可以采用预加重(preemphasis)和去加重(deemphasis)技术来进一步改善调频解调器的输出信噪比。实际上,这也相当于改善了门限值。

5.4.4 预加重和去加重

如前所述,鉴频器输出噪声功率谱随 f 呈抛物线形状增大。但在调频广播中所传送的语音和音乐信号的能量却主要分布在低频端,且其功率谱密度随频率的增高而下降。因此,在调制频率高频端的信号谱密度最小,而噪声谱密度却是最大,致使高频端的输出信噪比明显下降,这对解调信号质量会带来很大的影响。

为了进一步改善调频解调器的输出信噪比,针对鉴频器输出噪声谱呈抛物线形状这一特点,在调频系统中广泛采用了加重技术,包括预加重和去加重措施。预加重和去加重的设计思想是保持输出信号不变,有效降低输出噪声,以达到提高输出信噪比的目的。

所谓"去加重"就是在解调器输出端接一个传输特性随频率增加而滚降的线性网络 $H_d(f)$,其目的是将调制频率高频端的噪声衰减,使总的噪声功率减小。但是,由于去加重网络的加入,在有效地减弱输出噪声的同时,必将使传输信号产生频率失真。因此,必须在调制器前加入一个预加重网络 $H_p(f)$,其目的是人为地提升调制信号的高频分量,以抵消去加重网络 $H_d(f)$ 的影响。显然,为了使传输信号不失真,应该有

$$H_p(f) = \frac{1}{H_d(f)} \tag{5.4-26}$$

这是保证输出信号不变的必要条件。图 5-33 示出了预加重和去加重网络在调频系统中所处的位置。

图 5-33 加有预加重和去加重的调频系统

由此可见,预加重网络是在信道噪声介入之前加入的,它对噪声没有影响(并未提升噪声),而输出端的去加重网络将输出噪声降低,因此有效地提高了调制信号高频端的输出信噪比,进一步改善了调频系统的噪声性能。

由于采用预加重/去加重系统的输出信号功率与没有采用预加重/去加重系统的功率相同,所以调频解调器的输出信噪比的改善程度可用加重前的输出噪声功率与加重后的输出噪声功率的比值确定,即

$$\gamma = \frac{\int_{-f_m}^{f_m} P_d(f) \, df}{\int_{-f_m}^{f_m} P_d(f) \, |H_d(f)|^2 df} \tag{5.4-27}$$

式(5.4-27)进一步说明,输出信噪比的改善程度取决于去加重网络 $H_d(f)$ 的特性。图 5-34 给出了一种实际中常采用的预加重和去加重电路,它在保持信号传输带宽不变的条件下,可使输出信噪比提高 6dB 左右。

加重技术不仅在调频系统中得到了实际应用,也常用在音频传输和录音系统中。例如,录音和放音设备中广泛应用的杜比(Dolby)降噪声系统就采用了加重技术。

(a) 预加重电路及其频率特性

(b) 去加重电路及其频率特性

图 5–34 预加重和去加重电路

5.5 各种模拟调制系统的比较

为了便于在实际中合理地选用以上各种模拟调制系统,表 5–1 归纳列出了各种系统的传输带宽、输出信噪比 S_o/N_o、设备复杂程度和主要应用。表中的 S_o/N_o 一栏是在"同等条件"下,由式(5.2–38)、式(5.2–18)、式(5.2–26)及式(5.4–17)计算的结果。

表 5–1		各种模拟调制系统的比较		
调制方式	传输带宽	S_o/N_o	设备复杂程度	主 要 应 用
AM	$2f_m$	$\left(\dfrac{S_o}{N_o}\right)_{AM} = \dfrac{1}{3}\left(\dfrac{S_i}{n_0 f_m}\right)$	简单	中短波无线电广播
DSB	$2f_m$	$\left(\dfrac{S_o}{N_o}\right)_{DSB} = \left(\dfrac{S_i}{n_0 f_m}\right)$	中等	应用较少
SSB	f_m	$\left(\dfrac{S_o}{N_o}\right)_{SSB} = \left(\dfrac{S_i}{n_0 f_m}\right)$	复杂	短波无线电广播、语音频分复用、载波通信、数据传输
VSB	略大于 f_m	近似 SSB	复杂	电视广播、数据传输
FM	$2(m_f+1)f_m$	$\left(\dfrac{S_o}{N_o}\right)_{FM} = \dfrac{3}{2}m_f^2\left(\dfrac{S_i}{n_0 f_m}\right)$	中等	超短波小功率电台(窄带 FM);调频立体声广播等高质量通信(宽带 FM)

这里的"同等条件"是指:假设所有系统在接收机输入端具有相等的输入信号功率 S_i,且加性噪声都是均值为 0、双边功率谱密度为 $n_0/2$ 的高斯白噪声,基带信号 $m(t)$ 的带宽均为 f_m,并在所有系统中都满足

$$\begin{cases} \overline{m(t)} = 0 \\ \overline{m^2(t)} = \dfrac{1}{2} \\ |m(t)|_{\max} = 1 \end{cases} \quad (5.5-1)$$

例如，$m(t)$ 为正弦型信号；同时，所有的调制与解调系统都具有理想的特性。其中 AM 的调幅度为 100%。

1. 抗噪声性能

WBFM 抗噪声性能最好，DSB、SSB、VSB 抗噪声性能次之，AM 抗噪声性能最差。图 5-35 画出了各种模拟调制系统的性能曲线，图中的圆点表示门限点。门限点以下，曲线迅速下跌；门限点以上，DSB、SSB 的信噪比比 AM 高 4.7dB 以上，而 FM($m_f=6$) 的信噪比比 AM 高 22dB。由此可见：当输入信噪比较高时，FM 的调频指数 m_f 越大，抗噪声性能越好。

2. 频带利用率

SSB 的带宽最窄，其频带利用率最高；FM 占用的带宽随调频指数 m_f 的增大而增大，其频带利用率最低。可以说，FM 是以牺牲有效性来换取可靠性的。因此，m_f 值的选择要从通信质量和带宽限制两方面考虑。对于高质量通信(高保真音乐广播，电视伴音、双向式固定或移动通信、卫星通信和蜂窝电话系统)采用 WBFM，m_f 值选大些。对于一般通信，要考虑接收微弱信号，带宽窄些，噪声影响小，常选用 m_f 较小的调频方式。

图 5-35　各种模拟调制系统的性能曲线

3. 特点与应用

（1）AM 调制的优点是接收设备简单；缺点是功率利用率低，抗干扰能力差。AM 制式主要用在中波和短波的调幅广播中。

（2）DSB 调制的优点是功率利用率高，且带宽与 AM 相同，但接收要求同步解调，设备较复杂。应用较少，一般只用于点对点的专用通信。

（3）SSB 调制的优点是功率利用率和频带利用率都较高，抗干扰能力和抗选择性衰落能力均优于 AM，而带宽只有 AM 的一半；缺点是发送和接收设备都复杂。鉴于这些特点，SSB 常用于频分多路复用系统中。

（4）VSB 的抗噪声性能和频带利用率与 SSB 相当。VSB 的诀窍在于部分抑制了发送边带，同时又利用平缓滚降滤波器补偿了被抑制部分，这对包含有低频和直流分量的基带信号特别适合，因此，VSB 在电视广播等系统中得到了广泛应用。

（5）FM 波的幅度恒定不变，这使它对非线性器件不甚敏感，给 FM 带来了抗快衰落能力。利用自动增益控制和带通限幅还可以消除快衰落造成的幅度变化效应。宽带 FM 的抗干扰能力强，可以实现带宽与信噪比的互换，因而宽带 FM 广泛应用于长距离高质量的通信系统中，如空间和卫星通信、调频立体声广播、超短波电台等。宽带 FM 的缺点是频带利用率低,存在门限效应,因此在接收信号弱、干扰大的情况下宜采用窄带 FM,这就是小型通信机常采用窄带调频的原因。

5.6 频分复用

当一条物理信道的传输能力高于一路信号的需求时,该信道就可以被多路信号共享,例如电话系统的干线通常有数千路信号在一根光纤中传输。**复用**就是解决如何利用一条信道同时传输多路信号的技术。其目的是为了充分利用信道的频带或时间资源,提高信道的利用率。

信号多路复用有两种常用的方法:频分复用(FDM)和时分复用(TDM)。时分复用通常用于数字信号的多路传输,将在第 10 章中阐述。频分复用主要用于模拟信号的多路传输,也可用于数字信号。本节将要讨论的是 FDM 的原理及其应用。

频分复用是一种按频率来划分信道的复用方式。在 FDM 中,信道的带宽被分成多个相互不重叠的频段(子通道),每路信号占据其中一个子通道,并且各路之间必须留有未被使用的频带(防护频带)进行分隔,以防止信号重叠。在接收端,采用适当的带通滤波器将多路信号分开,从而恢复出所需要的信号。

图 5-36 示出了频分复用系统的原理框图。在发送端,首先使各路基带语音信号通过低通滤波器(LPF),以便限制各路信号的最高频率。然后,将各路信号调制到不同的载波频率上,使得各路信号搬移到各自的频段范围内,合成后送入信道传输。在接收端,采用一系列不同中心频率的带通滤波器分离出各路已调信号,它们被解调后即恢复出各路相应的基带信号。

为了防止相邻信号之间产生相互干扰,应合理选择载波频率 $f_{c1}, f_{c2}, \cdots, f_{cn}$,以使各路已调信号频谱之间留有一定的防护频带。

图 5-36 频分复用系统组成原理框图

FDM 最典型的一个例子是在一条物理线路上传输多路语音信号的多路载波电话系统。该系统一般采用单边带调制频分复用,旨在最大限度地节省传输频带,并且使用层次结构:由 12 路电话复用为一个基群(Basic Group);5 个基群复用为一个超群(Super Group),共 60 路电话;由 10 个超群复用为一个主群(Master Group),共 600 路电话。如果需要传输更多路电话,可以将多个主群进行复用,组成巨群(Jumbo Group)。每路电话信号的频带限制为 300Hz~3400Hz,为了在各路已调信号间留有防护频带,每路电话信号取

4000Hz 作为标准带宽。

作为示例,图 5-37 给出了多路载波电话系统的基群频谱结构示意图。该电话基群由 12 个 LSB(下边带)组成,占用 60kHz ~ 108kHz 的频率范围,其中每路电话信号取 4kHz 作为标准带宽。复用中所有的载波都由一个振荡器合成,起始频率为 64kHz,间隔为 4kHz。因此,可以计算出各载波频率为

$$f_{cn} = 64 + 4(12 - n) \quad (\text{kHz})$$

式中:f_{cn} 为第 n 路信号的载波频率,$n = 1 \sim 12$。

图 5-37 12 路电话基群频谱结构示意图

FDM 技术主要用于模拟信号,普遍应用在多路载波电话系统中。其主要优点是信道利用率高,技术成熟;缺点是设备复杂,滤波器难以制作,并且在复用和传输过程中,调制、解调等过程会不同程度地引入非线性失真,而产生各路信号的相互干扰。

5.7 小结

调制在通信系统中的作用至关重要,它的主要作用和目的:将基带信号(调制信号)变换成适合在信道中传输的已调信号;实现信道的多路复用;改善系统抗噪声性能。

调制,是指按调制信号的变化规律去控制载波的某个参数的过程。根据正弦载波受调参数的不同,模拟调制分为:幅度调制和角度调制。

幅度调制,是指载波的振幅按照基带信号振幅瞬时值的变化规律而变化的调制方式。它是一种线性调制,其"线性"的含义:已调信号频谱仅是基带信号频谱的平移。

幅度调制包括:调幅(AM)、双边带(DSB)、单边带(SSB)和残留边带(VSB)调制。AM 信号的包络与调制信号 $m(t)$ 的形状完全一样,因此可采用简单的包络检波器进行解调;DSB 信号抑制了 AM 信号中的载波分量,因此调制效率是 100%;SSB 信号只传输 DSB 信号中的一个边带,所以频谱最窄、效率最高;VSB 不像 SSB 中那样完全抑制 DSB 信号中的一个边带,而是使其残留一小部分,因此它既克服了 DSB 信号占用频带宽的缺点,又解决了 SSB 信号实现中的困难。

线性调制的通用模型有:滤波法和相移法。它们适用于所有线性调制,只要在模型中适当选择边带滤波器的特性,便可以得到各种幅度调制信号。

解调是调制的逆过程,其作用是将已调信号中的基带调制信号恢复出来。解调方法分为:相干解调和非相干解调。

相干解调适用于所有线性调制信号的解调。实现相干解调的关键是接收端要恢复出一个与调制载波严格同步的相干载波。恢复载波性能的好坏,直接关系到接收机解调性能的优劣。

包络检波是直接从已调波的幅度中恢复原调制信号。它属于非相干解调,因此不需要相干载波。AM 信号一般都采用包络检波。

角度调制,是指载波的频率或相位按照基带信号的规律而变化的一种调制方式。它是一种非线性调制,已调信号的频谱不再保持原来基带频谱的结构。

角度调制包括调频(FM)和调相(PM)。FM 信号的瞬时频偏与调制信号 $m(t)$ 成正比;PM 信号的瞬时相偏与 $m(t)$ 成正比。FM 与 PM 之间是密切相关的。

角度调制的频谱与调制信号的频谱是非线性变换关系,因此信号带宽随调频指数 m_f 增加而增加。调频波的有效带宽一般可由卡森(Carson)公式

$$R_{FM} = 2(m_f + 1)f_m = 2(\Delta f + f_m)$$

来计算。当 $m_f \ll 1$ 时(NBFM), $B_{FM} \approx 2f_m$;当 $m_f \gg 1$ 时(WBFM), $B_{FM} \approx 2\Delta f$。NBFM 信号的带宽约为调制信号带宽的两倍(与 AM 信号相同)。

与幅度调制技术相比,角度调制最突出的优势是其较高的抗噪声性能。这种优势的代价是占用比调幅信号更宽的带宽。

在大信噪比情况下,单音调制时,宽带调频系统的制度增益为

$$G_{FM} = 3m_f^2(m_f + 1)$$

加大调制指数 m_f,可使调频系统的抗噪声性能迅速改善,但传输带宽也随之增加。因此, m_f 值的选择要从通信质量和带宽限制两方面考虑。

FM 信号的平均功率等于未调载波的平均功率。即调制后总的功率不变,调制的过程只是进行功率的重新分配,而分配的原则与调频指数 m_f 有关。

加重技术是 FM 系统以及录音和放音设备中实际采用的技术,目的是提高调制频率高频端的输出信噪比。

FM 信号的非相干解调和 AM 信号的非相干解调(包络检波)一样,都存在"门限效应"。当输入信噪比低于门限值时,解调器的输出信噪比将急剧恶化。因此,解调器应工作在门限值以上。门限效应是因非相干解调的非线性作用引起的。相干解调不存在门限效应。

多路复用是指在一条信道中同时传输多路信号。常见的复用方式有:频分复用(FDM)、时分复用(TDM)和码分复用(CDM)等。FDM 是一种按频率来划分信道的复用方式;FDM 的特征是各路信号在频域上是分开的,而在时间上是重叠的。

思 考 题

5-1 何谓调制?调制在通信系统中的作用是什么?

5-2 什么是线性调制?常见的线性调制方式有哪些?

5-3 AM 信号的波形和频谱有哪些特点?

5-4 与未调载波的功率相比,AM 信号在调制过程中功率增加了多少?

5-5 为什么要抑制载波?相对 AM 信号来说,抑制载波的双边带信号可以增加多少功效?

5-6 SSB 信号的产生方法有哪些?各有何技术难点?

5-7 VSB 滤波器的传输特性应满足什么条件?为什么?

5-8 如何比较两个模拟通信系统的抗噪声性能?

5-9 DSB 和 SSB 调制系统的抗噪声性能是否相同?为什么?

5-10 什么是频率调制？什么是相位调制？两者关系如何？

5-11 什么是门限效应？AM信号采用包络检波时为什么会产生门限效应？

5-12 为什么相干解调不存在门限效应？

5-13 比较调幅系统和调频系统的抗噪声性能。

5-14 为什么调频系统可进行带宽与信噪比的互换，而调幅不能？

5-15 FM系统的调制制度增益和信号带宽的关系如何？这一关系说明什么问题？

5-16 FM系统产生门限效应的主要原因是什么？

5-17 FM系统中采用加重技术的原理和目的是什么？

5-18 什么是频分复用？

习 题

5-1 某调制器欲发射AM信号，发射天线的负载电阻为50Ω。已知未调载波的峰值电压A为100伏，载频为50kHz，采用频率为1kHz的余弦调制信号进行调制，调制度m为60%（注：调幅系数m用百分比表示时，称为调制度）。试确定：

(1) AM信号的表达式；

(2) 载波功率、上、下边带功率和总功率；

(3) 调制效率；

(4) $m=0$时的总发射功率。

5-2 已知已调信号表示式如下：

(1) $s_1(t) = \cos\Omega t\cos\omega_c t$； (2) $s_2(t) = (1+0.5\sin\Omega t)\cos\omega_c t$

式中，$\omega_c = 6\Omega$。试分别画出它们的波形图和频谱图。

5-3 根据图 P5-1 所示的调制信号波形，试画出 DSB 及 AM 信号的波形图，并比较它们分别通过包络检波器后的波形差别。

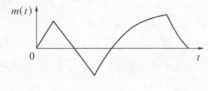

图 P5-1

5-4 已知调制信号$m(t) = \cos(2000\pi t) + \cos(4000\pi t)$，载波为$\cos 10^4\pi t$，进行单边带调制，试确定该单边带信号的表示式，并画出频谱图。

5-5 将调幅波通过残留边带滤波器产生残留边带信号。若此滤波器的传输函数$H(\omega)$如图 P5-2 所示。当调制信号为$m(t) = A[\sin 100\pi t + \sin 6000\pi t]$时，试确定所得残留边带信号的表达式。

图 P5-2

5-6 某调制方框图如图 P5-3(b)所示。已知 $m(t)$ 的频谱如图 P5-3(a)所示,载频 $\omega_1 \ll \omega_2, \omega_1 > \omega_H$,且理想低通滤波器的截止频率为 ω_1,试求输出信号 $s(t)$,并说明 $s(t)$ 为何种已调信号。

图 P5-3

5-7 某调制系统如图 P5-4 所示。为了在输出端同时分别得到 $f_1(t)$ 及 $f_2(t)$,试确定接收端的 $c_1(t)$ 和 $c_2(t)$。

图 P5-4

5-8 设某信道具有均匀的双边噪声功率谱密度 $P_n(f) = 0.5 \times 10^{-11}$ W/Hz,在该信道中传输抑制载波的双边带信号,并设调制信号 $m(t)$ 的频带限制在 5kHz,载频为 100kHz,发射信号功率 S_T 为 60dBm,信道(指调制信道)损耗 α 为 70dB。试确定:

(1) 解调器前端理想带通滤波器的中心频率和通带宽度;
(2) 解调器输入端的信噪功率比;
(3) 解调器输出端的信噪功率比;
(4) 解调器输出端的噪声功率谱密度。

5-9 若将 5-8 题中的双边带信号改为 $s_{SSB}(t) = \frac{1}{2}m(t)\cos\omega_c t - \frac{1}{2}\hat{m}(t)\sin\omega_c t$,其余假设条件不变,重复 5-8 的问题。

5-10 某调制系统采用 DSB 方式传输消息信号 $m(t)$。设接收机输入端的噪声是均值为零,双边功率谱密度为 $n_0/2$ 的高斯白噪声,$m(t)$ 的功率谱密度为

$$P_m(f) = \begin{cases} \alpha \cdot \dfrac{|f|}{f_m} & |f| \leq f_m \\ 0 & |f| > f_m \end{cases}$$

其中,α 为常数,f_m 为 $m(t)$ 的最高频率。试求:

(1) 接收机的输入信号功率；
(2) 接收机的输出信号功率；
(3) 接收机的输出信噪比。

5-11 某线性调制系统的输出信噪比20dB，输出噪声功率为10^{-9}W，由发射机输出端到解调器输入端之间总的传输损耗为100dB，试求：
(1) DSB/SC 时的发射机输出功率；
(2) SSB/SC 时的发射机输出功率。

5-12 试证明：AM 信号采用相干解调法进行解调时，其制度增益 G 与式(5.2-38)的结果相同。

5-13 设 AM 调制系统中信道噪声的单边功率谱密度为 $P_n(f) = 10^{-7}$W/Hz，调制信号 $m(t)$ 的频带限制在 5kHz，载频为 100kHz，解调器输入端信号的边带功率为 1W，载波功率为 4W。若接收机的输入信号先经过一个合适的理想带通滤波器，然后再加至包络检波器进行解调。试求：
(1) 解调器输入端的信噪功率比；
(2) 解调器输出端的信噪功率比；
(3) 制度增益 G。

5-14 试证明：若在 VSB 信号中加入大的载波，则可采用包络检波器进行解调。

5-15 已知某单频调频波的振幅是 10V，瞬时频率为
$$f(t) = 10^6 + 10^4 \cos 2\pi \times 10^3 t \, (\text{Hz})$$
试求：
(1) 此调频波的表达式；
(2) 此调频波的最大频率偏移、调频指数和频带宽度；
(3) 若调制信号频率提高到 2×10^3Hz，则调频波的频偏、调频指数和频带宽度如何变化？
(4) 若峰值频偏加倍，信息信号的幅度怎么变化？

5-16 已知调制信号是 8MHz 的单频余弦信号，且设信道噪声单边功率谱密度 $n_0 = 5 \times 10^{-15}$W/Hz，信道损耗 α 为 60dB。若要求输出信噪比为 40dB，试求：
(1) 100% 调制时 AM 信号的带宽和发射功率；
(2) 调频指数为 5 时 FM 信号的带宽和发射功率。

5-17 设有 60 路模拟语音信号采用频分复用方式传输。已知每路语音信号频率范围为 0~4kHz(含防护频带)，先由 12 路电话复用为一个基群，其中第 n 路载频 $f_{cn} = 112 - 4n (n = 1, 2, \cdots, 12)$，采用下边带调制；再由 5 个基群复用(仍采用下边带调制)为一个超群，共 60 路电话，占用频率范围为 312~552kHz。试求：
(1) 基群占用的频率范围和带宽；
(2) 各超群的载频值。

参考文献

[1] Weaver D K. A Third Method of Generating and Detection of Single Sideband Signals. Proceedings of the IRE, 1956, (44)12: 1703-1705.
[2] 张厥盛, 曹丽娜. 锁相与频率合成技术. 成都: 电子科技大学出版社, 1995.

第6章 数字基带传输系统

导学视频　　三个目标

第1章中曾指出,与模拟通信相比,数字通信具有许多优良的特性,它的主要缺点就是设备复杂并且需要较大的传输带宽。近年来,随着大规模集成电路的出现,数字系统的设备复杂程度和技术难度大大降低,同时高效的数据压缩技术以及光纤等大容量传输介质的使用正逐步使带宽问题得到了解决。因此,数字传输方式日益受到欢迎。

此外,数字处理的灵活性使得数字传输系统中传输的数字信息既可以是来自计算机、电传机等数据终端的各种数字信号,也可以是来自模拟信号经数字化处理后的脉冲编码(PCM)信号等。这些数字信号所占据的频谱是从零频或很低频率开始,称为**数字基带**(baseband)**信号**。在某些具有低通特性的有线信道中,特别是在传输距离不太远的情况下,基带信号可以不经过载波调制而直接进行传输。例如,在计算机局域网中直接传输基带脉冲。这类系统称为**数字基带传输系统**。而把包括调制和解调过程的传输系统称为数字带通(或频带)传输系统。

目前,虽然数字基带传输不如带通传输那样应用广泛,但对于基带传输系统的研究仍是十分有意义的。这是因为:第一,在利用对称电缆构成的近程数据通信系统中广泛采用了这种传输方式;第二,随着数字通信技术的发展,基带传输方式也有迅速发展的趋势,目前,它不仅用于低速数据传输,而且还用于高速数据传输;第三,基带传输系统的许多问题也是带通传输系统必须考虑的问题;第四,理论上也可证明,任何一个采用线性调制的带通传输系统,可以等效为一个基带传输系统来研究。因此,本章先来讨论数字基带传输系统,下一章介绍数字带通传输系统。

本章在信号波形、传输码型及其谱特性的分析基础上,重点研究如何设计基带传输总特性,以消除码间干扰;如何有效地减小信道加性噪声的影响,以提高系统抗噪声性能。然后介绍一种利用实验手段直观估计系统性能的方法——眼图,并提出改善数字基带传输性能的两个措施——部分响应和时域均衡。

6.1　数字基带信号及其频谱特性

原理上数字信息可以表示成一个数字序列。例如,以二进制数字"0"和"1"表示。但是,在实际传输中,为了匹配信道的特性以获得令人满意的传输效果,需要选择不同的传输波形来表示"0"和"1"。因此,有必要先了解数字基带信号波形及其频谱特性。

6.1.1 数字基带信号

如前所述,数字基带信号是表示数字信息的电波形,它可以用不同的电平或脉冲来表示。数字基带信号(以下简称为基带信号)的类型有很多。现在以矩形脉冲为例,介绍几种基本的基带信号波形,如图6-1所示。

图6-1 几种基本的基带信号波形

1. 单极性波形

如图6-1(a)所示,这是一种最简单的基带信号波形。它用正电平和零电平分别对应二进制数字"1"和"0";或者说,在一个码元时间内用脉冲的有或无来表示"1"和"0"。该波形的特点是电脉冲之间无间隔,极性单一,易于用TTL、CMOS电路产生;缺点是有直流分量,要求传输线路具有直流传输能力,因而不适应有交流耦合的远距离传输,只适用于计算机内部或极近距离(如印制电路板内和机箱内)的传输。

2. 双极性波形

如图6-1(b)所示,它用正、负电平的脉冲分别表示二进制数字"1"和"0"。因其正负电平的幅度相等、极性相反,故当"1"和"0"等概率出现时无直流分量,有利于在信道中传输,并且在接收端恢复信号的判决电平为零值,因而不受信道特性变化的影响,抗干扰能力也较强。在ITU-T制定的V.24接口标准和美国电工协会(EIA)制定的RS-232C接口标准中均采用双极性波形。

3. 单极性归零波形

所谓归零(RZ)波形是指它的有电脉冲宽度 τ 小于码元宽度 T_B,即信号电压在一个码元终止时刻前总要回到零电平,如图6-1(c)中所示。通常,归零波形使用半占空码,即占空比(τ/T_B)为50%,从单极性RZ波形可以直接提取定时信息,它是其他码型提取位同步信息时常采用的一种过渡波形。

与归零波形相对应,上面的单极性波形和双极性波形属于非归零(NRZ)波形,其占

空比 $\tau/T_B = 100\%$。

4. 双极性归零波形

它是双极性波形的归零形式,如图 6-1(d)所示。它兼有双极性和归零波形的特点。由于其相邻脉冲之间存在零电位的间隔,使得接收端很容易识别出每个码元的起止时刻,从而使收发双方能保持正确的位同步。这一优点使双极性归零波形得到了一定的应用。

5. 差分波形

这种波形是用相邻码元的电平的跳变和不变来表示消息,而与码元本身的电位或极性无关,如图 6-1(e)所示。图中,以电平跳变表示"1",以电平不变表示"0",当然上述规定也可以反过来。由于差分波形是以相邻脉冲电平的相对变化来表示消息,因此也称**相对码波形**,而相应地称前面的单极性或双极性波形为**绝对码波形**。用差分波形传送消息可以消除设备初始状态的影响,特别是在相位调制系统中(参见第 7 章)可用于解决载波相位模糊问题。

6. 多电平波形

上述波形的电平取值只有两种,即一个二进制码元对应一个脉冲。为了提高频带利用率,可以采用多电平波形或多值波形。例如,图 6-1(f)给出了一个四电平波形 2B1Q(两个比特用 4 级电平中的一级表示),其中 11 对应 +3E,10 对应 +E,00 对应 -E,01 对应 -3E。由于多电平波形的一个脉冲对应多个二进制码,在波特率相同(传输带宽相同)的条件下,比特率提高了,因此多电平波形在频带受限的高速数据传输系统中得到了广泛应用。

需要指出的是,表示信息码元的单个脉冲的波形并非一定是矩形的。根据实际需要和信道情况,还可以是高斯脉冲、升余弦脉冲等其他形式。但无论采用什么形式的波形,数字基带信号都可用数学式表示出来。若表示各码元的波形相同而电平取值不同,则数字基带信号可表示为

$$s(t) = \sum_{n=-\infty}^{\infty} a_n g(t - nT_B) \qquad (6.1-1)$$

式中:a_n 为第 n 个码元所对应的电平值(0,+1 或 -1,+1 等);T_B 为码元持续时间;$g(t)$ 为某种脉冲波形。

由于 a_n 是一个随机量,因而在实际中遇到的基带信号 $s(t)$ 都是一个随机的脉冲序列。一般情况下,数字基带信号可表示为

$$s(t) = \sum_{n=-\infty}^{\infty} s_n(t) \qquad (6.1-2)$$

其中,$s_n(t)$ 可以有 N 种不同的脉冲波形。

6.1.2 基带信号的频谱特性

从传输的角度研究基带信号的频谱结构是十分必要的。通过频谱分析,可以确定信

号需要占据的频带宽度,还可以获得信号谱中的直流分量、位定时分量、主瓣宽度和谱滚降衰减速度等信息。这样,我们可以针对信号谱的特点来选择相匹配的信道,或者说根据信道的传输特性来选择适合的信号形式或码型。

由于数字基带信号是一个随机脉冲序列,没有确定的频谱函数,所以只能用功率谱来描述它的频谱特性。第3章中介绍的由随机过程的相关函数去求功率谱密度的方法就是一种典型的分析广义平稳随机过程的方法。这里,我们准备介绍另一种比较简明的方法,这种方法是以随机过程功率谱的原始定义为出发点,求出数字随机序列的功率谱公式。

设一个二进制的随机脉冲序列如图 6 – 2 所示。其中,$g_1(t)$ 和 $g_2(t)$ 分别表示消息码 "0" 和 "1",T_B 为码元宽度。应当指出,图中虽然把 $g_1(t)$ 和 $g_2(t)$ 都画成了三角波(高度不同),但实际中 $g_1(t)$ 和 $g_2(t)$ 可以是任意形状的脉冲。

图 6 – 2 随机脉冲序列示意波形

现假设序列中任一码元时间 T_B 内 $g_1(t)$ 和 $g_2(t)$ 出现的概率分别为 P 和 $1-P$,且认为它们的出现是统计独立的,则该序列 $s(t)$ 可用式(6.1 – 2)表征,即

$$s(t) = \sum_{n=-\infty}^{\infty} s_n(t) \qquad (6.1-3)$$

其中

$$s_n(t) = \begin{cases} g_1(t-nT_B) & \text{以概率 } P \text{ 出现} \\ g_2(t-nT_B) & \text{以概率}(1-P)\text{ 出现} \end{cases} \qquad (6.1-4)$$

为了使频谱分析的物理概念清楚,推导过程简化,可以把 $s(t)$ 分解成稳态波 $v(t)$ 和交变波 $u(t)$。所谓稳态波,即随机序列 $s(t)$ 的统计平均分量,它取决于每个码元内出现 $g_1(t)$、$g_2(t)$ 的概率加权平均,因此可表示为

$$v(t) = \sum_{n=-\infty}^{\infty} [Pg_1(t-nT_B) + (1-P)g_2(t-nT_B)] = \sum_{n=-\infty}^{\infty} v_n(t) \qquad (6.1-5)$$

由于 $v(t)$ 在每个码元内的统计平均波形相同,故 $v(t)$ 是以 T_B 为周期的周期信号。

交变波 $u(t)$ 是 $s(t)$ 与 $v(t)$ 之差,即

$$u(t) = s(t) - v(t) \qquad (6.1-6)$$

其中第 n 个码元为

$$u_n(t) = s_n(t) - v_n(t) \qquad (6.1-7)$$

于是

$$u(t) = \sum_{n=-\infty}^{\infty} u_n(t) \qquad (6.1-8)$$

其中,$u_n(t)$ 可以根据式(6.1 – 4)和式(6.1 – 5)表示为

$$u_n(t) = \begin{cases} g_1(t-nT_B) - Pg_1(t-nT_B) - (1-P)g_2(t-nT_B) \\ = (1-P)[g_1(t-nT_B) - g_2(t-nT_B)] & \text{以概率 } P \\ g_2(t-nT_B) - Pg_1(t-nT_B) - (1-P)g_2(t-nT_B) \\ = -P[g_1(t-nT_B) - g_2(t-nT_B)] & \text{以概率}(1-P) \end{cases}$$

或写成

$$u_n(t) = a_n[g_1(t-nT_B) - g_2(t-nT_B)] \tag{6.1-9}$$

其中

$$a_n = \begin{cases} 1-P & \text{以概率 } P \\ -P & \text{以概率}(1-P) \end{cases} \tag{6.1-10}$$

显然，$u(t)$是一个随机脉冲序列。

下面我们根据式(6.1-5)和式(6.1-8)，分别计算出稳态波$v(t)$和交变波$u(t)$的功率谱，然后根据式(6.1-6)的关系，就可得到随机基带脉冲序列$s(t)$的频谱特性。

1. $v(t)$的功率谱密度$P_v(f)$

由于$v(t)$是以T_B为周期的周期信号，故

$$v(t) = \sum_{n=-\infty}^{\infty} [Pg_1(t-nT_B) + (1-P)g_2(t-nT_B)]$$

可以展成傅里叶级数，即

$$v(t) = \sum_{m=-\infty}^{\infty} C_m e^{j2\pi m f_B t} \tag{6.1-11}$$

其中

$$f_B = 1/T_B$$

$$C_m = \frac{1}{T_B}\int_{-\frac{T_B}{2}}^{\frac{T_B}{2}} v(t)e^{-j2\pi m f_B t} dt \tag{6.1-12}$$

由于在$(-T_B/2, T_B/2)$范围内(相当$n=0$)，$v(t) = Pg_1(t) + (1-P)g_2(t)$，所以

$$C_m = \frac{1}{T_B}\int_{-\frac{T_B}{2}}^{\frac{T_B}{2}} [Pg_1(t) + (1-P)g_2(t)]e^{-j2\pi m f_B t} dt$$

又由于$Pg_1(t) + (1-P)g_2(t)$只存在于$(-T_B/2, T_B/2)$范围内，所以上式的积分限可以改为$-\infty \sim \infty$，因此

$$C_m = \frac{1}{T_B}\int_{-\infty}^{\infty}[Pg_1(t) + (1-P)g_2(t)]e^{-j2\pi m f_B t} dt$$

$$= f_B[PG_1(mf_B) + (1-P)G_2(mf_B)] \tag{6.1-13}$$

其中

$$G_1(mf_B) = \int_{-\infty}^{\infty} g_1(t)e^{-j2\pi m f_B t} dt; \quad G_2(mf_B) = \int_{-\infty}^{\infty} g_2(t)e^{-j2\pi m f_B t} dt$$

于是，根据周期信号的功率谱密度与傅里叶系数 C_m 的关系式(参见式(2.2-45))，得到 $v(t)$ 的功率谱密度为

$$P_v(f) = \sum_{m=-\infty}^{\infty} |f_B[PG_1(mf_B) + (1-P)G_2(mf_B)]|^2 \delta(f - mf_B) \quad (6.1-14)$$

式(6.1-14)表明，稳态波的功率谱 $P_v(f)$ 是冲激强度取决于 $|C_m|^2$ 的离散线谱，根据离散谱可以确定随机序列是否包含直流分量($m=0$)和定时分量($m=1$)。

2. $u(t)$ 的功率谱密度 $P_u(f)$

由于 $u(t)$ 是一个功率型的随机脉冲序列，它的功率谱密度可采用截短函数和统计平均的方法来求。参照第 3 章中的功率谱密度的原始定义式(3.2-15)，有

$$P_u(f) = \lim_{T \to \infty} \frac{E[|U_T(f)|^2]}{T} \quad (6.1-15)$$

式中：$U_T(f)$ 为 $u(t)$ 的截短函数 $u_T(t)$ 所对应的频谱函数；E 表示统计平均；T 为截取时间，设它等于($2N+1$)个码元的长度，即

$$T = (2N+1)T_B \quad (6.1-16)$$

其中，N 为一个足够大的整数。此时，式(6.1-15)可以写成

$$P_u(f) = \lim_{N \to \infty} \frac{E[|U_T(f)|^2]}{(2N+1)T_B} \quad (6.1-17)$$

先求出 $u_T(t)$ 的频谱函数 $U_T(f)$。由式(6.1-8)，显然有

$$u_T(t) = \sum_{n=-N}^{N} u_n(t) = \sum_{n=-N}^{N} a_n [g_1(t - nT_B) - g_2(t - nT_B)] \quad (6.1-18)$$

则

$$\begin{aligned} U_T(f) &= \int_{-\infty}^{\infty} u_T(t) e^{-j2\pi ft} dt \\ &= \sum_{n=-N}^{N} a_n \int_{-\infty}^{\infty} [g_1(t - nT_B) - g_2(t - nT_B)] e^{-j2\pi ft} dt \\ &= \sum_{n=-N}^{N} a_n e^{-j2\pi fnT_B} [G_1(f) - G_2(f)] \end{aligned} \quad (6.1-19)$$

其中 $G_1(f) = \int_{-\infty}^{\infty} g_1(t) e^{-j2\pi ft} dt$；$G_2(f) = \int_{-\infty}^{\infty} g_2(t) e^{-j2\pi ft} dt$

于是 $|U_T(f)|^2 = U_T(f) U_T^*(f)$

$$= \sum_{m=-N}^{N} \sum_{n=-N}^{N} a_m a_n e^{j2\pi f(n-m)T_B} [G_1(f) - G_2(f)][G_1(f) - G_2(f)]^* \quad (6.1-20)$$

其统计平均为

$$E[|U_T(f)|^2] = \sum_{m=-N}^{N} \sum_{n=-N}^{N} E(a_m a_n) e^{j2\pi f(n-m)T_B} [G_1(f) - G_2(f)][G_1^*(f) - G_2^*(f)] \quad (6.1-21)$$

当 $m = n$ 时，$a_m a_n = a_n^2 = \begin{cases} (1-P)^2 & \text{以概率 } P \\ P^2 & \text{以概率}(1-P) \end{cases}$

所以
$$E[a_n^2] = P(1-P)^2 + (1-P)P^2 = P(1-P) \qquad (6.1-22)$$

当 $m \neq n$ 时，$a_m a_n = \begin{cases} (1-P)^2 & \text{以概率 } P^2 \\ P^2 & \text{以概率}(1-P)^2 \\ -P(1-P) & \text{以概率 } 2P(1-P) \end{cases}$

所以
$$E[a_m a_n] = P^2(1-P)^2 + (1-P)^2 P^2 + 2P(1-P)(P-1)P = 0 \qquad (6.1-23)$$

由以上计算可知，式(6.1-21)的统计平均值仅在 $m=n$ 时存在，故有

$$E[|U_T(f)|^2] = \sum_{n=-N}^{N} E[a_n^2] |G_1(f) - G_2(f)|^2$$
$$= (2N+1)P(1-P)|G_1(f) - G_2(f)|^2 \qquad (6.1-24)$$

将其代入式(6.1-17)，则可求得 $u(t)$ 的功率谱密度

$$P_u(f) = \lim_{N \to \infty} \frac{(2N+1)P(1-P)|G_1(f) - G_2(f)|^2}{(2N+1)T_B}$$
$$= f_B P(1-P)|G_1(f) - G_2(f)|^2 \qquad (6.1-25)$$

式(6.1-25)表明，交变波的功率谱 $P_u(f)$ 是连续谱，它与 $g_1(t)$ 和 $g_2(t)$ 的频谱以及概率 P 有关。通常，根据连续谱可以确定随机序列的带宽。

3. $s(t)$ 的功率谱密度 $P_s(f)$

由于 $s(t) = u(t) + v(t)$，所以将式(6.1-25)与式(6.1-14)进行相加，即可得到随机序列 $s(t)$ 的功率谱密度，即

$$P_s(f) = P_u(f) + P_v(f) = f_B P(1-P)|G_1(f) - G_2(f)|^2 +$$
$$\sum_{m=-\infty}^{\infty} |f_B[PG_1(mf_B) + (1-P)G_2(mf_B)]|^2 \delta(f - mf_B) \qquad (6.1-26)$$

式(6.1-26)为双边的功率谱密度表示式。如果写成单边的，则有

$$P_s(f) = 2f_B P(1-P)|G_1(f) - G_2(f)|^2 + f_B^2 |PG_1(0) + (1-P)G_2(0)|^2 \delta(f) +$$
$$2f_B^2 \sum_{m=1}^{\infty} |PG_1(mf_B) + (1-P)G_2(mf_B)|^2 \delta(f - mf_B) \quad f \geq 0 \qquad (6.1-27)$$

式中：$f_B = 1/T_B$ 为码元速率；T_B 为码元宽度(持续时间)；$G_1(f)$，$G_2(f)$ 分别为 $g_1(t)$，$g_2(t)$ 的傅里叶变换。

由式(6.1-26)可以得到以下结论：

(1) 二进制随机脉冲序列的功率谱 $P_s(f)$ 可能包含连续谱(第一项)和离散谱(第二项)。

(2) 连续谱总是存在的，这是因为代表数据信息的 $g_1(t)$ 和 $g_2(t)$ 波形不能完全相同，故有 $G_1(f) \neq G_2(f)$。谱的形状取决于 $g_1(t)$，$g_2(t)$ 的频谱以及出现的概率 P。

(3) 离散谱是否存在，取决于 $g_1(t)$ 和 $g_2(t)$ 的波形及其出现的概率 P。对于双极性信号 $g_1(t) = -g_2(t) = g(t)$，且概率 $P = 1/2$(等概)时，则没有离散分量 $\delta(f - mf_B)$。根

据离散谱可以确定随机序列是否有直流分量和定时分量。

下面举例说明功率谱密度的计算。

【例 6-1】 求单极性 NRZ 和 RZ 矩形脉冲序列的功率谱。

【解】 对于单极性波形:若设 $g_1(t) = 0, g_2(t) = g(t)$,则由式(6.1-26)可得到由其构成的随机脉冲序列的双边功率谱密度为

$$P_s(f) = f_B P(1-P)|G(f)|^2 + \sum_{m=-\infty}^{\infty} |f_B(1-P)G(mf_B)|^2 \delta(f - mf_B)$$

(6.1-28)

等概率($P = 1/2$)时,式(6.1-28)简化为

$$P_s(f) = \frac{1}{4} f_B |G(f)|^2 + \frac{1}{4} f_B^2 \sum_{m=-\infty}^{\infty} |G(mf_B)|^2 \delta(f - mf_B) \quad (6.1-29)$$

(1) 若表示"1"码的波形 $g_2(t) = g(t)$ 为不归零(NRZ)矩形脉冲,即

$$g(t) = \begin{cases} 1 & |t| \leq \dfrac{T_B}{2} \\ 0 & \text{其他} \end{cases}$$

其频谱函数为

$$G(f) = T_B \left(\frac{\sin \pi f T_B}{\pi f T_B} \right) = T_B \text{Sa}(\pi f T_B)$$

当 $f = mf_B$ 时,$G(mf_B)$ 的取值情况为 $m = 0$,$G(0) = T_B \text{Sa}(0) \neq 0$,因此式(6.1-29)中有直流分量 $\delta(f)$;m 为不等于零的整数时,$G(mf_B) = T_B \text{Sa}(m\pi) = 0$,则式(6.1-29)中离散谱为零,因而无定时分量 $\delta(f - f_B)$。

这时,式(6.1-29)变成

$$P_s(f) = \frac{1}{4} f_B T_B^2 \left(\frac{\sin \pi f T_B}{\pi f T_B} \right)^2 + \frac{1}{4} \delta(f)$$

$$= \frac{T_B}{4} \text{Sa}^2(\pi f T_B) + \frac{1}{4} \delta(f) \quad (6.1-30)$$

(2) 若表示"1"码的波形 $g_2(t) = g(t)$ 为半占空 RZ 矩形脉冲,即脉冲宽度 $\tau = T_B/2$ 时,其频谱函数为

$$G(f) = \frac{T_B}{2} \text{Sa}\left(\frac{\pi f T_B}{2} \right)$$

当 $f = mf_B$ 时,$G(mf_B)$ 的取值情况为 $m = 0$,$G(0) = T_B \text{Sa}(0)/2 \neq 0$,因此式(6.1-29)中有直流分量;$m$ 为奇数时,$G(mf_B) = \dfrac{T_B}{2} \text{Sa}\left(\dfrac{m\pi}{2} \right) \neq 0$,此时有离散谱,因而有定时分量(当 $m = 1$ 时);m 为偶数时,$G(mf_B) = \dfrac{T_B}{2} \text{Sa}\left(\dfrac{m\pi}{2} \right) = 0$,此时无离散谱。

这时,式(6.1-29)变成

$$P_s(f) = \frac{T_B}{16}\text{Sa}^2\left(\frac{\pi f T_B}{2}\right) + \frac{1}{16}\sum_{m=-\infty}^{\infty}\text{Sa}^2\left(\frac{m\pi}{2}\right)\delta(f - mf_B) \quad (6.1-31)$$

单极性信号的功率谱密度分别如图 6-3(a) 中的实线和虚线所示。

【**例 6-2**】 求双极性 NRZ 和 RZ 矩形脉冲序列的功率谱。

【**解**】 对于双极性波形:若设 $g_1(t) = -g_2(t) = g(t)$,则由式(6.1-26),得

$$P_s(f) = 4f_B P(1-P)|G(f)|^2 + \sum_{m=-\infty}^{\infty}|f_B(2P-1)G(mf_B)|^2\delta(f - mf_B)$$
$$(6.1-32)$$

等概率($P=1/2$)时,式(6.1-32)变为

$$P_s(f) = f_B|G(f)|^2 \quad (6.1-33)$$

(1) 若 $g(t)$ 是高度为 1 的 NRZ 矩形脉冲,则式(6.1-33)可写为

$$P_s(f) = T_B \text{Sa}^2(\pi f T_B) \quad (6.1-34)$$

(2) 若 $g(t)$ 是高度为 1 的半占空 RZ 矩形脉冲,则有

$$P_s(f) = \frac{T_B}{4}\text{Sa}^2\left(\frac{\pi}{2}f T_B\right) \quad (6.1-35)$$

双极性信号的功率谱密度曲线如图 6-3(b) 中的实线和虚线所示。

(a) 单极性信号的功率谱密度

(b) 双极性信号的功率谱密度

图 6-3 二进制基带信号的功率谱密度
实线—RZ; 虚线—NRZ。

从以上两例可以看出:

(1) 二进制基带信号的带宽主要依赖单个码元波形的频谱函数 $G_1(f)$ 和 $G_2(f)$。时间波形的占空比越小,占用频带越宽。若以谱的第 1 个零点计算,NRZ($\tau = T_B$)基带信号的带宽为 $B_s = 1/\tau = f_B$;RZ($\tau = T_B/2$)基带信号的带宽为 $B_s = 1/\tau = 2f_B$。其中 $f_B = 1/T_B$,是位定时信号的频率,它在数值上与码元速率 R_B 相等。

(2) 单极性基带信号是否存在离散线谱取决于矩形脉冲的占空比。单极性 NRZ 信号中没有定时分量,若想获取定时分量,要进行波形变换;单极性 RZ 信号中含有定时分量,可以直接提取它。"0"、"1"等概率的双极性信号没有离散谱,也就是说没有直流分量和定时分量。

综上分析,研究随机脉冲序列的功率谱是十分有意义的。一方面可以根据它的连续谱来确定序列的带宽;另一方面根据它的离散谱是否存在这一特点,使我们明确能否从脉冲序列中直接提取定时分量,以及采用怎样的方法可以从基带脉冲序列中获得所需的离

散分量。这一点,在研究位同步、载波同步等问题时将是十分重要的。

应该指出,在以上的分析方法中没有限定 $g_1(t)$ 和 $g_2(t)$ 的波形。因此,式(6.1-26)不仅适用于计算二进制数字基带信号的功率谱,也可以用来计算数字调制信号的功率谱,只要满足上述分析方法中的条件。事实上,由式(6.1-26)很容易得到二进制幅度键控(ASK)、相移键控(PSK)和频移键控(FSK)的功率谱(见第7章)。

6.2 基带传输的常用码型

在实际的基带传输系统中,并不是所有的基带波形都适合在信道中传输。例如,含有直流和低频分量的单极性基带波形就不适宜在低频传输特性差的信道中传输,因为这有可能造成信号严重畸变。又如,当消息码元序列中包含长串的连续"1"或"0"符号时,非归零波形呈现出连续的固定电平,因而无法获取定时信息。单极性归零码在传送连"0"时,也存在同样的问题。因此,对传输用的基带信号主要有以下两个方面的要求:

(1) 对码元的要求:原始消息码元必须编成适合于传输用的码型;
(2) 对所选码型的电波形要求:电波形应适合于基带系统的传输。

前者属于传输码型的选择,后者是基带脉冲的选择。这是两个既独立又有联系的问题。本节先讨论码型的选择问题,后一问题将在以后讨论。

6.2.1 传输码的码型选择原则

传输码(或称线路码)的结构将取决于实际信道特性和系统工作的条件。在选择传输码型时,一般应遵循以下原则:

(1) 不含直流,且低频分量尽量少;
(2) 应含有丰富的定时信息,以便于从接收码流中提取定时信号;
(3) 功率谱主瓣宽度窄,以节省传输频带;
(4) 不受信息源统计特性的影响,即能适应于信息源的变化;
(5) 具有内在的检错能力,即码型应具有一定规律性,以便利用这一规律性进行宏观监测。
(6) 编译码简单,以降低通信延时和成本。

满足或部分满足以上特性的传输码型种类很多,下面将介绍目前常用的几种。

6.2.2 几种常用的传输码型

1. AMI 码

AMI(Alternative Mark Inversion)码的全称是传号交替反转码,其编码规则是将消息码的"1"(传号)交替地变换为"+1"和"-1",而"0"(空号)保持不变。例如:

消息码: 0 1 1 0 0 0 0 0 0 0 1 1 0 0 1 1…
AMI 码: 0 -1 +1 0 0 0 0 0 0 0 -1 +1 0 0 -1 +1…

AMI 码对应的波形是具有正、负、零三种电平的脉冲序列。它可以看成是单极性波形的变形,即"0"仍对应零电平,而"1"交替对应正、负电平。

AMI 码的优点是,没有直流成分,且高、低频分量少,能量集中在频率为 1/2 码速处(图 6-4);编解码电路简单,且可利用传号极性交替这一规律观察误码情况;如果它是 AMI-RZ 波形,接收后只要全波整流,就可变为单极性 RZ 波形,从中可以提取位定时分量。鉴于上述优点,AMI 码成为较常用的传输码型之一。

图 6-4 AMI 码和 HDB_3 码的功率谱

AMI 码的缺点:当原信码出现长连"0"串时,信号的电平长时间不跳变,造成提取定时信号的困难。解决连"0"码问题的有效方法之一是采用 HDB_3 码。

2. HDB_3 码

HDB_3 码的全称是三阶高密度双极性码。它是 AMI 码的一种改进型,改进目的是为了保持 AMI 码的优点而克服其缺点,使连"0"个数不超过三个。其编码规则如下:

(1) 先检查消息码的连"0"个数。当连"0"数目小于等于 3 时,则与 AMI 码的编码规则一样。

(2) 当连"0"数目超过 3 个时,则将每 4 个连"0"化作一小节,用"000V"替代。V(取值 +1 或 -1)应与其前一个相邻的非"0"脉冲的极性相同(因为这破坏了极性交替的规则,所以 V 称为破坏脉冲)。

(3) 相邻的 V 码极性必须交替。当 V 码取值能满足(2)中的要求但不能满足此要求时,则将"0000"用"B00V"替代。B 的取值与后面的 V 脉冲一致,用于解决此问题。因此,B 称为调节脉冲。

(4) V 码后面的传号码极性也要交替。例如:

消息码:　　1 0 0 0　　0 1 0 0 0　　0 1　+1　0 0 0 0　　0 0 0 0　　1 1
AMI 码:　　-1 0 0 0　　0 +1 0 0 0　　0 -1 +1　0 0 0 0　　0 0 0 0　　-1 +1
HDB_3 码:　-1 0 0 0 -V　+1 0 0 0 +V　-1 +1　-B 0 0 -V　+B 0 0 +V　-1 +1

其中:±V 脉冲和 ±B 脉冲与 ±1 脉冲波形相同,用 V 或 B 符号表示的目的是为了示意该非"0"码是由原信码的"0"变换而来的。

HDB_3 码的编码虽然比较复杂,但解码却比较简单。由上述编码规则可知,每一个破坏脉冲 V 总是与前一非"0"脉冲同极性(包括 B 在内),据此,从收到的符号序列中可以容易地找到破坏点 V,于是可断定 V 符号及其前面的三个符号必是连"0"符号,从而恢复 4 个连"0"码,再将所有剩余的 -1 和 $+1$ 还原为"1"码,便可得到原消息码。

HDB$_3$ 码除了具有 AMI 码的优点外,同时还将连"0"码限制在 3 个以内,使得接收时能保证定时信息的提取。因此,HDB$_3$ 码是我国和欧洲等国家应用最为广泛的码型,A 律 PCM 四次群以下的接口码型均为 HDB$_3$ 码。

在上述 AMI 码、HDB$_3$ 码中,每位二进制信码都被变换成 1 位三电平取值($+1,0,-1$)的码,因此也称这类码为 1B1T 码。此外,还可以设计出使"0"个数不超过 n 个的 HDB$_n$ 码。

3. 双相码

双相码又称曼彻斯特(Manchester)码。它用一个周期的正负对称方波表示"0",而用其反相波形表示"1"。编码规则之一是,"0"码用"01"两位码表示,"1"码用"10"两位码表示,例如:

消息码:　1　1　0　0　1　0　1

双相码:　10　10　01　01　10　01　10

双相码波形是一种双极性 NRZ 波形,只有极性相反的两种电平,见图 6-5(a)。它在每个码元间隔的中心点都存在电平跳变,所以含有丰富的位定时信息,且没有直流分量,编码过程也简单。缺点是占用带宽加倍,使频带利用率降低。

双相码适用于数据终端设备近距离上传输,局域网常采用该码作为传输码型。

4. 差分双相码

为了解决双相码因极性反转而引起的译码错误,可以采用差分码的概念。双相码是利用每个码元持续时间中间的电平跳变进行同步和信号表示(由负到正的跳变表示二进制"0",由正到负的跳变表示二进制"1")。而在差分双相码编码中,每个码元中间的电平跳变用于同步,而每个码元的开始处是否存在额外的跳变用来确定信码。有跳变则表示二进制"1",无跳变则表示二进制"0"。该码在局域网中常被采用。

5. CMI 码

CMI 码是传号反转码的简称,与双相码类似,它也是一种双极性二电平码。其编码规则是:"1"码交替用"1 1"和"0 0"两位码表示;"0"码固定地用"01"表示,其波形如图 6-5(b)所示。

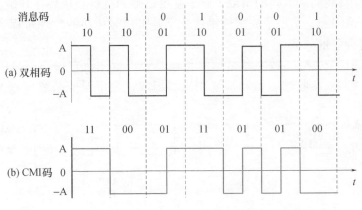

图 6-5　双相码、CMI 码的波形

CMI 码易于实现,含有丰富的定时信息。此外,由于 10 为禁用码组,不会出现三个以上的连码,这个规律可用来宏观检错。该码已被 ITU-T 推荐为 PCM 四次群的接口码型,有时也用在速率低于 8.448Mb/s 的光缆传输系统中。

6. 块编码

为了提高线路编码性能,需要某种冗余来确保码型的同步和检错能力。引入块编码可以在某种程度上达到这两个目的。块编码的形式有 nBmB 码,nBmT 码等。

nBmB 码是一类块编码,它把原信息码流的 n 位二进制码分为一组,并置换成 m 位二进制码的新码组,其中 $m > n$。由于 $m > n$,新码组可能有 2^m 种组合,故多出 $(2^m - 2^n)$ 种组合。在 2^m 种组合中,以某种方式选择有利码组作为许用码组,其余作为禁用码组,以获得好的编码性能。例如,在 4B5B 编码中,用 5 位的编码代替 4 位的编码,对于 4 位分组,只有 $2^4 = 16$ 种不同的组合,对于 5 位分组,则有 $2^5 = 32$ 种不同的组合。为了实现同步,我们可以按照不超过一个前导"0"和两个后缀"0"的方式选用码组,其余为禁用码组。这样,如果接收端出现了禁用码组,则表明传输过程中出现误码,从而提高了系统的检错能力。前面介绍的双相码和 CMI 码都可看作 1B2B 码。

在光纤通信系统中,常选择 $m = n + 1$,取 1B2B 码、2B3B 码、3B4B 码及 5B6B 码等。其中,5B6B 码型已实用化,用作三次群和四次群以上的线路传输码型。

nBmB 码提供了良好的同步和检错功能,但是也会为此付出一定的代价,即所需的带宽随之增加。

nBmT 码的设计思想是将 n 个二进制码变换成 m 个三进制码的新码组,且 $m < n$。例如,4B3T 码,它把 4 个二进制码变换成 3 个三进制码。显然,在相同的码速率下,4B3T 码的信息容量大于 1B1T,因而可提高频带利用率。

4B3T 码、8B6T 码等适用于较高速率的数据传输系统,如高次群同轴电缆传输系统。

6.3 数字基带信号传输与码间串扰

6.3.1 数字基带信号传输系统的组成

在前两节中,我们从不同的角度了解了基带信号的特点。从现在开始,我们将要讨论基带信号的传输问题。本小节先定性描述数字基带信号传输的物理过程。6.3.2 小节将对有关问题进行定量分析。

图 6-6 是一个典型的数字基带信号传输系统方框图。它主要由发送滤波器(信道信号形成器)、信道、接收滤波器和抽样判决器组成。为了保证系统可靠有序地工作,还应有同步系统。

图 6-6 数字基带传输系统方框图

图中各方框的功能和信号传输的物理过程简述如下：

(1) 信道信号形成器(发送滤波器)。它的功能是产生适合于信道传输的基带信号波形。因为其输入一般是经过码型编码器产生的传输码，相应的基本波形通常是矩形脉冲，其频谱很宽，不利于传输。发送滤波器用于压缩输入信号频带，把传输码变换成适宜于信道传输的基带信号波形。

(2) 信道。是允许基带信号通过的媒质，通常为有线信道，如双绞线、同轴电缆等。信道的传输特性一般不满足无失真传输条件，因此会引起传输波形的失真。另外信道还会引入噪声 $n(t)$，并假设它是均值为零的高斯白噪声。

(3) 接收滤波器。它用来接收信号，尽可能滤除信道噪声和其他干扰，对信道特性进行均衡，使输出的基带波形有利于抽样判决。

(4) 抽样判决器。则是在传输特性不理想及噪声背景下，在规定时刻(由位定时脉冲控制)对接收滤波器的输出波形进行抽样判决，以恢复或再生基带信号。

(5) 定时脉冲和同步提取。用来抽样的位定时脉冲依靠同步提取电路从接收信号中提取，位定时的准确与否将直接影响判决效果。这一点将在第 13 章中详细讨论。

图 6-7 画出了基带系统的各点波形示意图。图 6-7(a) 是输入的基带信号，这是最常见的单极性 NRZ 信号；(b) 是进行码型变换后的波形；(c) 对 (a) 而言进行了码型及波形的变换，是一种适合在信道中传输的波形；(d) 是信道输出信号，显然由于信道传输特性的不理想，使波形产生了失真并叠加上了噪声；(e) 为接收滤波器输出波形，它与 (d) 相比，失真和噪声减弱；(f) 是位定时同步脉冲；(g) 为恢复的信息，其中第 7 个码元发生误码。

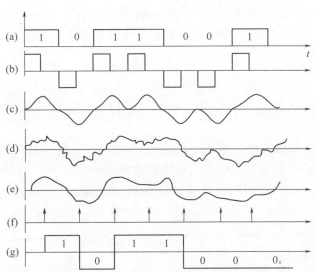

图 6-7 基带系统的各点波形示意图

误码是由接收端抽样判决器的错误判决造成的，而造成错误判决的原因主要有两个：一个是码间串扰，另一个是信道加性噪声的影响。所谓码间串扰(ISI)是由于系统传输总特性(包括收、发滤波器和信道的特性)不理想，导致前后码元的波形畸变、展宽，并使前面波形出现很长的拖尾，蔓延到当前码元的抽样时刻上，从而对当前码元的判决造成干扰。码间串扰严重时，会造成错误判决，如图 6-8 所示。

图 6-8 码间串扰示意图

此时,实际抽样判决值不仅有本码元的值,还有其他码元在该码元抽样时刻的串扰值及噪声。显然,接收端能否正确恢复信息,在于能否有效地抑制噪声和减小码间串扰。

6.3.2 数字基带信号传输的定量分析

在 6.3.1 小节中,我们定性分析了基带信号传输系统的工作原理,并对码间串扰和噪声的影响有了直观的认识。本节将进行定量分析,分析模型如图 6-9 所示。

图 6-9 数字基带信号传输系统模型

图 6-9 中,假设 $\{a_n\}$ 为发送滤波器的输入符号序列,在二进制的情况下,符号 a_n 的取值为 0,1 或 -1,+1。为分析方便,我们把这个序列对应的基带信号表示成

$$d(t) = \sum_{n=-\infty}^{\infty} a_n \delta(t - nT_B) \quad (6.3-1)$$

这个信号是由时间间隔为 T_B 的单位冲激函数 $\delta(t)$ 构成的序列,其每一个 $\delta(t)$ 的强度则由 a_n 决定。

设发送滤波器的传输特性为 $G_T(\omega)$,信道的传输特性为 $C(\omega)$,接收滤波器的传输特性为 $G_R(\omega)$,则图 6-9 所示的基带传输系统的总传输特性为

$$H(\omega) = G_T(\omega) C(\omega) G_R(\omega) \quad (6.3-2)$$

其单位冲激响应应为

$$h(t) = \frac{1}{2\pi} \int_{-\infty}^{\infty} H(\omega) e^{j\omega t} d\omega \quad (6.3-3)$$

$h(t)$ 是在单个 $\delta(t)$ 作用下,$H(\omega)$ 形成的输出波形。因此在冲激脉冲序列 $d(t)$ 作用下,接收滤波器输出信号 $r(t)$ 可表示为

$$r(t) = d(t) * h(t) + n_R(t) = \sum_{n=-\infty}^{\infty} a_n h(t - nT_B) + n_R(t) \quad (6.3-4)$$

式中:$n_R(t)$ 为加性噪声 $n(t)$ 经过接收滤波器后输出的噪声。

然后,抽样判决器对 $r(t)$ 进行抽样判决,以确定所传输的数字信息序列 $\{a_n\}$。例如,为了确定第 k 个码元 a_k 的取值,应在 $t = kT_B + t_0$ 时刻上(t_0 是信道和接收滤波器所造成

的延迟)对 $r(t)$ 进行抽样,以确定 $r(t)$ 在该样点上的值。由式(6.3-4)可得

$$r(kT_B + t_0) = a_k h(t_0) + \sum_{n \neq k} a_n h[(k-n)T_B + t_0] \\ + n_R(kT_B + t_0)$$
(6.3-5)

式中:$a_k h(t_0)$ 为第 k 个接收码元波形的抽样值,它是确定 a_k 的依据;$\sum_{n \neq k} a_n h[(k-n)T_B + t_0]$ 为除第 k 个码元以外的其他码元波形在第 k 个抽样时刻上的总和(代数和),它对当前码元 a_k 的判决起着干扰的作用,所以称为码间串扰值,由于 a_n 是以概率出现的,故码间串扰值通常是一个随机变量;$n_R(kT_B + t_0)$ 为输出噪声在抽样瞬间的值,它是一种随机干扰,也会影响对第 k 个码元的正确判决。

此时,实际抽样值 $r(kT_B + t_0)$ 不仅有本码元的值,还有码间串扰值及噪声,故当 $r(kT_B + t_0)$ 加到判决电路时,对 a_k 取值的判决可能判对也可能判错。例如,在二进制数字通信时,a_k 的可能取值为"0"或"1",若判决电路的判决门限为 V_d,则这时判决规则如下:

$$\begin{cases} r(kT_B + t_0) > V_d \text{ 时},\text{判 } a_k \text{ 为"1"} \\ r(kT_B + t_0) < V_d \text{ 时},\text{判 } a_k \text{ 为"0"} \end{cases}$$

显然,只有当码间串扰值和噪声足够小时,才能基本保证上述判决的正确;否则,有可能发生错判,造成误码。因此,为使基带脉冲传输获得足够小的误码率,必须最大限度地减小码间串扰和随机噪声的影响。这也正是研究基带脉冲传输的基本出发点。

6.4 无码间串扰的基带传输特性

6.3 节分析表明,码间串扰和信道噪声是影响基带传输系统性能的两个主要因素。因此,如何减小它们的影响,使系统的误码率达到规定要求是必须研究的两个问题。由于码间串扰和信道噪声产生的机理不同,并且为了简化分析,突出主要问题,可以把这两个问题分别考虑。本节先讨论在不考虑噪声情况下,如何消除码间串扰;6.5 节中将讨论无码间串扰情况下,如何减小信道噪声的影响。

6.4.1 消除码间串扰的基本思想

由式(6.3-5)可知,若想消除码间串扰,应使

$$\sum_{n \neq k} a_n h[(k-n)T_B + t_0] = 0$$
(6.4-1)

由于 a_n 是随机的,要想通过各项相互抵消使码间串扰为 0 是不行的,这就需要对 $h(t)$ 的波形提出要求。如果相邻码元的前一个码元的波形到达后一个码元抽样判决时刻已经衰减到 0,如图 6-10(a)所示的波形,就能满足要求。但是,这样的波形不易实现,因为实际中的 $h(t)$ 波形有很长的"拖尾",也正是由于每个码元的"拖尾"造成了对相邻码元的串扰,但只要让它在 $T_B + t_0$、$2T_B + t_0$ 等后面码元抽样判决时刻上正好为 0,就能消除码间串扰,如图 6-10(b)所示。这就是消除码间串扰的基本思想。

图 6-10 消除码间串扰基本思想

6.4.2 无码间串扰的条件

如上所述,只要基带传输系统的冲激响应波形 $h(t)$ 仅在本码元的抽样时刻上有最大值,并在其他码元的抽样时刻上均为 0,则可消除码间串扰。也就是说,若对 $h(t)$ 在时刻 $t=kT_B$(这里假设信道和接收滤波器所造成的延迟 $t_0=0$)抽样,则有

$$h(kT_B) = \begin{cases} 1 & k=0 \\ 0 & k \text{ 为其他整数} \end{cases} \qquad (6.4-2)$$

式(6.4-2)称为**无码间串扰的时域条件**。也就是说,若 $h(t)$ 的抽样值除了在 $t=0$ 时不为零外,在其他所有抽样点上均为零,就不存在码间串扰。

根据 $h(t) \Leftrightarrow H(\omega)$ 的关系可知,$h(t)$ 是由基带系统 $H(\omega)$ 形成的传输波形。因此,如何形成无码间串扰的传输波形 $h(t)$,实际是如何设计基带传输总特性 $H(\omega)$ 的问题。下面我们来寻找满足式(6.4-2)的 $H(\omega)$。

因为

$$h(t) = \frac{1}{2\pi} \int_{-\infty}^{\infty} H(\omega) e^{j\omega t} d\omega \qquad (6.4-3)$$

所以,在 $t = kT_B$ 时,有

$$h(kT_B) = \frac{1}{2\pi} \int_{-\infty}^{\infty} H(\omega) e^{j\omega kT_B} d\omega \qquad (6.4-4)$$

现把式(6.4-4)的积分区间用分段积分求和代替,每段长为 $2\pi/T_B$,则式(6.4-4)可写成

$$h(kT_B) = \frac{1}{2\pi} \sum_i \int_{(2i-1)\pi/T_B}^{(2i+1)\pi/T_B} H(\omega) e^{j\omega kT_B} d\omega \qquad (6.4-5)$$

作变量代换:令 $\omega' = \omega - \frac{2i\pi}{T_B}$,则有 $d\omega' = d\omega$,$\omega = \omega' + \frac{2i\pi}{T_B}$。且当 $\omega = \frac{(2i\pm 1)\pi}{T_B}$ 时,$\omega' = \pm \frac{\pi}{T_B}$,于是

$$h(kT_B) = \frac{1}{2\pi} \sum_i \int_{-\pi/T_B}^{\pi/T_B} H\left(\omega' + \frac{2i\pi}{T_B}\right) e^{j\omega' kT_B} e^{j2\pi ik} d\omega'$$

$$= \frac{1}{2\pi} \sum_i \int_{-\pi/T_B}^{\pi/T_B} H\left(\omega' + \frac{2i\pi}{T_B}\right) e^{j\omega' kT_B} d\omega' \qquad (6.4-6)$$

当式(6.4-6)右边一致收敛时,求和与积分的次序可以互换,于是有

$$h(kT_B) = \frac{1}{2\pi} \int_{-\pi/T_B}^{\pi/T_B} \sum_i H\left(\omega + \frac{2i\pi}{T_B}\right) e^{j\omega k T_B} d\omega \qquad (6.4-7)$$

这里,已把 ω' 重新换为 ω。

利用式(6.4-7),可以将式(6.4-2)的无码间串扰时域条件转换为如下**频域条件**:

$$\sum_i H\left(\omega + \frac{2\pi i}{T_B}\right) = T_B \qquad |\omega| \leq \frac{\pi}{T_B} \qquad (6.4-8)$$

该条件提供了检验一个给定的传输系统特性 $H(\omega)$ 是否会产生码间串扰的一种方法。凡是其总特性 $H(\omega)$ 能符合此条件的基带系统,均能消除码间串扰。

式(6.4-8)的物理意义:将 $H(\omega)$ 在 ω 轴上以 $2\pi/T_B$ 为间隔切开,然后分段沿 ω 轴平移到 $\left(-\frac{\pi}{T_B}, \frac{\pi}{T_B}\right)$ 区间内,将它们进行叠加,其结果应当为一常数(不必一定是 T_B)。这一过程可以归述为,一个实际的 $H(\omega)$ 特性若能等效成一个理想(矩形)低通滤波器,则可实现无码间串扰。

例如,图 6-11 中的 $H(\omega)$ 是对 $\omega = \pm\pi/T_B$ 呈奇对称的低通滤波器特性,经过切割、平移、叠加,可得到

$$\sum_i H\left(\omega + \frac{2\pi i}{T_B}\right) = H\left(\omega - \frac{2\pi}{T_B}\right) + H(\omega) + H\left(\omega + \frac{2\pi}{T_B}\right) = T_B \qquad |\omega| \leq \frac{\pi}{T_B}$$

故该 $H(\omega)$ 满足式(6.4-8)的要求,具有等效理想低通特性,所以它是无码间串扰的 $H(\omega)$。

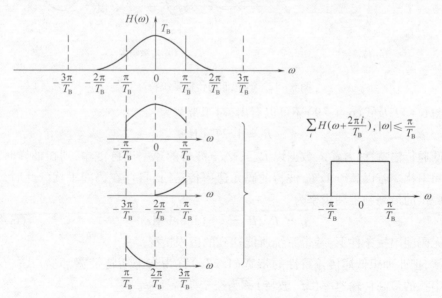

图 6-11 $H(\omega)$ 特性的检验

满足消除码间串扰条件的传输特性 $H(\omega)$ 并不是唯一的要求。如何设计或选择满足式(6.4-8)的 $H(\omega)$ 是接下来要讨论的问题。

6.4.3 无码间串扰传输特性的设计

1. 理想低通特性

满足消除码间串扰条件的 $H(\omega)$ 有很多种,容易想到的一种极限情况,就是 $H(\omega)$ 为理想低通型,相当于式(6.4-8)中只有 $i=0$ 项,即

$$H(\omega) = \begin{cases} T_B & |\omega| \leqslant \dfrac{\pi}{T_B} \\ 0 & |\omega| > \dfrac{\pi}{T_B} \end{cases} \qquad (6.4-9)$$

如图 6-12(a)所示。它的冲激响应为

$$h(t) = \frac{\sin\dfrac{\pi}{T_B}t}{\dfrac{\pi}{T_B}t} = \mathrm{Sa}(\pi t/T_B) \qquad (6.4-10)$$

如图 6-12(b)所示。由图可见,$h(t)$ 在 $t=\pm kT_B(k\neq 0)$ 时有周期性零点,当发送序列的时间间隔为 T_B 时,正好巧妙地利用了这些零点(图 6-12(b)中虚线),只要接收端在 $t=kT_B$ 时间点上抽样,就能实现无码间串扰。

(a) 传输特性   (b) 冲激响应

图 6-12 理想低通传输系统特性

由图 6-12 及式(6.4-9)还可以看出,对于带宽为

$$B = 1/2T_B \ (\mathrm{Hz})$$

的理想低通传输特性,若输入数据以 $R_B = 1/T_B$ 波特的速率进行传输,则在抽样时刻上不存在码间串扰。若以高于 $1/T_B$ 波特的码元速率传送时,将存在码间串扰。此时,基带系统所能提供的最高频带利用率为

$$\eta = R_B/B = 2 \quad (\mathrm{Baud/Hz}) \qquad (6.4-11)$$

这是在无码间串扰条件下,基带系统所能达到的极限情况。

通常,把此理想低通传输特性的带宽($1/2T_B$)称为奈奎斯特带宽,记为 f_N;将该系统无码间串扰的最高传输速率($2f_N$ 波特)称为奈奎斯特速率。

令人遗憾的是,虽然理想的低通传输特性达到了基带系统的极限传输速率($2f_N$ 波特)和极限频带利用率(2Baud/Hz),可是这种特性在物理上是无法实现的。而且,即使获得了相当逼近理想的特性,把它的冲激响应 $h(t)$ 作为传输波形仍然是不适宜的。这是因为,理想特性的冲激响应波形 $h(t)$ 的"尾巴"——衰减振荡幅度较大;如果定时(抽样时

刻)稍有偏差,就会出现严重的码间串扰。考虑到实际的传输系统总是可能存在定时误差的,所以对理想低通传输特性的研究只有理论上的指导意义,还需寻找物理可实现的等效理想低通特性。

2. 余弦滚降特性

为了解决理想低通特性存在的问题,可以使理想低通滤波器特性的边沿缓慢下降,这称为"滚降"。一种常用的滚降特性是余弦滚降特性,如图 6-13 所示。只要 $H(\omega)$ 在滚降段中心频率处(与奈奎斯特带宽 f_N 相对应)呈奇对称的振幅特性,就必然可以满足消除码间串扰条件,从而实现无码间串扰传输。这种设计也可看成是理想低通特性以奈奎斯特带宽 f_N 为中心,按奇对称条件进行滚降的结果。按余弦特性滚降的传输函数 $H(\omega)$ 可表示为

$$H(\omega) = \begin{cases} T_B & 0 \leqslant |\omega| < \dfrac{(1-\alpha)\pi}{T_B} \\ \dfrac{T_B}{2}\left[1 + \sin\dfrac{T_B}{2\alpha}\left(\dfrac{\pi}{T_B} - |\omega|\right)\right] & \dfrac{(1-\alpha)\pi}{T_B} \leqslant |\omega| < \dfrac{(1+\alpha)\pi}{T_B} \\ 0 & |\omega| \geqslant \dfrac{(1+\alpha)\pi}{T_B} \end{cases}$$

(6.4-12)

相应的 $h(t)$ 为

$$h(t) = \dfrac{\sin\pi t/T_B}{\pi t/T_B} \cdot \dfrac{\cos\alpha\pi t/T_B}{1 - 4\alpha^2 t^2/T_B^2} \tag{6.4-13}$$

式中:α 为滚降系数,用于描述滚降程度,定义为

$$\alpha = f_\Delta / f_N \tag{6.4-14}$$

式中:f_N 为奈奎斯特带宽;f_Δ 是超出奈奎斯特带宽的扩展量。

图 6-13 奇对称的余弦滚降特性

显然,$0 \leqslant \alpha \leqslant 1$。对应不同的 α 有不同的滚降特性。图 6-14 画出了滚降系数 $\alpha = 0$,0.5,0.75,1 时的几种滚降特性和冲激响应。可见,滚降系数 α 越大,$h(t)$ 的拖尾衰减越快,对位定时精度要求越低。但是,滚降使带宽增大为 $B = f_N + f_\Delta = (1+\alpha)f_N$,所以频带利用率降低。因此,余弦滚降系统的最高频带利用率为

$$\eta = \dfrac{R_B}{B} = \dfrac{2f_N}{(1+\alpha)f_N} = \dfrac{2}{(1+\alpha)} \quad (\text{Baud/Hz}) \tag{6.4-15}$$

(a) 传输特性 (b) 冲激响应

图 6-14 余弦滚降特性示例

由图 6-14 可以看出：$\alpha=0$ 时，即为前面所述的理想低通系统；$\alpha=1$ 时，就是在图 6-11 中所示的升余弦频谱特性，这时 $H(\omega)$ 可表示为

$$H(\omega) = \begin{cases} \dfrac{T_B}{2}\left(1 + \cos\dfrac{\omega T_B}{2}\right) & |\omega| \leqslant \dfrac{2\pi}{T_B} \\ 0 & |\omega| > \dfrac{2\pi}{T_B} \end{cases} \quad (6.4-16)$$

其单位冲激响应为

$$h(t) = \frac{\sin\pi t/T_B}{\pi t/T_B} \cdot \frac{\cos\pi t/T_B}{1 - 4t^2/T_B^2} \quad (6.4-17)$$

由图 6-14 和式(6.4-17)可知，$\alpha=1$ 的升余弦滚降特性的 $h(t)$ 满足抽样值上无串扰的传输条件，且各抽样值之间又增加了一个零点，而且它的尾部衰减较快(与 t^3 成反比)，这有利于减小码间串扰和位定时误差的影响。但这种系统所占频带最宽，是理想低通系统的 2 倍，因而频带利用率为 1 Baud/Hz，是基带系统最高利用率的 1/2。

应当指出，在以上讨论中并没有涉及 $H(\omega)$ 的相移特性。实际上它的相移特性一般不为零，故需要加以考虑。然而，在推导式(6.4-8)的过程中，我们并没有指定 $H(\omega)$ 是实函数，所以，式(6.4-8)对于一般特性的 $H(\omega)$ 均适用。

6.5 基带传输系统的抗噪声性能

6.4 节在不考虑噪声影响时，讨论了无码间串扰的基带传输特性。本节将研究在无码间串扰条件下，由信道噪声引起的误码率。

在图 6-9 所示的基带传输系统模型中，信道加性噪声 $n(t)$ 通常被假设为均值为 0、双边功率谱密度为 $n_0/2$ 的平稳高斯白噪声，而接收滤波器又是一个线性网络，故判决电路输入噪声 $n_R(t)$ 也是均值为 0 的平稳高斯噪声，且它的功率谱密度为

$$P_n(f) = \frac{n_0}{2}|G_R(f)|^2$$

方差(噪声平均功率)为

$$\sigma_n^2 = \int_{-\infty}^{\infty} \frac{n_0}{2} |G_R(f)|^2 df \qquad (6.5-1)$$

故 $n_R(t)$ 是均值为 0、方差为 σ_n^2 的高斯噪声，因此它的瞬时值的统计特性可用下述一维概率密度函数描述：

$$f(V) = \frac{1}{\sqrt{2\pi}\sigma_n} e^{-V^2/2\sigma_n^2} \qquad (6.5-2)$$

式中：V 就是噪声的瞬时取值 $n_R(kT_B)$。

6.5.1 二进制双极性基带系统

对于二进制双极性信号，假设它在抽样时刻的电平取值为 $+A$ 或 $-A$（分别对应信码"1"或"0"），则在一个码元持续时间内，抽样判决器输入端的混合波形（信号 + 噪声）$x(t)$ 在抽样时刻的取值为

$$x(kT_B) = \begin{cases} A + n_R(kT_B) & \text{发送"1"时} \\ -A + n_R(kT_B) & \text{发送"0"时} \end{cases} \qquad (6.5-3)$$

根据式(6.5-2)，当发送"1"时，$A + n_R(kT_B)$ 的一维概率密度函数为

$$f_1(x) = \frac{1}{\sqrt{2\pi}\sigma_n} \exp\left(-\frac{(x-A)^2}{2\sigma_n^2}\right) \qquad (6.5-4)$$

当发送"0"时，$-A + n_R(kT_B)$ 的一维概率密度函数为

$$f_0(x) = \frac{1}{\sqrt{2\pi}\sigma_n} \exp\left(-\frac{(x+A)^2}{2\sigma_n^2}\right) \qquad (6.5-5)$$

相应的曲线分别示于图 6-15 中。

图 6-15 x 的概率密度曲线

在 $-A \sim +A$ 之间选择一个适当的电平 V_d 作为判决门限，根据判决规则将会出现以下几种情况：

对"1"码 $\begin{cases} x > V_d & \text{判为"1"码（正确）} \\ x \leq V_d & \text{判为"0"码（错误）} \end{cases}$

对"0"码 $\begin{cases} x \leqslant V_d \text{ 判为"0"码(正确)} \\ x > V_d \text{ 判为"1"码(错误)} \end{cases}$

可见,在二进制基带信号传输过程中,噪声引起的误码有两种差错形式:发送的是"1"码,却被判为"0"码;发送的是"0"码,却被判为"1"码。下面分别计算这两种差错概率。

发"1"错判为"0"的概率 $P(0/1)$ 为

$$P(0/1) = P(x \leqslant V_d) = \int_{-\infty}^{V_d} f_1(x) \, dx$$

$$= \int_{-\infty}^{V_d} \frac{1}{\sqrt{2\pi}\sigma_n} \exp\left(-\frac{(x-A)^2}{2\sigma_n^2}\right) dx = \frac{1}{2} + \frac{1}{2}\text{erf}\left(\frac{V_d - A}{\sqrt{2}\sigma_n}\right)$$

$$(6.5-6)$$

发"0"错判为"1"的概率 $P(1/0)$ 为

$$P(1/0) = P(x > V_d) = \int_{V_d}^{\infty} f_0(x) \, dx$$

$$= \int_{V_d}^{\infty} \frac{1}{\sqrt{2\pi}\sigma_n} \exp\left(-\frac{(x+A)^2}{2\sigma_n^2}\right) dx = \frac{1}{2} - \frac{1}{2}\text{erf}\left(\frac{V_d + A}{\sqrt{2}\sigma_n}\right)$$

$$(6.5-7)$$

它们分别如图 6-15 中的阴影部分所示。假设信源发送"1"码的概率为 $P(1)$,发送"0"码的概率为 $P(0)$,则二进制基带传输系统的总误码率为

$$P_e = P(1)P(0/1) + P(0)P(1/0) \qquad (6.5-8)$$

将式(6.5-6)和式(6.5-7)代入式(6.5-8)可以看出,误码率与发送概率 $P(1)$、$P(0)$,信号的峰值 A,噪声功率 σ_n^2,以及判决门限电平 V_d 有关。因此,在 $P(1)$、$P(0)$ 给定时,误码率最终由 A、σ_n^2 和判决门限 V_d 决定。在 A 和 σ_n^2 一定条件下,可以找到一个使误码率最小的判决门限电平,称为最佳门限电平。若令

$$\frac{\partial P_e}{\partial V_d} = 0$$

则由式(6.5-6)、式(6.5-7)和式(6.5-8)可求得最佳门限电平为

$$V_d^* = \frac{\sigma_n^2}{2A} \ln \frac{P(0)}{P(1)} \qquad (6.5-9)$$

若 $P(1) = P(0) = 1/2$,则有

$$V_d^* = 0 \qquad (6.5-10)$$

这时,二进制双极性基带传输系统总误码率为

$$P_e = \frac{1}{2}[P(0/1) + P(1/0)]$$

$$= \frac{1}{2}\left[1 - \text{erf}\left(\frac{A}{\sqrt{2}\sigma_n}\right)\right] = \frac{1}{2}\text{erfc}\left(\frac{A}{\sqrt{2}\sigma_n}\right) \qquad (6.5-11)$$

由式(6.5-11)可见,在发送概率相等,且在最佳门限电平下,双极性基带系统的总误码率仅依赖于信号峰值 A 与噪声均方根值 σ_n 的比值,而与采用什么样的信号形式无关(当然,这里的信号形式必须是能够消除码间干扰的)。且比值 A/σ_n 越大,P_e 就越小。

6.5.2 二进制单极性基带系统

对于单极性信号,若设它在抽样时刻的电平取值为 $+A$ 或 0(分别对应信码"1"或"0"),则只需将图 6-15 中 $f_0(x)$ 曲线的分布中心由 $-A$ 移到 0 即可。这时式(6.5-9)、式(6.5-10) 和式(6.5-11) 将分别变成

$$V_d^* = \frac{A}{2} + \frac{\sigma_n^2}{A}\ln\frac{P(0)}{P(1)} \qquad (6.5-12)$$

当 $P(1) = P(0) = 1/2$ 时,有

$$V_d^* = \frac{A}{2} \qquad (6.5-13)$$

$$P_e = \frac{1}{2}\text{erfc}\left(\frac{A}{2\sqrt{2}\sigma_n}\right) \qquad (6.5-14)$$

比较式(6.5-14) 和式(6.5-11) 可见,当比值 A/σ_n 一定时,双极性基带系统的误码率比单极性的低,抗噪声性能好。此外,在等概条件下,双极性的最佳判决门限电平为 0,与信号幅度无关,因而不随信道特性变化而变,故能保持最佳状态。而单极性的最佳判决门限电平为 $A/2$,它易受信道特性变化的影响,从而导致误码率增大。因此,双极性基带系统比单极性基带系统应用更为广泛。

6.6 眼图

从理论上讲,在信道特性确知的条件下,可以通过精心设计系统传输特性以达到消除码间串扰的目的。但在实际中难免存在滤波器的设计误差和信道特性的变化,所以无法实现理想的传输特性,使得抽样时刻上存在码间串扰,从而导致系统性能的下降。而且计算由于这些因素所引起的误码率非常困难,尤其在码间串扰和噪声同时存在的情况下,系统性能的定量分析更是难以进行,因此,在实际应用中需要用简便的实验手段来定性评价系统的性能。下面介绍一种有效的实验方法——眼图。

所谓眼图,是指通过用示波器观察接收端的基带信号波形,从而估计和调整系统性能的一种方法。这种方法的具体做法是:用一个示波器跨接在抽样判决器的输入端,然后调整示波器水平扫描周期,使其与接收码元的周期同步。此时可以从示波器显示的图形上,观察码间干扰和信道噪声等因素影响的情况,从而估计系统性能的优劣程度。因为在传输二进制信号波形时,示波器显示的图形很像人的眼睛,故名"眼图"。

现在,让我们借助图 6-16 来了解眼图形成原理。为了便于理解,暂先不考虑噪声的

影响。图 6-16(a)是接收滤波器输出的无码间串扰的双极性基带波形,用示波器观察它,并将示波器扫描周期调整到码元周期 T_B,由于示波器的余辉作用,扫描所得的每一个码元波形将重叠在一起,形成如图 6-16(b)所示的线迹细而清晰的大"眼睛";图(c)是有码间串扰的双极性基带波形,由于存在码间串扰,此波形已经失真,示波器的扫描迹线就不完全重合,于是形成的眼图线迹杂乱,"眼睛"张开的较小,且眼图不端正,如图 6-16(d)所示。对比图(b)和图(d)可知,眼图的"眼睛"张开越大,且眼图越端正,表示码间串扰越小;反之,表示码间串扰越大。

图 6-16 基带信号波形及眼图

当存在噪声时,眼图的线迹变成了比较模糊的带状的线,噪声越大,线条越粗,越模糊,"眼睛"张开得越小。不过,应该注意,从图形上并不能观察到随机噪声的全部形态,例如出现机会少的大幅度噪声,由于它在示波器上一晃而过,因而用人眼是观察不到的。所以,在示波器上只能大致估计噪声的强弱。

从以上分析可知,眼图可以定性反映码间串扰的大小和噪声的大小,眼图还可以用来指示接收滤波器的调整,以减小码间串扰,改善系统性能。同时,通过眼图我们还可以获得有关传输系统性能的许多信息。为了说明眼图和系统性能之间的关系,我们把眼图简化为一个模型,如图 6-17 所示。由该图可以获得以下信息:

图 6-17 眼图的模型

(1) 最佳抽样时刻是"眼睛"张开最大的时刻。
(2) 定时误差灵敏度是眼图斜边的斜率。斜率越大,对位定时误差越敏感。

(3) 图的阴影区的垂直高度表示抽样时刻上信号受噪声干扰的畸变程度。

(4) 图中央的横轴位置对应于判决门限电平。

(5) 抽样时刻时,上下两阴影区的间隔距离之半为噪声容限,若噪声瞬时值超过它就可能发生错判。

(6) 图中倾斜阴影带与横轴相交的区间表示了接收波形零点位置的变化范围,即过零点畸变,它对于利用信号零交点的平均位置来提取定时信息的接收系统有很大影响。

图 6-18(a)和(b)分别是二进制双极性升余弦频谱信号在示波器上显示的两张眼图照片。其中(a)是在几乎无噪声和无码间干扰下得到的,而图(b)则是在一定噪声和码间干扰下得到的。

图 6-18 眼图照片

顺便指出,接收二进制双极性波形时,在一个码元周期 T_B 内只能看到一只眼睛;若接收的是 M 进制双极性波形,则在一个码元周期内可以看到纵向显示的 $(M-1)$ 只眼睛;若接收的是经过码型变换后得到的 AMI 码或 HDB_3 码时,由于它们的波形具有三电平,在眼图中间出现一根代表连"0"的水平线;另外,若扫描周期为 nT_B 时,可以看到并排的 n 只眼睛。

6.7 部分响应和时域均衡

到目前为止,我们从理论上研究了数字基带传输系统的基本问题。本节将针对实际系统介绍两种改善系统性能的措施:一是针对提高频带利用率而采用的部分响应技术;另一个是针对减小码间串扰而采用的时域均衡技术。

6.7.1 部分响应系统

在 6.4 节中,我们根据奈奎斯特第一准则,重点讨论了两种无码间串扰的基带传输特性:理想低通特性和升余弦滚降特性。理想低通传输特性的频带利用率可以达到基带系统的理论极限值 2Baud/Hz,但它不能物理实现,且响应波形 $\sin x/x$ 的尾巴振荡幅度大、收敛慢,从而对定时要求十分严格;升余弦滚降特性虽然能解决理想低通系统存在的问题,但代价是所需频带加宽,频带利用率下降,因此不利于高速传输的发展。

那么,能否找到频率利用率既高又使"尾巴"衰减大、收敛快的传输波形呢? 奈奎斯特第二准则回答了这个问题。该准则告诉我们:人为地、有规律地在码元的抽样时刻引入码间串扰,并在接收端判决前加以消除,从而可以达到改善频谱特性,压缩传输频带,使频带利用率提高到理论上的最大值,并加速传输波形尾巴的衰减和降低对定时精度要求的目的。通常把这种波形称为部分响应波形。利用部分响应波形传输的基带系统称为部分响应系统。

1. 第 I 类部分响应波形

我们已经熟知,波形 $\sin x/x$ "拖尾"严重。但通过观察图 6-12 所示的 $\sin x/x$ 波形,我们发现相距一个码元间隔的两个 $\sin x/x$ 波形的"拖尾"刚好正负相反,利用这样的波形组合肯定可以构成"拖尾"衰减很快的脉冲波形。根据这一思路,我们可用两个间隔为一个码元长度 T_B 的 $\sin x/x$ 的合成波形来代替 $\sin x/x$,如图 6-19(a)所示。合成波形的表达式为

$$g(t) = \frac{\sin\frac{\pi}{T_B}\left(t+\frac{T_B}{2}\right)}{\frac{\pi}{T_B}\left(t+\frac{T_B}{2}\right)} + \frac{\sin\frac{\pi}{T_B}\left(t-\frac{T_B}{2}\right)}{\frac{\pi}{T_B}\left(t-\frac{T_B}{2}\right)} \qquad (6.7-1)$$

经简化后得

$$g(t) = \frac{4}{\pi}\left(\frac{\cos\pi t/T_B}{1-4t^2/T_B^2}\right) \qquad (6.7-2)$$

由式(6.7-2)可见,$g(t)$ 的"拖尾"幅度随 t^2 下降,这说明它比 $\sin x/x$ 波形收敛快,衰减大。这是因为,相距一个码元间隔的两个 $\sin x/x$ 波形的"拖尾"正负相反而相互抵消,使得合成波形的"拖尾"衰减速度加快了。此外,由图 6-19(a)还可以看出,$g(t)$ 除了在相邻的取样时刻 $t = \pm T_B/2$ 处,$g(t) = 1$ 外,其余的取样时刻上,$g(t)$ 具有等 T_B 间隔的零点。

图 6-19 $g(t)$ 及其频谱

对式(6.7-2)进行傅里叶变换,可得 $g(t)$ 的频谱函数为

$$G(\omega) = \begin{cases} 2T_B\cos\frac{\omega T_B}{2} & |\omega| \leq \frac{\pi}{T_B} \\ 0 & |\omega| > \frac{\pi}{T_B} \end{cases} \qquad (6.7-3)$$

如图 6-19(b)所示(只画出了正频率部分),$g(t)$ 的频谱限制在 $(-\pi/T_B, \pi/T_B)$ 内,且呈余弦滤波特性。这种缓变的滚降过渡特性是在理想矩形滤波器的带宽(奈奎斯特带宽)

范围内,所以其带宽为 $B = 1/2T_B (\text{Hz})$,与理想矩形滤波器的相同,频带利用率为 $\eta = R_B/B = \dfrac{1}{T_B}/\dfrac{1}{2T_B} = 2(\text{Baud/Hz})$,达到了基带系统的理论极限值。

图 6-20 码元发生串扰的示意图

若用上述构造的部分响应波形 $g(t)$ 作为传送信号的波形,且发送码元间隔为 T_B,则在抽样时刻上仅发生前一码元对本码元抽样值的干扰,而与其他码元不发生串扰(见图 6-20)。表面上看,由于前后码元的串扰很大,似乎无法按 $1/T_B$ 的速率进行传送。但由于这种"串扰"是确定的,在接收端可以消除掉,故仍可按 $1/T_B$ 传输速率传送码元。

例如,设输入的二进制码元序列为 $\{a_k\}$,并设 a_k 的取值为 $+1$ 及 -1(对应于"1"及"0")。这样,当发送码元 a_k 时,接收波形 $g(t)$ 在相应时刻上(第 k 个时刻上)的抽样值 C_k 由下式确定:

$$C_k = a_k + a_{k-1} \tag{6.7-4}$$

或

$$a_k = C_k - a_{k-1} \tag{6.7-5}$$

式中: a_{k-1} 为 a_k 的前一码元在第 k 个时刻上的抽样值(即串扰值)。由于串扰值和信码抽样值相等,因此 $g(t)$ 的抽样值 C_k 将有 $-2, 0, +2$ 三种取值,即成为伪三进制序列。如果前一码元 a_{k-1} 已经接收判定,则接收端可根据收到的 C_k,由式(6.7-5)得到 a_k 的取值。

从上面例子可以看到,实际中确实还能够找到频带利用率高(达到 2Baud/Hz)和尾巴衰减大、收敛也快的传送波形。这说明,通过有控制地引入码间串扰,有可能达到 2Baud/Hz 的理想频带利用率,并使波形尾巴振荡衰减加快这样两个目的。

但是,上述判决方法存在这样一个问题:因为 a_k 的恢复不仅仅由 C_k 来确定,而是必须参考前一码元 a_{k-1} 的判决结果,如果 $\{C_k\}$ 序列中某个抽样值因干扰而发生差错,则不但会造成当前恢复的 a_k 值错误,而且还会影响到以后所有的 $a_{k+1}, a_{k+2}, \cdots$ 的正确判决,出现一连串的错误。这一现象叫做差错传播。例如:

输入信码		1	0	1	1	0	0	0	1	0	1	1
发送端 $\{a_k\}$		+1	−1	+1	+1	−1	−1	⊡−1⊡	+1	−1	+1	+1
发送端 $\{C_k\}$			0	0	+2	0	−2	⊡−2⊡	0	0	0	+2
接收端 $\{C'_k\}$			0	0	+2	0	−2	⊡0⊡×	0	0	0	+2
恢复的 $\{a'_k\}$		<u>+1</u>	−1	+1	+1	−1	−1	+1×	−1×	+1×	−1×	+3×

可见,自 $\{C'_k\}$ 出现错误之后,接收端恢复出来的 $\{a'_k\}$ 全部是错误的。此外,在接收端恢复 $\{a'_k\}$ 时还必须有正确的起始值(<u>+1</u>),否则,即使没有传输差错也不可能得到正确的 $\{a'_k\}$ 序列。

产生差错传播的原因是,因为在 $g(t)$ 的形成过程中,首先要形成相邻码元的串扰,然后再经过响应网络形成所需要的波形。所以,在有控制地引入码间串扰的过程中,使原本互相独立的码元变成了相关码元,也正是码元之间的这种相关性导致了接收判决的差错传播。这种串扰所对应的运算称为相关运算,所以式(6.7-4)称为**相关编码**。可见,**相关编码是为了得到预期的部分响应信号频谱所必需的**,但却带来了差错传播问题。

为了避免因相关编码而引起的差错传播问题,可以在发送端相关编码之前进行**预编码**(实质是把输入信码 a_k 变换成"差分码" b_k),其编码规则为

$$b_k = a_k \oplus b_{k-1} \qquad (6.7-6)$$

即

$$a_k = b_k \oplus b_{k-1} \qquad (6.7-7)$$

式中:$\oplus$ 表示模 2 加。

然后,把 $\{b_k\}$ 作为发送滤波器的输入码元序列,形成由式(6.7-1)决定的 $g(t)$ 波形序列,于是,参照式(6.7-4)可得到

$$C_k = b_k + b_{k-1} \qquad (6.7-8)$$

显然,若对式(6.7-8)进行模 2 处理,则有

$$[C_k]_{\text{mod}2} = [b_k + b_{k-1}]_{\text{mod}2} = b_k \oplus b_{k-1} = a_k$$

即

$$a_k = [C_k]_{\text{mod}2} \qquad (6.7-9)$$

式(6.7-9)表明,对接收到的 C_k 作模 2 处理后便直接得到发送端的 a_k,此时不需要预先知道 a_{k-1},因而不存在错误传播现象。这是因为,预编码后的部分响应信号各抽样值之间解除了码元之间的相关性,所以由当前 C_k 值可直接得到当前的 a_k。

通常,把式(6.7-6)的变换称为**预编码**,而把式(6.7-4)或式(6.7-8)的关系称为**相关编码**。因此,整个上述处理过程可概括为"**预编码—相关编码—模 2 判决**"过程。

下面的例子说明了这一过程(其中的 a_k 和 b_k 为二进制双极性码,其取值为 +1 及 -1(对应于"1"及"0")):

a_k	1	0	1	1	0	0	0	1	0	1	1
b_{k-1}	0	1	1	0	1	1	1	1	0	0	1
b_k	1	1	0	1	1	1	1	0	0	1	0
C_k	0	+2	0	0	+2	+2	+2	0	-2	0	0
C'_k	0	+2	0	0	+2	+2	+2	0	[0]×	0	0
a'_k	1	0	1	1	0	0	0	1	[1]×	1	1

判决规则为

$$C_k = \begin{cases} \pm 2 & \text{判 0} \\ 0 & \text{判 1} \end{cases}$$

此例说明,由当前 C_k 值可直接得到当前的 a_k,所以错误不会传播下去,而是局限在受干扰码元本身位置。

上面讨论的属于第Ⅰ类部分响应波形,其系统组成方框如图 6-21 所示。

图 6-21 第Ⅰ类部分响应系统组成框图

应当指出,部分响应信号是由预编码器、相关编码器、发送滤波器、信道和接收滤波器共同产生的。这意味着:如果相关编码器输出为 δ 脉冲序列,发送滤波器、信道和接收滤波器的传输函数应为理想低通特性。但由于部分响应信号的频谱是滚降衰减的,因此对理想低通特性的要求可以略有放松。

2. 部分响应波形的一般形式

部分响应波形的一般形式可以是 N 个相继间隔 T_B 的 $\sin x/x$ 波形之和,其表达式为

$$g(t) = R_1 \frac{\sin\frac{\pi}{T_B}t}{\frac{\pi}{T_B}t} + R_2 \frac{\sin\frac{\pi}{T_B}(t-T_B)}{\frac{\pi}{T_B}(t-T_B)} + \cdots + R_N \frac{\sin\frac{\pi}{T_B}[t-(N-1)T_B]}{\frac{\pi}{T_B}[t-(N-1)T_B]}$$

(6.7-10)

式中:$R_1, R_2, \cdots, R_N$ 为加权系数,其取值为正整数、负整数和零。例如,当取 $R_1 = 1, R_2 = 1$,其余系数 $R_m = 0$ 时,就是前面所述的第Ⅰ类部分响应波形。

由式(6.7-10)可得,$g(t)$ 的频谱函数为

$$G(\omega) = \begin{cases} T_B \sum_{m=1}^{N} R_m e^{-j\omega(m-1)T_B} & |\omega| \leqslant \frac{\pi}{T_B} \\ 0 & |\omega| > \frac{\pi}{T_B} \end{cases}$$

(6.7-11)

可见,$G(\omega)$ 仅在 $(-\pi/T_B, \pi/T_B)$ 范围内存在。

显然,$R_m (m=1,2,\cdots,N)$ 不同,将有不同类别的的部分响应信号,相应地有不同的相关编码方式。相关编码是为了得到预期的部分响应信号频谱所必需的。若设输入数据序列为 $\{a_k\}$,相应的相关编码电平为 $\{C_k\}$,则仿照式(6.7-4),有

$$C_k = R_1 a_k + R_2 a_{k-1} + \cdots + R_N a_{k-(N-1)}$$

(6.7-12)

由此看出，C_k 的电平数将依赖于 a_k 的进制数 L 及 R_m 的取值。无疑，一般 C_k 的电平数将要超过 a_k 的进制数。

为了避免因相关编码而引起的"差错传播"现象，一般要经过类似于前面介绍的"预编码—相关编码—模 2 判决"过程。

仿照式(6.7-7)对 a_k 进行预编码，即

$$a_k = R_1 b_k + R_2 b_{k-1} + \cdots + R_N b_{k-(N-1)} \quad (\bmod L) \qquad (6.7-13)$$

注意：式中 a_k 和 b_k 已假设为 L 进制，所以式中"＋"为"模 L 相加"。

然后，将预编码后的 b_k 进行相关编码，即

$$C_k = R_1 b_k + R_2 b_{k-1} + \cdots + R_N b_{k-(N-1)} \quad (算术加) \qquad (6.7-14)$$

再对 C_k 作模 L 处理，则由式(6.7-13)和式(6.7-13)可得

$$a_k = [C_k]_{\bmod L} \qquad (6.7-15)$$

这正是所期望的结果。此时不存在错误传播问题，且接收端的译码十分简单，只需直接对 C_k 按模 L 判决即可得 a_k。

表 6-1 列出了常见的五类部分响应波形、频谱特性和加权系数 R_m，分别命名为 Ⅰ 类、Ⅱ 类、Ⅲ 类、Ⅳ 类、Ⅴ 类部分响应信号，为了便于比较，把具有 $\sin x/x$ 波形的理想低通也列在表内并称为第 0 类。从表中看出，各类部分响应波形的频谱均不超过理想低通的频带宽度，但他们的频谱结构和对临近码元抽样时刻的串扰不同。目前应用较多的是第 Ⅰ 类和第 Ⅳ 类。第 Ⅰ 类频谱主要集中在低频段，适于信道频带高频严重受限的场合。第 Ⅳ 类无直流分量，且低频分量小，便于边带滤波，实现单边带调制，因而在实际应用中，第 Ⅳ 类部分响应用得最为广泛。当 $R_1 = 1$，$R_2 = 0$，$R_3 = -1$，其余系数 $R_m = 0$ 时，即为第 Ⅳ 类部分响应，其系统组成方框可参照图 6-21 画出。此外，以上两类的抽样值电平数比其他类别的少，这也是它们得以广泛应用的原因之一，当输入为 L 进制信号时，经部分响应传输系统得到的第 Ⅰ 类、Ⅳ 类部分响应信号的电平数为 $(2L-1)$。

表 6-1						五类部分响应波形、频谱特性和加权系数的比较		
类别	R_1	R_2	R_3	R_4	R_5	$g(t)$	$\lvert G(\omega) \rvert, \lvert \omega \rvert \leq \dfrac{\pi}{T_B}$	二进输入时 C_k 的电平数
0	1							2
Ⅰ	1	1					$2T_B \cos \dfrac{\omega T_B}{2}$	3
Ⅱ	1	2	1				$4T_B \cos^2 \dfrac{\omega T_B}{2}$	5

(续)

类别	R_1	R_2	R_3	R_4	R_5	$g(t)$	$\|G(\omega)\|,\|\omega\|\leq\dfrac{\pi}{T_B}$	二进输入时 C_R 的电平数
Ⅲ	2	1	−1				$2T_B\cos\dfrac{\omega T_B}{2}\sqrt{5-4\cos\omega T_B}$	5
Ⅳ	1	0	−1				$2T_B\sin\omega T_B$	3
Ⅴ	−1	0	2	0	−1		$4T_B\sin^2\omega T_B$	5

综上所述,采用部分响应系统的优点是,能实现 2B/Hz 的频带利用率,且传输波形的"尾巴"衰减大和收敛快。

部分响应系统的缺点是:当输入数据为 L 进制时,部分响应波形的相关编码电平数要超过 L 个。因此,在同样输入信噪比条件下,部分响应系统的抗噪声性能要比 0 类响应系统差。

6.7.2 时域均衡

在 6.4 节中,我们从理论上找到了消除码间串扰的方法,即使基带系统的传输总特性 $H(f)$ 满足奈奎斯特第一准则。但实际实现时,由于难免存在滤波器的设计误差和信道特性的变化,无法实现理想的传输特性,故在抽样时刻上总会存在一定的码间串扰,从而导致系统性能的下降。为了减小码间串扰的影响,通常需要在系统中插入一种可调滤波器来校正或补偿系统特性。这种起补偿作用的滤波器称为均衡器。

均衡器的种类很多,但按研究的角度和领域,可分为频域均衡器和时域均衡器两大类。频域均衡器是从校正系统的频率特性出发,利用一个可调滤波器的频率特性去补偿信道或系统的频率特性,使包括可调滤波器在内的基带系统的总特性接近无失真传输条件;时域均衡器用来直接校正已失真的响应波形,使包括可调滤波器在内的整个系统的冲激响应满足无码间串扰条件。

频域均衡在信道特性不变,且在传输低速数据时是适用的。而时域均衡可以根据信道特性的变化进行调整,能够有效地减小码间串扰,故在数字传输系统中,尤其是高速数据传输中得以广泛应用。

1. 时域均衡原理

在实际中,当数字基带传输系统(图 6 − 9)的总特性 $H(\omega)=G_T(\omega)C(\omega)G_R(\omega)$ 不满足奈奎斯特第一准则时,就会产生有码间串扰的响应波形。现在我们来证明:如果

在接收滤波器和抽样判决器之间插入一个称之为横向滤波器的可调滤波器,其冲激响应为

$$h_T(t) = \sum_{n=-\infty}^{\infty} C_n \delta(t - nT_B) \qquad (6.7-16)$$

其中,C_n 完全依赖于 $H(\omega)$,那么,理论上就可消除抽样时刻上的码间串扰。

设插入滤波器的频率特性为 $T(\omega)$,则当

$$T(\omega)H(\omega) = H'(\omega) \qquad (6.7-17)$$

满足式(6.4-8),即满足

$$\sum_i H'\left(\omega + \frac{2\pi i}{T_B}\right) = T_B \quad |\omega| \leq \frac{\pi}{T_B} \qquad (6.7-18)$$

时,包括 $T(\omega)$ 在内的总特性 $H'(\omega)$ 将能消除码间串扰。

将式(6.7-17)代入式(6.7-18),得

$$\sum_i H\left(\omega + \frac{2\pi i}{T_B}\right) T\left(\omega + \frac{2\pi i}{T_B}\right) = T_B \quad |\omega| \leq \frac{\pi}{T_B} \qquad (6.7-19)$$

如果 $T(\omega)$ 是以 $2\pi/T_B$ 为周期的周期函数,即 $T\left(\omega + \frac{2\pi i}{T_B}\right) = T(\omega)$,则 $T(\omega)$ 与 i 无关,可拿到 $\sum_i$ 外边,于是有

$$T(\omega) = \frac{T_B}{\sum_i H\left(\omega + \frac{2\pi i}{T_B}\right)} \quad |\omega| \leq \frac{\pi}{T_B} \qquad (6.7-20)$$

使得式(6.7-18)成立。

既然 $T(\omega)$ 是按式(6.7-20)开拓的周期为 $2\pi/T_B$ 的周期函数,则 $T(\omega)$ 可用傅里叶级数来表示,即

$$T(\omega) = \sum_{n=-\infty}^{\infty} C_n e^{-jnT_B\omega} \qquad (6.7-21)$$

其中

$$C_n = \frac{T_B}{2\pi} \int_{-\pi/T_B}^{\pi/T_B} T(\omega) e^{jn\omega T_B} d\omega \qquad (6.7-22)$$

或

$$C_n = \frac{T_B}{2\pi} \int_{-\pi/T_B}^{\pi/T_B} \frac{T_B}{\sum_i H\left(\omega + \frac{2\pi i}{T_B}\right)} e^{jn\omega T_B} d\omega \qquad (6.7-23)$$

由式(6.7-23)看出,傅里叶系数 C_n 由 $H(\omega)$ 决定。

对式(6.7-21)求傅里叶反变换,则可求得其单位冲激响应为

$$h_T(t) = F^{-1}[T(\omega)] = \sum_{n=-\infty}^{\infty} C_n \delta(t - nT_B) \qquad (6.7-24)$$

这就是需要证明的式(6.7-16)。

由式(6.7-24)看出,这里的 $h_T(t)$ 是图6-22所示网络的单位冲激响应。该网络是由无限多的按横向排列的迟延单元 T_B 和抽头加权系数 C_n 组成的,因此称为**横向滤波器**。它的功能是利用它产生的无限多个响应波形之和,将接收滤波器输出端抽样时刻上有码间串扰的响应波形变换成抽样时刻上无码间串扰的响应波形。由于横向滤波器的均衡原理是建立在响应波形上的,故把这种均衡称为时域均衡。

图6-22 横向滤波器

不难看出,横向滤波器的特性将取决于各抽头系数 C_n。如果 C_n 是可调整的,则图6-22所示的滤波器是通用的;特别当 C_n 可自动调整时,则它能够适应信道特性的变化,可以动态校正系统的时间响应。

理论上,无限长的横向滤波器可以完全消除抽样时刻上的码间串扰,但实际中是不可能实现的。因为,不仅均衡器的长度受限制,并且系数 C_n 的调整准确度也受到限制。如果 C_n 的调整准确度得不到保证,即使增加长度也不会获得显著的效果。因此,有必要进一步讨论有限长横向滤波器的抽头增益调整问题。

设一个具有 $2N+1$ 个抽头的横向滤波器,如图6-23(a)所示,其单位冲激响应为 $e(t)$,则参照式(6.7-24)有

$$e(t) = \sum_{i=-N}^{N} C_i \delta(t - iT_B) \tag{6.7-25}$$

图6-23 有限长横向滤波器及其输入和输出波形

又设它的输入为 $x(t)$,$x(t)$ 是被均衡的对象,并设它没有附加噪声,如图6-23(b)所示。则均衡后的输出波形为

$$y(t) = x(t) * e(t) = \sum_{i=-N}^{N} C_i x(t - iT_B) \quad (6.7-26)$$

在抽样时刻 $t = kT_B$（设系统无延时）上，有

$$y(kT_B) = \sum_{i=-N}^{N} C_i x(kT_B - iT_B) = \sum_{i=-N}^{N} C_i x[(k-i)T_B]$$

将其简写为

$$y_k = \sum_{i=-N}^{N} C_i x_{k-i} \quad (6.7-27)$$

式(6.7-27)说明，均衡器在第 k 个抽样时刻上得到的样值 y_k 将由 $2N+1$ 个 C_i 与 x_{k-i} 乘积之和来确定。显然，其中除 y_0 以外的所有 y_k 都属于波形失真引起的码间串扰。当输入波形 $x(t)$ 给定，即各种可能的 x_{k-i} 确定时，通过调整 C_i 使指定的 y_k 等于零是容易办到的，但同时要求所有的 y_k（除 $k=0$ 外）都等于零却是一件很难的事。下面我们通过一个例子来说明。

【例 6-3】 设有一个三抽头的横向滤波器，其 $C_{-1} = -1/4$，$C_0 = 1$，$C_{+1} = -1/2$；均衡器输入 $x(t)$ 在各抽样点上的取值分别为：$x_{-1} = 1/4$，$x_0 = 1$，$x_{+1} = 1/2$，其余都为零。试求均衡器输出 $y(t)$ 在各抽样点上的值。

【解】 根据式(6.7-27)有

$$y_k = \sum_{i=-1}^{1} C_i x_{k-i}$$

当 $k=0$ 时，可得

$$y_0 = \sum_{i=-1}^{1} C_i x_{-i} = C_{-1} x_1 + C_0 x_0 + C_1 x_{-1} = \frac{3}{4}$$

当 $k=1$ 时，可得

$$y_{+1} = \sum_{i=-1}^{1} C_i x_{1-i} = C_{-1} x_2 + C_0 x_1 + C_1 x_0 = 0$$

当 $k=-1$ 时，可得

$$y_{-1} = \sum_{i=-1}^{1} C_i x_{-1-i} = C_{-1} x_0 + C_0 x_{-1} + C_1 x_{-2} = 0$$

同理可求得：$y_{-2} = -1/16$，$y_{+2} = -1/4$，其余均为零。

由此例可见，除 y_0 外，均衡使 y_{-1} 及 y_1 为零，但 y_{-2} 及 y_2 不为零。这说明，利用有限长的横向滤波器减小码间串扰是可能的，但完全消除是不可能的。

那么，如何确定和调整抽头系数 C_i，获得最佳的均衡效果呢？

2. 均衡准则与实现

如上所述，有限长横向滤波器不可能完全消除码间串扰，其输出将有剩余失真。为了反映这些失真的大小，需要建立度量均衡效果的标准。通常采用峰值失真和均方失真来

衡量。

峰值失真定义为

$$D = \frac{1}{y_0} \sum_{\substack{k=-\infty \\ k \neq 0}}^{\infty} |y_k| \qquad (6.7-28)$$

式中,除 $k=0$ 以外的各值的绝对值之和反映了码间串扰的最大值。y_0 是有用信号样值,所以峰值失真 D 是码间串扰最大可能值(峰值)与有用信号样值之比。显然,对于完全消除码间干扰的均衡器而言,应有 $D=0$;对于码间干扰不为零的场合,希望 D 越小越好。因此,若以峰值失真为准则调整抽头系数时,应使 D 最小。

均方失真定义为

$$e^2 = \frac{1}{y_0^2} \sum_{\substack{k=-\infty \\ k \neq 0}}^{\infty} y_k^2 \qquad (6.7-29)$$

其物理意义与峰值失真相似。

以最小峰值失真为准则,或以最小均方失真为准则来确定或调整均衡器的抽头系数,均可获得最佳的均衡效果,使失真最小。

注意:以上两种准则都是根据均衡器输出的单个脉冲响应来规定的。另外,还有必要指出,在分析横向滤波器时,我们均把时间原点($t=0$)假设在滤波器中心点处(即 C_0 处)。如果时间参考点选择在别处,则滤波器输出的波形形状是相同的,所不同的仅仅是整个波形的提前或推迟。

1)最小峰值法——迫零调整法

现以最小峰值失真准则为依据,讨论均衡器的实现与调整。

与式(6.7-28)相应,未均衡前的输入峰值失真(称为初始失真)可表示为

$$D_0 = \frac{1}{x_0} \sum_{\substack{k=-\infty \\ k \neq 0}}^{\infty} |x_k| \qquad (6.7-30)$$

若 x_k 是归一化的,且令 $x_0=1$,则式(6.7-30)变为

$$D_0 = \sum_{\substack{k=-\infty \\ k \neq 0}}^{\infty} |x_k| \qquad (6.7-31)$$

为方便起见,将样值 y_k 也归一化,且令 $y_0=1$,则根据式(6.7-27)可得

$$y_0 = \sum_{i=-N}^{N} C_i x_{-i} = 1 \qquad (6.7-32)$$

或

$$C_0 x_0 + \sum_{\substack{i=-N \\ i \neq 0}}^{N} C_i x_{-i} = 1$$

于是

$$C_0 = 1 - \sum_{\substack{i=-N \\ i\neq 0}}^{N} C_i x_{-i} \qquad (6.7-33)$$

将式(6.7-33)代入式(6.7-27),则

$$y_k = \sum_{\substack{i=-N \\ i\neq 0}}^{N} C_i(x_{k-i} - x_k x_{-i}) + x_k \qquad (6.7-34)$$

再将式(6.7-34)代入式(6.7-28),则

$$D = \sum_{\substack{k=-\infty \\ k\neq 0}}^{\infty} \left| \sum_{\substack{i=-N \\ i\neq 0}}^{N} C_i(x_{k-i} - x_k x_{-i}) + x_k \right| \qquad (6.7-35)$$

可见,在输入序列$\{x_k\}$给定的情况下,峰值畸变D是各抽头系数C_i(除C_0外)的函数。显然,求解使D最小的C_i是我们所关心的。Lucky曾证明[1]:如果初始失真$D_0 < 1$,则D的最小值必然发生在y_0前后的y_k都等于零的情况下。这一定理的数学意义是,所求的系数$\{C_i\}$应该为

$$y_k = \begin{cases} 0 & 1 \leq |k| \leq N \\ 1 & k = 0 \end{cases} \qquad (6.7-36)$$

成立时的$2N+1$个联立方程的解。

由式(6.7-36)和式(6.7-27)可列出抽头系数必须满足的这$2N+1$个线性方程,即

$$\begin{cases} \sum_{i=-N}^{N} C_i x_{k-i} = 0 & k = \pm 1, \pm 2, \cdots, \pm N \\ \sum_{i=-N}^{N} C_i x_{-i} = 1 & k = 0 \end{cases} \qquad (6.7-37)$$

将它写成矩阵形式,即

$$\begin{bmatrix} x_0 & x_{-1} & \cdots & x_{-2N} \\ \vdots & \vdots & \vdots & \vdots \\ x_N & x_{N-1} & \cdots & x_{-N} \\ \vdots & \vdots & \vdots & \vdots \\ x_{2N} & x_{2N-1} & \cdots & x_0 \end{bmatrix} \begin{bmatrix} C_{-N} \\ C_{-N+1} \\ \vdots \\ C_0 \\ \vdots \\ C_{N-1} \\ C_N \end{bmatrix} = \begin{bmatrix} 0 \\ \vdots \\ 0 \\ 1 \\ 0 \\ \vdots \\ 0 \end{bmatrix} \qquad (6.7-38)$$

这个联立方程的解的物理意义:在输入序列$\{x_k\}$给定时,如果按式(6.7-37)调整或设计各抽头系数C_i,可迫使均衡器输出的各抽样值$y_k(|k| \leq N, k \neq 0)$为零。这种调整叫做"迫零"调整,所设计的均衡器称为"迫零"均衡器。它能保证在$D_0 < 1$(这个条件等效于

在均衡之前有一个睁开的眼图,即码间串扰不足以严重到闭合眼图)时,调整除 C_0 外的 $2N$ 个抽头增益,并迫使 y_0 前后各有 N 个取样点上无码间串扰,此时 D 取最小值,均衡效果达到最佳。

【**例 6–4**】 设计一个具有三个抽头的迫零均衡器,以减小码间串扰。已知,$x_{-2}=0$,$x_{-1}=0.1$,$x_0=1$,$x_1=-0.2$,$x_2=0.1$,求三个抽头的系数,并计算均衡前后的峰值失真。

【**解**】 根据式(6.7–38)和 $2N+1=3$,列出矩阵方程为

$$\begin{bmatrix} x_0 & x_{-1} & x_{-2} \\ x_1 & x_0 & x_{-1} \\ x_2 & x_1 & x_0 \end{bmatrix} \begin{bmatrix} C_{-1} \\ C_0 \\ C_1 \end{bmatrix} = \begin{bmatrix} 0 \\ 1 \\ 0 \end{bmatrix}$$

将样值代入上式,可列出方程组:

$$\begin{cases} C_{-1}+0.1C_0 = 0 \\ -0.2C_{-1}+C_0+0.1C_1 = 1 \\ 0.1C_{-1}-0.2C_0+C_1 = 0 \end{cases}$$

解联立方程可得

$$C_{-1}=-0.09606,\quad C_0=0.9606,\quad C_1=0.2017$$

然后通过式(6.7–27),可得

$$y_{-1}=0,\quad y_0=1,\quad y_1=0$$
$$y_{-3}=0,\quad y_{-2}=0.0096,\quad y_2=0.0557,\quad y_3=0.02016$$

输入峰值失真为

$$D_0 = \frac{1}{x_0}\sum_{\substack{k=-\infty \\ k\neq 0}}^{\infty}|x_k| = 0.4$$

输出峰值失真为

$$D = \frac{1}{y_0}\sum_{\substack{k=-\infty \\ k\neq 0}}^{\infty}|y_k| = 0.08546$$

可见,均衡后的峰值失真减小了,约为均衡前的 21%。

可见,三抽头均衡器可以使 y_0 两侧各有一个零点,但在远离 y_0 的一些抽样点上仍会有码间串扰。这就是说抽头有限时,总不能完全消除码间串扰,但适当增加抽头数可以将码间串扰减小到相当小的程度。

"迫零"均衡器的具体实现方法有许多种。一种最简单的方法是预置式自动均衡器,其原理方框图如图 6–24 所示。它的输入端每隔一段时间送入一个来自发端的测试单脉冲波形(此单脉冲波形是指基带系统在单个单位脉冲作用下,其接收滤波器的输出波形)。当该波形每隔 T_B 秒依次输入时,在输出端就将获得各样值为 $y_k(k=-N,$

$-N+1,\cdots,N-1,N)$ 的波形,根据"迫零"调整原理,若得到的某一 y_k 为正极性时,则相应的抽头增益 C_k 应下降一个适当的增量 Δ;若 y_k 为负极性,则相应的 C_k 应增加一个增量 Δ。为了实现这个调整,在输出端将每个 y_k 依次进行抽样并进行极性判决,判决的两种可能结果以"极性脉冲"表示,并加到控制电路。控制电路将在某一规定时刻(如测试信号的终了时刻)将所有"极性脉冲"分别作用到相应的抽头上,让它们作增加 Δ 或下降 Δ 的改变。这样,经过多次调整,就能达到均衡的目的。可以看到,这种自动均衡器的精度与增量 Δ 的选择和允许调整时间有关。Δ 越小,精度就越高,但调整时间就需要愈长。

图 6-24 预置式自动均衡器的原理方框图

2) 最小均方失真法自适应均衡器

按最小峰值失真准则设计的"迫零"均衡器存在一个缺点,那就是必须限制初始失真 $D_0 < 1$。若用最小均方失真准则也可导出抽头系数必须满足的 $2N+1$ 个方程,从中也可解得使均方失真最小的 $2N+1$ 个抽头系数,不过,这时不需对初始失真 D_0 提出限制。下面介绍一种按最小均方误差准则来构成的自适应均衡器。

自适应均衡与预置式均衡一样,都是通过调整横向滤波器的抽头增益来实现均衡的。但自适应均衡器不再利用专门的测试单脉冲进行误差的调整,而是在传输数据期间借助信号本身来调整增益,从而实现自动均衡的目的。由于数字信号通常是一种随机信号,所以,自适应均衡器的输出波形不再是单脉冲响应,而是实际的数据信号。

设发送序列为 $\{a_k\}$,均衡器输入为 $x(t)$,均衡后输出的样值序列为 $\{y_k\}$,此时误差信号为

$$e_k = y_k - a_k \qquad (6.7-39)$$

均方误差定义为

$$\overline{e^2} = E(y_k - a_k)^2 \qquad (6.7-40)$$

当 $\{a_k\}$ 是随机数据序列时,上式最小化与均方失真最小化是一致的。根据式(6.7-27)可知

$$y_k = \sum_{i=-N}^{N} C_i x_{k-i}$$

将上式代入式(6.7-40),有

$$\overline{e^2} = E\left(\sum_{i=-N}^{N} C_i x_{k-i} - a_k\right)^2 \qquad (6.7-41)$$

可见，均方误差$\overline{e^2}$是各抽头增益的函数。我们期望对于任意的k，都应使均方误差最小，故将上式对C_i求偏导数，有

$$\frac{\partial \overline{e^2}}{\partial C_i} = 2E[e_k x_{k-i}] \qquad (6.7-42)$$

其中

$$e_k = y_k - a_k = \sum_{i=-N}^{N} C_i x_{k-i} - a_k \qquad (6.7-43)$$

表示误差值。这里误差的起因包括码间串扰和噪声，而不仅仅是波形失真。

从式(6.7-42)可见，要使$\overline{e^2}$最小，应有$\frac{\partial \overline{e^2}}{\partial C_i} = 0$，即$E[e_k x_{k-i}] = 0$，这就要求误差$e_k$与均衡器输入样值$x_{k-i}$($|i| \leq N$)应互不相关。这就说明，抽头增益的调整可以借助对误差e_k和样值x_{k-i}乘积的统计平均值。若这个平均值不等于零，则应通过增益调整使其向零值变化，直到使其等于零为止。

图6-25给出了一个三抽头自适应均衡器原理框图。图中，统计平均器可以是一个求算术平均的部件。

图6-25 自适应均衡器

由于自适应均衡器的各抽头系数可随信道特性的时变而自适应调节，故调整精度高，不需预调时间。在高速数传系统中，普遍采用自适应均衡器来克服码间串扰。

自适应均衡器还有多种实现方案，经典的自适应均衡器准则或算法有：迫零算法(ZF)、最小均方误差算法(LMS)、递推最小二乘算法(RLS)、卡尔曼算法等。

另外，上述均衡器属于线性均衡器(因为横向滤波器是一种线性滤波器)，它对于像电话线这样的信道来说性能良好，对于在无线信道传输中，若信道严重失真造成的码间干扰以致线性均衡器不易处理时，可采用非线性均衡器。目前已经开发出三个非常有效的非线性均衡算法：判决反馈均衡(DFE)、最大似然符号检测、最大似然序列估值。其中，判决反馈均衡器被证明是解决该问题的一个有效途径，其详细介绍可参考文献[2]。

6.8 小结

本章主要讨论了五个方面的问题：
(1) 发送信号的码型与波形选择及其功率谱特征；
(2) 码间串扰及奈奎斯特带宽；
(3) 无码间串扰的基带系统抗噪声性能；
(4) 改善系统性能的两种措施——部分响应和均衡；
(5) 估计接收信号质量的实验方法——眼图。

基带信号，指未经调制的信号。这些信号的特征是其频谱从零频或很低频率开始，占据较宽的频带。

基带信号在传输前，必须经过一些处理或某些变换（如码型变换、波形和频谱变换）才能送入信道中传输。处理或变换的目的是使信号的特性与信道的传输特性相匹配。

数字基带信号是消息代码的电波形表示。表示形式有多种，有单极性和双极性波形、归零和非归零波形、差分波形、多电平波形之分，各自有不同的特点。等概双极性波形无直流分量，有利于在信道中传输；单极性 RZ 波形中含有位定时频率分量，常作为提取位同步信息时的过渡性波形；差分波形可以消除设备初始状态的影响。

码型编码用来把原始消息代码变换成适合于基带信道传输的码型。常见的传输码型有 AMI 码、HDB_3 码、双相码、CMI 码、nBmB 码和 nBmT 码等。这些码各有自己的特点，可针对具体系统的要求来选择，如 HDB_3 码常用于 A 律 PCM4 次群以下的接口码型。

功率谱分析的意义在于，可以确定信号的带宽，还可以明确能否从脉冲序列中直接提取定时分量，以及采取怎样的方法可以从基带脉冲序列中获得所需的离散分量。

码间串扰和信道噪声是造成误码的两个主要因素。如何消除码间串扰和减小噪声对误码率的影响是数字基带传输中必须研究的问题。

奈奎斯特带宽为消除码间串扰奠定了理论基础。$\alpha = 0$ 的理想低通系统可以达到 2Baud/Hz 的理论极限值，但它不能物理实现；实际中应用较多的是 $\alpha > 0$ 的余弦滚降特性，其中 $\alpha = 1$ 的升余弦频谱特性易于实现，且响应波形的尾部衰减收敛快，有利于减小码间串扰和位定时误差的影响，但占用带宽最大，频带利用率下降为 1Baud/Hz。

在二进制基带信号传输过程中，噪声引起的误码有两种差错形式：发"1"错判为"0"，发"0"错判为"1"。在相同条件下，双极性基带系统的误码率比单极性的低，抗噪声性能好，且在等概条件下，双极性的最佳判决门限电平为 0，与信号幅度无关，因而不随信道特性变化而变，而单极性的最佳判决门限电平为 $A/2$，易受信道特性变化的影响，从而导致误码率增大。

部分响应技术通过有控制地引入码间串扰（在接收端加以消除），可以达到 2Baud/Hz 的理想频带利用率，并使波形"尾巴"振荡衰减加快这样两个目的。

部分响应信号是由预编码器、相关编码器、发送滤波器、信道和接收滤波器共同产生的。其中，相关编码是为了得到预期的部分响应信号频谱所必需的。预编码解除了码元之间的相关性。

实际中为了减小码间串扰的影响，需要采用均衡器进行补偿。实用的均衡器是有限长的横向滤波器,其均衡原理是直接校正接收波形,尽可能减小码间串扰。峰值失真和均方失真是评价均衡效果的两种度量准则。

眼图为直观评价接收信号的质量提供了一种有效的实验方法。它可以定性反映码间串扰和噪声的影响程度,还可以用来指示接收滤波器的调整,以减小码间串扰,改善系统性能。

思 考 题

6-1 数字基带传输系统的基本结构及各部分的功能如何?

6-2 数字基带信号有哪些常用的形式?它们各有什么特点?它们的时域表示式如何?

6-3 研究数字基带信号功率谱的意义何在?信号带宽怎么确定?

6-4 构成 AMI 码和 HDB_3 码的规则是什么?它们各有什么优缺点?

6-5 简述双相码和差分双相码的优缺点。

6-6 什么是码间串扰?它是怎样产生的?对通信质量有什么影响?

6-7 为了消除码间串扰,基带传输系统的传输函数应满足什么条件?其相应的冲激响应应具有什么特点?

6-8 何谓奈奎斯特速率和奈奎斯特带宽?此时的频带利用率有多大?

6-9 什么是最佳判决门限电平?

6-10 在二进制基带传输过程中,有哪两种误码?它们各在什么情况下发生?

6-11 当 $P(1) = P(0) = 1/2$ 时,对于传送单极性基带波形和双极性基带波形的最佳判决门限电平各为多少?为什么?

6-12 无码间串扰时,基带系统的误码率与哪些因素有关?如何降低系统的误码率?

6-13 什么是眼图?它有什么用处?由眼图模型可以说明基带传输系统的哪些性能?具有升余弦脉冲波形的 HDB_3 码的眼图应是什么样的图形?

6-14 什么是部分响应波形?什么是部分响应系统?

6-15 部分响应技术解决了什么问题?第Ⅳ类部分响应的特点是什么?

6-16 什么是频域均衡?什么是时域均衡?横向滤波器为什么能实现时域均衡?

6-17 时域均衡器的均衡效果是如何衡量的?什么是峰值失真准则?什么是均方失真准则?

习 题

6-1 设二进制符号序列为 10010011,试以矩形脉冲为例,分别画出相应的单极性、双极性、单极性归零、双极性归零、空号差分(0 变 1 不变)和传号差分(1 变 0 不变)波形。

6-2 设二进制符号序列为 110101011000010111100001,试画出相应的八电平和四电平波形。若波特率相同时,谁的比特率更高?

6-3 设二进制随机序列由 $g_1(t)$ 和 $g_2(t)$ 组成,出现 $g_1(t)$ 的概率为 P,出现 $g_2(t)$

的概率为$(1-P)$。试证明下式成立时，脉冲序列将无离散谱。

$$P = \frac{1}{1 - \dfrac{g_1(t)}{g_2(t)}}$$

6-4 设二进制随机序列中的"0"和"1"分别由$g(t)$和$-g(t)$组成，它们的出现概率分别为P及$(1-P)$。试确定：

(1) 该序列的功率谱密度及功率；

(2) 若$g(t)$为如图P6-1(a)所示波形，T_B为码元宽度，问该序列是否存在频率为$f_B = 1/T_B$的离散分量。

(3) 若$g(t)$改为图P6-1(b)，重新回答题(2)所问。

6-5 设某二进制数字基带信号的基本脉冲为三角形脉冲，如图P6-2所示。图中T_B为码元间隔，数字信息"1"和"0"分别用$g(t)$的有和无表示，且"1"和"0"出现的概率相等。试确定：

(1) 该基带信号的功率谱密度；

(2) 能否从该基带信号中提取位同步所需的频率分量？若能，试计算该分量的功率。

图 P6-1 图 P6-2

6-6 设某二进制数字基带信号中，数字信息"1"和"0"分别用$g(t)$和$-g(t)$表示，且"1"和"0"出现的概率相等，$g(t)$是升余弦频谱脉冲：

$$g(t) = \frac{1}{2} \frac{\cos\left(\dfrac{\pi t}{T_B}\right)}{1 - \dfrac{4t^2}{T_B^2}} Sa\left(\frac{\pi t}{T_B}\right)$$

(1) 写出该基带信号的连续谱，并画出示意图；

(2) 从该基带信号中能否直接提取频率为$f_B = 1/T_B$的位定时分量？

(3) 若码元间隔$T_B = 10^{-3}(s)$，试求该基带信号的传码率及频带宽度。

6-7 已知信码序列为1011000000000101，试确定相应的AMI码及HDB_3码，并分别画出它们的波形图。

6-8 已知信码序列为101100101，试确定相应的双相码和CMI码，并分别画出它们的波形图。

6-9 某数字基带系统接收滤波器输出信号的基本脉冲为如图P6-3所示的三角形脉冲。

(1) 求该系统的传输函数$H(\omega)$；

(2) 假设信道的传输函数 $C(\omega)=1$，发送滤波器和接收滤波器具有相同的传输函数，即 $G_T(\omega)=G_R(\omega)$，试求这时 $G_T(\omega)$ 或 $G_R(\omega)$ 的表达式。

6-10 某基带传输系统具有如图 P6-4 所示的三角形传输函数。试确定：

(1) 该系统接收滤波器输出的冲激响应 $h(t)$；

(2) 当数字信号的传码率为 $R_B=\omega_0/\pi$ 时，用奈奎斯特准则验证该系统能否实现无码间串扰传输？

图 P6-3

图 P6-4

6-11 设基带传输系统的发送滤波器、信道及接收滤波器组成的总特性为 $H(\omega)$，若要求以 $2/T_B$ 波特的速率进行数据传输，验证图 P6-5 所示的各种 $H(\omega)$ 能否满足抽样点上无码间串扰的条件？

图 P6-5

6-12 欲以 $R_B=10^3$ 波特的速率传输数字基带信号，试问采用图 P6-6 中的哪一种传输特性较好？并简要说明其理由。

图 P6-6

6-13 设某数字基带系统的传输特性 $H(\omega)$ 如图 P6-7 所示。图中 α 为某个常数 ($0\leqslant\alpha\leqslant 1$)：

(1) 试检验该系统能否实现无码间串扰的条件？

(2) 该系统的最高码元传输速率为多大？这时的系统频带利用率为多大？

图 P6-7

6-14 设某基带系统的频率特性 $|H(\omega)|$ 为余弦滚降频谱,传输信号为四电平基带脉冲序列,能够实现无 ISI 传输的最高信息速率为 $R_b = 2\,400$ b/s,试确定:

(1) 滚降系数 $\alpha = 0.4$ 时的系统带宽和最高频带利用率;
(2) 滚降系数 $\alpha = 1$ 时的系统带宽和最高频带利用率;
(3) 若以 800 b/s 的速率传输时,有无 ISI?

6-15 设二进制基带系统的传输总特性为

$$H(\omega) = \begin{cases} \dfrac{T_B}{2}\left(1 + \cos\dfrac{\omega T_B}{2}\right) & |\omega| \leqslant \dfrac{2\pi}{T_B} \\ 0 & \text{其他} \end{cases}$$

试证明其单位冲激响应为 $h(t) = \dfrac{\sin \pi t/T_B}{\pi t/T_B} \cdot \dfrac{\cos \pi t/T_B}{1 - 4t^2/T_B^2}$,并画出 $h(t)$ 的示意波形和说明用 $1/T_B$ 波特速率传送数据时,抽样时刻上是否存在码间串扰?

6-16 二进制数字基带传输系统如图 6-9 所示,设 $C(\omega) = 1$,$G_T(\omega) = G_R(\omega) = \sqrt{H(\omega)}$。现已知

$$H(\omega) = \begin{cases} \tau_0(1 + \cos\omega\tau_0) & |\omega| \leqslant \dfrac{\pi}{\tau_0} \\ 0 & \text{其他 } \omega \end{cases}$$

(1) 画出 $H(\omega)$ 特性曲线示意图,并确定无码间串扰的最高波特率;
(2) 若 $n(t)$ 的双边功率谱密度为 $n_0/2$(W/Hz),试确定 $G_R(\omega)$ 输出端的噪声功率;
(3) 若在抽样时刻 kT(k 为任意正整数)上,接收滤波器的输出信号以相同概率取 0、A 电平,而输出噪声取值 V 是服从下述概率密度分布的随机变量

$$f(V) = \dfrac{1}{2\lambda}e^{-\frac{|V|}{\lambda}} \qquad \lambda > 0(\text{常数})$$

试求此系统最小误码率 P_e。

6-17 某二进制数字基带系统所传送的是单极性基带信号,且数字信息"1"和"0"的出现概率相等。

(1) 若数字信息为"1"时,接收滤波器输出信号在抽样判决时刻的值 $A = 1$(V),且接收滤波器输出噪声是均值为 0、均方根值为 0.2(V)的高斯噪声,试求这时的误码率 P_e;
(2) 若要求误码率 P_e 不大于 10^{-5},试确定 A 至少应该是多少?

6-18 若将上题中的单极性信号改为双极性信号,而其他条件不变,重做上题中的

各问,并进行比较。

6–19 一随机二进制序列为 10110001,"1"码对应的基带波形是峰值为 1 的升余弦波形,持续时间为 T_B;"0"码对应的基带波形与"1"码的极性相反。

(1) 当示波器扫描周期 $T_0 = T_B$ 时,试画出眼图;

(2) 当 $T_0 = 2T_B$ 时,试画出眼图;

(3) 比较以上两种眼图的最佳抽样判决时刻、判决门限电平及噪声容限值。

6–20 某相关编码系统如图 P6–8 所示。图中,理想低通滤波器的截止频率为 $1/2T_B$(Hz),通带增益为 T_B。试求该系统的单位冲激响应和频率特性。

6–21 若上题中的输入数据为二进制,相关电平数有几个?若数据为四进制,相关电平数又为何值?

6–22 以教材表 6–1 中第Ⅳ类部分响应系统为例,试画出包括预编码在内的第Ⅳ类部分响应系统的方框图。

6–23 设有一个三抽头的时域均衡器,如图 P6–9 所示,输入信号 $x(t)$ 在各抽样点的值依次为 $x_{-2} = 1/8$、$x_{-1} = 1/3$、$x_0 = 1$、$x_{+1} = 1/4$、$x_{+2} = 1/16$,在其他抽样点均为零,试求均衡器输入波形 $x(t)$ 的峰值失真及输出波形 $y(t)$ 的峰值失真。

图 P6–8

图 P6–9

6–24 设计一个三抽头迫零均衡器。已知输入信号 $x(t)$ 在各抽样点的值依次为 $x_{-2} = 0$、$x_{-1} = 0.2$、$x_0 = 1$、$x_{+1} = -0.3$、$x_{+2} = 0.1$,其余均为零。

(1) 求三个抽头的最佳系数;

(2) 比较均衡前后的峰值失真。

参考文献

[1] Lucky R W. Automatic Equalization for Digital Communications. Bell Syst. Tech. J. ,1965,(44)4:547–588.

[2] John G. Proakis. Digital Communications. Third Edition 1995.

第7章 数字带通传输系统

导学视频　三个目标

数字信号的传输方式分为基带传输（baseband transmission）和带通传输（bandpass transmission）。第6章已经详细地描述了数字信号的基带传输。然而，实际中的大多数信道（如无线信道）因具有带通特性而不能直接传送基带信号，这是因为数字基带信号往往具有丰富的低频分量。为了使数字信号在带通信道中传输，必须用数字基带信号对载波进行调制，以使信号与信道的特性相匹配。这种用数字基带信号控制载波，把数字基带信号变换为数字带通信号（已调信号）的过程称为**数字调制**（digital modulation）。在接收端通过解调器把带通信号还原成数字基带信号的过程称为**数字解调**（digital demodulation）。通常把包括调制和解调过程的数字传输系统叫做**数字带通传输系统**。

一般来说，数字调制与模拟调制的基本原理相同，但是数字信号有离散取值的特点。因此数字调制技术有两种方法：① 利用模拟调制的方法去实现数字式调制，即把数字调制看成是模拟调制的一个特例，把数字基带信号当做模拟信号的特殊情况处理；② 利用数字信号的离散取值特点通过开关键控载波，从而实现数字调制。这种方法通常称为键控法，比如对载波的振幅、频率和相位进行键控，便可获得**振幅键控**（ASK）、**频移键控**（FSK）和**相移键控**（PSK）三种基本的数字调制方式。图7-1给出了相应的信号波形的示例。

图7-1　正弦载波的三种键控波形

数字信息有二进制和多进制之分，因此，数字调制可分为二进制调制和多进制调制。在二进制调制中，信号参量只有两种可能的取值；而在多进制调制中，信号参量可能有 $M(M>2)$ 种取值。本章主要讨论二进制数字调制系统的原理及其抗噪声性能，并简要介绍多进制数字调制基本原理。一些改进的、现代的、特殊的调制方式如 QAM、MSK、GMSK、OFDM 等将放在第8章中进行讨论。

7.1 二进制数字调制原理

调制信号是二进制数字基带信号时的调制称为二进制数字调制。在二进制数字调制中,载波的幅度、频率和相位只有两种变化状态。相应的调制方式有二进制振幅键控(2ASK)、二进制频移键控(2FSK)和二进制相移键控(2PSK)。

7.1.1 二进制振幅键控

1. 2ASK 基本原理

振幅键控是利用载波的幅度变化来传递数字信息,而其频率和初始相位保持不变。在 2ASK 中,载波的幅度只有两种变化状态,分别对应二进制信息"0"或"1"。一种常用的、也是最简单的二进制振幅键控方式称为**通—断键控**(OOK),其表达式为

$$e_{OOK}(t) = \begin{cases} A\cos\omega_c t & \text{以概率 } P \text{ 发送"1"时} \\ 0 & \text{以概率 } 1-P \text{ 发送"0"时} \end{cases} \quad (7.1-1)$$

典型波形如图 7-2 所示。可见,载波在二进制基带信号 $s(t)$ 控制下通—断变化,所以这种键控又称为通—断键控。在 OOK 中,某一种符号("0"或"1")用有没有电压来表示。

图 7-2 2ASK/OOK 信号时间波型

2ASK 信号的一般表达式为

$$e_{2ASK}(t) = s(t)\cos\omega_c t \quad (7.1-2)$$

其中

$$s(t) = \sum_n a_n g(t - nT_B) \quad (7.1-3)$$

式中:T_B 为码元持续时间;$g(t)$ 为持续时间为 T_B 的基带脉冲波形。为简便起见,通常假设 $g(t)$ 是高度为 1、宽度等于 T_B 的矩形脉冲;a_n 是第 n 个符号的电平取值。若取

$$a_n = \begin{cases} 1 & \text{概率为 } P \\ 0 & \text{概率为 } 1-P \end{cases} \quad (7.1-4)$$

则相应的 2ASK 信号就是 OOK 信号。

2ASK/OOK 信号的产生方法通常有两种:**模拟调制法**(相乘器法)和**键控法**,相应的

调制器如图7-3所示。图(a)就是一般的模拟幅度调制的方法,用乘法器(multiplier)实现;图(b)是一种数字键控法,其中的开关电路受$s(t)$控制。

(a) 模拟相乘法　　　　　　　　　(b) 数字键控法

图7-3　2ASK/OOK信号调制器原理框图

与 AM 信号的解调方法一样。2ASK/OOK 信号也有两种基本的解调方法:**非相干**(noncoherent)**解调**(**包络检波法**)和**相干**(coherent)**解调**(**同步检测法**),相应的接收系统组成方框图如图7-4所示。与模拟信号的接收系统相比,这里增加了一个"抽样判决器"方框,这对于提高数字信号的接收性能是必要的。

(a) 非相干解调方式

(b) 相干解调方式

图7-4　2ASK/OOK信号的接收系统组成方框图

图7-5给出了2ASK/OOK信号非相干解调过程的时间波形。

图7-5　2ASK/OOK信号非相干解调过程的时间波形

2ASK 是20世纪初最早运用于无线电报中的数字调制方式之一。但是,ASK 传输技术受噪声影响很大。噪声电压和信号一起改变了振幅。在这种情况下,"0"可能变为

"1","1"可能变为"0"。可以想象,对于主要依赖振幅来识别比特的 ASK 调制方法,噪声是一个很大的问题。由于 ASK 是受噪声影响最大的调制技术(详见 7.3 节),现已较少应用,不过,2ASK 常常作为研究其他数字调制的基础,还是有必要了解它。

2. 2ASK 功率谱密度

由于 2ASK 信号是随机的功率信号,故研究它的频谱特性时,应该讨论它的功率谱密度。

根据式(7.1-2),2ASK 信号可以表示成

$$e_{2ASK}(t) = s(t)\cos\omega_c t \qquad (7.1-5)$$

式中:$s(t)$ 为随机的单极性(single-polarity)二进制基带脉冲序列。

因为两个独立平稳过程乘积的功率谱密度等于它们各自功率谱密度的卷积(见习题 3-5 的结果),所以将 $s(t)$ 的功率谱密度与 $\cos\omega_c t$ 的功率谱密度(见例 2-8)进行卷积运算,可得到 2ASK 信号的功率谱密度表达式:

$$P_{2ASK}(f) = \frac{1}{4}[P_s(f+f_c) + P_s(f-f_c)] \qquad (7.1-6)$$

可见,2ASK 信号的功率谱 $P_{2ASK}(f)$ 是单极性基带信号功率谱 $P_s(f)$ (见例 6-1 中式(6.1-30)和图 6-3(a))的线性搬移,其曲线如图 7-6 所示。

图 7-6 2ASK 信号的功率谱密度示意图

从以上分析及图 7-6 可以看出:第一,2ASK 信号的功率谱由连续谱和离散谱两部分组成;连续谱取决于 $g(t)$ 经线性调制后的双边带谱,而离散谱由载波分量确定。第二,2ASK 信号的带宽 B_{2ASK} 是基带信号带宽的 2 倍,若只计谱的主瓣(main lobe)(第一个谱零点位置),则有

$$B_{2ASK} = 2f_B \qquad (7.1-7)$$

其中,$f_B = 1/T_B = R_B$(码元速率)。

由此可见,2ASK 信号的传输带宽是码元速率的 2 倍。

7.1.2 二进制频移键控

1. 2FSK 基本原理

频移键控是利用载波的频率变化来传递数字信息。在 2FSK 中,载波的频率随二进制基带信号在 f_1 和 f_2 两个频率点间变化。故其表达式为

$$e_{2FSK}(t) = \begin{cases} A\cos(\omega_1 t + \varphi_n) & \text{发送"1"时} \\ A\cos(\omega_2 t + \theta_n) & \text{发送"0"时} \end{cases} \quad (7.1-8)$$

典型波形如图 7-7 所示。由图可见，2FSK 信号的波形(a)可以分解为波形(b)和波形(c)，也就是说，一个 2FSK 信号可以看成是两个不同载频的 2ASK 信号的叠加。因此，2FSK 信号的时域表达式又可写成

$$e_{2FSK}(t) = s_1(t)\cos(\omega_1 t + \varphi_n) + s_2(t)\cos(\omega_2 t + \theta_n) \quad (7.1-9)$$

式中：$S_1(t)$ 和 $S_2(t)$ 均为单极性脉冲序列，且当 $S_1(t)$ 为正电平脉冲时，$S_2(t)$ 为零电平，反之亦然；φ_n 和 θ_n 分别是第 n 个信号码元(1 或 0)的初始相位。在移频键控中，φ_n 和 θ_n 不携带信息，通常可令 φ_n 和 θ_n 均为零。因此，2FSK 信号的表达式可简化为

$$e_{2FSK}(t) = s_1(t)\cos\omega_1 t + s_2(t)\cos\omega_2 t \quad (7.1-10)$$

图 7-7 2FSK 信号的时间波形

2FSK 信号的产生方法主要有两种。一种可以采用模拟调频电路来实现；另一种可以采用键控法来实现，即在二进制基带矩形脉冲序列的控制下通过开关电路对两个不同的独立频率源进行选通，使其在每一个码元 T_B 期间输出 f_1 或 f_2 两个载波之一，如图 7-8 所示。这两种方法产生 2FSK 信号的差异在于：由调频法产生的 2FSK 信号在相邻码元之

图 7-8 键控法产生 2FSK 信号的原理图

间的相位是连续变化的,这是一类特殊的 FSK,称为连续相位 FSK(CPFSK);而键控法产生的 2FSK 信号,是由电子开关在两个独立的频率源之间转换形成,故相邻码元之间的相位不一定连续。

2FSK 信号的常用解调方法是采用如图 7-9 所示的非相干解调(包络检波)和相干解调。其解调原理是将 2FSK 信号分解为上下两路 2ASK 信号分别进行解调,然后进行判决(decision)。这里的抽样判决是直接比较两路信号抽样值的大小,可以不专门设置门限。判决规则应与调制规则相呼应,调制时若规定"1"符号对应载波频率 f_1,则接收时上支路的样值较大,应判为"1";反之则判为"0"。

(a) 非相干解调

(b) 相干解调

图 7-9 2FSK 信号解调原理图

除此之外,2FSK 信号还有其他解调方法,比如鉴频法、差分检测法、过零(zero crossing)检测法等。图 7-10 给出了**过零检测法**的原理框图及各点时间波形。过零检测的原理基于 2FSK 信号的过零点数随不同频率而异,通过检测过零点数目的多少,从而区分两个不同频率的信号码元。在图 7-10 中,2FSK 信号经限幅、微分、整流后形成与频率变化相对应的尖脉冲序列,这些尖脉冲的密集程度反映了信号的频率高低,尖脉冲的个数就是信号过零点数。把这些尖脉冲变换成较宽的矩形脉冲,以增大其直流分量,该直流分量的大小和信号频率的高低成正比。然后经低通滤波器取出此直流分量,这样就完成了频率—幅度变换,从而根据直流分量幅度上的区别还原出数字信号"1"和"0"。

2FSK 在数字通信中应用较为广泛。国际电信联盟(ITU)建议在数据传输速率低于 1200b/s 时采用 2FSK 体制。2FSK 可以采用非相干接收方式,接收时不必利用信号的相位信息,因此特别适合应用于衰落信道/随参信道(如短波无线电信道)的场合,这些信道会引起信号的相位和振幅随机抖动和起伏。

(a) 过零检测法原理图

(b) 各点时间波形

图 7-10 过零检测法原理图及各点时间波形

2. 2FSK 功率谱密度

由式(7.1-10)可知,相位不连续的 2FSK 信号可以看成是两个不同载频的 2ASK 信号的叠加,因此,2FSK 的功率谱可以近似表示成中心频率分别为 f_1 和 f_2 的两个 2ASK 功率谱的组合,即

$$P_{2FSK}(f) = \frac{1}{4}[P_{s1}(f-f_1) + P_{s1}(f+f_1)] + \frac{1}{4}[P_{s2}(f-f_2) + P_{s2}(f+f_2)] \qquad (7.1-11)$$

其典型曲线如图 7-11 所示。

图 7-11 相位不连续 2FSK 信号的功率谱示意图

由图 7-11 可以看出:第一,相位不连续 2FSK 信号的功率谱由连续谱和离散谱组成。其中,连续谱由两个中心位于 f_1 和 f_2 处的双边谱叠加而成,离散谱位于两个载频 f_1 和 f_2 处;第二,连续谱的形状随着两个载频之差 $|f_1-f_2|$ 的大小而变化,若 $|f_1-f_2|<f_B$,连续谱在 f_0 处出现单峰;若 $|f_1-f_2|>f_B$,出现双峰;第三,若以功率谱第一个零点之间的

频率间隔计算 2FSK 信号的带宽,则其带宽近似为

$$B_{2FSK} \approx |f_2 - f_1| + 2f_B \tag{7.1-12}$$

式中:$f_B = 1/T_B$ 为基带信号的带宽。

7.1.3 二进制相移键控

1. 2PSK 基本原理

相移键控是利用载波的相位变化来传递数字信息,而振幅和频率保持不变。在 2PSK 中,通常用初始相位 0 和 π 分别表示二进制"0"和"1"。因此,2PSK 信号的时域表达式为

$$e_{2PSK}(t) = A\cos(\omega_c t + \varphi_n) \tag{7.1-13}$$

式中:φ_n 表示第 n 个符号的绝对相位,即

$$\varphi_n = \begin{cases} 0 & \text{发送"0"时} \\ \pi & \text{发送"1"时} \end{cases} \tag{7.1-14}$$

因此,式(7.1-13)可以改写为

$$e_{2PSK}(t) = \begin{cases} A\cos\omega_c t & \text{概率为 } P \\ -A\cos\omega_c t & \text{概率为 } 1-P \end{cases} \tag{7.1-15}$$

典型波形如图 7-12 所示。

由于表示信号的两种码元的波形相同,极性相反,故 2PSK 信号一般可以表述为一个双极性(bipolarity)全占空(100% duty ratio)矩形脉冲序列与一个正弦载波的相乘,即

$$e_{2PSK}(t) = s(t)\cos\omega_c t \tag{7.1-16}$$

其中

$$s(t) = \sum_n a_n g(t - nT_B)$$

这里,$g(t)$ 为脉宽为 T_B 的单个矩形脉冲;a_n 的统计特性为

$$a_n = \begin{cases} 1 & \text{概率为 } P \\ -1 & \text{概率为 } 1-P \end{cases} \tag{7.1-17}$$

即发送二进制符号"0"时 $(a_n = +1)$,$e_{2PSK}(t)$ 取 0 相位;发送二进制符号"1"时 $(a_n = -1)$,$e_{2PSK}(t)$ 取 π 相位。这种以载波的不同相位直接去表示相应二进制数字信号的调制方式,称为二进制**绝对相移方式**。

图 7-12 2PSK 信号的时间波形

2PSK 信号的调制原理框图如图 7-13 所示。与 2ASK 信号的产生方法相比较,只是对 $s(t)$ 的要求不同,在 2ASK 中 $s(t)$ 是单极性的,而在 2PSK 中 $s(t)$ 是双极性的基带信号。

(a) 模拟调制方法

(b) 键控法

图 7-13 2PSK 信号的调制原理框图

2PSK 信号的解调通常采用相干解调法,解调器原理框图如图 7-14 所示。在相干解调中,如何得到与接收的 2PSK 信号同频同相的相干载波是个关键问题。这一问题将在第 13 章同步原理中介绍。

图 7-14 2PSK 信号的解调原理框图

2PSK 信号相干解调各点时间波形如图 7-15 所示。图中,假设相干载波的基准相位与 2PSK 信号的调制载波的基准相位一致(通常默认为 0 相位)。但是,由于在 2PSK 信号的载波恢复过程中存在着 180°的相位模糊(phase ambiguity)(详见第 13 章),即恢复的本地载波与所需的相干载波可能同相,也可能反相,这种相位关系的不确定性将会造成解调出的数字基带信号与发送的数字基带信号正好相反,即"1"变为"0","0"变为"1",判决器输出数字信号全部出错。这种现象称为 2PSK 方式的"**倒 π**"**现象**或"**反相工作**"。这也是 2PSK 方式在实际中很少采用的主要原因。另外,在随机信号码元序列中,信号波形有可能出现长时间连续的正弦波形,致使在接收端无法辨认信号码元的起止时刻。

为了解决上述问题,可以采用 7.1.4 节中将要讨论的差分相移键控(DPSK)体制。

2. 2PSK 功率谱密度

比较 2ASK 信号的表达式(7.1-2)和 2PSK 信号的表达式(7.1-16)可知,两者的表示形式完全一样,区别仅在于基带信号 $s(t)$ 不同(a_n 不同),前者为单极性,后者为双极

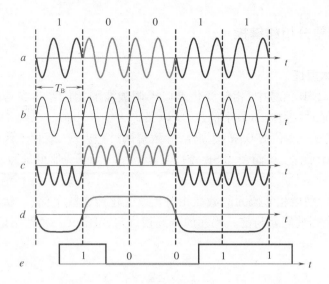

图 7-15 2PSK 信号相干解调时各点时间波形

性。因此,可以直接引用 2ASK 信号功率谱密度的公式(7.1-6)来表述 2PSK 信号的功率谱,即

$$P_{2PSK}(f) = \frac{1}{4}[P_s(f+f_c) + P_s(f-f_c)] \qquad (7.1-18)$$

应当注意,这里的 $P_s(f)$ 是双极性的随机矩形脉冲序列的功率谱。

利用例 6-2 中式(6.1-34)和图 6-3(b)可得 2PSK 信号的功率谱密度为

$$P_{2PSK}(f) = \frac{T_B}{4}\left[\left|\frac{\sin\pi(f+f_c)T_B}{\pi(f+f_c)T_B}\right|^2 + \left|\frac{\sin\pi(f-f_c)T_B}{\pi(f-f_c)T_B}\right|^2\right] \qquad (7.1-19)$$

其曲线如图 7-16 所示。

图 7-16 2PSK(2DPSK)信号的功率谱密度

从以上分析可见,二进制相移键控信号的频谱特性与 2ASK 的十分相似,带宽也是基带信号带宽的 2 倍。区别仅在于当 $P=1/2$ 时,其谱中无离散谱(即载波分量),此时 2PSK 信号实际上相当于抑制载波的双边带信号。因此,它可以看作是双极性基带信号作用下的调幅信号。

7.1.4 二进制差分相移键控

1. 2DPSK 基本原理

前面讨论的 2PSK 信号中,相位变化是以未调载波的相位作为参考基准的。由于它利用载波相位的绝对数值表示数字信息,所以又称为绝对相移。已经指出,2PSK 相干解调时,由于载波恢复中相位有 0、π 模糊性,导致解调过程出现"反相工作"现象,恢复出的数字信号"1"和"0"倒置,从而使 2PSK 难以实际应用。为了克服此缺点,提出了二进制差分相移键控(2DPSK)方式。

2DPSK 是利用前后相邻码元的载波相对相位变化传递数字信息,所以又称**相对相移键控**。假设 $\Delta\varphi$ 为当前码元与前一码元的载波相位差,可定义一种数字信息与 $\Delta\varphi$ 之间的关系为

$$\Delta\varphi = \begin{cases} 0 & 表示数字信息"0" \\ \pi & 表示数字信息"1" \end{cases} \quad (7.1-20)$$

于是可以将一组二进制数字信息与其对应的 2DPSK 信号的载波相位关系示例如下:

二进制数字信息: 1 1 0 1 0 0 1 1 0

2DPSK 信号相位: (0) π 0 π π π 0 π π

或   (π) 0 π π 0 0 0 π 0 0

相应的 2DPSK 信号的典型波形如图 7-17 所示。数字信息与 $\Delta\varphi$ 之间的关系也可定义为

$$\Delta\varphi = \begin{cases} 0 & 表示数字信息"1" \\ \pi & 表示数字信息"0" \end{cases}$$

由此示例可知,对于相同的基带数字信息序列,由于序列初始码元的参考相位不同,2DPSK 信号的相位可以不同。也就是说,2DPSK 信号的相位并不直接代表基带信号,而前后码元相对相位的差才唯一决定信息符号。

图 7-17 2DPSK 信号调制过程波形图

为了更加直观地说明信号码元的相位关系,我们可以用矢量图来表述。按照(7.1-20)的定义关系,我们可以用如图 7-18(a)所示的矢量图来表示,图中,虚线矢量位置称为参考相位,并且假设在一个码元持续时间中有整数个载波周期。在绝对相移中,

它是未调制载波的相位;在相对相移中,它是前一码元的载波相位,当前码元的相位可能是 0 或 π。但是按照这种定义,在某个长的码元序列中,信号波形的相位可能仍没有突跳点,致使在接收端无法辨认信号码元的起止时刻。这样,2DPSK 方式虽然解决了载波相位不确定性问题,但是码元的定时问题仍没有解决。

为了解决定时问题,可以采用图 7 – 18(b) 所示的相移方式。这时,当前码元的相位相对于前一码元的相位改变 ±π/2。因此,在相邻码元之间必定有相位突跳。在接收端检测此相位突跳就能确定每个码元的起止时刻,即可提供码元定时信息(此问题在第 13 章中讨论)。图 7 – 18(a) 所示的相移方式称为 A 方式;图 7 – 18(b) 所示的相移方式称为 B 方式。

图 7 – 18　2DPSK 信号的矢量图

2DPSK 信号的产生方法可以通过观察图 7 – 17 得到一种启示:先对二进制数字基带信号进行差分编码,即把表示数字信息序列的绝对码变换成**相对码**(差分码),然后再根据相对码进行绝对调相,从而产生二进制差分相移键控信号。2DPSK 信号调制器键控法原理框图如图 7 – 19 所示。

图 7 – 19　2DPSK 信号调制器原理框图

这里的差分码概念就是 6.1.1 节中介绍的一种差分波形。差分码可取传号差分码或空号差分码。其中,传号差分码的编码规则为

$$b_n = a_n \oplus b_{n-1} \tag{7.1-21}$$

式中:a_n 为绝对码;b_n 为相对码;$\oplus$ 为模 2 加;b_{n-1} 为 b_n 的前一码元,最初的 b_{n-1} 可任意设定。

由图 7 – 17 中已调信号的波形可知,这里使用的就是传号差分码,即载波的相位遇到原数字信息"1"变化,遇到"0"则不变,载波相位的这种相对变化就携带了数字信息。

式(7.1 – 21)称为差分编码(码变换),即把绝对码 a_n 变换为相对码 b_n;其逆过程称为差分译码(码反变换),即

$$a_n = b_n \oplus b_{n-1} \tag{7.1-22}$$

2DPSK 信号的解调方法之一是相干解调(极性比较法)加码反变换法。其解调原理是：对 2DPSK 信号进行相干解调，恢复出相对码，再经码反变换器变换为绝对码，从而恢复出发送的二进制数字信息。在解调过程中，由于载波相位模糊性的影响，使得解调出的相对码也可能是"1"和"0"倒置，但经差分译码(码反变换)得到的绝对码不会发生任何倒置的现象，从而解决了载波相位模糊性带来的问题。2DPSK 的相干解调器原理框图和各点波形如图 7-20 所示。

图 7-20 2DPSK 相干解调器原理框图和各点波形

2DPSK 信号的另一种解调方法是差分相干解调(相位比较法)，其原理框图和解调过程各点时间波形如图 7-21 所示。用这种方法解调时不需要专门的相干载波，只需由收到的 2DPSK 信号延时一个码元间隔 T_B，然后与 2DPSK 信号本身相乘。相乘器起着相位比较的作用，相乘结果反映了前后码元的相位差，经低通滤波后再抽样判决，即可直接恢复出原始数字信息，故解调器中不需要码反变换器。

2DPSK 系统是一种实用的数字调相系统，但其抗加性白噪声性能比 2PSK 的要差。

2. 2DPSK 功率谱密度

从前面讨论的 2DPSK 信号的调制过程及其波形可以知道，2DPSK 可以与 2PSK 具有相同形式的表达式，见式(7.1-16)。所不同的是 2PSK 中的基带信号 $s(t)$ 对应的是绝对码序列；而 2DPSK 中的基带信号 $s(t)$ 对应的是码变换后的相对码序列。因此，2DPSK 信号和 2PSK 信号的功率谱密度是完全一样的，即上一节中的式(7.1-19)及图 7-16 也可用来表述 2DPSK 信号功率谱。信号带宽为

图 7-21 2DPSK 差分相干解调器原理框图和各点时间波形

$$B_{2DPSK} = B_{2PSK} = 2f_B$$

与 2ASK 相同,也是码元速率的 2 倍。

7.2 二进制数字调制系统的抗噪声性能

以上我们详细讨论了二进制数字调制系统的原理。本节将分别讨论 2ASK、2FSK、2PSK、2DPSK 系统的抗噪声性能。

通信系统的抗噪声性能是指系统克服加性噪声影响的能力。在数字通信系统中,信道噪声有可能使传输码元产生错误,错误程度通常用误码率来衡量。因此,与分析数字基带系统的抗噪声性能一样,分析数字调制系统的抗噪声性能,也就是求系统在信道噪声干扰下的总误码率。

分析条件:假设信道特性是恒参信道,在信号的频带范围内具有理想矩形的传输特性(可取其传输系数为 K);信道噪声是加性高斯白噪声。并且认为噪声只对信号的接收带来影响,因而分析系统性能是在接收端进行的。

7.2.1 2ASK 系统的抗噪声性能

由 7.1 节可知,2ASK 信号的解调方法有包络检波法和相干解调。下面将分别讨论这两种解调方法的误码率。

1. 相干解调法的系统性能

对 2ASK 信号,相干解调法的系统性能分析模型如图 7-22 所示。

图 7-22 2ASK 信号相干解调法的系统性能分析模型

对于 2ASK 系统,设在一个码元的持续时间 T_B 内,其发送端输出的信号波形 $s_T(t)$ 可以表示为

$$s_T(t) = \begin{cases} A\cos\omega_c t & \text{发送"1"时} \\ 0 & \text{发送"0"时} \end{cases} \tag{7.2-1}$$

则在每一段时间 $(0, T_B)$ 内,接收端的输入波形为

$$y_i(t) = \begin{cases} a\cos\omega_c t + n_i(t) & \text{发送"1"时} \\ n_i(t) & \text{发送"0"时} \end{cases} \tag{7.2-2}$$

其中,$a = AK$,K 为信道传输系数(这里认为信号经过信道传输后只受到固定衰减,未产生失真);而 $n_i(t)$ 是均值为 0 的加性高斯白噪声。

假设接收端带通滤波器具有理想矩形传输特性,恰好使信号无失真通过,则带通滤波器的输出波形为

$$y(t) = \begin{cases} a\cos\omega_c t + n(t) & \text{发送"1"时} \\ n(t) & \text{发送"0"时} \end{cases} \tag{7.2-3}$$

其中,$n(t)$ 是高斯白噪声 $n_i(t)$ 经过带通滤波器的输出噪声。由第 3 章随机信号分析可知,$n(t)$ 为窄带高斯噪声,其均值为 0,方差为 σ_n^2,且可表示为

$$n(t) = n_c(t)\cos\omega_c t - n_s(t)\sin\omega_c t \tag{7.2-4}$$

于是

$$\begin{aligned} y(t) &= \begin{cases} a\cos\omega_c t + n_c(t)\cos\omega_c t - n_s(t)\sin\omega_c t \\ n_c(t)\cos\omega_c t - n_s(t)\sin\omega_c t \end{cases} \\ &= \begin{cases} [a + n_c(t)]\cos\omega_c t - n_s(t)\sin\omega_c t & \text{发"1"时} \\ n_c(t)\cos\omega_c t - n_s(t)\sin\omega_c t & \text{发"0"时} \end{cases} \end{aligned} \tag{7.2-5}$$

$y(t)$ 与相干载波 $2\cos\omega_c t$ 相乘,然后由低通滤波器滤除高频分量,在抽样判决器输入端得到的波形为

$$x(t) = \begin{cases} a + n_c(t) & \text{发送 "1" 符号} \\ n_c(t) & \text{发送 "0" 符号} \end{cases} \quad (7.2-6)$$

其中，a 为信号成分，由于 $n_c(t)$ 也是均值为 0，方差为 σ_n^2 的高斯噪声，所以 $x(t)$ 也是一个高斯随机过程，其均值分别为 a（发"1"时）和 0（发"0"时），方差等于 σ_n^2。

设对第 k 个符号的抽样时刻为 kT_B，则 $x(t)$ 在 kT_B 时刻的抽样值

$$x = x(kT_B) = \begin{cases} a + n_c(kT_B) & \text{发送 "1" 时} \\ n_c(kT_B) & \text{发送 "0" 时} \end{cases} \quad (7.2-7)$$

是一个高斯随机变量。因此，发送"1"时，x 的一维概率密度函数为

$$f_1(x) = \frac{1}{\sqrt{2\pi}\sigma_n} \exp\left\{-\frac{(x-a)^2}{2\sigma_n^2}\right\} \quad (7.2-8)$$

发送"0"时，x 的一维概率密度函数为

$$f_0(x) = \frac{1}{\sqrt{2\pi}\sigma_n} \exp\left\{-\frac{x^2}{2\sigma_n^2}\right\} \quad (7.2-9)$$

$f_1(x)$ 和 $f_0(x)$ 的曲线形状如图 7-23 所示。

图 7-23 2ASK 相干解调时误码率的几何表示

若取判决门限为 b，规定判决规则为

$$x > b \text{ 时，判为 "1"}$$

$$x \leq b \text{ 时，判为 "0"}$$

则当发送"1"时，错误接收为"0"的概率是抽样值 $x \leq b$ 的概率，即

$$P(0/1) = P(x \leq b) = \int_{-\infty}^{b} f_1(x)\,dx = 1 - \frac{1}{2}\text{erfc}\left(\frac{b-a}{\sqrt{2}\sigma_n}\right) \quad (7.2-10)$$

其中，$\text{erfc}(x) = \frac{2}{\sqrt{\pi}} \int_x^{\infty} e^{-u^2} du$。

同理，发送"0"时，错误接收为"1"的概率是抽样值 $x > b$ 的概率，即

$$P(1/0) = P(x > b) = \int_b^{\infty} f_0(x)\,dx = \frac{1}{2}\text{erfc}\left(\frac{b}{\sqrt{2}\sigma_n}\right) \quad (7.2-11)$$

设发"1"的概率为 $P(1)$,发"0"的概率为 $P(0)$,则同步检测时 2ASK 系统的总误码率为

$$P_e = P(1)P(0/1) + P(0)P(1/0) = P(1)\int_{-\infty}^{b} f_1(x)dx + P(0)\int_{b}^{\infty} f_0(x)dx \tag{7.2-12}$$

式(7.2-12)表明,当 $P(1)$、$P(0)$ 及 $f_1(x)$、$f_0(x)$ 一定时,系统的误码率 P_e 与判决门限 b 的选择密切相关,其几何表示如图 7-23 阴影部分所示。可见,误码率 P_e 等于图中阴影的面积。若改变判决门限 b,阴影的面积将随之改变,即误码率 P_e 的大小将随判决门限 b 而变化。进一步分析可得,当判决门限 b 取 $P(1)f_1(x)$ 与 $P(0)f_0(x)$ 两条曲线相交点 b^* 时,阴影的面积最小。即判决门限取为 b^* 时,系统的误码率 P_e 最小。因此,b^* 称为最佳判决门限。

利用 6.5 节基带系统的抗噪声性能的分析方法和结果可知,2ASK 相干解调系统的最佳门限为

$$b^* = \frac{a}{2} + \frac{\sigma_n^2}{a}\ln\frac{P(0)}{P(1)} \tag{7.2-13}$$

若发送"1"和"0"的概率相等,即 $P(1) = P(0)$,则最佳判决门限为

$$b^* = \frac{a}{2} \tag{7.2-14}$$

此时,2ASK 相干解调时系统的误码率为

$$P_e = \frac{1}{2}\mathrm{erfc}\left(\frac{a}{2\sqrt{2}\sigma_n}\right) = \frac{1}{2}\mathrm{erfc}\left(\sqrt{\frac{r}{4}}\right) \tag{7.2-15}$$

式中:$r = \frac{a^2}{2\sigma_n^2}$,为解调器输入端的信噪比,其中 $\frac{a^2}{2}$ 为信号功率,$\sigma_n^2 = n_o B$ 为噪声功率。

当大信噪比 $r \gg 1$ 时,式(7.2-15)可近似表示为

$$P_e \approx \frac{1}{\sqrt{\pi r}}e^{-r/4} \tag{7.2-16}$$

2. 包络检波法的系统性能

参照图 7-4,只需将图 7-22 中的相干解调器(相乘—低通)替换为包络检波器(整流—低通),则可以得到 2ASK 采用包络检波法的系统性能分析模型,故这里不再重画。显然,带通滤波器的输出波形 $y(t)$ 与相干解调法的相同,同为式(7.2-5)。

由式(7.2-5)可知,包络检波器的输出波形 $V(t)$ 为

$$V(t) = \begin{cases} \sqrt{[a + n_c(t)]^2 + n_s^2(t)} & \text{发"1"时} \\ \sqrt{n_c^2(t) + n_s^2(t)} & \text{发"0"时} \end{cases} \tag{7.2-17}$$

由 3.6 节的讨论可知,发"1"时的抽样值是广义瑞利型随机变量;发"0"时的抽样值

是瑞利型随机变量,它们的一维概率密度函数分别为

$$f_1(V) = \frac{V}{\sigma_n^2} I_0\left(\frac{aV}{\sigma_n^2}\right) e^{-(V^2+a^2)/2\sigma_n^2} \tag{7.2-18}$$

$$f_0(V) = \frac{V}{\sigma_n^2} e^{-V^2/2\sigma_n^2} \tag{7.2-19}$$

式中:σ_n^2 为窄带高斯噪声 $n(t)$ 的方差。

$f_1(V)$ 和 $f_0(V)$ 的曲线如图 7 – 24 所示。设判决门限为 b,规定判决规则为,抽样值 $V>b$ 时,判为"1";抽样值 $V \leq b$ 时,判为"0"。则发送"1"时错判为"0"的概率为

$$P(0/1) = P(V \leq b) = \int_0^b f_1(V) dV \tag{7.2-20}$$

它对应图 7 – 24 中 b 左边的阴影面积。

同理,当发送"0"时错判为"1"的概率为

$$P(1/0) = P(V > b) = \int_b^\infty f_0(V) dV$$

$$= \int_b^\infty \frac{V}{\sigma_n^2} e^{-V^2/2\sigma_n^2} dV = e^{-b^2/2\sigma_n^2} \tag{7.2-21}$$

它对应于图 7 – 24 中 b 右边的阴影面积。

当 $P(1) = P(0)$ 时,系统的总误码率为

$$P_e = P(1)P(0/1) + P(0)P(1/0)$$

$$= \frac{1}{2}\left[\int_0^b f_1(V) dV + \int_b^\infty f_0(V) dV\right] \tag{7.2-22}$$

它等于图 7 – 24 所示的两块阴影面积之和的 1/2。显然,当门限 b 处于 $f_1(V)$ 和 $f_0(V)$ 两条曲线的相交点 b^* 时,阴影部分的面积最小,即误码率最小。因此,b^* 就是最佳判决门限值。

解方程

$$f_1(b^*) = f_0(b^*)$$

得

$$\frac{a^2}{2\sigma_n^2} = \ln I_0\left(\frac{ab^*}{\sigma_n^2}\right) \tag{7.2-23}$$

式中:$r = \dfrac{a^2}{2\sigma_n^2}$ 为解调器输入端的信噪比。

在大信噪比($r \gg 1$)时,利用公式

$$I_0(x) \approx \frac{e^x}{\sqrt{2\pi x}}, x \gg 1$$

可将式(7.2-23)近似为

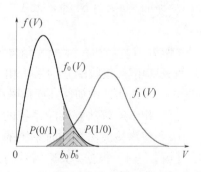

图 7 – 24 2ASK 包络检波法
误码率 P_e 的几何表示

$$\frac{a^2}{2\sigma_n^2} = \frac{ab^*}{\sigma_n^2} - \ln\sqrt{2\pi\frac{ab^*}{\sigma_n^2}} \approx \frac{ab^*}{\sigma_n^2} \quad (r \gg 1) \tag{7.2-24}$$

故最佳判决门限为

$$b^* = \frac{a}{2}, \quad r \gg 1 \tag{7.2-25}$$

在实际工作中，系统总是工作在大信噪比($r \gg 1$)的情况下。此时，$f_1(V)$退化为正态分布(见3.6节)，即

$$f_1(V) = \frac{1}{\sqrt{2\pi}\sigma_n}\exp\left(-\frac{(V-a)^2}{2\sigma_n^2}\right) \tag{7.2-26}$$

因此，利用式(7.2-10)的结果可知，发"1"错判为"0"的概率则变成

$$P(0/1) = P(V \leqslant b) = \int_{-\infty}^{b}\frac{1}{\sqrt{2\pi}\sigma_n}\exp\left(-\frac{(x-a)^2}{2\sigma_n^2}\right)dx$$

$$= 1 - \frac{1}{2}\text{erfc}\left(\frac{b-a}{\sqrt{2}\sigma_n}\right) \tag{7.2-27}$$

将 $b = b^* = a/2$ 带入式(7.2-27)，并利用 $\text{erfc}(-x) = 2 - \text{erfc}(x)$，则式(7.2-27)可写成

$$P(0/1) = \frac{1}{2}\text{erfc}\left(\frac{a}{2\sqrt{2}\sigma_n}\right) = \frac{1}{2}\text{erfc}\left(\sqrt{\frac{r}{4}}\right) \tag{7.2-28}$$

在最佳门限条件下，式(7.2-21)可写成

$$P(1/0) = e^{-b^2/2\sigma_n^2} = e^{-a^2/8\sigma_n^2} = e^{-r/4} \tag{7.2-29}$$

这时，式(7.2-22)所表示的总误码率可简化为

$$P_e = \frac{1}{4}\text{erfc}\left(\sqrt{\frac{r}{4}}\right) + \frac{1}{2}e^{-r/4} \tag{7.2-30}$$

当 $r \to \infty$ 时，式(7.2-30)的下界为

$$P_e = \frac{1}{2}e^{-r/4} \tag{7.2-31}$$

比较相干解调的误码率公式(7.2-15)、式(7.2-16)和包络检波法的误码率公式(7.2-31)可以看出：在相同的信噪比条件下，相干解调法的抗噪声性能优于包络检波法，但在大信噪比时，两者性能相差不大。然而，包络检波法不需要相干载波，因而设备比较简单。

【例7-1】 设有一2ASK信号传输系统，其码元速率为 $R_B = 4.8 \times 10^6$ 波特，发"1"和发"0"的概率相等，接收端分别采用相干解调法和包络检波法解调。已知接收端输入信号的幅度 $a = 1\text{mV}$，信道中加性高斯白噪声的单边功率谱密度 $n_0 = 2 \times 10^{-15}\text{W/Hz}$。试求：

(1) 相干解调法解调时系统的误码率；

(2) 包络检波法解调时系统的误码率。

【解】 (1) 根据2ASK信号的频谱分析可知，2ASK信号所需的传输带宽近似为码元速率的2倍，所以接收端带通滤波器带宽为

$$B = 2R_B = 9.6 \times 10^6 \quad (\text{Hz})$$

带通滤波器输出噪声平均功率为
$$\sigma_n^2 = n_0 B = 1.92 \times 10^{-8} \quad (\text{W})$$
信噪比为
$$r = \frac{a^2}{2\sigma_n^2} = \frac{1 \times 10^{-6}}{2 \times 1.92 \times 10^{-8}} \approx 26 \gg 1$$
于是,相干解调法解调时系统的误码率为
$$P_e \approx \frac{1}{\sqrt{\pi r}} e^{-r/4} = \frac{1}{\sqrt{3.1416 \times 26}} \times e^{-6.5} = 1.66 \times 10^{-4}$$

(2) 包络检波法解调时系统的误码率为
$$P_e = \frac{1}{2} e^{-r/4} = \frac{1}{2} e^{-6.5} = 7.5 \times 10^{-4}$$

可见,在大信噪比的情况下,包络检波法解调性能接近相干解调法解调性能。

7.2.2 2FSK 系统的抗噪声性能

由 7.1 节分析可知,2FSK 信号的解调方法有多种,而误码率和接收方法相关。下面仅就相干解调法和包络检波法这两种方法的系统性能进行分析。

1. 相干解调法的系统性能

2FSK 信号采用相干解调法的性能分析模型如图 7-25 所示。

图 7-25 2FSK 信号采用相干解调法性能分析模型

设"1"符号对应载波频率 $f_1(\omega_1)$,"0"符号对应载波频率 $f_2(\omega_2)$,则在一个码元的持续时间 T_B 内,发送端产生的 2FSK 信号可表示为

$$s_T(t) = \begin{cases} A\cos\omega_1 t & \text{发送"1"时} \\ A\cos\omega_2 t & \text{发送"0"时} \end{cases} \quad (7.2-32)$$

因此,在 $(0, T_B)$ 时间内,接收端的输入合成波形为

$$y_i(t) = \begin{cases} a\cos\omega_1 t + n_i(t) & \text{发送"1"时} \\ a\cos\omega_2 t + n_i(t) & \text{发送"0"时} \end{cases} \quad (7.2-33)$$

式中: $a = KA$; $n_i(t)$ 为加性高斯白噪声,其均值为 0。

在图 7-25 中，解调器采用两个带通滤波器来区分中心频率分别为 f_1 和 f_2 的信号。中心频率为 f_1 的带通滤波器只允许中心频率为 f_1 的信号频谱成分通过，而滤除中心频率为 f_2 的信号频谱成分；中心频率为 f_2 的带通滤波器只允许中心频率为 f_2 的信号频谱成分通过，而滤除中心频率为 f_1 的信号频谱成分。这样，接收端上下支路两个带通滤波器的输出波形分别为

$$y_1(t) = \begin{cases} a\cos\omega_1 t + n_1(t) & \text{发送"1"时} \\ n_1(t) & \text{发送"0"时} \end{cases} \quad (7.2-34)$$

$$y_2(t) = \begin{cases} n_2(t) & \text{发送"1"时} \\ a\cos\omega_2 t + n_2(t) & \text{发送"0"时} \end{cases} \quad (7.2-35)$$

式中：$n_1(t)$ 和 $n_2(t)$ 分别为高斯白噪声 $n_i(t)$ 经过上下两个带通滤波器的输出噪声——窄带高斯噪声，其均值同为 0，方差同为 σ_n^2，只是中心频率不同而已，即

$$n_1(t) = n_{1c}(t)\cos\omega_1 t - n_{1s}(t)\sin\omega_1 t$$

$$n_2(t) = n_{2c}(t)\cos\omega_2 t - n_{2s}(t)\sin\omega_2 t$$

现在假设在 $(0, T_B)$ 时间内发送"1"符号（对应 ω_1），则上下支路两个带通滤波器的输出波形分别为

$$y_1(t) = [a + n_{1c}(t)]\cos\omega_1 t - n_{1s}(t)\sin\omega_1 t \quad (7.2-36)$$

$$y_2(t) = n_{2c}(t)\cos\omega_2 t - n_{2s}(t)\sin\omega_2 t \quad (7.2-37)$$

它们分别经过相干解调（相乘—低通）后，送入抽样判决器进行比较。比较的两路输入波形分别为

上支路 $\qquad x_1(t) = a + n_{1c}(t) \qquad (7.2-38)$

下支路 $\qquad x_2(t) = n_{2c}(t) \qquad (7.2-39)$

式中：a 为信号成分；$n_{1c}(t)$ 和 $n_{2c}(t)$ 均为低通型高斯噪声，其均值为零，方差为 σ_n^2。

因此，$x_1(t)$ 和 $x_2(t)$ 抽样值的一维概率密度函数分别为

$$f(x_1) = \frac{1}{\sqrt{2\pi}\sigma_n}\exp\left\{-\frac{(x_1-a)^2}{2\sigma_n^2}\right\} \quad (7.2-40)$$

$$f(x_2) = \frac{1}{\sqrt{2\pi}\sigma_n}\exp\left\{-\frac{x_2^2}{2\sigma_n^2}\right\} \quad (7.2-41)$$

当 $x_1(t)$ 的抽样值 x_1 小于 $x_2(t)$ 的抽样值 x_2 时，判决器输出"0"符号，造成将"1"判为"0"的错误，故这时错误概率为

$$P(0/1) = P(x_1 \leq x_2) = P(x_1 - x_2 \leq 0) = P(z \leq 0) \quad (7.2-42)$$

其中，$z = x_1 - x_2$，则 z 是高斯型随机变量，其均值为 a，方差为 $\sigma_z^2 = 2\sigma_n^2$。

设 z 的一维概率密度函数为 $f(z)$，则由式(7.2 – 42)，得

$$P(0/1) = P(z \leqslant 0) = \int_{-\infty}^{0} f(z) \mathrm{d}z$$

$$= \frac{1}{\sqrt{2\pi}\sigma_z} \int_{-\infty}^{0} \exp\left\{-\frac{(z-a)^2}{2\sigma_z^2}\right\} \mathrm{d}z = \frac{1}{2}\mathrm{erfc}\left(\sqrt{\frac{r}{2}}\right) \quad (7.2-43)$$

同理可得，发送"0"错判为"1"的概率为

$$P(1/0) = P(x_1 > x_2) = \frac{1}{2}\mathrm{erfc}\left(\sqrt{\frac{r}{2}}\right) \quad (7.2-44)$$

显然，由于上下支路的对称性，以上两个错误概率相等。于是，采用同步检测时 2FSK 系统的总误码率为

$$P_e = \frac{1}{2}\mathrm{erfc}\left(\sqrt{\frac{r}{2}}\right) \quad (7.2-45)$$

其中，$r = \dfrac{a^2}{2\sigma_n^2}$ 为解调器输入端(带通滤波器输出端)的信噪比。在大信噪比($r \gg 1$)条件下，式(7.2 – 45)可近似表示为

$$P_e \approx \frac{1}{\sqrt{2\pi r}} \mathrm{e}^{-\frac{r}{2}} \quad (7.2-46)$$

2. 包络检波法的系统性能

接收 2FSK 信号的包络检波法的系统性能分析模型，可参照图 7 – 9，只需将图 7 – 25 中的相干解调器(相乘—低通)替换为包络检波器(整流—低通)即可，故不再重画。

在前面讨论的基础上，我们很容易求得采用包络检波法接收 2FSK 信号的系统性能。

仍然假定在 $(0, T_B)$ 时间内发送"1"符号(对应 ω_1)，由式(7.2 – 36)和式(7.2 – 37)可得到这时两路包络检波器的输出(即送入抽样判决器进行比较的两路输入包络)分别为

上支路 $\qquad V_1(t) = \sqrt{[a + n_{1c}(t)]^2 + n_{1s}^2(t)} \quad (7.2-47)$

下支路 $\qquad V_2(t) = \sqrt{n_{2c}^2(t) + n_{2s}^2(t)} \quad (7.2-48)$

由随机信号分析可知，$V_1(t)$ 的抽样值 V_1 服从广义瑞利分布，$V_2(t)$ 的抽样值 V_2 服从瑞利分布。其一维概率密度函数分别为

$$f(V_1) = \frac{V_1}{\sigma_n^2} I_0\left(\frac{aV_1}{\sigma_n^2}\right) \mathrm{e}^{-(V_1^2 + a^2)/2\sigma_n^2} \quad (7.2-49)$$

$$f(V_2) = \frac{V_2}{\sigma_n^2} \mathrm{e}^{-V_2^2/2\sigma_n^2} \quad (7.2-50)$$

显然，发送"1"时，若 V_1 小于 V_2，则发生判决错误，其错误概率为

$$P(0/1) = P(V_1 \leq V_2) = \iint_c f(V_1) f(V_2) dV_1 dV_2$$

$$= \int_0^\infty f(V_1) \left[\int_{V_2=V_1}^\infty f(V_2) dV_2 \right] dV_1$$

$$= \int_0^\infty \frac{V_1}{\sigma_n^2} I_0\left(\frac{aV_1}{\sigma_n^2}\right) \exp[(-2V_1^2 - a^2)/2\sigma_n^2] dV_1 \quad (7.2-51)$$

令

$$t = \frac{\sqrt{2}V_1}{\sigma_n}, \quad z = \frac{a}{\sqrt{2}\sigma_n}$$

并代入式(7.2-51)，经过简化可得

$$P(0/1) = \frac{1}{2} e^{-z^2/2} \int_0^\infty t I_0(zt) e^{-(t^2+z^2)/2} dt \quad (7.2-52)$$

根据 $\int_0^\infty t I_0(zt) e^{-(t^2+z^2)/2} dt = 1$，所以

$$P(0/1) = \frac{1}{2} e^{-z^2/2} = \frac{1}{2} e^{-r/2} \quad (7.2-53)$$

式中：$r = z^2 = \frac{a^2}{2\sigma_n^2}$。

同理可求得发送"0"时判为"1"的错误概率 $P(1/0)$，其结果与式(7.2-53)完全一样，即有

$$P(1/0) = P(V_1 > V_2) = \frac{1}{2} e^{-r/2} \quad (7.2-54)$$

于是，2FSK 信号包络检波时系统的总误码率为

$$P_e = \frac{1}{2} e^{-r/2} \quad (7.2-55)$$

将式(7.2-55)与 2FSK 相干解调时系统的误码率公式(7.2-46)比较可见，在大信噪比条件下，2FSK 信号包络检波时的系统性能与相干解调时的性能相差不大，但相干解调法的设备却复杂得多。因此，在满足信噪比要求的场合，多采用包络检波法。另外，对 2FSK 信号还可以采用其他方式进行解调，有兴趣的读者可以参考其他有关书籍。

【例 7-2】 采用 2FSK 方式在噪声等效带宽为 2400Hz 的传输信道上传输二进制数字。2FSK 信号的频率分别为 $f_1 = 980$Hz, $f_2 = 1580$Hz, 码元速率 $R_B = 300$ 波特。接收端输入(即信道输出端)的信噪比为 6dB。试求：

(1) 2FSK 信号的带宽；
(2) 包络检波法解调时系统的误码率；
(3) 相干解调法解调时系统的误码率。

【解】 (1) 根据式(7.1-12)，该2FSK信号的带宽为

$$B_{2FSK} = |f_2 - f_1| + 2f_B = 1580 - 980 + 2 \times 300 = 1200(\text{Hz})$$

(2) 由式(7.2-55)可知，误码率 P_e 取决于带通滤波器输出端的信噪比 r。由于FSK接收系统中上、下支路带通滤波器的带宽近似为

$$B = 2f_B = 2R_B = 600(\text{Hz})$$

它仅是信道噪声等效带宽(2400Hz)的1/4，故噪声功率也减小为1/4，因而带通滤波器输出端的信噪比 r 比输入信噪比提高到了4倍。又由于接收端输入信噪比为6dB，即4倍，故带通滤波器输出端的信噪比为

$$r = 4 \times 4 = 16$$

将此信噪比值代入式(7.2-55)，可得包络检波法解调时系统的误码率为

$$P_e = \frac{1}{2}e^{-r/2} = \frac{1}{2}e^{-8} = 1.7 \times 10^{-4}$$

(3) 同理，由式(7.2-46)可得相干解调法解调时系统的误码率为

$$P_e \approx \frac{1}{\sqrt{2\pi r}}e^{-\frac{r}{2}} = \frac{1}{\sqrt{32\pi}}e^{-8} = 3.39 \times 10^{-5}$$

7.2.3 2PSK和2DPSK系统的抗噪声性能

由7.1.3节和7.1.4节我们了解到，2PSK可分为绝对相移和相对相移两种。并且指出，无论是2PSK信号还是2DPSK，从信号波形上看，无非是一对倒相信号的序列，或者说，其表达式的形式完全一样。因此，不管是2PSK信号还是2DPSK信号，在一个码元的持续时间 T_B 内，都可表示为

$$s_T(t) = \begin{cases} A\cos\omega_c t & \text{发送"1"时} \\ -A\cos\omega_c t & \text{发送"0"时} \end{cases} \quad (7.2-56)$$

当然，$s_T(t)$ 代表2PSK信号时，上式中"1"及"0"是原始数字信息(绝对码)；当 $s_T(t)$ 代表2DPSK信号时，上式中"1"及"0"并非原始数字信息，而是绝对码变换成相对码后的"1"及"0"。

下面，我们将分别讨论2PSK相干解调(极性比较法)系统、2DPSK相干解调(极性比较—码反变换)系统以及2DPSK差分相干解调系统的误码性能。

1. 2PSK相干解调系统性能

2PSK相干解调方式又称为极性比较法，其性能分析模型如图7-26所示。

设发送端发出的信号如式(7.2-56)所示，则接收端带通滤波器输出波形为

$$y(t) = \begin{cases} [a + n_c(t)]\cos\omega_c t - n_s(t)\sin\omega_c t & \text{发送"1"时} \\ [-a + n_c(t)]\cos\omega_c t - n_s(t)\sin\omega_c t & \text{发送"0"时} \end{cases} \quad (7.2-57)$$

图 7-26 2PSK 信号相干解调系统性能分析模型

$y(t)$ 经过相干解调(相乘—低通)后,送入抽样判决器的输入波形为

$$x(t) = \begin{cases} a + n_c(t) & \text{发送"1"符号} \\ -a + n_c(t) & \text{发送"0"符号} \end{cases} \quad (7.2-58)$$

由于 $n_c(t)$ 是均值为 0,方差为 σ_n^2 的高斯噪声,所以 $x(t)$ 的一维概率密度函数为

$$f_1(x) = \frac{1}{\sqrt{2\pi}\sigma_n} \exp\left\{-\frac{(x-a)^2}{2\sigma_n^2}\right\} \quad \text{发送"1"时} \quad (7.2-59)$$

$$f_0(x) = \frac{1}{\sqrt{2\pi}\sigma_n} \exp\left\{-\frac{(x+a)^2}{2\sigma_n^2}\right\} \quad \text{发送"0"时} \quad (7.2-60)$$

由最佳判决门限分析可知,在发送"1"符号和发送"0"符号概率相等时,即 $P(1) = P(0)$ 时,最佳判决门限 $b^* = 0$。此时,发"1"而错判为"0"的概率为

$$P(0/1) = P(x \leq 0) = \int_{-\infty}^{0} f_1(x) \mathrm{d}x = \frac{1}{2}\mathrm{erfc}(\sqrt{r}) \quad (7.2-61)$$

式中: $r = \dfrac{a^2}{2\sigma_n^2}$。

同理,发送"0"而错判为"1"的概率为

$$P(1/0) = P(x > 0) = \int_{0}^{\infty} f_0(x) \mathrm{d}x = \frac{1}{2}\mathrm{erfc}(\sqrt{r}) \quad (7.2-62)$$

故 2PSK 信号相干解调时系统的总误码率为

$$P_e = P(1)P(0/1) + P(0)P(1/0) = \frac{1}{2}\mathrm{erfc}(\sqrt{r}) \quad (7.2-63)$$

在大信噪比($r \gg 1$)条件下,式(7.2-63)可近似为

$$P_e \approx \frac{1}{2\sqrt{\pi r}} e^{-r} \quad (7.2-64)$$

2. 2DPSK 信号相干解调系统性能

2DPSK 的相干解调法,又称极性比较—码反变换法,其模型如图 7-27 所示。其解调原理:对 2DPSK 信号进行相干解调,恢复出相对码序列 $\{b_n\}$,再通过码反变换器变换为绝对码序列 $\{a_n\}$,从而恢复出发送的二进制数字信息。因此,码反变换器输入端的误码

率 P_e 可由 2PSK 信号采用相干解调时的误码率公式(7.2-63)来确定。于是,2DPSK 信号采用极性比较—码反变换法的系统误码率,只需在式(7.2-63)基础上再考虑码反变换器对误码率的影响即可。简化模型如图 7-27 所示。

图 7-27 简化模型

码反变换器的功能是将相对码变成绝对码。由式(7.1-22)可知,只有当码反变换器的两个相邻输入码元中,有一个且仅有一个码元出错时,其输出码元才会出错。设码反变换器输入信号的误码率是 P_e,则两个码元中前面码元出错且后面码元不错的概率是 $P_e(1-P_e)$,后面码元出错而前面码元不错的概率也是 $P_e(1-P_e)$。所以,输出码元发生错码的误码率为

$$P'_e = 2(1-P_e)P_e \qquad (7.2-65)$$

由式(7.2-65)可见,若 P_e 很小,则有

$$\frac{P'_e}{P_e} \approx 2 \qquad (7.2-66)$$

若 P_e 很大,即 $P_e \approx 1/2$,则有

$$\frac{P'_e}{P_e} \approx 1 \qquad (7.2-67)$$

这意味着 P'_e 总是大于 P_e。也就是说,反变换器总是使误码率增加,增加的系数在 1~2 之间变化。将式(7.2-63)代入式(7.2-65),则可得到 2DPSK 信号采用相干解调加码反变换器方式时的系统误码率为

$$P'_e = \frac{1}{2}[1-(\text{erf}\sqrt{r})^2] \qquad (7.2-68)$$

当 $P_e \ll 1$ 时,式(7.2-65)可近似为

$$P'_e = 2P_e \qquad (7.2-69)$$

3. 2DPSK 信号差分相干解调系统性能

2DPSK 信号差分相干解调方式,也称为相位比较法,是一种非相干解调方式,其性能分析模型如图 7-28 所示。

由图 7-28 可见,解调过程中需要对间隔为 T_B 的前后两个码元进行比较,并且前后两个码元中都含有噪声。假设当前发送的是"1",且令前一个码元也是"1"(也可以令其为"0"),则送入相乘器的两个信号 $y_1(t)$ 和 $y_2(t)$(延迟器输出)可表示为

$$y_1(t) = a\cos\omega_c t + n_1(t) = [a + n_{1c}(t)]\cos\omega_c t - n_{1s}(t)\sin\omega_c t \qquad (7.2-70)$$

$$y_2(t) = a\cos\omega_c t + n_2(t) = [a + n_{2c}(t)]\cos\omega_c t - n_{2s}(t)\sin\omega_c t \qquad (7.2-71)$$

式中：a 为信号振幅；$n_1(t)$ 为叠加在前一码元 $y_1(t)$ 上窄带高斯噪声；$n_2(t)$ 为叠加在后一码元 $y_2(t)$ 上的窄带高斯噪声，并且 $n_1(t)$ 和 $n_2(t)$ 相互独立。

图 7-28 2DPSK 信号差分相干解调误码率分析模型

则低通滤波器的输出 $x(t)$ 为

$$x(t) = \frac{1}{2}\{[a + n_{1c}(t)][a + n_{2c}(t)] + n_{1s}(t)n_{2s}(t)\} \qquad (7.2-72)$$

经抽样后的样值为

$$x = \frac{1}{2}[(a + n_{1c})(a + n_{2c}) + n_{1s}n_{2s}] \qquad (7.2-73)$$

然后，按下述判决规则判决：若 $x > 0$，则判为"1"——正确接收；若 $x < 0$，则判为"0"——错误接收。这时将"1"错判为"0"的错误概率为

$$P(0/1) = P\{x < 0\}$$
$$= P\left\{\frac{1}{2}[(a + n_{1c})(a + n_{2c}) + n_{1s}n_{2s}] < 0\right\} \qquad (7.2-74)$$

利用恒等式

$$x_1x_2 + y_1y_2 = \frac{1}{4}\{[(x_1 + x_2)^2 + (y_1 + y_2)^2] - [(x_1 - x_2)^2 + (y_1 - y_2)^2]\} \qquad (7.2-75)$$

令式(7.2-75)中

$$x_1 = a + n_{1c}, \quad x_2 = a + n_{2c}; \quad y_1 = n_{1s}, \quad y_2 = n_{2s}$$

则式(7.2-74)可以改写为

$$P(0/1) = P\{[(2a + n_{1c} + n_{2c})^2 + (n_{1s} + n_{2s})^2 - (n_{1c} - n_{2c})^2 - (n_{1s} - n_{2s})^2] < 0\} \qquad (7.2-76)$$

令

$$R_1 = \sqrt{(2a + n_{1c} + n_{2c})^2 + (n_{1s} + n_{2s})^2} \qquad (7.2-77)$$

$$R_2 = \sqrt{(n_{1c} - n_{2c})^2 + (n_{1s} - n_{2s})^2} \qquad (7.2-78)$$

则式(7.2-76)化简为
$$P(0/1) = P\{R_1 < R_2\} \tag{7.2-79}$$

因为 n_{1c}、n_{2c}、n_{1s}、n_{2s} 是相互独立的高斯随机变量,且均值为 0,方差相等为 σ_n^2。根据高斯随机变量的代数和仍为高斯随机变量,且均值为各随机变量的均值的代数和、方差为各随机变量方差之和的性质,则 $n_{1c} + n_{2c}$ 是零均值且方差为 $2\sigma_n^2$ 的高斯随机变量。同理,$n_{1s} + n_{2s}$、$n_{1c} - n_{2c}$、$n_{1s} - n_{2s}$ 都是零均值且方差为 $2\sigma_n^2$ 的高斯随机变量。由随机信号分析理论可知,R_1 的一维分布服从广义瑞利分布,R_2 的一维分布服从瑞利分布,其概率密度函数分别为

$$f(R_1) = \frac{R_1}{2\sigma_n^2} I_0\left(\frac{aR_1}{\sigma_n^2}\right) e^{-(R_1^2 + 4a^2)/4\sigma_n^2} \tag{7.2-80}$$

$$f(R_2) = \frac{R_2}{2\sigma_n^2} e^{-R_2^2/4\sigma_n^2} \tag{7.2-81}$$

将以上两式代入(7.2-79),并应用式(7.2-53)的分析方法,可得

$$P(0/1) = P\{R_1 < R_2\} = \int_0^\infty f(R_1) \left[\int_{R_2=R_1}^\infty f(R_2) \mathrm{d}R_2\right] \mathrm{d}R_1$$

$$= \int_0^\infty \frac{R_1}{2\sigma_n^2} I_0\left(\frac{aR_1}{\sigma_n^2}\right) e^{-(2R_1^2 + 4a^2)/4\sigma_n^2} \mathrm{d}R_1 = \frac{1}{2} e^{-r} \tag{7.2-82}$$

式中:$r = \dfrac{a^2}{2\sigma_n^2}$ 为解调器输入端信噪比。

同理,可以求得将"0"错判为"1"的概率,即

$$P(1/0) = P(0/1) = \frac{1}{2} e^{-r} \tag{7.2-83}$$

因此,2DPSK 信号差分相干解调系统的总误码率为

$$P_e = \frac{1}{2} e^{-r} \tag{7.2-84}$$

【例 7-3】 假设采用 2DPSK 方式在微波线路上传送二进制数字信息。已知码元速率 $R_B = 10^6 \mathrm{B}$,信道中加性高斯白噪声的单边功率谱密度 $n_0 = 2 \times 10^{-10} \mathrm{W/Hz}$。今要求误码率不大于 10^{-4}。试求:

(1) 采用差分相干解调时,接收机输入端所需的信号功率;
(2) 采用相干解调—码反变换时,接收机输入端所需的信号功率。

【解】 (1) 接收端带通滤波器的带宽为
$$B = 2R_B = 2 \times 10^6 (\mathrm{Hz})$$

其输出的噪声功率为
$$\sigma_n^2 = n_0 B = 2 \times 10^{-10} \times 2 \times 10^6 = 4 \times 10^{-4} (\mathrm{W})$$

根据式(7.2-84),2DPSK 采用差分相干接收的误码率为

$$P_e = \frac{1}{2}e^{-r} \leq 10^{-4}$$

求解可得

$$r \geq 8.52$$

又因为

$$r = \frac{a^2}{2\sigma_n^2}$$

所以,接收机输入端所需的信号功率为

$$\frac{a^2}{2} \geq 8.52 \times \sigma_n^2 = 8.52 \times 4 \times 10^{-4} = 3.4 \times 10^{-3}(\text{W})$$

(2) 对于相干解调—码反变换的 2DPSK 系统,由式(7.2-69)可得

$$P'_e \approx 2P_e = 1 - \text{erf}(\sqrt{r})$$

根据题意有

$$P'_e \leq 10^{-4}$$

因而有

$$1 - \text{erf}(\sqrt{r}) \leq 10^{-4}$$

即

$$\text{erf}(\sqrt{r}) \geq 1 - 10^{-4} = 0.9999$$

查误差函数表,可得

$$\sqrt{r} \geq 2.75, \text{即 } r \geq 7.56$$

由 $r = \frac{a^2}{2\sigma_n^2}$,可得接收机输入端所需的信号功率为

$$\frac{a^2}{2} \geq 7.56 \times \sigma_n^2 = 7.56 \times 4 \times 10^{-4} = 3.02 \times 10^{-3}(\text{W})$$

7.3 二进制数字调制系统的性能比较

第 1 章中已经指出,衡量一个数字通信系统性能好坏的指标有多种,但最为主要的是有效性和可靠性。基于前面的讨论,下面将针对二进制数字调制系统的误码率性能、频带利用率、对信道的适应能力等方面的性能作一简要的比较。通过比较,可以为在不同的应用场合选择什么样的调制和解调方式提供一定的参考依据。

1. 误码率

误码率是衡量一个数字通信系统性能的重要指标。通过 7.2 节的分析可知,在信道高斯白噪声的干扰下,各种二进制数字调制系统的误码率取决于解调器输入信噪比,而误

码率表达式的形式则取决于解调方式:相干解调时为互补误差函数 $\text{erfc}\left(\sqrt{\dfrac{r}{k}}\right)$ 形式(k 只取决于调制方式),非相干解调时为指数函数形式。如表 7-1 所列。

由表 7-1 可以看出,从横向来比较,对同一调制方式,采用相干解调方式的误码率低于采用非相干解调方式的误码率。从纵向来比较,若采用相同的解调方式(如相干解调),在误码率 P_e 相同的情况下,所需要的信噪比 2ASK 比 2FSK 高 3dB,2FSK 比 2PSK 高 3dB,2ASK 比 2PSK 高 6dB。反过来,若信噪比 r 一定,2PSK 系统的误码率比 2FSK 的小,2FSK 系统的误码率比 2ASK 的小。由此看来,在抗加性高斯白噪声方面,相干 2PSK 性能最好,2FSK 次之,2ASK 最差。

表 7-1 二进制数字调制系统的误码率公式一览表

调制方式 \ P_e \ 解调方式	相干解调	非相干解调
2ASK	$\dfrac{1}{2}\text{erfc}\left(\sqrt{\dfrac{r}{4}}\right)$	$\dfrac{1}{2}e^{-r/4}$
2FSK	$\dfrac{1}{2}\text{erfc}\left(\sqrt{\dfrac{r}{2}}\right)$	$\dfrac{1}{2}e^{-r/2}$
2PSK	$\dfrac{1}{2}\text{erfc}(\sqrt{r})$	
2DPSK	$\text{erfc}(\sqrt{r})$	$\dfrac{1}{2}e^{-r}$

根据表 7-1 所画出的三种数字调制系统的误码率 P_e 与信噪比 r 的关系曲线如图 7-29 所示。可以看出,在相同的信噪比 r 下,相干解调的 2PSK 系统的误码率 P_e 最小。

图 7-29 三种数字调制系统的误码率与信噪比的关系

2. 频带宽度

由 7.1 节可知,当信号码元宽度为 T_B 时,2ASK 系统和 2PSK(2DPSK)系统的频带宽度近似为 $2/T_B$,即

$$B_{2\text{ASK}} = B_{2\text{PSK}} = \dfrac{2}{T_B} \tag{7.3-1}$$

2FSK 系统的频带宽度近似为

$$B_{2FSK} = |f_2 - f_1| + \frac{2}{T_B} \qquad (7.3-2)$$

因此,从频带宽度或频带利用率上看,2FSK 系统的频带利用率最低。

3. 对信道特性变化的敏感性

7.2 节分析二进制数字调制系统抗噪声性能时,假定了信道参数恒定的条件。但在实际通信系统中,有很多信道属于随参信道,即信道参数随时间变化。因此,在选择数字调制方式时,还应考虑最佳判决门限对信道特性的变化是否敏感。

在 2FSK 系统中,判决器是根据上下两个支路解调输出样值的大小来作出判决,不需要人为地设置判决门限,因而对信道的变化不敏感。

在 2PSK 系统中,当发送不同符号的概率相等时,判决器的最佳判决门限为零,与接收机输入信号的幅度无关。因此,判决门限不随信道特性的变化而变化,接收机总能保持工作在最佳判决门限状态。

对于 2ASK 系统,判决器的最佳判决门限为 $a/2$(当 $P(1) = P(0)$ 时),它与接收机输入信号的幅度有关。当信道特性发生变化时,接收机输入信号的幅度将随着发生变化,从而导致最佳判决门限也将随之而变。这时,接收机不容易保持在最佳判决门限状态,因此,2ASK 对信道特性变化敏感,性能最差。

通过以上几个方面的比较可以看出,对调制和解调方式的选择需要考虑的因素较多。通常,只有对系统的要求作全面的考虑,并且还应抓住其中最主要的要求,才能作出比较恰当的抉择。如果抗噪声性能是最主要的,则应考虑相干 2PSK 和 2DPSK,而 2ASK 最不可取;如果要求较高的频带利用率,则应选择相干 2PSK、2DPSK 及 2ASK,而 2FSK 最不可取;如果要求较高的功率利用率,则应选择相干 2PSK 和 2DPSK,而 2ASK 最不可取;若传输信道是随参信道,则 2FSK 具有更好的适应能力。另外,若从设备复杂度方面考虑,则非相干方式比相干方式更适宜。这是因为相干解调需要提取相干载波,故设备相对复杂些,成本也略高。目前用得最多的数字调制方式是相干 2DPSK 和非相干 2FSK。相干 2DPSK 主要用于高速数据传输,而非相干 2FSK 则用于中、低速数据传输中,特别是在衰落信道中传输数据时,它有着广泛的应用。

7.4 多进制数字调制原理

二进制键控调制系统中,每个码元只传输 1b 信息,其频带利用率不高。而频率资源是极其宝贵和紧缺的。为了提高频带利用率,最有效的办法是使一个码元传输多个比特的信息。这就是将要讨论的多进制键控体制。多进制键控可以看作是二进制键控体制的推广。这时,为了得到相同的误码率,和二进制系统相比,接收信号信噪比需要更大,即需要用更大的发送信号功率。这就是为了传输更多信息量所要付出的代价。由 7.3 节中的讨论得知,各种键控体制的误码率都决定于信噪比:

$$r = \frac{a^2}{2\sigma_n^2} \qquad (7.4-1)$$

式(7.4-1)表示 r 是信号码元功率($a^2/2$)和噪声功率 σ_n^2 之比。

现在,设多进制码元的进制数为 M,一个码元中包含信息 k 比特,则有

$$k = \log_2 M \tag{7.4-2}$$

若设想把码元功率($a^2/2$)平均分配给每比特,则每比特分得的功率为

$$P_b = a^2/(2k) \tag{7.4-3}$$

这样,每比特的信噪功率比为

$$r_b = a^2/(2k\sigma_n^2) = r/k \tag{7.4-4}$$

在 M 进制中,由于每个码元包含的比特数 k 和进制数 M 有关,故在研究不同 M 值下的错误率时,适合用 r_b 为单位来比较不同体制的性能优劣。

和二进制类似,基本的多进制键控也有 ASK、FSK、PSK 和 DPSK 等几种。相应的键控方式可以记为多进制振幅键控(MASK)、多进制频移键控(MFSK)、多进制相移键控(MPSK)和多进制差分相移键控(MDPSK)。下面将分别予以讨论。

7.4.1 多进制振幅键控

在 6.1 节中介绍过多电平波形,它是一种基带多进制信号。若用这种单极性多电平信号去键控载波,就得到 MASK 信号。在图 7-30 中给出了这种基带信号和相应的 MASK 信号的波形举例。图中的信号是 4ASK 信号,即 $M=4$。每个码元含有 2b 的信息。

(a) 基带多电平单极性不归零

(b) MASK 信号

(c) 基带多电平双极性不归零

(d) 抑制载波 MASK 信号

图 7-30 MASK 信号波形

多进制振幅键控又称**多电平调制**,它是 2ASK 体制的推广。和 2ASK 相比,这种体制的优点在于单位频带的信息传输速率高,即频带利用率高。

在 6.4.3 节中讨论奈奎斯特准则时曾经指出,在二进制条件下,对于基带信号,信道频带利用率最高可达 $2b/(s \cdot Hz)$,即每赫带宽每秒可以传输 2b 的信息。按照这一准则,由于 2ASK 信号的带宽是基带信号的 2 倍,故其频带利用率最高是 $1b/(s \cdot Hz)$。由于在码元速率相同的条件下,MASK 信号的带宽和 2ASK 信号的带宽相同,故 MASK 信号的频带利用率可以超过 $1b/(s \cdot Hz)$。

在图 7-30(a) 中示出的基带信号是多进制单极性不归零脉冲,它有直流分量。若改用多进制双极性不归零脉冲作为基带调制信号,如图 7-30(c) 所示,则在不同码元出现概率相等条件下,得到的是抑制载波的 MASK 信号,如图 7-30(d) 所示。需要注意,这里每个码元的载波初始相位是不同的。例如,第 1 个码元的初始相位是 π,第 2 个码元的初始相位是 0。在 7.1.3 节中提到过,二进制抑制载波双边带信号就是 2PSK 信号。不难看出,这里的抑制载波 MASK 信号是振幅键控和相位键控结合的已调信号。

二进制抑制载波双边带信号和不抑制载波的信号相比,可以节省载波功率。现在的抑制载波 MASK 信号同样可以节省载波功率。

7.4.2 多进制频移键控

多进制频移键控(MFSK)体制同样是 2FSK 体制的简单推广。例如,在 4 进制频移键控(4FSK)中采用 4 个不同的频率分别表示四进制的码元,每个码元含有 2b 的信息,如图 7-31 所示。这时仍和 2FSK 时的条件相同,即要求每个载频之间的距离足够大,使不同频率的码元频谱能够用滤波器分离开,或者说使不同频率的码元互相正交。由于 MFSK 的码元采用 M 个不同频率的载波,所以它占用较宽的频带。设 f_1 为其最低载频,f_M 为其最高载频,则 MFSK 信号的带宽近似为

$$B = f_M - f_1 + \Delta f \quad (7.4-5)$$

式中:Δf 为单个码元的带宽,它决定于信号传输速率。

(a) 4FSK信号波形

f_1	f_2	f_3	f_4
00	01	11	10

(b) 4FSK信号的取值

图 7-31 双比特与频率的关系

MFSK 调制器原理和 2FSK 的基本相同,这里不另作讨论。MFSK 解调器也分为非相干解调和相干解调两类。MFSK 非相干解调器的原理方框图示于图 7-32 中。图中有 M 路带通滤波器用于分离 M 个不同频率的码元。当某个码元输入时,M 个带通滤波器的输出中仅有一个是信号加噪声,其他各路都是只有噪声。因为通常有信号的一路检波输出电压最大,故在判决时将按照该路检波电压作判决。

图 7-32 MFSK 非相干解调原理方框图

MFSK 相干解调器的原理方框图和上述非相干解调器类似，只是用相干检波器代替了图中的包络检波器而已。由于 MFSK 相干解调器较复杂，应用较少，这里不再专门介绍。

7.4.3 多进制相移键控

1. 基本原理

在 2PSK 信号的表示式中一个码元的载波初始相位 θ 可以等于 0 或 π。将其推广到多进制时，θ 可以取多个可能值。所以，一个 MPSK 信号码元可以表示为

$$e_k(t) = A\cos(\omega_c t + \theta_k) \quad k = 1, 2, \cdots, M \tag{7.4-6}$$

式中：A 为常数；θ_k 为一组间隔均匀的受调制相位，其值决定于基带码元的取值，所以它可以写为

$$\theta_k = \frac{2\pi}{M}(k-1) \quad k = 1, 2, \cdots, M \tag{7.4-7}$$

通常 M 取 2 的整数次幂

$$M = 2^{k'} \quad k' = \text{正整数} \tag{7.4-8}$$

如图 7-33 所示，当 $k = 3$ 时，θ_k 取值的一例。图中示出当发送信号的相位为 $\theta_1 = 0$ 时，能够正确接收的相位范围在 $\pm\pi/8$ 内。对于多进制 PSK 信号，不能简单地采用一个相干载波进行相干解调。例如，若用 $\cos 2\pi f_c t$ 作为相干载波时，因为 $\cos\theta_k = \cos(2\pi - \theta_k)$，使解调存在模糊。只有在 2PSK 中才能够仅用一个相干载波进行解调。这时需要用两个正交的相干载波解调。在后面分析中，不失一般性，我们可以令式(7.4-6)中的 $A = 1$，然后将 MPSK 信号码元表示式展开写成

$$e_k(t) = \cos(\omega_c t + \theta_k) = a_k\cos\omega_c t - b_k\sin\omega_c t \tag{7.4-9}$$

式中：$a_k = \cos\theta_k, b_k = \sin\theta_k$。

式(7.4-9)表明，MPSK 信号码元 $e_k(t)$ 可以看作由正弦和余弦两个正交分量合成的信号，它们的振幅分别是 a_k 和 b_k，并且 $a_k^2 + b_k^2 = 1$。这就是说，MPSK 信号码元可以看作两个特定的 MASK 信号码元之和。因此，其带宽和 MASK 信号的带宽相同。

本节下面主要以 $M = 4$ 为例，对 4PSK 作进一步的分析。4PSK 常称为**正交相移键控**（QPSK）。它的每个码元含有 2b 的信息，现用 ab 代表这两个比特。发送码元序列在编码时需要先将每两个比特分成一个双比特组 ab。ab 有 4 种排列，即 00、01、10、11。然后用 4 种相位之一去表示每种排列。各种排列的相位之间的关系通常都按格雷（Gray）码安排，表 7-2 列出了 4PSK 信号的这种编码方案之一，其矢量图画在图 7-34 中。这种编码方案称为 A 方式。

图 7-33 8PSK 信号相位　　　　　　图 7-34 A 方式 QPSK 信号的矢量图

由此表和图可以看出,采用格雷码的好处在于相邻相位所代表的两个比特只有一位不同。由于因相位误差造成错判至相邻相位上的概率最大,故这样编码可使总误比特率降低。表 7-2 和图 7-34 中 QPSK 信号和格雷码的对应关系不是唯一的,图中的参考相位的位置也不是必须在横轴位置上。例如,可以规定图 7-34 中的参考相位代表格雷码 00,并将其他双比特组的相位依次顺时针方向移 90°,所得结果仍然符合用格雷码产生 QPSK 信号的规则。在表 7-2 中只给出了 2 位格雷码的编码规则。在表 7-3 中我们给出了多位格雷码的编码方法。由此表可见,在 2 位格雷码的基础上,若要产生 3 位格雷码,只需将序号为 0~3 的 2 位格雷码(表中黑体字)按相反的次序(成镜像)排列写出序号为 4~7 的码组,并在序号为 0~3 的格雷码组前加一个"0",在序号为 4~7 的码组前加一个"1",得出 3 位格雷码。3 位格雷码可以用于 8PSK 调制。若要产生 4 位格雷码,则可以在 3 位格雷码的基础上,仿照上述方法,将序号为 0~7 的格雷码按相反次序写出序号为 8~15 的码组,并在序号为 0~7 的格雷码组前加一个"0",在序号为 8~15 的码组前加一个"1"。依此类推可以产生更多位的格雷码。由于格雷码的这种产生规律,格雷码又称反射码。由此表可见,这样构成的相邻码组仅有 1b 差别。作为比较,在表 7-3 中还给出了二进码作为比较。

表 7-2			QPSK 信号的编码			
a	b	θ_k		a	b	θ_k
0	0	90°		1	1	270°
0	1	0°		1	0	180°

表 7-3					格雷码编码规则					
序号	格雷码				二进码					
0	0	0	**0**	**0**	0	0	0	0		
1	0	0	**0**	**1**	0	0	0	1		
2	0	0	**1**	**1**	0	0	1	0		
3	0	0	**1**	**0**	0	0	1	1		
4	0	1	1	0	0	1	0	0		
5	0	1	1	1	0	1	0	1		
6	0	1	0	1	0	1	1	0		
7	0	1	0	0	0	1	1	1		

序号	格雷码				二进码				
8	1	1	0	0	1	0	0	0	
9	1	1	0	1	1	0	0	1	
10	1	1	1	1	1	0	1	0	
11	1	1	1	0	1	0	1	1	
12	1	0	1	0	1	1	0	0	
13	1	0	1	1	1	1	0	1	
14	1	0	0	1	1	1	1	0	
15	1	0	0	0	1	1	1	1	

最后，需要对码元相位的概念着重给予说明。在码元的表示式(7.4 - 6)中，θ_k 称为初始相位，常简称为相位，而把 $(\omega_0 t + \theta_k)$ 称为信号的瞬时相位。当码元中包含整数个载波周期时，初始相位相同的相邻码元的波形和瞬时相位才是连续的，如图 7 - 35(a) 所示。若每个码元中的载波周期数不是整数，则即使初始相位相同，波形和瞬时相位也可能不连续，如图 7 - 35(b) 所示；或者波形连续而相位不连续，如图 7 - 35(c) 所示。在码元边界，当相位不连续时，信号的频谱将展宽，包络也将出现起伏。通常这是我们不希望并想尽量避免的。在后面讨论各种调制体制时，还将遇到这个问题。并且有时将码元中包含整数个载波周期的假设隐含不提，认为 PSK 信号的初始相位相同，则码元边界的瞬时相位一定连续。

(a) 波形和相位连续

(b) 波形和相位不连续

(c) 波形连续相位不连续

图 7 - 35 码元相位关系

2. QPSK 调制

QPSK 信号的产生方法有两种方法。第一种是用相乘电路，如图 7 - 36 所示。图中输入基带信号 $s(t)$ 是二进制不归零双极性码元，它被"串/并变换"电路变成两路码元 a 和 b。变成并行码元 a 和 b 后，其每个码元的持续时间是输入码元的 2 倍，如图 7 - 37 所示。这两路并行码元序列分别用以和两路正交载波相乘。相乘结果用虚线矢量示于图 7 - 38 中。图中矢量 $a(1)$ 代表 a 路的信号码元二进制 "1"，$a(0)$ 代表 a 路信号码元二进制 "0"；类似地，$b(1)$ 代表 b 路信号码元二进制 "1"，$b(0)$ 代表 b 路信号码元二进制 "0"。这两路信号在相加电路中相加后得到的每个矢量代表 2bit，如图中实线矢量所示。这种编码方式称为 B 方式。应当注意的是，上述二进制信号码元 "0" 和 "1" 在相乘电路中与不归零双极性矩形脉冲振幅的关系如下：

图 7 - 36 正交调相法产生 QPSK 信号

二进制码元 "1" → 双极性脉冲 "+1"；

二进制码元 "0" → 双极性脉冲 "-1"。

第二种产生方法是相位选择法，其原理方框图示于图 7 - 39 中。这时输入基带信号经过串/并变换后用于控制一个相位选择电路，按照当时的输入双比特 ab，决定选择哪个相位的载波输出。候选的 4 个相位 θ_1、θ_2、θ_3 和 θ_4 可以是图 7 - 38 中的 4 个实线矢量，也可以是图 7 - 34 中按 A 方式规定的 4 个相位。

图 7-37 码元串/并变换

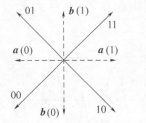

图 7-38 B 方式 QPSK 信号的矢量图

图 7-39 相位选择法产生 QPSK 信号

3. QPSK 解调

QPSK 信号的解调原理如图 7-40 所示。由于 QPSK 信号可以看作是两个正交 2PSK 信号的叠加，见图 7-38，所以用两路正交的相干载波去解调，可以很容易地分离这两路正交的 2PSK 信号。相干解调后的两路并行码元 a 和 b，经过并/串变换后，成为串行数据输出。

图 7-40 QPSK 信号解调原理方框图

4. 偏置 QPSK

在 QPSK 体制中，它的相邻码元最大相位差达到 180°。由于这样的相位突变在频带受限的系统中会引起信号包络的很大起伏，这是不希望的，所以为了减小此相位突变，将两个正交分量的两个比特 a 和 b 在时间上错开半个码元，使之不可能同时改变。由表 7-2 可见，这样安排后相邻码元相位差的最大值仅为 90°，从而减小了信号振幅的起伏。这种体制称为**偏置正交相移键控**（OQPSK）。在图 7-41 中示出 QPSK 信号的波形与 OQPSK 信号波形的比较。

OQPSK 和 QPSK 的唯一区别在于：对于 QPSK，表 7-2 中的两个比特 a 和 b 的持续时间原则上可以不同；而对于 OQPSK，a 和 b 的持续时间必须相同。

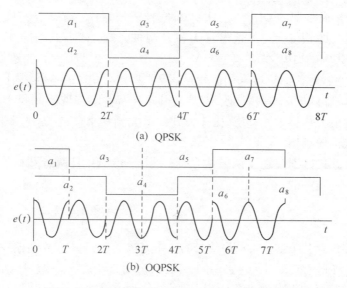

图 7-41 QPSK 信号波形与 OQPSK 信号波形比较

5. π/4 相移 QPSK

π/4 相移 QPSK 信号是由两个相差 π/4 的 QPSK 星座图(图 7-42)交替产生的。它也是一个四进制信号。当前码元的相位相对于前一码元的相位改变 ±45°或 ±135°。例如,若连续输入"11 11 11 11…",则信号码元相位为"45° 90° 45° 90°…"由于这种体制中相邻码元间总有相位改变,故有利于在接收端提取码元同步。另外,由于其最大相移为 ±135°,比 QPSK 的最大相移小,故在通过频带受限的系统传输后其振幅起伏也较小。

(a) 星座图之一　　　　　(b) 星座图之二

图 7-42　π/4 相移 QPSK 信号的星座图

7.4.4　多进制差分相移键控

1. 基本原理

类似于 2DPSK 体制,也有多进制差分相移键控(MDPSK)。在较详细地讨论了 MPSK 之后,很容易理解 MDPSK 的原理和实现方法。7.4.3 节中讨论 MPSK 信号用的式(7.4-6)、式(7.4-7)、表 7-2 和矢量图 7-34 对于分析 MDPSK 信号仍然适用,只是需要把其中的参考相位当作是前一码元的相位,把相移 θ_k 当作是相对于前一码元相位的相移。这里仍以四进制 DPSK 信号为例作进一步的讨论。

四进制 DPSK 通常记为 QDPSK。QDPSK 信号编码方式示于表 7-4。表中 $\Delta\theta_k$ 是相对于前一相邻码元的相位变化。这里有 A 和 B 两种方式。A 方式中的 $\Delta\theta_k$ 取值 0°、90°、180°、270°；B 方式中的 $\Delta\theta_k$ 取值 45°、135°、225°、315°。在 ITU-T 的建议 V.22 中速率 1200b/s 的双工调制解调器标准采用的就是表 7-4 中 A 方式的编码规则。

B 方式中相邻码元间总有相位改变，故有利于在接收端提取码元同步。另外，由于其相邻码元相位的最大相移为 ±135°，比 A 方式的最大相移小，故在通过频带受限的系统传输后其振幅起伏也较小。

A 方式和 B 方式区别仅在于两者的星座图相差 45°；并且两者和格雷码双比特组间的对应关系也不是唯一的。

2. 产生方法

QDPSK 信号的产生方法和 QPSK 信号的产生方法类似，只是需要把输入基带信号先经过码变换器把绝对码变成相对码再去调制（或选择）载波。在图 7-43 中给出了用正交调相法按照表 7-4 中 A 方式规则产生 QDPSK 信号的原理方框图。图中 a 和 b 为经过串/并变换后的一对码元，它需要再经过码变换器变换成相对码 c 和 d 后才与载波相乘。c 和 d 对载波的相乘实际是完成绝对相移键控。这部分电路和产生 QPSK 信号的原理方框图 7-36 完全一样，只是为了改用 A 方式编码，而采用两个 π/4 相移器代替一个 π/2 相移器。

图 7-43 正交调相法产生 A 方式 QDPSK 信号的原理方框图

表 7-4		QDPSK 编码规则					
		$\Delta\theta_k$				$\Delta\theta_k$	
a	b	A 方式	B 方式	a	b	A 方式	B 方式
0	0	90°	225°	1	1	270°	45°
0	1	0°	135°	1	0	180°	315°

3. 解调方法

QDPSK 信号的解调方法和 QPSK 信号的解调方法类似也有两类，即极性比较法和相位比较法。下面将分别予以讨论。

A 方式 QDPSK 信号极性比较法解调原理方框图如图 7-44 所示。由图可见 QDPSK 信号的极性比较法解调原理和 QPSK 信号的一样，只是多一步逆码变换，将相对码变成绝对码。

图 7-44 A 方式 QDPSK 信号极性比较法解调原理方框图

QDPSK 信号相位比较法解调原理方框图如图 7-45 所示。由此图可见,它和 2DPSK 信号相位比较法解调的原理基本一样,只是由于现在的接收信号包含正交的两路已调载波,故需用两个支路差分相干解调。

图 7-45 A 方式 QDPSK 信号相位比较法解调原理方框图

7.5 多进制数字调制系统的抗噪声性能

7.5.1 MASK 系统的抗噪声性能

下面就抑制载波 MASK 信号在白色高斯噪声信道条件下的误码率进行分析。

设抑制载波 MASK 信号的基带调制码元可以有 M 个电平,如图 7-46 所示。这些电平位于 $\pm d, \pm 3d, \cdots, \pm(M-1)d$,相邻电平的振幅相距 $2d$。于是,此抑制载波 MASK 信号的表示式可以写为

$$e(t) = \begin{cases} \pm d\cos 2\pi f_c t & \text{发送电平} \pm d \text{ 时} \\ \pm 3d\cos 2\pi f_c t & \text{发送电平} \pm 3d \text{ 时} \\ \vdots & \vdots \\ \pm(M-1)d\cos 2\pi f_c t & \text{发送电平} \pm(M-1)d \text{ 时} \end{cases}$$

(7.5-1)

图 7-46 基带信号的 M 个电平

式中：f_c 为载频。

若接收端的解调前信号无失真，仅附加有窄带高斯噪声，则在忽略常数衰减因子后，解调前的接收信号可以表示为

$$e(t) = \begin{cases} \pm d\cos2\pi f_c t + n(t) & \text{发送电平} \pm d \text{ 时} \\ \pm 3d\cos2\pi f_c t + n(t) & \text{发送电平} \pm 3d \text{ 时} \\ \quad\vdots & \quad\vdots \\ \pm (M-1)d\cos2\pi f_c t + n(t) & \text{发送电平} \pm (M-1)d \text{ 时} \end{cases} \quad (7.5-2)$$

式中：$n(t) = n_c(t)\cos2\pi f_c t - n_s(t)\sin2\pi f_c t$，为窄带高斯噪声。

设接收机采用相干解调，则噪声中只有和信号同相的分量有影响。这时，信号和噪声在相干解调器中相乘，并滤除高频分量之后，得到解调器输出电压为

$$v(t) = \begin{cases} \pm d + n_c(t) & \text{发送电平} \pm d \text{ 时} \\ \pm 3d + n_c(t) & \text{发送电平} \pm 3d \text{ 时} \\ \quad\vdots & \quad\vdots \\ \pm (M-1)d + n_c(t) & \text{发送电平} \pm (M-1)d \text{ 时} \end{cases} \quad (7.5-3)$$

式中已经忽略了常数因子 1/2。

这个电压将被抽样判决。对于抑制载波 MASK 信号，由图 7-46 可见，判决电平应该选择在 $0, \pm 2d, \cdots, \pm (M-2)d$。当噪声抽样值 $|n_c|$ 超过 d 时，会发生错误判决。但是，也有例外情况发生，这就是对于信号电平等于 $\pm(M-1)d$ 的情况。当信号电平等于 $+(M-1)d$ 时，若 $n_c > +d$，不会发生错判；同理，当信号电平等于 $-(M-1)d$ 时，若 $n_c < -d$，也不会发生错判。所以，当抑制载波 MASK 信号以等概率发送时，即每个电平的发送概率等于 $1/M$ 时，平均误码率为

$$P_e = \frac{M-2}{M}P(|n_c| > d) + \frac{2}{M} \cdot \frac{1}{2}P(|n_c| > d)$$

$$= \left(1 - \frac{1}{M}\right)P(|n_c| > d) \quad (7.5-4)$$

式中：$P(|n_c| > d)$ 为噪声抽样绝对值大于 d 的概率。

因为 n_c 是均值为 0、方差为 σ_n^2 的正态随机变量，故有

$$P(|n_c| > d) = \frac{2}{\sqrt{2\pi}\sigma_n}\int_d^\infty e^{-x^2/2\sigma_n^2}dx \quad (7.5-5)$$

将式(7.5-5)代入式(7.5-4)，得到

$$P_e = \left(1 - \frac{1}{M}\right)\frac{2}{\sqrt{2\pi}\sigma_n}\int_d^\infty e^{-x^2/2\sigma_n^2}dx = \left(1 - \frac{1}{M}\right)\text{erfc}\left(\frac{d}{\sqrt{2}\sigma_n}\right) \quad (7.5-6)$$

式中：$\text{erfc}(x) = \frac{2}{\sqrt{\pi}}\int_x^\infty e^{-z^2}dz$。

为了找到误码率 P_e 和解调器输入端信噪比 r 的关系，我们将式(7.5-6)作进一步的

推导。首先来求信号平均功率。对于等概率的抑制载波 MASK 信号,其平均功率为

$$P_s = \frac{2}{M} \sum_{i=1}^{M/2} [d(2i-1)]^2 / 2 = d^2 \frac{M^2-1}{6} \qquad (7.5-7)$$

式(7.5-7)计算中利用了如下公式[2]:

$$\sum_{k=1}^{n} (2k-1)^2 = \frac{1}{3} n(4n^2-1) \qquad (7.5-8)$$

由式(7.5-7)得到

$$d^2 = \frac{6P_s}{M^2-1} \qquad (7.5-9)$$

将式(7.5-9)代入式(7.5-6),得误码率为

$$P_e = \left(1 - \frac{1}{M}\right) \mathrm{erfc}\left(\sqrt{\frac{3}{M^2-1} \cdot \frac{P_s}{\sigma_n^2}}\right) \qquad (7.5-10)$$

式(7.5-10)中的 P_s/σ_n^2 就是信噪比 r,所以可以改写为

$$P_e = \left(1 - \frac{1}{M}\right) \mathrm{erfc}\left(\sqrt{\frac{3}{M^2-1} r}\right) \qquad (7.5-11)$$

按照式(7.5-11)画出的误码率曲线如图 7-47 所示。

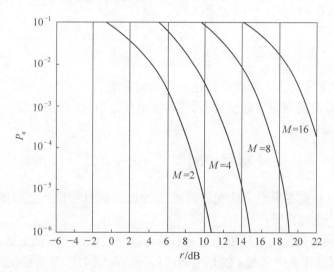

图 7-47 MASK 信号的误码率曲线

当 $M=2$ 时,式(7.5-11)变为

$$P_e = \frac{1}{2} \mathrm{erfc}(\sqrt{r}) \qquad (7.5-12)$$

它就是 2PSK 系统的误码率公式,见式(7.2-63)。不难理解,当 $M=2$ 时,抑制载波 MASK 信号就变成 2PSK 信号了,故两者的误码率相同。

MASK 信号是用信号振幅传递信息的。信号振幅在传输时受信道衰落的影响大,故在远距离传输的衰落信道中应用较少。

7.5.2 MFSK 系统的抗噪声性能

1. 非相干解调时的误码率

MFSK 信号非相干解调器有 M 路带通滤波器用于分离 M 个不同频率的码元,见图 7-32。当某个码元输入时,M 个带通滤波器的输出中仅有一个是信号加噪声,其他各路都是只有噪声。现在假设 M 路带通滤波器中的噪声是互相独立的窄带高斯噪声,由 3.5.2 节的分析可知其包络服从瑞利分布,故这 $(M-1)$ 路噪声的包络都不超过某个门限电平 h 的概率为

$$[1 - P(h)]^{M-1} \tag{7.5-13}$$

其中,$P(h)$ 是一路滤波器的输出噪声包络超过此门限 h 的概率,由瑞利分布,得

$$P(h) = \int_h^\infty \frac{N}{\sigma_n^2} e^{-N^2/2\sigma_n^2} dN = e^{-h^2/2\sigma_n^2} \tag{7.5-14}$$

式中:N 为滤波器输出噪声的包络;σ_n^2 为滤波器输出噪声的功率。

假设这 $(M-1)$ 路噪声都不超过此门限电平 h 就不会发生错误判决,则式 (7.5-13) 的概率就是不发生错判的概率。因此,有任意一路或一路以上噪声输出的包络超过此门限就将发生错误判决,此错判的概率为

$$P_e(h) = 1 - [1 - P(h)]^{M-1} = 1 - [1 - e^{-h^2/2\sigma_n^2}]^{M-1}$$

$$= \sum_{n=1}^{M-1} (-1)^{n-1} \binom{M-1}{n} e^{-nh^2/2\sigma_n^2} \tag{7.5-15}$$

显然,它和门限值 h 有关。下面就来讨论 h 值如何决定。

有信号码元输出的那路带通滤波器,其输出电压是信号和噪声之和。由 3.6 节可知,其包络服从广义瑞利分布

$$p(x) = \frac{x}{\sigma_n^2} I_0\left(\frac{ax}{\sigma_n^2}\right) \exp\left[-\frac{1}{2\sigma_n^2}(x^2 + a^2)\right] \quad x \geqslant 0 \tag{7.5-16}$$

式中:$I_0(\cdot)$ 为第一类零阶修正贝塞尔函数;x 为输出信号和噪声之和的包络;a 为输出信号码元振幅;σ_n^2 为输出噪声功率。

其他路中任何路的输出电压值超过了有信号这路的输出电压值 x 就将发生错判。因此,这里的输出信号和噪声之和 x 就是上面的门限值 h。因此,发生错误判决的概率为

$$P_e = \int_0^\infty p(h) P_e(h) dh \tag{7.5-17}$$

将式 (7.5-15) 和式 (7.5-16) 代入式 (7.5-17),得到计算结果为

$$P_e = e^{-\frac{a^2}{2\sigma_n^2}} \sum_{n=1}^{M-1} (-1)^{n-1} \binom{M-1}{n} \int_0^\infty \frac{h}{\sigma_n^2} I_0\left(\frac{ah}{\sigma_n^2}\right) e^{-(1+n)h^2/2\sigma_n^2} dh$$

$$= \sum_{n=1}^{M-1} (-1)^{n-1} \binom{M-1}{n} \frac{1}{n+1} e^{-na^2/2(n+1)\sigma_n^2} \tag{7.5-18}$$

式中：$\binom{M-1}{n}$ 为二项式展开系数。

式(7.5-18)中的积分利用如下公式：

$$\int_0^\infty t I_0(\alpha t) e^{-(\alpha^2+t^2)/2} dt = 1 \tag{7.5-19}$$

并令 $t = \dfrac{h}{\sigma_n}\sqrt{1+n}$，就可以计算出来(见附录D)。

式(7.5-18)是一个正负项交替的多项式，在计算求和时，随着项数增加，其值起伏振荡，但是可以证明(见附录D)它的第1项是它的上界，即有

$$P_e \leqslant \frac{M-1}{2} e^{-a^2/4\sigma_n^2} \tag{7.5-20}$$

由式(7.4-1)，式(7.5-20)可以改写为

$$P_e \leqslant \frac{M-1}{2} e^{-r/2} \tag{7.5-21}$$

式中：r 为信噪比。

由式(7.4-4)可知

$$r_b = r/k \tag{7.5-22}$$

将 $r = kr_b$ 代入式(7.5-20)，得

$$P_e \leqslant \frac{M-1}{2} \exp(-kr_b/2) \tag{7.5-23}$$

在式(7.5-23)中若用 M 代替 $(M-1)/2$，不等式右端的值将增大，但是此不等式仍然成立，所以有

$$P_e < M\exp(-kr_b/2) \tag{7.5-24}$$

这是一个比较弱的上界，但是它可以用来说明下面的问题。因为

$$M = 2^k = e^{\ln 2^k} \tag{7.5-25}$$

所以式(7.5-25)可以改写为

$$P_e < \exp\left[-k\left(\frac{r_b}{2} - \ln 2\right)\right] \tag{7.5-26}$$

由式(7.5-26)可以看出，当 $k \to \infty$ 时，P_e 按指数规律趋近于0，但要保证

$$\frac{r_b}{2} - \ln 2 > 0, \text{ 即 } r_b > 2\ln 2$$

上式条件表示，只要保证比特信噪比 r_b 大于 $2\ln 2 = 1.39 = 1.42\text{dB}$，则不断增大 k，就能得到任意小的误码率。对于MFSK体制而言，就是以增大占用带宽换取误码率的降低。但是，随着 k 的增大，设备的复杂程度也按指数规律增大。所以 k 的增大是受到实际应用条件的限制的。

上面求出的是误码率，即码元错误概率。现在来看MFSK信号的码元错误率 P_e 和比特错误率 P_b 之间的关系。我们假定当一个 M 进制码元发生错误时，将随机地错成其他

$(M-1)$个码元之一。由于 M 进制信号共有 M 种不同的码元,每个码元中含有 k 个比特,$M=2^k$。所以,在一个码元中的任一给定比特的位置上,出现"1"和"0"的码元各占一半,即出现信息"1"的码元有 $M/2$ 种,出现信息"0"的码元有 $M/2$ 种。在图7-48中给出一个例子。图中,$M=8$,$k=3$,在任一列中均有 4 个"0"和 4 个"1"。所以若一个码元错成另一个码元时,在给定的比特位置上发生错误的概率只有 4/7。一般而言,在一个给定的码元中,任一比特位置上的信息和其他$(2^{k-1}-1)$种码元在同一位置上的信息相同,和其他 2^{k-1} 种码元在同一位置上的信息则不同。所以,比特错误率 P_b 和码元错误率 P_e 之间的关系为

码元	比特
0	000
1	001
2	010
3	011
4	100
5	101
6	110
7	111

图 7-48　$M=8$ 时的码元

$$P_b = \frac{2^{k-1}}{2^k-1}P_e = \frac{P_e}{2[1-(1/2^k)]} \qquad (7.5-27)$$

当 k 很大时
$$P_b \approx P_e/2 \qquad (7.5-28)$$

按式(7.5-18)画出的误码率曲线如图7-49(a)所示。图中横坐标是 r_b,即每比特的能量和噪声功率谱密度之比。由图可见,对于给定的误码率,需要的 r_b 随 M 的增大而下降,即所需信号功率随 M 的增大而下降。但是由于 M 的增大,MFSK 信号占据的带宽也随之增加。这正如上面提到过的用频带换取了功率。

2. 相干解调时的误码率

MFSK 信号在相干解调时的设备复杂,所以应用较少。其误码率的分析计算原理和 2FSK 时的相似,这里不另作讨论,仅将计算结果给出如下[3]:

(a) 非相干解调　　　　　　　　(b) 相干解调

图 7-49　MFSK 信号的误码率

$$P_e = \frac{1}{\sqrt{2\pi}} \int_{-\infty}^{\infty} e^{-(x-a)^2/2\sigma_n^2} \left[1 - \frac{1}{\sqrt{2\pi}} \int_{-\infty}^{x} e^{-u^2/2} du \right]^{M-1} dx \qquad (7.5-29)$$

按照式(7.5-29)画出的误码率曲线如图7-49(b)所示。由此图可见,当信息传输速率和误码率给定时,增大 M 值也可以降低对信噪比 r_b 的要求。

式(7.5-29)较难作数值计算,为了估计相干解调时 MFSK 信号的误码率,可以采用下式给出的误码率上界公式[4]:

$$P_e \leq (M-1)\mathrm{erfc}(\sqrt{r}) \qquad (7.5-30)$$

比较相干和非相干解调的两个误码率曲线图可见,当 $k>7$ 时,两者的区别可以忽略。这时相干和非相干解调误码率的上界都可以用式(7.5-20)表示:

$$P_e \leq \frac{M-1}{2} e^{-a^2/4\sigma_n^2} \qquad (7.5-31)$$

7.5.3 MPSK 系统的抗噪声性能

我们首先对于 QPSK 系统的性能作较详细的分析。在 QPSK 体制中,由其矢量图(图7-50)可以看出,错误判决是由于信号矢量的相位因噪声而发生偏离造成的。例如,设发送矢量的相位为 45°,它代表基带信号码元"11",若因噪声的影响使接收矢量的相位变成135°,则将错判为"01"。当不同发送矢量以等概率出现时,合理的判决门限应该设定在和相邻矢量等距离的位置。在图中对于矢量"11"来说,判决门限应该设在 0° 和 90°。当发送"11"时,接收信号矢量的相位若超出这一范围(图中阴影区),则将发生错判。设 $f(\theta)$ 为接收矢量(包括信号和噪声)相位的概率密度,则发生错误的概率为

图7-50 QPSK 的噪声容限

$$P_e = 1 - \int_0^{\pi/2} f(\theta) d\theta \qquad (7.5-32)$$

这一误码率公式的计算步骤很繁。我们现在用一个简单的方法来分析。由式(7.4-9),即

$$e_k(t) = \cos(\omega_c t + \theta_k) = a_k \cos\omega_c t - b_k \sin\omega_c t$$

可知,当 QPSK 码元的相位 $\theta_k = 45°$ 时,有

$$a_k = b_k = 1/\sqrt{2}$$

故信号码元相当于是互相正交的两个 2PSK 码元,其幅度分别为接收信号幅度的 $(1/\sqrt{2})$ 倍,功率为接收信号功率的 $(1/2)$ 倍。另一方面,由 3.6 节分析得知,接收信号与噪声之和为

$$r(t) = a\cos(\omega_c t + \theta) + n(t)$$

式中: $n(t) = n_c(t)\cos\omega_c t - n_s(t)\sin\omega_c t$;$n(t)$ 的方差为 σ_n^2,噪声的两个正交分量的方差为 $\sigma_c^2 = \sigma_s^2 = \sigma_n^2$。

若把此 QPSK 信号当作两个 2PSK 信号分别在两个相干检测器中解调时,只有和 2PSK 信号同相的噪声才有影响。由于误码率决定于各个相干检测器输入的信噪比,而此处的信号功率为接收信号功率的 1/2 倍,噪声功率为 σ_n^2。若输入信号的信噪比为 r,则每个解调器输入端的信噪比将为 $r/2$。在 7.2 节中已经给出 2PSK 相干解调的误码率为

$$P_e = \frac{1}{2}\text{erfc}\sqrt{r}$$

其中,r 为解调器输入端的信噪比,故现在应该用 $r/2$ 代替 r,即误码率为

$$P_e = \frac{1}{2}\text{erfc}\sqrt{r/2}$$

所以,正确概率为 $[1-(1/2)\text{erfc}\sqrt{r/2}]$。因为只有两路正交的相干检测都正确,才能保证 QPSK 信号的解调输出正确。由于两路正交相干检测都正确的概率为 $[1-(1/2)\text{erfc}\sqrt{r/2}]^2$,所以 QPSK 信号解调错误的概率为

$$P_e = 1 - \left[1 - \frac{1}{2}\text{erfc}\sqrt{r/2}\right]^2 \quad (7.5-33)$$

对于任意 M 进制 PSK 信号,其误码率公式为[5]

$$P_e = 1 - \frac{1}{2\pi}\int_{-\pi/M}^{\pi/M} e^{-r}\left[1 + \sqrt{4\pi r}\cos\theta e^{r\cos^2\theta}\frac{1}{\sqrt{2\pi}}\int_{-\infty}^{\sqrt{2r}\cos\theta} e^{-x^2/2}dx\right]d\theta$$

$$(7.5-34)$$

按照式(7.5-34)画出的曲线示于图 7-51 中。图中横坐标 r_b 是每比特的信噪比。它与码元信噪比 r 的关系为

$$r_b = r/k = r/\log_2 M \quad (7.5-35)$$

从此图曲线可以看出,当保持误码率 P_e 和信息传输速率不变时,随着 M 的增大,需要使 r_b 增大,即需要增大发送功率,但需用的传输带宽降低了,即用增大功率换取了节省带宽。

当 M 大时,MPSK 误码率公式可以近似写为[6]

$$P_e \approx \text{erfc}\left(\sqrt{r}\sin\frac{\pi}{M}\right) \quad (7.5-36)$$

OQPSK 的抗噪声性能和 QPSK 完全一样。

7.5.4 MDPSK 系统的抗噪声性能

对于 MDPSK 信号,误码率计算近似公式为[5]

$$P_e \approx \text{erfc}\left(\sqrt{2r}\sin\frac{\pi}{2M}\right) \quad (7.5-37)$$

在图 7-52 中给出了 MDPSK 信号的误码率曲线。

图 7-51 MPSK 信号的误码率曲线

图 7-52 MDPSK 信号误码率曲线

7.6 小结

二进制数字调制的基本方式有：二进制振幅键控(2ASK)——载波信号的振幅变化；二进制频移键控(2FSK)——载波信号的频率变化；二进制相移键控(2PSK)——载波信号的相位变化。由于 2PSK 体制中存在相位不确定性，又发展出了差分相移键控 2DPSK。

2ASK 和 2PSK 所需的带宽是码元速率的 2 倍；2FSK 所需的带宽比 2ASK 和 2PSK 都要高。

各种二进制数字调制系统的误码率取决于解调器输入信噪比 r。在抗加性高斯白噪声方面，相干 2PSK 性能最好，2FSK 次之，2ASK 最差。

ASK 是一种应用最早的基本调制方式。其优点是设备简单，频带利用率较高；缺点是抗噪声性能差，并且对信道特性变化敏感，不易使抽样判决器工作在最佳判决门限状态。

FSK 是数字通信中不可或缺的一种调制方式。其优点是抗干扰能力较强，不受信道参数变化的影响，因此 FSK 特别适合应用于衰落信道；缺点是占用频带较宽，尤其是 MFSK，频带利用率较低。目前，调频体制主要应用于中、低速数据传输中。

PSK 或 DPSK 是一种高传输效率的调制方式，其抗噪声能力比 ASK 和 FSK 都强，且不易受信道特性变化的影响，因此在高、中速数据传输中得到了广泛的应用。绝对相移(PSK)在相干解调时存在载波相位模糊度的问题，在实际中较少采用于直接传输。MDPSK 应用更为广泛。

本章介绍的各种数字调制获得了广泛应用。例如，在无线局域网标准 IEEE 802.11b-1999 中，按照不同数据速率采用了多种 DPSK 体制。对于基本数据速率 1Mb/s，它采用 2DPSK。对于扩展速率 2Mb/s，它采用 QDPSK 体制。在数据速率达到 5.5 Mb/s 和 11Mb/s

时,采用了 QPSK。

在高速无线局域网标准 IEEE 802.11g - 2003 中有 8 种数据速率:6Mb/s,9Mb/s,12Mb/s,18Mb/s,24Mb/s,36Mb/s,48Mb/s 和 54 Mb/s。在 6Mb/s 和 9 Mb/s 速率模式中,采用第 8 章将讲述的 OFDM 调制,其中每个子载波采用 2PSK 调制。在 12Mb/s 和 18Mb/s 数据速率模式中,采用 QPSK 的 OFDM。在速率最高的 4 种模式中,采用 QAM 体制的 OFDM。

在 IEEE802.15.4 标准中,在 868 - 915MHZ 频段采用 2PSK 调制;在 2.4GHZ 频段采用 OQPSK 调制。

因为 2PSK 简单,适合用于廉价的无源发射机中,所以在射频识别(Radio Frequency Identification,RFID)技术标准(如 ISO/IEC 14443)中采用。

蓝牙是一种支持设备短距离通信(一般 10m 内)的无线电技术,能在移动电话,笔记本电脑等设备与相关的外部设备之间进行无线信息交换。

蓝牙(Bluetooth)2 在低数据速率(2 Mb/s)时使用 $\pi/4$ 相移 QDPSK,在高数据速率(3Mb/s)时采用 8DPSK。蓝牙 1 的调制采用将在第 8 章讲述的高斯最小频移键控(GMSK)。

注意:8PSK 在各种标准中较少应用,因为其误码率接近 16QAM,但是其数据速率仅有 16QAM 的 3/4。8QAM 因为实现较困难,所以在各种标准中,八进制用得较少,多从四进制直接跳用 16QAM。

思 考 题

7-1 什么是数字调制?它与模拟调制相比有哪些异同点?

7-2 数字调制的基本方式有哪些?其时间波形上各有什么特点?

7-3 什么是振幅键控?OOK 信号的产生和解调方法有哪些?

7-4 2ASK 信号传输带宽与波特率或基带信号的带宽有什么关系?

7-5 什么是频移键控?2FSK 信号产生和解调方法有哪些?

7-6 2FSK 信号相邻码元的相位是否连续变化与其产生方法有何关系?

7-7 相位不连续 2FSK 信号的传输带宽与波特率或基带信号的带宽有什么关系?

7-8 什么是绝对相移?什么是相对相移?它们有何区别?

7-9 2PSK 信号和 2DPSK 信号可以用哪些方法产生和解调?

7-10 2PSK 信号和 2DPSK 信号的功率谱及传输带宽有何特点?它们与 OOK 的有何异同?

7-11 二进制数字调制系统的误码率与哪些因素有关?

7-12 试比较 OOK 系统、2FSK 系统、2PSK 系统和 2DPSK 系统的抗噪声性能。

7-13 2FSK 与 2ASK 相比有哪些优势?

7-14 2PSK 与 2ASK 和 2FSK 相比有哪些优势?

7-15 2DPSK 与 2PSK 相比有哪些优势?

7-16 何谓多进制数字调制?与二进制数字调制相比较,多进制数字调制有哪些优缺点?

习 题

7-1 设发送的二进制信息序列为 1 0 1 1 0 0 1，码元速率为 2000Baud，载波信号为 $\sin(8\pi \times 10^3 t)$。试确定：

(1) 每个码元中包含多少个载波周期？

(2) 画出 OOK、2PSK 及 2DPSK 信号的波形，并注意观察其波形各有什么特点。

(3) 计算 2ASK、2PSK、2DPSK 信号的第一谱零点带宽。

7-2 设某 2FSK 调制系统的码元速率为 2000Baud，已调信号的载频分别为 6000Hz（对应"1"码）和 4000Hz（对应"0"码）。

(1) 若发送的信息序列为 1 0 1 1 0 0 1，试画出 2FSK 信号的时间波形；

(2) 试画出 2FSK 信号的功率谱密度示意图，并计算 2FSK 信号的第一谱零点带宽。

(3) 讨论应选择什么解调方法解调该 2FSK 信号。

7-3 设二进制信息为 0 1 0 1，采用 2FSK 系统传输的码元速率为 1200Baud，已调信号的载频分别为 4800Hz（对应"1"码）和 2400Hz（对应"0"码）。

(1) 若采用包络检波方式进行解调，试画出各点时间波形；

(2) 若采用相干方式进行解调，试画出各点时间波形。

7-4 设某 2PSK 传输系统的码元速率为 1200Baud，载波频率为 2400Hz，发送数字信息为 0 1 0 0 1 1 0。

(1) 画出 2PSK 信号的调制器原理框图和时间波形；

(2) 若采用相干解调方式进行解调，试画出各点时间波形。

(3) 若发送"0"和"1"的概率分别为 0.6 和 0.4，试求出该 2PSK 信号的功率谱密度表示式。

7-5 设发送的绝对码序列为 0 1 1 0 1 0，采用 2DPSK 系统传输的码元速率为 1200Baud，载频为 1800Hz，并定义 $\Delta\varphi$ 为后一码元起始相位和前一码元结束相位之差。试画出：

(1) $\Delta\varphi = 0°$ 代表"0"，$\Delta\varphi = 180°$ 代表"1"时的 2DPSK 信号波形；

(2) $\Delta\varphi = 270°$ 代表"0"，$\Delta\varphi = 90°$ 代表"1"时的 2DPSK 信号波形。

7-6 对 OOK 信号进行相干接收，已知发送"1"和"0"符号的概率分别为 P 和 $1-P$，接收端解调器输入信号振幅为 a，窄带高斯噪声方差为 σ_n^2。试确定：

(1) 当 $P = 1/2$，信噪比 $r = 10$ 时，系统的最佳判决门限 b^* 和误码率 P_e；

(2) $P < 1/2$ 时的最佳判决门限值比 $P = 1/2$ 时的大还是小？

7-7 在 OOK 系统中，设发射信号振幅 A 为 5V，接收端带通滤波器输出噪声功率 $\sigma_n^2 = 3 \times 10^{-12}$W，若要求系统误码率 $P_e = 10^{-4}$。试求：

(1) 非相干接收时，从发送端到解调器输入端信号的容许衰减量；

(2) 相干接收时，从发送端到解调器输入端信号的容许衰减量。

7-8 若采用 2FSK 方式传输二进制信息，其他条件与习题 7-7 相同。试求：

(1) 非相干接收时，从发送端到解调器输入端信号的容许衰减量；

(2) 相干接收时，从发送端到解调器输入端信号的容许衰减量。

7-9 设二进制调制系统的码元速率 $R_B = 2 \times 10^6$Baud，信道加性高斯白噪声的单边

功率谱密度 $n_0 = 4 \times 10^{-15}$ W/Hz，接收端解调器输入信号的峰值振幅 $a = 800 \mu V$。试计算和比较：

(1) 非相干接收 2ASK、2FSK 和 2DPSK 信号时，系统的误码率；

(2) 相干接收 2ASK、2FSK、2PSK 和 2DPSK 信号时，系统的误码率。

7 – 10 在二进制数字调制系统中，已知码元速率 $R_B = 10^6$ Baud，信道白噪声的单边功率谱密度 $n_0 = 4 \times 10^{-16}$ W/Hz，若要求系统的误码率 $P_e \leq 10^{-4}$，试求：

(1) 相干 2ASK、2FSK、2PSK 和 2DPSK 系统的解调器输入信号功率；

(2) 非相干 2ASK、2FSK、2PSK 和 2DPSK 系统的解调器输入信号功率。

7 – 11 在二进制相位调制系统中，已知解调器输入信噪比 $r = 10$ dB。试分别求出相干解调 2PSK、相干解调—码反变换 2DPSK 和差分相干解调 2DPSK 的系统误码率。

7 – 12 已知数字信息为"1"时，发送信号的功率为 1kW，信道损耗为 60dB，接收端解调器输入的噪声功率为 10^{-4} W，试求包络检波 OOK 和相干解调 2PSK 系统的误码率。

7 – 13 设发送的二进制信息为 10110001，试按下表所示的 A 方式编码规则，分别画出 QPSK 和 QDPSK 信号波形示意图。

	10	11	00	01
$\varphi/(°)$	180	270	90	0
$\Delta\varphi/(°)$	180	270	90	0

7 – 14 设发送的二进制信息为 10110001，试按下表所示的 B 方式编码规则，画出 QDPSK 信号波形示意图。

	10	11	00	01
$\Delta\varphi/(°)$	225	315	135	45

7 – 15 在四进制数字相位调制系统中，已知解调器输入端信噪比 $r = 20$，试求 QPSK 和 QDPSK 方式系统误码率。

7 – 16 已知 2PSK 系统的传输速率为 2400 b/s，试确定：

(1) 2PSK 信号的主瓣带宽和频带利用率(b/(S·HZ))；

(2) 若对基带信号采用 $\alpha = 0.4$ 余弦滚降滤波预处理，再进行 2PSK 调制，这时占用的信道带宽和频带利用率为多大？

(3) 若传输带宽不变，而传输速率增至 7200 b/s，则调制方式应作何改变？

7 – 17 设某 MPSK 系统的比特率为 4800 b/s，并设基带信号采用 $\alpha = 1$ 余弦滚降滤波预处理。试问：

(1) 4PSK 占用的信道带宽和频带利用率；

(2) 8PSK 占用的信道带宽和频带利用率。

参考文献

[1] Schwartz M, Bennett W R, Stein S. Communication Systems and Techniques. New York: McGraw-Hill Book CO., 1996.

[2] 雷日克 И М, 格拉德什坦 И С. 函数表与积分表. 北京: 高等教育出版社, 1959.

[3] Viterbi A J. On Coded Phase Coherent Communication. Jet Propulsion Lab. Technical Report No. 32 – 35, Pasadena, Cal-

ifornia:JPL,August 15,1960.
- [4] Lindsey W C, Simon M K. Telecommunication Systems Engineering. Englewood Cliffs, N. J: Prentice-Hall, Inc., 1973.
- [5] Cahn C R. Performance of Digital Phase-Modulation Communication Systems. IRE Trans. on Commun. Systems, 1959,7(1):3-6.
- [6] Jones J Jay. Modern Communication Principles with Application to Digital Signaling. New York: McGraw Hill Book Company,1967.

第8章 新型数字带通调制技术

三个目标

第7章中讨论了基本的二进制和多进制数字带通传输系统。为了提高其性能,人们对这些数字调制体制不断加以改进,提出了多种新的调制解调体制。这些新型调制解调体制,各有所长,分别在不同方面有其优势。本章将介绍几种较常用的有代表性的新型调制体制。

8.1 正交振幅调制

正交振幅调制(QAM)是一种振幅和相位联合键控。在前面讨论的多进制键控体制中,相位键控的带宽和功率占用方面都具有优势,即带宽占用小和比特信噪比要求低。因此,MPSK 和 MDPSK 体制为人们所喜用。但是,由图7-34可见,在 MPSK 体制中,随着 M 的增大,相邻相位的距离逐渐减小,使噪声容限随之减小,误码率难于保证。为了改善在 M 大时的噪声容限,发展出了 QAM 体制。在 QAM 体制中,信号的振幅和相位作为两个独立的参量同时受到调制。这种信号的一个码元可以表示为

$$e_k(t) = A_k\cos(\omega_c t + \theta_k) \qquad kT_B \leq t \leq (k+1)T_B \qquad (8.1-1)$$

式中: k = 整数;A_k 和 θ_k 分别可以取多个离散值。

式(8.1-1)可以展开为

$$e_k(t) = A_k\cos\theta_k\cos\omega_c t - A_k\sin\theta_k\sin\omega_c t \qquad (8.1-2)$$

令

$$X_k = A_k\cos\theta_k, \quad Y_k = -A_k\sin\theta_k$$

则式(8.1-1)变为

$$e_k(t) = X_k\cos\omega_c t + Y_k\sin\omega_c t \qquad (8.1-3)$$

X_k 和 Y_k 也是可以取多个离散值的变量。从式(8.1-3)看出,$e_k(t)$ 可以看作是两个正交的振幅键控信号之和。

在式(8.1-1)中,若 θ_k 值仅可以取 $\pi/4$ 和 $-\pi/4$,A_k 值仅可以取 $+A$ 和 $-A$,则此

QAM 信号就成为 QPSK 信号,如图 8-1(a)所示。因此,QPSK 信号是一种最简单的 QAM 信号。有代表性的 QAM 信号是 16 进制的,记为 16QAM,它的矢量图如图 8-1(b)所示。图中用黑点表示每个码元的位置,并且示出它是由两个正交矢量合成的。类似地,有 64QAM 和 256QAM 等 QAM 信号,如图 8-1(c)和(d)所示。它们总称为 MQAM 调制。由于从其矢量图看像是星座,故又称星座(constellation)调制。

(a) 4QAM 信号矢量图　　(b) 16QAM 信号矢量图

(c) 64QAM 信号矢量图　　(d) 256QAM 信号矢量图

图 8-1　QAM 信号矢量图

下面以 16QAM 信号为例作进一步的分析。16QAM 信号的产生方法主要有两种:第一种是正交调幅法,即用两路独立的正交 4ASK 信号叠加,形成 16QAM 信号,如图 8-2(a)所示;第二种方法是复合相移法,它用两路独立的 QPSK 信号叠加,形成 16QAM 信号,如图 8-2(b)所示。图中虚线大圆上的 4 个大黑点表示第一个 QPSK 信号矢量的位置。在这 4 个位置上可以叠加上第二个 QPSK 矢量,后者的位置用虚线小圆上的 4 个小黑点表示。

(a) 正交调幅法　　(b) 复合相移法

图 8-2　16QAM 信号产生方法

现将 16QAM 信号和 16PSK 信号的性能作一比较。在图 8-3 中，按最大振幅相等，画出这两种信号的星座图。设其最大振幅为 A_M，则 16QAM 信号的相邻信号点间的欧几里得距离为

$$d_1 = \frac{\sqrt{2}A_M}{3} = 0.471A_M \tag{8.1-4}$$

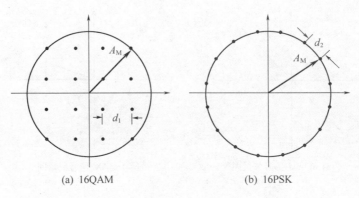

图 8-3　16QAM 和 16PSK 信号的矢量图

而 16PSK 信号的相邻点欧几里得距离为

$$d_2 \approx A_M\left(\frac{\pi}{8}\right) = 0.393A_M \tag{8.1-5}$$

此距离直接代表着噪声容限的大小。所以，d_1 和 d_2 的比值就代表这两种体制的噪声容限之比。按式(8.1-4)和式(8.1-5)计算，d_1 超过 d_2 约 1.57dB。但是，这时是在最大功率(振幅)相等的条件下比较的，没有考虑这两种体制的平均功率差别。16PSK 信号的平均功率(振幅)就等于其最大功率(振幅)。而 16QAM 信号，在等概率出现条件下，可以计算出其最大功率和平均功率之比等于 1.8 倍，即 2.55dB。因此，在平均功率相等条件下，16QAM 比 16PSK 信号的噪声容限大 4.12dB。

QAM 特别适用于频带资源有限的场合。例如，由于电话信道的带宽通常限制在话音频带(300Hz~3400Hz)范围内，若希望在此频带中提高通过调制解调器(Modem)传输数字信号的速率，则 QAM 是非常适用的。在图 8-4 中示出一种用于调制解调器的传输速率为 9600b/s 的 16QAM 方案，其载频为 1650Hz，滤波器带宽为 2400Hz，滚降系数为 10%。

图 8-4　16QAM 调制解调器方案

在 ITU - T 的建议 V. 29 和 V. 32 中均采用 16QAM 体制以 2.4kBaud 的码元速率传输 9.6kb/s 的数字信息。

QAM 的星座形状并不是像图 8-1 中的正方形为最好,实际上以边界越接近圆形越好。例如,在图 8-5 中给出了一种改进的 16QAM 方案,其中星座各点的振幅分别等于 ±1、±3 和 ±5。将其和图 8-4 相比较,不难看出,其星座中各信号点的最小相位差比后者大,因此容许较大的相位抖动。目前最新的调制解调器的传输速率更高,所用的星座图也更复杂,但仍然占据一个话路的带宽。例如,在 ITU - T 的建议 V. 34 中采用 960QAM 体制使调制解调器的传输速率达到 28.8kb/s。

图 8-5 改进的 16QAM 方案

8.2 最小频移键控和高斯最小频移键控

最小频移键控(MSK)是 7.1.2 节中讨论的 2FSK 的改进。2FSK 体制虽然性能优良、易于实现,并应用广泛,但是它也有不足之处。首先,它占用的频带宽度比 2PSK 大,即频带利用率较低。其次,若用开关法产生 2FSK 信号,则相邻码元波形的相位可能不连续,因此在通过带通特性的电路后由于通频带的限制,使得信号波形的包络产生较大起伏。这种起伏是不希望有的。此外,一般说来,2FSK 信号的两种码元波形不一定严格正交。由第 9 章的分析可知,若二进制信号的两种码元互相正交,则其误码率性能将更好。

为了克服上述缺点,对于 2FSK 信号作了改进,发展出 MSK 信号。MSK 信号是一种包络恒定、相位连续、带宽最小并且严格正交的 2FSK 信号,其波形图如图 8-6 所示。下面将对 MSK 信号的特性作详细分析。

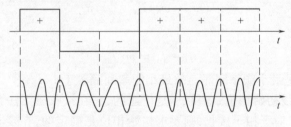

图 8-6 MSK 信号波形示例

8.2.1 正交 2FSK 信号的最小频率间隔

在正式讨论 MSK 信号之前,作为理论准备,我们先来考虑正交 2FSK 信号两种码元的最小容许频率间隔。在原理上,若两个信号互相正交,就可以把它完全分开。假设 2FSK 信号码元的表达式为

$$e(t) = \begin{cases} A\cos(\omega_1 t + \varphi_1) & \text{发送"1"时} \\ A\cos(\omega_0 t + \varphi_0) & \text{发送"0"时} \end{cases} \quad (8.2-1)$$

式中: $\omega_1 \neq \omega_0$。

现在,为了满足正交条件,要求

$$\int_0^{T_B} [\cos(\omega_1 t + \varphi_1) \cdot \cos(\omega_0 t + \varphi_0)] \mathrm{d}t = 0 \qquad (8.2-2)$$

即要求

$$\frac{1}{2} \int_0^{T_B} \{\cos[(\omega_1 + \omega_0)t + \varphi_1 + \varphi_0] + \cos[(\omega_1 - \omega_0)t + \varphi_1 - \varphi_0]\} \mathrm{d}t = 0$$

$$(8.2-3)$$

式(8.2-3)积分结果为

$$\frac{\sin[(\omega_1 + \omega_0)T_B + \varphi_1 + \varphi_0]}{\omega_1 + \omega_0} + \frac{\sin[(\omega_1 - \omega_0)T_B + \varphi_1 - \varphi_0]}{\omega_1 - \omega_0} -$$

$$\frac{\sin(\varphi_1 + \varphi_0)}{(\omega_1 + \omega_0)} - \frac{\sin(\varphi_1 - \varphi_0)}{(\omega_1 - \omega_0)} = 0 \qquad (8.2-4)$$

假设 $\omega_1 + \omega_0 \gg 1$,式(8.2-4)左端第1和3项近似等于零,则它可以化简为

$$\cos(\varphi_1 - \varphi_0)\sin(\omega_1 - \omega_0)T_B + \sin(\varphi_1 - \varphi_0)[\cos(\omega_1 - \omega_0)T_B - 1] = 0$$

$$(8.2-5)$$

由于 φ_1 和 φ_0 是任意常数,故必须同时有

$$\sin(\omega_1 - \omega_0)T_B = 0 \qquad (8.2-6)$$

$$\cos(\omega_1 - \omega_0)T_B = 1 \qquad (8.2-7)$$

式(8.2-5)才等于零。

式(8.2-6)要求 $(\omega_1 - \omega_0)T_B = n\pi$,式(8.2-7)要求 $(\omega_1 - \omega_0)T_B = 2m\pi$,其中 n 和 m 均为不等于 0 的整数。为了同时满足这两个要求,应当令

$$(\omega_1 - \omega_0)T_B = 2m\pi \qquad (8.2-8)$$

即要求

$$f_1 - f_0 = m/T_B \qquad (8.2-9)$$

所以,当取 $m = 1$ 时是最小频率间隔。故最小频率间隔等于 $1/T_B$。

上面讨论中,假设初始相位 φ_1 和 φ_0 是任意的,它在接收端无法预知,所以只能采用非相干检波法接收。对于相干接收,则要求初始相位是确定的,在接收端是预知的,这时可以令 $\varphi_1 - \varphi_0 = 0$。于是,式(8.2-5)化简为

$$\sin(\omega_1 - \omega_0)T_B = 0 \qquad (8.2-10)$$

因此,仅要求满足

$$f_1 - f_0 = n/2T_B \qquad (8.2-11)$$

所以,对于相干接收,保证正交的 2FSK 信号的最小频率间隔等于 $1/2T_B$。

8.2.2 MSK 信号的基本原理

上面已经提到,MSK 信号是一种相位连续、包络恒定并且占用带宽最小的二进制正

交 2FSK 信号。下面将证明 MSK 的这些特性。

1. MSK 信号的频率间隔

MSK 信号的第 k 个码元可以表示为

$$e_k(t) = \cos\left(\omega_c t + \frac{a_k \pi}{2 T_B} t + \varphi_k\right) \qquad k T_B \leq t \leq (k+1) T_B \qquad (8.2-12)$$

式中：$\omega_c = 2\pi f_c$，为载波角载频；$a_k = \pm 1$（分别对应输入码元为"1"或"0"时）；T_B 为码元宽度；φ_k 为第 k 个码元的初始相位，它在一个码元宽度中是不变的。

由式(8.2-12)可以看出，当输入码元为"1"时，$a_k = +1$，故码元频率 $f_1 = f_c + 1/(4T_B)$；当输入码元为"0"时，$a_k = -1$，故码元频率 $f_0 = f_c - 1/(4T_B)$。所以，$f_1 - f_0 = 1/(2T_B)$。在 8.2.1 节已经证明，这是 2FSK 信号的最小频率间隔。

2. MSK 码元中波形的周期数

式(8.2-12)可以改写为

$$e_k(t) = \begin{cases} \cos(2\pi f_1 t + \varphi_k) & a_k = +1 \\ \cos(2\pi f_0 t + \varphi_k) & a_k = -1 \end{cases} \qquad (k T_B \leq t \leq (k+1) T_B) \qquad (8.2-13)$$

式中：

$$f_1 = f_c + 1/(4T_B), \quad f_0 = f_c - 1/(4T_B) \qquad (8.2-14)$$

由于 MSK 信号是一个正交 2FSK 信号，它应该满足式(8.2-4)，即

$$\frac{\sin[(\omega_1 + \omega_0) T_B + 2\varphi_k]}{\omega_1 + \omega_0} + \frac{\sin[(\omega_1 - \omega_0) T_B]}{\omega_1 - \omega_0} - \frac{\sin(2\varphi_k)}{(\omega_1 + \omega_0)} - \frac{\sin(0)}{(\omega_1 - \omega_0)} = 0$$

上式左端 4 项应分别等于零，所以将第 3 项 $\sin(2\varphi_k) = 0$ 的条件代入第 1 项，得到要求

$$\sin(2\omega_c T_B) = 0 \qquad (8.2-15)$$

即要求

$$4\pi f_c T_B = n\pi \quad n = 1, 2, 3, \cdots \qquad (8.2-16)$$

或

$$T_B = n \frac{1}{4 f_c} \quad n = 1, 2, 3, \cdots \qquad (8.2-17)$$

式(8.2-17)表示，MSK 信号每个码元持续时间 T_B 内包含的波形周期数必须是 1/4 载波周期的整数倍，即式(8.2-17)可以改写为

$$f_c = \frac{n}{4 T_B} = \left(N + \frac{m}{4}\right) \frac{1}{T_B} \qquad (8.2-18)$$

式中：N 为正整数；$m = 0, 1, 2, 3$。

以及有

$$\begin{cases} f_1 = f_c + \dfrac{1}{4 T_B} = \left(N + \dfrac{m+1}{4}\right) \dfrac{1}{T_B} \\ f_0 = f_c - \dfrac{1}{4 T_B} = \left(N + \dfrac{m-1}{4}\right) \dfrac{1}{T_B} \end{cases} \qquad (8.2-19)$$

由式(8.2-19)可以得知：

$$T_B = \left(N + \frac{m+1}{4}\right)T_1 = \left(N + \frac{m-1}{4}\right)T_0 \qquad (8.2-20)$$

式中：$T_1 = 1/f_1$；$T_0 = 1/f_0$。

式(8.2-20)给出一个码元持续时间 T_B 内包含的正弦波周期数。由此式看出，无论两个信号频率 f_1 和 f_0 等于何值，这两种码元包含的正弦波数均相差 1/2 个周期。例如，当 $N=1, m=3$ 时，对于比特"1"和"0"，一个码元持续时间内分别有 2 个和 1.5 个正弦波周期(图 8-6)。

3. MSK 信号的相位连续性

在 7.4.3 节和图 7-35 中讨论过相位连续性问题。波形(相位)连续的一般条件是前一码元末尾的相位等于后一码元开始时的相位。

由式(8.2-12)可知，这就是要求

$$\frac{a_{k-1}\pi}{2T_B} \cdot kT_B + \varphi_{k-1} = \frac{a_k\pi}{2T_B} \cdot kT_B + \varphi_k \qquad (8.2-21)$$

由式(8.2-21)可以容易地写出下列递归条件：

$$\varphi_k = \varphi_{k-1} + \frac{k\pi}{2}(a_{k-1} - a_k) = \begin{cases} \varphi_{k-1} & a_k = a_{k-1} \\ \varphi_{k-1} \pm k\pi & a_k \neq a_{k-1} \end{cases} \pmod{2\pi} \quad (8.2-22)$$

由式(8.2-22)可以看出，第 k 个码元的相位 φ_k 不仅和当前的输入 a_k 有关，而且和前一码元的相位 φ_{k-1} 及前一码元的输入 a_{k-1} 有关。这就是说，要求 MSK 信号的前后码元之间存在相关性。在用相干法接收时，可以假设 φ_{k-1} 的初始参考值等于 0。这时，由式(8.2-22)可知

$$\varphi_k = 0 \text{ 或 } \pi \pmod{2\pi} \qquad (8.2-23)$$

式(8.2-12)可以改写为

$$e_k(t) = \cos[\omega_c t + \theta_k(t)] \qquad kT_B \leq t \leq (k+1)T_B \qquad (8.2-24)$$

式中：

$$\theta_k(t) = \frac{a_k\pi}{2T_B}t + \varphi_k \qquad (8.2-25)$$

$\theta_k(t)$ 称作第 k 个码元的附加相位。由式(8.2-25)可见，在此码元持续时间内它是 t 的直线方程。并且，在一个码元持续时间 T_B 内，它变化 $a_k\pi/2$，即变化 $\pm\pi/2$。按照相位连续性的要求，在第 $k-1$ 个码元的末尾，即当 $t = kT_B$ 时，其附加相位 $\theta_{k-1}(kT_B)$ 就应该是第 k 个码元的初始附加相位 $\theta_k(kT_B)$。所以，每经过一个码元的持续时间，MSK 码元的附加相位就改变 $\pm\pi/2$；若 $a_k = +1$，则第 k 个码元的附加相位增加 $\pi/2$；若 $a_k = -1$，则第 k 个码元的附加相位减小 $\pi/2$。按照这一规律，可以画出 MSK 信号附加相位 $\theta_k(t)$ 的轨迹图，如图 8-7 所示。图 8-7(a)中给出的曲线所对应的输入数据序列是：$a_k = +1, +1, +1, -1, -1, +1, +1, +1, -1, -1, -1, -1, -1$。图 8-7(b)示出附加相位的全部可能路径；图 8-7(c)示出 mod2π 运算后的附加相位路径。由此图也可以看出，附加相位在码元间是连续的。

图 8-7 MSK 信号附加相位图

4. MSK 信号的正交表示法

下面将证明式(8.2-12)可以用频率为 f_c 的两个正交分量表示。将式(8.2-12)用三角公式展开：

$$e_k(t) = \cos\left(\frac{a_k\pi}{2T_B}t + \varphi_k\right)\cos\omega_c t - \sin\left(\frac{a_k\pi}{2T_B}t + \varphi_k\right)\sin\omega_c t$$

$$= \left(\cos\frac{a_k\pi t}{2T_B}\cos\varphi_k - \sin\frac{a_k\pi t}{2T_B}\sin\varphi_k\right)\cos\omega_c t -$$

$$\left(\sin\frac{a_k\pi t}{2T_B}\cos\varphi_k + \cos\frac{a_k\pi t}{2T_B}\sin\varphi_k\right)\sin\omega_c t \qquad (8.2-26)$$

考虑到式(8.2-23)，有

$$\sin\varphi_k = 0, \quad \cos\varphi_k = \pm 1$$

以及考虑到 $a_k = \pm 1$，$\cos\frac{a_k\pi}{2T_B}t = \cos\frac{\pi t}{2T_B}$，及 $\sin\frac{a_k\pi}{2T_B}t = a_k\sin\frac{\pi t}{2T_B}$，式(8.2-26)变为

$$e_k(t) = \cos\varphi_k\cos\frac{\pi t}{2T_B}\cos\omega_c t - a_k\cos\varphi_k\sin\frac{\pi t}{2T_B}\sin\omega_c t$$

$$= p_k\cos\frac{\pi t}{2T_B}\cos\omega_c t - q_k\sin\frac{\pi t}{2T_B}\sin\omega_c t \quad kT_B \leqslant t \leqslant (k+1)T_B \qquad (8.2-27)$$

式中：

$$p_k = \cos\varphi_k = \pm 1 \qquad (8.2-28)$$

$$q_k = a_k\cos\varphi_k = a_kp_k = \pm 1 \qquad (8.2-29)$$

式(8.2-27)表示,此 MSK 信号可以分解为同相分量(I)和正交分量(Q)两部分。I 分量的载波为 $\cos\omega_c t$,p_k 中包含输入码元信息,$\cos(\pi t/2T_B)$ 是其余弦形加权函数;Q 分量的载波为 $\sin\omega_c t$,q_k 中包含输入码元信息,$\sin(\pi t/2T_B)$ 是其正弦形加权函数。

虽然每个码元的持续时间为 T_B,似乎 p_k 和 q_k 每 T_B 秒可以改变一次,但是 p_k 和 q_k 不可能同时改变。因为由式(8.2-22)得知,仅当 $a_k \neq a_{k-1}$,且 k 为奇数时,p_k 才可能改变。但是由式(8.2-29)看出,当 p_k 和 a_k 同时改变时,q_k 不改变;另外,仅当 $a_k \neq a_{k-1}$,且 k 为偶数时,p_k 不改变,q_k 才改变。换句话说,当 k 为奇数时,q_k 不会改变。所以两者不能同时改变。

此外,对于第 k 个码元,它处于 $kT_B \leq t \leq (k+1)T_B$ 范围内,其起点是 kT_B。由于 k 为奇数时 p_k 才可能改变,所以只有在起点为 $(2n+1)T_B$(n 为整数)处,即 $\cos(\pi t/2T_B)$ 的过零点处 p_k 才可能改变。同理,q_k 只能在 $\sin(\pi t/2T_B)$ 的过零点改变。因此,加权函数 $\cos(\pi t/2T_B)$ 和 $\sin(\pi t/2T_B)$ 都是正负符号不同的半个正弦波周期。这样就保证了波形的连续性。在表8-1和图8-8中给出了一个例子。其中设 $k=0$ 时为初始状态,输入序列 a_k 是:+1,-1,+1,-1,-1,+1,+1,-1,+1。由此例可以看出,p_k 仅当 k 等于奇数时才可能改变符号,而 q_k 仅当 k 等于偶数时才可能改变符号,即两者不可能同时改变符号。另外,由此图可见,MSK 信号波形相当于一种特殊的 OQPSK 信号波形,其正交的两路码元也是偏置的,特殊之处主要在于其包络是正弦形,而不是矩形。

表8-1				MSK 信号举例						
k	0	1	2	3	4	5	6	7	8	9
t	$(0,T_B)$	$(T_B,2T_B)$	$(2T_B,3T_B)$	$(3T_B,4T_B)$	$(4T_B,5T_B)$	$(5T_B,6T_B)$	$(6T_B,7T_B)$	$(7T_B,8T_B)$	$(8T_B,9T_B)$	$(9T_B,10T_B)$
a_k	+1	+1	-1	+1	-1	-1	+1	+1	-1	+1
b_k	+1	+1	-1	-1	-1	-1	-1	-1	+1	+1
φ_k	0	0	0	π	π	π	π	π	π	0
p_k	+1	+1	+1	-1	-1	-1	-1	-1	-1	+1
q_k	+1	+1	-1	-1	+1	+1	-1	-1	+1	+1

上面较详细地讨论了 MSK 信号的正交表示法。下面将介绍根据这种表示法来构成 MSK 信号产生器。

8.2.3 MSK 信号的产生和解调

1. MSK 信号的产生方法

由式(8.2-27)可知,MSK 信号可以用两个正交的分量表示:

图 8-8 MSK 信号的两个正交分量

$$e_k(t) = p_k \cos\frac{\pi t}{2T_B}\cos\omega_c t - q_k \sin\frac{\pi t}{2T_B}\sin\omega_c t \quad kT_B \leqslant t \leqslant (k+1)T_B$$

式中:右端第 1 项称作同相分量,其载波为 $\cos\omega_c t$;第 2 项称作正交分量,其载波为 $\sin\omega_c t$。

根据上式构成的方框图如图 8-9 所示。

图 8-9 MSK 信号正交调制原理框图

图8-9中输入数据序列为a_k,它经过差分编码后变成序列b_k,差分波形见6.1.1节。差分编码器就是DPSK调制中采用的码变换器(双稳触发器),但是令这时的双稳触发器仅当输入数据为"-1"时才反转。在表8-1给出的例子中,输入序列:

$$a_k = a_1, a_2, a_3, a_4, \cdots = +1, -1, +1, -1, -1, +1, +1, -1, +1$$
(8.2-30)

它经过此差分编码器后得到输出序列:

$$b_k = b_1, b_2, b_3, b_4, \cdots = +1, -1, -1, +1, -1, -1, -1, +1, +1$$
(8.2-31)

序列b_k经过串/并变换,分成p_k支路和q_k支路,b_k的码元交替变成上下支路的码元,即有

$$b_1, b_2, b_3, b_4, b_5, b_6, \cdots = p'_1, q'_2, p'_3, q'_4, p'_5, q'_6, \cdots \quad (8.2-32a)$$

这里,串/并变换后的支路码元p'_k,q'_k的长度是b_k的2倍。若仍采用表8-1中原来的序号k,将支路第k个码元长度仍当作为T_B,则可以写出

$$b_1, b_2, b_3, b_4, b_5, b_6, \cdots = p_1, p_2, q_2, q_3, p_3, p_4, q_4, q_5, p_5, p_6, q_6, q_7, \cdots$$
(8.2-32b)

这就是说,在式(8.2-32a)和式(8.2-32b)中,有

$$b_1 = p'_1 = p_1, p_2; b_2 = q'_2 = q_2, q_3; b_3 = p'_3 = p_3, p_4; b_4 = q'_4 = q_4, q_5; \cdots$$
(8.2-33)

这里的p_k和q_k仍为表8-1中的p_k和q_k,其长度仍是原来的T_B。

例如,因为$p_1 = p_2 = b_1$,所以由p_1和p_2构成一个长度等于$2T_B$的取值为b_1的码元。在图8-10中画出了这些码元之间的时间关系。

图8-10 串/并变换码元关系

这两路数据p_k和q_k再经过两次相乘,就能合成MSK信号了。

现在证明为什么a_k和b_k之间是差分编码关系。

由式(8.2-32a)可知,序列b_k由$p'_1, q'_2, p'_3, q'_4, \cdots p'_{k-1}, q'_k, p'_{k+1}, q'_{k+2}, \cdots$组成,所以按照差分编码的定义,需要证明仅当输入码元a_k为"-1"时,b_k变号,即需要证明当输入码元为"-1"时,$q_k = -p_{k-1}$,或$p_k = -q_{k-1}$。

(1) 当k为偶数时,式(8.2-32a)右端中的码元为q'_k。由式(8.2-22)可知,这时$p'_k = p'_{k-1}$,将其代入式(8.2-29),得

$$q'_k = a_k p'_k = a_k p'_{k-1}$$
(8.2-34)

所以,当且仅当 $a_k = -1$ 时,$q'_k = -p'_{k-1}$,即 b_k 变号。

(2) 当 k 为奇数时,式(8.2-32a)右端中的码元为 p'_k。由式(8.2-22)可知,此时若 a_k 变号,则 φ_k 改变 π,即 p'_k 变号,否则 p'_k 不变号,故有

$$p'_k = (a_k \cdot a_{k-1})p'_{k-1} = a_k(a_{k-1}p'_{k-1}) = a_k q'_{k-1} \quad (8.2-35)$$

将 $a_k = -1$ 代入式(8.2-35),得

$$p'_k = -q'_{k-1}$$

上面证明了 a_k 和 b_k 之间是差分编码关系。

2. MSK 信号的解调方法

现在来讨论 MSK 信号的解调。由于 MSK 信号是一种 2FSK 信号,所以它也像 2FSK 信号那样,可以采用相干解调或非相干解调方法。在这里,我们将介绍另一种解调方法,即延时判决相干解调法的原理。

现在先考察 $k = 1$ 和 $k = 2$ 的两个码元。设 $\varphi_1(t) = 0$,则由图 8-7(b)可知,在 $t = 2T_B$ 时,$\theta_k(t)$ 的相位可能为 0 或 $\pm\pi$。将图 8-7(b)中的这部分放大画在图 8-11(a)中。

在解调时,若用 $\cos(\omega_c t + \pi/2)$ 作为相干载波与此信号相乘,则得

$$\cos[\omega_c t + \theta_k(t)]\cos(\omega_c t + \pi/2) = \frac{1}{2}\cos\left[\theta_k(t) - \frac{\pi}{2}\right] + \frac{1}{2}\cos\left[2\omega_c t + \theta_k(t) + \frac{\pi}{2}\right]$$

$$(8.2-36)$$

式(8.2-36)中右端第二项的频率为 $2\omega_c$。将它用低通滤波器滤除,并省略掉常数 $1/2$ 后,得到输出电压

$$v_o = \cos\left[\theta_k(t) - \frac{\pi}{2}\right] = \sin\theta_k(t) \quad (8.2-37)$$

按照输入码元 a_k 的取值不同,输出电压 v_o 的轨迹图如图 8-11(b)所示。若输入的两个码元为"+1,+1"或"+1,-1",则 $\theta_k(t)$ 的值在 $0 < t \leq 2T_B$ 期间始终为正。若输入的一对码元为"-1,+1"或"-1,-1",则 $\theta_k(t)$ 的值始终为负。因此,若在此 $2T_B$ 期间对式(8.2-37)积分,则积分结果为正值时,说明第一个接收码元为"+1";若积分结果为负值,则说明第 1 个接收码元为"-1"。按照此法,在 $T_B < t \leq 3T_B$ 期间积分,就能判断第 2 个接收码元的值,依此类推。

用这种方法解调,由于利用了前后两个码元的信息对于前一个码元作判决,故可以提高数据接收的可靠性。图 8-12 给出了按照这一原理画出的 MSK 信号延迟解调法方框图。图中两个积分判决器的积分时间长度均为 $2T_B$,但是错开时间 T_B。上支路的积分判决器先给出第 $2i$ 个码元输出,然后下支路给出第 $(2i+1)$ 个码元输出。

8.2.4 MSK 信号的功率谱

MSK 信号的归一化(平均功率 = 1W 时)单边功率谱密度 $P_s(f)$ 的计算结果如下[1]:

(a) 附加相位的变化 (b) 输出电压的变化

图 8-11 MSK 信号的解调

图 8-12 MSK 信号延迟解调法方框图

$$P_s(f) = \frac{32T_B}{\pi^2}\left[\frac{\cos 2\pi(f-f_c)T_B}{1-16(f-f_c)^2T_B^2}\right]^2 \quad (\text{W/Hz}) \qquad (8.2-38)$$

式中：f_c 为信号载频；T_B 为码元持续时间。

按照式(8.2-38)画出的曲线在图 8-13 中用实线示出。应当注意，图中横坐标是以载频为中心画的，即横坐标代表频率 $f-f_c$。图中还给出了其他几种调制信号的功率谱密度曲线作为比较。由此图可见，与 QPSK 和 OQPSK 信号相比，MSK 信号的功率谱密度更为集中，即其旁瓣下降得更快。故它对于相邻频道的干扰较小。计算表明[2]，包含 90% 信号功率的带宽 B 近似值如下。

对于 QPSK、OQPSK、MSK： $B \approx 1/T_B (\text{Hz})$

对于 BPSK： $B \approx 2/T_B (\text{Hz})$

而包含 99% 信号功率的带宽近似值为

对于 MSK： $B \approx 1.2/T_B (\text{Hz})$

对于 QPSK 及 OQPSK： $B \approx 6/T_B (\text{Hz})$

对于 BPSK： $B \approx 9/T_B (\text{Hz})$

由此可见，MSK 信号的带外功率下降非常快。

8.2.5 MSK 信号的误码率性能

在第 7 章中我们曾经提到 2PSK 信号和 QPSK 信号的误比特率性能相同，因为可以把 QPSK 信号看作是两路正交的 2PSK 信号，在作相干接收时这两路信号是不相关的。

图 8-13 MSK、GMSK 和 OQPSK 等信号的功率谱密度

OQPSK 信号只是将这两路信号偏置了，所以其误比特率也和前两种信号的相同。现在的 MSK 信号是用极性相反的半个正(余)弦波形去调制两个正交的载波。因此，当用匹配滤波器分别接收每个正交分量时，MSK 信号的误比特率性能和 2PSK、QPSK 及 OQPSK 等的性能一样。但是，若把它当作 FSK 信号用相干解调法在每个码元持续时间 T_B 内解调，则其性能将比 2PSK 信号的性能差 3dB[3]。

8.2.6 高斯最小频移键控

上面讨论的 MSK 信号的主要优点是包络恒定，并且带外功率谱密度下降快。为了进一步使信号的功率谱密度集中和减小对邻道的干扰。可以在进行 MSK 调制前将矩形信号脉冲先通过一个高斯型的低通滤波器。这样的体制称为**高斯最小频移键控**（Gaussian MSK，GMSK）。此高斯型低通滤波器的频率特性表示式为

$$H(f) = \exp[-(\ln2/2)(f/B)^2] \quad (8.2-39)$$

式中：B 为滤波器的 3dB 带宽。

将式(8.2-39)作逆傅里叶变换，得到此滤波器的冲激响应 $h(t)$ 为

$$h(t) = \frac{\sqrt{\pi}}{\alpha}\exp\left[-\left(\frac{\pi}{\alpha}t\right)^2\right] \quad (8.2-40)$$

式中：$\alpha = \sqrt{\dfrac{\ln2}{2}}\dfrac{1}{B}$。

由于 $h(t)$ 为高斯特性，故称为高斯型滤波器。

GMSK 信号的功率谱密度很难分析计算，用计算机仿真方法得到的结果[4]也示于图 8-13 中。仿真时采用的 $BT_B = 0.3$，即滤波器的 3dB 带宽 B 等于码元速率的 0.3 倍。在 GSM 制的蜂窝网中就是采用 $BT_B = 0.3$ 的 GMSK 调制，这是为了得到更大的用户容量，因

为在那里对带外辐射的要求非常严格。GMSK 体制的缺点是有码间串扰(ISI)。BT_B 值越小,码间串扰越大。

8.3 正交频分复用

8.3.1 概述

上述各种调制系统都是采用一个正弦形振荡作为载波,将基带信号调制到此载波上。若信道不理想,在已调信号频带上很难保持理想传输特性时,会造成信号的严重失真和码间串扰。例如,在具有多径衰落的短波无线电信道上,即使传输低速(1200 波特)的数字信号,也会产生严重的码间串扰。为了解决这个问题,除了采用均衡器外,途径之一就是采用多个载波,将信道分成许多子信道。将基带码元均匀分散地对每个子信道的载波调制。假设有 10 个子信道,则每个载波的调制码元速率将降低至 1/10,每个子信道的带宽也随之减小为 1/10。若子信道的带宽足够小,则可以认为信道特性接近理想信道特性,码间串扰可以得到有效的克服。在图 8-14 中画出了单载波调制和多载波调制特性的比较。在单载波体制的情况下,码元持续时间 T 短,但占用带宽 B 大;由于信道特性 $|C(f)|$ 不理想,产生码间串扰。采用多载波后码元持续时间 $T_B = NT_b$,码间串扰将得到改善。早在 1957 年出现的 Kineplex 系统就是著名的这样一种系统[5],它采用了 20 个正弦子载波并行传输低速率(150 波特)的码元,使系统总信息传输速率达到 3kb/s,从而克服了短波信道上严重多径效应的影响。

随着要求传输的码元速率不断提高,传输带宽也越来越宽。今日多媒体通信的信息传输速率要求已经达到若干 Mb/s,并且移动通信的传输信道可能是在大城市中多径衰落严重的无线信道。为了解决这个问题,并行调制的体制再次受到重视。正交频分复用(OFDM)就是在这种形势下得到发展的。OFDM 也是一类多载波并行调制的体制。它和

图 8-14 多载波调制原理

20世纪50年代类似系统的区别主要有：

(1) 为了提高频率利用率和增大传输速率，各路子载波的已调信号频谱有部分重叠；

(2) 各路已调信号是严格正交的，以便接收端能完全地分离各路信号；

(3) 每路子载波的调制是多进制调制；

(4) 每路子载波的调制制度可以不同，根据各个子载波处信道特性的优劣不同采用不同的体制。例如，将2DPSK和256QAM用于不同的子信道，从而得到不同的信息传输速率，并且可以自适应地改变调制体制以适应信道特性的变化。

目前，OFDM已经较广泛地应用于非对称数字用户环路(ADSL)、高清晰度电视(HDTV)信号传输、数字视频广播(DVB)、无线局域网(WLAN)等领域，并且开始应用于无线广域网(WWAN)和正在研究将其应用在下一代蜂窝网中。IEEE的5GHz无线局域网标准802.11a和2GHz～11GHz的标准802.16a均采用OFDM作为它的物理层标准。欧洲电信标准化组织(ETSI)的宽带射频接入网(BRAN)的局域网标准也把OFDM定为它的调制标准技术。

OFDM的缺点主要有两个：① 对信道产生的频率偏移和相位噪声很敏感；② 信号峰值功率和平均功率的比值较大，这将会降低射频功率放大器的效率。

8.3.2 OFDM的基本原理

设在一个OFDM系统中有N个子信道，每个子信道采用的子载波为

$$x_k(t) = B_k\cos(2\pi f_k t + \varphi_k) \quad k = 0,1,\cdots,N-1 \quad (8.3-1)$$

式中：B_k为第k路子载波的振幅，它受基带码元的调制；f_k为第k路子载波的频率；φ_k为第k路子载波的初始相位，则在此系统中的N路子信号之和可以表示为

$$e(t) = \sum_{k=0}^{N-1} x_k(t) = \sum_{k=0}^{N-1} B_k\cos(2\pi f_k t + \varphi_k) \quad (8.3-2)$$

式(8.3-2)还可以改写成复数形式如下：

$$e(t) = \sum_{k=0}^{N-1} \boldsymbol{B}_k e^{j(2\pi f_k t + \varphi_k)} \quad (8.3-3)$$

式中：$\boldsymbol{B}_k$是一个复数，为第k路子信道中的复输入数据。

因此，式(8.3-3)右端是一个复函数，但是，物理信号$e(t)$是实函数。所以若希望用上式的形式表示一个实函数，式中的输入复数据$\boldsymbol{B}_k$应该使上式右端的虚部等于零。如何做到这一点，将在以后讨论。

为了使这N路子信道信号在接收时能够完全分离，要求它们满足正交条件。在码元持续时间T_B内任意两个子载波都正交的条件为

$$\int_0^{T_B} \cos(2\pi f_k t + \varphi_k)\cos(2\pi f_i t + \varphi_i)dt = 0 \quad (8.3-4)$$

式(8.3-4)可以用三角公式改写成

$$\int_0^{T_B} \cos(2\pi f_k t + \varphi_k)\cos(2\pi f_i t + \varphi_i)dt$$

$$= \frac{1}{2} \int_0^{T_B} \cos[(2\pi(f_k - f_i)t + \varphi_k - \varphi_i] dt +$$

$$\frac{1}{2} \int_0^{T_B} \cos[(2\pi(f_k + f_i)t + \varphi_k + \varphi_i] dt = 0 \qquad (8.3-5)$$

它的积分结果为

$$\frac{\sin[2\pi(f_k + f_i)T_B + \varphi_k + \varphi_i]}{2\pi(f_k + f_i)} + \frac{\sin[2\pi(f_k - f_i)T_B + \varphi_k - \varphi_i]}{2\pi(f_k - f_i)} -$$

$$\frac{\sin(\varphi_k + \varphi_i)}{2\pi(f_k + f_i)} - \frac{\sin(\varphi_k - \varphi_i)}{2\pi(f_k - f_i)} = 0 \qquad (8.3-6)$$

令式(8.3-6)等于 0 的条件是:

$$(f_k + f_i)T_B = m, \qquad (f_k - f_i)T_B = n \qquad (8.3-7)$$

其中,m 和 n 均为整数,并且 φ_k 和 φ_i 可以取任意值。

由式(8.3-7)解出,要求

$$f_k = (m+n)/2T_B, \qquad f_i = (m-n)/2T_B$$

即要求子载频满足

$$f_k = k/2T_B \qquad (8.3-8)$$

式中: k 为整数。

且要求子载频间隔:

$$\Delta f = f_k - f_i = n/T_B \qquad (8.3-9)$$

故要求的最小子载频间隔为

$$\Delta f_{\min} = 1/T_B \qquad (8.3-10)$$

上面求出了子载频正交的条件。现在来考察 OFDM 系统在频域中的特点。

设在一个子信道中,子载波的频率为 f_k、码元持续时间为 T_B,则此码元的波形和其频谱密度如图 8-15 所示(频谱密度图中仅画出正频率部分)。

(a) 波形　　　　　　　　　　(b) 频谱密度的模

图 8-15　子载波码元波形和频谱

在 OFDM 中,各相邻子载波的频率间隔等于最小容许间隔:

$$\Delta f = 1/T_B \qquad (8.3-11)$$

故各子载波合成后的频谱密度曲线如图 8-16 所示。虽然由图上看,各路子载波的频谱重叠,但是实际上在一个码元持续时间内它们是正交的,见式(8.3-4)。故在接收端很容易利用此正交特性将各路子载波分离开。采用这样密集的子载频,并且在子信道间不需要保护频带间隔,因此能够充分利用频带。这是 OFDM 的一大优点。在子载波受调制后,若采用的是 BPSK、QPSK、4QAM、64QAM 等类调制制度,则其各路频谱的位置和形状没有改变,仅幅度和相位有变化,故仍保持其正交性,因为 φ_k 和 φ_i 可以取任意值而不影响正交性。各路子载波的调制制度可以不同,按照各个子载波所处频段的信道特性采用不同的调制制度,并且可以随信道特性的变化而改变,具有很大的灵活性。这是 OFDM 体制的又一个重大优点。

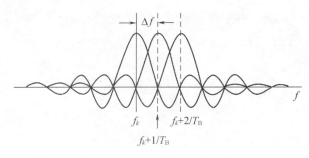

图 8-16 多路子载波频谱的模

现在来具体分析一下 OFDM 体制的频带利用率。设一 OFDM 系统中共有 N 路子载波,子信道码元持续时间为 T_B,每路子载波均采用 M 进制的调制,则它占用的频带宽度为

$$B_{\text{OFDM}} = \frac{N+1}{T_B} \quad (\text{Hz}) \tag{8.3-12}$$

频带利用率为单位带宽传输的比特率:

$$\eta_{b/\text{OFDM}} = \frac{N\log_2 M}{T_B} \cdot \frac{1}{B_{\text{OFDM}}} = \frac{N}{N+1}\log_2 M \quad (\text{b}/(\text{s} \cdot \text{Hz})) \tag{8.3-13}$$

当 N 很大时,有

$$\eta_{b/\text{OFDM}} \approx \log_2 M \quad (\text{b}/(\text{s} \cdot \text{Hz})) \tag{8.3-14}$$

若用单个载波的 M 进制码元传输,为得到相同的传输速率,则码元持续时间应缩短为 T_B/N,而占用带宽等于 $2N/T_B$,故频带利用率为

$$\eta_{b/M} = \frac{N\log_2 M}{T_B} \cdot \frac{T_B}{2N} = \frac{1}{2}\log_2 M \quad (\text{b}/(\text{s} \cdot \text{Hz})) \tag{8.3-15}$$

比较式(8.3-14)和式(8.3-15)可见,并行的 OFDM 体制和串行的单载波体制相比,频带利用率大约可以增至 2 倍。

8.3.3 OFDM 的实现

我们将以 MQAM 调制为例,简要地讨论 OFDM 的实现方法。由于 OFDM 信号表示式(8.3-3)的形式如同逆离散傅里叶变换(IDFT)式,所以可以用计算 IDFT 和 DFT 的方法进行 OFDM 调制和解调。下面首先来复习一下 DFT 的公式。

设一个时间信号 $s(t)$ 的抽样函数为 $s(k)$，其中 $k=0,1,2,\cdots,K-1$，则 $s(k)$ 的离散傅里叶变换（DFT）定义为

$$S(n) = \frac{1}{\sqrt{K}} \sum_{k=0}^{K-1} s(k) e^{-j(2\pi/K)nk} \qquad n = 0,1,2,\cdots,K-1 \qquad (8.3-16)$$

并且 $S(n)$ 的逆离散傅里叶变换为

$$s(k) = \frac{1}{\sqrt{K}} \sum_{n=0}^{K-1} S(n) e^{j(2\pi/K)nk} \qquad k = 0,1,2,\cdots,K-1 \qquad (8.3-17)$$

若信号的抽样函数 $s(k)$ 是实函数，则其 K 点 DFT 的值 $S(n)$ 一定满足对称性条件：

$$S(K-k) = S^*(k) \qquad k = 0,1,2,\cdots,K-1 \qquad (8.3-18)$$

式中：$S^*(k)$ 为 $S(k)$ 的复共轭。

令式(8.3-3)中 OFDM 信号的 $\varphi_k = 0$，则该式变为

$$e(t) = \sum_{k=0}^{N-1} B_k e^{j2\pi f_k t} \qquad (8.3-19)$$

式(8.3-19)和式(8.3-17)非常相似。若暂时不考虑两式常数因子的差异以及求和项数（K 和 N）的不同，则可以将式(8.3-17)中的 K 个离散值 $S(n)$ 当作是 K 路 OFDM 并行信号的子信道中信号码元取值 B_k，而式(8.3-17)的左端就相当式(8.3-19)左端的 OFDM 信号 $e(t)$。这就是说，可以用计算 IDFT 的方法来获得 OFDM 信号。下面就来讨论如何具体解决这个计算问题。

设 OFDM 系统的输入信号为串行二进制码元，其码元持续时间为 T_b，先将此输入码元序列分成帧，每帧中有 F 个码元，即有 F 比特。然后将此 F 比特分成 N 组，每组中的比特数可以不同，如图 8-17 所示。设第 i 组中包含的比特数为 b_i，则有

$$F = \sum_{i=0}^{N-1} b_i \qquad (8.3-20)$$

图 8-17 码元的分组

将每组中的 b_i 个比特看作是一个 M_i 进制码元 B_i,其中 $b_i = \log_2 M_i$,并且经过串/并变换将 F 个串行码元 b_i 变为 N 个(路)并行码元 B_i。各路并行码元 B_i 持续时间相同,均为 $T_B = F \cdot T_b$,但是各路码元 B_i 包含的比特数不同。这样得到的 N 路并行码元 B_i 用来对于 N 个子载波进行不同的 MQAM 调制。这时的各个码元 B_i 可能属于不同的 M_i 进制,所以它们各自进行不同的 MQAM 调制。在 MQAM 调制中一个码元可以用平面上的一个点表示,而平面上的一个点可以用一个矢量或复数表示。在下面我们用复数 $\boldsymbol{B}_i$ 表示此点。将 M_i 进制的码元 B_i 变成一一对应的复数 $\boldsymbol{B}_i$ 的过程称为映射过程。例如,若有一个码元 B_i 是 16 进制的,它由二进制的输入码元"1100"构成,则它应进行 16QAM 调制。设其星座图如图 8-4 所示,则此 16 进制码元调制后的相位应该为 45°,振幅为 $A/\sqrt{2}$。此映射过程就应当将输入码元"1100"映射为 $\boldsymbol{B}_i = (A/\sqrt{2})\mathrm{e}^{\mathrm{j}\pi/4}$。

为了用 IDFT 实现 OFDM,首先令 OFDM 的最低子载波频率等于 0,以满足式(8.3-17)右端第一项(即 $n=0$ 时)的指数因子等于 1。为了得到所需的已调信号最终频率位置,可以用上变频的方法将所得 OFDM 信号的频谱向上搬移到指定的高频上。

其次,我们令 $K = 2N$,使 IDFT 的项数等于子信道数目 N 的 2 倍,并用式(8.3-18)对称性条件,由 N 个并行复数码元序列 $\{\boldsymbol{B}_i\}$(其中 $i = 0,1,2,\cdots,N-1$),生成 $K = 2N$ 个等效的复数码元序列 $\{\boldsymbol{B}'_n\}$(其中 $n = 0,1,2,\cdots,2N-1$),即令 $\{\boldsymbol{B}'_n\}$ 中的元素等于:

$$\boldsymbol{B}'_{K-n-1} = \boldsymbol{B}_n^* \qquad n = 1,2,\cdots,N-1 \qquad (8.3-21)$$

$$\boldsymbol{B}'_{K-n-1} = \boldsymbol{B}_{K-n-1} \qquad n = N, N+1, N+2, \cdots, 2N-2 \qquad (8.3-22)$$

$$\boldsymbol{B}'_0 = \mathrm{Re}(\boldsymbol{B}_0) \qquad (8.3-23)$$

$$\boldsymbol{B}'_{K-1} = \boldsymbol{B}'_{2N-1} = \mathrm{Im}(\boldsymbol{B}_0) \qquad (8.3-24)$$

这样将生成的新码元序列 $\{\boldsymbol{B}'_n\}$ 作为 $S(n)$,代入 IDFT 公式(8.3-17),得

$$e(k) = \frac{1}{\sqrt{K}} \sum_{n=0}^{K-1} \boldsymbol{B}'_n \mathrm{e}^{\mathrm{j}(2\pi/K)nk} \qquad k = 0,1,2,\cdots,K-1 \qquad (8.3-25)$$

式中 $e(k) = e(kT_B/K)$,相当于 OFDM 信号 $e(t)$ 的抽样值。故 $e(t)$ 可以表示为

$$e(t) = \frac{1}{\sqrt{K}} \sum_{n=0}^{K-1} \boldsymbol{B}'_n \mathrm{e}^{\mathrm{j}(2\pi/T_B)nt} \qquad 0 \leq t \leq T_B \qquad (8.3-26)$$

子载波频率 $f_k = n/T_B(n = 0,1,2,\cdots,N-1)$。

式(8.3-25)中的离散抽样信号 $e(k)$ 经过 D/A 转换后就得到式(8.3-26)的 OFDM 信号 $e(t)$。

如前所述,OFDM 信号采用多进制、多载频、并行传输的主要优点是使传输码元的持续时间大为增长,从而提高了信号的抗多径传输能力。为了进一步克服码间串扰的影响,一般利用计算 IDFT 时添加一个循环前缀的方法,在 OFDM 的相邻码元之间增加一个保护间隔,使相邻码元分离。

按照上述原理画出的 OFDM 调制原理方框图如图 8-18 所示。在接收端 OFDM 信号的解调过程是其调制的逆过程,这里不再赘述。

图 8-18 OFDM 调制原理方框图

8.4 小结

本章讨论先进的数字带通调制体制。这些体制是在第 7 章讨论的基本调制体制基础上发展出来的,它们的抗干扰性能更好,适应信道变化能力更强,并且频带利用率更高。但是,两者之间并没有明确的界限。这些体制包括 QAM、MSK、GMSK、OFDM。

MQAM 是一种振幅和相位联合键控的体制,其矢量图像星座又称星座调制。它比 MPSK 有更大的噪声容限,特别适合频带资源有限的场合。

MSK 和 GMSK 都属于改进的 FSK 体制。它们能够消除 FSK 体制信号的相位不连续性,并且其信号是严格正交的。此外,GMSK 信号的功率谱密度比 MSK 信号的更为集中。

OFDM 信号是一种多载波的频分调制体制。它具有优良的抗多径衰落能力,和对信道变化的自适应能力,适用于衰落严重的无线信道中。

思 考 题

8-1 何谓 MSK? 其中文全称是什么? MSK 信号对每个码元持续时间 T_B 内包含的载波周期数有何约束?

8-2 试述 MSK 信号的 6 个特点?

8-3 何谓 GMSK? 其中文全称是什么? GMSK 信号有何优缺点?

8-4 何谓 OFDM? 其中文全称是什么? OFDM 信号的主要优点是什么?

8-5 在 OFDM 信号中,对各路子载频的间隔有何要求?

8-6 OFDM 体制和串行单载波体制相比,其频带利用率可以提高多少?

习 题

8-1 已知 4PSK 系统的传输速率为 2400b/s,试问:

(1) 4PSK 信号的谱零点带宽和频带利用率(b/(s·Hz));

(2) 若对基带信号采用 $\alpha = 0.4$ 余弦滚降滤波预处理,再进行 4PSK 调制,这时占用的信道带宽和频带利用率为多大?

(3) 若传输带宽不变,而比特率加倍,则调制方式应作何改变?

8-2 设发送数字序列为 +1 -1 -1 -1 -1 -1 +1 +1,试画出相应的 MSK 信号相位变化图。若码元速率为 1000B，载频为 3000Hz，试画出此 MSK 信号的波形。

8 – 3　设有一个 MSK 信号，其码元速率为 1000 波特，分别用频率 f_1 和 f_0 表示码元"1"和"0"。若 $f_1 = 1250$ Hz，试确定 f_0 的值，并画出三个码元"101"的波形。

8 – 4　试证明式(8.2 – 40)是式(8.2 – 39)的傅里叶逆变换。

8 – 5　试证明式(8.3 – 18)。

参考文献

[1] Gronemeyer S A, McBride A L. MSK and Offset QPSK Modulation. IEEE Trans. on Commun. ,1976,24(8): 809 – 820.

[2] Ziemer R E, Tranter W H. Principles of Communications. 5th Edition, New York: John Wiley & Sons, Inc. ,2002.

[3] Pasupathy S. Minimum Shift Keying: A Specially Efficient Modulation. IEEE Communications Magazine, 1979,17(7): 14 – 22.

[4] Muroto K. GMSK Modulation for Digital Mobile Radio Telephony. IEEE Trans. on Communications. 1981,29(7): 1044 – 1050.

[5] Doelz M L, Heald E T, Martin D L. Binary Data Transmission Techniques for Linear Systems. Proc. IRE. 1957,45(5): 656 – 661.

第9章 数字信号的最佳接收

导学视频　　三个目标

9.1 数字信号的统计特性

在1.5.2节中曾经提到过,数字通信系统的可靠性可用差错概率来衡量。因此,研究数字通信系统的理论基础主要是统计判决(statistical decision)理论。本节中将对统计判决理论中首先遇到的数字信号的统计表述作扼要介绍。

在数字通信系统中,接收端收到的是发送信号和信道噪声之和。噪声对数字信号的影响表现在使接收码元发生错误。在信号发送后,由于噪声的影响接收端收到的电压仍然有随机性,故为了了解接收码元发生错误的概率,需要研究接收电压的统计特性(statistical characteristics)。下面将以二进制数字通信系统为例,描述接收电压的统计特性。

假设发送的二进制码元为"0"和"1",其发送概率(先验概率 prior probability)分别为 $P(0)$ 和 $P(1)$,则有

$$P(0) + P(1) = 1 \tag{9.1-1}$$

并且假设系统中的噪声 $n(t)$ 是一个均值为0的高斯分布随机过程,其任意 k 维联合概率密度函数按照式(3.3-1)可以写为

$$f_k(n_1, n_2, \cdots, n_i, \cdots, n_k; t_1, t_2, \cdots, t_i, \cdots, t_k)$$

式中:n_i 为在时刻 t_i 上噪声的抽样值。上式可简写为

$$f_k(n_1, n_2, \cdots, n_i, \cdots, n_k)$$

若噪声是高斯白噪声,则其在任意两个时刻上的抽样值都是互相独立的。若噪声是限带高斯白噪声,其最高频率分量小于 f_H,则在以不小于奈奎斯特速率($2f_H$)抽样时,各抽样值之间也是互相独立的。因此,其 k 维联合概率密度函数可以写为

$$f_k(n_1, n_2, \cdots, n_i, \cdots, n_k) = f(n_1)f(n_2)\cdots f(n_i)\cdots f(n_k)$$

$$= \frac{1}{(\sqrt{2\pi}\sigma_n)^k} \exp\left(-\frac{1}{2\sigma_n^2}\sum_{j=1}^{k} n_j^2\right) \tag{9.1-2}$$

式中:σ_n为高斯噪声的标准偏差(standard deviation)。

设在一个码元持续时间T_B内以$2f_H$的速率抽样,共得到k个抽样值:$n_1,n_2,\cdots,n_i,\cdots,n_k$,则有

$$k = 2f_H T_B \qquad (9.1-3)$$

当k很大时,在一个码元持续时间T_B内接收的噪声平均功率可以表示为

$$\frac{1}{k}\sum_{j=1}^{k} n_j^2 = \frac{1}{2f_H T_B}\sum_{j=1}^{k} n_j^2 \qquad (9.1-4)$$

或者将式(9.1-4)左端的求和式写成积分式,即

$$\frac{1}{T_B}\int_0^{T_B} n^2(t)\,dt = \frac{1}{2f_H T_B}\sum_{j=1}^{k} n_j^2 \qquad (9.1-5)$$

将式(9.1-5)关系代入式(9.1-2),并注意到

$$\sigma_n^2 = n_0 f_H \qquad (9.1-6)$$

式中:n_0为噪声单边功率谱密度。

式(9.1-2)可以改写为

$$f(\boldsymbol{n}) = \frac{1}{(\sqrt{2\pi}\sigma_n)^k}\exp\left[-\frac{1}{n_0}\int_0^{T_s} n^2(t)\,dt\right] \qquad (9.1-7)$$

式中:$f(\boldsymbol{n}) = f_k(n_1,n_2,\cdots,n_k) = f(n_1)f(n_2)\cdots f(n_k)$ \qquad (9.1-8)
$\boldsymbol{n} = (n_1,n_2,\cdots,n_k)$,为$k$维矢量,表示一个码元内噪声的$k$个抽样值。

需要注意,$f(\boldsymbol{n})$不是时间函数,虽然式(9.1-7)中有时间函数$n(t)$,但是后者在定积分内,积分后已经与时间变量t无关。$\boldsymbol{n}$是一个k维矢量,它可以看作是k维空间中的一个点。在码元持续时间T_B、噪声单边功率谱密度n_0和抽样数k(它和系统带宽有关)给定后,$f(\boldsymbol{n})$仅决定于该码元期间内噪声的能量$\int_0^{T_B} n^2(t)\,dt$。由于噪声的随机性,每个码元持续时间内噪声$n(t)$的波形和能量都是不同的,这就使被传输的码元中有一些会发生错误,而另一些则无错。

设接收电压$r(t)$为信号电压$s(t)$和噪声电压$n(t)$之和:

$$r(t) = s(t) + n(t) \qquad (9.1-9)$$

则在发送码元确定之后,接收电压$r(t)$的随机性将完全由噪声决定,故它仍服从高斯分布,其方差仍为σ_n^2,但是均值变为$s(t)$。所以,当发送码元"0"的信号波形为$s_0(t)$时,接收电压$r(t)$的k维联合概率密度(joint probability density)函数为

$$f_0(\boldsymbol{r}) = \frac{1}{(\sqrt{2\pi}\sigma_n)^k}\exp\left\{-\frac{1}{n_0}\int_0^{T_B}[r(t) - s_0(t)]^2\,dt\right\} \qquad (9.1-10)$$

式中:$\boldsymbol{r} = \boldsymbol{s} + \boldsymbol{n}$,为$k$维矢量,表示一个码元内接收电压的$k$个抽样值;$\boldsymbol{s}$为$k$维矢量,表示一个码元内信号电压的$k$个抽样值。

同理,当发送码元"1"的信号波形为$s_1(t)$时,接收电压$r(t)$的k维联合概率密度函数为

$$f_1(\boldsymbol{r}) = \frac{1}{(\sqrt{2\pi}\sigma_n)^k}\exp\left\{-\frac{1}{n_0}\int_0^{T_B}[r(t) - s_1(t)]^2\,dt\right\} \qquad (9.1-11)$$

顺便指出，若通信系统传输的是 M 进制码元，即可能发送 $s_1,s_2,\cdots,s_i,\cdots,s_M$ 之一，则按上述原理不难写出当发送码元是 s_i 时，接收电压的 k 维联合概率密度函数为

$$f_i(\boldsymbol{r}) = \frac{1}{(\sqrt{2\pi}\sigma_n)^k}\exp\left\{-\frac{1}{n_0}\int_0^{T_B}[r(t)-s_i(t)]^2\mathrm{d}t\right\} \quad (9.1-12)$$

我们仍需记住，式(9.1-10)~式(9.1-12)中的 k 维联合概率密度函数不是时间 t 的函数，并且是一个标量，而 $\boldsymbol{r}$ 仍是 k 维空间中的一个点，是一个矢量(vector)。

9.2 数字信号的最佳接收

由于数字通信系统传输质量的主要指标是错误概率。因此，将错误概率最小作为"最佳"的准则是恰当的。由于在接收信号时码元产生错误判决的原因是噪声和系统特性引起的信号失真。在本章中暂不考虑失真的影响，主要讨论在二进制数字通信系统中如何使噪声引起的错误概率最小，从而达到最佳接收的效果。

这里附带指出，模拟信号也有最佳接收方法。但是，其最佳准则不同。下面仅就数字信号的最佳接收(optimum reception)问题进行讨论。

设在一个二进制通信系统中发送码元"1"的概率为 $P(1)$，发送码元"0"的概率为 $P(0)$，则总误码率 P_e 为

$$P_e = P(1)P_{e1} + P(0)P_{e0} \quad (9.2-1)$$

式中：$P_{e1}=P(0/1)$，为发送"1"时，接收到"0"的条件概率；$P_{e0}=P(1/0)$，为发送"0"时，接收到"1"的条件概率。这两个条件概率称为错误转移概率。

发送概率 $P(1)$ 和 $P(0)$ 在数学上又称为先验概率；而 $P(0/1)$ 和 $P(1/0)$ 称为后验概率。

按照上述分析，接收端收到的每个码元持续时间内的电压可以用一个 k 维矢量 $\boldsymbol{r}$ 表示。接收设备需要对每个接收矢量 $\boldsymbol{r}$ 作判决，判定它是发送码元"0"，还是"1"，不能不作出判决，也不能同时作出两个不同的判决。

由接收矢量 $\boldsymbol{r}$ 决定的两个联合概率密度函数 $f_0(\boldsymbol{r})$ 和 $f_1(\boldsymbol{r})$ 的曲线画在图9-1中(此图只是一个不严格的示意图。因为 $\boldsymbol{r}$ 是多维矢量，但是在图中仅把它当作一维矢量画出)。可以将此空间划分为两个区域(region) A_0 和 A_1，其边界是 r_0'，并将判决规则规定为

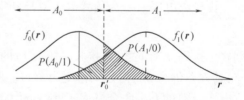

图9-1 k 维矢量空间示意图

若接收矢量 $\boldsymbol{r}$ 落在区域 A_0 内，则判为发送码元是"0"；

若接收矢量 $\boldsymbol{r}$ 落在区域 A_1 内，则判为发送码元是"1"。

显然，区域 A_0 和区域 A_1 是两个互不相容的区域。当这两个区域的边界 r_0' 确定后，错误概率也随之确定了。

这样，式(9.2-1)表示的总误码率可以写为

$$P_e = P(1)P(A_0/1) + P(0)P(A_1/0) \qquad (9.2-2)$$

式中：$P(A_0/1)$ 表示发送"1"时，矢量 r 落在区域 A_0 的条件概率；$P(A_1/0)$ 表示发送"0"时，矢量 r 落在区域 A_1 的条件概率。考虑到式(9.1-10)和式(9.1-11)，这两个条件概率可以写为

$$P(A_0/1) = \int_{A_0} f_1(r)\,\mathrm{d}r \qquad (9.2-3)$$

$$P(A_1/0) = \int_{A_1} f_0(r)\,\mathrm{d}r \qquad (9.2-4)$$

这两个概率在图 9-1 中分别由两块阴影面积表示。将上两式代入式(9.2-2)，得到

$$P_e = P(1) \int_{A_0} f_1(r)\,\mathrm{d}r + P(0) \int_{A_1} f_0(r)\,\mathrm{d}r \qquad (9.2-5)$$

参考图 9-1 可知，式(9.2-5)可以写为

$$P_e = P(1) \int_{-\infty}^{r_0'} f_1(r)\,\mathrm{d}r + P(0) \int_{r_0'}^{\infty} f_0(r)\,\mathrm{d}r \qquad (9.2-6)$$

式(9.2-6)表示 P_e 是 r_0' 的函数。为了求出使 P_e 最小的判决分界点 r_0'，将上式对 r_0' 求导：

$$\frac{\partial P_e}{\partial r_0'} = P(1)f_1(r_0') - P(0)f_0(r_0') \qquad (9.2-7)$$

并令导函数等于 0，求出最佳分界点 r_0 的条件：

$$P(1)f_1(r_0) - P(0)f_0(r_0) = 0 \qquad (9.2-8)$$

即

$$\frac{P(1)}{P(0)} = \frac{f_0(r_0)}{f_1(r_0)} \qquad (9.2-9)$$

当先验概率相等时，即 $P(1) = P(0)$ 时，$f_0(r_0) = f_1(r_0)$，所以最佳分界点位于图 9-1 中两条曲线交点处的 r 值上。

在判决边界确定之后，按照接收矢量 r 落在区域 A_0 应判为收到的是"0"的判决准则，这时有

$$\text{若 } \frac{P(1)}{P(0)} < \frac{f_0(r)}{f_1(r)}\text{，则判为"0"} \qquad (9.2-10\text{a})$$

反之

$$\text{若 } \frac{P(1)}{P(0)} > \frac{f_0(r)}{f_1(r)}\text{，则判为"1"} \qquad (9.2-10\text{b})$$

在发送"0"和发送"1"的先验概率相等时，即 $P(1) = P(0)$ 时，式(9.2-10)的条件简化为

$$\text{若 } f_0(r) > f_1(r)\text{，则判为"0"} \qquad (9.2-11\text{a})$$

$$\text{若 } f_0(r) < f_1(r)\text{，则判为"1"} \qquad (9.2-11\text{b})$$

这个判决准则常称为**最大似然准则**(maximum likelihood criterion)。

式(9.2-10a)可以改写为

$$若 \quad P(0)f_0(r) > P(1)f_1(r),则判为"0" \quad (9.2-12)$$

当 $P(r) > 0$,式(9.2-12)两边可以同除以 $P(r)$,这样式(9.2-12)变为

$$若 \quad \frac{P(0)f_0(r)}{P(r)} > \frac{P(1)f_1(r)}{P(r)},则判为"0" \quad (9.2-13)$$

式中:$P(r)$ 为接收 r 的概率。

由概率论(贝叶斯定理)得知,上式可以写改为

$$若 \quad f_r(0) > f_r(1),则判为"0" \quad (9.2-14a)$$

同理,式(9.2-10b)可以写为

$$若 \quad f_r(0) < f_r(1),则判为"1" \quad (9.2-14b)$$

式中:$f_r(1)$ 为收到 r 后发送"1"的条件概率;$f_r(0)$ 为收到 r 后发送"0"的条件概率。它们在数学上称为后验概率。所以,式(9.2-14a)和式(9.2-14b)称为最大后验概率准则(maximum a posteriori probability criterion)。由式(9.2-13)可见,后验概率和先验概率 $P(0)$ 及 $P(1)$ 有关。

按照上述的最大似然准则和最大后验概率准则判决都可以得到理论上最佳的误码率,即达到理论上的误码率最小值。

以上对于二进制数字通信系统最佳接收准则的分析,可以容易地推广到多进制信号的场合。设在一个 M 进制数字通信系统中,可能的发送码元是 $s_1, s_2, \cdots, s_i, \cdots, s_M$ 之一,它们的先验概率相等,能量相等。当发送码元是 s_i 时,由式(9.1-12)给出,接收电压 r 的 k 维联合概率密度函数为

$$f_i(r) = \frac{1}{(\sqrt{2\pi}\sigma_n)^k}\exp\left\{-\frac{1}{n_0}\int_0^{T_s}[r(t) - s_i(t)]^2 dt\right\}$$

于是,若

$$f_i(r) > f_j(r) \quad \begin{cases} j \neq i \\ j = 1, 2, \cdots, M \end{cases} \quad (9.2-15)$$

则判为 $s_i(t)$。

9.3 确知数字信号的最佳接收机

确知信号是指其取值在任何时间都是确定的、可以预知的信号。在理想的恒参信道中接收到的数字信号可以认为是确知信号。本节将讨论如何按照 9.2 节的最佳接收准则来构造二进制数字信号的最佳接收机(optimum receiver)。

设在一个二进制数字通信系统中,两种接收码元的波形 $s_0(t)$ 和 $s_1(t)$ 是确知的,其持续时间为 T_B,且能量相同。由 9.1 节中式(9.1-10)和式(9.1-11)得知接收电压 $r(t)$ 的 k 维联合概率密度为:

当发送码元为"0",其波形为 $s_0(t)$ 时,接收电压的概率密度为

$$f_0(\bm{r}) = \frac{1}{(\sqrt{2\pi}\sigma_n)^k}\exp\left\{-\frac{1}{n_0}\int_0^{T_B}[r(t)-s_0(t)]^2\mathrm{d}t\right\}$$

当发送码元为"1",其波形为 $s_1(t)$ 时,接收电压的概率密度为

$$f_1(\bm{r}) = \frac{1}{(\sqrt{2\pi}\sigma_n)^k}\exp\left\{-\frac{1}{n_0}\int_0^{T_B}[r(t)-s_1(t)]^2\mathrm{d}t\right\}$$

因此,将式(9.1-10)和式(9.1-11)代入判决准则式(9.2-10a)和式(9.2-10b),经过简化,得到

若 $$P(1)\exp\left\{-\frac{1}{n_0}\int_0^{T_B}[r(t)-s_1(t)]^2\mathrm{d}t\right\} < P(0)\exp\left\{-\frac{1}{n_0}\int_0^{T_B}[r(t)-s_0(t)]^2\mathrm{d}t\right\}$$
(9.3-1)

则判为发送码元是 $s_0(t)$;

若 $$P(1)\exp\left\{-\frac{1}{n_0}\int_0^{T_B}[r(t)-s_1(t)]^2\mathrm{d}t\right\} > P(0)\exp\left\{-\frac{1}{n_0}\int_0^{T_B}[r(t)-s_0(t)]^2\mathrm{d}t\right\}$$
(9.3-2)

则判为发送码元是 $s_1(t)$。

将式(9.3-1)和式(9.3-2)的两端分别取对数,得

若 $$n_0\ln\frac{1}{P(1)} + \int_0^{T_B}[r(t)-s_1(t)]^2\mathrm{d}t > n_0\ln\frac{1}{P(0)} + \int_0^{T_B}[r(t)-s_0(t)]^2\mathrm{d}t$$
(9.3-3)

则判为发送码元是 $s_0(t)$;反之则判为发送码元是 $s_1(t)$。由于已经假设两个码元的能量相同,即

$$\int_0^{T_B}s_0^2(t)\mathrm{d}t = \int_0^{T_B}s_1^2(t)\mathrm{d}t \tag{9.3-4}$$

所以式(9.3-3)还可以进一步简化为

若 $$W_1 + \int_0^{T_B}r(t)s_1(t)\mathrm{d}t < W_0 + \int_0^{T_B}r(t)s_0(t)\mathrm{d}t \tag{9.3-5}$$

式中

$$\begin{cases} W_0 = \dfrac{n_0}{2}\ln P(0) \\ W_1 = \dfrac{n_0}{2}\ln P(1) \end{cases} \tag{9.3-6}$$

则判为发送码元是 $s_0(t)$;反之,则判为发送码元是 $s_1(t)$。W_0 和 W_1 可以看作是由先验概率决定的加权因子(weighting factor)。

由式(9.3-5)表示的判决准则可以得出最佳接收机的原理方框图,如图9-2所示。若此二进制信号的先验概率相等,则式(9.3-5)简化为

图 9-2 二进制最佳接收机原理方框图

$$\int_0^{T_B} r(t)s_1(t)\mathrm{d}t < \int_0^{T_B} r(t)s_0(t)\mathrm{d}t \qquad (9.3-7)$$

而最佳接收机的原理方框图也可以简化成如图 9-3 所示。这时,由先验概率决定的加权因子消失了。

图 9-3 二进制等先验概率最佳接收机原理方框图

由上述讨论不难推出 M 进制等先验概率、等能量的正交信号(例如采用多频制的信号)的最佳接收机原理方框图(图 9-4)。

图 9-4 M 进制等先验概率最佳接收机原理方框图

上面的最佳接收机的核心是由相乘和积分构成的相关运算,所以常称这种算法为相关接收(correlation reception)法。由最佳接收机得到的误码率是理论上可能达到的最小值。9.4 节将讨论这种接收机的误码率性能。

9.4 确知数字信号最佳接收的误码率

本节主要讨论二进制信号的最佳误码率,并在最后给出多进制信号的最佳误码率。

式(9.3-3)给出,在最佳接收机中,若

$$n_0 \ln \frac{1}{P(1)} + \int_0^{T_B} [r(t) - s_1(t)]^2 dt > n_0 \ln \frac{1}{P(0)} + \int_0^{T_B} [r(t) - s_0(t)]^2 dt$$

则判为发送码元是 $s_0(t)$。因此,在发送码元为 $s_1(t)$ 时,若式(9.3-3)成立,则将发生错误判决。所以若将 $r(t) = s_1(t) + n(t)$ 代入式(9.3-3),则式(9.3-3)成立的概率就是在发送码元"1"的条件下收到"0"的概率,即发生错误的条件概率 $P(0/1)$。此条件概率的计算结果如下(计算过程见附录F):

$$P(0/1) = P(\xi < a) = \frac{1}{\sqrt{2\pi}\sigma_\xi} \int_{-\infty}^a e^{-\frac{x^2}{2\sigma_\xi^2}} dx \quad (9.4-1)$$

式中:

$$a = \frac{n_0}{2} \ln \frac{P(0)}{P(1)} - \frac{1}{2} \int_0^{T_B} [s_1(t) - s_0(t)]^2 dt \quad (9.4-2)$$

$$\sigma_\xi^2 = D(\xi) = \frac{n_0}{2} \int_0^{T_B} [s_1(t) - s_0(t)]^2 dt \quad (9.4-3)$$

同理,可以求出发送 $s_0(t)$ 时,判决为收到 $s_1(t)$ 的条件错误概率为

$$P(1/0) = P(\xi < b) = \frac{1}{\sqrt{2\pi}\sigma_\xi} \int_{-\infty}^b e^{-\frac{x^2}{2\sigma_\xi^2}} dx \quad (9.4-4)$$

式中:

$$b = \frac{n_0}{2} \ln \frac{P(1)}{P(0)} - \frac{1}{2} \int_0^{T_B} [s_0(t) - s_1(t)]^2 dt \quad (9.4-5)$$

因此,总误码率为

$$P_e = P(1)P(0/1) + P(0)P(1/0)$$

$$= P(1) \left[\frac{1}{\sqrt{2\pi}\sigma_\xi} \int_{-\infty}^a e^{-\frac{x^2}{2\sigma_\xi^2}} dx \right] + P(0) \left[\frac{1}{\sqrt{2\pi}\sigma_\xi} \int_{-\infty}^b e^{-\frac{x^2}{2\sigma_\xi^2}} dx \right] \quad (9.4-6)$$

现在先考察先验概率对误码率的影响。由式(9.4-2)和式(9.4-5)可以看出,当先验概率 $P(0) = 0$ 及 $P(1) = 1$ 时, $a = -\infty$ 及 $b = \infty$,因此由式(9.4-6)计算出总误码率 $P_e = 0$。在物理意义上,这时由于发送码元只有一种可能性,即是确定的"1"。因此,不会发生错误。同理,若 $P(0) = 1$ 及 $P(1) = 0$,总误码率也为零。当 $P(0) = P(1) = 1/2$ 时, $a = b$。这样,式(9.4-6)可以化简为

$$P_e = \frac{1}{\sqrt{2\pi}\sigma_\xi} \int_{-\infty}^c e^{-\frac{x^2}{2\sigma_\xi^2}} dx \quad (9.4-7)$$

式中:

$$c = -\frac{1}{2} \int_0^{T_B} [s_0(t) - s_1(t)]^2 dt \quad (9.4-8)$$

式(9.4-7)和式(9.4-8)表明,当先验概率相等时,对于给定的噪声功率 σ_ξ^2,误码率仅和两种码元波形之差 $[s_0(t) - s_1(t)]$ 的能量有关,而与波形本身无关。差别越大, c 值越小,误码率 P_e 也越小。由计算表明,先验概率不等时的误码率将略小于先验概率相等时的误码率。这就是说,就误码率而言,先验概率相等是最坏的情况。

下面我们将根据式(9.4-7)进一步讨论先验概率相等时误码率的计算。

由于在噪声强度给定的条件下,误码率完全决定于信号码元的区别,所以我们现在给

出定量地描述码元区别的一个参量,即码元的相关系数(correlation coefficient)ρ,其定义如下:

$$\rho = \frac{\int_0^{T_B} s_0(t)s_1(t)\,dt}{\sqrt{\left[\int_0^{T_B} s_0^2(t)\,dt\right]\left[\int_0^{T_B} s_1^2(t)\,dt\right]}} = \frac{\int_0^{T_B} s_0(t)s_1(t)\,dt}{\sqrt{E_0 E_1}} \quad (9.4-9)$$

式中:E_0、E_1 为信号码元的能量,$E_0 = \int_0^{T_B} s_0^2(t)\,dt$, $E_1 = \int_0^{T_B} s_1^2(t)\,dt$ (9.4-10)

当 $s_0(t) = s_1(t)$ 时,$\rho = 1$,为最大值;当 $s_0(t) = -s_1(t)$ 时,$\rho = -1$,为最小值。所以 ρ 的取值范围在 $-1 \leqslant \rho \leqslant +1$。当两码元的能量相等时,令 $E_0 = E_1 = E_b$,则式(9.4-9)可以写成

$$\rho = \frac{\int_0^{T_B} s_0(t)s_1(t)\,dt}{E_b} \quad (9.4-11)$$

且式(9.4-8)变成

$$c = -\frac{1}{2}\int_0^{T_B}[s_0(t) - s_1(t)]^2\,dt = -E_b(1-\rho) \quad (9.4-12)$$

将式(9.4-12)代入式(9.4-7),得

$$P_e = \frac{1}{\sqrt{2\pi}\sigma_\xi}\int_{-\infty}^{c} e^{-\frac{x^2}{2\sigma_\xi^2}}dx = \frac{1}{\sqrt{2\pi}\sigma_\xi}\int_{-\infty}^{-E_b(1-\rho)} e^{-\frac{x^2}{2\sigma_\xi^2}}dx \quad (9.4-13)$$

为了将式(9.4-13)变成实用的形式,作如下的代数变换:

令 $z = x/\sqrt{2}\sigma_\xi$,则 $z^2 = x^2/2\sigma_\xi^2$,$dz = dx/\sqrt{2}\sigma_\xi$,于是式(9.4-13)变为

$$P_e = \frac{1}{\sqrt{2\pi}\sigma_\xi}\int_{-\infty}^{-E_b(1-\rho)/\sqrt{2}\sigma_\xi} e^{-z^2}\sqrt{2}\sigma_\xi\,dz = \frac{1}{\sqrt{\pi}}\int_{-\infty}^{-E_b(1-\rho)/\sqrt{2}\sigma_\xi} e^{-z^2}dz =$$

$$\frac{1}{\sqrt{\pi}}\int_{E_b(1-\rho)/\sqrt{2}\sigma_\xi}^{\infty} e^{-z^2}dz = \frac{1}{2}\left[\frac{2}{\sqrt{\pi}}\int_{E_b(1-\rho)/\sqrt{2}\sigma_\xi}^{\infty} e^{-z^2}dz\right] = \frac{1}{2}\left\{1 - \mathrm{erf}\left[\frac{E_b(1-\rho)}{\sqrt{2}\sigma_\xi}\right]\right\}$$

(9.4-14)

式中:$\mathrm{erf}(x) = \frac{2}{\sqrt{\pi}}\int_0^x e^{-z^2}dz$。

利用式(9.4-3)的关系,将式(9.4-14)中的 σ_ξ 用 n_0 代替,最终变成误码率公式的如下实用形式:

$$P_e = \frac{1}{2}\left[1 - \mathrm{erf}\left(\sqrt{\frac{E_b(1-\rho)}{2n_0}}\right)\right] = \frac{1}{2}\mathrm{erfc}\left[\sqrt{\frac{E_b(1-\rho)}{2n_0}}\right] \quad (9.4-15)$$

式中:$\mathrm{erf}(x) = \frac{2}{\sqrt{\pi}}\int_0^x e^{-z^2}dz$,为误差函数(error function);$\mathrm{erfc}(x) = 1 - \mathrm{erf}(x)$,为补误差函数(complementary error function);E_b 为码元能量;ρ 为码元相关系数;n_0 为噪声功率谱密度。

式(9.4-15)是一个非常重要的理论公式,它给出了理论上二进制等能量数字信号误码率的最佳(最小可能)值。在图9-5中画出了它的曲线。实际通信系统中得到的误

码率只可能比它差,但是绝对不可能超过它。

由该式可以看出最佳接收性能有下列特点。首先,误码率仅和 E_b/n_0 以及相关系数 ρ 有关,与信号波形及噪声功率无直接关系。码元能量 E_b 与噪声功率谱密度 n_0 之比,实际上相当于信号噪声功率比 P_s/P_n。因为若系统带宽 B 等于 $1/T_B$,则有

$$\frac{E_b}{n_0} = \frac{P_s T_B}{n_0} = \frac{P_s}{n_0(1/T_B)} = \frac{P_s}{n_0 B} = \frac{P_s}{P_n} \tag{9.4-16}$$

图 9 - 5 最佳误码率曲线

由 6.4.2 节的讨论可知,按照能消除码间串扰的奈奎斯特速率传输基带信号时,所需的最小带宽为 $1/2T_B$(Hz)。对于已调信号,若采用的是 2PSK 或 2ASK 信号,则其占用带宽应当是基带信号带宽的 2 倍,即恰好是 $1/T_B$(Hz)。所以,在工程上,通常把 (E_b/n_0) 当作信号噪声功率比看待。

其次,相关系数 ρ 对于误码率的影响很大。当两种码元的波形相同,相关系数最大,即 $\rho = 1$ 时,误码率最大。这时的误码率 $P_e = 1/2$。因为这时两种码元波形没有区别,接收端是在没有根据的乱猜。当两种码元的波形相反,相关系数最小,即 $\rho = -1$ 时,误码率最小。这时的最小误码率为

$$P_e = \frac{1}{2}\left[1 - \mathrm{erf}\left(\sqrt{\frac{E_b}{n_0}}\right)\right] = \frac{1}{2}\mathrm{erfc}\left(\sqrt{\frac{E_b}{n_0}}\right) \tag{9.4-17}$$

例如,2PSK 信号的相关系数等于 -1。

当两种码元正交,即相关系数 $\rho = 0$ 时,误码率为

$$P_e = \frac{1}{2}\left[1 - \mathrm{erf}\left(\sqrt{\frac{E_b}{2n_0}}\right)\right] = \frac{1}{2}\mathrm{erfc}\left[\sqrt{\frac{E_b}{2n_0}}\right] \tag{9.4-18}$$

例如,一般说来,2FSK 信号的相关系数等于或近似等于零。

若两种码元中有一种的能量等于零,例如 2ASK 信号,则误码率按照式(9.4-12),有

$$c = -\frac{1}{2}\int_0^{T_B}[s_0(t)]^2 \mathrm{d}t \tag{9.4-19}$$

将式(9.4-19)代入式(9.4-7),经过化简后得到

$$P_e = \frac{1}{2}\left(1 - \mathrm{erf}\sqrt{\frac{E_b}{4n_0}}\right) = \frac{1}{2}\mathrm{erfc}\left(\sqrt{\frac{E_b}{4n_0}}\right) \tag{9.4-20}$$

比较式(9.4-17)、式(9.4-18)和式(9.4-20),它们之间的性能差 3dB。这表明,在上述例子中,2ASK 信号的性能比 2FSK 信号的性能差 3dB,而 2FSK 信号的性能又比 2PSK 信号的性能差 3dB。

对于多进制通信系统,若不同码元的信号正交,且先验概率相等,能量也相等,则按9.2节和9.3节中给出的多进制系统的判决准则和其最佳接收机的原理方框图,可以计算出多进制系统的最佳误码率性能。计算过程较为烦琐,仅给出计算结果如下[1]:

$$P_e = 1 - \frac{1}{\sqrt{2\pi}} \int_{-\infty}^{\infty} \left[\int_{-\infty}^{y+\left(\frac{2E}{n_0}\right)^{1/2}} \frac{1}{\sqrt{2\pi}} e^{-\frac{x^2}{2}} dx \right]^{M-1} e^{-\frac{y^2}{2}} dy \qquad (9.4-21)$$

式中:M 为进制数;E 为 M 进制码元能量;n_0 为单边噪声功率谱密度。

由于一个 M 进制码元中含有的比特数 k 等于 $\log_2 M$,故每个比特的能量为

$$E_b = E/\log_2 M \qquad (9.4-22)$$

并且每比特的信噪比为

$$\frac{E_b}{n_0} = \frac{E}{n_0 \log_2 M} = \frac{E}{n_0 k} \qquad (9.4-23)$$

图 9-6 多进制正交信号最佳误码率

在图 9-6 中画出了误码率 P_e 与 E_b/n_0 关系曲线。由此曲线看出,对于给定的误码率,当 k 增大时,需要的信噪比 E_b/n_0 减小。当 k 增大到 ∞ 时,误码率曲线变成一条垂直线;这时只要 $E_b/n_0 = 0.693(-1.6 \text{ dB})$,就能得到无误码的传输。

9.5 随相数字信号的最佳接收

在 4.4 节中提到过,经过信道传输后码元相位带有随机性的信号称为随相信号。现在就能量相等、先验概率相等、互不相关的 2FSK 信号及存在带限白色高斯噪声的通信系统讨论最佳接收问题。假设接收信号码元相位的概率密度服从均匀分布。因此,可以将此信号表示为

$$s_0(t, \varphi_0) = A\cos(\omega_0 t + \varphi_0) \qquad (9.5-1a)$$

$$s_1(t, \varphi_1) = A\cos(\omega_1 t + \varphi_1) \qquad (9.5-1b)$$

及将此信号随机相位 φ_0 和 φ_1 的概率密度表示为

$$f(\varphi_0) = \begin{cases} 1/2\pi & 0 \leq \varphi_0 < 2\pi \\ 0 & \text{其他} \end{cases} \qquad (9.5-2)$$

$$f(\varphi_1) = \begin{cases} 1/2\pi & 0 \leq \varphi_1 < 2\pi \\ 0 & \text{其他} \end{cases} \qquad (9.5-3)$$

由于已假设码元能量相等,故有

$$\int_0^{T_B} s_0^2(t, \varphi_0) dt = \int_0^{T_B} s_1^2(t, \varphi_1) dt = E_b \qquad (9.5-4)$$

在讨论确知信号的最佳接收时,对于先验概率相等的信号,我们是按照式(9.2-11a)和式(9.2-11b)作判决的,即

$$\begin{cases} 若 f_0(r) > f_1(r), & 则判为"0" \\ 若 f_0(r) < f_1(r), & 则判为"1" \end{cases}$$

现在,由于接收矢量 r 具有随机相位,故式(9.2-11a)和式(9.2-11b)中的 $f_0(r)$ 和 $f_1(r)$ 分别可以表示为:

$$f_0(r) = \int_0^{2\pi} f(\varphi_0) f_0(r/\varphi_0) \mathrm{d}\varphi_0 \qquad (9.5-5)$$

$$f_1(r) = \int_0^{2\pi} f(\varphi_1) f_1(r/\varphi_1) \mathrm{d}\varphi_1 \qquad (9.5-6)$$

式(9.5-5)和式(9.5-6)经过复杂的计算(见附录G)后,代入式(9.2-11a)和式(9.2-11b),就可以得出最终的判决条件:

$$\begin{cases} 若接收矢量 r 使 M_1^2 < M_0^2, & 则判为发送码元是"0" \\ 若接收矢量 r 使 M_0^2 < M_1^2, & 则判为发送码元是"1" \end{cases} \qquad (9.5-7)$$

式(9.5-7)就是最终判决条件,其中:

$$M_0 = \sqrt{X_0^2 + Y_0^2} \qquad (9.5-8)$$

$$M_1 = \sqrt{X_1^2 + Y_1^2} \qquad (9.5-9)$$

$$X_0 = \int_0^{T_B} r(t) \cos \omega_0 t \mathrm{d}t \qquad (9.5-10)$$

$$Y_0 = \int_0^{T_B} r(t) \sin \omega_0 t \mathrm{d}t \qquad (9.5-11)$$

$$X_1 = \int_0^{T_B} r(t) \cos \omega_1 t \mathrm{d}t \qquad (9.5-12)$$

$$Y_1 = \int_0^{T_B} r(t) \sin \omega_1 t \mathrm{d}t \qquad (9.5-13)$$

按照式(9.5-7)的判决准则构成的随相信号最佳接收机的结构示于图9-7中。图中的4个相关器分别完成式(9.5-10)~式(9.5-13)中的相关运算,得到 X_0, Y_0, X_1 和 Y_1。后者经过平方后,两两相加,得到 M_0^2 和 M_1^2,再比较其大小,按式(9.5-7)作出判决。

上述随相信号最佳接收机得到的误码率,用类似9.4节的分析方法,可以计算出来,结果如下[1]:

$$P_e = \frac{1}{2} \exp(-E_b/2n_0) \qquad (9.5-14)$$

最后指出,上述最佳接收机及其误码率也就是2FSK确知信号的非相干接收机和误码率。因为随相信号的相位带有由信道引入的随机变化,所以在接收端不可能采用相干接收方法。换句话说,相干接收只适用于相位确知的信号。对于随相信号而言,非相干接收已经是最佳的接收方法了。

图 9-7 随相信号最佳接收机结构图

9.6 起伏数字信号的最佳接收

在 4.4 节中提到过,起伏信号是包络随机起伏,相位也随机变化的信号。经过多径传输的衰落信号都具有这种特性。现在仍以 2FSK 信号为例简要地讨论其最佳接收问题。

设通信系统中的噪声是带限白色高斯噪声,并设信号是互不相关的等能量、等先验概率的 2FSK 信号,它可以表示为

$$\begin{cases} s_0(t,\varphi_0,A_0) = A_0\cos(\omega_0 t + \varphi_0) \\ s_1(t,\varphi_1,A_1) = A_1\cos(\omega_1 t + \varphi_1) \end{cases} \quad (9.6-1)$$

其中,φ_0 和 φ_1 的概率密度服从均匀分布:

$$f(\varphi_i) = 1/2\pi \quad 0 \leq \varphi_i < 2\pi, i = 1,2 \quad (9.6-2)$$

A_0 和 A_1 是由于多径效应引起的随机起伏振幅,它们服从同一瑞利分布:

$$f(A_i) = \frac{A_i}{\sigma_s^2}\exp\left(-\frac{-A_i^2}{2\sigma_s^2}\right) \quad A_i \geq 0, i = 1,2 \quad (9.6-3)$$

式中:σ_s^2 为信号的功率。

此外,由于 A_i 是余弦波的振幅,所以信号 $s_i(t,\varphi_i,A_i)$ 的功率 σ_s^2 和其振幅 A_i 的均方值之间的关系为

$$E[A_i^2] = 2\sigma_s^2 \quad (9.6-4)$$

有了上述假设,就可以计算这时的接收矢量的概率密度 $f_0(\boldsymbol{r})$ 和 $f_1(\boldsymbol{r})$。由于此接收矢量不但具有随机相位,还具有随机起伏的振幅,故式(9.2-11a)和式(9.2-11b)中的 $f_0(\boldsymbol{r})$ 和 $f_1(\boldsymbol{r})$ 分别可以表示为

$$f_0(\boldsymbol{r}) = \int_0^{2\pi}\int_0^{\infty} f(A_0)f(\varphi_0)f_0(\boldsymbol{r}/\varphi_0,A_0)\mathrm{d}A_0\mathrm{d}\varphi_0 \quad (9.6-5)$$

$$f_1(\boldsymbol{r}) = \int_0^{2\pi}\int_0^{\infty} f(A_1)f(\varphi_1)f_1(\boldsymbol{r}/\varphi_1,A_1)\mathrm{d}A_1\mathrm{d}\varphi_1 \quad (9.6-6)$$

经过繁复的计算,式(9.6-5)和式(9.6-6)的计算结果如下:

$$f_0(r) = K' \frac{n_0}{n_0 + T_B \sigma_s^2} \exp\left[\frac{2\sigma_s^2 M_0^2}{n_0(n_0 + T_B \sigma_s^2)}\right] \quad (9.6-7)$$

$$f_1(r) = K' \frac{n_0}{n_0 + T_B \sigma_s^2} \exp\left[\frac{2\sigma_s^2 M_1^2}{n_0(n_0 + T_B \sigma_s^2)}\right] \quad (9.6-8)$$

式中:$K' = \exp\left[-\frac{1}{n_0}\int_0^{T_B} r^2(t)dt\right] / (\sqrt{2\pi}\sigma_n)^k \quad (9.6-9)$

n_0 为噪声功率谱密度;σ_n^2 为噪声功率。

由式(9.6-7)和式(9.6-8)可见,实质上,和随相信号最佳接收时一样,比较 $f_0(r)$ 和 $f_1(r)$ 仍然是比较 M_0^2 和 M_1^2 的大小。所以,不难推论,起伏信号最佳接收机的结构和随相信号最佳接收机的一样。但是,这时的最佳误码率则不同于随相信号的误码率。这时的误码率为[1]

$$P_e = \frac{1}{2 + (\bar{E}/n_0)} \quad (9.6-10)$$

式中:$\bar{E}$ 为接收码元的统计平均能量。

为了比较 2FSK 信号在无衰落和有多径衰落时的误码率性能,在图 9-8 中画出了在非相干接收时的误码率曲线。由此图看出,在有衰落时,性能随误码率下降而迅速变坏。当误码率 P_e 等于 10^{-2} 时,衰落使性能下降约 10 dB;当误码率 $P_e = 10^{-3}$ 时,下降约 20 dB。

图 9-8 衰落对误码率的影响

9.7 实际接收机和最佳接收机的性能比较

现在将第 7 章中讨论的二进制信号实际接收机性能和本章讨论的最佳接收机性能列表比较,如表 9-1 所列。

表 9-1	实际接收机和最佳接收机的性能比较	
接收方式 \ 接收机类型	实际接收机的 P_e	最佳接收机的 P_e
相干接收 2ASK 信号	$\frac{1}{2}\mathrm{erfc}\sqrt{r/4}$	$\frac{1}{2}\mathrm{erfc}\sqrt{E_b/4n_0}$
非相干接收 2ASK 信号	$\frac{1}{2}\exp(-r/4)$	$\frac{1}{2}\exp(-E_b/4n_0)$
相干接收 2FSK 信号	$\frac{1}{2}\mathrm{erfc}\sqrt{r/2}$	$\frac{1}{2}\mathrm{erfc}\sqrt{E_b/2n_0}$
非相干接收 2FSK 信号	$\frac{1}{2}\exp(-r/2)$	$\frac{1}{2}\exp(-E_b/2n_0)$
相干接收 2PSK 信号	$\frac{1}{2}\mathrm{erfc}\sqrt{r}$	$\frac{1}{2}\mathrm{erfc}\sqrt{E_b/n_0}$
差分相干接收 2DPSK 信号	$\frac{1}{2}\exp(-r)$	$\frac{1}{2}\exp(-E_b/n_0)$
相干接收 2DPSK 信号	$\mathrm{erfc}\sqrt{r}\left(1-\frac{1}{2}\mathrm{erfc}\sqrt{r}\right)$	$\mathrm{erfc}\sqrt{\frac{E_b}{n_0}}\left(1-\frac{1}{2}\mathrm{erfc}\sqrt{\frac{E_b}{n_0}}\right)$

表中 r 是信号噪声功率比。由比较可知,在实际接收机中的信号噪声功率比 r 相当于最佳接收机中的码元能量和噪声功率谱密度之比 E_b/n_0。另一方面,式(9.4-16)也指出,当系统恰好带宽满足奈奎斯特准则时, E_b/n_0 就等于信号噪声功率比。奈奎斯特带宽是理论上的极限,实际接收机的带宽一般都不能达到这一极限。所以,实际接收机的性能总是比不上最佳接收机的性能。

9.8 数字信号的匹配滤波接收法

在 9.2 节中已经明确将错误概率最小作为最佳接收的准则。其次,在 7.1 节中提到,我们是在抽样时刻按照抽样所得的信噪比对每个码元作判决,从而决定误码率。信噪比越大,误码率越小。本节将讨论用线性滤波器对接收信号滤波时,如何使抽样时刻上线性滤波器的输出信号噪声比最大,并且将令输出信噪比最大的线性滤波器称为匹配滤波器(match filter)。

设接收滤波器的传输函数为 $H(f)$,冲激响应为 $h(t)$,滤波器输入码元 $s(t)$ 的持续时间为 T_B,信号和噪声之和 $r(t)$ 为

$$r(t) = s(t) + n(t) \qquad 0 \leqslant t \leqslant T_B \qquad (9.8-1)$$

式中:$s(t)$ 为信号码元;$n(t)$ 为高斯白噪声。设信号码元 $s(t)$ 的频谱密度函数为 $S(f)$,噪声 $n(t)$ 的双边功率谱密度为 $P_n(f) = n_0/2$,n_0 为噪声单边功率谱密度。

由于假定滤波器是线性的,根据线性电路叠加定理,当滤波器输入电压 $r(t)$ 中包括信号和噪声两部分时,滤波器的输出电压 $y(t)$ 中也包含相应的输出信号 $s_o(t)$ 和输出噪声 $n_o(t)$ 两部分,即

$$y(t) = s_o(t) + n_o(t) \qquad (9.8-2)$$

其中,
$$s_o(t) = \int_{-\infty}^{\infty} H(f)S(f) e^{j2\pi ft} df \qquad (9.8-3)$$

为了求出输出噪声功率,由式(3.4-7)

$$P_y(f) = H^*(f)H(f)P_r(f) = |H(f)|^2 P_r(f)$$

可知,一个随机过程通过线性系统时,其输出功率谱密度 $P_y(f)$ 等于输入功率谱密度 $P_r(f)$ 乘以系统传输函数 $H(f)$ 的模的平方。所以,这时的输出噪声功率 N_o 为

$$N_o = \int_{-\infty}^{\infty} |H(f)|^2 \cdot \frac{n_0}{2} df = \frac{n_0}{2} \int_{-\infty}^{\infty} |H(f)|^2 df \qquad (9.8-4)$$

因此,在抽样时刻 t_0 上,输出信号瞬时(instantaneous)功率与噪声平均功率之比为

$$r_o = \frac{|s_o(t_0)|^2}{N_o} = \frac{\left| \int_{-\infty}^{\infty} H(f)S(f) e^{j2\pi f t_0} df \right|^2}{\frac{n_0}{2} \int_{-\infty}^{\infty} |H(f)|^2 df} \qquad (9.8-5)$$

为了求出 r_o 的最大值,我们利用施瓦兹(Schwarz)不等式:

$$\left| \int_{-\infty}^{\infty} f_1(x) f_2(x) dx \right|^2 \leqslant \int_{-\infty}^{\infty} |f_1(x)|^2 dx \int_{-\infty}^{\infty} |f_2(x)|^2 dx \qquad (9.8-6)$$

若 $f_1(x) = kf_2^*(x)$，其中 k 为任意常数，则式(9.8-6)的等号成立。

将式(9.8-5)右端的分子看作是式(9.8-6)的左端，并令
$$f_1(x) = H(f) \quad f_2(x) = S(f)e^{j2\pi f t_0}$$

则有
$$r_0 \leq \frac{\int_{-\infty}^{\infty} |H(f)|^2 df \int_{-\infty}^{\infty} |S(f)|^2 df}{\frac{n_0}{2} \int_{-\infty}^{\infty} |H(f)|^2 df} = \frac{\int_{-\infty}^{\infty} |S(f)|^2 df}{\frac{n_0}{2}} = \frac{2E}{n_0} \quad (9.8-7)$$

式中：$E = \int_{-\infty}^{\infty} |S(f)|^2 df$，为信号码元的能量。

而且当
$$H(f) = kS^*(f)e^{-j2\pi f t_0} \quad (9.8-8)$$

时，式(9.8-7)的等号成立，即得到最大输出信噪比 $2E/n_0$。

式(9.8-8)表明，$H(f)$ 就是我们要找的最佳接收滤波器传输特性，它等于信号码元频谱的复共轭(complex conjugate)(除了常数因子 $e^{-j2\pi f t_0}$ 外)。故称此滤波器为匹配滤波器。

匹配滤波器的特性还可以用其冲激响应函数 $h(t)$ 来描述，即
$$\begin{aligned}
h(t) &= \int_{-\infty}^{\infty} H(f) e^{j2\pi f t} df = \int_{-\infty}^{\infty} kS^*(f) e^{-j2\pi f t_0} e^{j2\pi f t} df \\
&= k \int_{-\infty}^{\infty} \left[\int_{-\infty}^{\infty} s(\tau) e^{-j2\pi f \tau} d\tau \right]^* e^{-j2\pi f(t_0 - t)} df \\
&= k \int_{-\infty}^{\infty} \left[\int_{-\infty}^{\infty} e^{j2\pi f(\tau - t_0 + t)} df \right] s(\tau) d\tau \\
&= k \int_{-\infty}^{\infty} s(\tau) \delta(\tau - t_0 + t) d\tau = ks(t_0 - t)
\end{aligned} \quad (9.8-9)$$

由式(9.8-9)可见，匹配滤波器的冲激响应 $h(t)$ 就是信号 $s(t)$ 的镜像 $s(-t)$，但在时间轴上(向右)平移了 t_0。在图9-9中画出了从 $s(t)$ 得出 $h(t)$ 的图解过程。

一个实际的匹配滤波器应该是物理可实现的，其冲激响应必须符合因果关系，在输入冲激脉冲加入前不应该有冲激响应出现，即必须有

$$h(t) = 0 \quad t < 0 \quad (9.8-10)$$

即要求满足条件
$$s(t_0 - t) = 0 \quad t < 0$$

或满足条件
$$s(t) = 0 \quad t > t_0 \quad (9.8-11)$$

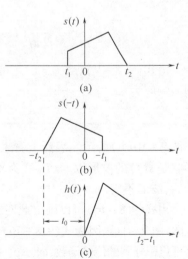

图9-9 从 $s(t)$ 得出 $h(t)$ 的图解

式(9.8-11)的条件说明,接收滤波器输入端的信号码元 $s(t)$ 在抽样时刻 t_0 之后必须为零。一般不希望在码元结束之后很久才抽样,故通常选择在码元末尾抽样,即选 $t_0 = T_B$。故匹配滤波器的冲激响应可以写为

$$h(t) = ks(T_B - t) \qquad (9.8-12)$$

这时,若匹配滤波器的输入电压为 $s(t)$,则输出信号码元的波形,可以按式(3.4-4)求出:

$$s_o(t) = \int_{-\infty}^{\infty} s(t-\tau)h(\tau)d\tau = k\int_{-\infty}^{\infty} s(t-\tau)s(T_B-\tau)d\tau$$

$$= k\int_{-\infty}^{\infty} s(-\tau')s(t-T_B-\tau')d\tau' = kR(t-T_B) \qquad (9.8-13)$$

式(9.8-13)表明,匹配滤波器输出信号码元波形是输入信号码元波形的自相关函数的 k 倍。k 是一个任意常数,它与 r_0 的最大值无关;通常取 $k=1$。

【例 9-1】 设接收信号码元 $s(t)$ 的表示式为

$$s(t) = \begin{cases} 1 & 0 \leq t \leq T_B \\ 0 & \text{其他} \end{cases} \qquad (9.8-14)$$

试求其匹配滤波器的特性和输出信号码元的波形。

【解】 式(9.8-14)所示的信号波形是一个矩形脉冲,如图9-10(a)所示。其频谱为

$$S(f) = \int_{-\infty}^{\infty} s(t)e^{-j2\pi ft}dt = \frac{1}{j2\pi f}(1 - e^{-j2\pi fT_B})$$

$$(9.8-15)$$

由式(9.8-8),令 $k=1, t_0 = T_B$ 可得其匹配滤波器的传输函数为

$$H(f) = \frac{1}{j2\pi f}(1 - e^{-j2\pi fT_B}) \qquad (9.8-16)$$

由式(9.8-9),令 $k=1$,还可以得到此匹配滤波器的冲激响应为

$$h(t) = s(T_B - t), \quad 0 \leq t \leq T_B \qquad (9.8-17)$$

(a) 接收信号波形

(b) 冲激响应

(c) 输出信号波形

图 9-10 匹配滤波器波形

如图9-10(b)所示。表面上看来,$h(t)$ 的形状和信号 $s(t)$ 的形状一样。实际上,$h(t)$ 的形状是 $s(t)$ 的波形以 $t = T_B/2$ 为轴线反转而来。由于 $s(t)$ 的波形对称于 $t = T_B/2$,所以反转后,波形不变。

由式(9.8-16)可以画出此匹配滤波器的方框图(图9-11),因为式(9.8-16)中的 $(1/j2\pi f)$ 是理想积分器的传输函数,而 $\exp(-j2\pi fT_B)$ 是延迟时间为 T_B 的延迟电路的传输函数。此匹配滤

图 9-11 匹配滤波器方框图

波器的输出信号波形 $s_o(t)$ 可由式(9.8-13)计算出来,它画在图 9-10(c)中。

【例 9-2】 设信号 $s(t)$ 的表示式为

$$s(t) = \begin{cases} \cos 2\pi f_0 t & 0 \leqslant t \leqslant T_B \\ 0 & \text{其他} \end{cases} \quad (9.8-18)$$

试求其匹配滤波器的特性和匹配滤波器输出的波形。

【解】 式(9.8-18)给出的信号波形是一段余弦振荡,如图 9-12(a)所示。其频谱为

$$S(f) = \int_{-\infty}^{\infty} s(t) e^{-j2\pi ft} dt = \int_0^{T_B} \cos 2\pi f_0 t \, e^{-j2\pi ft} dt$$

$$= \frac{1 - e^{-j2\pi(f-f_0)T_B}}{j4\pi(f-f_0)} + \frac{1 - e^{-j2\pi(f+f_0)T_B}}{j4\pi(f+f_0)} \quad (9.8-19)$$

因此,其匹配滤波器的传输函数由式(9.8-8)得出:

$$H(f) = S^*(f) e^{-j2\pi f t_0} = S^*(f) e^{-j2\pi f T_B}$$

$$= \frac{[e^{j2\pi(f-f_0)T_B} - 1] e^{-j2\pi f T_B}}{j4\pi(f-f_0)} + \frac{[e^{j2\pi(f+f_0)T_B} - 1] e^{-j2\pi f T_B}}{j4\pi(f+f_0)} \quad (9.8-20)$$

式(9.8-20)中已令 $t_0 = T_B$。

此匹配滤波器的冲激响应可以由式(9.8-9)计算出:

$$h(t) = s(T_B - t) = \cos 2\pi f_0 (T_B - t), \quad 0 \leqslant t \leqslant T_B \quad (9.8-21)$$

为了便于画出波形简图,我们令

$$T_B = n/f_0 \quad n = \text{正整数} \quad (9.8-22)$$

这样,式(9.8-21)可以简化为

$$h(t) = \cos 2\pi f_0 t \quad 0 \leqslant t \leqslant T_B \quad (9.8-23)$$

$h(t)$ 的曲线示于图 9-12(b)中。

这时的匹配滤波器输出波形 $s_o(t)$ 可以由卷积公式(3.4-4)求出:

$$s_o(t) = \int_{-\infty}^{\infty} s(\tau) h(t-\tau) d\tau \quad (9.8-24)$$

由于现在 $s(t)$ 和 $h(t)$ 在区间 $(0, T_B)$ 外都等于零,故上式中的积分可以分为如下几段进行计算:

$$t < 0, \quad 0 \leqslant t < T_B, \quad T_B \leqslant t \leqslant 2T_B, \quad t > 2T_B$$

显然,当 $t < 0$ 和 $t > 2T_B$ 时,式(9.8-24)中的 $s(\tau)$ 和 $h(t-\tau)$ 不相交,故 $s_o(t)$ 等于零。当 $0 \leqslant t < T_B$ 时,式(9.8-24)为

$$s_o(t) = \int_0^t \cos2\pi f_0\tau \cos2\pi f_0(t-\tau)\,\mathrm{d}\tau$$

$$= \int_0^t \frac{1}{2}[\cos2\pi f_0 t + \cos2\pi f_0(t-2\tau)]\,\mathrm{d}\tau$$

$$= \frac{t}{2}\cos2\pi f_0 t + \frac{1}{4\pi f_0}\sin2\pi f_0 t \qquad (9.8-25)$$

当 $T_B \leqslant t \leqslant 2T_B$ 时,式(9.8-24)为

$$s_o(t) = \int_{t-T_B}^{T_B} \cos2\pi f_0\tau \cos2\pi f_0(t-\tau)\,\mathrm{d}\tau$$

$$= \frac{2T_B - t}{2}\cos2\pi f_0 t - \frac{1}{4\pi f_0}\sin2\pi f_0 t \qquad (9.8-26)$$

若因 f_0 很大而使 $(1/4\pi f_0)$ 可以忽略,则最后得到

$$s_o(t) = \begin{cases} \dfrac{t}{2}\cos2\pi f_0 t & 0 \leqslant t < T_B \\ \dfrac{2T_B - t}{2}\cos2\pi f_0 t & T_B \leqslant t \leqslant 2T_B \\ 0 & 其他 \end{cases} \qquad (9.8-27)$$

按式(9.8-27)画出的曲线示于图 9-12(c) 中。

对于二进制确知信号,使用匹配滤波器构成的接收电路方框图如图 9-13 所示。图 9-13 中有两个匹配滤波器,分别匹配于两种信号码元 $s_0(t)$ 和 $s_1(t)$。在抽样时刻对抽样值进行比较判决。哪个匹配滤波器的输出抽样值更大,就判决哪个为输出。若此二进制信号的先验概率相等,则此方框图能给出最小的总误码率。

匹配滤波器可以用不同的硬件电路实现[1],也可以用软件实现。目前,由于软件无线电技术的发展,因此它日益趋向于用软件技术实现。

在上面的讨论中对于信号波形从未涉及,也就是说最大输出信噪比和信号波形无关,只决定于信号能量 E 与噪声功率谱密度 n_0 之比,所以这种匹配滤波法对于任何一种数字信号波形都适用,不论是基带数字信号还是已调数字信号。例 9-1 中给出的是基带数字信号的例子;而例 9-2 中给出的信号则是已调数字信号的例子。

图 9-12 匹配滤波波形

图 9-13 匹配滤波接收电路方框图

现在来证明用上述匹配滤波器得到的最大输出信噪比就等于最佳接收时理论上能达到的最高输出信噪比。

匹配滤波器输出电压的波形 $y(t)$ 按照式(9.8-24)可以写为

$$y(t) = k\int_{t-T_B}^{t} r(u)s(T_B - t + u)\mathrm{d}u \qquad (9.8-28)$$

在抽样时刻 T_B,输出电压为

$$y(T_B) = k\int_0^{T_B} r(u)s(u)\mathrm{d}u \qquad (9.8-29)$$

可以看出,式(9.8-29)中的积分是相关运算,即将输入 $r(t)$ 与 $s(t)$ 作相关运算,而后者是和匹配滤波器匹配的信号。它表示只有输入电压 $r(t) = s(t) + n(t)$ 时,在时刻 $t = T_B$ 才有最大的输出信噪比。式中的 k 是任意常数,通常令 $k=1$。

用上述相关运算代替图 9-13 中的匹配滤波器得到如图 9-14 所示的相关接收法方框图。匹配滤波法和相关接收法完全等效,都是最佳接收方法。

图 9-14 相关接收法方框图

【例 9-3】 设有一个信号码元如例 9-2 中所给出的 $s(t)$。试比较它分别通过匹配滤波器和相关接收器时的输出波形。

【解】 根据式(9.8-29),此信号码元通过相关接收器后,输出信号波形为

$$y(t) = \int_0^t s(t)s(t)\mathrm{d}t = \int_0^t \cos 2\pi f_0 t \cdot \cos 2\pi f_0 t \mathrm{d}t = \int_0^t \cos^2 2\pi f_0 t \mathrm{d}t$$

$$= \frac{1}{2}\int_0^t (1 + \cos 4\pi f_0 t)\mathrm{d}t = \frac{1}{2}t + \frac{1}{8\pi f_0}\sin 4\pi f_0 t \approx \frac{t}{2} \qquad (9.8-30)$$

上式中已经假定 f_0 很大,从而结果可以近似等于 $t/2$,即与 t 呈直线关系。

此信号通过匹配滤波器的结果在例 9-2 中已经给出,见式(9.8-27)。

按式(9.8-30)和式(9.8-27)画出的这两种结果示于图 9-15 中。由此图可见,只

图 9 – 15 匹配滤波和相关接收比较

有当 $t = T_B$ 时,两者的抽样值才相等。

现在来考虑匹配滤波器的实际应用。由式(9.8 – 12)可知,匹配滤波器的冲激响应 $h(t)$ 应该和信号波形 $s(t)$ 严格匹配,包括对相位也有要求。对于确知信号的接收,这是可以做到的。对于随相信号而言,就不可能使信号的随机相位和 $h(t)$ 的相位匹配。但是,匹配滤波器还是可以用于接收随相信号的。下面就对此作进一步的分析。

设匹配滤波器的特性仍如例 9 – 2 所给出:

$$h(t) = s(T_B - t) = \cos 2\pi f_0 (T_B - t), \quad 0 \leqslant t \leqslant T_B$$

设此匹配滤波器的输入为 $r(t)$,则此滤波器的输出 $y(t)$ 由卷积公式(3.4 – 4)求出:

$$\begin{aligned} y(t) &= \int_0^t r(\tau) \cos 2\pi f_0 (T_B - t + \tau) d\tau \\ &= \cos 2\pi f_0 (T_B - t) \int_0^t r(\tau) \cos 2\pi f_0 \tau d\tau - \sin 2\pi f_0 (T_B - t) \int_0^t r(\tau) \sin 2\pi f_0 \tau d\tau = \\ &\sqrt{\left[\int_0^t r(\tau) \cos 2\pi f_0 \tau d\tau\right]^2 + \left[\int_0^t r(\tau) \sin 2\pi f_0 \tau d\tau\right]^2} \cdot \cos[2\pi f_0 (T_B - t) + \theta] \end{aligned}$$

$$(9.8 - 31)$$

其中

$$\theta = \arctan\left[\frac{\int_0^t r(\tau) \sin 2\pi f_0 \tau d\tau}{\int_0^t r(\tau) \cos 2\pi f_0 \tau d\tau}\right] \quad (9.8 - 32)$$

由式(9.8 – 31)看出,当 $t = T_B$ 时,$y(t)$ 的包络和式(9.5 – 8)及式(9.5 – 9)中的 M_0 和 M_1 形式相同。所以,按照式(9.5 – 7)的判决准则,比较 M_0 和 M_1,就相当于比较式(9.8 – 31)的包络。因此,图 9 – 7 中的随相信号最佳接收机结构图可以改成如图 9 – 16 所示的结构。在此图中,有两个匹配滤波器,其特性分别对二进制的两种码元匹配。匹配滤波器的输出经过包络检波,然后作比较判决。

图 9 – 16 用匹配滤波器构成的随相信号最佳接收机

由于起伏信号最佳接收机的结构和随相信号的相同,所以图9-16同样适用于对起伏信号作最佳接收。

9.9 最佳基带传输系统

设基带数字信号传输系统由发送滤波器、信道和接收滤波器组成(图6-9);其传输函数分别为 $G_T(f)$、$C(f)$ 和 $G_R(f)$。在第6章中将这三个滤波器集中用一个基带总传输函数 $H(f)$ 表示:

$$H(f) = G_T(f) \cdot C(f) \cdot G_R(f)$$

为了消除码间串扰,要求 $H(f)$ 必须满足式(6.4-8)的条件。当时我们忽略了噪声的影响,只考虑码间串扰。现在,我们将分析在 $H(f)$ 按照消除码间串扰的条件确定之后,如何设计 $G_T(f)$、$C(f)$ 和 $G_R(f)$,以使系统在加性白色高斯噪声条件下误码率最小。我们将消除了码间串扰并且误码率最小的基带传输系统称为最佳基带传输系统。

由于信道的传输特性 $C(f)$ 往往不易得知,并且还可能是时变的。特别是在交换网中,链路的连接是不固定的,使 $C(f)$ 的变化可能很大。所以,在系统设计时,有两种分析方法。第一种方法是最基本的方法,它假设信道具有理想特性,即假设 $C(f)=1$;第二种方法则考虑到信道的非理想特性。

9.9.1 理想信道的最佳基带传输系统

假设信道传输函数 $C(f)=1$。于是,基带系统的传输特性变为

$$H(f) = G_T(f) \cdot G_R(f) \qquad (9.9-1)$$

需要指出,式(9.9-1)中 $G_T(f)$ 虽然表示发送滤波器的特性,但是若传输系统的输入为冲激脉冲,则 $G_T(f)$ 还兼有决定发送信号波形的功能,即它就是信号码元的频谱。现在,我们将分析在 $H(f)$ 按照消除码间串扰的条件确定之后,如何设计 $G_T(f)$ 和 $G_R(f)$,以使系统在加性白色高斯噪声条件下误码率最小。由式(9.8-8)对匹配滤波器频率特性的要求可知,接收匹配滤波器的传输函数 $G_R(f)$ 应当是信号频谱 $S(f)$ 的复共轭。现在,信号的频谱就是发送滤波器的传输函数 $G_T(f)$,所以要求接收匹配滤波器的传输函数为

$$G_R(f) = G_T^*(f) e^{-j2\pi f t_0} \qquad (9.9-2)$$

式(9.9-2)中已经假定 $k=1$。

由式(9.9-1)有

$$G_T^*(f) = H^*(f)/G_R^*(f) \qquad (9.9-3)$$

将式(9.9-3)代入式(9.9-2),得

$$G_R(f) G_R^*(f) = H^*(f) e^{-j2\pi f t_0} \qquad (9.9-4)$$

即

$$|G_R(f)|^2 = H^*(f) e^{-j2\pi f t_0} \qquad (9.9-5)$$

式(9.9-5)左端是一个实数,所以式(9.9-5)右端也必须是实数。因此,式(9.9-5)可

以写为

$$|G_R(f)|^2 = |H(f)| \tag{9.9-6}$$

所以得到接收匹配滤波器应满足的条件为

$$|G_R(f)| = |H(f)|^{1/2} \tag{9.9-7}$$

由于上式条件没有限定对接收滤波器的相位要求,所以可以选用

$$G_R(f) = H^{1/2}(f) \tag{9.9-8}$$

这样,由式(9.9-1)得到发送滤波器的传输特性为

$$G_T(f) = H^{1/2}(f) \tag{9.9-9}$$

式(9.9-8)和式(9.9-9)就是最佳基带传输系统对于收发滤波器传输函数的要求。

下面将讨论这种最佳基带传输系统的误码率性能。设基带信号码元为 M 进制的多电平信号。一个码元可以取下列 M 种电平之一:

$$\pm d, \pm 3d, \cdots, \pm (M-1)d \tag{9.9-10}$$

图 9-17 多电平的位置

其中,d 为相邻电平间隔的 $1/2$,如图 9-17 所示,图中的 $M=8$。

在接收端,判决电路的判决门限值则应当设定为

$$0, \pm 2d, \pm 4d, \cdots, \pm (M-2)d \tag{9.9-11}$$

按照这样的规定,在接收端抽样判决时刻,若噪声值不超过 d,则不会发生错误判决。但是需要注意,当噪声值大于最高信号电平值或小于最低电平值时,不会发生错误判决;也就是说,对于最外侧的两个电平,只在一个方向有出错的可能。这种情况的出现占所有可能的 $1/M$。所以,错误概率为

$$P_e = \left(1 - \frac{1}{M}\right) P(|\xi| > d) \tag{9.9-12}$$

式中:ξ 为噪声的抽样值;$P(|\xi|>d)$ 为噪声抽样值大于 d 的概率。

现在来计算式(9.9-12)中的 $P(|\xi|>d)$。设接收滤波器输入端高斯白噪声的单边功率谱密度为 n_0,接收滤波器输出的带限高斯噪声的功率为 σ^2,则有

$$\sigma^2 = \frac{n_0}{2}\int_{-\infty}^{\infty}|G_R(f)|^2 df = \frac{n_0}{2}\int_{-\infty}^{\infty}|H^{1/2}(f)|^2 df \tag{9.9-13}$$

式(9.9-13)中的积分值是一个实常数,我们假设其等于1,即假设

$$\int_{-\infty}^{\infty}|H^{1/2}(f)|^2 df = 1 \tag{9.9-14}$$

故有

$$\sigma^2 = \frac{n_0}{2} \qquad (9.9-15)$$

这样假设并不影响对误码率性能的分析。由于接收滤波器是一个线性滤波器,故其输出噪声的统计特性仍服从高斯分布。因此输出噪声 ξ 的一维概率密度函数为

$$f(\xi) = \frac{1}{\sqrt{2\pi}\sigma}\exp\left(-\frac{\xi^2}{2\sigma^2}\right) \qquad (9.9-16)$$

对式(9.9-16)积分,就可以得到抽样噪声值超过 d 的概率,即

$$P(|\xi| > d) = 2\int_d^\infty \frac{1}{\sqrt{2\pi}\sigma}\exp\left(-\frac{\xi^2}{2\sigma^2}\right)d\xi$$

$$= \frac{2}{\sqrt{\pi}}\int_{d/\sqrt{2}\sigma}^\infty \exp(-z^2)dz = \mathrm{erfc}\left(\frac{d}{\sqrt{2}\sigma}\right) \qquad (9.9-17)$$

式(9.9-17)中已作了如下变量代换:

$$z^2 = \xi^2/2\sigma^2 \qquad (9.9-18)$$

将式(9.9-17)代入式(9.9-12),得

$$P_e = \left(1 - \frac{1}{M}\right)\mathrm{erfc}\left(\frac{d}{\sqrt{2}\sigma}\right) \qquad (9.9-19)$$

现在,再将上式中的 P_e 和 d/σ 的关系变换成 P_e 和 E/n_0 的关系。由上述讨论我们已经知道,在 M 进制基带多电平最佳传输系统中,发送码元的频谱形状由发送滤波器的特性决定:

$$G_T(f) = H^{1/2}(f)$$

发送码元多电平波形的最大值为 $\pm d, \pm 3d, \cdots, \pm(M-1)d$ 等。这样,利用巴塞伐尔定理(见附录A)

$$\int_{-\infty}^\infty x^2(t)dt = \int_{-\infty}^\infty |X(f)|^2 df$$

计算码元能量时,设多电平码元的波形为 $Ax(t)$,其中 $x(t)$ 的最大值等于1,以及

$$A = \pm d, \pm 3d, \cdots, \pm(M-1)d \qquad (9.9-20)$$

则有码元能量为

$$A^2\int_{-\infty}^\infty x^2(t)dt = A^2\int_{-\infty}^\infty |H(f)|df = A^2 \qquad (9.9-21)$$

式(9.9-21)计算中已经代入了式(9.9-14)的假设。

因此,对于 M 进制等概率多电平码元,求出其平均码元能量为

$$E = \frac{2}{M}\sum_{i=1}^{M/2}[d(2i-1)]^2 = d^2\frac{2}{M}[1 + 3^2 + 5^2 + \cdots + (M-1)^2] = \frac{d^2}{3}(M^2 - 1)$$

$$(9.9-22)$$

因此有

$$d^2 = \frac{3E}{M^2 - 1} \qquad (9.9-23)$$

将式(9.9-14)和式(9.9-23)代入式(9.9-19),得到误码率的最终表示式:

$$P_e = \left(1 - \frac{1}{M}\right)\mathrm{erfc}\left(\frac{d}{\sqrt{2}\sigma}\right) = \left(1 - \frac{1}{M}\right)\mathrm{erfc}\left[\left(\frac{3}{M^2-1} \cdot \frac{E}{n_0}\right)^{1/2}\right] \qquad (9.9-24)$$

当 $M = 2$ 时,有

$$P_e = \frac{1}{2}\mathrm{erfc}(\sqrt{E/n_0}) \qquad (9.9-25)$$

式(9.9-25)是在理想信道中,消除码间串扰条件下,二进制双极性基带信号传输的最佳误码率。

图 9-18 是按照上述计算结果画出的 M 进制多电平信号误码率曲线。由此图可见,当误码率较低时,为保持误码率不变,M 值增大到 2 倍,信噪比约需要增大 7 dB。

图 9-18 多电平信号误码率曲线

9.9.2 非理想信道的最佳基带传输系统

这时,接收信号码元的频谱等于 $G_T(f) \cdot C(f)$。

为了使高斯白噪声条件下的接收误码率最小,在接收端可以采用一个匹配滤波器。为使此匹配滤波器的传输函数 $G'_R(f)$ 和接收信号码元的频谱匹配,参照式(9.9-2)要求

$$G'_R(f) = G_T^*(f) \cdot C^*(f) \mathrm{e}^{-\mathrm{j}2\pi f t_0}$$

这时,基带传输系统的总传输特性为

$$\begin{aligned} H(f) &= G_T(f) \cdot C(f) \cdot G'_R(f) \\ &= G_T(f) \cdot C(f) \cdot G_T^*(f) \cdot C^*(f) \mathrm{e}^{-\mathrm{j}2\pi f t_0} = |G_T(f)|^2 |C(f)|^2 \mathrm{e}^{-\mathrm{j}2\pi f t_0} \quad (9.9-26) \end{aligned}$$

此总传输特性 $H(f)$ 能使其对于高斯白噪声的误码率最小,但是还没有满足消除码间串扰的条件。为了消除码间串扰,由第 6 章的讨论得知,$H(f)$ 必须满足

$$\sum_i H\left(f + \frac{i}{T_B}\right) = T_B \qquad |f| \le \frac{1}{2T_B}$$

为此,可以在接收端增加一个横向均衡滤波器 $T(f)$,使系统总传输特性满足上式要求。故从式(9.9-26)和式(6.7-20)可以写出对 $T(f)$ 的要求:

$$T(f) = \frac{T_B}{\sum_i |G_T^{(i)}(f)|^2 |C^{(i)}(f)|^2 \mathrm{e}^{-\mathrm{j}2\pi f t_0}} \qquad |f| \le \frac{1}{2T_B} \qquad (9.9-27)$$

其中 $G_T^{(i)}(f) = G_T\left(f + \dfrac{i}{T_B}\right)$ $C^{(i)} = C\left(f + \dfrac{i}{T_B}\right)$

从上述分析得知,在非理想信道条件下,最佳接收滤波器的传输特性应该是传输特性为 $G_R'(f)$ 的匹配滤波器和传输特性为 $T(f)$ 的均衡滤波器级连。按此要求画出的最佳基带传输系统的方框图示于图 9 – 19 中。

图 9 – 19　非理想信道条件下最佳基带传输系统原理方框图

最后说明,上面的讨论是假定发送滤波器和信道特性已给定,由设计接收滤波器使系统达到最佳化。在理论上,自然也可以假定接收滤波器和信道特性已给定,设计发送滤波器使系统达到最佳;或者只给定信道特性,联合设计发送和接收滤波器两者使系统达到最佳。但是,分析结果[2]表明,这样做的效果和仅使接收滤波器最佳化的结果差别不大。在工程设计时,还是以设计最佳接收滤波器的方法较为实用。

9.10　小结

数字信号的最佳接收是按照错误概率最小作为"最佳"的准则。在本章中考虑错误主要是由于带限高斯白噪声引起的。在这个假定条件下,将二进制数字调制信号分为确知信号、随相信号和起伏信号三类逐一定量分析其最小可能错误概率。此外,还分析了接收多进制基带信号的错误概率。

分析的基本原理是将一个接收信号码元的全部抽样值当作为 k 维接收矢量空间中的一个矢量,并将接收矢量空间划分为两个区域。按照接收矢量落入哪个区域来判决是否发生错误。由判决准则可以得出最佳接收机的原理方框图和计算出误码率。这个误码率在理论上是最佳的,即理论上最小可能达到的。

二进制确知信号的最佳误码率决定于两种码元的相关系数 ρ 和信噪比 E_b/n_0,而与信号波形无直接关系。相关系数 ρ 越小,误码率越低。2PSK 信号的相关系数最小 ($\rho = -1$),其误码率最低。2FSK 信号可以看作是正交信号,其相关系数 $\rho = 0$。

对于随相信号和起伏信号,仅以 FSK 信号为代表进行分析,因为在这种信道中,信号的振幅和相位都因噪声的影响而随机变化,故主要是 FSK 信号适于应用。由于这时信道引起信号相位有随机变化,不能采用相干解调,所以非相干解调是最佳接收方法。

将实际接收机和最佳接收机的误码率作比较可以看出,若实际接收机中的信号噪声功率比 r 等于最佳接收机中的码元能量和噪声功率谱密度之比 E_b/n_0,则两者的误码率性能一样。但是,由于实际接收机总不可能达到这一点。所以,实际接收机的性能总是比不上最佳接收机的性能。

本章还从理论上证明了匹配滤波和相关接收两者等效,都是可以用于最佳接收。

思 考 题

9–1 试问数字信号的最佳接收以什么指标作为准则?

9–2 试写出二进制信号的最佳接收的判决准则。

9–3 对于二进制双极性信号,试问最佳接收判决门限值应该等于多少?

9–4 试问二进制确知信号的最佳形式是什么?

9–5 试画出二进制确知信号最佳接收机的方框图。

9–6 对于二进制等概率双极性信号,试写出其最佳接收的总误码率表示式。

9–7 试述数字信号传输系统的误码率和信号波形的关系。

9–8 何谓匹配滤波? 试问匹配滤波器的冲激响应和信号波形有何关系? 其传输函数和信号频谱又有什么关系?

9–9 试述滤波器的物理可实现性条件。

9–10 试问如何才能使普通接收机的误码率达到最佳接收机的水平?

9–11 何谓相关接收? 试画出接收 2FSK 信号的相关接收方框图。

9–12 试比较相关接收和匹配滤波的异同点。试问在什么条件下两者能够给出相同的输出信噪比?

9–13 对于理想信道,试问最佳基带传输系统的发送滤波器和接收滤波器特性之间有什么关系?

习 题

9–1 简述确知信号、随相信号和起伏信号的特点。

9–2 设发射信号为先验概率相等的 2ASK 信号,试画出其最佳接收机结构。若非零码元为 $s_1(t) = A\cos 2\pi f_c t$, $0 \leqslant t \leqslant T$,试求该系统的抗高斯白噪声性能。

9–3 设 2FSK 信号为

$$\begin{cases} s_0(t) = A\sin 2\pi f_0 t & 0 \leqslant t \leqslant T \\ s_1(t) = A\sin 2\pi f_1 t & 0 \leqslant t \leqslant T \end{cases}$$

且 $f_0 = 2/T$, $f_1 = 2f_0$, $s_0(t)$ 和 $s_1(t)$ 等概出现。

(1) 试画出其相关接收机原理框图;

(2) 设发送码元 010,试画出接收机各点时间波形;

(3) 设信道高斯白噪声的双边功率谱密度为 $n_0/2$ (W/Hz),试求该系统的误码率。

9–4 设 2PSK 信号的最佳接收机与实际接收机具有相同的输入信噪比 $E_b/n_0 = 10$dB,实际接收机的带通滤波器带宽为 $6/T_B$ (Hz),T_B 为码元长度,试比较两种接收机的误码率相差多少?

9–5 设二进制双极性信号最佳基带传输系统中,信号码元"0"和"1"是等概率发送的,接收波形是持续时间为 T_B,幅度为 1 的矩形脉冲,信道加性高斯白噪声的双边功率谱密度等于 10^{-6} W/Hz。试问为使误码率不大于 10^{-5},最高码元传输速率可以达到多高?

9–6 设二进制双极性信号最佳传输系统中,信号"0"和"1"是等概率发送的,信号传输速率为 56 kb/s,接收码元波形为不归零矩形脉冲,信道加性高斯白噪声的双边功率谱密度等于 10^{-15} W/Hz。试问为使误码率不大于 10^{-5},需要的最小接收信号功率等于多少?

9 – 7 试证明式(9.1 – 7):

$$\frac{1}{T_B}\int_0^{T_B} n^2(t)\,dt = \frac{1}{2f_H T_B}\sum_{i=1}^{k} n_i^2$$

(提示:应用巴塞伐尔定理)

9 – 8 在功率谱密度为 $n_0/2$ 的高斯白噪声背景下,设计一个与图 P9 – 1 中的信号波形相应的匹配滤波器,并确定:

(1) 最大输出信噪比的时刻;

(2) 该滤波器的冲激响应和输出信号波形的表示式,并绘出波形;

(3) 最大输出信噪比。

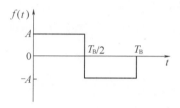

图 P9 – 1 信号波形

9 – 9 设图 P9 – 2(a) 系统中的输入信号 $s(t)$ 及滤波器冲激响应 $h_1(t)$ 和 $h_2(t)$ 的波形分别如图 P9 – 2(b)所示。试画出 $h_1(t)$ 和 $h_2(t)$ 的输出波形,并说明它们哪一个是 $s(t)$ 的匹配滤波器。

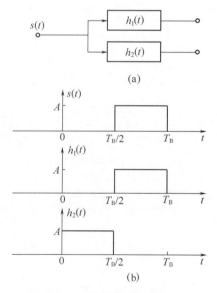

图 P9 – 2 滤波器及其冲激特性

9 – 10 设接收机输入端的二进制信号码元 $s_1(t)$ 和 $s_2(t)$ 的波形如图 P9 – 3 所示,输入高斯白噪声的双边功率谱密度为 $n_0/2$ (W/Hz)。

(1) 画出匹配滤波器形式的最佳接收机结构;

(2) 确定匹配滤波器的单位冲激响应和输出波形；
(3) 求此系统的误码率。

图 P9－3

9－11 设在高斯白噪声干扰条件下接收的二进制信号码元为
$$\begin{cases} s_0(t) = A\sin(2\pi f_0 t + \varphi_0) & 0 \leq t \leq T_B \\ s_1(t) = A\sin(2\pi f_1 t + \varphi_1) & 0 \leq t \leq T_B \end{cases}$$

式中，φ_0 和 φ_1 是服从均匀分布的随机变量；$s_0(t)$ 和 $s_1(t)$ 在 $(0, T_B)$ 内满足正交条件。
(1) 画出匹配滤波器形式的最佳接收机结构；
(2) 分析上述接收机中抽样判决器输入信号抽样值的统计特性；
(3) 求此系统的误码率。

参考文献

[1] 樊昌信,等. 通信原理(第1版~第6版). 北京：国防工业出版社,1980－2005.
[2] Lucky R W, Salz J, Weldon, E J. Principles of Data Communication, McGraw－Hill, 1968.

第 10 章 信源编码

导学视频　　三个目标

10.1　引言

本章讨论信源编码。第 1 章提到过,信源编码有两个基本功能,即信源压缩编码和数字化。

信源压缩编码是针对数字信号进行编码的。所以若信源输入信号是模拟信号,则必须先将其数字化,然后再进行压缩编码。在 1.4 节中提到,信源中每个符号以等概率独立出现时,信源的熵(平均信息量)最大。这就是说,若信源中的符号不是以等概率独立出现,则每个符号中含有的平均信息量将较低。若采用编码的方法改变符号出现的概率及减小符号间的相关性(增加独立性),从而提高符号的平均信息量,就可以用更少的码元传输(存储)同样量的信息。这是压缩信源的方法之一,称为信源无损压缩(lossless compression);另外一种压缩信源的方法是信源有损压缩(lossy compression),它在对信源编码时,使信源含有的信息量有所降低。这种方法使信源产生失真,但是若控制失真在允许范围内,仍然具有非常大的实用价值。

将模拟输入信号数字化后,通常变成二进制的码元,用二进制码元表示的过程也是一种编码过程。所以数字化过程包括三个步骤:抽样(sampling)、量化(quantization)和编码(coding),如图 10-1 所示。

模拟信号首先被抽样。模拟信号被抽样后,成为抽样信号,它在时间上是离散的,但是其取值仍然是连续的,所以是离散模拟信号。第二步是量化。量化的结果使抽样信号变成量化信号,其取值是离散的,故量化信号已经是数字信号了,它可以看成是多进制的数字脉冲信号。第三步是编码。最基本和最常用的编码方法是脉冲编码调制。

图 10-1 模拟信号的数字化过程

10.2 模拟信号的抽样

10.2.1 低通模拟信号的抽样定理

模拟信号通常是在时间上连续的信号。在一系列离散点上,对这种信号抽取样值称为抽样,如图 10-1(b)所示。图中 $m(t)$ 是一个模拟信号。在等时间间隔 T_s 上,对它抽取样值。在理论上,抽样过程可以看作是用周期性单位冲激脉冲(impulse)和此模拟信号相乘。抽样结果得到的是一系列周期性的冲激脉冲,其面积和模拟信号的取值成正比。冲激脉冲在图 10-1(b)中用一些箭头表示。在实际上,是用周期性窄脉冲代替冲激脉冲与模拟信号相乘。

抽样所得离散冲激脉冲显然和原始连续模拟信号形状不一样。但是,可以证明,对一个带宽有限的连续模拟信号进行抽样时,若抽样速率足够大,则这些抽样值就能够完全代表原模拟信号,并且能够由这些抽样值准确地恢复出原模拟信号波形。因此,不一定要传输模拟信号本身,可以只传输这些离散的抽样值,接收端就能恢复原模拟信号。描述这一抽样速率条件的定理就是著名的抽样定理[1-5]。抽样定理为模拟信号的数字化奠定了理论基础。

抽样定理指出:设一个连续模拟信号 $m(t)$ 中的最高频率小于 f_H,则以间隔时间为 $T_s \leq 1/2f_H$ 的周期性冲激脉冲对它抽样时,$m(t)$ 将被这些抽样值所完全确定。由于抽样时间间隔相等,所以此定理又称均匀抽样定理。

下面从频域证明这个定理。

设有一个最高频率小于 f_H 的信号 $m(t)$,如图 10-2(a)所示。将这个信号和周期性单位冲激脉冲 $\delta_T(t)$ 相乘。$\delta_T(t)$ 如图 10-2(c)所示,其重复周期为 T_s,重复频率为 $f_s = 1/T_s$。乘积就是抽样信号,它是一系列间隔为 T_s 秒的强度不等的冲激脉冲,如图 10-2(e)所示。这些冲激脉冲的强度等于相应时刻上信号的抽样值。现用 $m_s(t)$ 表示此抽样信号序列,故有

$$m_s(t) = m(t)\delta_T(t) \qquad (10.2-1)$$

图 10-2 模拟信号的抽样过程

现在令 $M(f)$、$\Delta_\Omega(f)$ 和 $M_s(f)$ 分别表示 $m(t)$、$\delta_T(t)$ 和 $m_s(t)$ 的频谱。按照频率卷积定理,$m(t)\delta_T(t)$ 的傅里叶变换等于 $M(f)$ 和 $\Delta_\Omega(f)$ 的卷积。因此,$m_s(t)$ 的傅里叶变换 $M_s(f)$ 可以写为

$$M_s(f) = M(f) * \Delta_\Omega(f) \qquad (10.2-2)$$

而 $\Delta_\Omega(f)$ 是周期性单位冲激脉冲的频谱,即

$$\Delta_\Omega(f) = \frac{1}{T_s} \sum_{n=-\infty}^{\infty} \delta(f - nf_s) \qquad (10.2-3)$$

此频谱如图 10-2(d) 所示。

将式 (10.2-3) 代入式 (10.2-2)，得：

$$M_s(f) = \frac{1}{T_s} \left[M(f) * \sum_{n=-\infty}^{\infty} \delta(f - nf_s) \right] \qquad (10.2-4)$$

式 (10.2-4) 中的卷积可以利用卷积公式

$$f(t) * \delta(t) = \int_{-\infty}^{\infty} f(\tau) \delta(t - \tau) \mathrm{d}\tau = f(t)$$

进行计算，得

$$M_s(f) = \frac{1}{T_s} \left[M(f) * \sum_{n=-\infty}^{\infty} \delta(f - nf_s) \right] = \frac{1}{T_s} \sum_{n=-\infty}^{\infty} M(f - nf_s) \qquad (10.2-5)$$

式 (10.2-5) 表明，由于 $M(f-nf_s)$ 是信号频谱 $M(f)$ 在频率轴上平移了 nf_s 的结果，所以抽样信号的频谱 $M_s(f)$ 是无数间隔频率为 f_s 的原信号频谱 $M(f)$ 相叠加而成。因为已经假设信号 $m(t)$ 的最高频率小于 f_H，所以若式 (10.2-4) 中的频率间隔 $f_s \geq 2f_H$，则 $M_s(f)$ 中包含的每个原信号频谱 $M(f)$ 之间互不重叠 (superposition)，如图 10-2(f) 所示。这样就能够从 $M_s(f)$ 中用一个低通滤波器分离出信号 $m(t)$ 的频谱 $M(f)$，也就是能从抽样信号中恢复原信号，或者说能由抽样信号决定原信号。

这里，恢复原信号的条件是：

$$f_s \geq 2f_H \qquad (10.2-6)$$

即抽样频率 f_s 应不小于 f_H 的 2 倍。这一最低抽样速率 $2f_H$ 称为奈奎斯特 (Nyquist) 抽样速率。与此相应的最大抽样时间间隔称为奈奎斯特抽样间隔。

若抽样速率低于奈奎斯特抽样速率，则由图 10-2(f) 可以看出，相邻周期的频谱间将发生频谱重叠 (又称混叠)，因而不能正确分离出原信号频谱 $M(f)$。

由图 10-2(f) 还可以看出，在频域上，抽样的效果相当于把原信号的频谱分别平移到周期性抽样冲激函数 $\delta_T(t)$ 的每根谱线上，即以 $\delta_T(t)$ 的每根谱线为中心，把原信号频谱的正负两部分平移到其两侧。或者说，是将 $\delta_T(t)$ 作为载波，用原信号对其调幅。

现在来考虑由抽样信号恢复原信号的方法。从图 10-2(f) 可以看出，当 $f_s \geq 2f_H$ 时，用一个截止频率为 f_H 的理想低通滤波器就能够从抽样信号中分离出原信号。从时域中看，当用图 10-2(e) 中的抽样脉冲序列冲激此理想低通滤波器时，滤波器的输出就是一系列冲激响应之和。令 $m'(t)$ 表示此滤波器的输出，$h(t)$ 表示此滤波器的冲激响应，则有

$$m'(t) = m_s(t) * h(t) \qquad (10.2-7)$$

式中：$m_s(t)$ 为此滤波器的输入；$h(t) = 2f_H \dfrac{\sin 2\pi f_H t}{2\pi f_H t}$，是截止频率为 f_H 的理想低通滤波器的冲激响应。

将式 (10.2-1) 中的 $m_s(t)$ 表示式代入式 (10.2-7)，得

$$m'(t) = m(t)\delta_T(t) * h(t) = \sum_{n=-\infty}^{\infty} m(nT_s)\delta(t-nT_s) * 2f_H \frac{\sin 2\pi f_H t}{2\pi f_H t}$$

$$= 2f_H \sum_{n=-\infty}^{\infty} m(nT_s) \frac{\sin 2\pi f_H(t-nT_s)}{2\pi f_H(t-nT_s)} \qquad (10.2-8)$$

式(10.2-8)表示滤波器输出 $m'(t)$ 是无穷多个冲激响应之和。如图10-2(g)所示。这些冲激响应之和就构成了原信号。

理想滤波器是不能实现的。实用滤波器的截止边缘不可能做到如此陡峭。所以,实用的抽样频率 f_s 必须比 $2f_H$ 大多一些。例如,典型电话信号的最高频率通常限制在3400Hz,而抽样频率通常采用8000Hz。

10.2.2 带通模拟信号的抽样定理

上节讨论了低通模拟信号的抽样。现在来考虑带通模拟信号的抽样。设带通模拟信号的频带限制在 f_L 和 f_H 之间,即其频谱最低频率大于 f_L,最高频率小于 f_H,信号带宽 $B = f_H - f_L$。可以证明,此带通模拟信号所需最小抽样频率 f_s 为

$$f_s = 2B\left(1 + \frac{k}{n}\right) \qquad (10.2-9)$$

式中:B 为信号带宽;n 为商 (f_H/B) 的整数部分 $(n = 1, 2, \cdots)$;k 为商 (f_H/B) 的小数部分 $(0 \leq k < 1)$。

按照式(10.2-9)画出的 f_s 和 f_L 关系曲线如图10-3所示。

图10-3 f_s 与 f_L 的关系

带通抽样定理从频域上很容易解释。

当信号最高频率 f_H 等于信号带宽 B 的整数时,即 $f_H = nB$ 时(n 为大于1的整数),按照低通抽样定理,抽样频率若满足 $f_s \geq 2nB$ 条件则抽样后的频谱不会发生重叠。然而,按照带通抽样定理,若抽样频率满足 $f_s = 2B$,则抽样后的频谱仍然不会发生重叠。例如,当 $n = 3$ 时,由图10-4(a)可见,抽样后的频谱各段之间仍不发生重叠,利用一个 $f_L = 2B$ 及 $f_H = 3B$ 的带通滤波器仍然可以无失真地恢复原带通信号。这时,仅要求抽样频率 $f_s = 2B$;若按照低通抽样定理,则要求抽样频率 $f_s = 6B$。

当信号最高频率 f_H 不等于信号带宽 B 的整数倍时,即当 $f_H = nB(1 + k/n)$ 时,其中 $0 \leq k < 1$,若要求抽样后频谱仍然不产生重叠,则需要满足其他条件。例如,当 $n = 3$,$f_H = 3B(1 + k/3) = (3 + k)B$ 时,由图10-4(b)可见,若满足 $2f_H = 3f_s$,即 $2(3+k)B = 3f_s$,则抽样后的频谱不产生重叠。

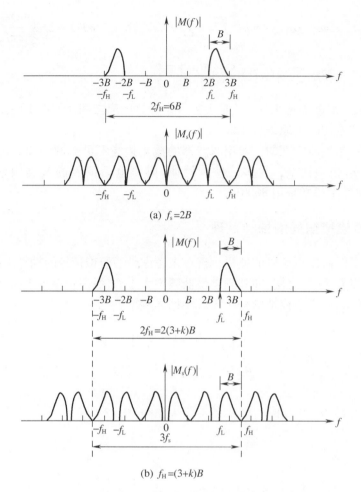

图 10-4 带通信号的频谱及抽样

从 $n=3$ 推广到 n 等于任何正整数的一般情况,若要求抽样后的频谱不产生重叠,需要满足

$$2(n+k)B = nf_s \quad 或 \quad f_s = 2B(1+k/n)$$

此式即为式(10.2-9)。

由图 10-4 可见,当 $f_L = 0$ 时, $f_s = 2B$,就是低通模拟信号的抽样情况;当 f_L 很大时, f_s 趋近于 $2B$。 f_L 很大意味着这个信号是一个窄带信号。许多无线电信号,例如在无线电接收机的高频和中频系统中的信号,都是这种窄带信号。所以对于这种信号抽样,无论 f_H 是否为 B 的整数倍,在理论上,都可以近似地将 f_s 取为略大于 $2B$。此外,顺便指出,对于频带受限的广义平稳随机信号,上述抽样定理也同样适用。

必须指出,图 10-3 中的曲线表示要求的最小抽样频率 f_s,但是这并不意味着用任何大于该值的频率抽样都能保证频谱不混叠。

10.3 模拟脉冲调制

在上面讨论抽样定理时,我们用冲激函数去抽样,见图 10-2。但是实际的抽样脉冲的宽度和高度都是有限的。可以证明，这样抽样时，抽样定理仍然正确。从另一个角度看，可以把周期性脉冲序列看作是非正弦载波，而抽样过程可以看作是用模拟信号(图10-5(a))对它进行振幅调制。这种调制称为**脉冲振幅调制**(PAM)，如图10-5(b)所示。我们知道，一个周期性脉冲序列有4个参量：脉冲重复周期、脉冲振幅、脉冲宽度和脉冲相位(位置)。其中脉冲重复周期即抽样周期，其值一般由抽样定理决定，故只有其他三个参量可以受调制。因此，可以将PAM信号的振幅变化按比例地变换成脉冲宽度的变化，得到**脉冲宽度调制**(PWM)，如图10-5(c)所

图10-5 模拟脉冲调制

示。或者，变换成脉冲相位(位置)的变化，得到**脉冲位置调制**(PPM)，如图10-5(d)所示。这些种类的调制，虽然在时间上都是离散的，但是仍然是模拟调制，因为其代表信息的参量仍然是可以连续变化的。这些已调信号当然也属于模拟信号。

现在，将仅对PAM作进一步的分析，因为PAM是一种最基本的模拟脉冲调制，它往往是模拟信号数字化过程的必经之路。

设基带模拟信号的波形为$m(t)$，其频谱为$M(f)$；用这个信号对一个脉冲载波$s(t)$调幅，$s(t)$的周期为T_s，其频谱为$S(f)$；脉冲宽度为τ，幅度为A；并设抽样信号$m_s(t)$是$m(t)$和$s(t)$的乘积。则抽样信号$m_s(t)$的频谱就是两者频谱的卷积：

$$M_s(f) = M(f) * S(f) = \frac{A\tau}{T_s}\sum_{n=-\infty}^{\infty} \text{Sa}(\pi n\tau f_s)M(f-nf_s) \quad (10.3-1)$$

其中 $\text{Sa}(\pi n\tau f_s) = \sin(\pi n\tau f_s)/(\pi n\tau f_s)$

图10-6中示出PAM调制过程的波形和频谱。将其和图10-2中的抽样过程比较可见，现在的周期性矩形脉冲$s(t)$的频谱$|S(f)|$的包络呈$|\sin x/x|$形，而不是一条水平直线。并且PAM信号$m_s(t)$的频谱$|M_s(f)|$的包络也呈$|\sin x/x|$形。若$s(t)$的周期$T_s \leq (1/2f_H)$，或其重复频率$f_s \geq 2f_H$，则采用一个截止频率为f_H的低通滤波器仍然可以分离出原模拟信号，如图10-6(f)所示。

在上述PAM调制中，得到的已调信号$m_s(t)$的脉冲顶部和原模拟信号波形相同。这种PAM常称为自然抽样。在实际应用中，则常用"抽样保持电路"产生PAM信号。这种电路的原理方框图可以用图10-7表示。图中，模拟信号$m(t)$和非常窄的周期性脉冲(近似冲激函数)$\delta_T(t)$相乘，得到乘积$m_s(t)$，然后通过一个保持电路，将抽样电压保持一定时间。这样，保持电路的输出脉冲波形保持平顶，如图10-8所示。

设保持电路的传输函数为$H(f)$，则其输出信号的频谱$M_H(f)$为

$$M_H(f) = M_s(f)H(f) \quad (10.3-2)$$

图 10-6 自然抽样 PAM 调制过程波形和频谱

图 10-7 抽样保持电路　　　　图 10-8 平顶 PAM 信号波形

式(10.3-2)中的 $M_s(f)$ 用式(10.2-5)

$$M_s(f) = \frac{1}{T_s}\sum_{n=-\infty}^{\infty} M(f - nf_s)$$

代入,得

$$M_H(f) = \frac{1}{T_s}\sum_{n=-\infty}^{\infty} H(f)M(f - nf_s) \qquad (10.3-3)$$

$M_s(f)$ 的曲线见图 10-2(f)。由此曲线看出,用低通滤波器就能滤出原模拟信号。现在,比较 $M_H(f)$ 的表示式(10.3-3)和 $M_s(f)$ 的表示式可见,其区别在于和式中的每一项都被 $H(f)$ 加权。因此,不能用低通滤波器恢复(解调)原始模拟信号了。但是从原理上看,若在低通滤波器之前加一个传输函数为 $1/H(f)$ 的修正滤波器,就能无失真地恢复原模拟信号了。

为了将模拟信号变成数字信号,必须采用量化的办法。10.4 节将讨论抽样信号的量化。

10.4 抽样信号的量化

10.4.1 量化原理

模拟信号抽样后变成在时间上离散的信号,但仍然是模拟信号。这个抽样信号必须经过量化才成为数字信号。我们将在下面讨论模拟抽样信号的量化。

设模拟信号的抽样值为 $m(kT_s)$,其中 T_s 是抽样周期,k 是整数。此抽样值仍然是一个取值连续的变量,即它可以有无数个可能的连续取值。若我们仅用 N 个二进制数字码元来代表此抽样值的大小,则 N 个二进制码元只能代表 $M = 2^N$ 个不同的抽样值。因此,必须将抽样值的范围划分成 M 个区间,每个区间用一个电平表示。这样,共有 M 个离散电平,它们称为量化电平。用这 M 个量化电平表示连续抽样值的方法称为量化。在图 10-9 中给出了一个量化过程的例子。图中,$m(kT_s)$ 表示模拟信号抽样值,$m_q(kT_s)$ 表示量化后的量化信号值,$q_1, q_2, \cdots, q_i, \cdots, q_6$ 是量化后信号的 6 个可能输出电平,$m_1, m_2, \cdots, m_i, \cdots, m_5$ 为量化区间的端点。这样,我们可以写出一般公式:

$$m_q(kT_s) = q_i \quad m_{i-1} \leqslant m(kT_s) < m_i \qquad (10.4-1)$$

图 10-9 量化过程
●—信号实际值;○—信号量化值。

按照式(10.4-1)作变换,就把模拟抽样信号 $m(kT_s)$ 变换成了量化后的离散抽样信号,即量化信号。

在原理上,量化过程可以认为是在一个量化器(quantizer)中完成的。量化器的输入信号为 $m(kT_s)$,输出信号为 $m_q(kT_s)$,如图 10-10 所示。在实际中,量化过程常是和后续的编码过程结合在一起完成的,不一定存在独立的量化器。

图 10-10 量化器

在图 10-9 中 M 个抽样值区间是等间隔划分的,这称为均匀量化。M 个抽样值区间也可以不均匀划分,称为非均匀量化。下面将分别讨论这两种量化方法。

10.4.2 均匀量化

设模拟抽样信号的取值范围在 a 和 b 之间,量化电平数为 M,则在均匀量化时的量化间隔为

$$\Delta v = \frac{b-a}{M} \qquad (10.4-3)$$

且量化区间的端点

$$m_i = a + i\Delta v \qquad i = 0, 1, \cdots, M \qquad (10.4-3)$$

若量化输出电平 q_i 取为量化间隔的中点，则

$$q_i = \frac{m_i + m_{i-1}}{2} \qquad i = 1, 2, \cdots, M \qquad (10.4-4)$$

显然，量化输出电平和量化前信号的抽样值一般不同，即量化输出电平有误差。这个误差常称为量化噪声(quantization noise)，并用信号功率与量化噪声功率之比(简称信号量噪比)衡量此误差对于信号影响的大小。对于给定的信号最大幅度，量化电平数越多，量化噪声越小，信号量噪比越高。信号量噪比是量化器的主要指标之一。下面将对均匀量化时的平均信号量噪比作定量分析。

在均匀量化时，量化噪声功率的平均值 N_q 可以用下式表示：

$$N_q = E[(m_k - m_q)^2] = \int_a^b (m_k - m_q)^2 f(m_k) \mathrm{d}m_k = \sum_{i=1}^{M} \int_{m_{i-1}}^{m_i} (m_k - q_i)^2 f(m_k) \mathrm{d}m_k$$

$$(10.4-5)$$

式中：m_k 为模拟信号的抽样值，即 $m(kT_s)$；m_q 为量化信号值，即 $m_q(kT_s)$；$f(m_k)$ 为 m_k 的概率密度；E 表示求统计平均值；M 为量化电平数；$m_i = a + i\Delta v$；$q_i = a + i\Delta v - \frac{\Delta v}{2}$。

信号 m_k 的平均功率可以表示为

$$S = E(m_k^2) = \int_a^b m_k^2 f(m_k) \mathrm{d}m_k \qquad (10.4-6)$$

若已知信号 m_k 的概率密度函数，则由式(10.4-5)和式(10.4-6)可以计算出平均信号量噪比。

【**例 10-1**】 设一个均匀量化器的量化电平数为 M，其输入信号抽样值在区间 $[-a, a]$ 内具有均匀的概率密度。试求该量化器的平均信号量噪比。

【**解**】 由式(10.4-5)得

$$N_q = \sum_{i=1}^{M} \int_{m_{i-1}}^{m_i} (m_k - q_i)^2 f(m_k) \mathrm{d}m_k = \sum_{i=1}^{M} \int_{m_{i-1}}^{m_i} (m_k - q_i)^2 \left(\frac{1}{2a}\right) \mathrm{d}m_k$$

$$= \sum_{i=1}^{M} \int_{-a+(i-1)\Delta v}^{-a+i\Delta v} \left(m_k + a - i\Delta v + \frac{\Delta v}{2}\right)^2 \left(\frac{1}{2a}\right) \mathrm{d}m_k$$

$$= \sum_{i=1}^{M} \left(\frac{1}{2a}\right)\left(\frac{\Delta v^3}{12}\right) = \frac{M(\Delta v)^3}{24a}$$

因为

$$M\Delta v = 2a$$

所以有

$$N_q = \frac{(\Delta v)^2}{12} \qquad (10.4-7)$$

另外，由于此信号在$[-a, a]$内，具有均匀的概率密度，故从式(10.4-6)得到信号功率为

$$S = \int_{-a}^{a} m_k^2 \left(\frac{1}{2a}\right) dm_k = \frac{M^2}{12}(\Delta v)^2 \qquad (10.4-8)$$

所以，平均信号量噪比为

$$\frac{S}{N_q} = M^2 \qquad (10.4-9)$$

若M是2的整次幂，即$M = 2^N$，其中N是正整数，则式(10.4-9)可表示为

$$\frac{S}{N_q} = 2^{2N}$$

或

$$\left(\frac{S}{N_q}\right)_{dB} = 10\lg(2^{2N}) = 20N\lg 2 \approx 6N \text{ (dB)} \qquad (10.4-10)$$

由式(10.4-10)可以看出，量化器的平均输出信号量噪比随量化电平数M的增大而提高；N每增加1位，量化信噪比就提高6dB。

在实际应用中，对于给定的量化器，量化电平数M和量化间隔Δv都是确定的。所以，由式(10.4-7)可知，量化噪声N_q也是确定的。但是，信号的强度可能随时间变化，像语音信号就是这样。当信号小时，信号量噪比也小。所以，这种均匀量化器对于小输入信号很不利。为了克服这个缺点，改善小信号时的信号量噪比，在实际应用中常采用下节将要讨论的非均匀量化。

10.4.3 非均匀量化

在非均匀量化时，量化间隔是随信号抽样值的不同而变化的。信号抽样值小时，量化间隔Δv也小；信号抽样值大时，量化间隔Δv也变大。实际中，非均匀量化的实现方法通常是在进行量化之前，先将信号抽样值压缩(compression)，再进行均匀量化。这里的压缩是用一个非线性电路将输入电压x变换成输出电压y：

$$y = f(x) \qquad (10.4-11)$$

压缩特性如图10-11所示(在此图中仅画出了曲线的正半部分，在第三象限奇对称的负半部分没有画出)。图中纵坐标y是均匀刻度的，横坐标x是非均匀刻度的。所以输入电压x越小，量化间隔也就越小。也就是说，小信号的量化误差也小，从而使信号量噪比有可能不致变坏。下面将就这个问题作定量分析。

在图10-11中，当量化区间划分很多时，在每一量化区间内压缩特性曲线可以近似看作为一段直线。因此，这段直线的斜率(slope)可以写为

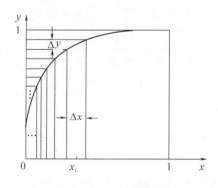

图10-11 压缩特性

$$\frac{\Delta y}{\Delta x} = \frac{dy}{dx} = y' \qquad (10.4-12)$$

并且有

$$\Delta x = \frac{dx}{dy}\Delta y \qquad (10.4-13)$$

设此压缩器的输入和输出电压范围都限制在 0 和 1 之间,即作归一化,且纵坐标 y 在 $0 \sim 1$ 之间均匀划分成 N 个量化区间,则每个量化区间的间隔为

$$\Delta y = \frac{1}{N}$$

将其代入式(10.4-13),得

$$\Delta x = \frac{dx}{dy}\Delta y = \frac{1}{N}\frac{dx}{dy}$$

故

$$\frac{dx}{dy} = N\Delta x \qquad (10.4-14)$$

为了对不同的信号强度保持信号量噪比恒定,当输入电压 x 减小时,应当使量化间隔 Δx 按比例地减小,即要求

$$\Delta x \propto x$$

因此式(10.4-14)可以写成

$$\frac{dx}{dy} \propto x$$

或

$$\frac{dx}{dy} = kx \qquad (10.4-15)$$

式中: k 为比例常数。

式(10.4-15)是一个线性微分方程(linear differential equation),其解为

$$\ln x = ky + c \qquad (10.4-16)$$

为了求出常数 c,将边界条件(boundary condition)(当 $x = 1$ 时, $y = 1$)代入式(10.4-16),得

$$k + c = 0$$

故求出

$$c = -k$$

将上式 c 的值代入式(10.4-16),得

$$\ln x = ky - k$$

即要求 $y = f(x)$ 具有如下形式：

$$y = 1 + \frac{1}{k}\ln x \qquad (10.4-17)$$

由式(10.4-17)看出，为了对不同的信号强度保持信号量噪比恒定，在理论上要求压缩特性具有式(10.4-17)的对数(logarithm)特性。但是，式(10.4-17)不符合因果律(the law of causation)，是不能物理实现的，因为当输入 $x = 0$ 时，输出 $y = -\infty$，其曲线与图 10-11 中的曲线不同。所以，在实用中这个理想压缩特性的具体形式，按照不同情况，还要作适当修正，使当 $x = 0$ 时，$y = 0$。

关于电话信号的压缩特性，ITU 制定了两种建议，即 A 压缩律和 μ 压缩律，以及相应的近似算法——13 折线法和 15 折线法。我国大陆、欧洲各国以及国际间互连时采用 A 压缩律及相应的 13 折线法，北美、日本和韩国等少数国家和地区采用 μ 压缩律及 15 折线法。下面将分别讨论这两种压缩律及其近似实现方法。

1. A 压缩律

A 压缩律(简称 A 律)是指符合下式的对数压缩规律：

$$y = \begin{cases} \dfrac{Ax}{1 + \ln A} & 0 < x \leqslant \dfrac{1}{A} & (10.4-18a) \\ \dfrac{1 + \ln Ax}{1 + \ln A} & \dfrac{1}{A} \leqslant x \leqslant 1 & (10.4-18b) \end{cases}$$

式中：x 为压缩器归一化输入电压；y 为压缩器归一化输出电压；A 为常数，它决定压缩程度。

A 律是从式(10.4-17)修正而来的。它由两个表示式组成。第一个表示式(10.4-18a)中的 y 和 x 成正比，是一条直线方程；第二个表示式(10.4-18b)中的 y 和 x 是对数关系，类似理论上为保持信号量噪比恒定所需的理想特性(式(10.4-17))的关系。

由式(10.4-17)画出的曲线如图 10-12 所示。为了使此曲线通过原点，修正的办法是通过原点对此曲线作切线 Ob，用直线段 Ob 代替原曲线段，就得到 A 律。此切点 b 的坐标 (x_1, y_1) 为（推导过程见附录 E）

$(e^{1-k}, 1/k)$ 或 $(1/A, Ax_1/(1 + \ln A))$

A 律是物理可实现的。其中的常数 A 不同，则压缩曲线的形状不同，这将特别影响小电压时的信号量噪比的大小。在实用中，选 $A = 87.6$。

图 10-12 理想压缩特性

2. 13 折线压缩特性——A 律的近似

上面得到的 A 律表示式是一条连续的平滑曲线，用电子线路很难准确地实现。现在由于数字电路技术的发展,这种特性很容易用数字电路来近似实现。13 折线特性就是近似于 A 律的特性。在图 10 – 13 中示出了这种特性曲线。

图中横坐标 x 在 0 ~ 1 区间中分为不均匀的 8 段。1/2 ~ 1 间的线段称为第 8 段；1/4 ~ 1/2 间的线段称为第 7 段；1/8 ~ 1/4 间的线段称为第 6 段；依此类推,直到 0 ~ 1/128 间的线段称为第 1 段。图中纵坐标 y 则均匀地划分作 8 段。将与这 8 段相应的坐标点 (x, y) 相连,就得到了一条折线。由图可见,除第一和第二段外,其他各段折线的斜率都不相同。在表 10 – 1 中列出了这些斜率。

表 10 – 1	各段折线的斜率							
折线段号	1	2	3	4	5	6	7	8
斜　率	16	16	8	4	2	1	1/2	1/4

因为语音信号为交流信号,即输入电压 x 有正负极性。所以,上述的压缩特性只是实用的压缩特性曲线的一半。x 的取值应该还有负的一半。这就是说,在坐标系(coordinate)的第三象限(quadrant)还有对原点奇对称的另一半曲线,如图 10 – 14 所示。在图 10 – 14 中,第一象限中的第一和第二段折线斜率相同,所以构成一条直线。同样,在第三象限中的第一和第二段折线斜率也相同,并且和第一象限中的斜率相同。所以,这四段折线构成了一条直线。因此,在这正负两个象限中的完整压缩曲线共有 13 段折线,故称 13 折线压缩特性。

图 10 – 13　13 折线特性

图 10 – 14　对称输入 13 折线压缩特性

现在,我们考察此 13 折线特性和 A 律特性之间有多大误差。

为了方便起见,我们仅在折线的各转折点和端点上比较这两条曲线的坐标值。各转折点的纵坐标(ordinate) y 值是已知的,即分别为 0,1/8,2/8,3/8,…,1。

对于 A 律压缩曲线,当采用的 A 值等于 87.6 时,其切点的横坐标(abscissa):

$$x_1 = \frac{1}{A} = \frac{1}{87.6} \approx 0.0114 \qquad (10.4-19)$$

所以,将此 x_1 值代入 y_1 的表示式,就可以求出此切点的纵坐标:

$$y_1 = \frac{Ax_1}{1 + \ln A} = \frac{1}{1 + \ln 87.6} \approx 0.183 \quad (10.4-20)$$

这表明,A 律曲线的直线段在坐标原点和此切点之间,即 $(0,0)$ 和 $(0.0114, 0.183)$ 之间。所以,此直线的方程可以写为

$$x = \frac{1 + \ln A}{A} y = \frac{1 + \ln 87.6}{87.6} y \approx \frac{1}{16} y \quad (10.4-21)$$

13 折线的第一个转折点纵坐标 $y = 1/8 = 0.125$,它小于 y_1,故此点位于 A 律的直线段,按式(10.4-21)即可求出相应的 x 值为 $1/128$。

当 $y > 0.183$ 时,应按 A 律对数曲线段的公式计算 x 值。此时,由式(10.4-18b)可以推出 x 的表示式:

$$y = \frac{1 + \ln Ax}{1 + \ln A} = 1 + \frac{1}{1 + \ln A} \ln x$$

$$y - 1 = \frac{\ln x}{1 + \ln A} = \frac{\ln x}{\ln(eA)}$$

$$\ln x = (y - 1) \ln(eA)$$

$$x = \frac{1}{(eA)^{1-y}} \quad (10.4-22)$$

按照式(10.4-22)可以求出在此曲线段中对应各转折点纵坐标 y 的横坐标值。当用 $A = 87.6$ 代入式(10.4-22)时,计算结果见表 10-2。

表 10-2 中对这两种压缩方法作了比较。从表中看出,13 折线法和 $A = 87.6$ 时的 A 律压缩法十分接近。

表 10-2	A 律和 13 折线法比较								
i	8	7	6	5	4	3	2	1	0
$y = 1 - i/8$	0	1/8	2/8	3/8	4/8	5/8	6/8	7/8	1
A 律的 x 值	0	1/128	1/60.6	1/30.6	1/15.4	1/7.79	1/3.93	1/1.98	1
13 折线法的 $x = 1/2^i$	0	1/128	1/64	1/32	1/16	1/8	1/4	1/2	1
折线段号		1	2	3	4	5	6	7	8
折线斜率		16	16	8	4	2	1	1/2	1/4

注:仅在 $i = 8$ 时,折线 x 值不符合 $x = 1/2^i$。

3. μ 压缩律和 15 折线压缩特性

μ 律压缩特性由下式表示:

$$y = \frac{\ln(1 + \mu x)}{\ln(1 + \mu)} \quad (10.4-23)$$

式中:$\mu = 255$。

由于 μ 律同样不易用电子线路准确实现,所以目前实用中是采用特性近似的 15 折线代替 μ 律。这时,和 A 律一样,也把纵坐标 y 在 0~1 之间划分为 8 等份。对应于各转折点的横坐标 x 值可以按照式(10.4-23)计算:

$$x = \frac{256^y - 1}{255} = \frac{256^{i/8} - 1}{255} = \frac{2^i - 1}{255} \qquad (10.4-24)$$

计算结果列于表 10-3 中。将这些转折点用直线相连,就构成了 8 段折线。表中还列出了各段直线的斜率。

表 10-3				μ 律的斜率					
i	0	1	2	3	4	5	6	7	8
$y = i/8$	0	1/8	2/8	3/8	4/8	5/8	6/8	7/8	1
$x = (2^i - 1)/255$	0	1/255	3/255	7/255	15/255	31/255	63/255	127/255	1
斜率/255		1/8	1/16	1/32	1/64	1/128	1/256	1/512	1/1024
段号		1	2	3	4	5	6	7	8

由于其第一段和第二段的斜率不同,不能合并为一条直线,故当考虑到信号的正负电压时,仅正电压第一段和负电压第一段的斜率相同,可以连成一条直线。所以,得到的是 15 段折线,称为 15 折线压缩特性。在图 10-15 中给出了 15 折线的图形。

比较 13 折线特性和 15 折线特性的第一段斜率可知,15 折线特性第一段的斜率(255/8)大约是 13 折线特性第一段斜率(16)的 2 倍。斜率直接和信号电压有关。斜率增大,信号量噪比则按照平方律增加,所以 15 折线特性给出的小信号的信号量噪比约是 13 折线特性的 4 倍。但是,

图 10-15 15 折线特性

对于大信号而言,15 折线特性给出的信号量噪比要比 13 折线特性时稍差。这可以从对数压缩式(10.4-18b)看出,在 A 律中,A = 87.6;但是在 μ 律中,相当 A = 94.18。A 值越大,在大电压段曲线的斜率越小,即信号量噪比越差。

上面已经详细地讨论了 A 律和 μ 律以及相应的折线法压缩信号的原理。至于恢复原信号大小的扩张(expansion)原理,完全和压缩的过程相反。这里不再赘述。

现在,以 13 折线法为例,将非均匀量化和均匀量化作一比较。若用 13 折线法中的(第一段和第二段)最小量化间隔作为均匀量化时的量化间隔,则 13 折线法中第一段至第八段包含的均匀量化间隔数分别为 16、16、32、64、128、256、512、1024,共有 2048 个均匀量化间隔,而非均匀量化时只有 128 个量化间隔。因此,在保证小信号的量化间隔相等的

条件下,均匀量化需要 11b 编码,而非均匀量化只要 7b 就够了。

最后指出,上面讨论的均匀和非均匀量化,都属于无记忆标量(scalar)量化。关于有记忆的标量量化,将在以后的章节中讨论。

10.5 脉冲编码调制

10.5.1 脉冲编码调制的基本原理

量化后的信号,已经是取值离散的多电平数字信号。下一步的问题是如何将这个多电平数字信号用二进制符号(如"0"和"1")表示。将多电平信号转换成二进制符号的过程是一种编码过程。

在图 10-16 中给出了模拟信号数字化过程——"抽样、量化和编码"的示例。图中,模拟信号的抽样值为 2.42、4.38、5.00、2.78 和 2.19。若按照"四舍五入"的原则量化为整数值,则抽样值量化后变为 2,4,5,3 和 2。在按照二进制数编码后,量化值(quantized value)就变成二进制符号:010、100、101、011 和 010。

图 10-16 模拟信号的数字化过程

上述将模拟信号变换成二进制信号的方法称为脉冲编码调制(PCM)。这种编码技术于 20 世纪 40 年代已经在通信技术中采用了。由于当时是从信号调制的观点研究这种技术的,所以称为脉冲编码调制。目前,它不仅用于通信领域,还广泛应用于计算机、遥控遥测、数字仪表等许多领域。在这些领域中,常将其称为模拟/数字(A/D)变换。

PCM 系统原理如图 10-17 所示。在发送端,对输入的模拟信号 $m(t)$ 进行抽样、量化和编码。编码后的 PCM 信号是一个二进制数字序列,其传输方式可以采用数字基带传输(见第 6 章),也可以是对载波调制后的带通传输(见第 7、8 章)。在接收端,PCM 信号经译码后还原为量化值序列(含有误差),再经低通滤波器滤除高频分量,便可得到重建的模拟信号 $\hat{m}(t)$。

前面 10.2 节和 10.4 节中已详细介绍了抽样和量化,本节主要讨论编码和译码问题。

图 10 – 17 PCM 系统原理方框图

10.5.2 常用二进制码

编码首先考虑的问题是选用哪一种二进制码。常用的二进制码有自然二进码和折叠二进码。表 10 – 4 列出了用 4 位码表示 16 个量化级时,这两种码的编码规律。

表 10 – 4		常用的二进制码	
样值脉冲极性	量化级序号	自然二进制码	折叠二进制码
正极性部分	15	1 1 1 1	1 1 1 1
	14	1 1 1 0	1 1 1 0
	13	1 1 0 1	1 1 0 1
	12	1 1 0 0	1 1 0 0
	11	1 0 1 1	1 0 1 1
	10	1 0 1 0	1 0 1 0
	9	1 0 0 1	1 0 0 1
	8	1 0 0 0	1 0 0 0
负极性部分	7	0 1 1 1	0 0 0 0
	6	0 1 1 0	0 0 0 1
	5	0 1 0 1	0 0 1 0
	4	0 1 0 0	0 0 1 1
	3	0 0 1 1	0 1 0 0
	2	0 0 1 0	0 1 0 1
	1	0 0 0 1	0 1 1 0
	0	0 0 0 0	0 1 1 1

自然二进制码是按照二进制数的自然规律排列的。对电话信号的编码,除自然二进制码外,还常用折叠二进制码。因为电话信号是交流信号,故在表 10 – 4 中将 4 位二进制码代表的 16 个双极性量化值分成两部分。第 0 至第 7 个量化值对应于负极性电压;第 8 至第 15 个量化值对应于正极性电压。显然,对于自然二进制码,这两部分之间没有什么对应联系。但是,对于折叠二进制码则不然,除了其最高位符号相反外,其上下两部分还呈现映像(image)关系,或称折叠关系。这种码用最高位表示电压的极性正负,而用其他位来表示电压的绝对值。这就是说,在用最高位表示极性后,双极性电压可以采用单极性编码方法处理,从而使编码电路和编码过程大为简化。

折叠码的另一个优点是误码对于小电压的影响较小。例如,若有一个码组为"1000",在传输或处理时发生一个符号错误,变成"0000"。从表中可见,若它为自然码,则它所代表的量化级将从 8 变成 0,误差为 8;若它为折叠码,则它将从 8 变成 7,误差为 1。但是,若一个码组从"1111"错成"0111",则自然码将从 15 变成 7,误差仍为 8;而折叠码则将从 15 错成为 0,误差增大为 15。这表明,折叠码对于小信号有利。由于语音信号小电压出现的概率较大,所以折叠码有利于减小语音信号的平均量化噪声。

无论是自然码还是折叠码,码组中符号的位数都直接和量化值数目有关。量化间隔越多,量化值也越多,则码组中符号的位数也随之增多。同时,信号量噪比也越大。当然,位数增多后,会使信号的传输量和存储量增大。编码器也将较复杂。在语音通信中,通常采用非均匀量化 8 位的 PCM 编码就能够保证满意的通信质量。下面将结合我国采用的 13 折线法的编码,介绍一种码位排列方法。

在 A 律 13 折线 PCM 编码中,由于正、负各有 8 段,每段内有 16 个量化级,共计 $2 \times 8 \times 16 = 256 = 2^8$ 个量化级,因此所需编码位数 $N = 8$。8 位码的安排如下:

$$\underline{C_1} \qquad \underline{C_2 C_3 C_4} \qquad \underline{C_5 C_6 C_7 C_8}$$
$$\text{极性码} \qquad \text{段落码} \qquad \text{段内码}$$

极性码 C_1 表示样值的极性。规定正极性为"1",负极性为"0"。

段落码 $C_2 C_3 C_4$ 表示样值的幅度所处的段落。3 位段落码的 8 种可能状态对应 8 个不同的段落,如表 10-5 所列。

段内码 $C_5 C_6 C_7 C_8$ 的 16 种可能状态对应各段内的 16 个量化级,见表 10-6。编码器将根据样值的幅度所在的段落和量化级,编出相应的幅度码。

表 10-5	段落码
段落序号 $i = 1 \sim 8$	段落码 $C_2 C_3 C_4$
8	1 1 1
7	1 1 0
6	1 0 1
5	1 0 0
4	0 1 1
3	0 1 0
2	0 0 1
1	0 0 0

表 10-6	段内码		
量化级序号	段内码 $C_5 C_6 C_7 C_8$	量化级序号	段内码 $C_5 C_6 C_7 C_8$
15	1 1 1 1	7	0 1 1 1
14	1 1 1 0	6	0 1 1 0
13	1 1 0 1	5	0 1 0 1
12	1 1 0 0	4	0 1 0 0
11	1 0 1 1	3	0 0 1 1
10	1 0 1 0	2	0 0 1 0
9	1 0 0 1	1	0 0 0 1
8	1 0 0 0	0	0 0 0 0

为了确定样值的幅度所在的段落和量化级,必须知道每个段落的起始电平和各段内的量化间隔。在 A 律 13 折线中,由于各段的长度不等,因此各段内的量化间隔也是不同的。第一段、第二段最短,只有归一化值的 1/128,再将它等分 16 级,每个量化级间隔为

$$\Delta = \frac{1}{128} \times \frac{1}{16} = \frac{1}{2048}$$

式中: Δ 表示最小的量化间隔,称为一个量化单位,它仅有输入信号归一化值的 1/2048。第八段最长,它的每个量化级间隔为

$$(1 - \frac{1}{2}) \times \frac{1}{16} = \frac{1}{32} = 64\Delta$$

即包含 64 个最小量化间隔。若以 Δ 为单位,则各段的起始电平 I_i 和各段内的量化间隔 ΔV_i 如表 10-7 所列。

表 10-7　段落起始电平和段内量化间隔

段落序号 $i = 1 \sim 8$	段落码 $C_2 C_3 C_4$	段落范围（量化单位）	段落起始电平（量化单位）	段内量化间隔（量化单位）
8	1 1 1	1024～2048	1024	64
7	1 1 0	512～1024	512	32
6	1 0 1	256～512	256	16
5	1 0 0	128～256	128	8
4	0 1 1	64～128	64	4
3	0 1 0	32～64	32	2
2	0 0 1	16～32	16	1
1	0 0 0	0～16	0	1

以上是非均匀量化的情况。若以 Δ 为量化间隔进行均匀量化,则 13 折线正极性的 8 个段落所包含的均匀量化级数分别为 16、16、32、64、128、256、512、1024,共计 $2048 = 2^{11}$ 个量化级或量化电平,需要进行 11 位(线性)编码。而非均匀量化只有 128 个量化电平,只要编 7 位(非线性)码。由此可见,在保证小信号量化间隔相同的条件下,非均匀量化的编码位数少,所需传输系统带宽减小。

10.5.3　电话信号的编译码器

编码的实现是由编码器完成的。PCM 编码器有多种类型,比较常用的是逐次比较型编码器,其原理方框图如图 10-18 所示。这是一个用于电话信号编码的量化编码器(在编码的同时完成非均匀量化)。该编码器的任务是把输入的每个样值脉冲编出相应的 8 位二进制码,除第 1 位极性码外,其余 7 位幅度码是通过逐次比较确定的。下面,简述逐次比较型编码器的各部件功能。

图 10-18　逐次比较型编码器

(1) 极性判决电路。用来确定样值信号的极性,编出极性码 C_1。例如,当信号的某个样值脉冲电流 I_s 为正时,C_1 为"1"码;反之为"0"码。

(2) 整流器。将双极性的样值信号变成单极性信号。它的输出表示样值电流 I_s 的幅度大小。

(3) 保持电路。使每个样值电流 I_s 的幅度在 7 次比较编码过程中保持不变。

(4) 比较器。是编码器的核心。它通过对样值电流 I_s 和标准电流 I_w 的比较,实现对输入信号抽样值的非线性量化和编码。若 $I_s > I_w$,输出"1"码;若 $I_s < I_w$,输出"0"码。在 7 次比较过程中,前 3 次的比较结果是段落码,后 4 次的比较结果是段内码。每次比较所需的标准电流 I_w 均由本地译码电路提供。本地译码电路包括记忆电路、7/11 变换电路和恒流源。

(5) 记忆电路。用来寄存前面编出的码。因为除了第一次比较外,其余各次比较都要依据前几次比较的结果来确定标准电流 I_w 值。所以,7 位幅度码中的前 6 位状态均应由记忆电路寄存下来。

(6) 7/11 变换电路。将 7 位非线性码转换成 11 位线性码。因为恒流源有 11 个基本权值电流支路,需要 11 个控制脉冲来控制,所以必须经过变换,把 7 位码变成 11 位码,使之能够产生所需的标准电流 I_w。

下面,通过一个例子来说明按照 A 律 13 折线,采用逐次比较型编码器进行 PCM 编码的过程。

【例 10 - 2】 已知 A 律 13 折线 PCM 编码器的输入信号取值范围为 ±1V,最小量化间隔为一个量化单位(Δ)。试求:当输入抽样脉冲的幅度 $I_s = 0.62$ V 时,编码器输出的 PCM 码字($C_1 C_2 C_3 C_4 C_5 C_6 C_7 C_8$)和量化误差。

【解】 首先将输入信号抽样值 0.62V 化为量化单位,即

$$I_s = \frac{0.62}{1} \times 2048 \approx 1270\Delta$$

编码过程如下:

(1) 确定极性码 C_1:由于 I_s 为正,故极性码 $C_1 = 1$;

(2) 确定段落码 $C_2 C_3 C_4$:由表 10 - 7 可知,C_2 用来表示 I_s 处于 8 个段落中的前 4 段还是后 4 段,故本地译码电路提供的第一个标准电流为 $I_{w1} = 128\Delta$。本例第一次比较结果为 $I_s > I_{w1}$,故 $C_2 = 1$,表示 I_s 处于后 4 段(5 ~ 8 段)。

由于 $C_2 = 1$,本地译码电路输出的第二个标准电流为:$I_{w2} = 512\Delta$,用来比较确定 I_s 处于 5 ~ 6 段还是 7 ~ 8 段。比较结果为 $I_s > I_{w2}$,故 $C_3 = 1$,表示 I_s 处于 7 ~ 8 段内。

由于 $C_2 C_3 = 11$,本地译码电路输出的第 3 个标准电流为 $I_{w3} = 1024\Delta$。第三次比较结果为 $I_s > I_{w3}$,故 $C_4 = 1$。

经过以上三次比较,编出的段落码 $C_2 C_3 C_4$ 为"111",表示样值 I_s 处于第八段。由表 10 - 7 可知,它的起始电平为 1024Δ,量化间隔为 $\Delta v_8 = 64\Delta$。

(3) 段内码 $C_5 C_6 C_7 C_8$。段内码是在已经确定样值 I_s 所在段落的基础上,进一步确定 I_s 在该段落的哪一个量化级(量化间隔)内。首先要确定 I_s 在前 8 级还是后 8 级,故本地译码电路输出的第四个标准电流为

$$I_{w4} = 段落起始电平 + 8 \times (量化间隔)$$

$$= 1024 + 8 \times 64 = 1536\Delta$$

第四次比较结果为 $I_s < I_{w4}$,故 $C_5 = 0$。由表 10 – 6 可知,样值 I_s 处于前 8 级(0 ~ 7 级)。接着要确定 I_s 处于这 8 级中的前 4 级还是后 4 级,故本地译码电路输出的第五个标准电流为

$$I_{w5} = 1024 + 4 \times 64 = 1280\Delta$$

第五次比较结果为 $I_s < I_{w5}$,故 $C_6 = 0$,表示 I_s 处于前 4 级(0 ~ 3 级)。同理,本地译码电路输出的第六个标准电流为

$$I_{w6} = 1024 + 2 \times 64 = 1152\Delta$$

第六次比较结果为 $I_s > I_{w6}$,故 $C_7 = 1$,表示 I_s 处于 2 ~ 3 级。根据前面编码的情况,本地译码电路输出的第七个标准电流为

$$I_{w7} = 1024 + 3 \times 64 = 1216\Delta$$

第七次比较结果为 $I_s > I_{w7}$,故 $C_8 = 1$,表示 I_s 处于序号为 3 的量化级内,见图 10 – 19。

图 10 – 19 第 8 段落量化间隔

经过以上编码过程,对于模拟抽样值 $I_s = 0.62$ V $= 1270\Delta$,编出的 PCM 码组为 $C_1C_2C_3C_4C_5C_6C_7C_8 = 1\ 111\ 0011$,它表示 I_s 处于第 8 段落的序号为 3 的量化间隔内,其量化电平(又称**编码电平**)为 $I_C = 1216\Delta$,它是序号为 3 的量化间隔的起始电平,量化误差为 $(1270 - 1216) = 54\Delta$。

【**例 10 – 3**】 将例 10 – 2 得到的 7 位非线性 PCM 码字(除极性码外)"111 0011"转换成 11 位线性码。

【**解**】 若使非线性码与线性码的码字电平(编码电平)相等,即可得出 7 位非线性码与 11 位线性码间的关系。

"111 0011"对应的编码电平为

$$I_C = 1024 + 3 \times 64 = 1216\Delta$$

因为 $I_C = 1216 = 1024 + 128 + 64 = 2^{10} + 2^7 + 2^6$,所以相应的 11 位线性码为 10011000000。

译码是编码的逆过程。译码的作用是把收到的 PCM 信号还原成量化后的原样值信号,即进行 D/A 变换。

例如,设译码器输入的 PCM 码字(除极性码外)"111 0011",由例 10 – 2 可知"111 0011"表示 I_s 位于第 8 段落的序号为 3 的量化间隔内;因此,其对应的译码电平应该在此间隔的中间,以便减小最大误码误差,所以译码电平为

$$I_D = I_C + \Delta v_i / 2 = 1216 + 64/2 = 1248\Delta$$

式中:Δv_i 为第 i 段的量化间隔。由表 10 – 7 可知,第 8 段的量化间隔 $\Delta v_8 = 64\Delta$。

译码后的量化误差为

$$1270 - 1248 = 22\Delta$$

这样,量化误差小于量化间隔的一半,即 $22\Delta < 64/2$。

10.5.4 PCM 系统中噪声的影响

PCM 系统中的噪声有两种,即量化噪声和传输中引入的加性噪声。下面将先分别对其讨论,再给出考虑两者后的总信噪比。

首先讨论加性噪声的影响。加性噪声将使接收码组中产生错码,造成信噪比下降。通常仅需考虑在码组中有一位错码的情况,因为在同一码组中出现两个以上错码的概率非常小,可以忽略。例如,当误码率为 $P_e = 10^{-4}$ 时,在一个 8 位码组中出现一位错码的概率为 $P_1 = 8P_e = 8 \times 10^{-4}$,而出现 2 位错码的概率为

$$P_2 = C_8^2 P_e^2 = \frac{8 \cdot 7}{2} \times (10^{-4})^2 = 2.8 \times 10^{-7}$$

所以 $P_2 \ll P_1$。现在仅对较简单的情况分析,即仅讨论白色高斯加性噪声对均匀量化的自然码的影响。这时,可以认为码组中出现的错码是彼此独立的和均匀分布的。设码组的构成如图 10-20 所示,即码组长度为 N 位,每位的权值分别为 $2^0, 2^1, \cdots, 2^{N-1}$。

2^{N-1}		2^{i-1}		2^2	2^1	2^0
N	$\cdots$	i	$\cdots$	3	2	1
最高位						最低位

图 10-20 码组的构成

在考虑噪声对每个码元的影响时,要知道该码元所代表的权值。设量化间隔为 Δv,则第 i 位码元代表的信号权值为 $2^{i-1}\Delta v$。若该位码元发生错误,由"0"变成"1"或由"1"变成"0",则产生的权值误差将为 $+2^{i-1}\Delta v$ 或 $-2^{i-1}\Delta v$。由于已假设错码是均匀分布的,若一个码组中有一个错误码元引起的误差电压为 Q_Δ,则其功率的(统计)平均值为

$$E[Q_\Delta^2] = \frac{1}{N} \sum_{i=1}^{N} (2^{i-1}\Delta v)^2 = \frac{(\Delta v)^2}{N} \sum_{i=1}^{N} (2^{i-1})^2 = \frac{2^{2N}-1}{3N}(\Delta v)^2 \approx \frac{2^{2N}}{3N}(\Delta v)^2$$

$$(10.5-1)$$

由于错码产生的平均间隔为 $1/P_e$ 个码元,每个码组包含 N 个码元,所以有错码码组产生的平均间隔为 $1/NP_e$ 个码组。这相当于平均间隔时间为 T_s/NP_e,其中 T_s 为码组的持续时间,即抽样间隔时间。故考虑到此错码码组的平均间隔后,将式(10.5-1)中的误差功率按时间平均,得到误差功率的时间平均值为

$$E_t[Q_\Delta^2] = (NP_e)E[Q_\Delta^2] = NP_e \frac{2^{2N}}{3N}(\Delta v)^2 = \frac{2^{2N}P_e}{3}(\Delta v)^2 \quad (10.5-2)$$

为了得到加性噪声引起的输出信噪比,现在需要知道输出信号功率。由式(10.4-8)可知,信号的平均功率可以表示成

$$S_o = \int_{-a}^{a} m_k^2 \left(\frac{1}{2a}\right) dm_k = \frac{M^2}{12}(\Delta v)^2$$

所以，加性噪声引起的输出信噪功率比为

$$S_o/N_a = S/E_t[Q_\Delta^2] = M^2/2^{2(N+1)}P_e \tag{10.5-3}$$

现在来讨论量化误差的影响。从量化误差功率 N_q 的公式(10.4-7)，即

$$N_q = \frac{(\Delta v)^2}{12}$$

可以写出输出信号量化噪声功率比为

$$S_o/N_q = M^2 = 2^{2N} \tag{10.5-4}$$

式中：$M = 2^N$。

最后得到 PCM 系统的总输出信噪功率比为

$$\frac{S_o}{N} = \frac{S_o}{N_a + N_q} = \frac{2^{2N}}{1 + 2^{2(N+1)}P_e} \tag{10.5-5}$$

在 PCM 系统中，接收端输出端通常接有低通滤波器。由于已经假设发送和接收信号都是抽样冲激脉冲，误差抽样也是冲激脉冲；所以它们都具有均匀的频谱。故信噪比经过低通滤波器后没有变化，仍如式(10.5-5)所示。

在大信噪比条件下，即当 $2^{2(N+1)}P_e \ll 1$ 时，式(10.5-5)变成

$$S_o/N \approx 2^{2N} \tag{10.5-6}$$

在小信噪比条件下，即当 $2^{2(N+1)}P_e \gg 1$ 时，式(10.5-5)变成

$$S_o/N \approx 1/(4P_e) \tag{10.5-7}$$

此外，由式(10.5-4)可以看出，PCM 系统的输出信号量噪比仅和编码位数 N 有关，且随 N 按指数规律增大。另一方面，对于一个频带限制在 f_H 的低通信号，按照抽样定理，要求抽样速率不低于 $2f_H$ 次/s。对于 PCM 系统，这相当于要求传输速率至少为 $2Nf_H$(b/s)。故要求系统带宽 B 至少等于 Nf_H(Hz)。用 B 表示 N 代入式(10.5-4)，得

$$\frac{S_o}{N_q} = 2^{2(B/f_H)} \tag{10.5-8}$$

式(10.5-8)表明，当低通信号最高频率 f_H 给定时，PCM 系统的输出信号量噪比随系统的带宽 B 按指数规律增长。

10.6　差分脉冲编码调制

10.6.1　预测编码简介

上节介绍的 PCM 体制需要用 64 kb/s 的速率传输 1 路数字电话信号，而传输 1 路模拟电话仅占用 3 kHz 带宽。相比之下，传输 PCM 信号占用更大带宽。为了降低数字电话信号的比特率，改进办法之一是采用预测编码(prediction coding)方法。预测编码

方法有多种。**差分脉冲编码调制**（DPCM），简称**差分脉码调制**，是其中广泛应用的一种基本的预测方法。下面将在介绍预测编码的基本原理基础之上，给出 DPCM 的编码方法。

在预测编码中，每个抽样值不是独立地编码，而是先根据前几个抽样值计算出一个预测值，再取当前抽样值和预测值之差。将此差值编码并传输。此差值称为预测误差。语音信号等连续变化的信号，其相邻抽样值之间有一定的相关性，这个相关性使信号中含有冗余（redundant）信息。由于抽样值及其预测值之间有较强的相关性，即抽样值和其预测值非常接近，使此预测误差的可能取值范围，比抽样值的变化范围小。所以，可以少用几位编码比特来对预测误差编码，从而降低其比特率。此预测误差的变化范围较小，它包含的冗余度（redundancy）也小。这就是说，利用减小冗余度的办法，降低了编码比特率。

若利用前面的几个抽样值的线性组合（linear combination）来预测当前的抽样值，则称为线性预测（linear prediction）。若仅用前面的一个抽样值预测当前的抽样值，则就是将要讨论的 DPCM。在图 10 – 21 中示出了线性预测编码、译码原理方框图。编码器的输入为原始模拟语音信号 $m(t)$。它在时刻 kT_s 被抽样，抽样信号 $m(kT_s)$ 在图中简写为 m_k；其中 T_s 为抽样间隔时间，k 为整数。此抽样信号和预测器输出的预测值 m'_k 相减，得到预测误差 e_k。此预测误差经过量化后得到量化预测误差 r_k。r_k 除了送到编码器编码并输出外，还用于更新预测值。它和原预测值 m'_k 相加，构成预测器新的输入 m^*_k。为了说明这个 m^*_k 的意义，我们暂时假定量化器的量化误差为零，即 $e_k = r_k$，则由图 10 – 21 可见

$$m^*_k = r_k + m'_k = e_k + m'_k = (m_k - m'_k) + m'_k = m_k \qquad (10.6-1)$$

式（10.6 – 1）表示 $m^*_k = m_k$。所以，可以把 m^*_k 看作是带有量化误差的抽样信号 m_k。

(a) 编码器　　　　　　　　　　　　　　(b) 译码器

图 10 – 21　线性预测编码、译码器原理方框图

预测器的输出和输入关系由下列线性方程式决定：

$$m'_k = \sum_{i=1}^{p} a_i m^*_{k-i} \qquad (10.6-2)$$

式中：p 为预测阶数（prediction order）；a_i 为预测系数（prediction coefficient），它们都是常数。

式（10.6 – 2）表明，预测值 m'_k 是前面 p 个带有量化误差的抽样信号值的加权和。

由图 10 – 21 可见，编码器中预测器输入端和相加器的连接电路和译码器中的完全一样。故当无传输误码时，即当编码器的输出就是译码器的输入时，这两个相加器的输入信号相同，即 $r_k = r'_k$。所以，此时译码器的输出信号 $m^{*'}_k$ 和编码器中相加器输出信号 m^*_k 相同，即等于带有量化误差的信号抽样值 m_k。

由上述可知,预测编码为了利用邻近抽样值的相关性获得压缩效果,需要存储过去的抽样值,以便计算和当前抽样值的相关性,所以是一种有记忆的编码。

10.6.2 差分脉冲编码调制原理及性能

在 DPCM 中,只将前一个抽样值当作预测值,再取当前抽样值和预测值之差进行编码并传输。这相当于在式(10.6-2)中,$p=1,a_1=1$,故 $m'_k = m^*_{k-1}$。这时,图 10-21(a) 中的预测器就简化成为一个延迟电路,其延迟时间为一个抽样间隔时间 T_s。在图 10-22 中画出了 DPCM 系统的原理方框图。

(a) 编码器 (b) 译码器

图 10-22 DPCM 系统原理方框图

为了改善 DPCM 体制的性能,将自适应技术引入量化和预测过程,得出**自适应差分脉码调制**(Adaptive DPCM,ADPCM)体制。它能大大提高信号量噪比和动态范围。适用于语音编码的 ADPCM 体制,已经由 ITU-T 制定出建议,并得到广泛应用,这里不再赘述。

下面将分析 DPCM 系统的量化误差,即量化噪声。DPCM 系统的量化误差 q_k 定义为编码器输入模拟信号抽样值 m_k 与量化后带有量化误差的抽样值 m^*_k 之差:

$$q_k = m_k - m^*_k = (m'_k + e_k) - (m'_k + r_k) = e_k - r_k \quad (10.6-3)$$

设预测误差 e_k 的范围是 $(+\sigma, -\sigma)$,量化器的量化电平数为 M,量化间隔为 Δv,则有

$$\Delta v = \frac{2\sigma}{M} \qquad \sigma = \frac{M}{2}\Delta v \quad (10.6-4)$$

当 $M=4$ 时,σ、Δv 和 M 之间的关系如图 10-23 所示。图中,M_1、M_2、M_3 和 M_4 是量化电平。

由于量化误差仅为量化间隔的一半,因此预测误差经过量化后,产生的量化误差 q_k 在 $(-\Delta v/2, +\Delta v/2)$ 内。我们假设此量化误差 q_k 在 $(-\Delta v/2, +\Delta v/2)$ 内是均匀分布的,则量化误差功率 N_q 仍可以按照式(10.4-7)计算。

图 10-23 σ、Δv 和 M 之间的关系

由于现在被量化的是预测误差 e_k,而不是编码器输入信号,所以 DPCM 体制的信号量噪比可以写成

$$\frac{S_o}{N_q} = \left(\frac{S_o}{S_e}\right)\left(\frac{S_e}{N_q}\right) = G_{DPCM}\left(\frac{S_e}{N_q}\right) \quad (10.6-5)$$

式中:S_o 为信号平均功率;S_e 为预测误差平均功率;$G_{DPCM} = S_o / S_e$ 称为差分处理增益,表示

经过差分编码后,预测误差功率的动态范围缩小的"倍数"。

在 DPCM 系统中,量化器的功能与 PCM 系统中的量化器功能完全一样,只是其输入为预测误差而不是输入信号本身。所以式(10.6-5)中的预测误差功率与量化噪声功率比(S_e/N_q)的计算方法和 PCM 系统中信号量噪比的计算完全一样。故可以将式(10.5-4)代入式(10.6-5),得

$$\frac{S_o}{N_q} = G_{\text{DPCM}}\left(\frac{S_e}{N_q}\right) = G_{\text{DPCM}}M^2 = G_{\text{DPCM}}2^{2N} \quad (10.6-6)$$

对于电话信号,在 ITU-T 的建议中,用自适应 DPCM 体制对电话信号编码的标准速率可以从 PCM 体制的 64kb/s 降至 32kb/s。

10.7 增量调制

10.7.1 增量调制原理

增量调制(ΔM 或 DM)可以看成是一种最简单的 DPCM。当 DPCM 系统中量化器的量化电平数取为 2 时,此 DPCM 系统就成为增量调制系统。图 10-24 示出其原理方框图。图 10-24(a)中预测误差 $e_k = m_k - m'_k$ 被量化成两个电平 $+\sigma$ 和 $-\sigma$。σ 值称为量化台阶(quantization step)。这就是说,量化器输出信号 r_k 只取两个值 $+\sigma$ 或 $-\sigma$。因此,r_k 可以用一个二进制符号表示。例如,用"1"表示"$+\sigma$",及用"0"表示"$-\sigma$"。译码器由"延迟相加电路"组成,它和编码器中的相同。所以当无传输误码时,$m_k^{*'} = m_k^*$。

(a) 编码器 (b) 译码器

图 10-24 增量调制原理方框图

在实用中,为了简单起见,通常用一个积分器(integrator)来代替上述"延迟相加电路",并将抽样器放到相加器后面,与量化器合并为抽样判决器,如图 10-25 所示。图中编码器输入模拟信号为 $m(t)$,它与预测信号 $m'(t)$ 值相减,得到预测误差 $e(t)$。预测误差 $e(t)$ 被周期为 T_s 的抽样冲激序列 $\delta_T(t)$ 抽样。若抽样值为正值,则判决输出电压 $+\sigma$(用"1"代表);若抽样值为负值,则判决输出电压 $-\sigma$(用"0"代表)。这样就得到二进制

(a) 编码器 (b) 译码器

图 10-25 增量调制原理方框图

输出数字信号。图 10-26 中示出了这一过程。因积分器含抽样保持电路,故图中 $m'(t)$ 为阶梯波形。

图 10-26 增量调制波形图

在解调器中,积分器只要每收到一个"1"码元就使其输出升高 σ,每收到一个"0"码元就使其输出降低 σ,这样就可以恢复出图 10-26 中的阶梯形电压。这个阶梯电压通过低通滤波器平滑(smoothing)后,就得到十分接近编码器原输入的模拟信号。

10.7.2 增量调制系统中的量化噪声

由上述增量调制原理可知,译码器恢复的信号是阶梯形电压经过低通滤波平滑后的解调电压。它与编码器输入模拟信号的波形近似,但是存在失真。将这种失真称为量化噪声(quantization noise)。这种量化噪声产生的原因有两个。第一个原因是由于编码、译码时用阶梯波形去近似表示模拟信号波形,由阶梯本身的电压突跳产生失真,见图 10-27(a)。这是增量调制的基本量化噪声,又称**一般量化噪声**。它伴随着信号永远存在,即只要有信号,就有这种噪声。第二个原因是信号变化过快引起失真;这种失真称为**过载量化噪声**,见图 10-27(b)。它发生在输入信号斜率的绝对值过大时。由于当抽样频率和量化台阶一定时,阶梯波的最大可能斜率是一定的。若信号上升的斜率超过阶梯波的最大可能斜率,则阶梯波的上升速度赶不上信号的上升速度,就发生了过载量化噪声。图 10-27 示出的这两种量化噪声是经过输出低通滤波器前的波形。

(a) 基本量化噪声　　　　(b) 过载量化噪声

图 10-27 增量调制的量化噪声

设抽样周期为 T_s,抽样频率为 $f_s = 1/T_s$,量化台阶为 σ,则一个阶梯台阶的斜率 k 为

$$k = \sigma/T_s = \sigma f_s \quad (\text{V/s}) \qquad (10.7-1)$$

它也就是阶梯波的最大可能斜率,或称为译码器的最大跟踪斜率。当增量调制器的输入信号斜率超过这个最大值时,将发生过载量化噪声。所以,为了避免发生过载量化噪声,

必须使 σ 和 f_s 的乘积足够大,使信号的斜率不会超过这个值。另外,σ 值直接和基本量化噪声的大小有关,若取 σ 值太大,势必增大基本量化噪声。所以,用增大 f_s 的办法增大乘积 σf_s,才能保证基本量化噪声和过载量化噪声两者都不超过要求。实际中增量调制采用的抽样频率 f_s 值比 PCM 和 DPCM 的抽样频率值都大很多;对于语音信号而言,增量调制采用的抽样频率在几十千赫到百余千赫。

顺便指出,当增量调制编码器输入电压的峰—峰值为 0 或小于 σ 时,编码器的输出就成为"1"和"0"交替的二进制序列。因为译码器的输出端接有低通滤波器,故这时译码器的输出电压为 0。只有当输入的峰值电压大于 $\sigma/2$ 时,输出序列才随信号的变化而变化。故称 $\sigma/2$ 为增量调制编码器的起始编码电平。

现在我们转到讨论增量调制系统中的量化噪声计算和信号量噪比。这时仅考虑基本量化噪声,并假定在设计时已经考虑到使系统不会产生过载量化噪声。这样,图 10-26 中的阶梯波 $m'(t)$ 就是译码积分器输出波形,而 $m'(t)$ 和 $m(t)$ 之差就是低通滤波前的量化噪声 $e(t)$。由图 10-27(a)可知,$e(t)$ 随时间在区间 $(-\sigma, +\sigma)$ 内变化。假设它在此区间内均匀分布,则 $e(t)$ 的概率分布密度为

$$f(e) = \frac{1}{2\sigma} \quad -\sigma \leqslant e \leqslant +\sigma \quad (10.7-2)$$

故 $e(t)$ 的平均功率可以表示成

$$E[e^2(t)] = \int_{-\sigma}^{\sigma} e^2 f(e) \mathrm{d}e = \frac{1}{2\sigma} \int_{-\sigma}^{\sigma} e^2 \mathrm{d}e = \frac{\sigma^2}{3} \quad (10.7-3)$$

假设这个功率的频谱均匀分布在从 0 到抽样频率 f_s 之间,即其功率谱密度 $P(f)$ 可以近似地表示为

$$P(f) = \frac{\sigma^2}{3f_s} \quad 0 < f < f_s \quad (10.7-4)$$

因此,此量化噪声通过截止频率为 f_m 的低通滤波器之后,其功率为

$$N_q = P(f) f_m = \frac{\sigma^2}{3} \left(\frac{f_m}{f_s} \right) \quad (10.7-5)$$

由式(10.7-5)可以看出,此基本量化噪声功率只和量化台阶 σ 与 (f_m/f_s) 有关,和输入信号大小无关。

下面我们将讨论信号量噪比。

首先来考虑信号功率。设输入信号为

$$m(t) = A\sin\omega_k t \quad (10.7-6)$$

式中:A 为振幅;ω_k 为角频率。

则其斜率由下式决定:

$$\frac{\mathrm{d}m(t)}{\mathrm{d}t} = A\omega_k \cos\omega_k t \quad (10.7-7)$$

此斜率的最大值等于 $A\omega_k$。

为了保证不发生过载,要求信号的最大斜率不超过译码器的最大跟踪斜率(见式

(10.7-1))。现在信号的最大斜率为 $A\omega_k$,所以要求

$$A\omega_k \leqslant \frac{\sigma}{T_s} = \sigma \cdot f_s \qquad (10.7-8)$$

式(10.7-8)表明,保证不过载的临界振幅

$$A_{\max} = \frac{\sigma \cdot f_s}{\omega_k} \qquad (10.7-9)$$

即临界振幅 $A_{\max}$ 与量化台阶 σ 和抽样频率 f_s 成正比,与信号角频率 ω_k 成反比。这个条件限制了信号的最大功率。由式(10.7-9)不难导出这时的最大信号功率为

$$S_{\max} = \frac{A_{\max}^2}{2} = \frac{\sigma^2 f_s^2}{2\omega_k^2} = \frac{\sigma^2 f_s^2}{8\pi^2 f_k^2} \qquad (10.7-10)$$

式中:$f_k = \omega_k/2\pi$。

因此,最大信号量噪比可以由式(10.7-5)和式(10.7-10)求出,即

$$\frac{S_{\max}}{N_q} = \frac{\sigma^2 f_s^2}{8\pi^2 f_k^2}\left[\frac{3}{\sigma^2}\left(\frac{f_s}{f_m}\right)\right] = \frac{3}{8\pi^2}\left(\frac{f_s^3}{f_k^2 f_m}\right) \approx 0.04 \frac{f_s^3}{f_k^2 f_m} \qquad (10.7-11)$$

式(10.7-11)表明,最大信号量噪比和抽样频率 f_s 的三次方成正比,而和信号频率 f_k 的平方成反比。所以在增量调制系统中,提高抽样频率将能显著增大信号量噪比。

增量调制系统用于对语音编码时,要求的抽样频率达到几十 kb/s 以上,而且语音质量也不如 PCM 系统。为了提高增量调制的质量和降低编码速率,出现了一些改进方案,例如"增量总和($\Delta - \Sigma$)"调制、压扩式自适应增量调制等。这里不再作介绍[6]。

10.8 时分复用

10.8.1 基本概念

复用的目的是为了扩大通信链路的容量,在一条链路上传输多路独立的信号,即实现多路通信。在第4章中介绍过频分复用(FDM)。但是,复用的方法有多种。**时分复用**(TDM)是另一种重要的复用方法,如今它比频分复用的应用更为广泛。

时分多路复用的原理示意图如图 10-28(a)所示。图中在发送和接收端分别有一个机械旋转开关,以抽样频率同步地旋转。在发送端,此开关依次对输入信号抽样,开关旋转 1 周得到的多路信号抽样值合为 1 帧。各路信号是断续地发送的。在 10.2 节中抽样定理已经证明,时间上连续的信号可以用它的离散抽样来表示,只要其抽样速率足够高。因此,可以利用抽样的间隔时间传输其他路的抽样信号。例如,若语音信号用 8kHz 的速率抽样,则旋转开关应旋转 8000 周/s。设旋转周期为 T_s,共有 N 路信号,则每路信号在每周中占用 T_s/N 的时间。此旋转开关采集到的信号如图 10-28(b)、(c)和(d)所示。每路信号实际上是 PAM 调制(见 10.3 节)的信号。在接收端,若开关同步地旋转,则对应各路的低通滤波器输入端能得到相应路的 PAM 信号。模拟脉冲调制信号目前几乎不再用于传输。抽样信号一般都在量化和编码后以数字信号的形式传输。故图

10-28(a)仅示出了时分复用的基本原理。

图 10-28 时分多路复用的原理示意图

与频分复用相比,时分复用的主要优点是:便于实现数字通信、易于制造、适于采用集成电路实现、生产成本较低。

上述时分复用基本原理中的机械旋转开关,在实际电路中是用抽样脉冲取代的。因此,各路抽样脉冲的频率必须严格相同,而且相位也需要有确定的关系,使各路抽样脉冲保持等间隔的距离。在一个多路复用设备中使各路抽样脉冲严格保持这种关系并不难,因为可以由同一时钟提供各路抽样脉冲。

对于时分制多路电话通信系统,ITU 制定了两种**准同步数字体系**(PDH)的建议,下面将分别对其进行讨论。

10.8.2 准同步数字体系

ITU 提出了两个 PDH 体系的建议,即 **E 体系**和 **T 体系**[7]。前者被我国大陆、欧洲及国际间连接采用;后者仅被北美、日本和其他少数国家和地区采用,并且北美和日本采用的标准也不完全相同。这两种建议的层次、路数和比特率的规定见表 10-8。下面将主要对 E 体系作详细介绍。

表 10-8　准同步数字体系

体系	层次	比特率/(Mb/s)	路数(每路64kb/s)
E 体系	E-1	2.048	30
	E-2	8.448	120
	E-3	34.368	480
	E-4	139.264	1920
	E-5	565.148	7680
T 体系	T-1	1.544	24
	T-2	6.312	96
	T-3	32.064(日本)	480
		44.736(北美)	672
	T-4	97.728(日本)	1440
		274.176(北美)	4032
	T-5	397.200(日本)	5760
		560.160(北美)	8064

E 体系的结构如图 10-29 所示。它以 30 路 PCM 数字电话信号的复用设备为基本层 (E-1)，每路 PCM 信号的比特率为 64kb/s。由于需要加入群同步码元和信令码元等额外开销(overhead)，所以实际占用 32 路 PCM 信号的比特率。故输出总比特率为 2.048Mb/s，此输出称为一次群信号。4 个一次群信号进行二次复用，得到二次群信号，其比特率为 8.448Mb/s。按照同样的方法再次复用，得到比特率为 34.368Mb/s 的三次群信号和比特率为 139.264Mb/s 的四次群信号等。由此可见，相邻层次群之间路数成 4 倍关系，但是比特率之间不是严格的 4 倍关系。和一次群需要额外开销一样，高次群也需要额外开销，故其输出比特率都比相应的 1 路输入比特率的 4 倍还高一些。

图 10-29　E 体系结构图

现在，我们对 E 体系的一次群作详细介绍，因为它是 E 体系的基础。如前所述，E 体系是以 64 kb/s 的 PCM 信号为基础的。它将 30 路 PCM 信号合为一次群，如图 10-29 所示。由于 1 路 PCM 电话信号的抽样频率为 8000Hz，即抽样周期为 125μs，这就是一帧的时间。将此125μs时间分为32个时隙(TS),每个时隙容纳8b。这样每个时隙正好可以传输一个8b的码组。在32个时隙中,30个时隙传输30路语音信号,另外两个时隙可以传输信令和同步码。PCM一次群的帧结构如图10-30所示,其中时隙TS_0和TS_{16}规定用于传输帧同步码和信令等信息;其他30个时隙,即$TS_1 \sim TS_{15}$和$TS_{17} \sim TS_{31}$,用于传输30路语音抽样值的8b码组。时隙TS_0的功能在偶数帧和奇数帧又有不同。由于帧同步码每两帧发送一次,故规定在偶数帧的时隙TS_0发送。每组帧同步码含7b,为"0011011",规定占用时隙TS_0的后7位。时隙TS_0的第1位" * "供国际通信用;若不是国际链路,则它也可以给国内通信用。TS_0的奇数帧留作告警(alarm)等其他用途。在奇数帧中,TS_0第1位" * "的用途和偶数帧的相同;第2位的"1"用以区别偶数帧的"0",辅助表明其后不是帧同步码;第3位"A"用于远端告警,"A"在正常状态时为"0",在告警状态时为"1";第4~8位保留作维护(maintenance)、性能监测(monitoring)等其他用途,在没有其他用途时,在跨国链路上应该全为"1"(图10-30)。

图 10-30 PCM 一次群的帧结构

时隙TS_{16}可以用于传输信令(signaling),但是当无需用于传输信令时,它也可以像其他30路一样用于传输语音。信令是电话网中传输的各种控制和业务信息,例如电话机上由键盘发出的电话号码信息等。在电话网中传输信令的方法有两种。一种称为共路信令(CCS);另一种称为随路信令(CAS)。共路信令是将各路信令通过一个独立的信令网络集中传输;随路信令则是将各路信令放在传输各路信息的信道中和各路信息一起传输。在此建议中为随路信令作了具体规定。采用

表 10-9			随路信令					
帧	比 特							
	1	2	3	4	5	6	7	8
F0	0	0	0	0	x	y	x	x
F1	CH1				CH16			
F2	CH2				CH17			
F3	CH3				CH18			
...	...				...			
F15	CH15				CH30			

随路信令时,需将 16 个帧组成一个复帧,时隙 TS_{16} 依次分配给各路使用,如图 10-30 第一行所示。在一个复帧中按表 10-9 所列的结构共用此信令时隙。在 F_0 帧中,前 4 个比特"0000"是复帧同步码组,后 4 个比特中"x"为备用,无用时它全置为"1","y"用于向远端指示告警,在正常工作状态它为"0",在告警状态它为"1"。在其他帧($F_1 \sim F_{15}$)中,此时隙的 8 个比特用于传送 2 路信令,每路 4b。由于复帧的速率是 500 帧/s,所以每路的信令传送速率为 2kb/s。

10.9 矢量量化

在 10.4 节中讨论的抽样信号量化属于标量量化。在标量量化中,每个抽样值逐个被量化,然后对量化值进行编码。例如,在 4 电平标量量化器中,每个抽样值 x 在图 10-31 中的横坐标上表示为一个点。抽样值的取值范围划分为 4 个区间,每个抽样量化后的值 (q_0, q_1, q_2, q_3) 可以用 2b 表示。

若我们每次考察两个抽样值 (x_i, x_j),则可以把这两个抽样值看成是二维空间(平面)中的一个点 (x_i, x_j),如图 10-32 所示。若仍将每个抽样值量化成 4 电平,则现在整个平面将被划分成 16 个量化区域。我们在每个量化区域中设定一个表示量化值的点 q_{ij},将所有落入在这个量化区域中的抽样值点量化成 q_{ij} 的值。例如,在图 10-32 中,将 (x_{i1}, x_{j1}) 量化为 q_{22} 的值。这样,在二维空间中这些区间都是矩形的。由此图不难看出,若抽样值落在矩形四角附近(如图中点 (x_{i1}, x_{j1}))时,量化误差将达到最大值。

图 10-31 4 电平标量量化　　　　图 10-32 双抽样值标量量化

在图 10-32 中,虽然我们每次考察两个抽样值,但是它们是独立量化的,因此仍然是标量量化;只是把其中一个用横坐标值表示,另一个用纵坐标值表示而已。所以,空间的划分为矩形的。

若空间的划分不限定必须为矩形,则有可能将此误差最大值降低,从而也降低了误差的统计平均值。这就是说,每次同时量化两个抽样值,量化成 4b,等效于每个抽样仍量化成 2b,但是能够得到比每次量化一个抽样值更小的误差。例如,在二维空间中,若将空间的划分从正方形变成正六边形,如图10-33所示,则从图可以直观看出,最大量化误差将降低。

若我们每次取三个抽样值,每个抽样仍用4电平量化。将这三个抽样值看成三维空间中的一个点,则此三维空间需划分为$4^3 = 64$个区间。若不限定每个区间划分为立方体,则有可能得到更小的平均量化误差。矢量量化的概念就是从此产生的。

矢量量化是每次量化n个抽样值,形成在n维欧几里得空间(Euclidean space)中的一个点;并设计量化器(的区域划分)使量化误差的统计平均值达到小于给定的数值。

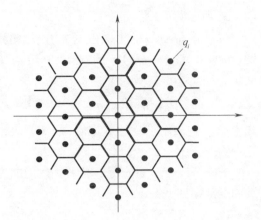

图10-33 二维矢量量化示意图

现在假设将n维欧几里得空间$\boldsymbol{R}^n$划分为K个量化区域$\boldsymbol{R}_i(1 \leq i \leq K)$,并将$n$个信源抽样值分为一组,构成一个$n$维输入信号矢量$\boldsymbol{x}(\boldsymbol{x} \in \boldsymbol{R}^n)$。$\boldsymbol{x}$的各分量为$x_1, x_2, \cdots, x_n$,即它可以表示为$\boldsymbol{x} = (x_1, x_2, \cdots, x_n)$。若$\boldsymbol{x} \in \boldsymbol{R}_i$,则将其量化为量化矢量$\boldsymbol{q}_i$,$\boldsymbol{q}_i = (q_{i1}, q_{i2}, \cdots, q_{in})$,$(1 \leq i \leq K)$。若对这些量化矢量$\boldsymbol{q}_i$进行编号,则用$\log_2 K$比特就足以表示这$K$个量化矢量的编号。在传输时,并不需要直接传输这些量化矢量,而只需要传输其编号。这就是说,传输n个抽样值需要$\log_2 K$比特,故定义编码速率(码率)为

$$R = (\log_2 K)/n \quad (b/\text{抽样值}) \qquad (10.9-1)$$

【例10-4】 设有一个矢量量化器对语音信号抽样值量化。语音信号的抽样速率$f_s = 8\text{kb/s}$,量化器将量化空间划分为256个量化区域,用八维矢量对抽样量化。求该矢量量化器的码率和编码信号传输速率。

【解】 现在$K = 256, n = 8$,由式(10.9-1)得出码率为

$$R = (\log_2 256)/8 = (1\text{b}/\text{抽样值})$$

传输速率为

$$f_s \times R = 8000 \times 1 = 8000\text{b/s}$$

上述K个量化矢量通常称为**码字**(codeword)或**码矢**(codevector)。全部量化矢量$\boldsymbol{q}_i$的集合称为**码书**(codebook)。在例10-1的量化器的码书中共有256个码字。在采用矢量量化的通信系统中,发送端和接收端有相同的码书。发送端采用此码书编码并将码字的编号发送到接收端;在接收端将收到的码字编号对照同一码书查出对应的码字。

最佳n维矢量量化器的设计,是按照使量化误差最小的原则,划分区域$\boldsymbol{R}_i$和选择量化值$\boldsymbol{q}_i$。因为信号抽样值的分布和其统计特性有关,一般都不是均匀分布的,若按照图10-33那样均匀划分区域,显然不是最佳的。若在抽样值密集的区域划分量化区域小些,抽样值稀疏的区域划分量化区域大些,将有利于减小量化误差统计平均值,如图

10-34 所示。

矢量量化器的量化误差通常用失真测度(distortion measure) d 的统计平均值 D 衡量：

$$D = E[d(\boldsymbol{x}, \boldsymbol{q}_i)] \quad (10.9-2)$$

式中：$E[\cdot]$ 表示求统计平均值；$d(\cdot)$ 表示失真测度。

失真测度有不同的衡量准则。常用的失真测度准则如下：

(1) 平方失真测度：

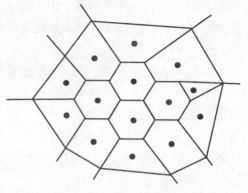

图 10-34 二维最佳矢量量化示例

$$d(\boldsymbol{x}, \boldsymbol{q}_i) = \sum_{j=1}^{n} (x_j - q_{ij})^2 \quad (10.9-3)$$

(2) 绝对误差失真测度：

$$d(\boldsymbol{x}, \boldsymbol{q}_i) = \sum_{j=1}^{n} |x_j - q_{ij}| \quad (10.9-4)$$

此外，还有加权平方失真测度、线性预测失真测度、板仓—斋藤(Itakula-Saito)失真测度等等。

设计矢量量化器时，关键是设计使失真测度统计平均值 D 最小的码书。设计码书的具体方法，本书不再深入探讨了。

按照上述原理设计的矢量量化系统方框图示于图 10-35 中。在编码端，从信源输入的 n 维信号矢量 $\boldsymbol{x}$ 与码书中的各个码字比较，找到失真最小的码字 $\boldsymbol{q}_i$；然后将其编号 i (经过编码)传输到译码端。在译码端收到 i (的编码)后，经过译码得到 i 的值，再从码书中寻找到 $\boldsymbol{x}$ 的量化矢量 $\boldsymbol{q}_i$。不难看出，矢量量化是一种有损压缩编码，但是它的压缩性能比标量量化的性能更好。

图 10-35 矢量量化系统原理方框图

实际上，在标量量化中，非均匀量化的原理有些类似矢量量化原理；不过，它只是将信号抽样值比较小的区域划分得小一些罢了，没有最佳化。另外，标量量化中，不是传输量化值的编号，也没有码书。

10.10 语音压缩编码

语音压缩编码可以分为三类：**波形编码**、**参量编码**和**混合编码**。对波形编码的性能要求是保持语音波形不变,或使波形失真尽量小。对参量编码和混合编码的性能要求是保持语音的可懂度和清晰度尽量高。这些都属于有损压缩编码。

前几节中讨论的 PCM、DPCM 和 ΔM 都属于波形编码,这里不再累述。下面仅就参量编码和混合编码作简要介绍。

1. 语音参量编码

语音参量编码是将语音的主要参量提取出来编码。为了弄清语音参量及其提取方法,首先需要了解发音器官和发音原理。

发音器官包括次声门系统、声门和声道。次声门系统包括肺、支气管、气管,是产生语音的能量来源。声门即喉部两侧的声带及声带间的区域。声道包括咽腔、鼻腔、口腔及其附属器官(舌、唇、齿等)。

从次声门送来的气流,在经过声门时,若声带振动,则产生**浊音**(Voiced sound);反之,则产生**清音**(Unvoiced sound)。图 10 - 36 示出这两种音的典型波形。浊音具有周期性,如图 10 - 36(a)所示,周期决定于声带的振动。声带振动的频谱中包含一系列频率,其中最低的频率成分称为基音,基音频率决定了声音的音调(或称音高);其他频率为基音的谐波,它与声音的音色有关。发清音时,声带不振动。清音仅是次声门产生的准平稳气流声,它的波形很像随机起伏的噪声,如图 10 - 36(b)所示。

图 10 - 36 典型语音波形

从声门来的气流,通过声道从口和鼻送出。声道相当一个空腔,类似电路中的滤波器,它使声音通过时波形和强度都受到影响。人在发声时,声道在变化,所以声道相当一个时变线性滤波器。

从上述发音原理可以得出如图 10 - 37 所示的语音产生模型。

在此模型中,当发浊音时,用周期性脉冲表示声带振动产生的声波。当发清音时,用随机噪声表示经过声门送出的准平稳气流。从声门送出的声波 $U(z)$ 用 G 加权,G 表示声音强度(音量),然后送入一个时变线性滤波器,最后产生语音输出 $M(z)$。此时变线性滤波器的参量(传输函数 $H(z)$)决定于声道(口、鼻、舌、唇、齿等)的形状。

由于人的说话速率不高,可以假设在很短的(20 ms)时间间隔内,此语音产生模型

图 10-37 语音产生模型

中的所有参量都是恒定的;即浊音或清音(U/V)判决、浊音的基音周期(T_p)、声门输出的强度($U(z)$)、音量(G)、和声道参量(滤波器传输函数 $H(z)$)等 5 个参量都是不变的。

因此,在发送端,在每一短时间间隔(如 20 ms)内,从语音中提取出上述 5 个参量加以编码,然后传输;在接收端,对接收信号解码后,用这 5 个参量就可以按照图 10-37 的模型恢复原语音信号。按照这一原理对语音信号编码,由于利用了语音产生模型慢变化的特性,使编码速率可以大大降低。典型的编码速率可以达到 2.4kb/s。这种参量编码器通常称为**声码器**(vocoder)。

综上所述,参量编码的基本原理是首先**分析**语音的短时频谱特性,提取出语音的频谱参量,然后再用这些参量**合成**语音波形。所以这种压缩编码方法是一种合成/分析编码(synthesis/analysis coding)方法。这种合成语音频谱的振幅与原语音频谱的振幅有很大不同,并且丢失了语音频谱的相位信息。不过,因为人耳对于声音频谱中的相位信息不敏感,所以丢失相位信息不影响听懂合成语音信号;但是,合成语音频谱的振幅失真较大,使合成语音的质量很不理想。这种频谱失真是由于滤波器 $H(z)$ 的激励源只是简单地用周期性脉冲(对于浊音)和随机噪声(对于清音)代替产生的,它与声道的实际激励差别较大。

2. 混合编码

参量编码给出的语音虽然能够听懂,但是声音质量还是较差,通常不能满足公用通信网的要求。影响声音质量的原因主要是送入时变线性滤波器的激励过于简单化:简单地将语音分为浊、清两类,忽略了浊音和清音之间的过渡音(图 10-38);以及浊音时在 20ms 内的激励脉冲波形和周期不变,清音时的随机噪声也不变。所以,多年来合成/分析法改进的途径主要是改进线性滤波器的激励。

图 10-38 过渡音

混合编码除了采用时变线性滤波器作为其核心外,还在激励源中加入了语音波形的某种信息,从而改进其合成语音的质量。由于既采用了语音参量又包括了部分语音波形信息,所以称为混合编码。

在多种混合编码方案中,已经被广泛采用的方案:在海事卫星(Inmarsat)系统中采用的9.6kb/s编码速率的多脉冲激励线性预测编码(MPE – LPC)、在第二代蜂窝网GSM标准中采用的13kb/s编码速率的规则脉冲激励—长时预测—线性预测编码(RPE – LTP – LPC)、在美国联邦标准FS1016中采用的4.8kb/s编码速率的码激励线性预测(CELP)、在ITU – T标准G.728中采用的16kb/s编码速率的低时延码激励线性预测(LD – CELP)、在ITU – T标准G723.1中和第三代移动通信系统TD – SCDMA中采用的代数码书激励线性预测(ACELP)等。

在上述这些方案中,都是从改进激励源入手,设法提高语言质量。其中不少方案采用了矢量量化编码的码激励。

10.11 图像压缩编码

在10.10节中讨论的语音压缩编码都是有损压缩编码,因为人耳对于语音信号的少许失真,特别是相位失真,是察觉不出的。图像则不然。有些图像是不允许失真的,例如某些医学照片和某些工程图纸。有些图像是允许少许失真的,例如自然(风景)照片。所以图像压缩可以分为**有损压缩**和**无损压缩**两类。另外,图像又可以分为**静止图像**(图片)和**动态图像**;所以,图像压缩又可以分为静止图像压缩和动态图像压缩两类。

10.11.1 静止图像压缩编码

静止数字图像信号是由二维的许多**像素**(pixel)构成的。在各邻近像素(上下左右)之间都有相关性。所以可以用差分编码(DPCM)或其他预测方法,仅传输预测误差从而压缩数据率。

在图像压缩编码中,还常在变换域中进行有损压缩,即对时域中的数字图像信号进行某种变换,然后在变换域中进行压缩。可以采用的变换有离散傅里叶变换(DFT)、离散余弦变换(DCT)、沃尔什变换(WT)、小波(Wavelet)变换等。为简明起见,现以用沃尔什变换为例,说明在变换域压缩图像的基本原理(沃尔什函数将在第12章介绍)。

若将数字图像信号的像素分割为4×4的子块方阵,然后对其进行二维沃尔什变换:

$$[S] = \frac{1}{4^2}[W][s][W] \qquad (10.11-1)$$

式中:$[S]$为变换域变换系数矩阵;$[s]$为像素矩阵;$[W]$为沃尔什矩阵:

$$[W] = \begin{bmatrix} + & + & + & + \\ + & + & - & - \\ + & - & - & + \\ + & - & + & - \end{bmatrix} \qquad (10.11-2)$$

其中,符号"+"代表+1,"-"代表-1。

若像素值恒定,均等于2,即

$$[s] = \begin{bmatrix} 2 & 2 & 2 & 2 \\ 2 & 2 & 2 & 2 \\ 2 & 2 & 2 & 2 \\ 2 & 2 & 2 & 2 \end{bmatrix}$$

则在变换域中

$$[S] = \frac{1}{16} \begin{bmatrix} + & + & + & + \\ + & + & - & - \\ + & - & - & + \\ + & - & + & - \end{bmatrix} \begin{bmatrix} 2 & 2 & 2 & 2 \\ 2 & 2 & 2 & 2 \\ 2 & 2 & 2 & 2 \\ 2 & 2 & 2 & 2 \end{bmatrix} \begin{bmatrix} + & + & + & + \\ + & + & - & - \\ + & - & - & + \\ + & - & + & - \end{bmatrix} = \frac{1}{16} \begin{bmatrix} 32 & 0 & 0 & 0 \\ 0 & 0 & 0 & 0 \\ 0 & 0 & 0 & 0 \\ 0 & 0 & 0 & 0 \end{bmatrix}$$

矩阵$[S]$仅左上角元素为非零,并且此左上角元素代表其直流分量。

若像素值矩阵$[s]$为纵条形图案,即

$$[s] = \begin{bmatrix} 2 & 0 & 2 & 0 \\ 2 & 0 & 2 & 0 \\ 2 & 0 & 2 & 0 \\ 2 & 0 & 2 & 0 \end{bmatrix}$$

则变换后得到

$$[S] = \frac{1}{16}\begin{bmatrix} + & + & + & + \\ + & + & - & - \\ + & - & - & + \\ + & - & + & - \end{bmatrix}\begin{bmatrix} 2 & 0 & 2 & 0 \\ 2 & 0 & 2 & 0 \\ 2 & 0 & 2 & 0 \\ 2 & 0 & 2 & 0 \end{bmatrix}\begin{bmatrix} + & + & + & + \\ + & + & - & - \\ + & - & - & + \\ + & - & + & - \end{bmatrix} = \frac{1}{16}\begin{bmatrix} 16 & 0 & 0 & 16 \\ 0 & 0 & 0 & 0 \\ 0 & 0 & 0 & 0 \\ 0 & 0 & 0 & 0 \end{bmatrix}$$

矩阵$[S]$中非零元素仅位于第一行。

若像素值矩阵$[s]$为横条形图案，即

$$[s] = \begin{bmatrix} 2 & 2 & 2 & 2 \\ 0 & 0 & 0 & 0 \\ 2 & 2 & 2 & 2 \\ 0 & 0 & 0 & 0 \end{bmatrix}$$

则变换后得到

$$[S] = \frac{1}{16}\begin{bmatrix} + & + & + & + \\ + & + & - & - \\ + & - & - & + \\ + & - & + & - \end{bmatrix}\begin{bmatrix} 2 & 2 & 2 & 2 \\ 0 & 0 & 0 & 0 \\ 2 & 2 & 2 & 2 \\ 0 & 0 & 0 & 0 \end{bmatrix}\begin{bmatrix} + & + & + & + \\ + & + & - & - \\ + & - & - & + \\ + & - & + & - \end{bmatrix} = \frac{1}{16}\begin{bmatrix} 16 & 0 & 0 & 0 \\ 0 & 0 & 0 & 0 \\ 0 & 0 & 0 & 0 \\ 16 & 0 & 0 & 0 \end{bmatrix}$$

矩阵$[S]$中非零元素仅位于第一列。

一般而言，变换后的矩阵$[S]$中非零元素主要集中于左上半区域，而右下半区域中元素值多为0（或很小，经量化后等于0）。在发送时，每个像素是按照串行一个一个发送的。像素发送的次序可以按照图10-39虚线所示的"Z"字形发送。这样，图中右下半区域的像素组成长串的0，从而可以用高效的编码压缩此长串0，使图像得到压缩。这就是为什么图像压缩常在变换域中进行的主要原因。

上面虽然是用沃尔什变换为例说明变换压缩的基本原理，但是此原理适用于其他一些变换。在实用中，大多采用（DCT）。

图 10-39 像素发送次序

最广泛应用的静止图像压缩标准是 ISO/JPEG 国际标准 10918-1 或 ITU-T 建议 T.81，通常称其为 JPEG。在 JPEG 标准中，对彩色原始图像像素的亮度分量 Y 和色差分量（U 与 V）按照 2∶1 比例抽样，使图像的数据量压缩为原来的一半。然后，进行二维 8×8 像素子块的 DCT。由于 DCT 的左上角元素（直流分量）值在相邻子块间通常差别不大，所以单独对其作 DPCM 编码。其他 DCT 系数另进行量化。量化后的信号再进行编码，编码分两步。第一步是对 0 值像素进行游程长度编码（RLE）。RLE 是一种用两个字节的编码方法，第一个字节用于表示相同像素重复的次数，第二个字节是具体像素的值。在 JPEG 中，按照"Z"形次序发送时，例如，若在 8×8 子块的 DCT 矩阵右下半区域中有 8 个连"0"，则 RLE 的第一个字节表示"8"，第二个字节表示"0"。第二步是进行无损哈夫曼（Huffman）编码（哈夫曼编码将在 10.12.2 节讨论）。

在 JPEG 标准基础上，ISO 又制定出改进的标准 JPEG2000，它采用小波变换代替 DCT。此新标准除了压缩特性有了改进外，最重要的改进是提高了码流的灵活性；例如，为降低分辨率可以随意截短码流。

10.11.2 动态图像压缩编码

动态数字图像是由许多帧静止图像构成的，可以看成是三维的图像；在邻近帧的像素之间也有相关性。所以，动态图像的压缩可以看作是在静止图像压缩（如用 JPEG 压缩）基础上再设法减小邻近帧之间的相关性。

由 ISO 制定的动态图像压缩国际标准称为 MPEG。这是一系列标准，包括 MPEG – 1，MPEG – 2，MPEG – 4，MPEG – 7。由 ITU – T 制定的动态图像压缩标准称为 H. 261，H. 262，H. 263 和 H. 264。两个系列的压缩方案基本相同。下面将以 MPEG – 2 为例，简要介绍其基本压缩原理。

MPEG – 2 将若干帧动态图像分为一组，在每组中的帧分为三类：**I—帧、P—帧和 B—帧**。I—帧采用帧内编码，P—帧采用预测编码，B—帧采用双向预测编码。在一组中，P—帧和 B—帧的数目可多可少，也可以没有；但是不能只有 P—帧和 B—帧，没有 I—帧。P—帧和 B—帧位于两个 I—帧之间，例如，IBBPBBPBB(I)，构成一**图片组**（GOP），如图 10 – 40 所示。

图 10 – 40 MPEG 的三类帧

I—帧的压缩采用标准的 JPEG 算法；它是被当作静止图像帧处理的，其压缩算法与前后邻帧无关。两个 I—帧的时间间隔是可以调节的，最小间隔为 1 帧，这时两个 I—帧是相邻的；最大间隔决定于存储器的容量。此外，动态图像的剪辑只能在 I—帧处进行。执行剪辑的时间通常不允许超过 0.5s，所以此时两个 I—帧的间隔限制在不超过 12 帧 ~ 15 帧。

P—帧利用和前一个 I—帧或 P—帧（作为参考帧）的相关性可以得到更大的压缩。将当前待压缩的 P—帧分为 16×16 像素的**宏块**（Macroblock）。然后，对于每个宏块，在参考帧中寻找与其最匹配的宏块。将两者的偏移量编码为"动态矢量"。此偏移量常常为 0。但是，若在此图片中某些部分在动态中，则此偏移量可能是"向右 26 个像素和向上 8 个像素"。两个宏块的匹配常常不是理想的。为了校正其误差，对这两个宏块的所有对应像素之差进行编码，附于动态矢量之后。当找不到适当的匹配宏块时，则把此宏块当作一个 I—帧宏块处理。

B—帧的处理类似于对 P—帧的处理,不过 B—帧利用了前后两个图片作为参考帧。因此,B—帧通常比 P—帧获得更大的压缩。B—帧不能作为参考帧。

I—帧仅利用了减小图像的空间相关性进行压缩,P—帧和 B—帧除利用图像的空间相关性外,还利用了图像的时间相关性进行压缩。

以上仅对动态图像压缩编码原理作了极为简要的介绍。这里不再作详细讨论了。

10.12 数字数据压缩编码

10.12.1 基本原理

数据可以分为**数字数据**和**模拟数据**。例如,银行账目是数字数据,温度计给出的气温是模拟数据。本节仅限于讨论数字数据或数字化后的模拟数据,后面将其简称为数据。

数据与语音或图像不同,对其压缩时不允许有任何损失,因此只能采用无损压缩的方法。这样的压缩编码只能是选用一种高效的编码表示信源数据,以减小信源数据的冗余度(Redundancy),即减小其平均比特数。并且,这种高效编码必须易于实现和能逆变换回原信源数据。在 1.4 节中给出了信源的熵 $H(x)$ 的定义,它表示信源中每个符号所含信息量的统计平均值。减小信源数据的冗余度,就相当于增大信源的熵。所以,这样的编码又可以称为**熵编码**。

一个有限离散信源可以用一组不同字符 $x_i (i = 1, 2, \cdots, N)$ 的集合 $X(N)$ 表示。$X(N)$ 称为**信源字符表**,表中的字符为 $x_1, x_2, \cdots, x_N$。信源字符表可以是二电平(二进制)的,例如,发报电键的开/合两种状态。它也可以是多字符的,例如,计算机键盘上的字母和符号;这些非二进制字符可以通过一个字符编码表映射为二进制码字。标准的字符二进制码字是等长的,例如,用 7 个比特表示计算机键盘上的一个字符。**等长码**中代表每个字符的码字长度(码长)是相同的,但是各字符所含有的信息量是不同的。含信息量小的字符的等长码字必然有更多的冗余度。所以,为了压缩,通常采用**变长码**。变长码中每个码字的长度是不等的。我们希望字符的码长反比于此字符出现的概率。当所有字符以等概率出现时,其编码才应当是等长的。

等长码可以用计数的方法确定字符的分界。变长码则不然。当接收端收到一长串变长码时,不一定能够确定每个字符的分界。例如,信源字符表中包含 3 个字符 a、b 和 c,我们为其设计出 4 种变长码,如表 10 – 10 所列。其中按"码 1"编码产生的序列 10111,在接收端可以译码为 babc 或 babbb 或 bacb;不能确定。按"码 2"编码也有类似的结果。所以它们不是**唯一可译码**。可以验证,表中"码 3"和"码 4"是唯一可译码。唯一可译码必须能够逆映射为原信源字符。

表 10 – 10	4 种变长码			
字符	码 1	码 2	码 3	码 4
a	0	1	0	0
b	1	01	01	10
c	11	11	011	110

唯一可译码又可以按照是否需要参考后继码元译码,分为**即时可译码**和**非即时可译码**。非即时可译码需要参考后继码元译码。例如,此表中的"码3"是非即时可译码,因为当发送"ab"时,收到"001"后,尚不能确定译为"ab",还必须等待下一个码元是"0"才能确定译为"ab";否则应译为"ac"。可以验证,表中的"码4"是即时可译码。即时可译码又称**无前缀码**。无前缀码是指其中没有一个码字是任何其它码字的前缀。

当采用二进制码字表示信源中的字符时,若字符 x_i 的二进制码长等于 n_i,则信源字符表 $X(N)$ 的二进制码字的**平均码长**为

$$\bar{n} = \sum_{i=1}^{N} n_i P(x_i) \quad (\text{b}/\text{字符}) \qquad (10.12-1)$$

式中:$P(x_i)$ 为 x_i 出现的概率。

当希望信道以平均码长的速率传输变长码时,编码器需要有容量足够大的缓冲器调节码流速率,使送入信道的码流不致过快或中断。

综上所述,为了压缩数据,常采用变长码,以求获得高的压缩效果。常见的这类编码方法有霍夫曼(Huffman)编码、香农—费诺(Shannon-Fano)编码等。10.12.2 节将以霍夫曼编码为例作说明。

10.12.2 霍夫曼编码

霍夫曼编码是一种无前缀变长码。对于给定熵的信源,霍夫曼编码能得到最小平均码长。故在最小码长意义上霍夫曼编码是最佳编码。因此,它也是效率最高的码。我们用有 8 个字符的信源字符表来说明霍夫曼编码的编码方法。

在图 10-41 中示出霍夫曼编码的编码过程。设信源的输出字符为 $x_1, x_2, x_3, x_4, x_5, x_6, x_7$ 和 x_8,其对应的出现概率也示于此图中。若采用等长码对信源字符编码,则码长将为 3.0。在采用霍夫曼码编码时,先把它们按照概率不增大的次序排列。然后,第一步是将概率最小的两个信源字符 x_7 和 x_8 合并。

图 10-41 霍夫曼编码举例

为上面的字符 x_7 分配二进制"0"作为其码字的最后一个码元;并为下面的字符 x_8 分配二进制"1"作为其码字的最后一个码元("0"和"1"的分配是任意的,也可以对调,即为 x_7 分配"1";为 x_8 分配"0";但是在同一个编码过程中应该是一致的)。将 x_7 和 x_8 合并后看

成是一个复合字符，并令其概率等于 x_7 和 x_8 的概率之和，即 0.1250。然后，将此新得出的一组字符仍按概率不增大的次序排列。需要指出的是，因为新复合字符的概率与 x_3 和 x_4 的概率相同，所以它可以安排在 x_2 和 x_5 之间的任何位置；由于现在将它放在了 x_4 之后，故用它代替原 x_5。而原 x_5 和 x_6 顺序下降为新的 x_6 和 x_7。按照上述步骤再进行一遍，将字符新 x_6 和 x_7 合并。将合并结果再和新 x_5 合并。如此进行到最后。这样就得到了一个树状结构。再从树的最右端向左追踪，就得到了编码输出码字。编码结果示于此图中右下角。在表 10-11 中给出了此码平均码长的计算结果，它等于 2.75。

现在，引入两个反映压缩编码性能的指标，即**压缩比**和**编码效率**。压缩比是压缩前（采用等长码）每个字符的平均码长与压缩后每个字符的平均码长之比。在上例中，压缩比等于 $3/2.75 = 1.09$。编码效率等于编码后的字符平均信息量（熵）与编码平均码长之比。在上例中，编码后的字符平均信息量（熵）为

$$2\left[-\frac{1}{4}\log_2\left(\frac{1}{4}\right)\right] + 2\left[-\frac{1}{8}\log_2\left(\frac{1}{8}\right)\right] + 4\left[-\frac{1}{16}\log_2\left(\frac{1}{16}\right)\right] = 2.75(\text{b})$$

它和编码平均码长相等。所以得出编码效率等于 100%。

表 10-11		平均码长的计算结果		
字符	$P(x_i)$	码字	n_i	$n_i P(x_i)$
x_1	0.2500	10	2	0.5
x_2	0.2500	11	2	0.5
x_3	0.1250	010	3	0.375
x_4	0.1250	011	3	0.375
x_5	0.0625	0010	4	0.25
x_6	0.0625	0011	4	0.25
x_7	0.0625	0000	4	0.25
x_8	0.0625	0001	4	0.25
				$\bar{n} = 2.75$

当字符出现概率有很大不同，并且在字符表中有足够多的字符时，才能获得很高的编码效率。当字符表中字符数目较少和出现概率差别不很大时，为了提高编码效果，需要使字符表中有足够多的字符。这时，我们可以从原信源字符表导出一组新的字符（称为**扩展码**），构成一个更大的字符表。下面我们举例说明这一扩展方法。

设信源字符表中仅有三个字符 x_1, x_2 和 x_3。按照上例的方法得出霍夫曼编码过程，如图 10-42 所示。平均码长的计算结果示于表 10-12 中。计算得出，其压缩比等于 1.48，编码效率等于 91.6%。

图 10-42 三字符霍夫曼编码过程

为了改进其编码性能,可以将此字符表按照表 10-13 作扩展。扩展后的字符表如表 10-13 左一列所示。扩展后的霍夫曼码编码过程示于图 10-43 中。扩展后的霍夫曼编码的压缩比等于 = 2/1.25125 ≈ 1.6;扩展后的新字符表的熵等于 2.471,效率等于 2.471/2.5025 = 98.7%。和前面的三字符信源相比,压缩比和效率均有不小提高。若想进一步提高,还可以用三个信源字符作二次扩展,即用三个信源字符 $x_i \, x_j \, x_k$ 组成二次扩展信源字符表。自然,编码效率最高只能达到 100%,即平均码长不可能短于字符平均信息量(熵)。

表 10-12 平均码长的计算结果

字符	$P(x_i)$	码字	n_i	$n_i P(x_i)$
x_1	0.65	0	1	0.65
x_2	0.25	10	2	0.50
x_3	0.10	11	2	0.20
				$\bar{n} = 1.35$

在上面计算扩展码时,已经暗中假设信源字符表中的各字符 x_i 是独立的;因此有 $P(x_i, x_j) = P(x_i)P(x_j)$。若字符间有相关性,则扩展码中字符的出现概率有可能差别更大,取得更好的压缩效果。

表 10-13 一次扩展后平均码长的计算结果

字符	$P(x_i, x_j)$	码字	n_i	$n_i P(x_i, x_j)$
$A = x_1 x_1$	0.4225	1	1	0.4225
$B = x_1 x_2$	0.1625	000	3	0.4875
$C = x_1 x_3$	0.0650	0100	4	0.26
$D = x_2 x_1$	0.1625	001	3	0.4875
$E = x_2 x_2$	0.0625	0110	4	0.25
$F = x_2 x_3$	0.0250	01111	5	0.125
$G = x_3 x_1$	0.0650	0101	4	0.26
$H = x_3 x_2$	0.0250	011100	6	0.15
$I = x_3 x_3$	0.0100	011101	6	0.06
				$\bar{n} = 2.5025$ bit/双字符
				$\bar{n} = 1.25125$ bit/字符

图 10-43　一次扩展后霍夫曼编码的编码过程

10.13　小结

本章讨论了信源编码的两个基本功能,即模拟信号数字化和信源压缩。模拟信号数字化的目的是使模拟信号能够在数字通信系统中传输,特别是能够和其他数字信号一起在宽带综合业务数字通信网中同时传输。模拟信号数字化需要经过三个步骤,即抽样、量化和编码。

抽样的理论基础是抽样定理。抽样定理指出,对于一个频带限制在 $0 \leqslant f < f_H$ 内的低通模拟信号抽样时,若最低抽样速率不小于奈奎斯特抽样速率 $2f_H$,则能够无失真地恢复原模拟信号。对于一个带宽为 B 的带通信号而言,抽样频率应不小于 $[2B + 2(f_H - nB)/n]$;但是,需要注意,这并不是说任何大于 $[2B + 2(f_H - nB)/n]$ 的抽样频率都可以从抽样信号无失真地恢复原模拟信号。已抽样的信号仍然是模拟信号,但是在时间上是离散的。离散的模拟信号可以变换成不同的模拟脉冲调制信号,包括 PAM、PDM 和 PPM。

抽样信号的量化分为两大类,即标量量化和矢量量化。抽样信号的标量量化有两种方法:一种是均匀量化;另一种是非均匀量化。抽样信号量化后的量化误差又称为量化噪声。电话信号的非均匀量化可以有效地改善其信号量噪比。ITU 对电话信号制定了具有对数特性的非均匀量化标准建议,即 A 律和 μ 律。欧洲和我国大陆采用 A 律,北美、日本和其他一些国家和地区采用 μ 律。13 折线法和 15 折线法的特性近似 A 律和 μ 律的特性。为了便于采用数字电路实现量化,通常采用 13 折线法和 15 折线法代替 A 律和 μ 律。

量化后的信号变成了数字信号。但是,为了适宜传输和存储,通常用编码的方法将其变成二进制信号的形式。电话信号最常用的编码是 PCM、DPCM 和 ΔM。

模拟信号数字化后,变成了在时间上离散的脉冲信号。这就为时分复用(TDM)提供了基本条件。由于时分复用的诸多优点,使其成为目前取代频分复用的主流复用技术。ITU 为时分复用数字电话通信制定了 PDH 和 SDH 两套标准建议。PDH 体系主要适用于较低的传输速率,它又分为 E 和 T 两种体系,我国采用前者作为标准。SDH 系统适用于 155Mb/s 以上的数字电话通信系统,特别是光纤通信系统中。

矢量量化是将 n 个抽样值构成的 n 维矢量,在 n 维欧几里得空间中进行量化,并设计量化器(的区域划分)使量化误差的统计平均值达到小于给定的数值。量化后的矢量称为码字,对全部码字进行编号并组成码书。传输时,仅传输码字的编号,在接收端将收到的码字编号对照同一码书查出对应的码字。

信源压缩编码分为两类,即**有损压缩**和**无损压缩**。语音和图像信号通常采用有损压缩方法编码,因为它们的少许失真不会被人的耳朵和眼睛察觉。数字数据信号不允许有任何损失,所以必须采用无损压缩。

语音压缩编码可以分为三类:**波形编码**、**参量编码**和**混合编码**。对波形编码的性能要求是保持语音波形不变,或使波形失真尽量小。对参量编码和混合编码的性能要求是保持语音的可懂度和清晰度尽量高。

语音参量编码是将语音的主要参量提取出来编码。语音的主要参量有浊音或清音 (U/V) 判决、浊音的基音周期 (T_p)、声门输出的强度 $(U(z))$、音量 (G)、和声道参量 $H(z)$。为了改进参量编码的性能,主要途径是采用混合编码。混合编码在激励源中加入了语音波形信息。目前实用的语音压缩方案大多是采用各种改进的激励源,特别是采用了矢量量化的码激励。

图像压缩可以分为**静止图像压缩**和**动态图像压缩**两类。静止图像压缩利用了邻近像素之间的相关性,并且常常在变换域中进行有损压缩。最广泛应用的静止图像压缩国际标准是 JPEG。动态图像压缩利用了邻近帧的像素之间的相关性,在静止图像压缩的基础上再设法减小邻帧像素间的相关性。最广泛应用的动态图像压缩国际标准是 MPEG。

数据压缩不允许有任何损失,因此只能采用无损压缩方法。由于有限离散信源中各字符的信息含量不同,为了压缩,通常采用**变长码**。为了确定变长码每个字符的分界,需要采用**唯一可译码**。唯一可译码又可以按照是否需要参考后继码元译码,分为**即时可译码和非即时可译码**。即时可译码又称**无前缀码**。霍夫曼码是一种常用的无前缀变长码,它在最小码长意义上是最佳码。反映数据压缩编码性能的指标为**压缩比**和**编码效率**。压缩比是压缩前(采用等长码)每个字符的平均码长与压缩后每个字符的平均码长之比。编码效率等于编码后的字符平均信息量(熵)与编码平均码长之比。当字符表中字符数目较少和出现概率差别不很大时,为了提高编码效果,可以采用扩展字符表的方法,提高编码效率。

思 考 题

10-1 模拟信号在抽样后,是否变成时间离散和取值离散的信号了?

10-2 试述模拟信号抽样和 PAM 的异同点。

10-3 对于低通模拟信号而言,为了能无失真恢复,理论上对于抽样频率有什么要求?

10-4 试说明什么是奈奎斯特抽样速率和奈奎斯特抽样间隔?

10-5 试说明抽样时产生频谱混叠的原因。

10-6 对于带通信号而言,若抽样频率高于图 10-3 所示曲线,是否就能保证不发生频谱混叠?

10-7 PCM 电话通信通常用的标准抽样频率等于多少?

10-8 信号量化的目的是什么?

10-9 量化信号有哪些优点和缺点?

10-10 对电话信号进行非均匀量化有什么优点?

10-11 在 A 律特性中,若选用 $A=1$,将得到什么压缩效果?

10-12 在 μ 律特性中,若选用 $\mu=0$,将得到什么压缩效果?

10-13 13 折线律中折线段数为什么比 15 折线率中的少两段?

10-14 我国采用的电话量化标准,是符合 13 折线律还是 15 折线律?

10-15 在 PCM 电话信号中,为什么常用折叠码进行编码?

10-16 何谓信号量噪比?它有无办法消除?

10-17 在 PCM 系统中,信号量噪比和信号(系统)带宽有什么关系?

10-18 增量调制系统中有哪些种量化噪声?

10-19 DPCM 和增量调制之间有什么关系?

10-20 试述矢量量化和标量量化的区别。

10-21 试述码书和码字的关系。

10-22 语音压缩编码分为几类?最常用的是哪类?

10-23 语音参量编码中被编码的参量有哪些?

10-24 语音参量编码改进的主要途径是什么?

10-25 图像压缩编码分为哪几类?它们之间有什么关系?

10-26 为什么静止图像压缩常在变换域中进行?

10-27 何谓游程长度编码?

10-28 何谓唯一可译码?唯一可译码分为几类?

10-29 反映数据压缩编码性能的指标有哪两个?试述其定义。

10-30 试述霍夫曼编码的优点。

习 题

10-1 已知一低通信号 $m(t)$ 的频谱 $M(f)$ 为

$$M(f) = \begin{cases} 1 - \dfrac{|f|}{200} & |f| < 200\text{Hz} \\ 0 & \text{其他} \end{cases}$$

(1) 若以 $f_s = 300\text{Hz}$ 的速率对 $m(t)$ 进行理想抽样,试画出已抽样信号 $m_s(t)$ 的频谱草图；

(2) 若以 $f_s = 400\text{Hz}$ 的速率抽样，重作题(1)。

10-2 对基带信号 $m(t) = \cos 2000\pi t + 2\cos 4000\pi t$ 进行理想抽样，为了在接收端能不失真地从已抽样信号 $m_s(t)$ 中恢复 $m(t)$。

(1) 抽样间隔应如何选择？

(2) 若抽样间隔取为 0.2ms，试画出已抽样信号的频谱图。

10-3 设输入抽样器的信号为门函数 $G_\tau(t)$，宽度 $\tau = 20\text{ms}$，若忽略其频谱第 10 个零点以外的频率分量，试求最小抽样频率。

10-4 已知某信号 $m(t)$ 的频谱 $M(\omega)$ 如图 P10-1(a) 所示。将它通过传输函数为 $H_1(\omega)$ 的滤波器(见图 P10-1(b))后再进行理想抽样。

(1) 抽样速率应为多少？

(2) 若抽样速率 $f_s = 3f_1$，试画出已抽样信号 $m_s(t)$ 的频谱；

(3) 接收网络的传输函数 $H_2(\omega)$ 应如何设计，才能由 $m_s(t)$ 不失真地恢复 $m(t)$？

图 P10-1

10-5 已知信号 $m(t)$ 的最高频率为 f_m，若用图 P10-2 所示的 $q(t)$ 对 $m(t)$ 进行抽样，试确定已抽样信号频谱的表示式，并画出其示意图(注：$m(t)$ 的频谱 $M(\omega)$ 的形状可自行假设)。

图 P10-2

10-6 已知模拟信号 $m(t)$ 的频谱函数为

$$M(f) = \begin{cases} 1 - \dfrac{|f|}{200} & |f| < 200\text{Hz} \\ 0 & \text{其他} \end{cases}$$

若用宽度为 τ,幅度为1,周期为奈奎斯特间隔 T_s 的矩形窄脉冲序列 $p(t)$ 对 $m(t)$ 进行如下抽样:(1) 自然抽样;(2) 平顶抽样。试确定已抽样信号及其频谱的表示式,并分析接收端恢复信号的方案。

10-7 设信号 $m(t) = 9 + A\cos\omega t$,其中 $A \leqslant 10$ V。若 $m(t)$ 被均匀量化为40个电平,试确定所需的二进制码组的位数 N 和量化间隔 Δv。

10-8 已知模拟信号抽样值的概率密度 $f(x)$ 如图 P10-3 所示。若按4电平进行均匀量化,试计算信号量化噪声功率比。

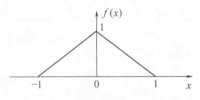

图 P10-3

10-9 一个 μ 律压缩扩张系统,$\mu = 100$,压扩 0~10V 的信号,计算输入为 0,0.1,1,2.5,5,7.5 和 10V 的系统输出。

10-10 设输入信号抽样脉冲值为 $+635\Delta$(Δ 表示一个最小量化单位),采用13折线A律PCM编码。试确定:

(1) 此时编码器输出码组、编码电平和量化误差;

(2) 对应于该7位码(不包括极性码)的均匀量化11位码;

(3) 译码电平和译码后的量化误差。

10-11 采用13折线A律编译码电路,设接收端译码器收到的码组为"01010011",最小量化间隔为1个量化单位(Δ)。试求:

(1) 译码器输出(按量化单位计算);

(2) 相应的12位(不包括极性码)线性码(均匀量化)。

10-12 采用13折线A律编码,最小量化间隔为1个量化单位(记为 Δ),已知抽样脉冲值为 -95Δ,试求:

(1) 此时编码器的输出码组,并计算量化误差;

(2) 与输出码组所对应的11位线性码。

10-13 对信号 $m(t) = A\sin 2\pi f_0 t$ 进行简单增量调制,若量化台阶 σ 和抽样频率 f_s 的选择能使信号振幅处于正常编码范围,试证明此时要求 $f_s \pi f_0$。

10-14 将一个带宽为 4.2MHz 的模拟信号用如图 10-17 所示的 PCM 系统进行传输。要求接收机输出端的量化信噪比至少为 40dB。

(1) 若设 $P_e = 0$,求线性PCM码字所需的二进制编码位数 N 和量化器所需的量化电平数 M;

(2) 传输的比特率;

(3) 若设 $P_e = 10^{-4}$,求系统输出的信噪比。

10-15 对10路带宽均为 300~3400 Hz 的模拟信号进行PCM时分复用传输。设抽样速率为 8000Hz,抽样后进行8级量化,并编为自然二进制码,试求:

(1) 传输此复用信号的信息传输速率;

(2) 若传输码元波形是宽度为 τ 的矩形脉冲,且占空比为 1,求所需的传输带宽(第一谱零点带宽);

(3) 若矩形脉冲的占空比为 1/2,重做(2)。

10-16 若将上题中的"8 级量化"改为"128 级量化",重作上题。

10-17 已知语音信号的最高频率 $f_H = 3400$ Hz,若用线性 PCM 系统传输,要求信号量化噪声比 S/N_q 不低于 30 dB。试求此 PCM 系统所需的奈奎斯特带宽。

10-18 已知模拟信号 $f(t) = 10\sin(4000\pi t) + \sin(8000\pi t)$ (V),对其进行 A 律 13 折线 PCM 编码。设一个输入抽样脉冲幅度为 0.546875 伏,最小量化间隔为 1 个量化单位 (Δ)。

(1) 试求此时编码器的输出码组和量化误差;

(2) 若采用时分多路系统传输 10 路编码后的 PCM 信号,传输波形为非归零的矩形脉冲时,试确定该 PCM 时分多路信号的信息传输速率和传输带宽(第一零点带宽)。

参考文献

[1] Nyquist H. Certain Topics in Telegraph Transmission Theory. Trans. AIEE,1928,Vol. 47:617-644.
[2] Bennett W R. Spectra of Quantized Signals. BSTJ,1948,27(3):446-472.
[3] Shannon C E. Communication in the Presence of Noise. PIRE,1949,37(1):10-21.
[4] Feldman C B,Bennett W R. Band Width and Transmission Performance. BSTJ,1949,28(3):490-595.
[5] Black H S. Modulation Theory. 1953,Chap. 4.
[6] Bernard Sklar. Digital Communications Fundamentals and Applications. Second Edition. Beijing:Publishing House of Electronics Industry,2002.
[7] ITU-T Recommendation G. 702.

第11章 差错控制编码

三个目标

11.1 概述

数字信号在传输过程中,由于受到干扰的影响,码元波形将变坏。接收端收到后可能发生错误判决。由乘性干扰引起的码间串扰,可以采用均衡的办法纠正。而加性干扰的影响则需要用其他办法解决。在设计数字通信系统时,应该首先从合理选择调制制度、解调方法以及发送功率等方面考虑,使加性干扰不足以影响达到误码率要求。在仍不能满足要求时,就要考虑采用本章所述的差错控制措施了。一些通用的系统,其误码率要求因用途而异,也可以把差错控制作为附加手段,在需要时加用。

从差错控制角度看,按照加性干扰引起的错码分布规律的不同,信道可以分为三类,即随机信道(random channel)、突发信道(burst channel)和混合信道(mixed channel)。在随机信道中,错码的出现是随机的,而且错码之间是统计独立的。例如,由正态分布白噪声引起的错码就具有这种性质。在突发信道中,错码是成串集中出现的,即在一些短促的时间段内会出现大量错码,而在这些短促的时间段之间存在较长的无错码区间。这种成串出现的错码称为突发错码。产生突发错码的主要原因之一是脉冲干扰,例如电火花产生的干扰。信道中的衰落现象也是产生突发错码的另一个主要原因。我们把既存在随机错码又存在突发错码,且哪一种都不能忽略不计的信道称为混合信道。对于不同类型的信道,应该采用不同的差错控制技术。差错控制技术主要有以下4种。

(1) **检错**(error detection)**重发**(retransmission):在发送码元序列中加入差错控制码元,接收端利用这些码元检测到有错码时,利用反向信道通知发送端,要求发送端重发,直到正确接收为止。所谓检测到有错码,是指在一组接收码元中知道有一个或一些错码,但是不知道该错码应该如何纠正。在二进制系统中,这种情况发生在不知道一组接收码元中哪个码元错了。因为若知道哪个码元错了,将该码元取补即能纠正,即将错码"0"改为"1"或将错码"1"改为"0"就可以了,不需要重发。在多进制系统中,即使知道了错码的位置,也无法确定其正确取值。

采用检错重发技术时,通信系统需要有双向信道传送重发指令。

(2) **前向纠错**:前向纠错一般简称FEC。这时接收端利用发送端在发送码元序列中加入的差错控制码元,不但能够发现错码,还能将错码恢复其正确取值。在二进制码元的情况下,能够确定错码的位置,就相当于能够纠正错码。

采用 FEC 时,不需要反向信道传送重发指令,也没有因反复重发而产生的时延,故实时性好。但是为了能够纠正错码,而不是仅仅检测到有错码,和检错重发相比,需要加入更多的差错控制码元。故设备要比检测重发设备复杂。

(3) **反馈**(feedback)**校验**(checkout):这时不需要在发送序列中加入差错控制码元。接收端将接收到的码元原封不动地转发回发送端。在发送端将它和原发送码元逐一比较。若发现有不同,就认为接收端收到的序列中有错码,发送端立即重发。这种技术的原理和设备都很简单。但是需要双向信道,传输效率也较低,因为每个码元都要占用两次传输时间。

(4) **检错删除**(deletion):它和检错重发的区别在于,在接收端发现错码后,立即将其删除,不要求重发。这种方法只适用在少数特定系统中,在那里发送码元中有大量多余度,删除部分接收码元不影响应用。例如,在循环重复发送某些遥测数据时。又如,用于多次重发仍然存在错码时,这时为了提高传输效率不再重发,而采取删除的方法。这样做在接收端当然会有少许损失,但是却能够及时接收后续的消息。

以上几种技术可以结合使用。例如,检错和纠错技术结合使用。当接收端出现少量错码并有能力纠正时,采用前向纠错技术;当接收端出现较多错码没有能力纠正时,采用检错重发技术。

在上述四种技术中,除第(3)种外,其共同点是都在接收端识别有无错码。由于信息码元序列是一种随机序列,接收端无法预知码元的取值,也无法识别其中有无错码。所以在发送端需要在信息码元序列中增加一些差错控制码元,它们称为**监督**(check)**码元**。这些监督码元和信息码元之间有确定的关系,譬如某种函数关系,使接收端有可能利用这种关系发现或纠正可能存在的错码。

差错控制编码常称为**纠错编码**(error-correcting coding)。不同的编码方法,有不同的**检错**或**纠错能力**。有的编码方法只能检错,不能纠错。一般说来,付出的代价越大,检(纠)错的能力越强。这里所说的代价,就是指增加的监督码元多少,它通常用多余度来衡量。例如,若编码序列中平均每两个信息码元就添加一个监督码元,则这种编码的多余度为 1/3。或者说,这种码的**编码效率**(code rate,简称**码率**) 为 2/3。设编码序列中信息码元数量为 k,总码元数量为 n,则比值 k/n 就是码率;而监督码元数 $(n-k)$ 和信息码元数 k 之比 $(n-k)/k$ 称为**冗余度**(redundancy)。

从理论上讲,差错控制是以降低信息传输速率为代价换取提高传输可靠性。本章的主要内容就是讨论各种常见的编码和解码方法。在此之前,下面先简单介绍一下用检错重发方法实现差错控制的原理。采用检错重发法的通信系统通常称为**自动要求重发**(ARQ)系统。最早的 ARQ 系统称作**停止等待**(stop-and-wait) ARQ 系统,其工作原理示于图 11-1(a) 中。在这种系统中,数据按分组发送。每发送一组数据后发送端等待接收端的确认(ACK)答复,然后再发送下一组数据。图 11-1(a) 中的第 3 组接收数据有误,接收端发回一个否认(NAK)答复。这时,发送端将重发第 3 组数据。所以,系统是工作在半双工(half-duplex)状态,时间没有得到充分利用,传输效率较低。在图 11-1(b) 中示出一种改进的 ARQ 系统,它称为**拉后**(pullback)**ARQ 系统**。在这种系统中发送端连续发送数据组,接收端对于每个接收到的数据组都发回**确认**(ACK)或**否认**(NAK)答复(为了能够看清楚,图中的虚线没有全画出)。例如,图中第 5 组接收数据有误,则在发送端收到第 5 组接收的否认答复后,从第 5 组开始重发数据组。在这种系统中需要对发送的数据组和答复进行编号,以便识别。显然,这种系统需要双工信道。为了进一步提高传输效率,可以采用图 11 - 1(c)所示方案。这种方案称为**选择重发**(selective repeat)**ARQ 系统**,它只重发出错的数据组,因此进一步提高了传输效率。

ARQ 和前向纠错方法相比的主要优点:①监督码元较少即能使误码率降到很低,即码率较高;②检错的计算复杂度较低;③检错用的编码方法和加性干扰的统计特性基本无关,能适应不同特性的信道。

图 11 - 1 ARQ 系统的工作原理

但是 ARQ 系统需要双向信道来重发,并且因为重发而使 ARQ 系统的传输效率降低。在信道干扰严重时,可能发生因不断反复重发而造成事实上的通信中断。所以在要求实时通信的场合,例如,电话通信,往往不允许使用 ARQ 法。此外,ARQ 法不能用于单向信道,例如广播网,也不能用于一点到多点的通信系统,因为重发控制难以实现。

图 11 - 2 示出 ARQ 系统原理方框图。在发送端,输入的信息码元在编码器中被分组编码(加入监督码元)后,除了立即发送外,还暂存于缓冲存储器(buffer)中。若接收端解

码器检出错码,则由解码器控制产生一个重发指令。此指令经过反向信道送到发送端。这时,由发送端重发控制器控制缓冲存储器重发一次。接收端仅当解码器认为接收信息码元正确时,才将信息码元送给收信者,否则在输出缓冲存储器中删除接收码元。当解码器未发现错码时,经过反向信道发出不需重发指令。发送端收到此指令后,即继续发送后一码组,发送端的缓冲存储器中的内容也随之更新。

图 11-2 ARQ 系统原理方框图

11.2 纠错编码的基本原理

现在先用一个例子说明纠错编码的基本原理。设有一种由 3 位二进制数字构成的码组,它共有 8 种不同的可能组合。若将其全部用来表示天气,则可以表示 8 种不同天气,例如:"000"(晴),"001"(云),"010"(阴),"011"(雨),"100"(雪),"101"(霜),"110"(雾),"111"(雹)。其中任一码组在传输中若发生一个或多个错码,则将变成另一个信息码组。这时,接收端将无法发现错误。

若在上述 8 种码组中只准许使用 4 种来传送天气,例如:

$$\begin{cases} 000 = 晴 \\ 011 = 云 \\ 101 = 阴 \\ 110 = 雨 \end{cases} \quad (11.2-1)$$

这时,虽然只能传送 4 种不同的天气,但是接收端却有可能发现码组中的一个错码。例如,若"000"(晴)中错了一位,则接收码组将变成"100"或"010"或"001"。这 3 种码组都是不准使用的,称为禁用码组。故接收端在收到禁用码组时,就认为发现了错码。当发生 3 个错码时,"000"变成了"111",它也是禁用码组,故这种编码也能检测 3 个错码。但是这种码不能发现一个码组中的两个错码,因为发生两个错码后产生的是许用码组。

上面这种编码只能检测错码,不能纠正错码。例如,当接收码组为禁用码组"100"时,接收端将无法判断是哪一位码出错,因为晴、阴、雨三者错了一位都可以变成"100"。

要想能够纠正错误,还要增加多余度。例如,若规定许用码组只有两个:"000"(晴),"111"(雨),其他都是禁用码组,则能够检测两个以下错码,或能够纠正一个错码。例如,当收到禁用码组"100"时,若当作仅有一个错码,则可以判断此错码发生在"1"位,从而纠正为"000"(晴)。因为"111"(雨)发生任何一位错码时都不会变成"100"这种形式。但是,这时若假定错码数不超过两个,则存在两种可能性:"000"错一位和"111"错两位都可能变成"100",因而只能检测出存在错码而无法纠正错码。

从上面的例子中,我们可以得到关于"分组码"的一般概念。如果不要求检(纠)错,为了传输4种不同的消息,用两位的码组就够了,即可以用:"00"、"01"、"10"、"11"。这些两位码称为**信息位**。在式(11.2 – 1)中使用了3位码,增加的那位称为**监督位**。在表11 – 1中示出此信息位和监督位的关系。这种将信息码分组,为每组信码附加若干监督码的编码称为**分组码**(block code)。在分组码中,监督码元仅监督本码组中的信息码元。

表11 – 1　信息位和监督位关系

	信息位	监督位
晴	00	0
云	01	1
阴	10	1
雨	11	0

分组码一般用符号(n,k)表示,其中n是码组的总位数,又称为码组的长度(码长),k是码组中信息码元的数目,$n - k = r$为码组中的监督码元数目,或称监督位数目。今后,将分组码的结构规定为具有如图11 – 3所示的形式。图中前k位$(a_{n-1}\cdots a_r)$为信息位,后面附加r个监督位$(a_{r-1}\cdots a_0)$。在式(11.2 – 1)的分组码中$n = 3, k = 2, r = 1$,并且可以用符号(3,2)表示。

在分组码中,把码组中"1"的个数目称为码组的重量,简称**码重**(code weight)。把两个码组中对应位上数字不同的位数称为码组的距离,简称**码距**。码距又称**汉明**(Hamming)**距离**。例如,式(11.2 – 1)中的4个码组之间,任意两个的距离均为2。我们把某种编码中各个码组之间距离的最小值称为最小码距(d_0)。例如,式(11.2 – 1)中编码的最小码距$d_0 = 2$。

图11 – 3　分组码的结构

对于3位的编码组,可以在三维空间中说明码距的几何意义。如前所述,3位的二进制编码,共有8种不同的可能码组。在三维空间中它们分别位于一个单位立方体的各顶点上,如图11 – 4所示。每个码组的3个码元的值(a_1, a_2, a_3)就是此立方体各顶点的坐标。而上述码距概念在此图中就对应于各顶点之间沿立方体各边行走的几何距离。由此图可以直观看出,式(11.2 – 1)中4个准用码组之间的距离均为2。

一种编码的最小码距d_0的大小直接关系着这种编码的检错和纠错能力:

(1) 为检测e个错码,要求最小码距:

$$d_0 \geqslant e + 1 \quad (11.2 - 2)$$

这可以用图11 – 5(a)简单证明如下:设一个码组A位于O点。若码组A中发生一个错码,则可以认为A的位置将移动至以O点为圆心,以1为半径的圆上某点,但其位置不会超出此圆。若码组A中发生两位错码,则其位置不会超出以O点为圆心,以2为

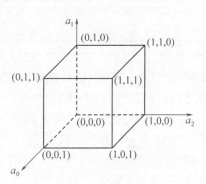

图11 – 4　码距的几何意义

半径的圆。因此,只要最小码距不小于3(例如图中 B 点),在此半径为2的圆上及圆内就不会有其他码组。这就是说,码组 A 发生两位以下错码时,不可能变成另一个准用码组,因而能检测错码的位数等于2。同理,若一种编码的最小码距为 d_0,则将能检测(d_0-1)个错码。反之,若要求检测 e 个错码,则最小码距 d_0 至少应不小于$(e+1)$。

(2) 为了纠正 t 个错码,要求最小码距:

$$d_0 \geq 2t + 1 \tag{11.2-3}$$

此式可用图11-5(b)加以阐明。图中画出码组 A 和 B 的距离为5。码组 A 或 B 若发生不多于两位错码,则其位置均不会超出半径为2以原位置为圆心的圆。这两个圆是不重叠的。因此,我们可以这样判决:若接收码组落于以 A 为圆心的圆上就判决收到的是码组 A,若落于以 B 为圆心的圆上就判决为码组 B。这样,就能够纠正两位错码。若这种编码中除码组 A 和 B 外,还有许多种不同码组,但任两码组之间的码距均不小于5,则以各码组的位置为中心以2为半径画出之圆都不会互相重叠。这样,每种码组如果发生不超过两位错码都将能被纠正。因此,当最小码距 $d_0 = 5$ 时,能够纠正两个错码,且最多能纠正两个。若错码达到三个,就将落入另一圆上,从而发生错判。故一般说来,为纠正 t 个错码,最小码距应不小于$(2t+1)$。

(a) 码距等于3的两个码组　　(b) 码距等于5的两个码组

(c) 码距等于$(e+t+1)$的两个码组

图 11-5　码距与检错和纠错能力的关系

(3) 为纠正 t 个错码,同时检测 e 个错码,要求最小码距:

$$d_0 \geq e + t + 1 \quad e > t \tag{11.2-4}$$

在解释此式之前,我们先来继续分析一下图11-5(b)所示的例子。图中码组 A 和 B 之间距离为5。按照式(11.2-2)检错时,最多能检测4个错码,即 $e = d_0 - 1 = 5 - 1 = 4$,按照式(11.2-3)纠错时,能纠正两个错码。但是,不能同时做到两者,因为当错码位数超过纠错能力时,该码组立即进入另一码组的圆内而被错误地"纠正"了。例如,码组 A 若错了3位,就会被误认为码组 B 错了2位造成的结果,从而被错"纠"为 B。这就是说,式(11.2-2)和式(11.2-3)不能同时成立或同时运用。所以,为了在可以纠正 t 个错码的同时,能够检测 e 个错码,就需要像图11-5(c)所示那样,使某一码组(如码组 A)发生 e 个错误之后所处的位置,与其他码组(如码组 B)的纠错圆圈至少距离等于1,不然将落在该纠错圆上从而发生错误地"纠正"。由此图可以直观看出,要求最小码距满足式(11.2-4)。

这种纠错和检错结合的工作方式简称纠检结合。这种工作方式是自动在纠错和检错之间转换的。当错码数量少时,系统按前向纠错方式工作,以节省重发时间,提高传输效率;当错码数量多时,系统按反馈重发方式纠错,以降低系统的总误码率。所以,它适用于大多数时间中错码数量很少,少数时间中错码数量多的情况。

11.3 纠错编码的性能

由 11.2 节所述的纠错编码原理可知,为了减少接收错误码元数量,需要在发送信息码元序列中加入监督码元。这样做的结果使发送序列增长,冗余度增大。若仍须保持发送信息码元速率不变,则传输速率必须增大,因而增大了系统带宽。系统带宽的增大将引起系统中噪声功率增大,使信噪比下降。信噪比的下降反而又使系统接收码元序列中的错码增多。一般说来,采用纠错编码后,误码率总是能够得到很大改善的,改善的程度和所用的编码有关。

作为例子,在图 11-6 中示出一种编码的性能。由此图可以看到,在未采用纠错编码时,若接收信噪比保持 7dB,在编码前误码率约 8×10^{-4}(图中 A 点),在采用纠错编码后,误码率降至约 4×10^{-5}(图中 B 点)。这样,不用增大发送功率就能降低误码率约一个半数量级。由图 11-6 还可以看出,若保持误码率为 10^{-5}(图中 C 点)不变,未采用编码时,约需要信噪比 $E_b/n_0 = 9.5$dB。在采用这种编码时,约需要信噪比 7.5dB(图中 D 点)。可以节省功率 2dB。通常称这 2dB 为编码增益。

上面两种情况付出的代价是带宽增大。

对于给定的传输系统,其传输速率和 E_b/n_0 的关系为

图 11-6 编码和误码率关系举例

$$\frac{E_b}{n_0} = \frac{P_s T}{n_0} = \frac{P_s}{n_0(1/T)} = \frac{P_s}{n_0 R_B} \quad (11.3-1)$$

式中:R_B 为码元速率。

若希望提高传输速率 R_B,由式(11.3-1)可以看出势必使信噪比下降,误码率增大。假设系统原来工作在图中 C 点,提高速率后由 C 点升到 E 点。但是,加用纠错编码后,仍可以将误码率降到原来的水平(图中 D 点)。这时付出的代价仍是带宽增大。

11.4 简单的实用编码

11.4.1 奇偶监督码

奇偶监督(parity check)码分为奇数监督码和偶数监督码两种,两者的原理相同。在

偶数监督码中,无论信息位多少,监督位只有 1 位,它使码组中"1"的数目为偶数,即满足下式条件:

$$a_{n-1} \oplus a_{n-2} \oplus \cdots \oplus a_0 = 0 \qquad (11.4-1)$$

式中:a_0 为监督位,其他位为信息位。

表 11 - 1 中的编码,就是按照这种规则加入监督位的。这种编码能够检测奇数个错码。在接收端,按照式(11.4 - 1)求"模 2 和",若计算结果为"1"就说明存在错码,结果为"0"就认为无错码。

奇数监督码与偶数监督码相似,只不过其码组中"1"的数目为奇数,即满足条件:

$$a_{n-1} \oplus a_{n-2} \oplus \cdots \oplus a_0 = 1 \qquad (11.4-2)$$

且其检错能力与偶数监督码的一样。

11.4.2 二维奇偶监督码

二维(two dimensional)奇偶监督码又称方阵码。它是先把上述奇偶监督码的若干码组,每个写成一行,然后再按列的方向增加第二维监督位,如图 11 - 7 所示。图中 $a_0^1\ a_0^2\ \cdots\ a_0^m$ 为 m 行奇偶监督码中的 m 个监督位。$c_{n-1}\ c_{n-2}\ \cdots\ c_0$ 为按列进行第二次编码所增加的监督位,它们构成了一监督位行。

$$\begin{matrix} a_{n-1}^1 & a_{n-2}^1 & \cdots & a_1^1 & a_0^1 \\ a_{n-1}^2 & a_{n-2}^2 & \cdots & a_1^2 & a_0^2 \\ \vdots & \vdots & & \vdots & \vdots \\ a_{n-1}^m & a_{n-2}^m & \cdots & a_1^m & a_0^m \\ c_{n-1} & c_{n-2} & \cdots & c_1 & c_0 \end{matrix}$$

图 11 - 7 二维奇偶监督码

这种编码有可能检测偶数个错码。因为每行的监督位 $a_0^1\ a_0^2\ \cdots\ a_0^m$ 虽然不能用于检测本行中的偶数个错码,但按列的方向有可能由 $c_{n-1}\ c_{n-2}\ \cdots\ c_0$ 等监督位检测出来。有一些偶数错码不可能检测出来。例如,构成矩形的 4 个错码,譬如图 11 - 7 中 $a_{n-2}^2, a_1^2, a_{n-2}^m, a_1^m$ 错了,就检测不出。

这种二维奇偶监督码适于检测突发错码。因为突发错码常常成串出现,随后有较长一段无错区间,所以在某一行中出现多个奇数或偶数错码的机会较多,而这种方阵码正适于检测这类错码。前述的一维奇偶监督码一般只适于检测随机错码。

由于方阵码只对构成矩形四角的错码无法检测,故其检错能力较强。一些试验测量表明,这种码可使误码率降至原误码率的 1/100 ~ 1/10 000。

二维奇偶监督码不仅可用来检错,还可以用来纠正一些错码。例如,当码组中仅在一行中有奇数个错码时,能够确定错码位置,从而纠正之。

11.4.3 恒比码

在恒比码中,每个码组均含有相同数目的"1"(和"0")。由于"1"的数目与"0"的数目之比保持恒定,故得此名。这种码在检测时,只要计算接收码组中"1"的数目是否对,就知道有无错码。

恒比码的主要优点是简单,适于用来传输电传机或其他键盘设备产生的字母和符号。对于信源来的二进制随机数字序列,这种码就不适合使用了。

11.4.4 正反码

正反码是一种简单的能够纠正错码的编码,其中的监督位数目与信息位数目相同,监督码元与信息码元相同或者相反则由信息码中"1"的个数而定。例如,若码长 $n = 10$,其中信息位 $k = 5$,监督位 $r = 5$,其编码规则为:① 当信息位中有奇数个"1"时,监督位是信息位的简单重复;② 当信息位有偶数个"1"时,监督位是信息位的反码。例如,若信息位为 11001,则码组为 1100111001;若信息位为 10001,则码组为 1000101110。

接收端解码方法:先将接收码组中信息位和监督位按"模 2"相加,得到一个 5 位的合成码组。然后,由此合成码组产生一个校验码组。若接收码组的信息位中有奇数个"1",则合成码组就是校验码组;若接收码组的信息位中有偶数个"1",则取合成码组的反码作为校验码组。最后,观察校验码组中"1"的个数,按表 11 - 2 进行判决及纠正可能发现的错码。

表 11 - 2 校验码组和错码的关系

序号	校验码组的组成	错码情况
1	全为"0"	无错码
2	有 4 个"1"和 1 个"0"	信息码中有 1 位错码,其位置对应校验码组中"0"的位置
3	有 4 个"0"和 1 个"1"	监督码中有 1 位错码,其位置对应校验码组中"1"的位置
4	其他组成	错码多于 1 个

例如,发送码组为 1100111001,接收码组中无错码,则合成码组应为 $11001 \oplus 11001 = 00000$。由于接收码组信息位中有奇数个"1",所以校验码组就是 00000。按表 11 - 2 判决,结论是无错码。若传输中产生了差错,使接收码组变成 1000111001,则合成码组为 $10001 \oplus 11001 = 01000$。由于接收码组中信息位有偶数个"1",所以校验码组应取合成码组的反码,即 10111。由于其中有 4 个"1"和一个"0",按表 11 - 2 判断信息位中左边第 2 位为错码。若接收码组错成 1100101001,则合成码组变成 $11001 \oplus 01001 = 10000$。由于接收码组中信息位有奇数个"1",故校验码组就是 10000,按表 11 - 2 判断,监督位中第一位为错码。最后,若接收码组为 1001111001,则合成码组为 $10011 \oplus 11001 = 01010$,校验码组与其相同,按表 11 - 2 判断,这时错码多于一个。

上述长度为 10 的正反码具有纠正一位错码的能力,并能检测全部二位以下的错码和大部分二位以上的错码。

11.5 线性分组码

从 11.4 节介绍的一些简单编码可以看出,每种编码所依据的原理各不相同,而且是大不相同,其中奇偶监督码的编码原理是利用代数关系式产生监督位。我们把这类建立在代数学基础上的编码称为**代数码**。在代数码中,常见的是线性码。在线性码中信息位和监督位是由一些线性代数方程联系着的,或者说,**线性码**是按照一组线性方程构成的。本节将以汉明(Hamming)码为例引入线性分组码的一般原理。

上述正反码中,为了能够纠正 1 位错码,使用的监督位数和信息位一样多,即编码效率只有 50% 。那么，为了纠正 1 位错码，在分组码中最少要增加多少监督位才行呢？编码效率能否提高呢？从这种思想出发进行研究，便导致汉明码的诞生。汉明码是一种能够纠正 1 位错码且编码效率较高的线性分组码。下面就将介绍汉明码的构造原理。

我们先来回顾一下按照式(11.4 - 1)条件构成的偶数监督码。由于使用了一位监督位 a_0，它和信息位 $a_{n-1}\cdots a_1$ 一起构成一个代数式，如式(11.4 - 1)所示。在接收端解码时，实际上就是在计算

$$S = a_{n-1} \oplus a_{n-2} \oplus \cdots \oplus a_0 \qquad (11.5 - 1)$$

若 $S=0$，就认为无错码；若 $S=1$，就认为有错码。现将式(11.5 - 1)称为监督关系式，S 称为校正子(syndrome，又称校验子、伴随式)。由于校正子 S 只有两种取值，故它只能代表有错和无错这两种信息，而不能指出错码的位置。不难推想，若监督位增加一位，即变成两位，则能增加一个类似于式(11.5 - 1)的监督关系式。由于两个校正子的可能值有 4 种组合：00,01,10,11，故能表示 4 种不同的信息。若用其中一种组合表示无错，则其余 3 种组合就有可能用来指示一个错码的 3 种不同位置。同理，r 个监督关系式能指示一位错码的 $(2^r - 1)$ 个可能位置。

一般来说，若码长为 n，信息位数为 k，则监督位数 $r = n - k$。如果希望用 r 个监督位构造出 r 个监督关系式来指示一位错码的 n 种可能位置，则要求

$$2^r - 1 \geq n \quad \text{或} \quad 2^r \geq k + r + 1 \qquad (11.5 - 2)$$

下面通过一个例子来说明如何具体构造这些监督关系式。

设分组码 (n,k) 中 $k=4$，为了纠正一位错码，由式(11.5 - 2)可知，要求监督位数 $r \geq 3$。若取 $r=3$，则 $n = k + r = 7$。我们用 $a_6 a_5 \cdots a_0$ 表示这 7 个码元，用 S_1、S_2 和 S_3 表示 3 个监督关系式中的校正子，则 S_1、S_2 和 S_3 的值与错码位置的对应关系可以规定如表 11 - 3 所列。自然，我们也可以规定成另一种对应关系，这不影响讨论的一般性。由表中规定可见，仅当一位错码的位置在 a_2、a_4、a_5 或 a_6 时，校正子 S_1 为 1；否则 S_1 为零。这就意味着 a_2、a_4、a_5 和 a_6 4 个码元构成偶数监督关系：

$$S_1 = a_6 \oplus a_5 \oplus a_4 \oplus a_2 \qquad (11.5 - 3)$$

同理，a_1、a_3、a_5 和 a_6 构成偶数监督关系：

$$S_2 = a_6 \oplus a_5 \oplus a_3 \oplus a_1 \qquad (11.5 - 4)$$

以及 a_0、a_3、a_4 和 a_6 构成偶数监督关系：

表 11 - 3　校正子和错码位置的关系

$S_1 S_2 S_3$	错码位置	$S_1 S_2 S_3$	错码位置
001	a_0	101	a_4
010	a_1	110	a_5
100	a_2	111	a_6
011	a_3	000	无错码

$$S_3 = a_6 \oplus a_4 \oplus a_3 \oplus a_0 \qquad (11.5 - 5)$$

在发送端编码时，信息位 a_6、a_5、a_4 和 a_3 的值决定于输入信号，因此它们是随机的。监督位 a_2、a_1 和 a_0 应根据信息位的取值按监督关系来确定，即监督位应使式(11.5 - 3) ~ 式(11.5 - 5)中 S_1、S_2 和 S_3 的值均为 0(表示编成的码组中应无错码)：

$$\begin{cases} a_6 \oplus a_5 \oplus a_4 \oplus a_2 = 0 \\ a_6 \oplus a_5 \oplus a_3 \oplus a_1 = 0 \\ a_6 \oplus a_4 \oplus a_3 \oplus a_0 = 0 \end{cases} \qquad (11.5 - 6)$$

式(11.5-6)经过移项运算,解出监督位为

$$\begin{cases} a_2 = a_6 \oplus a_5 \oplus a_4 \\ a_1 = a_6 \oplus a_5 \oplus a_3 \\ a_0 = a_6 \oplus a_4 \oplus a_3 \end{cases} \quad (11.5-7)$$

给定信息位后,可以直接按式(11.5-7)算出监督位,其结果如表11-4所列。

接收端收到每个码组后,先按照式(11.5-3)~式(11.5-5)计算出 S_1、S_2 和 S_3,再按照表11-3判断错码情况。例如,若接收码组为0000011,按式(11.5-3)~式(11.5-5)计算可得:$S_1 = 0, S_2 = 1, S_3 = 1$。由于 $S_1 S_2 S_3 = 011$,故根据表11-3可知,在 a_3 位有一个错码。

按照上述方法构造的码称为汉明码。表11-4中所列的(7,4)汉明码的最小码距 $d_0 = 3$。因此,根据式(11.2-2)和式(11.2-3)可知,这种码能够纠正一个错码或检测两个错码。由于码率 $k/n = (n-r)/n = 1 - r/n$,故当 n 很大和 r 很小时,码率接近1。可见,汉明码是一种高效码。

现在我们介绍线性分组码的一般原理。上面已经提到,线性码是指信息位和监督位满足一组线性代数方程式的码。式(11.5-6)就是这样一组线性方程式的例子。现在将它改写成

表 11-4	· 监督位计算结果		
信息位 $a_6 a_5 a_4 a_3$	监督位 $a_2 a_1 a_0$	信息位 $a_6 a_5 a_4 a_3$	监督位 $a_2 a_1 a_0$
0000	000	1000	111
0001	011	1001	100
0010	101	1010	010
0011	110	1011	001
0100	110	1100	001
0101	101	1101	010
0110	011	1110	100
0111	000	1111	111

$$\begin{cases} 1 \cdot a_6 + 1 \cdot a_5 + 1 \cdot a_4 + 0 \cdot a_3 + 1 \cdot a_2 + 0 \cdot a_1 + 0 \cdot a_0 = 0 \\ 1 \cdot a_6 + 1 \cdot a_5 + 0 \cdot a_4 + 1 \cdot a_3 + 0 \cdot a_2 + 1 \cdot a_1 + 0 \cdot a_0 = 0 \\ 1 \cdot a_6 + 0 \cdot a_5 + 1 \cdot a_4 + 1 \cdot a_3 + 0 \cdot a_2 + 0 \cdot a_1 + 1 \cdot a_0 = 0 \end{cases} \quad (11.5-8)$$

式(11.5-8)中已经将"$\oplus$"简写成"+"。在本章后面,除非另加说明,这类式中的"+"都指模2加法。式(11.5-8)可以表示成如下矩阵形式:

$$\begin{bmatrix} 1110100 \\ 1101010 \\ 1011001 \end{bmatrix} \begin{bmatrix} a_6 \\ a_5 \\ a_4 \\ a_3 \\ a_2 \\ a_1 \\ a_0 \end{bmatrix} = \begin{bmatrix} 0 \\ 0 \\ 0 \end{bmatrix} \quad (\text{模 2}) \quad (11.5-9)$$

式(11.5-9)还可以简记为

$$\boldsymbol{H} \cdot \boldsymbol{A}^{\mathrm{T}} = \boldsymbol{0}^{\mathrm{T}} \quad \text{或} \quad \boldsymbol{A} \cdot \boldsymbol{H}^{\mathrm{T}} = \boldsymbol{0} \quad (11.5-10)$$

其中,$\boldsymbol{H} = \begin{bmatrix} 1110100 \\ 1101010 \\ 1011001 \end{bmatrix}$;$\boldsymbol{A} = [a_6 a_5 a_4 a_3 a_2 a_1 a_0]$;$\boldsymbol{0} = [000]$。

上角"T"表示将矩阵转置。例如，$\boldsymbol{H}^\mathrm{T}$ 是 $\boldsymbol{H}$ 的转置，即 $\boldsymbol{H}^\mathrm{T}$ 的第一行为 $\boldsymbol{H}$ 的第一列，$\boldsymbol{H}^\mathrm{T}$ 的第二行为 $\boldsymbol{H}$ 的第二列，等等。

我们将 $\boldsymbol{H}$ 称为监督矩阵(parity-check matrix)。只要监督矩阵 $\boldsymbol{H}$ 给定，编码时监督位和信息位的关系就完全确定了。由式(11.5-9)和式(11.5-10)都可以看出，$\boldsymbol{H}$ 的行数就是监督关系式的数目，它等于监督位的数目 r。$\boldsymbol{H}$ 的每行中"1"的位置表示相应码元之间存在的监督关系。例如，$\boldsymbol{H}$ 的第一行 1110100 表示监督位 a_2 是由 $a_6 a_5 a_4$ 之和决定的。式(11.5-9)中的 $\boldsymbol{H}$ 矩阵可以分成两部分，即

$$\boldsymbol{H} = \begin{bmatrix} 1110 & 100 \\ 1101 & 010 \\ 1011 & 001 \end{bmatrix} = [\boldsymbol{P}\boldsymbol{I}_r] \tag{11.5-11}$$

式中：$\boldsymbol{P}$ 为 $r \times k$ 阶矩阵；$\boldsymbol{I}_r$ 为 $r \times r$ 阶单位方阵。

我们将具有 $[\boldsymbol{P}\boldsymbol{I}_r]$ 形式的 $\boldsymbol{H}$ 矩阵称为典型阵。

由代数理论可知，$\boldsymbol{H}$ 矩阵的各行应该是线性无关(linearly independent)的，否则将得不到 r 个线性无关的监督关系式，从而也得不到 r 个独立的监督位。若一矩阵能写成典型阵形式 $[\boldsymbol{P}\boldsymbol{I}_r]$，则其各行一定是线性无关的。因为容易验证 $[\boldsymbol{I}_r]$ 的各行是线性无关的，故 $[\boldsymbol{P}\boldsymbol{I}_r]$ 的各行也是线性无关的。

类似于式(11.5-6)改变成式(11.5-9)那样，式(11.5-7)也可以改写成

$$\begin{bmatrix} a_2 \\ a_1 \\ a_0 \end{bmatrix} = \begin{bmatrix} 1110 \\ 1101 \\ 1011 \end{bmatrix} \begin{bmatrix} a_6 \\ a_5 \\ a_4 \\ a_3 \end{bmatrix} \tag{11.5-12}$$

或者

$$[a_2 a_1 a_0] = [a_6 a_5 a_4 a_3] \begin{bmatrix} 111 \\ 110 \\ 101 \\ 011 \end{bmatrix} = [a_6 a_5 a_4 a_3]\boldsymbol{Q} \tag{11.5-13}$$

其中，$\boldsymbol{Q}$ 为一个 $k \times r$ 阶矩阵，它为 $\boldsymbol{P}$ 的转置(transpose)，即

$$\boldsymbol{Q} = \boldsymbol{P}^\mathrm{T} \tag{11.5-14}$$

式(11.5-13)表示，在信息位给定后，用信息位的行矩阵乘矩阵 $\boldsymbol{Q}$ 就产生出监督位。我们将 $\boldsymbol{Q}$ 的左边加上一个 $k \times k$ 阶单位方阵，就构成一个矩阵 $\boldsymbol{G}$

$$G = [I_k Q] = \begin{bmatrix} 1000 & 111 \\ 0100 & 110 \\ 0010 & 101 \\ 0001 & 011 \end{bmatrix} \qquad (11.5-15)$$

G 称为生成矩阵(generator matrix),因为由它可以产生整个码组,即有

$$[a_6 a_5 a_4 a_3 a_2 a_1 a_0] = [a_6 a_5 a_4 a_3] \cdot G \qquad (11.5-16)$$

或者

$$A = [a_6 a_5 a_4 a_3] \cdot G \qquad (11.5-17)$$

因此,如果找到了码的生成矩阵 G,则编码的方法就完全确定了。具有 $[I_k Q]$ 形式的生成矩阵称为**典型生成矩阵**。由典型生成矩阵得出的码组 A 中,信息位的位置不变,监督位附加于其后。这种形式的码称为**系统码**(systematic code)。

比较式(11.5-11)和式(11.5-15)可见,典型监督矩阵 H 和典型生成矩阵 G 之间由式(11.5-14)相联系。

与 H 矩阵相似,我们也要求 G 矩阵的各行是线性无关的。因为由式(11.5-17)可以看出,任一码组 A 都是 G 的各行的线性组合。G 共有 k 行,若它们线性无关,则可以组合出 2^k 种不同的码组 A,它恰是有 k 位信息位的全部码组。若 G 的各行有线性相关的,则不可能由 G 生成 2^k 种不同的码组了。实际上,G 的各行本身就是一个码组。因此,如果已有 k 个线性无关的码组,则可以用其作为生成矩阵 G,并由它生成其余码组。

一般说来,式(11.5-17)中 A 为一个 n 列的行矩阵。此矩阵的 n 个元素就是码组中的 n 个码元,所以发送的码组就是 A。此码组在传输中可能由于干扰引入差错,故接收码组一般说来与 A 不一定相同。若设接收码组为一 n 列的行矩阵 B,即

$$B = [b_{n-1} b_{n-2} \cdots b_1 b_0] \qquad (11.5-18)$$

则发送码组和接收码组之差为

$$B - A = E \quad (模2) \qquad (11.5-19)$$

它就是传输中产生的错码行矩阵,即

$$E = [e_{n-1} e_{n-2} \cdots e_1 e_0] \qquad (11.5-20)$$

其中

$$e_i = \begin{cases} 0 & b_i = a_i \\ 1 & b_i \neq a_i \end{cases} \quad i = 0, 1, \cdots, n-1$$

因此,若 $e_i = 0$,表示该接收码元无错;若 $e_i = 1$,则表示该接收码元有错。式(11.5-19)可以改写成

$$B = A + E \qquad (11.5-21)$$

例如,若发送码组 $A = [1000111]$,错码矩阵 $E = [0000100]$,则接收码组 $B = [1000011]$。

错码矩阵有时也称为错误图样(error pattern)。

接收端解码时,可将接收码组 B 代入式(11.5 – 10)中计算。若接收码组中无错码,即 $E = 0$,则 $B = A + E = A$。把它代入式(11.5 – 10)后,该式仍成立,即有

$$B \cdot H^T = 0 \qquad (11.5 - 22)$$

当接收码组有错时,$E \neq 0$,将 B 代入式(11.5 – 10)后,该式不一定成立。在错码较多,已超过这种编码的检错能力时,B 变为另一许用码组,则式(11.5 – 22)仍能成立。这样的错码是不可检测的。在未超过检错能力时,式(11.5 – 22)不成立,即其右端不等于 0。假设这时式(11.5 – 22)的右端为 S,即

$$B \cdot H^T = S \qquad (11.5 - 23)$$

将 $B = A + E$ 代入式(11.5 – 23),可得

$$S = (A + E)H^T = A \cdot H^T + E \cdot H^T$$

由式(11.5 – 10)可知,$A \cdot H^T = 0$,所以

$$S = E \cdot H^T \qquad (11.5 - 24)$$

式中:S 称为校正子。它与式(11.5 – 1)中的 S 相似,有可能利用它来指示错码的位置。

这一点可以直接从式(11.5 – 24)中看出,式中 S 只与 E 有关,而与 A 无关,这就意味着 S 和错码 E 之间有确定的线性变换关系。若 S 和 E 之间一一对应,则 S 将能代表错码的位置。

线性码有一个重要性质,就是它具有封闭性。所谓封闭性,是指一种线性码中的任意两个码组之和仍为这种码中的一个码组。这就是说,若 A_1 和 A_2 是一种线性码中的两个许用码组,则 $(A_1 + A_2)$ 仍为其中的一个码组。这一性质的证明很简单。若 A_1 和 A_2 是两个码组,则按式(11.5 – 10),有

$$A_1 \cdot H^T = 0, A_2 \cdot H^T = 0$$

将以上两式相加,得

$$A_1 \cdot H^T + A_2 \cdot H^T = (A_1 + A_2)H^T = 0 \qquad (11.5 - 25)$$

所以 $(A_1 + A_2)$ 也是一个码组。由于线性码具有封闭性,所以两个码组(A_1 和 A_2)之间的距离(即对应位不同的数目)必定是另一个码组($A_1 + A_2$)的重量(即"1"的数目)。因此,码的最小距离就是码的最小重量(除全"0"码组外)。

11.6 循环码

11.6.1 循环码原理

在线性分组码中,有一种重要的码称为循环码(cyclic code)。它是在严密的代数学理论基础上建立起来的。这种码的编码和解码设备都不太复杂,而且检(纠)错的能力较强。循环码除了具有线性码的一般性质外,还具有循环性。循环性是指任一码组循环一

位(即将最右端的一个码元移至左端,或反之)以后,仍为该码中的一个码组。在表 11 – 5 中给出一种(7,3)循环码的全部码组。由此表可以直观看出这种码的循环性。例如,表中的第 2 码组向右移一位即得到第 5 码组;第 6 码组向右移一位即得到第 7 码组。一般说来,若 $(a_{n-1}\ a_{n-2}\cdots a_0)$ 是循环码的一个码组,则循环移位后的码组

$$(a_{n-2}\ a_{n-3}\ \cdots\ a_0\ a_{n-1})$$

$$(a_{n-3}\ a_{n-4}\ \cdots\ a_{n-1}\ a_{n-2})$$

$$\vdots$$

$$(a_0\ a_{n-1}\ \cdots\ a_2\ a_1)$$

也是该编码中的码组。

表 11 – 5 一种(7,3)循环码的全部码组

码组编号	信息位 $a_6 a_5 a_4$	监督位 $a_3 a_2 a_1 a_0$	码组编号	信息位 $a_6 a_5 a_4$	监督位 $a_3 a_2 a_1 a_0$
1	000	0000	5	100	1011
2	001	0111	6	101	1100
3	010	1110	7	110	0101
4	011	1001	8	111	0010

在代数编码理论中,为了便于计算,把这样的码组中各码元当作是一个多项式(polynomial)的系数,即把一个长度为 n 的码组表示成

$$A(x) = a_{n-1}x^{n-1} + a_{n-2}x^{n-2} + \cdots + a_1 x + a_0 \qquad (11.6-1)$$

例如,表 11 – 5 中的任意一个码组可以表示为

$$A(x) = a_6 x^6 + a_5 x^5 + a_4 x^4 + a_3 x^3 + a_2 x^2 + a_1 x + a_0 \qquad (11.6-2)$$

其中第 7 个码组可以表示为

$$A(x) = 1 \cdot x^6 + 1 \cdot x^5 + 0 \cdot x^4 + 0 \cdot x^3 + 1 \cdot x^2 + 0 \cdot x + 1 = x^6 + x^5 + x^2 + 1 \qquad (11.6-3)$$

这种多项式中,x 仅是码元位置的标记,例如上式表示第 7 码组中 a_6、a_5、a_2 和 a_0 为"1",其他均为 0。因此我们并不关心 x 的取值。这种多项式也称为码多项式。

下面我们将介绍循环码的运算方法。

1. 码多项式的按模运算

在整数运算中,有模 n(modulo – n)运算。例如,在模 2 运算中,有

$$1 + 1 = 2 \equiv 0 \quad (\text{模 2})$$

$$1 + 2 = 3 \equiv 1 \quad (\text{模 2})$$

$$2 \times 3 = 6 \equiv 0 \quad (\text{模 2})$$

一般说来,若一个整数(integer) m 可以表示为

$$\frac{m}{n} = Q + \frac{p}{n} \quad p < n \tag{11.6-4}$$

式中:Q 为整数,

则在模 n 运算下,有

$$m \equiv p \quad (模\ n) \tag{11.6-5}$$

这就是说,在模 n 运算下,一个整数 m 等于它被 n 除得的余数(remainder)。

在码多项式运算中也有类似的按模运算。若一任意多项式 $F(x)$ 被一 n 次多项式 $N(x)$ 除,得到商式(quotient) $Q(x)$ 和一个次数小于 n 的余式(residue) $R(x)$,即

$$F(x) = N(x)Q(x) + R(x) \tag{11.6-6}$$

则

$$F(x) \equiv R(x) \quad (模\ N(x)) \tag{11.6-7}$$

这时,码多项式系数仍按模 2 运算,即系数只取 0 和 1。例如,x^3 被 (x^3+1) 除,得到余项 1。所以有

$$x^3 \equiv 1 \quad (模(x^3+1)) \tag{11.6-8}$$

同理

$$x^4 + x^2 + 1 \equiv x^2 + x + 1 \quad (模(x^3+1)) \tag{11.6-9}$$

因为

$$
\begin{array}{r}
x \\
x^3+1 \overline{\smash{\big)}\, x^4 + x^2 + 1} \\
\underline{x^4 + x } \\
x^2 + x + 1
\end{array}
$$

应当注意,由于在模 2 运算中,用加法代替了减法,故余项不是 $x^2 - x + 1$,而是 $x^2 + x + 1$。

在循环码中,若 $A(x)$ 是一个长为 n 的许用码组,则 $x^i \cdot A(x)$ 在按模 $x^n + 1$ 运算下,也是该编码中的一个许用码组,即若

$$x^i \cdot A(x) \equiv A'(x) \quad (模(x^n+1)) \tag{11.6-10}$$

则 $A'(x)$ 也是该编码中的一个许用码组。其证明很简单,因为若

$$A(x) = a_{n-1}x^{n-1} + a_{n-2}x^{n-2} + \cdots + a_1 x + a_0 \tag{11.6-11}$$

则

$$x^i \cdot A(x) = a_{n-1}x^{n-1+i} + a_{n-2}x^{n-2+i} + \cdots + a_{n-1-i}x^{n-1} + \cdots + a_1 x^{1+i} + a_0 x^i$$

$$\equiv a_{n-1-i}x^{n-1} + a_{n-2-i}x^{n-2} + \cdots + a_0 x^i + a_{n-1}x^{i-1} + \cdots + a_{n-i}$$

$$（模(x^n+1)） \quad (11.6-12)$$

所以,这时有

$$A'(x) = a_{n-1-i}x^{n-1} + a_{n-2-i}x^{n-2} + \cdots + a_0x^i + a_{n-1}x^{i-1} + \cdots + a_{n-i} \quad (11.6-13)$$

式(11.6-13)中 $A'(x)$ 正是式(11.6-11)中 $A(x)$ 代表的码组向左循环移位 i 次的结果。因为原已假定 $A(x)$ 是循环码的一个码组,所以 $A'(x)$ 也必为该码中一个码组。例如,式(11.6-3)中的循环码组为

$$A(x) = x^6 + x^5 + x^2 + 1$$

其码长 $n=7$。现给定 $i=3$,则

$$\begin{aligned} x^3 \cdot A(x) &= x^3(x^6 + x^5 + x^2 + 1) = x^9 + x^8 + x^5 + x^3 \\ &= x^5 + x^3 + x^2 + x \quad （模(x^7+1)） \end{aligned} \quad (11.6-14)$$

其对应的码组为 0101110,它正是表 11-5 中第 3 码组。

由上述分析可见,一个长为 n 的循环码必定为按模 (x^n+1) 运算的一个余式。

2. 循环码的生成矩阵 G

由式(11.5-17)可知,有了生成矩阵 G,就可以由 k 个信息位得出整个码组,而且生成矩阵 G 的每一行都是一个码组。例如,在式(11.5-17)中,若 $a_6a_5a_4a_3=1000$,则码组 A 就等于 G 的第一行;若 $a_6a_5a_4a_3=0100$,则码组 A 就等于 G 的第二行;等等。由于 G 是 k 行 n 列的矩阵,因此若能找到 k 个已知码组,就能构成矩阵 G。如前所述,这 k 个已知码组必须是线性不相关的,否则给定的信息位与编出的码组就不是一一对应的。

在循环码中,一个 (n,k) 码有 2^k 个不同的码组。若用 $g(x)$ 表示其中前 $(k-1)$ 位皆为"0"的码组,则 $g(x), xg(x), x^2g(x), \cdots, x^{k-1}g(x)$ 都是码组,而且这 k 个码组是线性无关的。因此它们可以用来构成此循环码的生成矩阵 G。

在循环码中除全"0"码组外,再没有连续 k 位均为"0"的码组,即连"0"的长度最多只能有 $(k-1)$ 位。否则,在经过若干次循环移位后将得到一个 k 位信息位全为"0",但监督位不全为"0"的一个码组。这在线性码中显然是不可能的。因此,$g(x)$ 必须是一个常数项不为"0"的 $(n-k)$ 次多项式,而且这个 $g(x)$ 还是这种 (n,k) 码中次数为 $(n-k)$ 的唯一一个多项式。因为如果有两个,则由码的封闭性,把这两个相加也应该是一个码组,且此码组多项式的次数将小于 $(n-k)$,即连续"0"的个数多于 $(k-1)$。显然,这是与前面的结论矛盾的,故是不可能的。我们称这唯一的 $(n-k)$ 次多项式 $g(x)$ 为码的生成多项式。一旦确定了 $g(x)$,则整个 (n,k) 循环码就被确定了。

因此,循环码的生成矩阵 G 可以写成

$$G(x) = \begin{bmatrix} x^{k-1}g(x) \\ x^{k-2}g(x) \\ \vdots \\ xg(x) \\ g(x) \end{bmatrix} \quad (11.6-15)$$

例如，在表 11-5 所给出的循环码中，$n=7, k=3, n-k=4$。由此表可见，唯一的一个 $(n-k)=4$ 次码多项式代表的码组是第二码组 0010111，与它相对应的码多项式（即生成多项式）$g(x) = x^4 + x^2 + x + 1$。将此 $g(x)$ 代入式 (11.6-15)，得

$$\boldsymbol{G}(x) = \begin{bmatrix} x^2 g(x) \\ x g(x) \\ g(x) \end{bmatrix} \qquad (11.6-16)$$

或

$$\boldsymbol{G}(x) = \begin{bmatrix} 1011100 \\ 0101110 \\ 0010111 \end{bmatrix} \qquad (11.6-17)$$

由于式 (11.6-17) 不符合式 (11.5-15) 所示的 $\boldsymbol{G} = [\boldsymbol{I}_k \boldsymbol{Q}]$ 形式，所以它不是典型阵。不过，将它作线性变换，不难化成典型阵。

类似式 (11.5-17)，我们可以写出此循环码组，即

$$A(x) = [a_6 a_5 a_4] \boldsymbol{G}(x) = [a_6 a_5 a_4] \begin{bmatrix} x^2 g(x) \\ x g(x) \\ g(x) \end{bmatrix}$$

$$= a_6 x^2 g(x) + a_5 x g(x) + a_4 g(x)$$

$$= (a_6 x^2 + a_5 x + a_4) g(x) \qquad (11.6-18)$$

式 (11.6-18) 表明，所有码多项式 $A(x)$ 都可被 $g(x)$ 整除，而且任意一个次数不大于 $(k-1)$ 的多项式乘 $g(x)$ 都是码多项式。需要说明一点，两个矩阵相乘的结果应该仍是一个矩阵。式 (11.6-18) 中两个矩阵相乘的乘积是只有一个元素的一阶矩阵，这个元素就是 $A(x)$。为了简洁，式中直接将乘积写为此元素。

3. 如何寻找任一 (n, k) 循环码的生成多项式

由式 (11.6-18) 可知，任一循环码多项式 $A(x)$ 都是 $g(x)$ 的倍式，故它可以写成

$$A(x) = h(x) \cdot g(x) \qquad (11.6-19)$$

而生成多项式 $g(x)$ 本身也是一个码组，即有

$$A'(x) = g(x) \qquad (11.6-20)$$

由于码组 $A'(x)$ 是一个 $(n-k)$ 次多项式，故 $x^k A'(x)$ 是一个 n 次多项式。由式 (11.6-10)

可知，$x^k A'(x)$ 在模 (x^n+1) 运算下也是一个码组，故可以写成

$$\frac{x^k A'(x)}{x^n+1} = Q(x) + \frac{A(x)}{x^n+1} \qquad (11.6-21)$$

式(11.6-21)左端分子和分母都是 n 次多项式，故商式 $Q(x)=1$。因此，式(11.6-21)可以化成

$$x^k A'(x) = (x^n+1) + A(x) \qquad (11.6-22)$$

将式(11.6-19)和式(11.6-20)代入式(11.6-22)，经过化简后得到

$$x^n + 1 = g(x)[x^k + h(x)] \qquad (11.6-23)$$

式(11.6-23)表明，生成多项式 $g(x)$ 应该是 (x^n+1) 的一个因子。这一结论为我们寻找循环码的生成多项式指出了一条道路，即循环码的生成多项式应该是 (x^n+1) 的一个 $(n-k)$ 次因式。例如，(x^7+1) 可以分解为

$$x^7 + 1 = (x+1)(x^3+x^2+1)(x^3+x+1) \qquad (11.6-24)$$

为了求(7,3)循环码的生成多项式 $g(x)$，需要从式(11.6-24)中找到一个 $(n-k)=4$ 次的因子。不难看出，这样的因子有两个，即

$$(x+1)(x^3+x^2+1) = x^4+x^2+x+1 \qquad (11.6-25)$$

$$(x+1)(x^3+x+1) = x^4+x^3+x^2+1 \qquad (11.6-26)$$

式(11.6-25)和式(11.6-26)都可作为生成多项式。不过，选用的生成多项式不同，产生出的循环码码组也不同。用式(11.6-25)作为生成多项式产生的循环码即为表11-5中所列。

11.6.2 循环码的编解码方法

1. 循环码的编码方法

在编码时，首先要根据给定的 (n,k) 值选定生成多项式 $g(x)$，即从 (x^n+1) 的因子中选一个 $(n-k)$ 次多项式作为 $g(x)$。

由式(11.6-18)可知，所有码多项式 $A(x)$ 都可以被 $g(x)$ 整除。根据这条原则，就可以对给定的信息位进行编码：设 $m(x)$ 为信息码多项式，其次数小于 k。用 x^{n-k} 乘 $m(x)$，得到的 $x^{n-k}m(x)$ 的次数必定小于 n。用 $g(x)$ 除 $x^{n-k}m(x)$，得到余式 $r(x)$，$r(x)$ 的次数必定小于 $g(x)$ 的次数，即小于 $(n-k)$。将此余式 $r(x)$ 加于信息位之后作为监督位，即将 $r(x)$ 和 $x^{n-k}m(x)$ 相加，得到的多项式必定是一个码多项式。因为它必定能被 $g(x)$ 整除，且商的次数不大于 $(k-1)$。

根据上述原理，仍以(7,3)码为例，编码步骤可以归纳如下：

(1) 用 x^{n-k} 乘 $m(x)$。这一运算实际上是在信息码后附加上 $(n-k)$ 个"0"。例如，信息码为110，它相当于 $m(x) = x^2+x$。当 $n-k=7-3=4$ 时，$x^{n-k}m(x) = x^4(x^2+x) = x^6 + x^5$，它相当于1100000。

(2) 用 $g(x)$ 除 $x^{n-k}m(x)$，得到商 $Q(x)$ 和余式 $r(x)$，即

$$\frac{x^{n-k}m(x)}{g(x)} = Q(x) + \frac{r(x)}{g(x)} \qquad (11.6-27)$$

例如,若选定 $g(x) = x^4 + x^2 + x + 1$,则

$$\frac{x^{n-k}m(x)}{g(x)} = \frac{x^6 + x^5}{x^4 + x^2 + x + 1} = (x^2 + x + 1) + \frac{x^2 + 1}{x^4 + x^2 + x + 1} \quad (11.6-28)$$

式(11.6-28)相当于

$$\frac{1100000}{10111} = 111 + \frac{101}{10111} \quad (11.6-29)$$

(3) 编出的码组为

$$A(x) = x^{n-k}m(x) + r(x) \quad (11.6-30)$$

在上例中,$A(x) = 1100000 + 101 = 1100101$,它就是表 11-5 中的第 7 码组。

上述三步运算在用硬件实现时,可以用除法电路实现。除法电路主要由若干移位寄存器和模 2 加法器组成。上述(7,3)循环码编码器的组成示于图 11-8 中。图中有 4 级移位寄存器,它们分别用 a、b、c、d 表示。此外,还有一个双刀双掷开关 S。当信息位输入时,开关 S 倒向下,输入信息位一方面送入除法器进行运算,另一方面直接输出。在信息位全部进入除法器后,开关倒向上,这时输出端接到移位寄存器,将其中存储的除法运算余项依次取出,同时断开反馈线。此编码器的工作过程示于表 11-6 中。用这种方法编出的码组中,前面是原来的 k 个(现在是 3 个)信息位,后面是 $(n-k)$ 个(现在是 4 个)监督位。因此它是系统分组码。

图 11-8 (7,3)循环码编码器

表 11-6 (7,3)循环码编码器工作过程

输入 m	移位寄存器 $a\ b\ c\ d$	反馈 e	输出 f
0	0000	0	0
1	1110	1	1 ⎫
1	1001	1	1 ⎬ $f=m$
0	1010	1	0 ⎭
0	0101	0	0 ⎫
0	0010	1	1 ⎪ $f=e$
0	0001	0	0 ⎬
0	0000	1	1 ⎭

由于微处理器和数字信号处理器的应用日益广泛,目前已多采用这些先进的器件和相应的软件代替硬件逻辑电路来实现上述编码。

2. 循环码的解码方法

接收端解码的要求有两个:检错和纠错。达到检错目的的解码原理十分简单。由于任意一个码组多项式 $A(x)$ 都应该能被生成多项式 $g(x)$ 整除,所以在接收端可以将接收码组 $B(x)$ 用原生成多项式 $g(x)$ 去除。当传输中未发生错误时,接收码组与发送码组相同,即 $B(x) = A(x)$,故接收码组 $B(x)$ 必定能被 $g(x)$ 整除;若码组在传输中发生错误,则 $B(x) \neq A(x)$,$B(x)$ 被 $g(x)$ 除时可能除不尽而有余项,即有

$$B(x)/g(x) = Q(x) + r(x)/g(x) \qquad (11.6-31)$$

因此,我们就以余项是否为零来判别接收码组中有无错码。

根据这一原理构成的检错解码器示于图 11 – 9 中。由图可见,解码器的核心是一个除法电路和缓冲移位寄存器,而且这里的除法电路与发送端编码器中的除法电路相同。若在此除法器中进行 $B(x)/g(x)$ 运算的结果,余项为零,则认为码组 $B(x)$ 无错。这时就将暂存于缓冲器中的接收码组送到解码器的输出端。若运算结果余项不等于零,则认为 $B(x)$ 中有错,但错在何位不知。这时就可以将缓冲器中的接收码组删除,并向发送端发出一个重发指令,要求重发一次该码组。

图 11 – 9 检错解码器原理方框图

需要指出,有错码的接收码组也有可能被 $g(x)$ 整除。这时的错码就不能检出了。这种错误称为不可检错误。不可检错误中的误码数必定超过了这种编码的检错能力。

在接收端为纠错而采用的解码方法自然比检错时复杂。容易理解,为了能够纠错,要求每个可纠正的错误图样必须与一个特定余式有一一对应关系。这里,错误图样是指式(11.5 – 20)中错码矩阵 E 的各种具体取值的图样,余式是指接收码组 $B(x)$ 被生成多项式 $g(x)$ 除所得的余式。因为只有存在上述一一对应的关系时,才可能从上述余式唯一地决定错误图样,从而纠正错码。因此,原则上纠错可按下述步骤进行:

（1）用生成多项式 $g(x)$ 除接收码组 $B(x)$,得出余式 $r(x)$;

（2）按余式 $r(x)$,用查表的方法或通过某种计算得到错误图样 $E(x)$。例如,通过计算校正子 S 和利用类似表 11 – 3 中的关系,就可以确定错码的位置;

（3）从 $B(x)$ 中减去 $E(x)$,便得到已经纠正错码的原发送码组 $A(x)$。

这种解码方法称为**捕错解码法**。通常,一种编码可以有不同的几种纠错解码方法。对于循环码来说,除了用捕错解码法外,还有大数逻辑(majority logic)解码等算法。作判决的方法也有不同,有硬判决和软判决等方法。

上述解码运算,都可以用硬件电路实现。由于数字信号处理器的应用日益广泛,目前已多采用软件运算实现上述解码。

11.6.3 截短循环码

在设计纠错编码方案时,常常信息位数 k、码长 n 和纠错能力都是预先给定的。但是,并不一定有恰好满足这些条件的循环码存在。这时,可以采用将码长截短的方法,得出满足要求的编码。

设给定一个 (n,k) 循环码,它共有 2^k 种码组,现使其前 $i(0<i<k)$ 个信息位全为"0",于是它变成仅有 2^{k-i} 种码组。然后从中删去这 i 位全"0"的信息位,最终得到一个 $(n-i,k-i)$ 的线性码。将这种码称为**截短循环码**(truncated cyclic code)。截短循环码与截短前的循环码至少具有相同的纠错能力,并且截短循环码的编解码方法仍和截短前的方法一样。例如,要求构造一个能够纠正 1 位错码的 $(13,9)$ 码。这时可以由 $(15,11)$ 循环码的码组中选出前两信息位均为"0"的码组,构成一个新的码组集合。然后在发送时不发送这两位"0"。于是发送码组成为 $(13,9)$ 截短循环码。因为截短前后监督位数相同,所以截短前后的编码具有相同的纠错能力。原 $(15,9)$ 循环码能够纠正 1 位错码,所以 $(13,9)$ 码也能够纠正 1 位错码。

11.6.4 BCH 码

BCH 码是一种获得广泛应用的能够纠正多个错码的循环码,它是以 3 位发明这种码的人名(Bose,Chaudhuri,Hocguenghem)命名的。BCH 码的重要性在于它解决了生成多项式与纠错能力的关系问题,可以在给定纠错能力要求的条件下寻找到码的生成多项式。有了生成多项式,编码的基本问题就随之解决了。

BCH 码可以分为两类,即**本原 BCH 码**和**非本原 BCH 码**。它们的主要区别在于,本原 BCH 码的生成多项式 $g(x)$ 中含有最高次数为 m 的本原多项式(primitive polynomial),且码长为 $n=2^m-1(m \geqslant 3,$为正整数);而非本原 BCH 码的生成多项式中不含这种本原多项式,且码长 n 是 (2^m-1) 的一个因子,即码长 n 一定除得尽 2^m-1。本原多项式的概念将在下一章介绍。

BCH 码的码长 n 与监督位、纠错个数 t 之间的关系如下:对于正整数 $m(m \geqslant 3)$ 和正整数 $t<m/2$,必定存在一个码长为 $n=2^m-1$,监督位为 $n-k \leqslant mt$,能纠正所有不多于 t 个随机错误的 BCH 码。若码长 $n=(2^m-1)/i(i>1,$且除得尽 $2^m-1))$,则为非本原 BCH 码。

前面已经介绍过的汉明码是能够纠正单个随机错误的码。可以证明,具有循环性质的汉明码就是能纠正单个随机错误的本原 BCH 码。例如,$(7,4)$ 汉明码就是以 $g_1(x)=x^3+x+1$ 或 $g_2(x)=x^3+x^2+1$ 生成的 BCH 码,而用 $g_3(x)=x^4+x+1$ 或 $g_4(x)=x^4+x^3+1$ 都能生成 $(15,11)$ 汉明码。

在工程设计中,一般不需要用计算方法去寻找生成多项式 $g(x)$。因为前人早已将寻找到的 $g(x)$ 列成表,故可以用查表法找到所需的生成多项式。表 11-7 给出了码长 $n \leqslant 127$ 的二进制本原 BCH 码生成多项式系数,$n=255$ 的参数在其他文献中有记载[2]。表 11-8 则列出了部分二进制非本原 BCH 码生成多项式系数。表中给出的生成多项式系数是用八进制数字列出的。例如,$g(x)=(13)_8$ 是指 $g(x)=x^3+x+1$,因为 $(13)_8=(1011)_2$,后者就是此 3 次方程 $g(x)$ 的各项系数。

表 11-7　$n \leqslant 127$ 的二进制本原 BCH 码生成多项式系数

\multicolumn{3}{c	}{$n=3$}	\multicolumn{3}{c}{$n=63$}
k	t	$g(x)$	k	t	$g(x)$
1	1	7	57	1	103
\multicolumn{3}{c	}{$n=7$}	51	2	12471
k	t	$g(x)$	45	3	1701317
4	1	13	39	4	166623567
1	3	77	36	5	1033500423
\multicolumn{3}{c	}{$n=15$}	30	6	157464165347
k	t	$g(x)$	24	7	17323260404441
11	1	23	18	10	1363026512351725
7	2	721	16	11	6331141367235453
5	3	2467	10	13	472622305527250155
1	7	77777	7	15	5231045543503271737
			1	31	全部为 1
\multicolumn{3}{c	}{$n=31$}	\multicolumn{3}{c}{$n=127$}
k	t	$g(x)$	k	t	$g(x)$
26	1	45	120	1	211
21	2	3551	113	2	41567
16	3	107657	106	3	11554743
11	5	5423325	99	4	3447023271
6	7	313365047	92	5	624730022327
1	15	17777777777	85	6	130704476322273
			78	7	26230002166130115
			71	9	6255010713253127753
			64	10	1206534025570773100045
			57	11	235265252505705053517721
			50	13	54446512523314012421501421
			43	15	17721772213651227521220574343
			36	≥15	31460746665220750447645747217 35
			29	≥22	403114461367670603667530141176155
			22	≥23	123376070404722522435445 6266337647043
			15	≥27	22057042445604554770523013762217604353
			8	≥31	704726405275103065147622427156773 3130217
			1	63	全部为 1

在表 11-8 中的 (23,12) 码称为戈莱 (Golay) 码。它能纠正 3 个随机错码,并且容易解码,实际应用较多。此外,BCH 码的长度都为奇数。在应用中,为了得到偶数长度的码,并增大检错能力,可以在 BCH 码生成多项式中乘上一个因式 $(x+1)$,从而得到扩展 BCH 码 $(n+1,k)$。扩展 BCH 码相当于在原 BCH 码上增加了一个校验位,因此码距比原 BCH 码增加 1。扩展 BCH 码已经不再具有循环性。例如,广泛使用的扩展戈莱码 (24,12),其最小码距为 8,码率为 1/2,能够纠正 3 个错码和检测 4 个错码。它比汉明码的纠错能力强很多,付出的代价是解码更复杂,码率也比汉明码低。此外,它不再是循环码了。

表 11-8　部分二进制非本原 BCH 码生成多项式系数

n	k	t	g(x)	n	k	t	g(x)
17	9	2	727	47	24	5	43073357
21	12	2	1663	65	53	2	10761
23	12	3	5343	65	40	4	354300067
33	22	2	5145	73	46	4	1717773537
41	21	4	6647133				

11.6.5　RS 码

RS 码是用其发明人的名字 Reed 和 Solomon 命名的。它是一类具有很强纠错能力的多进制 BCH 码。

若仍用 n 表示 RS 码的码长,则对于 m 进制的 RS 码,其码长需要满足下式:

$$n = m - 1 = 2^q - 1 \quad (11.6-32)$$

式中: $q \geq 2$,为整数。

对于能够纠正 t 个错误的 RS 码,其监督码元数目为

$$r = 2t \quad (11.6-33)$$

这时的最小码距 $d_0 = 2t + 1$。

RS 码的生成多项式为

$$g(x) = (x + \alpha)(x + \alpha^2)\cdots(x + \alpha^{2t}) \quad (11.6-34)$$

式中: α 为伽罗华域 $GF(2^q)$ 中的本原元(伽罗华域的概念见附录 I)。

若将每个 m 进制码元表示成相应的 q 位二进制码元,则得到的二进制码的参数为

码长　　　　$n = q(2^q - 1)$　　　　(二进制码元)

监督码　　　$r = 2qt$　　　　　　 (二进制码元)

由于 RS 码能够纠正 t 个 m 进制错码,或者说,能够纠正码组中 t 个不超过 q 位连续的二进制错码,所以 RS 码特别适用于存在突发错误的信道,例如移动通信网等衰落信道中。此外,因为它是多进制纠错编码,所以特别适合用于多进制调制的场合。

11.7　卷积码

卷积码(convolutional code)是由伊利亚斯(P. Elias)发明的一种非分组码。它与前面几节讨论的分组码不同,是一种非分组码。通常它更适用于前向纠错,因为对于许多实际情况它的性能优于分组码,而且运算较简单。

在分组码中,编码器产生的 n 个码元的一个码组,完全决定于这段时间中 k 比特输入信息。这个码组中的监督位仅监督本码组中 k 个信息位。卷积码则不同。卷积码在编码时虽然也是把 k 比特的信息段编成 n 个比特的码组,但是监督码元不仅和当前的 k 比特信息段有关,而且还同前面 $m = (N-1)$ 个信息段有关。所以一个码组中的监督码元监督着 N 个信息段。通常将 N 称为**编码约束**(constraint)**度**,并将 nN 称为**编码约束长度**。一般说来,对于卷积码,k 和 n 的值是比较小的整数。我们将卷积码记作 (n,k,N)。码率则仍定义为 k/n。

11.7.1 卷积码的基本原理

图 11-10 示出卷积码编码器一般原理方框图。编码器由三种主要元件构成,包括 Nk 级移存器、n 个模 2 加法器和一个旋转开关。每个模 2 加法器的输入端数目可以不同,它连接到一些移存器的输出端。模 2 加法器的输出端接到旋转开关上。将时间分成等间隔的时隙,在每个时隙中有 k 比特从左端进入移存器,并且移存器各级暂存的信息向右移 k 位。旋转开关每时隙旋转一周,输出 n 比特 ($n > k$)。

图 11-10 卷积码编码器一般原理方框图

下面我们将仅讨论最常用的卷积码,其 $k=1$。这时,移存器共有 N 级。每个时隙中,只有 1b 输入信息进入移存器,并且移存器各级暂存的内容向右移 1 位,开关旋转一周输出 n 比特。所以,码率为 $1/n$。在图 11-11 中给出一个实例。它是一个 $(n,k,N) = (3,1,3)$ 卷积码的编码器,其码率等于 $1/3$。我们将以它为例,作较详细的讨论。

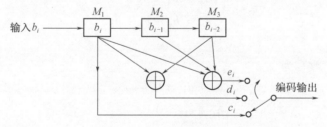

图 11-11 一种 (3,1,3) 卷积码编码器方框图

设输入信息比特序列是 $\cdots b_{i-2}\ b_{i-1}\ b_i\ b_{i+1} \cdots$,则当输入 b_i 时,此编码器输出 3b,$c_i d_i e_i$,输入和输出的关系如下:

$$\begin{cases} c_i = b_i \\ d_i = b_i \oplus b_{i-2} \\ e_i = b_i \oplus b_{i-1} \oplus b_{i-2} \end{cases} \quad (11.7-1)$$

式中:b_i 为当前输入信息位;b_{i-1} 和 b_{i-2} 为移存器存储的前两信息位。

在输出中信息位在前,监督位在后,如图 11-12 所示;故这种码是 11.5 节中定义过的系统码。在此图中还用虚线示出了信息位 b_i 的监督位和各信息位之间的约束关系。这里的编码约束长度 $nN=9$。

图 11-12 卷积码编码器的输入和输出举例

11.7.2 卷积码的代数表述

式(11.7-1)表示卷积码也是一种线性码。由 11.5 节中讨论可知,一个线性码完全由一个监督矩阵 H 或生成矩阵 G 所确定。下面就来寻找这两个矩阵。

1. 监督矩阵 H

现在仍从图 11-11 给出的实例开始分析。假设图 11-11 中在第一个信息位 b_1 进入编码器之前,各级移存器都处于"0"状态,则监督位 d_i、e_i 和信息位 b_i 之间的关系可以写为

$$\begin{cases} d_1 = b_1 \\ e_1 = b_1 \\ d_2 = b_2 \\ e_2 = b_2 + b_1 \\ d_3 = b_3 + b_1 \\ e_3 = b_3 + b_2 + b_1 \\ d_4 = b_4 + b_2 \\ e_4 = b_4 + b_3 + b_2 \\ \cdots \end{cases} \quad (11.7-2)$$

式(11.7-2)可以改写为

$$\begin{cases} b_1 + d_1 = 0 \\ b_1 + e_1 = 0 \\ b_2 + d_2 = 0 \\ b_1 + b_2 + e_2 = 0 \\ b_1 + b_3 + d_3 = 0 \\ b_1 + b_2 + b_3 + e_3 = 0 \\ b_2 + b_4 + d_4 = 0 \\ b_2 + b_3 + b_4 + e_4 = 0 \\ \cdots \end{cases} \quad (11.7-3)$$

式(11.7-2)和式(11.7-3)及后面的式子中,为简便计,用"$+$"代替"$\oplus$"。

将式(11.7-3)用矩阵表示时,可以写成

$$\begin{bmatrix} 11 \\ 101 \\ 00011 \\ 100101 \\ 10000011 \\ 100100101 \\ 00010000011 \\ 000100100101 \\ \cdots \end{bmatrix} \begin{bmatrix} b_1 \\ d_1 \\ e_1 \\ b_2 \\ d_2 \\ e_2 \\ b_3 \\ d_3 \\ e_3 \\ b_4 \\ d_4 \\ e_4 \end{bmatrix} = [\mathbf{0}] \quad (11.7-4)$$

与式(11.5-10)对比,可以看出监督矩阵为

$$\mathbf{H} = \begin{bmatrix} 11 & & & \\ 101 & & & \\ 000 & 11 & & \\ 100 & 101 & & \\ 100 & 000 & 11 & \\ 100 & 100 & 101 & \\ 000 & 100 & 000 & 11 \\ 000 & 100 & 100 & 101 \\ & & \cdots & \end{bmatrix} \quad (11.7-5)$$

由此例可见,在卷积码中,监督矩阵 $\mathbf{H}$ 是一个有头无尾的半无穷矩阵。观察式(11.7-5),可以看出,这个矩阵的每 3 列的结构是相同的,只是后 3 列比前 3 列向下移了两行。例如,第 4 列~第 6 列比第 1 列~第 3 列低 2 行。此外,自第 7 行起,每两行的左端比上两行多了 3 个"0"。因此,虽然这样的半无穷矩阵不便于研究,但是只要研究产生前 9 个码元(9 为约束长度)的监督矩阵就足够了。不难看出,这种截短监督矩阵的结构形式如图 11-13 所示。由此图可见,$\mathbf{H}_1$ 的最左边是 n 列、$(n-k)N$ 行的一个子矩阵,且向右的每 n 列均相对于前 n 列降低 $(n-k)$ 行。

图 11-13 截短监督矩阵结构示意图

此例中码的截短监督矩阵可以写为

$$H_1 = \begin{bmatrix} 11 \\ 101 \\ 00011 \\ 100101 \\ 10000011 \\ 100100101 \end{bmatrix} = \begin{bmatrix} P_1 & I_2 & & & & \\ P_2 & 0_2 & P_1 & I_2 & & \\ P_3 & 0_2 & P_2 & 0_2 & P_1 & I_2 \end{bmatrix} \quad (11.7-6)$$

式中：$I_2 = \begin{bmatrix} 10 \\ 01 \end{bmatrix}$，为 2 阶单位方阵；$P_i$ 为 2×1 阶矩阵，$i=1,2,3$；0_2 为 2 阶全零方阵。

将式(11.7-6)和式(11.5-11)对比，可以发现它们的相似之处。一般说来，卷积码的截短监督矩阵具有如下形式：

$$H_1 = \begin{bmatrix} P_1 & I_{n-k} & & & & & & \\ P_2 & 0_{n-k} & P_1 & I_{n-k} & & & & \\ P_3 & 0_{n-k} & P_2 & 0_{n-k} & P_1 & I_{n-k} & & \\ \vdots & \vdots & \vdots & \vdots & \vdots & & & \\ P_N & 0_{n-k} & P_{N-1} & 0_{n-k} & P_{N-2} & 0_{n-k} & \cdots & P_1 & I_{n-k} \end{bmatrix} \quad (11.7-7)$$

式中：I_{n-k} 为 $(n-k)$ 阶单位方阵；P_i 为 $(n-k) \times k$ 阶矩阵；0_{n-k} 为 $(n-k)$ 阶全零方阵。有时还将 H_1 的末行称为基本监督矩阵，即

$$h = [P_N \, 0_{n-k} \, P_{N-1} \, 0_{n-k} \, P_{N-2} \, 0_{n-k} \, \cdots \, P_1 \, I_{n-k}] \quad (11.7-8)$$

它是卷积码的一个最重要的矩阵，因为只要给定了 h，则 H_1 也就随之决定了。或者说，我们从给定的 h 不难构造出 H_1。

2. 生成矩阵 G

由式(11.7-2)可知，此例中的输出码元序列可以写成

$$[b_1 \, d_1 \, e_1 \, b_2 \, d_2 \, e_2 \, b_3 \, d_3 \, e_3 \, b_4 \, d_4 \, e_4 \, \cdots]$$
$$= [b_1 \, b_1 \, b_1 \, b_2 \, b_2(b_2+b_1) \, b_3(b_3+b_1)(b_3+b_2+b_1) \, b_4(b_4+b_2)(b_4+b_3+b_2) \cdots]$$

$$= [b_1 \, b_2 \, b_3 \, b_4 \, \cdots] \begin{bmatrix} 111 & 001 & 011 & 000 & 0\cdots \\ 000 & 111 & 001 & 011 & 0\cdots \\ 000 & 000 & 111 & 001 & 0\cdots \\ 000 & 000 & 000 & 111 & 0\cdots \\ 000 & 000 & 000 & 000 & 1\cdots \\ 000 & 000 & 000 & 000 & 0\cdots \\ 000 & 000 & 000 & 000 & 0\cdots \\ & & & \cdots & \end{bmatrix} \quad (11.7-9)$$

与式(11.5-16)对比可知，此码的生成矩阵 G 即为式(11.7-9)最右矩阵，即

$$G = \begin{bmatrix} 111 & 001 & 011 & 000 & 0\cdots \\ 000 & 111 & 001 & 011 & 0\cdots \\ 000 & 000 & 111 & 001 & 0\cdots \\ 000 & 000 & 000 & 111 & 0\cdots \\ 000 & 000 & 000 & 000 & 1\cdots \\ 000 & 000 & 000 & 000 & 0\cdots \\ 000 & 000 & 000 & 000 & 0\cdots \\ & & \cdots & & \end{bmatrix} \qquad (11.7-10)$$

它也是一个半无穷矩阵,其特点是每一行的结构相同,只是比上一行向右退后 3 列(因现在 $n=3$)。

类似式(11.7-6),也有截短生成矩阵:

$$G_1 = \begin{bmatrix} 111 & 001 & 011 \\ 000 & 111 & 001 \\ 000 & 000 & 111 \end{bmatrix} = \begin{bmatrix} I_1 & Q_1 & 0 & Q_2 & 0 & Q_3 \\ & & I_1 & Q_1 & 0 & Q_2 \\ & & & & I_1 & Q_1 \end{bmatrix} \qquad (11.7-11)$$

式中:I_1 为一阶单位方阵;Q_i 为 1×2 阶矩阵。

与式(11.7-6)比较可见,Q_i 是矩阵 P_i 的转置:

$$Q_i = P_i^{\mathrm{T}} \qquad i = 1,2,\cdots \qquad (11.7-12)$$

一般说来,截短生成矩阵具有如下形式:

$$G_1 = \begin{bmatrix} I_k & Q_1 & 0_k & Q_2 & 0_k & Q_3 & \cdots & 0_k & Q_N \\ & & I_k & Q_1 & 0_k & Q_2 & \cdots & 0_k & Q_{N-1} \\ & & & & I_k & Q_1 & \cdots & 0_k & Q_{N-2} \\ & & & & & & & \vdots & \vdots \\ & & & & & & & I_k & Q_1 \end{bmatrix} \qquad (11.7-13)$$

式中:I_k 为 k 阶单位方阵;Q_i 为 $k\times(n-k)$ 阶矩阵;0_k 为 k 阶全零方阵。

并将式(11.7-13)中矩阵第一行称为基本生成矩阵:

$$g = [I_k\ Q_1\ 0_k\ Q_2\ 0_k\ Q_3\cdots 0_k\ Q_N] \qquad (11.7-14)$$

同样,如果基本生成矩阵 g 已经给定,则可以从已知的信息位得到整个编码序列。

以上就是卷积码的代数表述。目前卷积码的代数理论尚不像循环码那样完整严密。

11.7.3 卷积码的解码

卷积码的解码方法可以分为两类：**代数解码**和**概率解码**。代数解码是利用编码本身的代数结构进行解码，不考虑信道的统计特性。**大数逻辑解码**，又称**门限（threshold）解码**，是卷积码代数解码的最主要一种方法，它也可以应用于循环码的解码。大数逻辑解码对于约束长度较短的卷积码最为有效，而且设备较简单。概率解码（又称**最大似然解码**）则是基于信道的统计特性和卷积码的特点进行计算。首先由沃曾克拉夫特（Wozencraft）针对无记忆信道提出的序贯解码就是概率解码方法之一；另一种概率解码方法是**维特比（Viterbi）算法**[3]。当码的约束长度较短时，它比序贯解码算法的效率更高、速度更快，目前得到广泛的应用。下面将仅介绍大数逻辑解码和维特比解码算法。

1. 大数逻辑解码

卷积码的大数逻辑解码是基于卷积码的代数表述运算的，其一般工作原理示于图 11-14 中。上面已经提到，卷积码是一种线性码。在 11.5 节中指出，线性码有可能用校正子指明接收码组中的错码位置，从而纠正错码。图 11-14 中即利用此原理纠正错码。图中首先将接收信息位暂存于移存器中，并从接收码元的信息位和监督位计算校正子。然后，将计算得出的校正子暂存，并用它来检测错码的位置。在信息位移存器输出端，接有一个模 2 加电路；当检测到输出的信息位有错时，在输出的信息位上加"1"，从而纠正之。

图 11-14 大数逻辑解码一般工作原理

这里的错码检测是采用二进制码的大数逻辑解码算法。它利用一组正交校验方程进行计算。这里的"正交"是有特殊定义的。其定义是，若被校验的那个信息位出现在校验方程组的每一个方程中，而其他的信息位至多在一个方程中出现，则称这组方程为正交校验方程。这样就可以根据被错码影响了的方程数目在方程组中是否占多数来判断该信息位是否错了。下面将用一个实例来具体讲述这一过程。

在图 11-15 中画出一个 (2,1,6) 卷积码编码器。其监督位和信息位的关系如下：

图 11-15 (2,1,6) 卷积码编码器原理方框图

当输入序列为 $b_1\ b_2\ b_3\ b_4\cdots$ 时,监督位为

$$\begin{cases} c_1 = b_1 \\ c_2 = b_2 \\ c_3 = b_3 \\ c_4 = b_1 + b_4 \\ c_5 = b_1 + b_2 + b_5 \\ c_6 = b_1 + b_2 + b_3 + b_6 \\ \cdots \end{cases} \quad (11.7-15)$$

参照式(11.5-1),由式(11.7-15)容易写出监督关系式如下:

$$\begin{cases} S_1 = c_1 + b_1 \\ S_2 = c_2 + b_2 \\ S_3 = c_3 + b_3 \\ S_4 = c_4 + b_1 + b_4 \\ S_5 = c_5 + b_1 + b_2 + b_5 \\ S_6 = c_6 + b_1 + b_2 + b_3 + b_6 \end{cases} \quad (11.7-16)$$

式(11.7-16)中的 $S_i(i=1\sim 6)$ 称为校正子,经过简单线性变换后,可以得出如下正交校验方程组:

$$\begin{cases} S_1 = c_1 + b_1 \\ S_4 = c_4 + b_1 + b_4 \\ S_5 = c_5 + b_1 + b_2 + b_5 \\ S_2 + S_6 = c_2 + c_6 + b_1 + b_3 + b_6 \end{cases} \quad (11.7-17)$$

在式(11.7-17)中,只有信息位 b_1 出现在每个方程中,监督位和其他信息位均最多只出现一次。因此,在接收端解码时,考察 b_1、c_1 至 b_6、c_6 等 12 个码元,仅当 b_1 出错时,式(11.7-17)中才可能有 3 个或 3 个以上方程等于"1"。从而能够纠正 b_1 的错误。按照这一原理画出的此(2,1,6)卷积码解码器原理方框图示于图 11-16 中。由此图可见,当信息位出现一个错码时,仅当它位于信息位移存器的第 6、3、2 和 1 级时,才使校正子等于"1"。因此,这时的校正子序列为 100111;反之,当监督位出现一个错码时,校正子序列将为 100000。由此可见,当校正子序列中出现第一个"1"时,表示已经检出一个错码。后面的几位校正子则指出是信息位错了,还是监督位错了。图中门限电路的输入为代表式(11.7-17)的 4 个方程的 4 个电压。门限电路将这 4 个电压(非模2)相加。当相加结果大于或等于3时,门限电路输出"1",它除了送到输出端的模2加法器上纠正输出码元 b_1

图 11-16 (2,1,6)卷积码解码器原理方框图

的错码外,还送到校正子移存器纠正其中错误。

此卷积码除了能够纠正两位在约束长度中的随机错误外,还能纠正部分多于两位的错误。为了克服突发错误,可以采用更长的约束长度和在约束长度中能纠正更多错误的码。

2. 卷积码的几何表述

以上所述的大数逻辑解码是基于卷积码的代数表述之上的。卷积码的维特比解码算法则是基于卷积码的几何表述之上的。所以在介绍卷积码的解码算法之前,先引入卷积码的三种几何表述方法。

1) 码树图

现仍以图 11-11 中的(3,1,3)码为例,介绍卷积码的码树图(code tree diagram)。图 11-17 画出了此码树图。将图 11-11 中移存器 M_1,M_2 和 M_3 的初始状态 000 作为码树的起点。现在规定:输入信息位为"0",则状态向上支路移动;输入信息位为"1",则状态向下支路移动。于是,就可以得出图 11-17 中所示的码树图。设现在的输入码元序列为1101,则当第 1 个信息位 $b_1=1$ 输入后,各移存器存储的信息分别为 $M_1=1$,$M_2=M_3=0$。由式(11.7-1)可知,此时的输出为 $c_1 d_1 e_1 = 111$,码树的状态将从起点 a 向下到达状态 b;此后,第 2 个输入信息位 $b_2=1$,故码树状态将从状态 b 向下到达状态 d。这时 $M_2=1$,$M_3=0$,由式(11.7-1)可知,$c_2 d_2 e_2 = 110$。第 3 位和后继各位输入时,编码器将按照图中粗线所示的路径前进,得到输出序列:111 110 010 100 ⋯。由此码树图还可以看到,从第 4 级支路开始,码树的上半部和下半部相同。这意味着,从第 4 个输入信息位开始,输出码元已经与第一位输入信息位无关,即此编码器的约束度 $N=3$。

若观察在新码元输入时编码器的过去状态,即观察 $M_2 M_3$ 的状态和输入信息位的关系,则可以得出图中的 a、b、c 和 d 四种状态。这些状态和 $M_2 M_3$ 的关系也在图 11-17 中给出了。

码树图原则上还可以用于解码。在解码时,按照汉明距离最小的准则沿上面的码树

图 11-17 (3,1,3)卷积码的码树图

进行搜索。例如,若接收码元序列为 111 010 010 110 …,和发送序列相比可知第 4 和第 11 码元为错码。当接收到第 4~第 6 个码元"010"时,将这三个码元和对应的第 2 级的上下两个支路比较,它和上支路"001"的汉明距离等于 2,和下支路"110"的汉明距离等于 1,所以选择走下支路。类似地,当接收到第 10~第 12 个码元"110"时,和第 4 级的上下支路比较,它和上支路的"011"的汉明距离等于 2,和下支路"100"的汉明距离等于 1,所以走下支路。这样,就能够纠正这两个错码。一般说来,码树搜索解码法并不实用,因为随着信息序列的增长,码树分支数目按指数规律增长;在上面的码树图中,只有 4 个信息位,分支已有 $2^4 = 16$ 个。但是它为以后实用解码算法建立了初步基础。

2) 状态图

上面的码树可以改进为下述的状态图(state diagram)。由上例的编码器结构可知,输出码元 $c_i d_i e_i$ 决定于当前输入信息位 b_i 和前两位信息位 b_{i-1} 和 b_{i-2}(移存器 M_2 和 M_3 的状态)。在图 11-17 中已经为 M_2 和 M_3 的四种状态规定了代表符号 a,b,c 和 d。所以,可以将当前输入信息位、移存器前一状态、移存器下一状态和输出码元之间的关系归纳于表 11-9 中。

由表 11-9 看出,前一状态 a 只能转到下一状态 a 或 b,前一状态 b 只能转到下一状态 c 或 d,等等。按照表 11-9 中的规律,可以画出状态图如图 11-18 所示。在图 11-18 中,虚线表示输入信息位为"1"时状态转变的路线;实线表示输入信息位为"0"时状态转变的路线。线条旁的 3 位数字是编码输出比特。利用这种状态图可以方便地从输入序列得到输出序列。

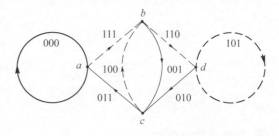

图 11-18 (3,1,3)卷积码状态图

表11-9 移存器状态和输入输出码元的关系

移存器前一状态 $M_3 M_2$	当前输入信息位 b_i	输出码元 $c_i d_i e_i$	移存器下一状态 $M_3 M_2$
a (00)	0	000	a (00)
	1	111	b (01)
b (01)	0	001	c (10)
	1	110	d (11)
c (10)	0	011	a (00)
	1	100	b (01)
d (11)	0	010	c (10)
	1	101	d (11)

3) 网格图

将状态图在时间上展开,可以得到网格图(trellis diagram),如图11-19所示。图中画出了5个时隙。在图11-19中,仍用虚线表示输入信息位为"1"时状态转变的路线;实线表示输入信息位为"0"时状态转变的路线。可以看出,在第4时隙以后的网格图形完全是重复第3时隙的图形。这也反映了此(3,1,3)卷积码的约束长度为3。在图11-20中给出了输入信息位为11010时,在网格图中的编码路径。图中示出这时的输出编码序列是:111 110 010 100 011 …。由上述可见,用网格图表示编码过程和输入/输出关系比码树图更为简练。

图11-19 (3,1,3)卷积码网格图

图11-20 (3,1,3)卷积码编码路径举例

有了上面的状态图和网格图,下面就可以讨论维特比解码算法了。

3. 维特比解码算法

维特比解码算法是维特比于1967年提出的。由于这种解码方法比较简单,计算快,

故得到广泛应用,特别是在卫星通信和蜂窝网通信系统中应用。这种算法的基本原理是将接收到的信号序列和所有可能的发送信号序列比较,选择其中汉明距离最小的序列认为是当前发送信号序列。若发送一个 k 位序列,则有 2^k 种可能的发送序列。计算机应存储这些序列,以便用作比较。当 k 较大时,存储量太大,使实用受到限制。维特比算法对此作了简化,使之能够实用。现在仍用上面(3,1,3)卷积码的例子来说明维特比算法的原理。

设现在的发送信息位为 1101,为了使图 11 – 11 中移存器的信息位全部移出,在信息位后面加入三个"0",故编码后的发送序列为 111 110 010 100 001 011 000,并且假设接收序列为 111 010 010 110 001 011 000,其中第 4 和第 11 个码元为错码。

由于这是一个 $(n,k,N) = (3,1,3)$ 卷积码,发送序列的约束度 $N = 3$,所以首先需考察 $nN = 9b$。第一步考察接收序列前 9 位"111 010 010"。由此码的网格图 11 – 19 可见,沿路径每一级有 4 种状态 a,b,c 和 d。每种状态只有两条路径可以到达。故 4 种状态共有 8 条到达路径。现在比较网格图中的这 8 条路径和接收序列之间的汉明距离。例如,由出发点状态 a 经过 3 级路径后到达状态 a 的两条路径中上面一条为"000 000 000"。它和接收序列"111 010 010"的汉明距离等于 5;下面一条为"111 001 011",它和接收序列的汉明距离等于 3。同样,由出发点状态 a 经过 3 级路径后到达状态 b、c 和 d 的路径分别都有两条,故总共有 8 条路径。在表 11 – 10 中列出了这 8 条路径和其汉明距离。

现在将到达每个状态的两条路径的汉明距离作比较,将距离小的一条路径保留,称为幸存路径(surviving path)。若两条路径的汉明距离相同,则可以任意保存一条。这样就剩下 4 条路径了,即表中第 2,4,6 和 8 条路径。

表 11 – 10			维特比算法解码第一步计算结果						
序号	路径	对应序列	汉明距离	幸存否	序号	路径	对应序列	汉明距离	幸存否
1	$aaaa$	000 000 000	5	否	5	$aabc$	000 111 001	7	否
2	$abca$	111 001 011	3	是	6	$abdc$	111 110 010	1	是
3	$aaab$	000 000 111	6	否	7	$aabd$	000 111 110	6	否
4	$abcb$	111 001 100	4	是	8	$abdd$	111 110 101	4	是

第二步将继续考察接收序列中的后继 3 位"110"。现在计算 4 条幸存路径上增加一级后的 8 条可能路径的汉明距离。计算结果列于表 11 – 11 中。表中最小的总距离等于 2,其路径是 $abdc + b$,相应序列为 111 110 010 100。它和发送序列相同,故对应发送信息位 1101。按照表 11 – 11 中的幸存路径画出的网格图示于图 11 – 21 中。图中粗线路径是汉明距离最小(等于 2)的路径。

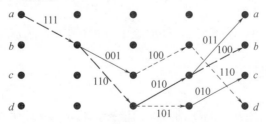

图 11 – 21 对应信息位"1101"的幸存路径网格图

表 11-11　维特比算法解码第二步计算结果

序号	路径	原幸存路径的距离	新增路径段	新增距离	总距离	幸存否
1	abca + a	3	aa	2	5	否
2	abdc + a	1	ca	2	3	是
3	abca + b	3	ab	1	4	否
4	abdc + b	1	cb	1	2	是
5	abcb + c	4	bc	3	7	否
6	abdd + c	4	dc	1	5	是
7	abcb + d	4	bd	0	4	是
8	abdd + d	4	dd	2	6	否

上面提到过，为了使输入的信息位全部通过编码器的移存器，使移存器回到初始状态，在信息位 1101 后面加了三个"0"。若把这三个"0"仍然看作是信息位，则可以按照上述算法继续解码。这样得到的幸存路径网格图示于图 11-22 中。图中的粗线仍然是汉明距离最小的路径。但是，若已知这三个码元是(为结尾而补充的)"0"，则在解码计算时就预先知道在接收这三个"0"码元后，路径必然应该回到状态 a。而由图可见，只有两条路径可以回到 a 状态。所以，这时图 11-22 可以简化成图 11-23。

在上例中卷积码的约束度 $N=3$，需要存储和计算 8 条路径的参量。由此可见，维特比解码算法的复杂度随约束长度 N 按指数形式 2^N 增长。故维特比解码算法适合约束度较小 ($N \leq 10$) 的编码。对于约束度大的卷积码，可以采用其他解码算法，例如，序贯解码 (sequential decoding)[4]、范诺(Fano)[5]算法等。

图 11-22　对应信息位"1101000"的幸存路径网格图

图 11-23　对应信息位"1101"及以"000"结束的幸存路径网格图

11.8　Turbo 码

Turbo 码是 1993 年才发明的一种特殊的链接码 (concatenated code)[6]。由于其性能接近信息理论上能够达到的最好性能，所以这种码的发明在编码理论上是带有革命性的进步。这种码，特别是解码运算，非常复杂，这里只对其基本概念作一简明介绍。

由于分组码和卷积码的复杂度随码组长度或约束度的增大按指数规律增长,所以为了提高纠错能力,人们大多不是单纯增大一种码的长度,而是将两种或多种简单的编码组合成复合编码。Turbo 码的编码器在两个并联或串联的分量码(component code)编码器之间增加一个交织器(interleaver),使之具有很大的码组长度,能在低信噪比条件下得到接近理想的性能。Turbo 码的译码器有两个分量码译码器,译码在两个分量码译码器之间进行迭代译码,故整个译码过程类似涡轮(turbo)工作,所以又形象的称为 Turbo 码。

图 11 - 24 为 Turbo 码的一种基本结构,它由一对递归系统卷积码(Recursive Systematic Convolution Code, RSCC)编码器和一个交织器组成。RSCC 编码器和前面讨论的卷积码编码器之间的主要区别是从移存器输出端到信息位输入端之间有反馈路径。原来的卷积码编码器没有这样的反馈路径,所以像是一个 FIR 数字滤波器。增加了反馈路径后,它就变成了一个 IIR 滤波器,或称递归滤波器,这一点和 Turbo 码的特征有关。在图 11 - 25 中给出了一个 RSCC 编码器的例子,它是一个码率等于 1/2 的卷积码编码器,输入为 b_i,输出为 $b_i c_i$。因为输出中第 1 位是信息位,所以它是系统码。图 11 - 24 中的两个 RSCC 编码器通常是相同的。它们的输入是经过一个交织器并联的。此 Turbo 码的输入信息位是 b_i,输出是 $b_i c_{1i} c_{2i}$,故码率等于 1/3。

图 11 - 24 Turbo 码编码器

图 11 - 25 RSCC 编码器

交织器的基本形式是矩阵交织器,它由容量为 $(n-1)m$ 比特的存储器构成。图 11 - 26 为交织器原理图。将信号码元按行的方向输入存储器,再按列的方向输出。这样,若输入码元序列是 $a_{11} a_{12} \cdots a_{1m} a_{21} a_{22} \cdots a_{2m} \cdots a_{n1} \cdots a_{nm}$,则输出序列是 $a_{11} a_{21} \cdots a_{n1} a_{12} a_{22} \cdots a_{n2} \cdots a_{1m} \cdots a_{nm}$。交织的目的是将集中出现的突发错码分散开,变成随机错码。例如,若图中第 1 行的 m 个码元构成一个码组,并且将其连续发送到信道上,则当此码组遇到脉冲干扰,造成大量错码时,可能因超出纠错能力而无法纠正错误。但是,若在发送前进行了交织,按列发送,则能够将集中的错码分散到各个码组,从而有利于纠错。这种交织器常用于分组码的交织中。

a_{11}	a_{12}	...	...	...	a_{1m}
a_{21}	a_{22}				a_{2m}
...					...
a_{n1}	a_{n2}				a_{nm}

图 11 - 26 交织器原理图

另一种交织器称为卷积交织器。在图 11 - 27 中给出一个简单的例子。它是由三个移存器构成。第 1 个移存器只有 1b 容量;第 2 个移存器可以存 2b;第 3 个移存器可以存 3b。交织器的输入码元依次进入各个移存器。在图 11.27(a)的交织器中示出,第 1 个输入码元没有经过存储而直接输出;第 2 个输入码元存入第 1 个移存器中;第 3 个输入码元存入第 2 个移存器中;第 4 个码元存入第 3 个移存器中。在这 4 个码元期间,交织器的输出为"1xxx"。这里的"x"表示移存器初始的随机状态。在图 11 - 27(b)中的交织器则示出第 5 ~ 第 8 个码元输入时的工作状态。在图 11 - 27(c)和 11 - 27(d)中示出的是第 9 ~

第 12 个码元以及第 13～第 16 个码元输入时的工作状态。这样,交织器输出码元的次序将是:1 x x x 5 2 x x 9 6 3 x 13 10 7 4。接收端解交织器的工作过程与此相反,如图 11-27 所示,解交织器的输出码元的次序将是 x x x x x x x x x x x x 1 2 3 4,其中前面接收的 12 个码元无意义,从第 13 个码元开始才是有效码元。

图 11-27 卷积交织器原理方框图

上面给出的是一个简单的卷积交织器例子。一般说来,第 1 个移存器的容量可以是 k 比特,第 2 个移存器的容量是 $2k$ 比特,第 3 个移存器的容量是 $3k$ 比特,…,直至第 N 个移存器的容量是 Nk 比特。

卷积交织法和矩阵交织法相比,主要优点是延迟时间短和需要的存储容量小。卷积交织法端到端的总延迟时间和两端所需的总存储容量均为 $k(N+1)N$ 个码元,是矩阵交织法的一半。

在图 11-28 中给出了 Turbo 码的两条性能曲线。由此曲线可以看到,交织器容量大

图 11-28 Turbo 码的性能曲线

时误码率低,这是因为交织范围大可以使交织器输入码元得到更好的随机化。

11.9 低密度奇偶校验码

低密度奇偶校验(Low-Density Parity-Check,LDPC)码在1962年已经由Gallager发明[7]。由于此码在码组很长时才具有优良性能,而当时计算机的能力还不足以处理如此长的码组,所以没有引起人们对它注意。直到1996年MacKay和Neal两人才分别独立地重新发明了它。现在,LDPC码已经较广泛地应用于移动通信、无线局域网和光纤通信等许多领域。

LDPC码是一种线性分组码,和Turbo码同属于复合码类。两者的性能相近,且两者的译码延迟都相当长,所以它们更适用于一些实时性要求不很高的通信。但是LDPC码比Turbo码的译码简单,更易实现。

LDPC码又分为**规则LDPC码**和**非规则LDPC码**两类。规则LDPC码中H矩阵每列具有相同个数的"1",否则称为非规则LDPC码。非规则LDPC码是在规则LDPC码基础上发展出的,它使解码性能得到改善,使误码率性能比Turbo码还好。图11-29为非规则LDPC码和Turbo码的误码率性能比较[8]。图中的虚线是Turbo码的性能,实线是LDPC码的性能。码长分别为10^3,10^4,10^5和10^6,码率都是1/2。从图可以看出,当码长n约为10^4以上时,LDPC码的性能才比Turbo码好。而且n越大,好得越多。

图11-29 非规则LDPC码和Turbo码的误码率性能比较

LDPC码和普通的奇偶监督码一样,可以由有n列、m行的奇偶监督矩阵H确定;n是码长,m是校正子个数。但是其H矩阵和普通奇偶监督码的有所不同:首先它是稀疏矩阵,即矩阵中"1"的个数很少,密度很低;设H矩阵每列有j个"1",每行有k个"1",则应有$j \ll m$,$k \ll n$,且$j \geq 3$。其次其H矩阵的任意两行的元素不能在相同位置上为"1",即H矩阵中没有四角由"1"构成的矩形。LDPC码通常用上述三个参量(n,j,k)表示。在编码时,设计好H矩阵后,由H矩阵可以导出生成矩阵G。这样,对于给定的信息位,不难算出码组。

LDPC 码的解码方法也和一般的奇偶监督码的解码方法不同。基本的解码算法称为置信传播算法(Belief Propagation Algorithm),通常简称 BP 算法。这种算法实质上是求最大后验概率,类似于一般的最大似然准则解码算法,但是它需要进行多次迭代运算,逐步逼近最优的解码值。

LDPC 码的具体编解码算法十分复杂,这里不再深入讨论。

11.10 网格编码调制

11.10.1 网格编码调制的基本概念

应用纠错编码可以在不增加功率的条件下降低误码率,但是付出的代价是占用的带宽增大了。如何才能同时节省功率和带宽,是人们长久追求的目标。将纠错编码和调制相结合的**网格编码调制**(TCM)就是解决这个问题的途径之一。TCM 是由 Ungerboeck 提出的[9]。这种调制在保持信息传输速率和带宽不变的条件下能够获得 3dB ~ 6dB 的功率增益,因此得到广泛的关注和应用。下面将利用一个实例给出 TCM 的基本概念。

首先来回忆 QPSK 系统。QPSK 是一个 4 相相移键控系统,它的每个码元传输 2b 信息。若在接收端判决时因干扰而将信号相位错判至相邻相位,则将出现错码。现在,将系统改成 8PSK,它的每个码元可以传输 3b 信息。但是我们仍然令每个码元传输 2b 信息。第 3b 用于纠错码,例如,采用码率为 2/3 的卷积码。这时接收端的解调和解码是作为一个步骤完成的,不像传统作法,先解调得到基带信号后再为纠错去解码。

在纠错编码理论中,码组间的最小汉明距离决定着这种编码的纠错能力。在 TCM 中,由于是直接对于已调信号(现在是 8PSK 信号)解码,码元之间的差别是载波相位之差,这个差别是欧氏距离(Euclidian distance)。在图 11 – 30 中示出了 8PSK 信号星座图中的 8 个信号点。图中已假设信号振幅等于 1,则相邻两信号点的欧几里得距离 $d_0 = 0.765$。两个信号序列的欧几里得距离越大,即它们的差别越大,则因干扰造成互相混淆的可能性越小。应当记住,图中的信号点代表某个确定相位的已调信号波形。

图 11 – 30 8PSK 信号的欧氏距离

为了利用卷积码维特比解码的优点,这时仍然需要用到网格图。但是,和卷积码维特比解码时的网格图相比,在 TCM 中是将这些波形映射(mapping)为网格图,故 TCM 网格图中的各状态是波形的状态。

11.10.2 TCM 信号的产生

TCM 的编码和调制方法是建立在 Ungerboeck 提出的集划分方法的基础上的。这种划分方法的基本原则是将信号星座图划分成若干子集(subset),使子集中的信号点间距离比原来的大。每划分一次,新的子集中信号点间的距离就增大一次。图 11-31 中给出了 8PSK 信号星座图划分的例子。图中 A_0 是 8PSK 信号的星座图,其中任意两个信号点间的距离为 d_0。这个星座被划分为 B_0 和 B_1 两个子集,在子集中相邻信号点间的距离为 d_1。在图 11-30 中已经示出 $d_1 > d_0$。将这两个子集再划分一次,得到 4 个子集:C_0, C_1, C_2, C_3,它们中相邻信号点间的距离为 $d_2 = 2$。显然,$d_2 > d_1 > d_0$。

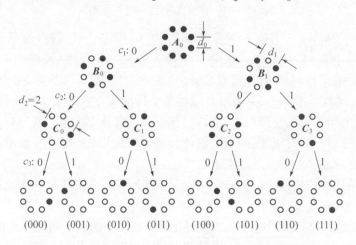

图 11-31 8PSK 信号星座图的划分

在这个 TCM 系统的例子中,需要根据已编码的 3b 来选择信号点,即选择波形的相位。这个系统中卷积码编码器的方框图示于图 11-32 中。由图可见,这个卷积码的约束长度等于 3。编码器输出的前两个比特 c_1 和 c_2 用来选择星座图划分的路径,最后 1b,c_3,用于选定星座图第 3 级(最低级)中的信号点。在图 11-31 中,c_1, c_2 和 c_3 表示已编码的三个码元,图中最下一行注明了 $(c_1 c_2 c_3)$ 的值。若 $c_1 = $ "0",则从 A_0 向左分支走向 B_0;若 $c_1 = $ "1",则从 A_0 向右分支走向 B_1。第 2 和第 3 个码元 c_2 和 c_3 也按照这一原则选择下一级的信号点。

图 11-32 一种 TCM 编码器方框图

一般说来,TCM 编码器结构如图 11-33 所示,它将 k 比特输入信息段分为 k_1 和 k_2 两段;前 k_1 比特通过一个 (n_1, k_1, m) 卷积码编码器,产生 n_1 比特输出,用于选择信号星座图中 2^{n_1} 划分之一,后面的 k_2 比特用于选定星座图中的信号点。这表明星座图被划分为 2^{n_1} 个子集,每个子集中含有 2^{k_2} 个信号点。在图 11-32 中,$k_1 = k_2 = 1$。

TCM 系统中的网格图和卷积码的网格图略有不同。在图 11-34 中示出了这个 8PSK 系统的网格图。由于未编码比特有两种取值,所以每个状态下,有两根线。例如,设初始

图 11-33 TCM 编码器一般方框图

状态 $b_1b_2=00$, $k_1=k_2=0$。当输入信号序列 k_1 为"0110100"时,移存器状态和输出 c_1 与 c_2 之间的关系示于表 11-12 中。在第 1 个输入码元"1"到达后,输出码元 c_1 和 c_2 由"00"变成"01",但是这时的输入信息位 k_2 可能是"0"或"1",所以输出 $c_1c_2c_3$ 可能是"010"或"011",这就是图 11-34 中最高的两条平行虚线。在第 1 个输入码元"1"进入 b_1 后, b_1b_2 的状态由"00"(a)变到"10"(b),输出 $c_1c_2c_3$ 可能是"110"或"111",b_1b_2 的状态由 b 变到 d,如图 11-34 中虚线所示。依此类推。在此图中,用实线表示输入信息位 k_2 为"0",用虚线表示输入信息位 k_2 为"1"。

为了得到最佳的纠错效果,Ungerboeck 研究出上述网格图和星座图之间的对应关系应该符合下列直观规则:

(1) 每对平行转移必须对应最下一级划分同一子集中的两个信号点。例如,图 11-34 中的"000"和"001"同属于图 11-31 中的子集 C_0,"010"和"011"同属于子集 C_1,等等。这些对信号点具有最大的欧几里得距离($d_2=2$)。

(2) 从某一状态出发的所有转移,或到达某一状态的所有转移,必须属于同一上级子集。例如,图 11-34 中从状态 a 出发的转移"000"、"001"、"010"和"011"都属于图 11-31 中的子集 B_0。或者说,此两对平行转移应具有最大可能的欧几里得距离(图 11-31 中的 $d_1=\sqrt{2}$)。

表 11-12 移存器状态和输出之间的关系

k_1	b_1	b_2	状态	c_1	c_2
	0	0	a	0	0
0	0	0	a	0	0
1	0	0	a	0	1
1	1	0	b	1	1
0	1	1	d	1	1
1	0	1	c	0	0
0	1	0	b	1	0
0	0	1	c	0	1
0	0	0	a	0	0

图 11-34 8PSK 编码器网格图

11.10.3 TCM 信号的解调

TCM 信号的解调通常都采用维特比算法,但是现在的网格图表示的状态是波形,而不是码组。解码器的任务是计算接收信号序列路径和各种可能的编码网格路径(简称可能路径)间的距离。若所有发送信号序列是等概率的,则判定与接收序列距离最小的可能路径(又称为最大似然路径)为发送序列。

因为卷积码是线性码,它具有封闭性(11.5节),故要考察的路径距离与所用的测试序列无关。所以,不失一般性,可以选用全"0"序列作为测试序列,如图11-35中虚线路径 U 所示。图中还用实线示出另一许用波形序列路径 V,它从全"0"序列路径分开又回到全"0"序列路径。若发送序列是全"0"序列,但是接收序列中有错误,使接收序列路径离开全"0"路径然后又回到全"0"序列,且中间没有返回状态 a,则解码器需要比较此接收序列路径和 U 的距离与接收序列路径和 V 的距离之大小。若后者小,则将发生一次错误判决。这里的距离是指欧几里得距离。

图 11-35 8PSK 解码路径示意图

这里,我们将引入自由欧几里得距离(Fed)的概念。自由欧几里得距离是指许用波形序列集合中各元素之间的最小距离。它决定了产生错误判决的概率。自由欧几里得距离越大,错误判决概率越小。在上例中,U 和 V 两条路径间的欧几里得距离 d 由下式决定:

$$d^2 = d^2(U_1,V_1) + d^2(U_2,V_2) + d^2(U_3,V_3)$$
$$= d^2(000,010) + d^2(000,100) + d^2(000,010) \quad (11.10-1)$$
$$= (\sqrt{2})^2 + (0.765)^2 + (\sqrt{2})^2 = 2 + 0.585 + 2 = 4.585$$

式(11.10-1)是按照在欧几里得空间求矢量和的方法计算的。因此,

$$d = \sqrt{4.585} = 2.14 \quad (11.10-2)$$

另外一种许用波形序列的路径是 U_1WU_3(图11-35)。它和 V 序列相似,从状态 a 开始,离开 U(虚线路径),再回到状态 a。这个路径和 U 的距离计算如下:

$$d^2 = d^2(U_1,U_1) + d^2(U_2,W) + d^2(U_3,U_3)$$
$$= d^2(000,000) + d^2(000,001) + d^2(000,010) \quad (11.10-3)$$
$$= 0 + (2)^2 + 0 = 4$$

即 $\quad d = 2 \quad (11.10-4)$

比较式(11.10-2)和式(11.10-4)可见,路径 U_1WU_3 和路径 V 相比,前者和路径 U 的距离更小。并且,可以逐个验证,这是和路径 U 距离最小的许用序列的路径。因此,按照上述定义,式(11.10-4)中的距离就是这种编码的自由欧氏距离。故可以将其写为

$$d_{\text{Fed}} = 2$$

另外,未编码的 QPSK 信号的相继码元(波形)没有约束。若将其自由欧几里得距离作为参考距离 d_ref,则由图 11-30 可知

$$d_\text{ref} = d_1 = \sqrt{2}$$

所以,可以证明[10],和未编码 QPSK 系统相比,8PSK 的 TCM 系统可以获得的渐近编码增益(编码增益的定义见 11.3 节)为

$$G_{\text{8PSK/QPSK}} = 20\log_{10}(d_\text{Fed}/d_\text{ref}) = 3.01(\text{dB})$$

在表 11-13 中列出了 Ungerboeck 通过大量仿真计算得出的部分 8PSK/TCM 系统的(渐近)编码增益。

表 11-13　8PSK/TCM 的编码增益

状态数目	k	$G_{\text{8PSK/QPSK}}$	状态数目	k	$G_{\text{8PSK/QPSK}}$
4	1	3.01	64	2	5.01
8	2	3.60	128	2	5.17
16	2	4.13	256	2	5.75
32	2	4.59			

11.11　小结

信道编码的目的是提高信号传输的可靠性。信道编码的基本原理是在信号码元序列中增加监督码元,并利用监督码元去发现或纠正传输中发生的错误。在信道编码只有发现错码能力而无纠正错码能力时,必须结合其他措施来纠正错码,否则只能将发现为错码的码元删除。这些手段统称为差错控制。

按照加性干扰造成错码的统计特性不同,可以将信道分为三类:随机信道、突发信道和混合信道。每种信道中的错码特性不同,所以需要采用不同的差错控制技术来减少或消除其中的错码。差错控制技术共有 4 种,即检错重发、前向纠错、检错删除和反馈校验,其中前三种都需要采用编码。

编码序列中信息码元数量 k 和总码元数量 n 之比 k/n 称为码率。而监督码元数 $(n-k)$ 和信息码元数 k 之比 $(n-k)/k$ 称为冗余度。

检错重发法通常称为 ARQ。ARQ 和前向纠错方法相比的主要优点是:监督码元较少,检错的计算复杂度较低,能适应不同特性的信道。但是 ARQ 系统需要双向信道,并且传输效率较低,不适用于实时性要求高的场合,也不适用于一点到多点的通信系统。

一种编码的纠错和检错能力决定于最小码距。在保持误码率恒定条件下,采用纠错编码所节省的信噪比称为编码增益。

纠错编码分为分组码和卷积码两大类。由代数关系式确定监督位的分组码称为代数码。在代数码中,若监督位和信息位的关系是由线性代数方程式决定的,则称这种编码为线性分组码。奇偶监督码就是一种最常用的线性分组码。汉明码是一种能够纠正 1 位错码的效率较高的线性分组码。具有循环性的线性分组码称为循环码。BCH 码是能够纠正多个随机错码的循环码。而 RS 码则是一种具有很强纠错能力的多进制 BCH 码。

在线性分组码中,发现错码和纠正错码是利用监督关系式计算校正子来实现的。由监督关系式可以构成监督矩阵。右部形成一个单位矩阵的监督矩阵称为典型监督矩阵。由生成矩阵可以产生整个码组。左部形成单位矩阵的生成矩阵称为典型生成矩阵。由典型生成矩阵得出的码组称为系统码。在系统码中,监督位附加在信息位的后面。线性码具有封闭性。封闭性是指一种线性码中任意两个码组之和仍为这种编码中的一个码组。

循环码的生成多项式 $g(x)$ 应该是 (x^n+1) 的一个 $(n-k)$ 次因子。在设计循环码时可以采用将码长截短的方法,满足设计对码长的要求。

BCH 码分为两类:本原 BCH 码和非本原 BCH 码。在 BCH 码中,$(23,12)$ 码称为戈莱码,它的纠错能力强并且容易解码,故应用较多。为了得到偶数长度 BCH 码,可以将其扩展为 $(n+1,k)$ 的扩展 BCH 码。

RS 码是多进制 BCH 码的一个特殊子类。它的主要优点是:特别适合用于多进制调制的场合,和适合在衰落信道中纠正突发性错码。

卷积码是一类非分组码。卷积码的监督码元不仅和当前的 k 比特信息段有关,而且还同前面 $m=(N-1)$ 个信息段有关。所以它监督着 N 个信息段。通常将 N 称为卷积码的约束度。

卷积码有多种解码方法,以维特比解码算法应用最广泛。

Turbo 码是一种特殊的链接码。由于其性能近于理论上能够达到的最好性能,所以它的发明在编码理论上是带有革命性的进步。

TCM 是一种将调制和纠错编码结合在一起的体制。它能同时节省发送功率和带宽。

思 考 题

11-1 在通信系统中采用差错控制的目的是什么?
11-2 什么是随机信道?什么是突发信道?什么是混合信道?
11-3 常用的差错控制方法有哪些?试比较其优缺点。
11-4 画出 ARQ 系统的组成方框图,并试述该系统的优缺点。
11-5 什么是分组码?其构成有何特点?
11-6 试述码率、码重和码距的定义。
11-7 一种编码的最小码距与其检错和纠错能力有什么关系?
11-8 什么是奇偶监督码?其检错能力如何?
11-9 什么是线性码?它具有哪些重要性质?
11-10 什么是循环码?循环码的生成多项式如何确定?
11-11 什么是系统分组码?并举例说明之。
11-12 何谓截短循环码?它适用在什么场合?
11-13 什么是 BCH 码?什么是本原 BCH 码?什么是非本原 BCH 码?
11-14 循环码、BCH 码和 RS 码之间有什么关系?
11-15 卷积码和分组码之间有何异同点?卷积码是否为线性码?
11-16 卷积码适合用于纠正哪类错码?

11-17 试述 Turbo 码和链接码的异同点。

11-18 LDPC 码的全称是什么？

11-19 何谓 TCM？其中文全称是什么？TCM 中的网格图和卷积码的网格图有何不同？为什么？

11-20 何谓自由欧几里得距离？为什么需要引入这个概念？

习 题

11-1 设有 8 个码组"000000"、"001110"、"010101"、"011011"、"100011"、"101101"、"110110"和"111000"，试求它们的最小码距。

11-2 上题给出的码组若用于检错，试问能检出几位错码？若用于纠错，能纠正几位错码？若同时用于检错和纠错，又能有多大的检错和纠错能力？

11-3 已知两个码组为"0000"和"1111"，若用于检错，试问能检出几位错码？若用于纠错，能纠正几位错码？若同时用于检错和纠错，又能检测和纠正几位错码？

11-4 若一个方阵码中的码元错误情况如图 P11-1 所示，试问能否检测出来？

11-5 设有一个码长 $n=15$ 的汉明码，试问其监督位 r 应该等于多少？其码率等于多少？试写出其监督码元和信息码元之间的关系。

图 P11-1 误码位置

11-6 已知某线性码的监督矩阵为

$$H = \begin{bmatrix} 1110100 \\ 1101010 \\ 1011001 \end{bmatrix}$$

试列出其所有可能的码组。

11-7 已知一个 (7,3) 码的生成矩阵为

$$G = \begin{bmatrix} 1001110 \\ 0100111 \\ 0011101 \end{bmatrix}$$

试列出其所有许用码组，并求出其监督矩阵。

11-8 已知一个 (7,4) 循环码的全部码组为

0000000	1000101	0001011	1001110
0010110	1010011	0011101	1011000
0100111	1100010	0101100	1101001
0110001	1110100	0111010	1111111

试写出该循环码的生成多项式 $g(x)$ 和生成矩阵 $G(x)$，并将 $G(x)$ 化成典型阵。

11-9 试写出上题中循环码的监督矩阵 H 和其典型阵。

11-10 已知一个 (15,11) 汉明码的生成多项式为

$$g(x) = x^4 + x^3 + 1$$

试求出其生成矩阵和监督矩阵。

11-11 已知 $x^{15}+1 = (x+1)(x^4+x+1)(x^4+x^3+1)(x^4+x^3+x^2+x+1)(x^2+x+1)$,试问由它可以构成多少种码长为 15 的循环码？并列出它们的生成多项式。

11-12 已知一个 (7,3) 循环码的监督关系式为

$$x_6 \oplus x_3 \oplus x_2 \oplus x_1 = 0$$

$$x_5 \oplus x_2 \oplus x_1 \oplus x_0 = 0$$

$$x_6 \oplus x_5 \oplus x_1 = 0$$

$$x_5 \oplus x_4 \oplus x_0 = 0$$

试求出该循环码的监督矩阵和生成矩阵。

11-13 试证明 $x^{10}+x^8+x^5+x^4+x^2+x+1$ 为 (15,5) 循环码的生成多项式。求出此循环码的生成矩阵,并写出消息码为 $m(x) = x^4+x+1$ 时的码多项式。

11-14 设一个 (15,7) 循环码由 $g(x) = x^8+x^7+x^6+x^4+1$ 生成。若接收码组为 $B(x) = x^{14}+x^5+x+1$,试问其中有无错码。

11-15 已知 $g_1(x) = x^3+x^2+1$；$g_2(x) = x^3+x+1$；$g_3(x) = x+1$。试分别讨论：
(1) $g(x) = g_1(x) \cdot g_2(x)$, (2) $g(x) = g_3(x) \cdot g_2(x)$

两种情况下,由 $g(x)$ 生成的 7 位循环码能检测出哪些类型的错误？

11-16 一卷积码编码器如图 P11-2 所示,已知 $k=1, n=2, N=3$。试写出生成矩阵 G 的表达式。

图 P11-2 卷积码编码器

11-17 已知 $k=1, n=2, N=4$ 的卷积码,其基本生成矩阵为 $g = [11010001]$。试求该卷积码的生成矩阵 G 和监督矩阵 H。

11-18 已知一卷积码的参量为: $N=4, n=3, k=1$,其基本生成矩阵为 $g = [111\ 001\ 010\ 011]$。试求该卷积码的生成矩阵 G 和截短监督矩阵,并写出输入码为 $[1001\cdots]$ 时的输出码。

11-19 已知一个 (2,1,2) 卷积码编码器的输出和输入的关系为

$$c_1 = b_1 \oplus b_2$$

$$c_2 = b_2 \oplus b_3$$

试画出该编码器的电路方框图、码树图、状态图和网格图。

11-20 已知一个(3,1,4)卷积码编码器的输出和输入的关系为

$$c_1 = b_1$$
$$c_2 = b_1 \oplus b_2 \oplus b_3 \oplus b_4$$
$$c_3 = b_1 \oplus b_3 \oplus b_4$$

试画出该编码器的电路方框图和码树图。当输入信息序列为 10110 时，试求出其输出码序列。

11-21 已知一个(2,1,3)卷积码编码器的输出与输入的关系为

$$c_1 = b_1 \oplus b_2$$
$$c_2 = b_1 \oplus b_2 \oplus b_3$$

当接收码序列为 100 010 000 0 时，试用维特比解码算法求出发送信息序列。

11-22 设有一个 TCM 通信系统，其编码器如图 11-32 所示，且初始状态 $b_1 b_2$ 为 "00"。若发送序列是等概率的，接收端收到的序列为 111001101011（前后其他码元皆为 "0"），试用网格图寻找最大似然路径并确定译码得出的前 6 个比特。

参考文献

[1] 樊昌信,等. 通信原理(第1版~第6版). 北京:国防工业出版社,1980-2006.

[2] Stenbit J P. Table of Generators for BCH Codes. IEEE Trans. on Inf. Theory, 1964, 10(4):390-391.

[3] Viterbi A J. Error Bounds for Convolutional Codes and an Asymptotically Optimum Decoding Algorithm. IEEE Trans. on Information Theory, 1967, 13(4):260-269.

[4] Wozencraft J M. Sequential Decoding for Reliable Communication. IRE Natl. Comm. Rec.,5(pt.2):11-25.

[5] Fano R M. A Heuristic Discussion of Probabilistic Decoding. IEEE Trans. on Inf. Theory, 1963, 9(4):64-74.

[6] Berrou C, Glavieux A, Thitimajshima P. Near Shannon Limit Error Correcting Coding and Decoding: Turbo Codes. Proc. IEEE Int. Conf. Commun.,1993:1064-1070.

[7] Gallager R. Low-density Parity-check Codes. IRE Trans. on IT, 1962, 8(1):21-28.

[8] Richardson T J, Shokrollahi M A, Urbanke R L. Design of Capacity-Approaching Irregular Low-Density Parity-Check Codes. IEEE Trans. on IT, 2001, 47(2):619-637.

[9] Ungerboeck G. Channel Coding with Multilevel/Phase Signals. IEEE Trans. on IT, vol. IT-28, January 1982, 55-57.

[10] Sklar B. Digital Communications Fundamentals and Applications. Second Edition, Pearson Education, Inc. 2002.

第12章 正交编码与伪随机序列

三个目标

正交编码与伪随机序列(pseudorandom sequence)在数字通信技术中都是十分重要的。正交编码不仅可以用作纠错编码,还可以用来实现码分多址通信,目前已经广泛用于蜂窝网中。伪随机序列在误码率测量、时延测量、扩谱通信、密码及分离多径等方面都有着十分广泛的应用。因此,本章将在简要讨论正交编码概念之后,着重讨论伪随机序列及其应用。

12.1 正交编码

12.1.1 正交编码的基本概念

首先说明正交的概念。若两个周期为 T 的模拟信号 $s_1(t)$ 和 $s_2(t)$ 互相正交,则有

$$\int_0^T s_1(t)s_2(t)\mathrm{d}t = 0 \tag{12.1-1}$$

同理,若 M 个周期为 T 的模拟信号 $s_1(t),s_2(t),\cdots,s_M(t)$ 构成一个正交信号集合,则有

$$\int_0^T s_i(t)s_j(t)\mathrm{d}t = 0 \quad i \neq j; i,j = 1,2,\cdots,M \tag{12.1-2}$$

对于二进制数字信号,也有上述模拟信号这种正交性(orthogonality)。由于数字信号是离散的,故可以把它看作是一个码组,并且用一数字序列表示这一码组。这里,我们只讨论二进制且码长相同的编码。这时,两个码组的正交性可用如下形式的互相关系数来表述。

设长为 n 的编码中码元只取值 $+1$ 和 -1,以及 x 和 y 是其中两个码组:

$$x = (x_1, x_2, x_3, \cdots, x_n) \tag{12.1-3}$$

$$y = (y_1, y_2, y_3, \cdots, y_n) \tag{12.1-4}$$

其中, $x_i, y_i \in (+1, -1)$ $(i = 1, 2, \cdots, n)$。

则 x 和 y 间的互相关系数(crosscorrelation coefficient)定义为

$$\rho(x,y) = \frac{1}{n}\sum_{i=1}^{n} x_i y_i \qquad (12.1-5)$$

若码组 x 和 y 正交,则必有 $\rho(x,y)=0$。例如,图 12-1 所示 4 个数字信号可以看作是如下 4 个码组:

$$\begin{cases} s_1(t):(+1,+1,+1,+1) \\ s_2(t):(+1,+1,-1,-1) \\ s_3(t):(+1,-1,-1,+1) \\ s_4(t):(+1,-1,+1,-1) \end{cases} \qquad (12.1-6)$$

图 12-1 正交编码信号

按照式(12.1-5)计算容易得知,这 4 个码组中任意两者之间的相关系数都为 0,即这 4 个码组两两正交。我们把这种两两正交的编码称为正交编码。

类似上述互相关系数的定义,我们还可以对于一个长为 n 的码组 x 定义其自相关系数为

$$\rho_x(j) = \frac{1}{n}\sum_{i=1}^{n} x_i x_{i+j} \quad j=0,1,\cdots,(n-1)$$

$$(12.1-7)$$

式中:x 的下标按模 n 运算,即有 $x_{n+k} \equiv x_k$。

例如,设

$$x = (x_1, x_2, x_3, x_4) = (+1, -1, -1, +1)$$

则有

$$\rho_x(0) = \frac{1}{4}\sum_{i=1}^{4} x_i^2 = 1$$

$$\rho_x(1) = \frac{1}{4}\sum_{i=1}^{4} x_i x_{i+1} = \frac{1}{4}(x_1 x_2 + x_2 x_3 + x_3 x_4 + x_4 x_1) = \frac{1}{4}(-1+1-1+1) = 0$$

$$\rho_x(2) = \frac{1}{4}\sum_{i=1}^{4} x_i x_{i+2} = \frac{1}{4}(x_1 x_3 + x_2 x_4 + x_3 x_1 + x_4 x_2) = -1$$

$$\rho_x(3) = \frac{1}{4}\sum_{i=1}^{4} x_i x_{i+3} = \frac{1}{4}(x_1 x_4 + x_2 x_1 + x_3 x_2 + x_4 x_3) = 0$$

在二进制编码理论中,我们也常常采用二进制数字"0"和"1"表示码元的可能取值。这时,若规定用二进制数字"0"代替上述码组中的"+1",用二进制数字"1"代替"-1",则上述互相关系数定义式(12.1-5)将变为

$$\rho(x,y) = \frac{A-D}{A+D} \qquad (12.1-8)$$

式中:A 为 x 和 y 中对应码元相同的个数;D 为 x 和 y 中对应码元不同的个数。

例如,按照式(12.1-8)规定,式(12.1-6)中的例子可以改写成

$$\begin{cases} s_1(t):(0,0,0,0) \\ s_2(t):(0,0,1,1) \\ s_3(t):(0,1,1,0) \\ s_4(t):(0,1,0,1) \end{cases} \qquad (12.1-9)$$

将其代入式(12.1-8),计算出的互相关系数仍为0。

式(12.1-8)中,若用 x 的 j 次循环移位代替 y,就得到 x 的自相关系数 $\rho_x(j)$。具体地讲,令

$$x = (x_1, x_2, \ldots, x_n)$$
$$y = (x_{1+j}, x_{2+j}, \ldots, x_n, x_1, x_2, \ldots, x_j)$$

代入式(12.1-8),就得到自相关系数 $\rho_x(j)$。

在建立了正交编码的概念之后,我们进一步引入超正交码和双正交码的概念。我们知道,相关系数 ρ 的取值范围在 ± 1 之间,即有 $-1 \leqslant \rho \leqslant +1$。若两个码组间的相关系数 $\rho < 0$,则称这两个码组互相超正交(super-orthogonal)。如果一种编码中任两码组间均超正交,则称这种编码为超正交编码。例如,在式(12.1-9)中,若仅取后三个码组,并且删去其第一位,构成如下新的编码:

$$\begin{cases} s_1'(t):(0,1,1) \\ s_2'(t):(1,1,0) \\ s_3'(t):(1,0,1) \end{cases} \qquad (12.1-10)$$

则不难验证,由这三个码组所构成的编码是超正交码。

由正交编码和其反码便可以构成所谓双正交(duo-orthogonal)编码。例如,式(12.1-9)中正交码的反码(inverse code)为

$$\begin{cases} (1,1,1,1) \\ (1,1,0,0) \\ (1,0,0,1) \\ (1,0,1,0) \end{cases} \qquad (12.1-11)$$

式(12.1-9)和式(12.1-11)的总体即构成如下双正交码:

$$(0,0,0,0) \quad (1,1,1,1) \quad (0,0,1,1) \quad (1,1,0,0)$$
$$(0,1,1,0) \quad (1,0,0,1) \quad (0,1,0,1) \quad (1,0,1,0)$$

这种码中共有8种码组,码长为4,任两码组间的相关系数为0或-1。

12.1.2 阿达玛矩阵

在正交编码理论中,阿达玛(Hadamard)矩阵具有非常重要的作用,因为它的每一行(或列)都是一个正交码组,而且通过它还很容易构成超正交码和双正交码,所以下面有

必要对阿达玛矩阵加以讨论。

阿达玛矩阵是法国数学家 M. J. Hadamard 于 1893 年首先构造出来的,简记为 H 矩阵。它是一种方阵,仅由元素 +1 和 -1 构成,而且其各行(和列)是互相正交的。最低阶的 H 矩阵是 2 阶的,即

$$H_2 = \begin{bmatrix} +1 & +1 \\ +1 & -1 \end{bmatrix} \tag{12.1-12}$$

下面为了简单,把式(12.1-12)中的 +1 和 -1 简写为 + 和 -,这样式(12.1-12)变为

$$H_2 = \begin{bmatrix} + & + \\ + & - \end{bmatrix} \tag{12.1-13}$$

阶数为 2 的幂的高阶 H 矩阵可以从下列递推关系得出,即

$$H_N = H_{N/2} \otimes H_2 \tag{12.1-14}$$

式中:$N = 2^m$;$\otimes$ 为直积(kronecker product)。

式(12.1-14)中直积是指将矩阵 $H_{N/2}$ 中的每一个元素用矩阵 H_2 代替。例如:

$$H_4 = H_2 \otimes H_2 = \begin{bmatrix} H_2 & H_2 \\ H_2 & -H_2 \end{bmatrix} = \begin{bmatrix} + & + & + & + \\ + & - & + & - \\ + & + & - & - \\ + & - & - & + \end{bmatrix} \tag{12.1-15}$$

$$H_8 = H_4 \otimes H_2 = \begin{bmatrix} H_4 & H_4 \\ H_4 & -H_4 \end{bmatrix} = \begin{bmatrix} + & + & + & + & + & + & + & + \\ + & - & + & - & + & - & + & - \\ + & + & - & - & + & + & - & - \\ + & - & - & + & + & - & - & + \\ + & + & + & + & - & - & - & - \\ + & - & + & - & - & + & - & + \\ + & + & - & - & - & - & + & + \\ + & - & - & + & - & + & + & - \end{bmatrix}$$

$$\tag{12.1-16}$$

上面给出几个 H 矩阵的例子,都是对称矩阵,而且第一行和第一列的元素全为"+"。我们把这样的 H 矩阵称为阿达玛矩阵的正规形式,或称为正规阿达玛矩阵。

容易看出,在 H 矩阵中,交换任意两行,或交换任意两列,或改变任一行中每个元素的符号,或改变任一列中每个元素的符号,都不会影响矩阵的正交性质。因此,正规 H 矩阵经过上述各种交换或改变后仍为 H 矩阵,但不一定是正规的了。

按照式(12.1-14)递推关系可以构造出所有 2^k 阶的 H 矩阵。可以证明,高于2阶的 H 矩阵的阶数一定是4的倍数。不过,以4的倍数作为阶数是否一定存在 H 矩阵,这一问题并未解决。有人推测,对于所有 $n = 4t$ 都存在相应的 H 矩阵,但是这种推测尚未得到证明或者否定。目前,除 $n = 4 \times 47 = 188$ 外,所有 $n \leq 200$ 的 H 矩阵都已经找到。

H 矩阵中各行(或列)是相互正交的,所以 H 矩阵是正交方阵。若把其中每一行看作是一个码组,则这些码组也是互相正交的,而整个 H 矩阵就是一种长为 n 的正交编码,它包含 n 个码组。因为长度为 n 的编码共有 2^n 个不同码组,现在若只将这 n 个码组作为准用码组,其余($2^n - n$)个为禁用码组,则可以将其多余度用来纠错。这种编码在纠错编码理论中称为里德—缪勒(Reed – Muller)码。

12.1.3 沃尔什函数和沃尔什矩阵

我们知道,正弦和余弦函数可以构成一个完备正交函数系。由于正弦和余弦函数具有完备(complete)和正交性,所以由其构成的无穷级数或积分(即傅里叶级数和傅里叶积分)可以表示任一波形。类似地,由取值"+1"和"-1"构成的沃尔什(Walsh)函数也具有完备正交性,也可以用其表示任一波形。沃尔什函数可以用下列差分方程定义[1]:

$$\text{wal}(2j + p, \theta) = (-1)^{[j/2]+p} \{\text{wal}[(j, 2(\theta + 1/4)] + (-1)^{j+p}\text{wal}[j, 2(\theta - 1/4)]\}$$

$$\text{wal}(0, \theta) = \begin{cases} 1 & -1/2 \leq \theta < 1/2 \\ 0 & \theta < -1/2, \theta \geq 1/2 \end{cases} \quad (12.1-17)$$

式中:$p = 0$ 或 $1, j = 0, 1, 2, \cdots$;指数中的 $[j/2]$ 表示取 $j/2$ 的整数部分。

前8个沃尔什函数的波形示于图12-2中。从此图不难验证,其中任意两个沃尔什函数相乘积分的结果等于0,即满足两两正交的条件。由于沃尔什函数的取值仅为"+1"和"-1",所以可以用其离散的抽样值表示成矩阵形式。例如,图12-2中的8个沃尔什函数可以写成如下沃尔什矩阵:

$$W = \begin{bmatrix} + & + & + & + & + & + & + & + \\ - & - & - & - & + & + & + & + \\ - & - & + & + & + & + & - & - \\ + & + & - & - & + & + & - & - \\ + & - & - & + & + & - & - & + \\ - & + & + & - & + & - & - & + \\ - & + & - & + & + & - & + & - \\ + & - & + & - & + & - & + & - \end{bmatrix} \quad (12.1-18)$$

由图 12-2 和式(12.1-18)可以看出,沃尔什矩阵是按照每一行中"+1"和"-1"的交变次数由少到多排列的。

沃尔什函数(矩阵)天生具有数字信号的特性,所以它们在数字信号处理和编码理论中有不小应用前景。目前在蜂窝网的码分多址体制中沃尔什函数就得到了实用。

除了阿达玛矩阵和沃尔什函数外,还有许多正交编码。例如,Haar 函数和 Paley 函数等[1],这里不再介绍。

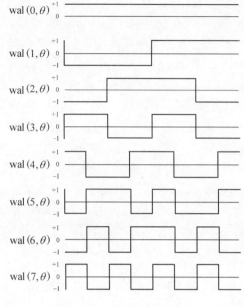

图 12-2 沃尔什函数波形

12.2 伪随机序列

12.2.1 基本概念

在通信系统中的随机噪声会使模拟信号产生失真和使数字信号出现误码,并且,它还是限制信道容量的一个重要因素。因此,人们经常希望消除或减小通信系统中的随机噪声。

另外,有时人们会希望获得随机噪声。例如,在实验室中对通信设备或系统性能进行测试时,可能要故意加入一定的随机噪声。又如,为了实现高可靠的保密通信,也希望利用随机噪声。为了上述目的,必须能够获得符合要求的随机噪声。然而,利用随机噪声的最大困难是它难以重复产生和处理。直至 20 世纪 60 年代,伪随机噪声的发明才使这一困难得到解决。

伪随机噪声具有类似于随机噪声的某些统计特性,同时又能够重复产生。由于它具有随机噪声的优点,又避免了随机噪声的缺点,因此获得了日益广泛的实际应用。目前广泛应用的伪随机噪声都是由周期性数字序列经过滤波等处理后得出的。在后面我们将这种周期性数字序列称为伪随机序列。它有时又称为伪随机信号和伪随机码。

12.2.2 m 序列

1. m 序列的产生

m 序列是最长线性反馈移位寄存器序列的简称。它是由带线性反馈的移存器产生的周期最长的序列。现在,我们先给出一个 m 序列的例子。在图 12-3 中示出一个 4 级线性反馈移存器。设其初始状态为$(a_3, a_2, a_1, a_0) = (1,0,0,0)$,则在移位一次时,由 a_3 和 a_0 模 2 相加产生新的输入 $a_4 = 1 \oplus 0 = 1$,新的状态变为$(a_4, a_3, a_2, a_1) = (1,1\ 0,0)$。这样移位 15 次后又回到初始状态$(1,0,0,0)$。不难看出,若初始状态为全"0",即$(0,0,0,0)$,则移位后得到的仍为全"0"状态。这就意味着在这种反馈移存器中应该避免出现全"0"状态,否则移存器的状态将不会改变。因为 4 级移存器共有 $2^4 = 16$ 种可能的状态。除全"0"状态外,只剩 15 种状态可用。这就是说,由任何 4 级反馈移存器产生的序列的周期

图 12-3 m 序列的产生

最长为 15。

我们常常希望用尽可能少的级数产生尽可能长的序列。由上例可见,一般来说,一个 n 级线性反馈移存器可能产生的最长周期等于($2^n - 1$)。我们将这种最长的序列称为**最长线性反馈移存器序列**(maximal length linear feedback shift register sequence),简称 **m 序列**。反馈电路如何连接才能使移存器产生的序列最长,这就是本节将要讨论的主题。

图 12-4 为一般的线性反馈移存器原理方框图,图中各级移存器的状态用 a_i 表示,$a_i = 0$ 或 1,$i =$ 整数。反馈线的连接状态用 c_i 表示,$c_i = 1$ 表示此线接通(参加反馈);$c_i = 0$ 表示此线断开。不难推想,反馈线的连接状态不同,就可能改变此移存器输出序列的周期 p。为了进一步研究它们的关系,需要建立几个基本的关系式。

图 12-4 线性反馈移位寄存器原理方框图

设一个 n 级移存器的初始状态为:$a_{-1}a_{-2}\cdots a_{-n}$,经过 1 次移位后,状态变为 $a_0 a_{-1} \cdots a_{-n+1}$。经过 n 次移位后,状态为 $a_{n-1}a_{n-2}\cdots a_0$,图 12-4 所示就是这一状态。再移位 1 次时,移存器左端新得到的输入 a_n,按照图中线路连接关系,可以写为

$$a_n = c_1 a_{n-1} \oplus c_2 a_{n-2} \oplus \cdots \oplus c_{n-1} a_1 \oplus c_n a_0 = \sum_{i=1}^{n} c_i a_{n-i} \quad (模2) \quad (12.2-1)$$

因此,一般说来,对于任意一个输入 a_k,有

$$a_k = \sum_{i=1}^{n} c_i a_{k-i} \quad (12.2-2)$$

式(12.2-2)中求和仍为按模 2 运算。由于本章中类似方程都是按模 2 运算,故公式中不再每次注明(模 2)了。

式(12.2-2)称为**递推方程**(recursive equation),它给出移位输入 a_k 与移位前各级状态的关系。按照递推方程计算,可以用软件产生 m 序列,不必用图 12-4 的硬件电路实现。

上面曾经指出,c_i 的取值决定了移存器的反馈连接和序列的结构,故 c_i 是一个很重要的参量。现在将它用下列方程表示:

$$f(x) = c_0 + c_1 x + c_2 x^2 + \cdots + c_n x^n = \sum_{i=0}^{n} c_i x^i \qquad (12.2-3)$$

这一方程称为**特征方程**(characteristic equation)(或**特征多项式**)。式中 x^i 仅指明其系数(1 或 0)代表 c_i 的值,x 本身的取值并无实际意义,也不需要去计算 x 的值。例如,若特征方程为

$$f(x) = 1 + x + x^4 \qquad (12.2-4)$$

则它仅表示 x^0, x^1 和 x^4 的系数 $c_0 = c_1 = c_4 = 1$,其余的 c_i 为 0,即 $c_2 = c_3 = 0$。按照这一特征方程构成的反馈移存器就是图 12-3 中所示的。

同样,我们也可以将反馈移存器的输出序列 $\{a_k\}$ 用代数方程表示为

$$G(x) = a_0 + a_1 x + a_2 x^2 + \cdots = \sum_{k=0}^{\infty} a_k x^k \qquad (12.2-5)$$

式(12.2-5)称为**母函数**(generating function)。

递推方程、特征方程和母函数就是我们要建立的三个基本关系式。下面的几个定理将给出它们与线性反馈移存器及其产生的序列之间的关系。

【**定理 12-1**】 $\quad f(x) \cdot G(x) = h(x) \qquad (12.2-6)$

式中,$h(x)$ 为次数低于 $f(x)$ 的次数的多项式。

【**证**】 将式(12.2-2)代入式(12.2-5),得到

$$\begin{aligned}
G(x) &= \sum_{k=0}^{\infty} a_k x^k = \sum_{k=0}^{\infty} \Big(\sum_{i=1}^{n} c_i a_{k-i} \Big) x^{k-i} \cdot x^i = \sum_{i=1}^{n} c_i x^i \Big(\sum_{k=0}^{\infty} a_{k-i} x^{k-i} \Big) \\
&= \sum_{i=1}^{n} c_i x^i \big(a_{-i} x^{-i} + a_{-(i-1)} x^{-(i-1)} + \cdots + a_{-1} x^{-1} + \sum_{k=0}^{\infty} a_k x^k \big) \\
&= \sum_{i=1}^{n} c_i x^i \big(a_{-i} x^{-i} + a_{-(i-1)} x^{-(i-1)} + \cdots + a_{-1} x^{-1} \big) + \sum_{i=1}^{n} c_i x^i \cdot G(x)
\end{aligned}$$

移项整理后,得到

$$\Big(1 + \sum_{i=1}^{n} c_i x^i \Big) G(x) = \sum_{i=1}^{n} c_i x^i \big(a_{-i} x^{-i} + a_{-(i-1)} x^{-(i-1)} + \cdots + a_{-1} x^{-1} \big)$$

将上式右端用符号 $h(x)$ 表示,并因 $c_0 \equiv 1$,故上式变成

$$\Big(\sum_{i=0}^{n} c_i x^i \Big) \cdot G(x) = h(x) \qquad (12.2-7)$$

其中

$$h(x) = \sum_{i=1}^{n} c_i x^i (a_{-i} x^{-i} + a_{-(i-1)} x^{-(i-1)} + \cdots + a_{-1} x^{-1}) \quad (12.2-8)$$

再将式(12.2-3)代入式(12.2-7),最后得出

$$f(x) \cdot G(x) = h(x)$$

在式(12.2-8)中,若 $a_{-1}=1$,则 $h(x)$ 的最高次项为 x^{n-1};若 $a_{-1}=0$,则最高项次数 $<(n-1)$,所以我们得知 $h(x)$ 的最高项次数 $\leq(n-1)$,而 $f(x)$ 的最高项次数 $=n$,因为图 12-4 中已规定 $c_n=1$,式(12.2-3)中最高项为 x^n。故 $h(x)$ 的次数必定低于 $f(x)$ 的次数。 【证毕】

【定理 12-2】 一个 n 级线性反馈移存器之相继状态具有周期性,周期为 $p \leq 2^n - 1$。

【证】 线性反馈移存器的每一状态完全决定于前一状态。因此,一旦产生一状态 R,若它与以前的某一状态 Q 相同,则状态 R 后之相继状态必定和 Q 之相继状态相同,这样就可以具有周期性。

在 n 级移存器中,每级只能有两种状态:"1"或"0"。故 n 级移存器最多仅可能有 2^n 种不同状态。所以,在连续 (2^n+1) 个状态中必有重复。如上所述,一旦状态重复,就有周期性。这时周期 $p \leq 2^n$。

若一旦发生全"0"状态,则后继状态也为全"0",这时的周期 $p=1$。因此,在一个长的周期中不能包括全"0"状态。所以周期 $p \leq (2^n - 1)$。 【证毕】

【定理 12-3】 若序列 $A=\{a_k\}$ 具有最长周期 $(p=2^n-1)$,则其特征多项式 $f(x)$ 应为既约多项式。

【证】 所谓既约多项式是指不能分解因子的(irreducible)多项式。若一 n 次多项式 $f(x)$ 能分解成两个不同因子,则可令

$$f(x) = f_1(x) \cdot f_2(x) \quad (12.2-9)$$

这样,式(12.2-6)可以写成如下部分分式(partial fraction)之和,即

$$G(x) = \frac{h(x)}{f(x)} = \frac{h_1(x)}{f_1(x)} + \frac{h_2(x)}{f_2(x)} \quad (12.2-10)$$

式中:$f_1(x)$ 的次数为 $n_1, n_1>0$;$f_2(x)$ 的次数为 $n_2, n_2>0$。且有

$$n_1 + n_2 = n \quad (12.2-11)$$

令 $G_1(x) = h_1(x)/f_1(x)$;$G_2(x) = h_2(x)/f_2(x)$,则式(12.2-9)可以改写成

$$G(x) = G_1(x) + G_2(x) \quad (12.2-12)$$

式(12.2-12)表明,输出序列 $G(x)$ 可以看成是两个序列 $G_1(x)$ 和 $G_2(x)$ 之和,其中 $G_1(x)$ 是由特征多项式 $f_1(x)$ 产生的输出序列,$G_2(x)$ 是由特征多项式 $f_2(x)$ 产生的输出序列。而且,由定理 12-2 可知,$G_1(x)$ 的周期 $p_1 \leq 2^{n_1}-1$,$G_2(x)$ 的周期 $p_2 \leq 2^{n_2}-1$。所以,$G(x)$ 的周期 p 应是 p_1 和 p_2 的最小公倍数 $\text{LCM}[p_1, p_2]$,即

$$p = \text{LCM}[p_1, p_2] \leq p_1 \cdot p_2 \leq (2^{n_1} - 1) \cdot (2^{n_2} - 1)$$
$$= 2^n - 2^{n_1} - 2^{n_2} + 1 \leq 2^n - 3 < 2^n - 1 \quad (12.2-13)$$

式(12.2-13)表明,p 一定小于最长可能周期($2^n - 1$)。

若 $f(x)$ 可以分解成两个相同的因子,即上面的 $f_1(x) = f_2(x)$,同样可以证明 $p < 2^n - 1$。所以,若 $f(x)$ 能分解因子,必定有 $p < 2^n - 1$。 【证毕】

【定理 12-4】 一个 n 级移存器的特征多项式 $f(x)$ 若为既约的,则由其产生的序列 $A = \{a_k\}$ 的周期等于使 $f(x)$ 能整除的 $(x^p + 1)$ 中最小正整数 p。

【证】 若序列 A 具有周期 p,则由式(12.2-5)和式(12.2-6),得

$$\frac{h(x)}{f(x)} = G(x) = \sum_{k=0}^{\infty} a_k x^k =$$

$$a_0 + a_1 x + a_2 x^2 + \cdots + a_{p-1} x^{p-1} + a_0 x^p + a_1 x^{p+1} + \cdots + a_{p-1} x^{2p-1} + \cdots$$

$$= (a_0 + a_1 x + a_2 x^2 + \cdots + a_{p-1} x^{p-1}) + x^p (a_0 + a_1 x + \cdots + a_{p-1} x^{p-1}) +$$

$$x^{2p}(a_0 + a_1 x + \cdots + a_{p-1} x^{p-1}) + \cdots$$

$$= (1 + x^p + x^{2p} + \cdots)(a_0 + a_1 x + \cdots + a_{p-1} x^{p-1})$$

$$= \left(\frac{1}{1 + x^p}\right)(a_0 + a_1 x + \cdots + a_{p-1} x^{p-1}) \quad (12.2-14)$$

式(12.2-14)移项整理后,变成

$$\frac{h(x) \cdot (x^p + 1)}{f(x)} = (a_0 + a_1 x + \cdots + a_{p-1} x^{p-1}) \quad (12.2-15)$$

由定理 12-1 可知,$h(x)$ 的次数比 $f(x)$ 的低,而且现已假定 $f(x)$ 为既约的,所以式(12.2-15)表明 $(x^p + 1)$ 必定能被 $f(x)$ 整除。

应当注意,此时序列 A 之周期 p 与初始状态或者说与 $h(x)$ 无关。当然,这里不考虑全"0"作为初始状态。

上面证明了若序列 A 具有周期 p,则 $(x^p + 1)$ 必能被 $f(x)$ 整除。另外,若 $f(x)$ 能整除 $(x^p + 1)$,令其商为

$$b_0 + b_1 x + \cdots + b_{p-1} x^{p-1} \quad (12.2-16)$$

又因为在 $f(x)$ 为既约的条件下,周期 p 与初始状态无关,现在考虑初始状态 $a_{-1} = a_{-2} = \cdots = a_{-n+1} = 0, a_{-n} = 1$,由式(12.2-8)可知,此时有 $h(x) = 1$。故有

$$G(x) = \frac{h(x)}{f(x)} = \frac{1}{f(x)} = \frac{b_0 + b_1 x + \cdots + b_{p-1} x^{p-1}}{x^p + 1}$$

$$= (1 + x^p + x^{2p} + \cdots)(b_0 + b_1 x + \cdots + b_{p-1} x^{p-1})$$

$$= (b_0 + b_1 x + \cdots + b_{p-1} x^{p-1}) + x^p (b_0 + b_1 x + \cdots + b_{p-1} x^{p-1}) + \cdots$$

$$(12.2-17)$$

式(12.2-17)表明,序列 A 以 p 或 p 的某个因子为周期。若 A 以 p 的某个因子 p_1 为周期,$p_1 < p$,则由式(12.2-15)已经证明$(x^{p_1}+1)$必能被 $f(x)$ 整除。所以,序列 A 之周期等于使 $f(x)$ 能整除的(x^p+1)中最小正整数 p。 【证毕】

在有了上述定理之后,我们还需要引入本原多项式(primitive polynomial)的概念。若一个 n 次多项式 $f(x)$ 满足下列条件:

(1) $f(x)$ 为既约的;

(2) $f(x)$ 可整除(x^m+1),$m = 2^n - 1$;

(3) $f(x)$ 除不尽(x^q+1),$q < m$;

则称 $f(x)$ 为**本原多项式**。

这样,由定理 12-4 就可以简单写出一个线性反馈移存器能产生 m 序列的充要条件为:反馈移存器的特征多项式为本原多项式。

【例】 要求用一个 4 级反馈移存器产生 m 序列,试求其特征多项式。

这时,$n = 4$,故此移存器产生的 m 序列的长度为 $m = 2^n - 1 = 15$。由于其特征多项式 $f(x)$ 应可整除$(x^m+1) = (x^{15}+1)$,或者说,应该是$(x^{15}+1)$的一个因子(factor),故我们将$(x^{15}+1)$分解因子(factorize),从其因子中找 $f(x)$:

$$(x^{15}+1) = (x^4+x+1)(x^4+x^3+1)(x^4+x^3+x^2+x+1)(x^2+x+1)(x+1)$$
(12.2-18)

$f(x)$ 不仅应为$(x^{15}+1)$的一个因子,而且还应该是一个 4 次本原多项式。式(12.2-18)表明,$(x^{15}+1)$可以分解为 5 个既约因子,其中 3 个是 4 次多项式。可以证明,这 3 个 4 次多项式中,前 2 个是本原多项式,第 3 个不是。因为

$$(x^4+x^3+x^2+x+1)(x+1) = (x^5+1) \quad (12.2-19)$$

这就是说,$(x^4+x^3+x^2+x+1)$不仅可整除$(x^{15}+1)$,而且还可以整除(x^5+1),故它不是本原的。于是,我们找到了两个 4 次本原多项式:(x^4+x+1) 和 (x^4+x^3+1)。由其中任何一个都可以产生 m 序列,用(x^4+x+1)作为特征多项式构成的 4 级反馈移存器就是图 12-3 中给出的。

由上述可见,只要找到了本原多项式,我们就能由它构成 m 序列产生器。但是寻找本原多项式并不是很简单的。经过前人大量的计算,已将常用本原多项式列成表备查。在表 12-1 中列出了部分已经找到的本原多项式。在制作 m 序列产生器时,移存器反馈线(及模 2 加法电路)的数目直接决定于本原多项式的项数。为了使 m 序列产生器的组成尽量简单,我们希望使用项数最少的那些本原多项式。由表 12-1 可见,本原多项式最少有 3 项(这时只需要用一个模 2 加法器)。对于某些 n 值,由于不存在 3 项的本原多项式,我们只好列入较长的本原多项式。

由于本原多项式的逆多项式也是本原多项式,例如,式(12.2-18)中的(x^4+x+1)与(x^4+x^3+1)互为逆多项式,即 10011 与 11001 互为逆码,所以在表 12-1 中每一本原多项式可以组成两种 m 序列产生器。

在一些书刊中,有时将本原多项式用八进制数字表示。我们也将这种表示方法示于

表 12-1 中右侧。例如,对于 $n=4$,表中给出"23",它表示

$$\underset{c_5c_4c_3}{010} \ \underset{c_2c_1c_0}{\overset{2\quad\ 3}{011}}$$

即 $c_0=c_1=c_4=1, c_2=c_3=c_5=0$。

表 12-1			本原多项式表			
n	本原多项式		n	本原多项式	
	代数式	八进制表示法		代数式	八进制表示法
2	x^2+x+1	7	14	$x^{14}+x^{10}+x^6+x+1$	42103
3	x^3+x+1	13	15	$x^{15}+x+1$	100003
4	x^4+x+1	23	16	$x^{16}+x^{12}+x^3+x+1$	210013
5	x^5+x^2+1	45	17	$x^{17}+x^3+1$	400011
6	x^6+x+1	103	18	$x^{18}+x^7+1$	1000201
7	x^7+x^3+1	211	19	$x^{19}+x^5+x^2+x+1$	2000047
8	$x^8+x^4+x^3+x^2+1$	435	20	$x^{20}+x^3+1$	4000011
9	x^9+x^4+1	1021	21	$x^{21}+x^2+1$	10000005
10	$x^{10}+x^3+1$	2011	22	$x^{22}+x+1$	20000003
11	$x^{11}+x^2+1$	4005	23	$x^{23}+x^5+1$	40000041
12	$x^{12}+x^6+x^4+x+1$	10123	24	$x^{24}+x^7+x^2+x+1$	100000207
13	$x^{13}+x^4+x^3+x+1$	20033	25	$x^{25}+x^3+1$	200000011

2. m 序列的性质

1) 均衡性(balance)

在 m 序列的一个周期中,"1"和"0"的数目基本相等。准确地说,"1"的个数比"0"的个数多一个。

【证】 设一个 m 序列的周期为 $m=2^n-1$,则此序列可以表示为

$$a_0a_1a_2\cdots a_{n-1}a_na_{n+1}\cdots a_{m-1}a_0a_1\cdots \quad (12.2-20)$$

由于此序列中任何相继的 n 位都是产生此序列的 n 级移存器的一个状态,而且此移存器共有 m 个不同状态,所以可以把此移存器的这些相继状态列表,如表 12-2 所列。表中每一行为移存器的一个状态。m 个相继的状态构成此 m 序列的一个周期。由此表直接看出,最后一列的元素按自上而下排列次序就构成式(12.2-20)中的 m 序列。自然,其他各列也构成同样的 m 序列,只是初始相位不同。

因为表 12-2 中每一元素为一位二进制数字,即 $a_i \in (0,1)(i=0,1,\cdots,(m-1))$。所以表中每一位移存器状态可以看成是一个 n 位二进制数字。这 m 个不同状态对应 $1 \sim (2^n-1)$ 间的 m 个不同的二进制数字。由于 1 和 $m=(2^n-1)$ 都是奇数,故 $1 \sim (2^n-1)$ 间这 m 个整数中奇数比偶数多一个。在二进制中,奇数的末位必为"1",偶数的末位必为"0",而此末位数字就是表 12-2 中最后一列。故表中最右列的相继 m 个二进制数字中"1"比"0"多一个。由于每列都构成一 m 序列,所以 m 序列中"1"比"0"多一个。

表12-2 m序列的相继状态

a_{n-1}	a_{n-2}	...	a_2	a_1	a_0
a_n	a_{n-1}	...	a_3	a_2	a_1
⋮	⋮		⋮	⋮	⋮
a_{n+i-1}	a_{n+i-2}	...	a_{i+2}	a_{i+1}	a_i
⋮	⋮		⋮	⋮	⋮
a_{n-2}	a_{n-3}	...	a_1	a_0	a_{n-1}
a_{n-1}	a_{n-2}	...	a_2	a_1	a_0

2) 游程分布

我们把一个序列中取值相同的那些相继的(连在一起的)元素合称为一个"游程(run)"。在一个游程中元素的个数称为游程长度。例如,在图12-3中给出的m序列可以重写为:

$$\cdots 1000\overbrace{1111}^{m=15}010110010\cdots \qquad (12.2-21)$$

在其一个周期(m个元素)中,共有8个游程,其中长度为4的游程有一个,即"1 1 1 1",长度为3的游程有一个,即"0 0 0",长度为2的游程有两个,即"1 1"和"0 0",长度为1的游程有4个,即两个"1"和两个"0"。

一般说来,在m序列中,长度为1的游程占游程总数的1/2;长度为2的游程占游程总数的1/4;长度为3的游程占1/8;…。严格讲,长度为k的游程数目占游程总数的2^{-k},其中$1 \leq k \leq (n-1)$。而且在长度为k的游程中(其中$1 \leq k \leq (n-2)$),连"1"的游程和连"0"的游程各占一半。下面我们就来证明游程的这种分布规律。

【证】 在表12-2中,每一行有n个元素。我们考虑恰好含有连续k个"1"的那些行,它们具有形状:

$$0\underbrace{111\cdots 1}_{k\text{个}}0\underbrace{\times\times\cdots\times}_{(n-2-k)\text{个}} \quad 1 \leq k \leq n-2 \qquad (12.2-22)$$

其中左侧$(k+2)$个元素中两端为"0",中间全为"1",这样就保证恰好含有连续k个"1",而右侧的$(n-2-k)$个元素用"×"表示,它们可以任意取值"0"或"1",不受限制。在表12-2的一个周期($m=2^n-1$行)中,符合式(12.2-22)形式的行的数目,按排列组合理论可知,等于2^{n-2-k}。由反馈移存器产生m序列的工作原理可知,形式如式(12.2-22)的一行中的k个"1",必定经过逐次位移最后输出,在输出序列中构成长度为k的一个连"1"游程。反之,输出序列中任何一个长度为k的连"1"游程,必然对应表12-2中这样的一行。所以,在m序列一个周期中长度为k的连"1"游程数目也等于2^{n-k-2}。

同理,长度为k的连"0"游程数目也等于2^{n-k-2}。所以长度为k的游程总数(包括连"1"和连"0"的两种游程)为

$$2^{n-k-2} + 2^{n-k-2} = 2^{n-k-1} \qquad (12.2-23)$$

在序列的每一周期中,长度在$1 \leq k \leq (n-2)$范围内的游程所包含的总码元数为

$$\sum_{k=1}^{n-2} k \cdot 2^{n-k-1} = 1 \cdot 2^{n-2} + 2 \cdot 2^{n-3} + 3 \cdot 2^{n-4} + \cdots + (n-2) \cdot 2^1 = 2^n - 2n \quad (12.2-24)$$

式(12.2-24)求和计算中利用了下列算术几何级数(arithmatic geometric series)公式：

$$\sum_{k=0}^{n-1}(a+kr)q^k = \frac{a-[a+(n-1)r]q^n}{1-q} + \frac{rq(1-q^{n-1})}{(1-q)^2} \quad (12.2-25)$$

因为序列的每一周期中共有 (2^n-1) 个码元，所以除上述码元外，尚余 $(2^n-1) - (2^n-2n) = (2n-1)$ 个码元。这些码元中含有的游程长度，从表12-2观察分析可知，应该等于 n 和 $(n-1)$，即应有长为 n 的连"1"游程一个，长为 $(n-1)$ 的连"0"游程一个，这两个游程长度之和恰为 $(2n-1)$。并且由此构成的序列一个周期中，"1"的个数恰好比"0"的个数多一个。

最后，我们得到，在每一周期中，游程总数为

$$\sum_{k=1}^{n-2} 2^{n-k-1} + 2 = 2^{n-1} \quad (12.2-26)$$

计算式(12.2-26)求和时，利用了下列等比级数(geometric series)公式：

$$\sum_{k=1}^{n} aq^{k-1} = \frac{a(q^n-1)}{q-1} \quad (12.2-27)$$

由式(12.2-23)和式(12.2-26)可知，长度为 k 的游程占游程总数的比例为

$$\frac{2^{n-k-1}}{2^{n-1}} = 2^{-k} \quad 1 \leq k \leq (n-2)$$

由于长度为 $k=(n-1)$ 的游程只有一个，它在游程总数 2^{n-1} 中占的比例为 $1/2^{n-1} = 2^{-(n-1)}$，所以上式仍然成立。因此，可将上式改写为

$$\text{长度为 } k \text{ 的游程所占比例} = 2^{-k}, \quad 1 \leq k \leq (n-1) \quad (12.2-28)$$

【证毕】

3) 移位相加特性

一个 m 序列 M_p 与其经过任意次延迟移位产生的另一个不同序列 M_r 模2相加，得到的仍是 M_p 的某次延迟移位序列 M_s，即

$$M_p \oplus M_r = M_s \quad (12.2-29)$$

我们现在分析一个 $m=7$ 的 m 序列 M_p 作为例子。设 M_p 的一个周期为1110010。另一个序列 M_r 是 M_p 向右移位一次的结果，即 M_r 的一个相应周期为0111001。这两个序列的模2和为

$$1110010 \oplus 0111001 = 1001011 \quad (12.2-30)$$

式(12.3-30)得出的为 M_s 的一个相应的周期，它与 M_p 向右移位5次的结果相同。下面我们对 m 序列的这种移位相加特性作一般证明。

【证】 设产生序列 M_p 的 n 级反馈移存器的初始状态如图 12-4 所示。这一初始状态也就是表 12-2 中第一行的 $a_0 a_1 a_2 \cdots a_{n-1}$。由这一初始状态代入递推方程式(12.2-2)得到移存器下一个输入即

$$a_n = c_1 a_{n-1} + c_2 a_{n-2} + \cdots + c_n a_0 \qquad (12.2-31)$$

若将序列 M_p 的初始状态的 r 次延迟移位作为序列 M_r 的初始状态，则将 M_r 的初始状态 $a_r a_{r+1} a_{r+2} \cdots a_{n+r-1}$ 代入递推方程式(12.2-2)，得到下一个输入：

$$a_{n+r} = c_1 a_{n+r-1} + c_2 a_{n+r-2} + \cdots + c_n a_r \qquad (12.2-32)$$

将式(12.2-31)和式(12.2-32)相加(模 2)，得到

$$a_n + a_{n+r} = c_1(a_{n-1} + a_{n+r-1}) + c_2(a_{n-2} + a_{n+r-2}) + \cdots + c_n(a_0 + a_r) \qquad (12.2-33)$$

式(12.2-33)右端 n 个括弧中两元素模 2 相加的结果一定是表 12-2 中另一行的元素。这是因为表 12-2 中的各行包含了除全"0"外的全部 n 位二进制数字。设相加结果为

$$a_{i+n-1} a_{i+n-2} \cdots a_{i+1} a_i \qquad (12.2-34)$$

则式(12.2-33)可以改写为

$$a_n + a_{n+r} = c_1 a_{i+n-1} + c_2 a_{i+n-2} + \cdots + c_n a_i \qquad (12.2-35)$$

式(12.2-35)表明 $(a_n + a_{n+r})$ 仍为原 n 级反馈移存器按另一初始状态 $(a_{i+n-1} a_{i+n-2} \cdots a_{i+1} a_i)$ 产生的输入，这是因为 $c_1 c_2 \cdots c_n$ 未改变，移存器的反馈线接法也未改变。这个初始状态比 M_p 的初始状态延迟了 i 位。故序列 M_p 和 M_r 之和是 M_p 经过延迟 i 位的移位序列。 【证毕】

4) 自相关函数

现在我们讨论 m 序列的自相关(autocorrelation)函数。由式(12.1-8)得知，m 序列的自相关函数可以定义为：

$$\rho(j) = \frac{A-D}{A+D} = \frac{A-D}{m} \qquad (12.2-36)$$

式中：A 为 m 序列与其 j 次移位序列一个周期中对应元素相同的数目；D 为 m 序列与其 j 次移位序列一个周期中对应元素不同的数目；m 为 m 序列的周期。

式(12.2-36)还可以改写为

$$\rho(j) = \frac{[a_i \oplus a_{i+j} = 0] \text{的数目} - [a_i \oplus a_{i+j} = 1] \text{的数目}}{m} \qquad (12.2-37)$$

由 m 序列的延迟相加特性可知，式(12.2-37)分子中的 $a_i \oplus a_{i+j}$ 仍为 m 序列的一个元素。所以上式分子就等于 m 序列一个周期中"0"的数目与"1"的数目之差。另外，由 m 序列的均衡性可知，m 序列一个周期中"0"的数目比"1"的数目少一个。所以式(12.2-37)分子等于 -1。这样，就有

$$\rho(j) = \frac{-1}{m} \qquad j = 1, 2, \cdots, m-1$$

当 $j = 0$ 时，显然 $\rho(0) = 1$。所以，我们最后写成

$$\rho(j) = \begin{cases} 1 & j = 0 \\ \dfrac{-1}{m} & j = 1, 2, \cdots, m-1 \end{cases} \tag{12.2-38}$$

不难看出，由于 m 序列有周期性，故其自相关函数也有周期性，周期也是 m，即

$$\rho(j) = \rho(j - km) \qquad j \geqslant km, \quad k = 1, 2, \cdots \tag{12.2-39}$$

而且 $\rho(j)$ 是偶函数，即有

$$\rho(j) = \rho(-j) \qquad j = \text{整数} \tag{12.2-40}$$

上面数字序列的自相关函数 $\rho(j)$ 只定义在离散的点上（j 只取整数）。但是，若把 m 序列当作周期性连续函数求其自相关函数，则从周期函数的自相关函数的定义：

$$R(\tau) = \frac{1}{T_0} \int_{-T_0/2}^{T_0/2} s(t)s(t+\tau)\,\mathrm{d}t \tag{12.2-41}$$

可以求出其自相关函数 $R(\tau)$ 的表达式为[2]

$$R(\tau) = \begin{cases} 1 - \dfrac{m+1}{T_0}|\tau - iT_0| & 0 \leqslant |\tau - iT_0| \leqslant \dfrac{T_0}{m}, \quad i = 0, 1, 2, \cdots \\ -1/m & \text{其他} \end{cases} \tag{12.2-42}$$

式中：T_0 为 $s(t)$ 的周期。

按照式（12.2-38）和式（12.2-42）画出的 $\rho(j)$ 和 $R(\tau)$ 的曲线示于图 12-5 中。图中的圆点表示 j 取整数时的 $\rho(j)$ 取值，而折线是 $R(\tau)$ 的连续曲线。可以看出，两者是重合的。由图还可以看出，当周期 T_0 非常长和码元宽度 T_0/m 极小时，$R(\tau)$ 近似于冲激函数 $\delta(t)$ 的形状。

图 12-5　m 序列的自相关函数

由上述可知，m 序列的自相关函数只有两种取值：1 和（$-1/m$）。有时我们把这类自相关函数只有两种取值的序列称为双值自相关序列。

5）功率谱密度

我们知道，信号的自相关函数与功率谱密度构成一对傅里叶变换。因此，我们很容易

对 m 序列的自相关函数(式(12.2-42))作傅里叶变换,求出其功率谱密度为[2]

$$P_s(\omega) = \frac{m+1}{m^2}\left[\frac{\sin(\omega T_0/2m)}{(\omega T_0/2m)}\right]^2 \sum_{\substack{n=-\infty \\ n \neq 0}}^{\infty} \delta\left(\omega - \frac{2\pi n}{T_0}\right) + \frac{1}{m^2}\delta(\omega) \quad (12.2-43)$$

按照式(12.2-43)画出的曲线示于图12-6中。由此图可见,在 $T_0 \to \infty$ 和 $m/T_0 \to \infty$ 时, $P_s(\omega)$ 的特性趋于白噪声的功率谱密度特性。

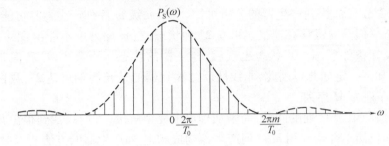

图12-6 m 序列的功率谱密度

6) 伪噪声特性

我们对一正态分布白噪声抽样,若抽样值为正,则记为"+";若抽样值为负,则记为"-"。将每次抽样所得极性排成序列,例如:

$$\cdots + - + + - - - + - + + - - \cdots \quad (12.2-44)$$

这是一个随机序列,它具有如下三个基本性质:

(1) 序列中"+"和"-"的出现概率相等。

(2) 序列中长度为1的游程约占1/2;长度为2的游程约占1/4;长度为3的游程约占1/8;……。一般说来,长度为 k 的游程约占 $1/2^k$。而且在长度为 k 的游程中,"+"游程和"-"游程约各占1/2。

(3) 由于白噪声的功率谱密度为常数,功率谱密度的逆傅里叶变换,即自相关函数,为一冲激函数 $\delta(\tau)$。当 $\tau \neq 0$ 时, $\delta(\tau) = 0$。仅当 $\tau = 0$ 时, $\delta(\tau)$ 是个面积为1的脉冲。

由于 m 序列的均衡性、游程分布和自相关特性与上述随机序列的基本性质极相似,所以通常将 m 序列称为伪噪声(PN)序列,或称为伪随机序列。

但是,具有或部分具有上述基本性质的PN序列不仅只有 m 序列一种。m 序列只是其中最常见的一种。除 m 序列外,M 序列、二次剩余序列(或称为 Legendre 序列)、霍尔(Hall)序列和双素数序列等都是PN序列。

12.2.3 其他伪随机序列简介

上面讨论的 m 序列由于具有很好的伪噪声性质,并且产生方法比较简单,所以受到广泛应用。不过,它有一个很大的缺点,就是其周期限制于 $(2^n - 1)(n = 1, 2, 3, \cdots)$。当 n 较大时,相邻周期相距较远,有时不能从 m 序列得到所需周期的伪随机序列。另外一些伪随机序列的周期所必须满足的条件与 m 序列的不同,因此可以得到一些其他周期的序列;即使周期与 m 序列相同,其结构也不一定相同。这些周期和结构不同的序列可以互相补充,提供我们选用。下面将简要介绍其中几种,它们都属于非线性反馈移存器序列。

1. M 序列

由非线性反馈移存器产生的周期最长的序列称为 M 序列。它和上述 m 序列不同,后者是由线性反馈移存器产生的周期最长的序列。

由 12.2.2 节对 m 序列产生器的分析可知,一个 n 级 m 序列产生器只可能有 $(2^n - 1)$ 种不同的状态。但是 n 级移存器最多可有 2^n 种状态,在 m 序列中不能出现的是全"0"状态。在线性反馈条件下,全"0"状态出现后,产生器的状态将不会再改变;但是在非线性反馈条件下,却不一定如此。因此,非线性反馈移存器的最长周期可达 2^n,我们称这种周期长达 2^n 的序列为 M 序列。

目前,如何产生 M 序列的问题,尚未从理论上完全解决,人们只找到很少几种构造它的方法。下面仅简单介绍利用 m 序列产生器构成 M 序列产生器的方法。

我们首先观察图 12 – 3 中的例子。它是一个 $n = 4$ 级的 m 序列产生器。图中给出了它的 15 种状态。若使它增加一个"000"状态,就可变成 M 序列产生器了。因为移存器中后级状态必须是由其前级状态移入而得,故此"0000"状态必须处于初始状态"1000"之前和"0001"状态之后。这就是说,我们需要将其递推方程修改为非线性方程,使"0001"状态代入新的递推方程后,产生状态"0000"(而不是"1000"),并且在"0000"状态代入后产生状态"1000"(而不是保持"0000"不变)。

修改前的递推方程,由式(12.2 – 2)给出:

$$a_k = \sum_{i=1}^{n} c_i a_{k-i} = a_{k-1} \oplus a_{k-4} \qquad (12.2-45)$$

为满足上述要求,修改后的递推方程应为

$$a_k = a_{k-1} \oplus a_{k-4} \oplus \overline{a}_{k-1}\overline{a}_{k-2}\overline{a}_{k-3}\overline{a}_{k-4} \oplus \overline{a}_{k-1}\overline{a}_{k-2}\overline{a}_{k-3}\overline{a}_{k-4}$$
$$= a_{k-1} \oplus a_{k-4} \oplus \overline{a}_{k-1}\overline{a}_{k-2}\overline{a}_{k-3} = \sum_{i=1}^{4} c_i a_{k-i} \oplus \overline{a}_{k-1}\overline{a}_{k-2}\overline{a}_{k-3}$$

$$(12.2-46)$$

对于 n 级 m 序列产生器也一样。为使 n 级 m 序列产生器变成 M 序列产生器,也只需使其递推方程改为

$$a_k = \sum_{i=1}^{n} c_i a_{k-i} \oplus \overline{a}_{k-1}\overline{a}_{k-2}\cdots\overline{a}_{k-n+1} = \sum_{i=1}^{n} c_i a_{k-i} \oplus \prod_{j=1}^{n-1} \overline{a}_{k-j} \qquad (12.2-47)$$

有了递推方程,就不难构造出此 M 序列产生器。例如用这种方法得到的一个 4 级 M 序列产生器如图 12 – 7 所示。

M 序列与 m 序列类似,也在一定程度上具有噪声特性。它满足 m 序列的前两个性质:

(1) 在 M 序列的一个周期中,出现"0"与"1"的数目相等。

(2) 在 n 级 M 序列的一个周期中,游程共有 2^{n-1} 个,其中长度为 k 的游程占 $1/2^k$,

图 12-7 4 级 M 序列产生器

$1 \leq k \leq n-2$;长为 n 的游程有两个,没有长为 $(n-1)$ 的游程。在同长的游程中,"0"游程和"1"游程各占 $1/2$。这两个性质的证明方法与 m 序列的一样。

但是,M 序列不再具有 m 序列的移位相加特性及双值自相关特性。

M 序列与 m 序列相比,最主要的优点是数量大,即同样级数 n 的移存器能够产生的平移不等价 M 序列总数比 m 序列的大得多,且随 n 的增大迅速增加。在表 12-3 中给出了级数 n 与可能产生的两种序列数目的比较。

表 12-3					n 级 m 序列和 M 序列数目比较				
n	1	2	3	4	5	6	7	8	9	10
m 序列数目	1	1	2	2	6	6	18	16	48	60
M 序列数目	1	1	2	16	2048	6.71088×10^7	1.44115×10^{17}	1.32922×10^{36}	2.26156×10^{74}	1.30935×10^{151}

M 序列的数量虽然相当大,但是目前能够实际产生出来的 M 序列数目却还不很多。这还有待于今后继续研究。

2. 二次剩余序列

所谓二次剩余又称平方剩余数,例如,$3^2 = 9$;9 被 7 除得到的余数是 2,即有

$$3^2 = 9 \equiv 2 \pmod{7} \tag{12.2-48}$$

则称 2 为模 7 的平方剩余数。

一般说来,如果能找到一个整数 x,它使

$$x^2 \equiv i \pmod{p} \tag{12.2-49}$$

若此方程成立,我们就认为这个方程有解。满足此方程的 i 就是模 p 的二次剩余;否则,i 就是模 p 的二次非剩余。当规定 $a_0 = -1$,且

$$a_i = \begin{cases} 1 & i \text{ 是模 } p \text{ 的二次剩余} \\ -1 & i \text{ 是模 } p \text{ 的非二次剩余} \end{cases} \tag{12.2-50}$$

式中,p 为奇数,则称 $\{a_i\}$ 为二次剩余序列,$i = 0, 1, 2, \cdots$,其周期为 p。

例如,设 $p = 19$,容易算出

$1^2 \equiv 1 \pmod{19}$ $2^2 \equiv 4 \pmod{19}$

$3^2 \equiv 9 \pmod{19}$ $4^2 \equiv 16 \pmod{19}$

$5^2 \equiv 6 \pmod{19}$ $6^2 \equiv 17 \pmod{19}$

$$7^2 \equiv 11 \pmod{19} \qquad 8^2 \equiv 7 \pmod{19}$$
$$9^2 \equiv 5 \pmod{19} \qquad 10^2 \equiv 5 \pmod{19}$$
$$11^2 \equiv 7 \pmod{19} \qquad 12^2 \equiv 11 \pmod{19}$$
$$13^2 \equiv 17 \pmod{19} \qquad 14^2 \equiv 6 \pmod{19}$$
$$15^2 \equiv 16 \pmod{19} \qquad 16^2 \equiv 9 \pmod{19}$$
$$17^2 \equiv 4 \pmod{19} \qquad 18^2 \equiv 1 \pmod{19}$$

因此,1、4、5、6、7、9、11、16、17 是模 19 的二次剩余;而 2、3、8、10、12、13、14、15、18 是模 19 的非二次剩余。这样,得到周期 $p=19$ 的二次剩余序列为

$$-+--+++++-+-+----++- \qquad (12.2-51)$$

式中:$+ \equiv +1$;$- \equiv -1$。

这种序列具有 12.2.2 节中随机序列基本性质的第(1)条性质,但一般不具备第(2)条性质。当 $p=4t-1$ 时($t=$正整数),它是双值自相关序列,即具有近于随机序列基本性质第(3)条的性质;当 $p=4t+1$ 时,它不是双值自相关序列。但是若 p 很大,它仍具有近于第(3)条的性质。一般认为它也属于伪随机序列。

3. 双素数序列

上述二次剩余序列的周期 p 为素数(prime)。在双素数序列中,周期 p 是两个素数 p_1 和 p_2 的乘积,而且 $p_2 = p_1 + 2$,即有

$$p = p_1 \cdot p_2 = p_1(p_1 + 2) \qquad (12.2-52)$$

双素数序列 $\{a_i\}$ 的定义为

$$a_i = \begin{cases} \left(\dfrac{i}{p_1}\right)\left(\dfrac{i}{p_2}\right) & (i,p) = 1 \\ 1 & i \equiv 0 \pmod{p_2} \\ -1 & \text{其他} \end{cases} \qquad (12.2-53)$$

其中

$$\left(\frac{i}{p_j}\right) = \begin{cases} 1 & i \text{ 是模 } p_j \text{ 的二次剩余} \\ -1 & i \text{ 是模 } p_j \text{ 的非二次剩余} \end{cases} \quad (j=1,2) \qquad (12.2-54)$$

$(i,p)=1$ 表示 i 和 p 互为素数(最大公因子为 1)。

例如,设 $p_1=3, p_2=5, p=3 \cdot 5 = 15$。这时在一个周期中满足 $(i,p)=1$ 条件的 i,即小于 15 且与 15 互素的正整数有 1、2、4、7、8、11、13、14。对于这些 i 值,可以计算出:

$$\left(\frac{i}{p_1}\right): \qquad \left(\frac{1}{3}\right) = \left(\frac{4}{3}\right) = \left(\frac{7}{3}\right) = \left(\frac{13}{3}\right) = 1$$

$$\left(\frac{2}{3}\right) = \left(\frac{8}{3}\right) = \left(\frac{11}{3}\right) = \left(\frac{14}{3}\right) = -1$$

$$\left(\frac{i}{p_2}\right): \quad \left(\frac{1}{5}\right) = \left(\frac{4}{5}\right) = \left(\frac{11}{5}\right) = \left(\frac{14}{5}\right) = 1$$

$$\left(\frac{2}{5}\right) = \left(\frac{7}{5}\right) = \left(\frac{8}{5}\right) = \left(\frac{13}{5}\right) = -1$$

按照式(12.2 - 54),对这些 i 值作 $\left(\frac{i}{p_1}\right)\left(\frac{i}{p_2}\right)$ 的运算后,得出 $a_1 = a_2 = a_4 = a_8 = 1$ 以及 $a_7 = a_{11} = a_{13} = a_{14} = -1$。又因 $i = 0 \equiv 5 \equiv 10 \pmod 5$,故 $a_0 = a_5 = a_{10} = 1$。对于其余的 i,有 $a_3 = a_6 = a_9 = a_{12} = -1$。所以此双素数序列为

+ + + − + + − − + − + − − − −

式中:+ ≡ +1; − ≡ −1。

可以验证,双素数序列也基本满足随机序列的基本性质,所以也属于 PN 序列。

12.3 扩展频谱通信

扩展频谱(spread spectrum)是指将信号的频谱扩展至占用很宽的频带,简称扩谱①。扩展频谱通信系统是将基带信号的频谱通过某种调制扩展到远大于原基带信号带宽的系统。例如,一个带宽为几千赫的话音信号,用振幅调制时,占用带宽仅为话音信号带宽的两倍;而在扩谱通信系统中,可能占用几兆赫的带宽。

扩谱技术一般可以分为三类:①**直接序列扩谱**(Direct - Sequency Spread Spectrum, DSSS),它通常用一段伪随机序列(又称为伪码)表示一个信息码元,对载波进行调制。伪码的一个单元称为一个码片(chip)。由于码片的速率远高于信息码元的速率,所以已调信号的频谱得到扩展。②**跳频**(Frequency Hopping, FH)扩谱,它使发射机的载频在一个信息码元的时间内,按照预定的规律,离散地快速跳变,从而达到扩谱的目的。载频跳变的规律一般也是由伪码控制的。③**线性调频**,在这种系统中,载频在一个信息码元时间内在一个宽的频段中线性地变化,从而使信号带宽得到扩展。由于此线性调频信号若工作在低频范围,则它听起来像鸟声(chirp),故又称"鸟声"调制。

扩谱通信的理论基础是香农(Shannon)的信道容量公式。它告诉我们,为达到给定的信道容量要求,可以用带宽换取信噪比,即在低信噪比条件下可以用增大带宽的办法无误地传输给定的信息。

扩谱通信的目的:①提高抗窄带干扰的能力,特别是提高抗有意干扰的能力,例如敌对电台的有意干扰。由于这类干扰的带宽窄,所以对于宽带扩谱信号的影响不大。②防止窃听。扩谱信号的发射功率虽然不是很小,但是其功率谱密度可以很小,小到低于噪声的功率谱密度,将发射信号隐藏在背景噪声中,使侦听者很难发现。此外,由于采用了伪码,窃听者不能方便地听懂发送的消息。③提高抗多径传输效应的能力。由于扩谱调制采用了扩谱伪码,它可以用来分离多径信号,所以有可能提高其抗多径的能力(在后面将

---

① 扩展频谱在有些资料中简译为"扩频"。但是,这个名词似乎简译为"扩谱"更为恰当。在本书中将其一律简写为"扩谱"。

专门介绍分离多径信号的原理)。④使多个用户可以共用同一频带。在同一扩谱频带内,不同用户采用互相正交的不同扩谱码,就可以区分各个用户的信号,从而按照码分多址(CDMA)的原理工作。这种方案目前已经被广泛地应用于第三代蜂窝网中。⑤提供测距能力。通过测量扩谱信号的自相关特性的峰值出现时刻,可以从信号传输时间(延迟)的大小计算出传输距离。

下面将仅就第一类扩谱技术,直接序列扩谱,作进一步的介绍。

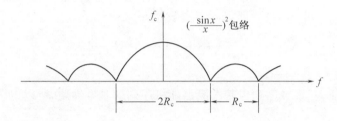

图 12-8 直接序列扩谱信号的功率谱密度

在直接序列扩谱系统中,是用一组伪码代表信息码元去调制载波。一般说来,可以采用任何一种调制方式,但是最常用的还是 2PSK。这种信号的典型功率谱密度曲线示于图 12-8 中。图中所示主瓣带宽(零点至零点)是伪码时钟速率 R_c 的 2 倍。每个旁瓣的带宽等于 R_c。例如,若所用码片的速率为 5Mb/s,则主瓣带宽将为 10MHz,每个旁瓣宽为 5MHz。

直接序列扩谱通信系统原理方框图示于图 12-9 中。图中,二进制信码对载波进行反相键控。这个过程可以用相乘电路或平衡调制器实现。已调信号随即进行第二次调制。此时,用发送设备中产生的一个编(伪)码序列再次进行反相键控。此伪码序列的速率远高于信码速率。这次调制就起着扩谱的作用。由于信码和扩谱用的伪码都是二进制序列,而且是对同一载波进行反相键控,所以调制器实际上可以简化如图 12-10 所示,即先将两路编码序列模 2 相加,然后再去进行反相键控。已调信号可以直接传输或经过向上变频(frequency conversion)再送入信道传输。

图 12-9 直接序列扩谱通信系统原理方框图

在接收端,先用与发送端同步的相同的伪码序列去反相键控本地振荡器,然后再用此已调本振去混频,就得到窄带的仅受信码调制的中频信号。它经过中频放大后就可以进入普通的相移信号解调器解调出信码。上述过程用图解方法示于图 12-11 中。图中每行图形在图 12-9 和图 12-10 中所处的位置已用各图形的编号标明。

由图 12-11 可以看出，在收发两端的伪码序列产生器正确同步的时候，接收到的所需信号经过混频后 f 就恢复出仅受信码调相的窄带中频信号。而非所需的干扰信号 h，经过混频后仍为宽带信号，因为它与接收机中的伪码序列不相关（或者说相关性很小）。这个宽带中频干扰信号经过中频放大器的带通滤波器滤波后，输出的干扰相对于信号电平是很小的。在图 12-12 中给出了所需信号和干扰信号在频域中的这种变化。

图 12-10　简化调制器方框图

图 12-11　扩谱信号的传输图解

图 12-12　信号频谱在接收机中的变化

12.4　伪随机序列的其他应用

1. 分离多径技术

在短波电离层反射和对流层散射等通信系统中，以及在城市环境的移动通信网中，多径效应都比较严重。多径效应表现在一个发射信号可以经过多条路径到达接收点，并造成接收信号的衰落现象。衰落的原因在于每条路径的接收信号的相位不同。分离多径技术能够在接收端将多径信号的各条路径分离开,并分别校正每条路径接收信号的相位,使之按同相相加,从而克服衰落现象。而在分离多径技术中伪随机序列有重要作用。下面就来具体讨论这个问题。

为简单起见,我们先考察发射的一个数字信号码元。设这个码元是用 m 序列的一个周期去调制的余弦载波为

$$M(t)\cos(\omega t + \theta) \tag{12.4-1}$$

式中,$M(t)$ 为一取值 ± 1 的 m 序列。

假设经过多径传输后,在接收机中频部分得到的输出信号为

$$\sum_{j=0}^{n-1} A_j M(t - j\Delta)\cos[\omega_i(t - j\Delta) + \varphi_j] \tag{12.4-2}$$

其中共有 n 条路径的信号。第 j 条路径信号的振幅为 A_j,延迟时间为 $j\Delta$,载波附加的随机相位为 φ_j,中频角频率为 ω_i。在此式中,忽略了各条路径共同的延迟,并且认为相邻路径的延迟时间差相等,均等于 Δ。在设计中我们选用此 Δ 值作为 m 序列的一个码元宽度。

为了消除各条射线随机相位 φ_j 的影响,可以采用图 12-13 示出的自适应(adaptive)校相(phase correction)滤波器。设 $s_j(t)$ 是式(12.4-2)中的第 j 条射线

$$s_j(t) = A_j M(t - j\Delta) \cdot \cos[\omega_i(t - j\Delta) + \varphi_j] \tag{12.4-3}$$

图 12-13 自适应校相滤波器

它加于图 12-13 中电路的输入端。此电路由两个相乘器和一个窄带滤波器组成。在第 1 个相乘器中,$s_j(t)$ 与本地振荡电压 $s(t) = \cos(\omega_0 t + \varphi)$ 相乘。相乘结果通过窄带滤波器,后者的中心角频率为 $(\omega_i - \omega_0)$,其通带极窄,只能通过 $(\omega_i - \omega_0)$ 分量而不能通过各边带分量。故滤波输出 $g(t)$ 在忽略一常数因子后可以表示为

$$g(t) = A_j \cos[(\omega_i - \omega_0)t - j\Delta\omega_i t + \varphi_j - \varphi] \tag{12.4-4}$$

在第 2 个相乘器中,$s_j(t)$ 与 $g(t)$ 相乘,取出乘积中差频项 $f(t)$,仍忽略常数因子,可将 $f(t)$ 表示为

$$f(t) = A_j^2 M(t - j\Delta)\cos(\omega_0 t + \varphi) \tag{12.4-5}$$

在图 12-13 中省略了上述分离出差频项 $f(t)$ 的带通滤波器。

由式(12.4-5)可见,经过自适应校相滤波器后,接收信号中的随机相位可以消除。上面只分析了一条路径接收信号的情况。当式(12.4-2)中多径信号输入此滤波器时,每条路径信号都同样受到相位校正,故使各路径信号具有相同的相位。这时的输出 $f(t)$ 变为

$$f(t) = \sum_{j=0}^{n-1} A_j^2 M(t - j\Delta)\cos(\omega_0 t + \varphi) \tag{12.4-6}$$

此式中各路径信号的载波得到了校正,但是包络 $M(t - j\Delta)$ 仍然有差别。为了校正各路径包络的相对延迟,可以采用图 12-14 所示的办法。此图中 AF 为自适应校相滤波器,抽

头延迟线的抽头间隔时间为 Δ。为了说明简单起见,设现在共有 4 条路径的信号,$n=4$,抽头延迟线共有 3 段,每段延迟时间为 Δ,则相加器的输入信号包络如下:

$$\begin{cases} 未经延迟的: & A_0^2 M(t) + A_1^2 M(t-\Delta) + A_2^2 M(t-2\Delta) + A_3^2 M(t-3\Delta) \\ 经延迟 \Delta 的: & A_0^2 M(t-\Delta) + A_1^2 M(t-2\Delta) + A_2^2 M(t-3\Delta) + A_3^2 M(t-4\Delta) \\ 经延迟 2\Delta 的: & A_0^2 M(t-2\Delta) + A_1^2 M(t-3\Delta) + A_2^2 M(t-4\Delta) + A_3^2 M(t-5\Delta) \\ 经延迟 3\Delta 的: & A_0^2 M(t-3\Delta) + A_1^2 M(t-4\Delta) + A_2^2 M(t-5\Delta) + A_3^2 M(t-6\Delta) \end{cases}$$

$$(12.4-7)$$

图 12-14 分离多径技术原理

相加器输出信号的载波仍为 $\cos(\omega_0 t + \varphi)$,包络则为式(12.4-7)中各项之和。若图 12-14 中本地 m 序列产生器的输出为 $M(t-3\Delta)$,则在相乘器 2 中与接收的多径信号相乘并经积分后,就能分离出包络为 $(A_0^2 + A_1^2 + A_2^2 + A_3^2) M(t-3\Delta)$ 的分量,即式(12.4-7)中右上至左下对角线上各项。或者说,相当于将 4 条路径的信号包络的相对延迟校正后相加了起来,而抑止掉了其余各项。

在数字通信系统中,为了传输不同的符号,可以采用不同的 m 序列。在接收端自然也需要有几个相应的 m 序列分别与之作相关检测。

2. 误码率测量

在数字通信中误码率是一项主要的质量指标。在实际测量数字通信系统的误码率时,一般说来,测量结果与信源送出信号的统计特性有关。通常认为二进制信号中"0"和"1"是以等概率随机出现的。所以测量误码率时最理想的信源应是随机序列产生器。这样测量的结果,我们认为是符合实际运用时的情况。

但是,用真正的随机序列产生器进行测量时,只适于闭环(closed loop)线路的测试,如图 12-15 所示。图中数字通信发送设备和接收设备放在同一地点,利用双向信道将发出的随机序列转回到本地,在比较器中将原发送随机序列和接收到的序列逐位比较。若两者不同,就认为出现了一个错码,送到记录设备中记录下来。

不过,这种闭环测试法所用的信道不符合实际情况,因为实际通信中一般都是单程传输信息的。在测量单程数字通信的误码率时,就不能利用随机序列,而只好用性能相近的

图 12 – 15 闭环测试法

伪随机序列代替它。图 12 – 16 示出这种情况。这时,发送设备和接收设备分处两地。由于发送端用的是伪随机序列,而且通常是 m 序列,接收端可以用同样的 m 序列产生器,由同步信号控制,产生出相同的本地序列。本地序列和接收序列相比较,就可以检测误码。

图 12 – 16 单程测试法

ITU 建议用于数据传输设备测量误码的 m 序列周期是 511,其特征多项式建议采用 $x^9 + x^5 + 1$;以及建议用于数字传输系统(1544/2048 和 6312/8448kb/s)测量的 m 序列周期是 $2^{15} - 1 = 32767$,其特征多项式建议采用 $x^{15} + x^{14} + 1$。

3. 时延测量

有时我们需要测量信号经过某一传输路径所受到的时间延迟。例如,需要测量某一延迟线的时间延迟。另外,我们还常常通过测量一个无线电信号在某个媒质中的传播时间,从而折算出传播距离,即利用无线电信号测距。这就是说,这种测距的原理实质上也是测量延迟时间。

测量延迟的基本办法如图 12 – 17(a)所示。由脉冲源产生一周期性窄脉冲序列,其输出除了送入被测的传输路径外,还加到一个标准的可调延迟线。用比较电路去比较这两路输出脉冲的时间差。调节标准延迟线的延迟时间,使比较电路中两路脉冲同时到达,这时标准延迟线的延迟时间就等于被测传输路径的延迟时间。这种方法测量的最大延迟(距离)要受脉冲重复频率限制,测量的精确度也要受脉冲宽度(或上升时间)及标准延迟线的精确度限制。为了提高可测量的最大延迟(距离)和测量精确度,要求减小脉冲重复频率和脉冲宽度,这样会降低平均发送功率,影响远程测距时的作用距离。

图 12 – 17 测量延迟的原理

采用 m 序列代替周期性窄脉冲,用相关器代替比较器,如图 12 – 17(b)所示。这样,可以改善测量延迟的性能,克服上述方法中的缺点。这时,用一个移位的 m 序列与被测量的经过传输路径延迟的 m 序列相关。当两个序列的相位相同时,可以得到相关峰。由移位 m 序列与原 m 序列的相位差可以求得延迟时间。这种方法的测量精确度决定于所

用 m 序列的一个码片的宽度，避免了原来方法中标准延迟线本身的误差。此外，用 m 序列代替窄脉冲，还可以使发送平均功率大大增加，提高了可测量的最大距离。自然，除 m 序列外，其他具有良好自相关特性的伪随机序列都可以用于测量时延。

在实际测距中，由于 m 序列源和相关器等是放在同一地点的，故图 12 – 17(b)中所示的传输路径长度应该是被测距离的两倍。

4. 噪声产生器

测量通信系统的性能时，常常要使用噪声产生器，由它给出具有所要求的统计特性和频率特性的噪声，并且可以随意控制其强度，以便得到不同信噪比条件下的系统性能。例如，在许多情况下，要求它能产生带限白高斯噪声。

使用噪声二极管这类噪声源做成的噪声产生器，在测量数字通信系统的性能时不很适用。因为它在一段观察时间内产生的噪声的统计特性，不一定和同样长的另一段观察时间内的统计特性相同。在一段较长的观察时间中，它的统计特性可能是服从高斯分布的，但在较短的一段观察时间中，其统计特性一般是不知道的。结果，测量得到的误码率常常很难重复得到。

m 序列的功率谱密度的包络是 $(\sin x/x)^2$ 形的。设 m 序列的码元宽度为 T_1，则大约在 $0 \sim (1/T_1) \times 45\%$ Hz 的频率范围内，可以认为它具有均匀的功率谱密度。所以，可以用 m 序列的这一部分频谱作为噪声产生器的噪声输出，虽然这种输出是伪噪声，但是对于多次进行某一测量，都有较好的可重复性。

5. 通信加密

数字通信的一个重要优点是容易作到高度保密性的加密(encryption)。在这方面伪随机序列十分有用。数字信号加密的基本原理可用图 12 – 18 表示。将信源产生的二进制数字消息和一个周期很长的伪随机序列模 2 相加，这样就将原消息变成不可理解的另一个序列。将这种加密序列在信道中传输，被他人窃听后也不可理解其内容。在接收端必须再加上一同样的伪随机序列，才能恢复为原发送消息。因为将此序列模 2 加入两次，就等于未加入。

图 12 – 18　利用伪随机序列加密的原理

在保密通信应用中，M 序列比 m 序列优越得多，因为前者的数目比后者的大很多。数目越多，为解密(decryption)所需要的搜索时间就越长。例如，由表 12 – 3 可见，在 $n = 10$ 时，m 序列只有 60 个，而 M 序列的数目约达 1.3×10^{151} 个。假定解密者用计算机搜索时，试探一种 M 序列平均需要 1ns，则平均约需 $(1.3 \times 10^{151})/2(365 \times 24 \times 60 \times 60 \times 10^9) = 2 \times 10^{134}$ 年才能破译这个密码。

6. 数据序列的扰乱与解扰

一般说来,数字通信系统的设计及其性能都与所传输的数字信号的统计特性有关。例如,我们在分析计算通信系统的误码率时,常假定信源送出的"0"和"1"码元是等概率的。在某些数字通信系统中,是从"0"和"1"码元的交变点提取位定时信息的,若经常出现长的"0"或"1"游程,则将影响位同步的建立和保持。如果数字信号具有周期性,则信号频谱中将存在离散谱线。由于电路中存在的不同程度的非线性,离散谱线有可能在多路通信系统其他路中造成串扰。为了限制这种串扰,常要求数字信号的最小周期足够长。

如果我们能够先将信源产生的数字信号变换成具有近似于白噪声统计特性的数字序列,再进行传输,在接收端收到这个序列后先变换成原始数字信号,再送给用户。这样就可以给数字通信系统的设计和性能估计带来很大方便。

所谓加扰(scrambling)技术,就是不用增加多余度而扰乱信号,改变数字信号统计特性,使其近似于白噪声统计特性的一种技术。这种技术的基础是建立在反馈移存器序列(或伪随机序列)的理论基础之上的。

采用加扰技术的通信系统组成原理如图 12-19 所示。在发送端用加扰器(scrambler)来改变原始数字信号的统计特性,而接收端用解扰器(descrambler)恢复出原始数字信号。在图 12-20 中给出一种由 5 级移存器组成的自同步加扰器和解扰器的原理方框图。由此图可以看出,加扰器是一个反馈电路,解扰器是一个前馈(feedforward)电路,它们分别都是由 5 级移存器和两个模 2 加法电路组成。

图 12-19 采用加扰技术的系统

设加扰器的输入数字序列为 $\{a_k\}$,输出序列为 $\{b_k\}$;解扰器的输入序列为 $\{b_k\}$,输出序列为 $\{c_k\}$。在这里,符号 $\{a_k\}$ 表示二进制数字序列 $a_0 a_1 a_2 \cdots a_k a_{k+1} \cdots$。符号 $\{b_k\}$ 和 $\{c_k\}$ 均与此相仿。这样,由图 12-20 不难看出,加扰器的输出为

$$b_k = a_k \oplus b_{k-3} \oplus b_{k-5} \tag{12.4-8}$$

而解扰器的输出为

$$c_k = b_k \oplus b_{k-3} \oplus b_{k-5} = a_k \tag{12.4-9}$$

以上两式表明,解扰后的序列与加扰前的序列相同。

这种解扰器是自同步的,因为若信道干扰造成错码,它的影响至多持续错码位于移存器内的一段时间,即至多影响连续 5 个输出码元。

如果我们断开输入端,加扰器就变成一个反馈移存器序列产生器,其输出为一周期性序列。一般都适当设计反馈抽头的位置,使其构成为 m 序列产生器。因为它能最有效地将输入序列扰乱,使输出数字码元之间相关性最小。

加扰器的作用可以看作是使输出码元成为输入序列许多码元的模 2 和。因此可以把它当作是一种线性序列滤波器;同理,解扰器也可看作是一个线性序列滤波器。对于加扰器的级数和结构,ITU 有专门的建议给予规定。

图 12-20 自同步加扰器和解扰器原理方框图

最后指出，上面（图 12-18）给出的加密方法，实际上也是一种加扰技术，也可以用来改变信号的统计特性。而这里讨论的加扰技术，在某种程度上也可以达到通信加密的目的。

12.5 小结

正交编码与伪随机序列在数字通信技术中都有十分重要的作用，它们广泛应用于码分多址通信、误码率测量、扩展频谱通信、密码、纠错编码和分离多径等领域中。

正交编码是由一组离散的正交函数构成的。正交编码中各个码组的相关系数均等于0。阿达玛矩阵和沃尔什矩阵在正交编码中有着重要地位。

伪随机噪声可以具有类似于随机噪声的某些统计特性，同时又便于重复产生和处理。由于它具有随机噪声的优点，又避免了随机噪声的缺点，因此获得了日益广泛的实际应用。伪随机噪声都是由周期性伪随机序列经过滤波等处理后得出的。伪随机序列有时又称为伪随机信号和伪随机码。

m 序列是线性反馈最长移存器序列。由于 m 序列的均衡性、游程分布和自相关特性与随机序列的这些性质极相似，所以通常将 m 序列称为伪噪声（PN）序列或伪随机序列。m 序列是最主要的一种伪随机序列。递推方程、特征方程和母函数是设计和分析 m 序列产生器的三个基本关系式。一个线性反馈移存器能产生 m 序列的充要条件为：反馈移存器的特征方程为本原多项式。

在伪随机序列中 M 序列也有着重要地位，它是一种非线性反馈移存器序列。

扩展频谱调制是一类宽带调制技术，其中包括 DSSS、FHSS 和线性调频。但是前两种是最常用的体制。扩谱调制有许多优点，最主要的是抗干扰能力强和信号隐蔽。目前，其应用日益广泛。

多径分离技术是专门适用于扩谱信号的抗多径技术。它可以将接收信号中有害的从多径来的信号分量变成有用的多径信号分量，从而增强接收信噪比。

思 考 题

12-1 何谓正交编码？什么是超正交码？什么是双正交码？

12-2　何谓阿达玛矩阵？它的主要特性如何？

12-3　何谓 m 序列？

12-4　何谓本原多项式？

12-5　线性反馈移存器产生 m 序列的充要条件是什么？

12-6　本原多项式的逆多项式是否也为本原多项式？为什么？

12-7　何谓 m 序列的均衡性？

12-8　何谓"游程"？m 序列的"游程"分布的一般规律如何？

12-9　m 序列的移位相加特性如何？

12-10　为何 m 序列属于伪噪声(伪随机)序列？

12-11　何谓二次剩余序列？试举例说明之。

12-12　何谓 M 序列？它与 m 序列有何异同？

12-13　如何利用 m 序列来测量通信系统的误码率？

12-14　如何利用 m 序列来测量信号经过某一传输路径的时间延迟？

12-15　何谓通信加密？何谓数据加扰？它们有何异同？

12-16　何谓扩展频谱通信？它有何优点？

12-17　扩展频谱技术可以分为哪几类？

12-18　为何扩谱技术在加性高斯白噪声信道中不能使性能得到改善？

12-19　何谓 DSSS 通信系统？试画出其原理方框图。

12-20　何谓 FHSS 通信系统？它又可以分为哪两类？

12-21　FHSS 通信系统中通常采用相干调制还是非相干调制？为什么？

12-22　何谓分离多径技术？采用它的目的是什么？

12-23　试述自适应校相滤波器的功能。

习　题

12-1　一个 3 级线性反馈移存器,已知其特征方程为 $f(x) = 1 + x^2 + x^3$,试验证它为本原多项式。

12-2　已知 3 级线性反馈移存器的原始状态为 111,试写出两种 m 序列的输出序列。

12-3　一个 4 级线性反馈移存器的特征方程为 $f(x) = x^4 + x^3 + x^2 + x + 1$,试证明由它所产生的序列不是 m 序列。

12-4　有一个由 9 级线性反馈移存器产生的 m 序列。试写出在每一周期内所有可能的游程长度的个数。

12-5　有一个由 9 级线性反馈移存器所组成的 m 序列产生器,其第 3、6 和 9 级移存器的输出分别为 Q_3、Q_6 和 Q_9,试说明:

(1) 将它们通过"或"门后得到一个新的序列,所得序列的周期仍为 $2^9 - 1$,并且"1"的符号出现率约为 7/8。

(2) 将它们通过"与"门后得到一个新的序列,所得序列的周期仍为 $2^9 - 1$,并且"1"的符号出现率约为 1/8。

12-6 试写出 $p=7$ 和 $p=11$ 的二次剩余序列。

12-7 试验证 $p=3$ 和 $p=7$ 的二次剩余序列为 m 序列。

12-8 若用一个由 9 级线性反馈移存器产生的 m 序列进行测距,已知最远目标为 1500km,试求加于移存器的定时脉冲的最短周期应为多少?

参考文献

[1] Harmuth H F. Sequency Theory Foundations and Applications. New York: Academic Press, 1977.
[2] 林可祥,等. 伪随机码的原理与应用. 北京:人民邮电出版社,1978.

第 13 章 同步原理

导学视频　三个目标

13.1 概述

在通信系统中，特别是在数字通信系统中，同步（synchronization）是一个非常重要的问题。在数字通信系统中，同步包括载波同步（carrier synchronization）、码元同步（symbol synchronization）、群同步（group synchronization）和网同步（network synchronization）四种。

载波同步又称载波恢复（carrier restoration），即在接收设备中产生一个和接收信号的载波同频同相的本地振荡（local oscillation），供给解调器作相干解调用。当接收信号中包含离散的载频分量时，在接收端需要从信号中分离出信号载波作为本地相干载波；这样分离出的本地相干载波频率必然和接收信号载波频率相同，但是为了使相位也相同，可能需要对分离出的载波相位作适当调整。若接收信号中没有离散载频分量，例如在 2PSK 信号中（"1"和"0"以等概率出现时），则接收端需要用较复杂的方法从信号中提取载波。因此，在这些接收设备中需要有载波同步电路，以提供相干解调所需的相干载波；相干载波必须与接收信号的载波严格地同频同相。

码元同步又称时钟（clock）同步或时钟恢复。在接收数字信号时，为了对接收码元积分以求得码元的能量以及对每个接收码元抽样判决，必须知道每个接收码元准确的起止时刻。这就是说，在接收端需要产生与接收码元严格同步的时钟脉冲序列，用它来确定每个码元的积分区间和抽样判决时刻。时钟脉冲序列是周期性的归零脉冲序列，其周期与接收码元周期相同，且相位和接收码元的起止时刻对正。当码元同步时此时钟脉冲序列和接收码元起止时刻保持着正确的时间关系。码元同步技术则是从接收信号中获取同步信息，使此时钟脉冲序列和接收码元起止时刻保持正确关系的技术。对于二进制码元而言，码元同步又称为位同步（bit synchronization）。

为了解决上述载波同步和码元同步问题，原则上有两类方法。第一类方法是采用插入辅助同步信息方法，即在频域或时域中插入（insert）同步信号。例如，按照频分复用原理，发送端在空闲频谱处插入一个或几个连续正弦波作为导频信号（pilot），接收端则提取出此导频信号，由其产生相干载波。又如，可以按照时分复用原理，在不同时隙周期性地轮流发送同步信息和用户信息。插入的辅助导频可以等于载波频率，也可以是其他频率。这类方法建立同步的时间快,但是占用了通信系统的频率资源和功率资源。第二类方法是不用辅助同步信息,直接从接收信号中提取同步信息。这类方法的同步建立时间较长,但是节省了系统占用的频率资源和功率资源。在本章中我们将重点介绍第二类方法。

群同步又称帧同步(frame synchronization)或字符同步(character synchronization)。在数字通信中,通常用若干个码元表示一定的意义。例如:用7个二进制码元表示一个字符,因此在接收端需要知道组成这个字符的7个码元的起止位置;在采用分组码纠错的系统中,需要将接收码元正确分组,才能正确地解码;在扩谱通信系统中也需要帧同步脉冲来划分扩谱码的完整周期。又如,传输数字图像(digital image)时,必须知道一帧图像信息码元的起始和终止位置才能正确恢复这帧图像。为此,在绝大多数情况下,必须在发送信号中插入辅助同步信息,即在发送数字信号序列中周期性地插入标示一个字符或一帧图像码元的起止位置的同步码元,否则接收端将无法识别连续数字序列中每个字符或每一帧的起始码元位置。在某些特殊情况下,发送数字序列采用了特殊的编码,仅靠编码本身含有的同步信息,无需专设群同步码元,使接收端也能够自动识别码组的起止位置。这种特殊的编码,在本节最后也将作简单介绍。

在由多个通信对象组成的数字通信网中,为了使各站点之间保持同步,还需要解决网同步问题。例如,在时分复用通信网中,为了正确地将来自不同地点的两路时分多路信号合并(复接)时,就需要调整两路输入多路信号的时钟,使之同步后才能合并。又如,在卫星通信网中,卫星上的接收机接收多个地球站发来的时分制信号时,各地球站需要随时调整其发送频率和码元时钟,以保持全网同步。

在模拟通信系统中有时也存在同步问题。例如,模拟电视信号是由很多行信号构成一帧的。为了正确区分各行和各帧,也必须在视频信号中加入行同步脉冲和帧同步脉冲。

在本章中仅就数字通信系统中的同步问题作介绍。

13.2 载波同步

13.2.1 有辅助导频时的载频提取

某些信号中不包含载频分量,例如先验概率相等的 2PSK 信号。为了用相干接收法接收这种信号,可以在发送信号中另外加入一个或几个导频信号。在接收端可以用窄带滤波器将其从接收信号中滤出,用以辅助产生相干载频。目前多采用锁相环代替简单的窄带滤波器,因为锁相环的性能比后者的性能好,可以改善提取出的载波的性能。

锁相环(PLL)的原理方框图示于图 13-1 中。锁相环输出导频的质量和环路中的窄带滤波器性能有很大关系。此环路滤波器的带宽设计应当将输入信号中噪声引起的电压波动尽量滤除。但是由于有多普勒效应(Doppler effect)等原因引起的接收信号中辅助导频相位漂移,又要求此滤波器的带宽允许辅助导频的相位变化通过,使压

图 13-1 锁相环原理方框图

控振荡器能够跟踪此相位漂移。这两个要求是矛盾的。环路滤波器的通带越窄,能够通过的噪声越少,但是对导频相位漂移的限制越大。

在数字化接收机中,锁相环已经不再采用图 13-1 中的模拟电路实现,但是其工作原理不变。图中的窄带滤波器改成一个数字滤波器;压控振荡器(VCO)可以用一个只读存储器(ROM)代替,存储器的指针(pointer)由时钟和滤波器输出的相位误差值共同控制;鉴相器(Phase Discriminator)则可以是一组匹配滤波器,与它们匹配的一组振荡之间有小的相位差,因而能够得到相位误差的估值(estimation)。

13.2.2 无辅助导频时的载波提取

对于无离散载频分量的信号,如等概率的 2PSK 信号,可以采用非线性变换的方法从信号中获取载频。下面介绍这样两种方法。

1. 平方环

现以 2PSK 信号为例进行讨论。设此信号可以表示为

$$s(t) = m(t)\cos(\omega_c t + \theta) \qquad (13.2-1)$$

式中:$m(t) = \pm 1$。

当 $m(t)$ 取 +1 和 -1 的概率相等时,此信号的频谱中无角频率 ω_c 的离散分量。将式(13.2-1)平方,得

$$s^2(t) = m^2(t)\cos^2(\omega_c t + \theta) = \frac{1}{2}[1 + \cos 2(\omega_c t + \theta)] \qquad (13.2-2)$$

式(13.2-2)中已经将 $m^2(t) = 1$ 的关系代入。由式(13.2-2)可见平方后的接收信号中包含 2 倍载频的频率分量。所以将此 2 倍频分量用窄带滤波器滤出后再作二分频,即可得出所需载频。在实用中,为了改善滤波性能,通常采用锁相环代替窄带滤波器。这样构成的载频提取电路称为平方环,其原理方框图示于图 13-2 中。

图 13-2 平方环原理方框图

在此方案中采用了二分频器(frequency divider),而二分频器的输出电压有相差 180°的两种可能相位,即其输出电压的相位决定于分频器的随机初始状态。这就导致分频得出的载频存在相位含糊性(phase ambiguity)。这种相位含糊性是无法克服的。所以,为了能够将其用于接收信号的解调,通常的办法是发送端采用 2DPSK 体制。在采用此方案时,还可能发生错误锁定的情况。这是由于在平方后的接收电压中有可能存在其他的离散频率分量,致使锁相环锁定在错误的频率上。解决这个问题的办法是降低环路滤波器的带宽。

2. 科斯塔斯环

科斯塔斯(Costas)环法又称同相正交环法或边环法。它仍然利用锁相环提取载频，但是不需要对接收信号作平方运算就能得到载频输出。在载波频率上进行平方运算后，由于频率倍增，使后面的锁相环工作频率加倍，实现的难度增大。科斯塔斯环则用相乘器和较简单的低通滤波器取代平方器；这是它的主要优点。它和平方环法的性能在理论上是一样的。

图 13-3 中示出了其原理方框图。图中，接收信号 $s(t)$（式(13.2-1)）被送入二路相乘器，两相乘器输入的 a 点和 b 点的压控振荡电压分别为

$$v_a = \cos(\omega_c t + \varphi) \quad (13.2-3)$$

$$v_b = \sin(\omega_c t + \varphi) \quad (13.2-4)$$

图 13-3 科斯塔斯环法原理方框图

它们和接收信号电压相乘后，得到 c 点和 d 点的电压为

$$v_c = m(t)\cos(\omega_c t + \theta)\cos(\omega_c t + \varphi)$$

$$= \frac{1}{2}m(t)[\cos(\varphi - \theta) + \cos(2\omega_c t + \varphi + \theta)] \quad (13.2-5)$$

$$v_d = m(t)\cos(\omega_c t + \theta)\sin(\omega_c t + \varphi)$$

$$= \frac{1}{2}m(t)[\sin(\varphi - \theta) + \sin(2\omega_c t + \varphi + \theta)] \quad (13.2-6)$$

这两个电压经过低通滤波器后，变成

$$v_e = \frac{1}{2}m(t)\cos(\varphi - \theta) \quad (13.2-7)$$

$$v_f = \frac{1}{2}m(t)\sin(\varphi - \theta) \quad (13.2-8)$$

上面这两个电压相乘后，得到在 g 点的窄带滤波器输入电压：

$$v_g = v_e v_f = \frac{1}{8}m^2(t)\sin 2(\varphi - \theta) \quad (13.2-9)$$

式中：$(\varphi - \theta)$ 为压控振荡电压和接收信号载波相位之差。

将 $m(t) = \pm 1$ 代入式(13.2-9)，并考虑到当 $(\varphi - \theta)$ 很小时，$\sin(\varphi - \theta) \approx (\varphi - \theta)$，则式(13.2-9)变为

$$v_g \approx \frac{1}{4}(\varphi - \theta) \tag{13.2-10}$$

电压 v_g 通过环路窄带低通滤波器,控制压控振荡器的振荡频率。此窄带低通滤波器的截止频率很低,只允许电压 v_g 中近似直流的电压分量通过。这个电压控制压控振荡器的输出电压相位,使 $(\varphi - \theta)$ 尽可能地小。当 $\varphi = \theta$ 时,$v_g = 0$。压控振荡器的输出电压 v_a 就是科斯塔斯环提取出的载波。它可以用来作为相干接收的本地载波。

此外,由式(13.2-7)可见,当 $(\varphi - \theta)$ 很小时,除了差一个常数因子外,电压 v_e 就近似等于解调输出电压 $m(t)$。所以科斯塔斯环本身就同时兼有提取相干载波和相干解调的功能。

为了得到科斯塔斯环法在理论上给出的性能,要求两路低通滤波器的性能完全相同。虽然用硬件模拟电路很难做到这一点,但是若用数字滤波器则不难做到。此外,由锁相环原理可知,锁相环在 $(\varphi - \theta)$ 值接近 0 的稳定点有两个,在 $(\varphi - \theta) = 0$ 和 π 处。所以,科斯塔斯环法提取出的载频也存在相位含糊性。

3. 再调制器

再调制器(remodulator)是将要介绍的第 3 种提取相干载波的方法,其原理方框图示于图 13-4 中。图中的输入接收信号 $s(t)$ 和两路压控振荡电压 a 和 b 仍如式(13.2-1)、式(13.2-3)和式(13.2-4)所示。

图 13-4 再调制器原理方框图

接收信号和 a 点振荡电压相乘后得到的 c 点电压仍如式(13.2-5):

$$v_c = m(t)\cos(\omega_c t + \theta)\cos(\omega_c t + \varphi) = \frac{1}{2}m(t)[\cos(\varphi - \theta) + \cos(2\omega_c t + \varphi + \theta)]$$

它经过低通滤波后,在 d 点的电压为

$$v_d = \frac{1}{2}m(t)\cos(\varphi - \theta) \tag{13.2-11}$$

v_d 实际上就是解调电压,它受 b 点的振荡电压在相乘器中再调制后,得出的 e 点电压为:

$$v_e = \frac{1}{2}m(t)\cos(\varphi - \theta)\sin(\omega_c t + \varphi) = \frac{1}{4}m(t)[\sin(\omega_c t + \theta) + \sin(\omega_c t + 2\varphi - \theta)]$$

$$\tag{13.2-12}$$

式(13.2-12)的 v_e 和信号 $s(t)$ 再次相乘,得到在 f 点的电压:

$$v_f = \frac{1}{4}m^2(t)\cos(\omega_c t + \theta)[\sin(\omega_c t + \theta) + \sin(\omega_c t + 2\varphi - \theta)]$$

$$= \frac{1}{4}m^2(t)[\cos(\omega_c t + \theta)\sin(\omega_c t + \theta) + \cos(\omega_c t + \theta)\sin(\omega_c t + 2\varphi - \theta)]$$

$$= \frac{1}{8}m^2(t)[\sin 2(\omega_c t + \theta) + \sin 2(\varphi - \theta) + \sin 2(\omega_c t + \varphi)] \qquad (13.2-13)$$

v_f 经过窄带低通滤波后,得到压控振荡器的控制电压为

$$v_g = \frac{1}{8}m^2(t)\sin 2(\varphi - \theta) \qquad (13.2-14)$$

比较式(13.2-9)和式(13.2-14)可见,这两个方案中的压控振荡器的控制电压相同。

4. 多进制信号的载频恢复

上面介绍了无辅助导频时的三种载波提取方法。这些方法都是对 2PSK 信号适用的。对于多进制信号,如 QPSK、8PSK 等,当它们以等概率取值时,也没有载频分量。为了恢复其载频,上述各种方法都可以推广到多进制。例如,对于 QPSK 信号,平方环法需要将对信号的平方运算改成 4 次方运算。

QPSK 信号提取载频的科斯塔斯环法的原理方框图如图 13-5 所示。

图 13-5 QPSK 科斯塔斯环法原理方框图

13.2.3 载波同步的性能

1. 相位误差

载波同步系统的相位误差是一个重要的性能指标。我们希望提取的载频和接收信号的载频尽量保持同频同相,但是实际上无论用何种方法提取的载波相位总是存在一定的误差。相位误差有两种,一种是由电路参量引起的恒定误差;另一种是由噪声引起的随机误差。

现在先考虑由电路参量引起的恒定误差。当提取载波电路中存在窄带滤波器时,例如在图 13-2 中平方法原理方框图所示,若其中心频率 f_q 和载波频率 f_0 不相等,存在一个小的频率偏差 Δf,则载波通过它时会有附加相移。设此窄带滤波器由一个单谐振电路组成,则由其引起的附加相移为

$$\Delta\varphi \approx 2Q\frac{\Delta f}{f_q} \tag{13.2-15}$$

由式(13.2-15)可见,电路的 Q 值越大,附加相移也成比例地增大。若 Q 值恒定,则此附加相移也是恒定的。

目前在提取载频的电路中多采用锁相环。这时,锁相环的压控振荡器输入端必须有一个控制电压来调整其振荡频率,此控制电压来自相位误差。当锁相环工作在稳态时,压控振荡电压的频率 f_0 应当和信号载频 f_c 相同,并且其相位误差应当很小。设锁相环压控振荡电压的稳态相位误差为 $\Delta\varphi$,则有

$$\Delta\varphi = \frac{\Delta f}{K_d} \tag{13.2-16}$$

式中:Δf 为 f_c 和 f_0 之差;K_d 为锁相环路直流增益(DC gain)。

为了减小误差 $\Delta\varphi$,由式(13.2-16)可见,应当尽量增大环路的增益 K_d。

另外,考虑由窄带高斯噪声引起的相位误差。设这种相位误差为 θ_n,它是由窄带高斯噪声引起的,所以是一个随机量。可以证明[1],当大信噪比时,此随机相位误差 θ_n 的概率密度函数近似为

$$f(\theta_n) \approx \sqrt{\frac{r}{\pi}}\cos\theta_n \cdot e^{-r\sin^2\theta_n} \quad 1 > \cos\theta_n > \frac{2.5}{\sqrt{r}} \tag{13.2-17}$$

$$f(\theta_n) \approx 0 \quad \frac{-2.5}{\sqrt{r}} > \cos\theta_n > -1 \tag{13.2-18}$$

所以,在 $\theta_n = 0$ 附近,对于大的 r,式(13.2-17)可以写为

$$f(\theta_n) \approx \sqrt{\frac{r}{\pi}} \cdot e^{-r\theta_n^2} \tag{13.2-19}$$

我们知道,均值为 0 的正态分布的概率密度函数表示式为

$$f(x) = \frac{1}{\sqrt{2\pi}\sigma}e^{-x^2/2\sigma^2} \tag{13.2-20}$$

将式(13.2-19)参照式(13.2-20)正态分布概率密度的形式改写为

$$f(\theta_n) = \frac{1}{\sqrt{2\pi} \cdot \sqrt{\frac{1}{2r}}}e^{-\theta_n^2/2(\frac{1}{2r})} \tag{13.2-21}$$

故此随机相位误差 θ_n 的方差 $\overline{\theta_n^2}$ 与信号噪声功率比 r 的关系为

$$\overline{\theta_n^2} = \frac{1}{2r} \tag{13.2-22}$$

所以，当大信噪比时，由窄带高斯噪声引起的随机相位误差的方差大小直接和信噪比成反比。我们常将此随机相位误差 θ_n 的标准偏差 $\sqrt{\overline{\theta_n^2}}$ 称为相位抖动，并记为 σ_φ。

在提取载频电路中的窄带滤波器对于信噪比有直接的影响。对于给定的噪声功率谱密度，窄带滤波器的通频带越窄，使通过的噪声功率越小，信噪比就越大，这样由式(13.2-22)看出相位误差越小。另一方面，通频带越窄，要求滤波器的 Q 值越大，则由式(13.2-15)可见，恒定相位误差 $\Delta\varphi$ 越大。所以，恒定相位误差和随机相位误差对于 Q 值的要求是矛盾的。

2. 同步建立时间和保持时间

从开始接收到信号(或从系统失步状态)至提取出稳定的载频所需要的时间称为同步建立时间。显然我们要求此时间越短越好。在同步建立时间内，由于相干载频的相位还没有调整稳定，所以不能正确接收码元。

从开始失去信号到失去载频同步的时间称为同步保持时间。显然希望此时间越长越好。长的同步保持时间有可能使信号短暂丢失时，或接收断续信号(例如，时分制信号)时，不需要重新建立同步，保持连续提供稳定的本地载频。

在同步电路中的低通滤波器和环路滤波器都是通频带很窄的电路。一个滤波器的通频带越窄，其惯性越大。这就是说，一个滤波器的通频带越窄，则当在其输入端加入一个正弦振荡时，输出端振荡的建立时间越长；当输入振荡截止时，输出端振荡的保持时间也越长。显然，这个特性和我们对于同步性能的要求是相左的，即建立时间短和保持时间长是互相矛盾的要求。在设计同步系统时只能折中(tradeoff)处理。

3. 载波同步误差对解调信号的影响

对于相位键控信号而言，载波同步不良引起的相位误差直接影响着接收信号的误码率。在前面曾经指出，载波同步的相位误差包括两部分，即恒定误差 $\Delta\varphi$ 和随机误差(相位抖动) σ_φ。现在将其写为

$$\varepsilon = \Delta\varphi + \sigma_\varphi \qquad (13.2-23)$$

这里，将具体讨论此相位误差 ε 对于 2PSK 信号误码率的影响。由式(13.2-7)

$$v_e = \frac{1}{2} m(t) \cos(\varphi - \theta)$$

可知，$(\varphi - \theta)$ 为相位误差，v_e 为解调输出电压，而 $\cos(\varphi - \theta)$ 就是由于相位误差引起的解调信号电压下降。因此信号噪声功率比 r 下降至 $\cos^2(\varphi - \theta)$ 倍。将它代入误码率公式(7.2-63)，得到相位误差为 $(\varphi - \theta)$ 时的误码率为

$$P_e = \frac{1}{2} \mathrm{erfc}(\sqrt{r} \cos(\varphi - \theta)) \qquad (13.2-24)$$

式中：r 为信号噪声功率比。

载波相位同步误差除了直接使相位键控信号信噪比下降,影响误码率外,对于单边带和残留边带等模拟信号,还会使信号波形产生失真。现以单边带信号为例作简要讨论。设有一单频基带信号为

$$m(t) = \cos\Omega t \qquad (13.2-25)$$

它对载波 $\cos\omega_c t$ 进行单边带调制后,取出上边带信号:

$$s(t) = \frac{1}{2}\cos(\omega_c + \Omega)t \qquad (13.2-26)$$

传输到接收端。若接收端的本地相干载波有相位误差 ε,则两者相乘后得到

$$\frac{1}{2}\cos(\omega_c + \Omega)t \cdot \cos(\omega_c t + \varepsilon) = \frac{1}{4}[\cos(2\omega_c t + \Omega t + \varepsilon) + \cos(\Omega t - \varepsilon)] \qquad (13.2-27)$$

经过低通滤波器滤出的低频分量为

$$\frac{1}{4}\cos(\Omega t - \varepsilon) = \frac{1}{4}\cos\Omega t \cdot \cos\varepsilon + \frac{1}{4}\sin\Omega t \cdot \sin\varepsilon \qquad (13.2-28)$$

其中第 1 项是原调制基带信号,但是受到因子 $\cos\varepsilon$ 的衰减;第 2 项是和第 1 项正交的项,它使接收信号产生失真。失真程度随相位误差 ε 的增大而增大。

13.3 码元同步

在接收数字信号时,为了在准确的判决时刻对接收码元进行判决,以及对接收码元能量正确积分,必须得知接收码元的准确起止时刻。为此,需要获得接收码元起止时刻的信息,从此信息产生一个码元同步脉冲序列,或称定时脉冲序列。

下面的讨论中我们将仅就二进制码元传输系统进行分析。码元同步可以分为两大类。第 1 类称为外同步法,它是一种利用辅助信息同步的方法,需要在信号中另外加入包含码元定时信息的导频或数据序列;第 2 类称为自同步法,它不需要辅助同步信息,直接从信息码元中提取出码元定时信息。显然,这种方法要求在信息码元序列中含有码元定时信息。下面将分别介绍这两类同步技术,并重点介绍自同步法。

13.3.1 外同步法

外同步法又称辅助信息同步法。它在发送码元序列中附加码元同步用的辅助信息,以达到提取码元同步信息的目的。常用的外同步法是于发送信号中插入频率为码元速率($1/T$)或码元速率的倍数的同步信号。在接收端利用一个窄带滤波器,将其分离出来,并形成码元定时脉冲。这种方法的优点是设备较简单;缺点是需要占用一定的频带宽带和发送功率。然而,在宽带传输系统中,如多路电话系统中,传输同步信息占用的频带和功率为各路信号所分担,每路信号的负担不大,所以这种方法还是得到不少实用的。

在发送端插入码元同步信号的方法有多种。从时域考虑,可以连续插入,并随信息码

元同时传输；也可以在每组信息码元之前增加一个"同步头"，由它在接收端建立码元同步，并用锁相环使同步状态在相邻两个"同步头"之间得以保持。从频域考虑，可以在信息码元频谱之外占用一段频谱专用于传输同步信息；也可以利用信息码元频谱中的"空隙（gap）"处，插入同步信息。

在数字通信系统中外同步法目前采用不多，我们对其不作详细介绍。下面着重讨论自同步法。

13.3.2 自同步法

自同步法不需要辅助同步信息，它分为两种，即开环（open loop）同步法和闭环同步（closed-loop）法。由于二进制等先验概率的不归零（NRZ）码元序列中没有离散的码元速率频谱分量，故需要在接收时对其进行某种非线性变换，才能使其频谱中含有离散的码元速率频谱分量，并从中提取码元定时信息。在开环法中就是采用这种方法提取码元同步信息的。在闭环同步中，则用比较本地时钟周期和输入信号码元周期的方法，将本地时钟锁定在输入信号上。闭环法更为准确，但是也更为复杂。下面将对这两种方法分别作介绍。

1. 开环码元同步法

开环码元同步法也称为非线性变换同步法。在这种同步方法中，将解调后的基带接收码元先通过某种非线性变换，再送入一个窄带滤波电路，从而滤出码元速率的离散频率分量。在图13-6中给出了两个具体方案。在图13-6(a)中，给出的是延迟相乘法的原理方框图。这里用延迟相乘的方法作非线性变换，使接收码型得到变换的。其中相乘器输入和输出的波形示于图13-7中。由图可见，延迟相乘后码元波形的后一半永远是正值；而前一半则当输入状态有改变时为负值。因此，变换后的码元序列的频谱中就产生了码元速率的分量。选择延迟时间，使其等于码元持续时间的一半，就可以得到最强的码元速率分量。

图13-6 开环码元同步的两种方案

在图13-6(b)中给出了第二种方案。它采用的非线性电路是一个微分电路。用微分电路去检测矩形码元脉冲的边沿。微分电路的输出是正负窄脉冲，它经过整流后得到正脉冲序列。此序列的频谱中就包含有码元速率的分量。由于微分电路对于宽带噪声很敏感，所以在输入端加用一个低通滤波器。但是，加用低通滤波器后又会使码元波形的边沿变缓,使微分后的波形上升和下降也变慢。所以应当对于低通滤波器的截止频率作折中选取。

上述两种方案中,由于有随机噪声叠加在接收信号上,使所提取的码元同步信息产生误差。这个误差也是一个随机量。可以证明[2],若窄带滤波器的带宽等于$1/KT$,其中K为一个常数,则提取同步的时间误差比例为

图 13-7 延迟相乘法

$$\frac{|\bar{\varepsilon}|}{T} = \frac{0.33}{\sqrt{KE_b/n_0}} \qquad \frac{E_b}{n_0} > 5, \quad K \geqslant 18$$

(13.3-1)

式中:$\bar{\varepsilon}$ 为同步误差时间的均值;T 为码元持续时间;E_b 为码元能量;n_0 为单边噪声功率谱密度。

因此,只要接收信噪比大,上述方案能保证足够准确的码元同步。

2. 闭环码元同步法

开环码元同步法的主要缺点是同步跟踪误差(tracking error)的平均值不等于零。使信噪比增大可以降低此跟踪误差,但是因为是直接从接收信号波形中提取同步,所以跟踪误差永远不可能降为零。闭环码元同步的方法是将接收信号和本地产生的码元定时信号相比较,使本地产生的定时信号和接收码元波形的转变点保持同步。这种方法类似载频同步中的锁相环法。

广泛应用的一种闭环码元同步器称为超前/滞后门同步器,如图 13-8 所示。图中有两个支路,每个支路都有一个与输入基带信号 $m(t)$ 相乘的门信号,分别称为超前(early)门和滞后(late)门。设输入基带信号 $m(t)$ 为双极性不归零波形,两路相乘后的信号分别进行积分。通过超前门的信号积分时间是从码元周期开始时间至 $(T-d)$。这里所谓的

图 13-8 超前/滞后门同步原理方框图

码元周期开始时间,实际上是指环路对此时间的最佳估值,标称此时间为 0。通过滞后门信号的积分时间晚开始 d,积分到码元周期的末尾,即标称时间 T。这两个积分器输出电压的绝对值之差 e 就代表接收端码元同步误差。它于是通过环路滤波器反馈到压控振荡器去校正环路的定时误差。

图 13-9 为超前/滞后门同步器波形图。在完全同步状态下,这两个门的积分期间都全部在一个码元持续时间内,如图 13-9(a) 所示。所以,两个积分器对信号 $m(t)$ 的积分结果相等,故其绝对值相减后得到的误差信号 e 为零。这样,同步器就稳定在此状态。若压控振荡器的输出超前于输入信号码元 Δ,如图 13-9(b) 所示,则滞后门仍然在其全部积分期间 $(T-d)$ 内积分,而超前门的前 Δ 时间落在前一码元内,这将使码元波形突跳前后的 2Δ 时间内信号的积分值为零。因此,误差电压 $e = -2\Delta$,它使压控振荡器得到一个负的控制电压,压控振荡器的振荡频率从而减小,并使超前/滞后门受到延迟。同理可见,若压控振荡器的输出滞后于输入码元,则误差电压 e 为正值,使压控振荡器的振荡频率升高,从而使其输出提前。图 13-9 中画出的两个门的积分区间大约等于码元持续时间的 3/4。实际上,若此区间设计在等于码元持续时间的一半将能够给出最大的误差电压,即压控振荡器能得到最大的频率受控范围。

图 13-9 超前/滞后门同步器波形图

在上面讨论中已经假定接收信号中的码元波形有突跳边沿。若它没有突跳边沿,则无论有无同步时间误差,超前门和滞后门的积分结果总是相等,这样就没有误差信号去控制压控振荡器,故不能使用此法取得同步。这个问题在所有自同步法的码元同步器中都存在,在设计时必须加以考虑。此外,由于两个支路积分器的性能也不可能做得完全一样。这样将使本来应该等于零的误差值产生偏差;当接收码元序列中较长时间没有突跳边沿时,此误差值偏差持续地加在压控振荡器上,使振荡频率持续偏移,从而会使系统失去同步。

为了使接收码元序列中不会长时间地没有突跳边沿,可以在发送时按照 6.2 节给出的方法对基带码元的传输码型作某种变换,例如,改用 HDB_3 码,或用 12.4 节中介绍过的扰乱技术,使发送码元序列不会长时间地没有突跳边沿。

13.3.3 码元同步误差对于误码率的影响

在用匹配滤波器或相关器接收码元时,其积分器的积分时间长短直接和信噪比 E_b/n_0 有关。若积分区间比码元持续时间短,则积分的码元能量 E_b 显然下降,而噪声功率谱密度 n_0 却不受影响。由图 13-9(b) 可以看出,在相邻码元有突变边沿时,若码元同步时间误差为 Δ,则积分时间将损失 2Δ,积分得到的码元能量将减小为 $E_b(1-2\Delta/T)$;在相邻码元没有突变边沿时,则积分时间没有损失。对于等概率随机码元信号,有突变的边沿和无突变的边沿各占 1/2。以等概率 2PSK 信号为例,其最佳误码率由式(7.2 – 63)和式(7.4 –4)可以写为

$$P_e = \frac{1}{2}\text{erfc}\left(\sqrt{\frac{E_b}{n_0}}\right) \tag{13.3 – 2}$$

故在有相位误差时的平均误码率为

$$P_e = \frac{1}{4}\text{erfc}\left(\sqrt{\frac{E_b}{n_0}}\right) + \frac{1}{4}\text{erfc}\left[\sqrt{\frac{E_b}{n_0}\left(1 - \frac{2\Delta}{T}\right)}\right] \tag{13.3 – 3}$$

13.4 群同步

13.4.1 概述

为了使接收到的码元能够被理解,需要知道其如何分组。一般说来,接收端需要利用群同步码去划分接收码元序列。群同步码的插入方法有两种:一种是集中插入;另一种是分散插入。

集中插入法是将标志码组开始位置的群同步码插入于一个码组的前面,如图 13 – 10(a)所示。这里的群同步码是一组符合特殊规律的码元,它出现在信息码元序列中的可能性非常小。接收端一旦检测到这个特定的群同步码组就马上知道了这组信息码元的"头"。所以这种方法适用于要求快速建立同步的地方,或间断传输信息并且每次传输时间很短的场合。检测到此特定码组时可以利用锁相环保持一定时间的同步。为了长时间地保持同步,则需要周期性地将这个特定码组插入于每组信息码元之前。

分散插入法是将一种特殊的周期性同步码元序列分散插入在信息码元序列中。在每组信息码元前插入一个(也可以插入很少几个)群同步码元即可,如图 13 – 10(b)所示。因此,必须花费较长时间接收若干组信息码元后,根据群同步码元的周期特性,从长的接

图 13 – 10 群同步码的插入方法

收码元序列中找到群同步码元的位置,从而确定信息码元的分组。这种方法的好处是对于信息码元序列的连贯性影响较小,不会使信息码元组之间分离过大;但是它需要较长的同步建立时间,故适用于连续传输信息之处,如数字电话系统中。

为了建立正确的群同步,无论用上述哪种方法,接收端的同步电路都有两种状态,即捕捉(acquisition)态和保持(maintenance)态。在捕捉态时,确认搜索(searching)到群同步码的条件必须规定得很高,以防发生假同步(false synchronization)。一旦确认达到同步状态后,系统转入保持态。在保持态下,仍需不断监视同步码的位置是否正确。但是,这时为了防止因为噪声引起的个别错误导致认为失去同步,应该降低判断同步的条件,以使系统稳定工作。

13.4.2 集中插入法

集中插入法,又称连贯式插入法。这种方法中采用特殊的群同步码组,集中插入在信息码组的前头,使得接收时能够容易地立即捕获它。因此,要求群同步码的自相关特性曲线具有尖锐的单峰,以便容易地从接收码元序列中识别出来。这里,将有限长度码组的局部自相关函数定义如下:设有一个码组,它包含 n 个码元 $\{x_1, x_2, \cdots, x_n\}$,则其局部自相关函数为(下面简称自相关函数)

$$R(j) = \sum_{i=1}^{n-j} x_i x_{i+j} \quad (1 \leq i \leq n, j = \text{整数}) \quad (13.4-1)$$

式中:n 为码组中的码元数目;$x_i = +1$ 或 -1(当 $1 \leq i \leq n$),$x_i = 0$(当 $i < 1$ 和 $i > n$)。

显然,当 $j = 0$ 时,有

$$R(0) = \sum_{i=1}^{n} x_i x_i = \sum_{i=1}^{n} x_i^2 = n \quad (13.4-2)$$

自相关函数的计算,实际上是计算两个相同的码组互相移位、相乘再求和。若一个码组的自相关函数仅在 $R(0)$ 处出现峰值,其他处的 $R(j)$ 值均很小,则可以用求自相关函数的方法寻找峰值,从而发现此码组并确定其位置。

目前常用的一种群同步码叫巴克(Barker)码[3]。设一个 n 位的巴克码组为 $\{x_1, x_2, \cdots, x_n\}$,则其自相关函数可表示为

$$R(j) = \sum_{i=1}^{n-j} x_i x_{i+j} = \begin{cases} n & j = 0 \\ 0 \text{ 或 } \pm 1 & 0 < j < n \\ 0 & j \geq n \end{cases} \quad (13.4-3)$$

式(13.4-3)表明,巴克码的 $R(0) = n$,而在其他处的自相关函数 $R(j)$ 的绝对值均不大于 1。这就是说,凡是满足式(13.4-3)的码组,就称为巴克码。

目前尚未找到巴克码的一般构造方法,只搜索到 10 组巴克码,其码组最大长度为 13,全部列在表 13-1 中。需要注意的是,在用穷举(exhaust)法寻找巴克码时,表 13-1 中各码组的反码(正负号相反的码)和反序码(时间顺序相反的码)也是巴克码。现在以 $n = 5$ 的巴克码为例,在 $j = 0 \sim 4$ 的范围内,求其自相关函数值:

$$\begin{cases} \text{当} j = 0 \text{ 时,} \\ R(0) = \sum_{i=1}^{5} x_i^2 = 1 + 1 + 1 + 1 + 1 = 5 \\ \text{当} j = 1 \text{ 时,} \\ R(1) = \sum_{i=1}^{4} x_i x_{i+1} = 1 + 1 - 1 - 1 = 0 \\ \text{当} j = 2 \text{ 时,} \\ R(2) = \sum_{i=1}^{3} x_i x_{i+2} = 1 - 1 + 1 = 1 \\ \text{当} j = 3 \text{ 时,} \\ R(3) = \sum_{i=1}^{2} x_i x_{i+3} = -1 + 1 = 0 \\ \text{当} j = 4 \text{ 时,} \\ R(4) = \sum_{i=1}^{1} x_i x_{i+4} = 1 \end{cases}$$

由以上计算结果可见,其自相关函数绝对值除 $R(0)$ 外,均不大于 1。由于自相关函数是偶函数,所以其自相关函数值画成曲线如图 13-11 所示。有时将 $j=0$ 时的 $R(j)$ 值称为主瓣,其他处的值称为旁瓣。上面得到的巴克码自相关函数的旁瓣值不大于 1,是指局部自相关函数的旁瓣值。在实际通信情况中,在巴克码前后都可能有其他码元存在。但是,若假设信号码元的出现是等概率的,出现 +1 和 -1 的概率相等,则相当于在巴克码前后的码元取值平均为 0。所以平均而言,计算巴克码的局部自相关函数的结果,近似地符合在实际通信情况中计算全部自相关函数的结果。

表 13-1	巴 克 码
N	巴 克 码
1	+
2	+ +, + -
3	+ + -
4	+ + + -, + + - +
5	+ + + - +
7	+ + + - - + -
11	+ + + - - - + - - + -
13	+ + + + + - - + + - + - +

注:"+"代表"+1";"-"代表"-1"。

图 13-11 巴克码自相关曲线

在找到巴克码之后,后来的一些学者利用计算机穷举搜寻的方法,又找到一些适用于群同步的码组,例如,威拉德(Willard)码[4]、毛瑞型(Maury – Styles)码和林德(Linder)码[5]等,其中一些同步码组的长度超过了 13。而这些更长的群同步码正是提高群同步性能所需要的。

在实现集中插入法时,在接收端中可以按上述公式用数字处理技术计算接收码元序列的自相关函数。在开始接收时,同步系统处于捕捉态。若计算结果小于 N,则等待接收到下一个码元后再计算,直到自相关函数值等于同步码组的长度 N 时,就认为捕捉到了同步,并将系统从捕捉态转换为保持态。此后,继续考察后面的同步位置上接收码组是否仍然具有等于 N 的自相关值。当系统失去同步时,自相关值立即下降。但是自相关值下降并不等于一定是失步,因为噪声也可能引起自相关值下降。所以为了保护同步状态不易被噪声等干扰打断,在保持状态时要降低对自相关值的要求,即规定一个小于 N 的值,如 $(N-2)$,只有所考察的自相关值小于 $(N-2)$ 时才判定系统失步。于是系统转入捕捉态,从新捕捉同步码组。按照这一原理计算的流程图(Flow Chart)示于图 13 – 12 中。

图 13 – 12 集中插入法群同步码检测流程

13.4.3 分散插入法

分散插入法又称间隔式插入法,如图 13 – 10(b)所示。通常,分散插入法的群同步码都很短。例如,在数字电话系统中常采用"10"交替码,即在图 13 – 10(b)所示的同步码元位置上轮流发送二进制数字"1"和"0"。这种有规律的周期性地出现的"10"交替码,在信息码元序列中极少可能出现。因此在接收端有可能将同步码的位置检测出来。

在接收端,为了找到群同步码的位置,需要按照其出现周期搜索若干个周期。若在规定数目的搜索周期内,在同步码的位置上,都满足"1"和"0"交替出现的规律,则认为该位置就是群同步码元的位置。至于具体的搜索方法,由于计算技术的发展,目前多采用软件的方法,不再采用硬件逻辑电路实现。软件搜索方法大体有如下两种。

1. 移位搜索法

在这种方法中系统开始处于捕捉态时,对接收码元逐个考察,若考察第一个接收码元就发现它符合群同步码元的要求,则暂时假定它就是群同步码元;在等待一个周期后,再考察下一个预期位置上的码元是否还符合要求。若连续 n 个周期都符合要求,就认为捕捉到了群同步码;这里 n 是预先设定的一个值。若第一个接收码元不符合要求或在 n 个周期内出现一次被考察的码元不符合要求,则推迟一位考察下一个接收码元,直至找到符合要求的码元并保持连续 n 个周期都符合为止;这时捕捉态转为保持态。在保持态,同步电路仍然要不断考察同步码是否正确,但是为了防止考察时因噪声偶然发生一次错误而导致错认为失去同步,一般可以规定在连续 n 个周期内发生 m 次($m<n$)考察错误才认为是失去同步。这种措施称为同步保护(Synchronize Protection)。在图 13-13 中画出了上述方法的流程图。

图 13-13 移位搜索法流程图

2. 存储检测法

在这种方法中先将接收码元序列存在计算机的 RAM 中,再进行检验。图 13-14 为存储检测法示意图,它按先进先出(FIFO)的原理工作。图中画出的存储容量为 40b,相当于 5 帧信息码元长度,每帧长 8b,其中包括 1b 同步码。在每个方格中,上部阴影区内的数字是码元的编号,下部的数字是码元的取值"1"或"0",而"x"代表任意值。编号为"01"的码元最先进入 RAM,编号"40"的码元为当前进入 RAM 的码元。每当进入 1 码元时,立即检验最右列存储位置中的码元是否符合同步序列的规律(如"10"交替)。按照图示,相当只连续检验了 5 个周期。若它们都符合同步序列的规律,则判定新进入的码元为同步码元。若不完全符合,则在下一个比特进入时继续检验。实际应用的方案中,这种方案需要连续检验的帧数和时间可能较长。例如在单路数字电话系统中,每帧长度可能大于 50b,而检验帧数可能有数十帧。这种方法也需要加用同步保护措施。它的原理与第一种方法中的类似,这里不再重复。

图 13 – 14 存储检测法示意图

13.4.4 群同步性能

群同步性能的主要指标有两个,即假同步(false synchronization)概率 P_f 和漏同步(miss synchronization)概率 P_l。假同步是指同步系统当捕捉时将错误的同步位置当作正确的同步位置捕捉到;而漏同步是指同步系统将正确的同步位置漏过而没有捕捉到。漏同步的主要原因是噪声的影响,使正确的同步码元变成错误的码元。而产生假同步的主要原因是由于噪声的影响使信息码元错成同步码元。

现在先来计算漏同步概率。设接收码元错误概率为 p,需检验的同步码元数为 n,检验时容许错误的最大码元数为 m,即被检验同步码组中错误码元数不超过 m 时仍判定为同步码组,则未漏判定为同步码的概率,即

$$P_u = \sum_{r=0}^{m} C_n^r p^r (1-p)^{n-r} \qquad (13.4-4)$$

式中: C_n^r 为 n 中取 r 的组合数。

由此可知,漏同步概率为

$$P_l = 1 - \sum_{r=0}^{m} C_n^r p^r (1-p)^{n-r} \qquad (13.4-5)$$

当不允许有错误时,即设定 $m=0$ 时,则式(13.4-5)变为

$$P_l = 1 - (1-p)^n \qquad (13.4-6)$$

这就是不允许有错同步码时漏同步的概率。

现在来分析假同步概率。这时,假设信息码元是等概率的,即其中"1"和"0"的先验概率相等,并且假设假同步完全是由于某个信息码组被误认为是同步码组造成的。同步码组长度为 n,所以 n 位的信息码组有 2^n 种排列。它被错当成同步码组的概率和容许错误码元数 m 有关。若不容许有错码,即 $m=0$,则只有一种可能,即信息码组中的每个码元恰好都和同步码元相同。若 $m=1$,则有 C_n^1 种可能将信息码组误认为是同步码组。因此假同步的总概率为

$$P_f = \frac{\sum_{r=0}^{m} C_n^r}{2^n} \qquad (13.4-7)$$

式中：2^n 为全部可能出现的信息码组数。

比较式(13.4-5)和式(13.4-7)可见，当判定条件放宽时，即 m 增大时，漏同步概率减小，但假同步概率增大。所以，两者是矛盾的。设计时需折中考虑。

除了上述两个指标外，对于群同步的要求还有平均建立时间。所谓建立时间是指从在捕捉态开始捕捉转变到保持态所需的时间。显然，平均建立时间越快越好。按照不同的群同步方法，此时间不难计算出来。现以集中插入法为例进行计算。假设漏同步和假同步都不发生，则由于在一个群同步周期内一定会有一次同步码组出现。所以按照图 13-12 的流程捕捉同步码组时，最长需要等待一个周期的时间，最短则不需等待，立即捕到。平均而言，需要等待半个周期的时间。设 N 为每群的码元数目，其中群同步码元数目为 n，T 为码元持续时间，则一群的时间为 NT，它就是捕捉到同步码组需要的最长时间；而平均捕捉时间为 $NT/2$。若考虑到出现一次漏同步或假同步大约需要多用 NT 的时间才能捕获到同步码组，故这时的群同步平均建立时间约为

$$t_e \approx NT(1/2 + P_f + P_l) \qquad (13.4-8)$$

13.4.5 起止式同步

除了上述两种插入同步码组的方法外，在早期的数字通信中还有一种同步法，称为起止式同步(start stop synchronization)法。它主要适用于电传打字机(teletypewriter)中。在电传打字机中一个字符可以是由 5 个二进制码元组成的，每个码元的长度相等。由于是手工操作，键盘输入的每个字符之间的时间间隔不等。所以，在无字符输入时，令电传打字机的输出电压一直处于高电平状态。在有一个字符输入时，在 5 个信息码元之前加入一个低电平的"起脉冲"，其宽度为一个码元的宽度 T，如图 13-15 所示。为了保持字符间的间隔，又规定在"起脉冲"前的高电平宽度至少为 $1.5T$，并称为"止脉冲"。所以通常将起止式同步的一个字符的长度定义为 $7.5T$。在手工操作输入字符时，"止脉冲"的长度是随机的，但是至少为 $1.5T$。

图 13-15 起止式同步法

由于每个字符的长度很短，所以本地时钟不需要很精确就能在这 5 个码元的周期内保持足够的准确。起止式同步的码组中，字符的数目不必须是 5 个，例如也可能采用 7 位的 ASCⅡ 码。

起止式同步有时也称为异步式(asynchronous)通信，因为在其输出码元序列中码元的间隔不等。

13.4.6 自群同步

在 13.4.1 节中提到，一般说来，接收端需要利用群同步码去划分接收码元序列。但是，有一类特殊的信息编码，它本身具有分群的能力，不需要外加同步码组。下面将简要介绍这类编码的特点。

在 10.12 节中介绍过唯一可译码，但是唯一可译码的唯一可译性是有条件的，即必须正确接收到开头的第一个或前几个码元。例如，在表 13-2 的例子中，当发送序列是"1110110110…"时，若接收时丢失了第一个符号，则接收序列将变成"110110110…"。这样它将被译为"阴阴阴……"。从这个例子可以看出，为了能正确接收丢失开头码元的信息序列，要求该编码不仅应该是唯一可译的，而且是可同步的。

表 13-2 唯一可译码

晴	云	阴	雨
0	101	110	111

可同步编码是指由其构成的序列在接收时若丢失了开头的一个或几个码元，则将变成是不可译的或是经过对开头几个码元错译后，能够自动获得正确同步及正确译码。例如，按照表 13-3 编码发送天气状态。当发送的天气状态是"云雨阴晴……"时，发送码元序列为"100110110101…"。若第一个码元丢失，则收到的序列将为"00110110101…"。由于前两个码元为"00"，它无法译出，故得知同步有误，译码器将从第二个码元开始译码，即对"0110110101…"译码，并译为"晴阴阴晴……"。可以看出，这时前两个码字错译了，但是从第三个码字开始已自动恢复正确的同步。若前两个码元都丢失了，则收到的序列将是"01101101…"。这时也是从第三个码字开始恢复正确的同步。

表 13-3 可同步码举例

晴	云	阴	雨
01	100	101	1101

在可同步码中，有一种码组长度均相等的码称为无逗号码。例如，在表 13-4 中给出了一种三进制的码长等于 3 的无逗号码。可以验证，这 8 个码字中任何两个码字的拼合所形成的码长等于 3 的码字都和这 8 个码字不同。例如，"AB"的编码为"100101"，从其中拼合出的 3 位码字有"001"、"010"，它们都不是表中的码字。所以，这种编码能够自动正确地区分每个接收码字。目前无逗号码尚无一般的构造方法。

表 13-4 无逗号码举例

A	B	C	D	F	G	H	I
100	101	102	200	201	202	211	212

13.4.7 扩谱通信系统的同步

在扩谱通信系统中，接收端需要产生一个和发送端相同的本地伪随机码，用于解扩。两者不仅码字相同，而且必须严格同步。在接收端使本地伪随机码和收到的伪随机码同步的方法分为两步。第一步是捕获,即达到两者粗略同步,相位误差小于一个码元。第二步是跟踪,即将相位误差减少到最小,并保持下去。下面将分别对其讨论。

1. 捕获

接收机捕获有不同的方法,下面以直接序列扩谱系统为例介绍几种方法。

1) 串行搜索法

直接序列扩谱系统中采用串行搜索法建立伪随机码同步的原理方框图示于图13-16中。在初始状态,没有捕获到伪码时,接收高频扩谱信号在混频器中和扩谱的本地振荡电压相乘,得出类似噪声状的宽带中频信号,它通过窄带中频放大器和解调器后,电压很小。因此,搜索控制器的输入电压很小,它控制伪码产生器,使其产生的伪码的相位不断地移动一半个码片。当伪码产生器产生的伪码相位和接收信号的伪码相位相差不到一个码片时,混频器输出一个窄带中频信号,它经过中频放大和解调后,送给搜索控制器一个大的电压,它使伪码产生器停止相位调整。于是系统捕获到伪码相位,并进入跟踪状态。

图 13-16 串行搜索法原理方框图

上述串行搜索法的电路和运算较简单,但是当伪码的长度很长时,需要搜索的时间也随之增长。下面介绍的并行搜索法可以大大缩短搜索时间。

2) 并行搜索法

在并行搜索法中,将相位相隔半个码片时间 $T_c/2$ 的伪码序列同时在许多并行支路中和接收信号作相关运算。然后在比较器中比较各路的电压大小。选择电压最大的一路作为捕捉到的伪码相位。在图 13-17 中给出了并行搜索法原理的示意图。在图中画出的接收信号和本地伪码相乘,实质上是进行相关运算。所以在实现时也可以用匹配滤波器代替此相关运算。

在此方案中,若需要搜索 N 个码片,则需有 $2N$ 个支路。当 N 很大时,电路和运算相当复杂。由于串行搜索法和并行搜索法的优缺点是互补的。所以在设计时为了取得折中,也可以采用将串行和并行搜索法两种方法结合起来的方案。

3) 前置同步码法

在上面介绍的扩谱码同步方案中,当伪码的长度很长时,搜索时间也因之很长。为了缩短搜索时间,可以前置一个较短的同步码组,以缩短搜索时间。同步码组缩短后,搜索时间虽然短了,但是错误捕获的概率会增大。典型的前置同步码组的长度在几百至几千码元,决定于系统的要求。

图 13-17 并行搜索法原理示意图

2. 跟踪

在捕捉到扩谱码之后,接收机产生的本地伪码和接收到的伪码之间相位误差已经小于一个码片。这时系统应转入跟踪状态,进行相位精确跟踪。跟踪环路有两种。一种为延迟锁定跟踪环,或称早—迟跟踪环;另一种称为 τ 抖动跟踪环。下面分别给予简要介绍。

1)延迟锁定跟踪环

延迟锁定跟踪环原理方框图如图 13-18 所示。图中接收机的伪码产生器将两个相差 1 码片时间(T_c)的本地伪码输出到两个相关器,分别和接收信号作相关运算。送到早相关器的伪码是 $p(t+T_c/2)$,送到迟相关器的伪码是 $p(t-T_c/2)$,而送入两相关器的接收信号为

$$s(t) = Ag(t)p(t+\tau)\cos(\omega_c t + \theta) \tag{13.4-9}$$

图 13-18 延迟锁定跟踪环原理方框图

式中:A 为接收信号振幅;$g(t) = \pm 1$,为基带数字信号;$p(t+\tau)$ 为伪码;ω_c 为载波角频率;θ 为载波相位。

接收信号和两个本地伪码相乘后,经过包络检波。考虑到包络检波相当于取信号振幅的绝对值,而包络检波器中低通滤波器的作用近似于求平均值,所以检波器输出为

$$E\{|Ag(t)p(t+\tau) \cdot p(t \pm T_c/2)|\}$$

式中:$E\{\cdot\}$表示求平均值。

忽略常数因子A,并且考虑到$|g(t)|=1$,则上式就是接收伪码和本地伪码的相关函数的绝对值:

迟相关器支路 $|R(\tau+T_c/2)| = E\{|p(t+\tau) \cdot p(t-T_c/2)|\}$ (13.4-10)

早相关器支路 $|R(\tau-T_c/2)| = E\{|p(t+\tau) \cdot p(t+T_c/2)|\}$ (13.4-11)

由于接收伪码和本地伪码的结构相同,只是相位不同,所以式(13.4-10)和式(13.4-11)中求的相关函数是自相关函数。这就是说,包络检波器的输出就是伪码的自相关函数的绝对值。这两个值在加法器中相减,得到的输出电压经过环路滤波后送给压控振荡器作为控制电压V_c,控制其振荡频率。

现在来考察这个控制电压的特性。由上面的分析可知,此控制电压是两个自相关函数的绝对值之差,它在图13-19中用粗实线画出。在理想跟踪状态下,接收伪码和本地伪码应该同相,即应有$\tau=0$。此时,在控制电压特性曲线上应该工作在原点上。若$\tau>0$,即接收伪码相位超前,则控制电压V_c为正值,使压控振荡器的振荡频率上升;若$\tau<0$,即接收伪码相位滞后,则控制电压V_c为负值,使压控振荡器的振荡频率下降。这样就使跟踪环路锁定在接收伪码的相位上。

图13-19 压控振荡器控制电压特性

在图13-18中还示出,为了对接收信号解扩,用早相关器的本地伪码,加以延迟半个码片时间$T_c/2$,使之和接收伪码同相,然后送到第三个相乘器并和接收信号相乘,进行解扩。

由图13-19看出,延迟锁定跟踪环的两个支路特性必须精确相同,否则合成的控制电压特性曲线可能偏移,使跟踪误差(τ)为0时,控制电压V_c不为0。此外,当跟踪准确使控制电压值长时间为0时,跟踪环路有可能发生不稳定现象,特别是在有自动调整环路增益的一些较复杂的跟踪环路中。下面将介绍的τ抖动跟踪环克服了这些缺点。

2) τ抖动跟踪环

τ抖动跟踪环(τ-dither tracking loop)原理方框图如图13-20所示[6]。在这种方案中,只有一个跟踪环路。它采用时分制的方法,使早相关和迟相关共用这个环路,从而避免了两个支路的特性不一致的问题。此外,为了避免压控振荡器的控制电压长时间为0,

它在跟踪过程中，由 τ 抖动产生器使伪码产生器的时钟相位发生少许抖动，因而故意地产生少许误码，使跟踪误差 τ 值和控制电压 V_c 值在 0 附近抖动，而不会长时间为 0。由于抖动很小，对跟踪性能的影响可以忽略。对此方案就不作详细讨论了。

图 13-20 τ 抖动跟踪环原理方框图

13.5 网同步

13.5.1 概述

网同步是指通信网中各站之间时钟的同步。目的在于使全网各站能够互连互通，正确地接收信息码元。网同步在时分制数字通信和时分多址（TDMA）通信网中是一个重要的问题。对于广播一类的单向通信，以及一端对一端的单条链路通信，一般都是由接收设备负责解决和发送设备的时钟同步问题。这就是说，接收设备以发送设备的时钟为准，调整自己的时钟，使之和发送设备的时钟同步。这样的同步办法比较简单，不必多说。

对于网中有多站的双向通信系统，同步则有不同的解决办法。这些办法可以分为两大类。第一类是全网各站具有统一时间标准，称为同步网；第二类是容许各站的时钟有误差，但是通过调整码元速率的办法使全网能够协调工作，称为异步网或准同步网。

在同步网中，全网的同步可能是由接收设备负责解决，也可能需要收发双方共同解决。这就是说，为了达到同步的目的，发射机的时钟也可能需要作调整。在有一个中心站和多个终端站的（TDMA）通信网中，例如，图 13-21 中的卫星通信网中有 4 个地球（终端）站，在卫星（中心站）S_1 上接收地球站的 TDMA 信号的时隙安排如图 13-22 所示。因为每个地球站只允许在给定的一段时隙中发送信号，故地球站的发射机必须保证其发送的上行信号到达卫星上时，恰好是卫星上中心站准备接收其信号的时间。由于各个地球站和卫星的距离不等，各个地球站的上行发送信号的时钟也需要不同，所以不可能采用调整卫星上中心站接收机时钟的办法达到和所有地球站上行信号同步的目的。这时，需要各地球站按照和卫星的距离远近，将发射信号的时钟调整到和卫星上中心站接收机的时钟一致。由于延迟时间不同，各个地球站发射信号的时钟之间实际上是有误差的。这就是发射机同步方法。

发射机同步方法可以分为开环和闭环两种。开环方法不需依靠中心站上接收信号到

图 13-21 卫星通信网

图 13-22 TDMA 接收时隙

达时间的任何信息。终端站根据它所存储的关于链路长度等信息可以预先校正其发送时间。终端站所存储的这些信息是从有关单位提供的,但是还可以按照从中心站送回的信号加以修正。开环方法依靠的是准确预测的链路长度等参量信息。当链路的路径是确定的,且链路本身一旦建立后将连续工作较长时间时,这种方法很好。但是当链路的路径不是确定的,或终端站只是断续地接入时,这种方法就难于有效地使用。

开环法的主要优点是捕捉快,不需要反向链路也能工作和实时运算量小。其缺点是需要外部有关单位提供所需的链路参量数据,并且缺乏灵活性。对于网络特性没有直接的实时测量,就意味着网络不能对于意外的条件变化作出快速调整。

闭环法则不需要预先得知链路参量的数据。链路参量数据在减小捕捉同步时间上会有一定的作用,但是闭环法不需要像开环法要求的那样精确。在闭环法中,中心站需要测量来自终端站的信号的同步准确度,并将测量结果通过反向信道送给终端站。因此,闭环法需要一条反向信道传送此测量结果,并且终端站需要有根据此反馈信息适当调整其时钟的能力。这意味着,闭环法的缺点是终端站需要有较高的实时处理能力,并且每个终端站和中心站之间要有双向链路。此外,捕捉同步也需要较长的时间。但是,闭环法的优点是不需要外界供给有关链路参量的数据,并且可以很容易地利用反向链路来及时适应路径和链路情况的变化。

异步网或准同步网的典型例子是 10.8.2 节准同步数字体系(PDH)中采用的码速调整法。仍以图 13-21 中的卫星通信网为例。若这时 4 个地球站的上行信号都是一次群 E-1 信号,它们在卫星 S_1 上接收到后,合并成二次群 E-2 信号,再发送给卫星 S_2。这时由于 4 个地球站的时钟间存在误差,虽然其码元标称速率都是 2048kb/s,但是实际速率不同。在 S_1 上合成的 E-2 群码元速率为 8448kb/s,这个速率是以卫星 S_1 上的复接设备时钟为准的。将 8448kb/s 平均分配到每个 E-1 群的码元速率为 2112kb/s,它高于 2048kb/s。所以,尽管各地球站的时钟有误差,但是在卫星上的复接设备中合路时,平均将各路输入信号的码元速率都提高到以地球站时钟为准的 2112kb/s 上,而不去管各路输入信号的码元速率存在误差。

下面将对上述各种网同步方法分别给予简介。

13.5.2 开环法

开环法又可以分为两类:一类需要利用反向链路提供的信息;另一类则不需要利用。后者由于没有反馈信息需要处理,所以对处理能力没有要求,但是其通信性能显然受链路特性稳定性的影响。

下面将结合卫星通信系统的性能来作进一步的讨论[6]。这时,中心站在卫星上,终端站在地面。所有终端站发射机的同步系统都需要预先校正信号的定时和频率,以求信号用预定的频率在预定的时间到达卫星接收机。因此,为了预先校正时间,终端站发射机需要计算信号的传输时间,即用电磁波的传播速率去除发射机和卫星接收机间的距离,并将发射时间按计算结果适当提前。这样,信号到达中心站的时间为

$$T_a = T_t + \frac{d}{c} \quad (13.5-1)$$

式中:T_t 为实际发送开始时间;d 为传输距离;c 为光速。

类似地,为了预先校正发送频率,发射机需要考虑由于地面发射机和卫星接收机间相对运动产生的多谱勒频移。为了能够正确接收,发送频率应为

$$f \approx \left(1 - \frac{V}{c}\right)f_0 \quad (13.5-2)$$

式中:V 为相对速度(距离缩短时为正);f_0 为标称(nominal)发射频率。

实际上,无论是时间还是频率都不能准确地预先校正。即使是静止卫星,它相对于地面上的一个固定的接收点也有轻微移动。所以终端站和中心站上的参考时间和参考频率都不能准确地预测。时间预测的误差可以表示为

$$T_e = \frac{r_e}{c} + \Delta t \quad (13.5-3)$$

式中:r_e 为距离估值的误差;Δt 为发射机处和接收机处参考时间之差。

频率误差可以表示为

$$f_e = \frac{V_e f_0}{c} + \Delta f \quad (13.5-4)$$

式中:V_e 为发射机和接收机间相对速度的测量值误差或预测值的误差;Δf 为发射机和接收机参考频率间的误差。

误差 Δt 和 Δf 通常是由于参考频率的随机起伏引起的。发射机或接收机的参考时间通常来自参考频率的周期,故参考时间和参考频率的准确性有关。参考频率的起伏很难用统计方法表述,通常规定一个每天最大容许误差为

$$\delta = \frac{\Delta f}{f_0} \quad ((\text{Hz/Hz})/\text{天}) \quad (13.5-5)$$

对于廉价的晶体振荡器(crystal oscillator)来说,δ 值的典型范围为 $10^{-6} \sim 10^{-5}$;对于高质量的晶体振荡器,δ 值为 $10^{-11} \sim 10^{-9}$;对于铷原子钟(rubidium atomic clock),δ 值为 10^{-12};对于铯(cesium)原子钟,δ 值为 10^{-13}。在规定每天最大容许误差的情况下,若无外

界干预,则频率偏移可能随时间线性地增大,即

$$\Delta f(T) = f_0 \int_0^T \delta \mathrm{d}t + \Delta f(0) = f_0 \delta \cdot T + \Delta f(0) (\mathrm{Hz}) \quad (13.5-6)$$

式中:$\Delta f(T)$为在时间T内增大的频率偏移;$\Delta f(0)$为初始($t=0$时)频率偏移;T为时间(天)。

然而,若参考时间是按计算周期得到的,则积累的时间偏差$\Delta t(T)$和参考频率的积累相位误差有关:

$$\begin{aligned}\Delta t(T) &= \int_0^T \frac{\Delta f(t)}{f_0}\mathrm{d}t + \Delta t(0) = \int_0^T \delta \cdot t\mathrm{d}t + \int_0^T \frac{\Delta f(0)}{f_0}\mathrm{d}t + \Delta t(0) \\ &= \frac{1}{2}\delta \cdot T^2 + \frac{\Delta f(0)T}{f_0} + \Delta t(0)\end{aligned} \quad (13.5-7)$$

由式(13.5-7)可以看出,若没有外界干预,参考时间误差可以随时间按平方律增长。对于发射机开环同步系统,通常这个不断增长的时间误差限定了外部有关单位在多长时间内必须给予一次校正;或者更新终端站内的关于中心站接收机的定时数据,或重新将中心站接收机和地球站发射机的参考时间设置到标称时间。由于误差按平方律增长,所以它不仅是频率误差问题,而更是一个运行问题。

若发射机没有来自反向链路的信息,系统设计者能用式(13.5-3)和式(13.5-7)作为模型得出的时间和频率偏离,决定两次校正之间的最大时间间隔。参考时间和参考频率的重新校准是一项繁重的任务,应该尽可能少做。

若终端站已经接至中心站的反向链路,并能够将本地参考和输入信号参量作比较,则两次校准的时间间隔可以更长些。大型卫星控制站能够对静止卫星的轨道参量进行测量和模拟,距离精度达到十几米,与地面终端站的相对速度的精度达到几 m/s。这样,在用静止卫星作为中心站时,式(13.5-3)和式(13.5-4)中右端第一项通常可以忽略。一方面,输入信号参量和由终端站参考时间和参考频率产生的参量之间的误差近似等于该两式中的Δt和Δf,对下行链路测量的这两项误差可以用于计算对上行传输的校正。另一方面,若已知参考时间和参考频率是准确的,但是链路的路径有变动,例如,终端站在运动或卫星不是静止的,对下行链路的同样测量也可以用于解决距离或速度不确定的问题。这种距离和相对速度的测量可以用于预先校正上行信号的定时和频率。

终端站能够利用对反向链路信号测量进行同步的方法有时称为准闭环发射机同步法。准闭环法显然比纯开环法更适应通信系统的变动性。纯开环法要求对于所有重要的链路参量预先有全面的了解,才能成功地运行,不能容忍链路有预料之外的变化。

13.5.3 闭环法

闭环法需要终端站发送特殊的同步信号,用以在中心站决定信号的时间和频率相对于所需定时和频率的误差。中心站计算所得误差通过反向链路反馈给终端站发射机。若中心站具有足够的处理能力,则中心站可以进行实际的误差测量。这种测量可以是给出偏离的量和方向,也可以是只给出方向。这个信息可以被格式化后用反向链路送回终端站发射机。若中心站没有处理能力,则此特殊同步信号可以直接由反向链路送回终端站

发射机。在这种情况下,解读反回信号就成为了终端站发射机任务的一部分。如何设计此特殊的同步信号,使之易于明确解读,是一项富有挑战性的任务。

这两种闭环系统的相对优缺点与有信号处理能力的地点以及信道使用效率有关。在中心站处理的主要优点是在反向链路上传送的误差测量结果可以是一个短的数字序列。当一条反向链路为大量终端站时分复用时,这样有效地利用反向链路是非常重要的。第二个优点是在中心站上的误差测量手段能够被所有联到中心站的终端站共享,这相当于大量节省了系统的处理能力。在终端站处理的主要优点是中心站不需要易于接入,并且中心站可以设计得较简单以提高可靠性。在卫星上的中心站就是一个这样的典型例子(不过由于集成电路技术的进步,设计简单的要求越来越不重要)。在终端站处理的另一个优点是响应更快,因为没有在中心站处理带来的延迟。若链路的参量变化很快,这一点是很重要的。其主要缺点是反向信道的使用效率不高,以及返回信号可能难于解读——这种情况发生在中心站不仅是简单地转发信号,而且还对码元作判决,再在反向链路上发送此判决结果。这种码元判决的能力可以大大改进终端站至终端站间传输的误差性能,但是它也使同步过程复杂化。因为在反向信号中含有时间和频率偏离的影响,即由码元判决产生的影响。例如,设一个终端站采用 2FSK 向中心站发送信号,中心站采用非相干解调。这时的判决将决定于信号的能量。中心站接收的信号为

$$s(t) = \begin{cases} \sin[(\omega_0 + \omega_s + \Delta\omega)t + \theta] & 0 \leqslant t \leqslant \Delta t \\ \sin[(\omega_0 + \Delta\omega)t + \theta] & \Delta t < t \leqslant T \end{cases} \quad (13.5-8)$$

式中:T 为码元持续时间;ω_0 为 2FSK 信号的一个码元的角频率;$(\omega_0 + \omega_s)$ 为 2FSK 信号另外一个码元的角频率;$\Delta\omega$ 为中心站接收信号的角频率误差;Δt 为中心站接收信号到达时间误差;θ 为任意初始相角。

现在,若中心站解调器的两个正交分量输出为

$$x = \frac{1}{T}\int_0^T s(t)\cos\omega_0 t \mathrm{d}t \quad (13.5-9)$$

$$y = \frac{1}{T}\int_0^T s(t)\sin\omega_0 t \mathrm{d}t \quad (13.5-10)$$

则解调信号的能量为

$$z^2 = x^2 + y^2 = \left(\frac{\sin[(\omega_s + \Delta\omega)\Delta t/2]}{(\omega_s + \Delta\omega)T}\right)^2 + \left(\frac{\sin[\Delta\omega(T - \Delta t)/2]}{\Delta\omega T}\right)^2 +$$

$$\frac{\cos(\Delta\omega\Delta t) + \cos[\Delta\omega T - (\omega_s + \Delta\omega)\Delta t] - \cos(\Delta\omega T) - \cos(\omega_s\Delta t)}{2\Delta\omega(\omega_s + \Delta\omega)T^2}$$

$$(13.5-11)$$

对于时间误差 $\Delta = 0$ 的特殊情况,式(13.5-11)变为

$$z^2 = \left[\frac{\sin(\Delta\omega T/2)}{\Delta\omega T}\right]^2 \quad (13.5-12)$$

对于频率误差为 0 的特殊情况,式(13.5-11)变为

$$z^2 = \left(\frac{T-\Delta t}{2T}\right)^2 + \left[\frac{\sin(\omega_s \Delta t/2)}{\omega_s T}\right]^2 \qquad (13.5-13)$$

从式(13.5-11)和式(13.5-13)看出,存在任何时间误差、频率误差或者两者都存在,将使码元的位置偏离解调器正确积分的位置,造成在 2FSK 信号积分的两个积分器中,正确信号积分器得到的信号能量下降,部分能量移到另一个积分器中,误码率因而增大。

在这个 2FSK 系统的例子中,有一个预先校正频率的办法,这就是终端站发送一个连续的正弦波,其频率等于 2FSK 信号两个频率的平均值;然后中心站将收到的这个信号检测后转发回终端站。由于这时在中心站接收机中的判决应是"1"和"0"出现概率相等的码元,故将其转发回终端站时,将在反向(自中心站向终端站)链路中产生一个随机二进制序列。若原发送的连续正弦波没有频率误差,则终端站收到的序列中的两种符号概率相等。利用这种原理就能找到中心频率,从而在终端站上准确地预先校正频率。一旦找到正确的频率,终端站发射机再交替发送"1"和"0",以寻找正确的定时。这时,在一半个码元时间内改变发送的定时,发射机就能找到给出最坏误码性能的时间。因为在中心站收到的码元位置和正确位置相差半个码元时,中心站 2FSK 接收机的两个检波器给出相等的能量,判决结果是随机的,故在反向链路上发回的二进制序列也将是随机的。终端站发射机可以用这种原理计算正确的定时。这种方法比用寻找误码性能最佳点更好。因为在任何设计良好的系统中,码元能量大得足够容许存在少许定时误差,所以即使定时不准反向信号也可能没有误码。

13.6 小结

本章讨论同步问题。通信系统中的同步包括载波同步、码元同步、群同步和网同步。

载波同步的目的是使接收端产生的本地载波和接收信号的载波同频同相。一般说来,对于不包含载频分量的接收信号,或采用相干解调法接收时,才需要解决载波同步问题。载波同步的方法可以分为有辅助导频和无辅助导频的载频提取法两大类。一般说来,后者使用较多。常用的无辅助导频提取法有平方环法和科斯塔斯环法。平方环法的主要优点是电路实现较简单;科斯塔斯环法的主要优点是不需要平方电路,因而电路的工作频率较低。无论哪种方法,都存在相位模糊问题。在提取载频电路中的窄带滤波器的带宽对于同步性能有很大影响。恒定相位误差和随机相位误差对于带宽的要求是矛盾的。同步建立时间和保持时间对于带宽的要求也是矛盾的。因此必须折中选用此滤波器的带宽。

码元同步的目的是使每个码元得到最佳的解调和判决。码元同步可以分为外同步法和自同步法两大类。一般而言,自同步法应用较多,外同步法需要另外专门传输码元同步信息,自同步法则是从信号码元中提取其包含的码元同步信息。自同步法又可以分为两种,即开环码元同步法和闭环同步法。开环法采用对输入码元作某种变换的方法提取码元同步信息;闭环法则用比较本地时钟和输入信号的方法,将本地时钟锁定在输入信号上。闭环法更为准确,但是也更为复杂。码元同步不准确将引起误码率增大。

群同步的目的是能够正确地将接收码元分组,使接收信息能够被正确理解。群同步方法分为两类:第一类是在发送端利用特殊的编码方法使码组本身自带分组信息;第二类

是在发送码元序列中插入用于群同步的群同步码。一般而言,大多采用第二类方法。群同步码的插入方法又有两种:一种是集中插入群同步码组;另一种是分散插入群同步序列。前者集中插入巴克码一类专门作群同步用的码组,它适用于要求快速建立同步的地方,或间断传输信息并且每次传输时间很短的场合。后者分散插入简单的周期性序列作为群同步码,它需要较长的同步建立时间,适用于连续传输信号之处,例如数字电话系统中。为了建立正确的群同步,无论用哪种方法,接收端的同步电路都有两种状态:捕捉态和保持态。在捕捉态时,确认搜索到群同步码的条件必须规定得很高,以防发生假同步;在保持态时,为了防止因噪声引起的个别错误导致认为失去同步,应该降低判断同步的条件,以使系统稳定工作。除了上述两种方法外,还有一种同步法,称为起止式同步法,它也可以看作是一种异步通信方式。群同步的主要性能指标是假同步概率和漏同步概率。这两者是矛盾的,在设计时需折中考虑。

网同步的目的是解决通信网的时钟同步问题。这个问题关系着网中各站的载波同步、位同步和群同步。从网同步原理看,通信网可以分为同步网和异步网或准同步网两大类。在同步网中,单向通信网,例如,广播网,以及端对端的单条通信链路,一般由接收机承担网同步的任务。对于多用户接入系统,例如许多卫星通信系统,网同步则是整个终端站的事,即各终端站的发射机参数也要参与调整。终端站发射机同步方法可以分为开环和闭环两种。开环法的主要优点是捕捉快、不需要反向链路也能工作和实时运算量小;其缺点是需要外部提供所需的链路参量数据,并且缺乏灵活性。闭环法则不需要预先得知链路参量的数据,其缺点是终端站需要有较高的实时处理能力,并且每个终端站和中心站之间要有双向链路。此外,捕捉同步也需要较长的时间。

思 考 题

13-1 何谓载波同步?为什么需要解决载波同步问题?

13-2 插入导频法载波同步有什么优缺点?

13-3 哪些类信号频谱中没有离散载频分量?

13-4 能否从没有离散载频分量的信号中提取出载频?若能,试从物理概念上作解释。

13-5 试对 QPSK 信号,画出用平方环法提取载波的原理方框图。

13-6 什么是相位模糊问题?在用什么方法提取载波时会出现相位模糊?

13-7 解决相位模糊对于信号传输影响的主要途径是什么?

13-8 一个采用非相干解调的数字通信系统是否必须有载波同步和码元同步?

13-9 码元同步分为几类?

13-10 何谓外同步法?外同步法有何优缺点?

13-11 何谓自同步法?自同步法又分为几种?

13-12 开环法码元同步有何优缺点?试从物理概念上解释信噪比对其性能的影响。

13-13 闭环法码元同步有何优缺点?

13-14 何谓群同步?群同步有几种方法?

13-15 何谓起止式同步？它有何优缺点？

13-16 试比较集中插入法和分散插入法的优缺点。

13-17 试述巴克码的定义。

13-18 为什么要用巴克码作为群同步码？

13-19 群同步有哪些主要性能指标？

13-20 何谓网同步？网同步有几种方法实现？

13-21 试比较开环法和闭环法网同步的优缺点。

习　题

13-1 设载波同步相位误差 $\theta = 10°$，信噪比 $r = 10\mathrm{dB}$，试求此时 2PSK 信号的误码率。

13-2 试写出存在载波同步相位误差条件下的 2DPSK 信号误码率公式。

13-3 设接收信号的信噪比等于 20dB，要求码元同步误差不大于 0.5%，试问采用开环码元同步法时应该如何设计窄带滤波器的带宽才能满足上述要求？

13-4 设一5位巴克码序列的前后都是"-1"码元，试画出其自相关函数曲线。

13-5 设用一个7位巴克码作为群同步码，接收误码率为 10^{-4}，试分别求出容许错码数为0和1时的漏同步概率。

13-6 在上题条件下，试分别求出其假同步概率。

13-7 设一个二进制通信系统传输信息的速率为 100b/s，信息码元的先验概率相等，要求假同步每年至多发生一次，试问其群同步码组的长度最小应设计为多少？若信道误码率为 10^{-5}，试问此系统的漏同步概率等于多少？

13-8 设一条通信链路工作在标称频率 10GHz，它每天只有很短的时间工作一次。其中的接收机锁相环捕捉范围为 ±1kHz。若发射机和接收机的频率源相同，试问应选用哪种参考频率源？

参考文献

[1] Panter P F. Modulation, Noise, and Spectral Analysis Applied to Information Transmission. New York: McGraw-Hill, 1965: 168-169.

[2] Wintz P A, Luecke E J. Performance of Optimum and Suboptimum Synchronizers. IEEE Trans. on Communication Technology, 1969, 17(6): 380-389.

[3] Barker R H. Group Synchronization of Binary Digital Systems. In: W. Jackson, ed., Communication Theory. New York: Academic Press, Inc., 1953.

[4] Willard M W. Optimum Code Patterns for PCM Synchronization. Proc. Natl. Telecom. Conf., 1962, paper 5-5.

[5] Wu W W. Elements of Digital Satellite Communications. Vol. 1, Rockville, MD: Computer Science Press, Inc., 1984.

[6] Bernard Sklar. Digital Communications Fundamentals and Applications. Second Edition. Beijing: Publishing House of Electronics Industry, 2002.

[7] ITU-T Recommendation G. 742.

附录 A 巴塞伐尔定理

1. 能量信号的巴塞伐尔(Parseval)定理

设 $x(t)$ 是一个能量信号,$x^*(t)$ 是 $x(t)$ 的共轭函数,则有

$$\begin{aligned}\int_{-\infty}^{\infty} x^*(t)h(t+\tau)\mathrm{d}t &= \int_{-\infty}^{\infty} x^*(t)\left[\int_{-\infty}^{\infty} H(f)\mathrm{e}^{\mathrm{j}\omega(t+\tau)}\mathrm{d}f\right]\mathrm{d}t \\ &= \int_{-\infty}^{\infty}\left[\int_{-\infty}^{\infty} x^*(t)\mathrm{e}^{\mathrm{j}\omega t}\mathrm{d}t\right]H(f)\mathrm{e}^{\mathrm{j}\omega\tau}\mathrm{d}f = \int_{-\infty}^{\infty} X^*(f)H(f)\mathrm{e}^{\mathrm{j}\omega\tau}\mathrm{d}f\end{aligned}$$
(附 A - 1)

式(附 A - 1)对于任何 τ 值都正确,所以可以令 $\tau = 0$。这样,式(附 A - 1)可以化简成

$$\int_{-\infty}^{\infty} x^*(t)h(t)\mathrm{d}t = \int_{-\infty}^{\infty} X^*(f)H(f)\mathrm{d}f \tag{附 A - 2}$$

若 $x(t) = h(t)$,则式(附 A - 2)可以改写为

$$\int_{-\infty}^{\infty} |x(t)|^2 \mathrm{d}t = \int_{-\infty}^{\infty} |X(f)|^2 \mathrm{d}f \tag{附 A - 3}$$

若 $x(t)$ 为实函数,则式(附 A - 3)可以写为

$$\int_{-\infty}^{\infty} x^2(t)\mathrm{d}t = \int_{-\infty}^{\infty} |X(f)|^2 \mathrm{d}f \tag{附 A - 4}$$

式(附 A - 3)是能量信号的巴塞伐尔定理;式(附 A - 4)是实能量信号的巴塞伐尔定理。能量信号的巴塞伐尔定理表明,由于一个实信号平方的积分,或一个复信号振幅平方的积分,等于信号的能量,所以信号频谱密度的模的平方 $|X(f)|^2$ 对 f 的积分也等于信号能量。故称 $|X(f)|^2$ 为信号的能量谱密度。

2. 周期性功率信号的巴塞伐尔定理

设 $x(t)$ 是周期性实功率信号,周期等于 T_0,基频为 $f_0 = 1/T_0$,则其傅里叶级数展开式为

$$x(t) = \sum_{n=-\infty}^{\infty} C_n \mathrm{e}^{\mathrm{j}2\pi n f_0 t} \tag{附 A - 5}$$

所以,其平均功率可以写为

$$\begin{aligned}\frac{1}{T_0}\int_{-T_0/2}^{T_0/2} x^2(t)\mathrm{d}t &= \frac{1}{T_0}\int_{-T_0/2}^{T_0/2} x(t)\left[\sum_{n=-\infty}^{\infty} C_n \mathrm{e}^{\mathrm{j}2\pi n f_0 t}\right]\mathrm{d}t \\ &= \sum_{n=-\infty}^{\infty} C_n \frac{1}{T_0}\int_{-T_0/2}^{T_0/2} x(t)\mathrm{e}^{\mathrm{j}2\pi n f_0 t}\mathrm{d}t = \sum_{n=-\infty}^{\infty} C_n \cdot C_n^* = \sum_{n=-\infty}^{\infty} |C_n|^2\end{aligned}$$
(附 A - 6)

式(附 A - 6)就是周期性功率信号的巴塞伐尔定理。它表示周期性功率信号的平均功率等于其频谱的模的平方和。

附录 B 误差函数值表

$$\text{erf}(x) = \frac{2}{\sqrt{\pi}} \int_0^x e^{-z^2} dz$$

x	0	1	2	3	4	5	6	7	8	9
1.00	0.84270	84312	84353	84394	84435	84477	84518	84559	84600	84640
1.01	0.84681	84722	84762	84803	84843	84883	84924	84964	85004	85044
1.02	0.85084	85124	85163	85203	85243	85282	85322	85361	85400	85439
1.03	0.85478	85517	85556	85595	85634	85673	85711	85750	85788	85827
1.04	0.85865	85903	85941	85979	86017	86055	86093	86131	86169	86206
1.05	0.86244	86281	86318	86356	86393	86430	86467	86504	86541	86578
1.06	0.86614	86651	86688	86724	86760	86797	86833	86869	86905	86941
1.07	0.86977	87013	87049	87085	87120	87156	87191	87227	87262	87297
1.08	0.87333	87368	87403	87438	87473	87507	87542	87577	87611	87646
1.09	0.87680	87715	87749	87783	87817	87851	87885	87919	87953	87987
1.10	0.88021	88054	88088	88121	88155	88188	88221	88254	88287	88320
1.11	0.88353	88386	88419	88452	88484	88517	88549	88582	88614	88647
1.12	0.88679	88711	88743	88775	88807	88839	88871	88902	88934	88966
1.13	0.88997	89029	89060	89091	89122	89154	89185	89216	89247	89277
1.14	0.89308	89339	89370	89400	89431	89461	89492	89552	89552	89582
1.15	0.89612	89642	89672	89702	89732	89762	89792	89821	89851	89880
1.16	0.89910	89939	89968	89997	90027	90056	90085	90114	90142	90171
1.17	0.90200	90229	90257	90286	90314	90343	90371	90399	90428	90456
1.18	0.90484	90512	90540	90568	90595	90623	90651	90678	90706	90733
1.19	0.90761	90788	90815	90843	90870	90897	90924	90951	90978	91005
1.20	0.91031	91058	91085	91111	91138	91164	91191	91217	91243	91269
1.21	0.91296	91322	91348	91374	91399	91425	91451	91477	91502	91528
1.22	0.91553	91579	91604	91630	91655	91680	91705	91730	91755	91780
1.23	0.91805	91830	91855	91879	91904	91929	91953	91978	92002	92026
1.24	0.92051	92075	92099	92123	92147	92171	92195	92219	92243	92266
1.25	0.92290	92314	92337	92361	92384	92408	92431	92454	92477	92500
1.26	0.92524	92547	92570	92593	92615	92638	92661	92684	92706	92729
1.27	0.92751	92774	92796	92819	92841	92863	92885	92907	92929	92951
1.28	0.92973	92995	93017	93039	93061	93082	93104	93126	93147	93168
1.29	0.93190	93211	93232	93254	93275	93296	93317	93338	93359	93380
1.30	0.93401	93422	93442	93463	93484	93504	93525	93545	93566	93586
1.31	0.93606	93627	93647	93667	93687	93707	93727	93747	93767	93787
1.32	0.93807	93826	93846	93866	93885	93905	93924	93944	93963	93982
1.33	0.94002	94021	94040	94059	94078	94097	94116	94135	94154	94173
1.34	0.94191	94210	94229	94247	94266	94284	94303	94321	94340	94358
1.35	0.94376	94394	94413	94431	94449	94467	94485	94503	94521	94538
1.36	0.94556	94574	94592	94609	94627	94644	94662	94679	94697	94714
1.37	0.94731	94748	94766	94783	94800	94817	94834	94851	94868	94885
1.38	0.94902	94918	94935	94952	94968	94985	95002	95018	95035	95051
1.39	0.95067	95084	95100	95116	95132	95148	95165	95181	95197	95213
1.40	0.95229	95244	95260	95276	95292	95307	95323	95339	95354	95370

(续)

x	0	1	2	3	4	5	6	7	8	9
1.41	0.95385	95401	95416	95431	95447	95462	95477	95492	95507	95523
1.42	0.95538	95553	95568	95582	95597	95612	95627	95642	95656	95671
1.43	0.95686	95700	95715	95729	95744	95758	95773	95787	95801	95815
1.44	0.95830	95844	95858	95872	95886	95900	95914	95928	95942	95956
1.45	0.95970	95983	95997	96011	96024	96038	96051	96063	96078	96092
1.46	0.96105	96119	96132	96145	96159	96172	96185	96198	96211	96224
1.47	0.96237	96250	96263	96276	96289	96302	96315	96327	96340	96353
1.48	0.96365	96378	96391	96403	96416	96428	96440	96453	96465	96478
1.49	0.96490	96502	96514	96526	96539	96551	96563	96575	96587	96599

x	0	2	4	6	8	x	0	2	4	6	8
1.50	0.96611	96634	96658	96681	96705	1.96	0.99443	99447	99452	99457	99462
1.51	0.96728	96751	96774	96796	96819	1.97	0.99466	99471	99476	99480	99485
1.52	0.96841	96864	96886	96908	96930	1.98	0.99489	99494	99498	99502	99507
1.53	0.96952	96973	96995	97016	97037	1.99	0.99511	99515	99520	99524	99528
1.54	0.97059	97080	97100	97121	97142	2.00	0.99532	99536	99540	99544	99548
1.55	0.97162	97183	97203	97223	97243	2.01	0.99552	99556	99560	99564	99568
1.56	0.97263	97283	97302	97322	97341	2.02	0.99572	99576	99580	99583	99587
1.57	0.97360	97379	97398	97417	97436	2.03	0.99591	99594	99598	99601	99605
1.58	0.97455	97473	97492	97510	97528	2.04	0.99609	99612	99616	99619	99622
1.59	0.97546	97564	97582	97600	97617	2.05	0.99626	99629	99633	99636	99639
1.60	0.97635	97652	97670	97687	97704	2.06	0.99642	99646	99649	99652	99655
1.61	0.97721	97738	97754	97771	97787	2.07	0.99658	99661	99664	99667	99670
1.62	0.97804	97820	97836	97852	97868	2.08	0.99673	99676	99679	99682	99685
1.63	0.97884	97900	97916	97931	97947	2.09	0.99688	99691	99694	99697	99699
1.64	0.97962	97977	97993	98008	98023	2.10	0.99702	99705	99707	99710	99713
1.65	0.98038	98052	98067	98082	98096	2.11	0.99715	99718	99721	99723	99726
1.66	0.98110	98125	98139	98153	98167	2.12	0.99728	99731	99733	99736	99738
1.67	0.98181	98195	98209	98222	98236	2.13	0.99741	99743	99745	99748	99750
1.68	0.98249	98263	98276	98289	98302	2.14	0.99753	99755	99757	99759	99762
1.69	0.98315	98328	98341	98354	98366	2.15	0.99764	99766	99768	99770	99773
1.70	0.98379	98392	98404	98416	98429	2.16	0.99775	99777	99779	99781	99783
1.71	0.98441	98453	98465	98477	98489	2.17	0.99785	99787	99789	99791	99793
1.72	0.98500	98512	98524	98535	98546	2.18	0.99795	99797	99799	99801	99803
1.73	0.98558	98569	98580	98591	98602	2.19	0.99805	99806	99808	99810	99812
1.74	0.98613	98624	98635	98646	98657	2.20	0.99814	99815	99817	99819	99821
1.75	0.98667	98678	98688	98699	98709	2.21	0.99822	99824	99826	99827	99829
1.76	0.98719	98729	98739	98749	98759	2.22	0.99831	99832	99834	99836	99837
1.77	0.98769	98779	98789	98798	98808	2.23	0.99839	99840	99842	99843	99845
1.78	0.98817	98827	98836	98846	98855	2.24	0.99846	99848	99849	99851	99852
1.79	0.98864	98873	98882	98891	98900	2.25	0.99854	99855	99857	99858	99859
1.80	0.98909	98918	98927	98935	98944	2.26	0.99861	99862	99863	99865	99866
1.81	0.98952	98961	98969	98978	98986	2.27	0.99867	99869	99870	99871	99873
1.82	0.98994	99003	99011	99019	99027	2.28	0.99874	99875	99876	99877	99879
1.83	0.99035	99043	99050	99058	99066	2.29	0.99880	99881	99882	99883	99885
1.84	0.99074	99081	99089	99096	99104	2.30	0.99886	99887	99888	99889	99890
1.85	0.99111	99118	99126	99133	99140	2.31	0.99891	99892	99893	99894	99896
1.86	0.99147	99154	99161	99168	99175	2.32	0.99897	99898	99899	99900	99901
1.87	0.99182	99189	99196	99202	99209	2.33	0.99902	99903	99904	99905	99906
1.88	0.99216	99222	99229	99235	99242	2.34	0.99906	99907	99908	99909	99910
1.89	0.99248	99254	99261	99267	99273	2.35	0.99911	99912	99913	99914	99915
1.90	0.99279	99285	99291	99297	99303	2.36	0.99915	99916	99917	99918	99919
1.91	0.99309	99315	99321	99326	99332	2.37	0.99920	99920	99921	99922	99923
1.92	0.99338	99343	99349	99355	99360	2.38	0.99924	99924	99925	99926	99927
1.93	0.99366	99371	99376	99382	99387	2.39	0.99928	99928	99929	99930	99930
1.94	0.99392	99397	99403	99408	99413	2.40	0.99931	99932	99933	99933	99934
1.95	0.99418	99423	99428	99433	99438	2.41	0.99935	99935	99936	99937	99937

附录B 误差函数值表

（续）

x	0	2	4	6	8	x	0	2	4	6	8
2.42	0.99938	99939	99939	99940	99940	2.47	0.99952	99953	99953	99954	99954
2.43	0.99941	99942	99942	99943	99943	2.48	0.99955	99955	99956	99956	99957
2.44	0.99944	99945	99945	99946	99946	2.49	0.99957	99958	99958	99958	99959
2.45	0.99947	99947	99948	99949	99949	2.50	0.99959	99960	99960	99961	99961
2.46	0.99950	99950	99951	99951	99952						

x	0	1	2	3	4	5	6	7	8	9
2.5	0.99959	99961	99963	99965	99967	99969	99971	99972	99974	99975
2.6	0.99976	99978	99979	99980	99981	99982	99983	99984	99985	99986
2.7	0.99987	99987	99988	99989	99989	99990	99991	99991	99992	99992
2.8	0.99992	99993	99993	99994	99994	99994	99995	99995	99995	99996
2.9	0.99996	99996	99996	99997	99997	99997	99997	99997	99997	99998
3.0	0.99998	99998	99998	99998	99998	99998	99998	99998	99998	99999

附录 C 贝塞尔函数值表

$$J_n(\beta)$$

n \ β	0.5	1	2	3	4	6	8	10	12
0	0.9385	0.7652	0.2239	−0.2601	−0.3971	0.1506	0.1717	−0.2459	0.0477
1	0.2423	0.4401	0.5767	0.3391	−0.0660	−0.2767	0.2346	0.0435	−0.2234
2	0.0306	0.1149	0.3528	0.4861	0.3641	−0.2429	−0.1130	0.2546	−0.0849
3	0.0026	0.0196	0.1289	0.3091	0.4302	0.1148	−0.2911	0.0584	0.1951
4	0.0002	0.0025	0.0340	0.1320	0.2811	0.3576	−0.1054	−0.2196	0.1825
5	—	0.0002	0.0070	0.0430	0.1321	0.3621	0.1858	−0.2341	−0.0735
6		—	0.0012	0.0114	0.0491	0.2458	0.3376	−0.0145	−0.2437
7			0.0002	0.0025	0.0152	0.1296	0.3206	0.2167	−0.7103
8			—	0.0005	0.0040	0.0565	0.2235	0.3179	0.0451
9				0.0001	0.0009	0.0212	0.1263	0.2919	0.2304
10				—	0.0002	0.0070	0.0608	0.2075	0.3005
11					—	0.0020	0.0256	0.1231	0.2704
12						0.0005	0.0096	0.0634	0.1953
13						0.0001	0.0033	0.0290	0.1201
14						—	0.0010	0.0120	0.0650

附录 D 式(7.5–18)和式(7.5–20)的推导

1. 式(7.5–18)的推导

令 $t = \dfrac{h}{\sigma_n}\sqrt{1+n}$,则 $t^2 = \dfrac{h^2}{\sigma_n^2}(1+n)$,$\dfrac{h}{\sigma_n^2} = \dfrac{t}{\sqrt{(1+n)}\sigma_n}$,$dh = \dfrac{\sigma_n dt}{\sqrt{(1+n)}}$,$dt = \dfrac{\sqrt{1+n}}{\sigma_n}dh$,并令 $\alpha = \dfrac{A}{\sigma_n\sqrt{1+n}}$,于是 $\alpha t = \dfrac{Ah}{\sigma_n^2}$ 将以上公式代入式

$$\int_0^\infty t I_0(\alpha t) e^{-(\alpha^2+t^2)/2} dt = 1$$

中,则得

$$\int_0^\infty \frac{h}{\sigma_n}\sqrt{1+n}\, I_0\!\left(\frac{Ah}{\sigma_n^2}\right)\exp\!\left[-\left(\frac{A^2}{(1+n)} + h^2(1+n)\right)\!\Big/2\sigma_n^2\right]\!\left(\frac{\sqrt{1+n}}{\sigma_n}dh\right) = 1$$

$$\int_0^\infty \frac{h}{\sigma_n^2}(1+n) I_0\!\left(\frac{Ah}{\sigma_n^2}\right)\exp\!\left[-\left(\frac{A^2}{(1+n)} + h^2(1+n)\right)\!\Big/2\sigma_n^2\right]dh = 1$$

于是

$$P_e = e^{-\frac{A^2}{2\sigma_n^2}} \sum_{n=1}^{M-1}(-1)^{n-1}\binom{M-1}{n}\int_0^\infty \frac{h}{\sigma_n^2} I_0\!\left(\frac{Ah}{\sigma_n^2}\right) e^{-(1+n)h^2/2\sigma_n^2} dh$$

中的积分为

$$\int_0^\infty \frac{h}{\sigma_n^2} I_0\!\left(\frac{Ah}{\sigma_n^2}\right)\exp\!\left[-\frac{(1+n)h^2}{2\sigma_n^2}\right]dh$$

$$= \frac{1}{1+n}\exp\!\left(\frac{A^2}{2(1+n)\sigma_n^2}\right)\int_0^\infty \frac{h}{\sigma_n^2}(1+n) I_0\!\left(\frac{Ah}{\sigma_n^2}\right)\exp\!\left[-\left(\frac{A^2}{(1+n)} + h^2(1+n)\right)\!\Big/2\sigma_n^2\right]dh$$

$$= \frac{1}{1+n}\exp\!\left(\frac{A^2}{2(1+n)\sigma_n^2}\right)$$

因此,误码率 P_e 公式变成

$$P_e = e^{-\frac{A^2}{2\sigma_n^2}}\sum_{n=1}^{M-1}(-1)^{n-1}\binom{M-1}{n}\int_0^\infty \frac{h}{\sigma_n^2} I_0\!\left(\frac{Ah}{\sigma_n^2}\right) e^{-(1+n)h^2/2\sigma_n^2} dh$$

$$= e^{-\frac{A^2}{2\sigma_n^2}}\sum_{n=1}^{M-1}(-1)^{n-1}\binom{M-1}{n}\frac{1}{n+1} e^{A^2/2(n+1)\sigma_n^2}$$

$$= \sum_{n=1}^{M-1} (-1)^{n-1} \binom{M-1}{n} \frac{1}{n+1} e^{-nA^2/2(n+1)\sigma_n^2}$$

2. 式(7.5-20)的推导

由代数式

$$1 - x^n = (1-x)(1 + x + x^2 + \cdots + x^{n-1}) \tag{附D-1}$$

可以将式(7.5-15)中的$[1-P(h)]$当作是上式中的x,把$(M-1)$当作上式中的n,则式(7.5-15)可以改写为

$$P_e(h) = 1 - [1 - P(h)]^{M-1} = 1 - [1 - e^{-h^2/2\sigma_n^2}]^{M-1}$$

$$= e^{-h^2/2\sigma_n^2} \sum_{k=0}^{M-2} (1 - e^{-h^2/2\sigma_n^2})^k \tag{附D-2}$$

又由于上式中

$$1 - e^{-h^2/2\sigma_n^2} \leq 1 \tag{附D-3}$$

即式(附D-2)中求和的各项均不大于1,所以有

$$P_e(h) \leq (M-1) e^{-h^2/2\sigma_n^2} \tag{附D-4}$$

将上式和式(7.5-16)代入式(7.5-17),得出

$$P_e = \int_0^\infty p(h) P_e(h) \mathrm{d}h \leq$$

$$\int_0^\infty (M-1) e^{-h^2/2\sigma_n^2} \frac{h}{\sigma_n^2} I_0\left(\frac{Ah}{\sigma_n^2}\right) \exp\left[-\frac{1}{2\sigma_n^2}(h^2 + A^2)\right] \mathrm{d}h$$

$$\tag{附D-5}$$

现在,令$t = \sqrt{2} h/\sigma_n, \alpha = A/\sqrt{2}\sigma_n$,则

$$\alpha t = Ah/\sigma_n^2, \frac{\alpha^2 + t^2}{2} = \frac{1}{2}\left(\frac{A^2}{2\sigma_n^2} + \frac{2h^2}{\sigma_n^2}\right) = \frac{A^2/2 + 2h^2}{2\sigma_n^2}$$

$$\mathrm{d}t = (\sqrt{2}/\sigma_n)\mathrm{d}h, \mathrm{d}h = (\sigma_n/\sqrt{2})\mathrm{d}t$$

将这些关系代入式(附D-5),并考虑到式(7.5-19),即

$$\int_0^\infty t I_0(\alpha t) e^{-(\alpha^2 + t^2)/2} \mathrm{d}t = 1$$

得到式(7.5-20),即

$$P_e \leq \frac{M-1}{2} e^{-A^2/4\sigma_n^2} \int_0^\infty t I_0(\alpha t) \exp\left(-\frac{\alpha^2 + t^2}{2}\right) \mathrm{d}t = \frac{M-1}{2} e^{-A^2/4\sigma_n^2}$$

附录 E A 律的推导

现在,由式(10.4-16)推导出式(10.4-17)中的 A 律。

式(10.4-16)中的理想对数压缩特性曲线如图 E-1 所示。由此图可见,A 律曲线没有通过坐标原点。当 $x=0$ 时,$y=-\infty$。而我们要求的物理可实现特性是当输入电压 $x=0$ 时,输出电压 $y=0$。所以,需要对此理想特性作适当修正。

A 律的修正方法是对此曲线作一条通过原点的切线 Ob,以这段直线 Ob 和曲线段 bc 作为压缩特性。这样,就需要用两个方程式来描述这两段曲线。由于直线 Ob 通过原点,所以若能找到它的斜率,就可以写出它的方程式。设切点的坐标为 (x_1, y_1),则由式(10.4-16)可以求出此斜率为

图 E-1 理想压缩特性

$$\left.\frac{dy}{dx}\right|_{x=x_1} = \frac{1}{k}\frac{1}{x_1}$$

故此直线 Ob 的方程为

$$y = \frac{1}{kx_1}x \quad \text{(附 E-1)}$$

但是,式(附 E-1)中的切点横坐标值 x_1 还是未知数。由式(附 E-1)可知,当 $x=x_1$ 时,$y_1=1/k$。将此值代入式(10.4-16),得到

$$\frac{1}{k} = 1 + \frac{1}{k}\ln x_1$$

所以有

$$x_1 = e^{1-k}$$

这样,我们就求出了切点坐标为 $(e^{1-k}, 1/k)$。

若将此切点横坐标 x_1 记为 $1/A$,即令

$$x_1 = e^{1-k} = \frac{1}{A} \quad \text{(附 E-2)}$$

则有

$$k = 1 + \ln A \quad \text{(附 E-3)}$$

将此 k 值代入式(附 E-1),就得到直线段 Ob 的表示式为

$$y = \frac{Ax}{1+\ln A}, \quad 0 < x \leq \frac{1}{A} \quad \text{(附 E-4)}$$

将式(附 E-3)的 k 值代入式(10.4-17),就能得到 bc 段的表示式:

$$y = 1 + \frac{1}{1+\ln A}\ln x = \frac{1+\ln Ax}{1+\ln A}, \quad \frac{1}{A} \leq x \leq 1 \quad \text{(附 E-5)}$$

式(附 E-4)和式(附 E-5)就是式(10.4-17)给出的 A 律。

附录 F 式(9.4-1) 的计算

将 $r(t) = s_1(t) + n(t)$ 代入式(9.3-3),得到

$$n_0 \ln \frac{1}{P(1)} + \int_0^{T_s} n^2(t) dt > n_0 \ln \frac{1}{P(0)} + \int_0^{T_s} [s_1(t) - s_0(t) + n(t)]^2 dt$$

上式化简后,得出

$$\int_0^{T_s} n(t)[s_1(t) - s_0(t)] dt < \frac{n_0}{2} \ln \frac{P(0)}{P(1)} - \frac{1}{2} \int_0^{T_s} [s_1(t) - s_0(t)]^2 dt \quad (附 F - 1)$$

式(附 F-1)左端是和此码元中的噪声电压随机值 $n(t)$ 有关的随机量,而右端则仅与先验概率 $P(0)$ 和 $P(1)$、确知信号 $s_0(t)$ 和 $s_1(t)$ 以及噪声功率谱密度 n_0 有关,它们不是随机量。所以,若我们用一个随机量 ξ 代表左端,用一个常量 a 代表右端,则上述错误概率可以简写为是使不等式

$$\xi < a \quad (附 F - 2)$$

成立的概率。

式(附 F-2)中

$$\xi = \int_0^{T_s} n(t)[s_1(t) - s_0(t)] dt \quad (附 F - 3)$$

$$a = \frac{n_0}{2} \ln \frac{P(0)}{P(1)} - \frac{1}{2} \int_0^{T_s} [s_1(t) - s_0(t)]^2 dt \quad (附 F - 4)$$

在式(附 F-3)中,噪声 $n(t)$ 原是一个高斯分布随机过程,和它相乘的确知信号不是随机的,积分运算相当求和,是一种线性变换,所以根据 3.4 节的结论,$n(t)$ 这一高斯随机过程经过式(附 G-3)的线性变换后得到的 ξ 仍然是一个高斯随机过程。若知道了它的数学期望(简称均值)和方差,则马上就能写出它的概率密度函数。

ξ 的数学期望为

$$E(\xi) = E\left\{ \int_0^{T_s} n(t)[s_1(t) - s_0(t)] dt \right\} = \int_0^{T_s} E[n(t)] \cdot [s_1(t) - s_0(t)] dt = 0 \quad (附 F - 5)$$

式(附 F-5)求出的 $E(\xi) = 0$,是因为原已假设噪声的均值 $E[n(t)] = 0$。

ξ 的方差为

$$\sigma_\xi^2 = D(\xi) = E(\xi^2) = E\left\{\int_0^{T_s}\int_0^{T_s} n(t)[s_1(t)-s_0(t)]n(t')[s_1(t')-s_0(t')]\mathrm{d}t\mathrm{d}t'\right\}$$

$$= \int_0^{T_s}\int_0^{T_s} E[n(t)n(t')] \cdot [s_1(t)-s_0(t)][s_1(t')-s_0(t')]\mathrm{d}t\mathrm{d}t'$$

(附F-6)

式(附F-6)中的 $E[n(t)n(t')]$ 是 $n(t)$ 的自相关函数。由于 $n(t)$ 是带限白噪声,由式(3.7-3)可知,白噪声的自相关函数为

$$R_n(\tau) = \int_{-\infty}^{\infty} P_X(f)\mathrm{e}^{\mathrm{j}\omega\tau}\mathrm{d}f = \int_{-\infty}^{\infty}\frac{n_0}{2}\mathrm{e}^{\mathrm{j}\omega\tau}\mathrm{d}f = \frac{n_0}{2}\delta(\tau)$$

将式(3.7-3)代入式(附F-6),得到

$$\sigma_\xi^2 = D(\xi) = \frac{n_0}{2}\int_0^{T_s}[s_1(t)-s_0(t)]^2\mathrm{d}t \tag{附F-7}$$

求出了 ξ 的均值和方差后,就可以直接写出使不等式

$$\xi < a$$

成立的概率为

$$P(\xi < a) = \frac{1}{\sqrt{2\pi}\sigma_\xi}\int_{-\infty}^a \mathrm{e}^{-\frac{x^2}{2\sigma_\xi^2}}\mathrm{d}x \tag{附F-8}$$

式中:

$$a = \frac{n_0}{2}\ln\frac{P(0)}{P(1)} - \frac{1}{2}\int_0^{T_s}[s_1(t)-s_0(t)]^2\mathrm{d}t \tag{附F-9}$$

这个概率就是发送 $s_1(t)$ 时,判为收到 $s_0(t)$ 的条件错误概率,它可以记为 $P(0/1)$。所以有

$$P(0/1) = P(\xi < a) = \frac{1}{\sqrt{2\pi}\sigma_\xi}\int_{-\infty}^a \mathrm{e}^{-\frac{x^2}{2\sigma_\xi^2}}\mathrm{d}x$$

附录 G 式 (9.5-7) 的推导

由于条件概率密度 $f_0(r/\varphi_0)$ 和 $f_1(r/\varphi_1)$ 是在 φ_0 和 φ_1 给定条件下的概率密度,所以它们只决定于噪声的统计特性。故参照式(9.1-12)和式(9.1-13)可以写出:

$$f_0(\boldsymbol{r}/\varphi_0) = \frac{1}{(\sqrt{2\pi}\sigma_n)^k}\exp\left\{-\frac{1}{n_0}\int_0^{T_s}[r(t)-s_0(t,\varphi_0)]^2 dt\right\} \qquad \text{(附 G-1)}$$

$$f_1(\boldsymbol{r}/\varphi_1) = \frac{1}{(\sqrt{2\pi}\sigma_n)^k}\exp\left\{-\frac{1}{n_0}\int_0^{T_s}[r(t)-s_1(t,\varphi_1)]^2 dt\right\} \qquad \text{(附 G-2)}$$

将式(9.5-2)、式(9.5-3)、式(附 G-1)、式(附 G-2)代入式(9.5-5)和式(9.5-6),得到

$$f_0(\boldsymbol{r}) = \int_0^{2\pi}\left(\frac{1}{2\pi}\right)\frac{1}{(\sqrt{2\pi}\sigma_n)^k}\exp\left\{-\frac{1}{n_0}\int_0^{T_s}[r(t)-s_0(t,\varphi_0)]^2 dt\right\}d\varphi_0 \qquad \text{(附 G-3)}$$

$$f_1(\boldsymbol{r}) = \int_0^{2\pi}\left(\frac{1}{2\pi}\right)\frac{1}{(\sqrt{2\pi}\sigma_n)^k}\exp\left\{-\frac{1}{n_0}\int_0^{T_s}[r(t)-s_1(t,\varphi_1)]^2 dt\right\}d\varphi_1 \qquad \text{(附 G-4)}$$

将式(9.5-1a)和式(9.5-1b)代入式(附 G-3)和式(附 G-4),得到

$$f_0(\boldsymbol{r}) = K\int_0^{2\pi}\left(\frac{1}{2\pi}\right)\exp\left\{\frac{2}{n_0}\int_0^{T_s}r(t)V\cos(\omega_0 t+\varphi_0)dt\right\}d\varphi_0 \qquad \text{(附 G-5)}$$

$$f_1(\boldsymbol{r}) = K\int_0^{2\pi}\left(\frac{1}{2\pi}\right)\exp\left\{\frac{2}{n_0}\int_0^{T_s}r(t)V\cos(\omega_1 t+\varphi_1)dt\right\}d\varphi_1 \qquad \text{(附 G-6)}$$

式中:

$$K = \exp(-E_b/n_0)\exp\left[(-1/n_0)\int_0^{T_s}r^2(t)dt\right]\bigg/(\sqrt{2\pi}\sigma_n)^k \qquad \text{(附 G-7)}$$

现在将式(附 G-5)右端大括弧中的积分化简如下:

$$\frac{2}{n_0}\int_0^{T_s}r(t)V\cos(\omega_0 t+\varphi_0)dt = \frac{2V}{n_0}\int_0^{T_s}r(t)(\cos\omega_0 t\cos\varphi_0-\sin\omega_0 t\sin\varphi_0)dt$$

$$=\frac{2V}{n_0}(X_0\cos\varphi_0-Y_0\sin\varphi_0) = \frac{2V}{n_0}\sqrt{X_0^2+Y_0^2}\cos(\varphi_0+\varphi)$$

$$=\frac{2V}{n_0}M_0\cos(\varphi_0+\varphi) \qquad \text{(附 G-8)}$$

式中: $X_0 = \int_0^{T_s}r(t)\cos\omega_0 t\,dt$ \qquad (附 G-9)

$Y_0 = \int_0^{T_s}r(t)\sin\omega_0 t\,dt$ \qquad (附 G-10)

$$M_0 = \sqrt{X_0^2 + Y_0^2}, \quad M_0 \geq 0 \qquad (\text{附 G} - 11)$$

$$\varphi = \arctan(Y_0/X_0) \qquad (\text{附 G} - 12)$$

将式(附 G-8)代入式(附 G-5)得

$$f_0(\boldsymbol{r}) = K\frac{1}{2\pi}\int_0^{2\pi}\exp\left[\frac{2V}{n_0}M_0\cos(\varphi_0 + \varphi)\right]\mathrm{d}\varphi_0 \qquad (\text{附 G} - 13)$$

$$= KI_0\left(\frac{2V}{n_0}M_0\right)$$

式中:$I_0(u) = \dfrac{1}{2\pi}\int_0^{2\pi}\exp[u\cos(\varphi_0 + \varphi)]\mathrm{d}\varphi_0 \qquad (\text{附 G} - 14)$

$I_0(u)$是第一类零阶修正贝塞尔函数,它的值可以由查表得到。

同样地,可以将式(附 G-6)化简为

$$f_1(\boldsymbol{r}) = KI_0\left(\frac{2V}{n_0}M_1\right) \qquad (\text{附 G} - 15)$$

式中:$M_1 = \sqrt{X_1^2 + Y_1^2} \qquad (\text{附 G} - 16)$

$$X_1 = \int_0^{T_s} r(t)\cos\omega_1 t\mathrm{d}t \qquad (\text{附 G} - 17)$$

$$Y_1 = \int_0^{T_s} r(t)\sin\omega_1 t\mathrm{d}t \qquad (\text{附 G} - 18)$$

于是,式(附 G-18)的判决准则就变成

$$\begin{cases} 若接收矢量\ \boldsymbol{r}\ 使\ I_0\left(\dfrac{2V}{n_0}M_1\right) < I_0\left(\dfrac{2V}{n_0}M_0\right),则判发送码元是 "0" \\ 若接收矢量\ \boldsymbol{r}\ 使\ I_0\left(\dfrac{2V}{n_0}M_0\right) < I_0\left(\dfrac{2V}{n_0}M_1\right),则判发送码元是 "1" \end{cases} \qquad (\text{附 G} - 19)$$

由于此修正贝塞尔函数是单调增函数,所以式(附 G-19)中的判决准则可以化简为

$$\begin{cases} 若接收矢量\ \boldsymbol{r}\ 使\ M_1^2 < M_0^2,则判为发送码元是 "0" \\ 若接收矢量\ \boldsymbol{r}\ 使\ M_0^2 < M_1^2,则判为发送码元是 "1" \end{cases} \qquad (\text{附 G} - 20)$$

式(附 G-20)就是最终判决条件,其中:

$$M_0 = \sqrt{X_0^2 + Y_0^2}, \quad M_1 = \sqrt{X_1^2 + Y_1^2},$$

$$X_0 = \int_0^{T_s} r(t)\cos\omega_0 t\mathrm{d}t, \quad Y_0 = \int_0^{T_s} r(t)\sin\omega_0 t\mathrm{d}t$$

$$X_1 = \int_0^{T_s} r(t)\cos\omega_1 t\mathrm{d}t, \quad Y_1 = \int_0^{T_s} r(t)\sin\omega_1 t\mathrm{d}t$$

附录 H 伽罗华域 GF(2^m)

若有有限个符号,其数目是一个素数的幂,并且定义有加法和乘法,则称这个有限符号的域为有限域。若有限域中的符号数目为 2^m,则称此有限域为伽罗华域,记为 GF(2^m)。例如,若仅有两个符号"0"和"1",以及它们如下的加法和乘法定义:

$$\begin{cases} 加法:0+0=0,0+1=1,1+0=1,1+1=0 \quad (模2加法) \\ 乘法:0 \cdot 0=0,0 \cdot 1=0,1 \cdot 0=0,1 \cdot 1=1 \quad (模2乘法) \end{cases}$$

则称其为 GF(2),又称二元域。

下面,先从二元域和一个 m 次多项式 $p(x)$ 开始。设 α 是方程式 $p(x)=0$ 的根,即设 $p(\alpha)=0$。若适当地选择 $p(x)$,使得 α 的各次幂,直到 2^m-2 次幂,都不相同,并且 $\alpha^{2^m-1}=1$。这样,$0,1,\alpha,\alpha^2,\cdots,\alpha^{2^m-1}$ 就构成 GF(2^m) 的所有元素,域中的每个元素还可以用元素 $1,\alpha,\alpha^2,\cdots,\alpha^{m-1}$ 的和来表示。例如,$m=4$ 和 $p(x)=x^4+x+1$,则可以得到 GF(2^4) 中的所有元素,如表 H-1 所列。

表 H-1	GF(2^4) 中的所有元素
0	$\alpha^7 = \alpha(\alpha^3+\alpha^2) = \alpha^4+\alpha^3 = \alpha^3+\alpha+1$
1	$\alpha^8 = \alpha(\alpha^3+\alpha+1) = \alpha^4+\alpha^2+\alpha = \alpha^2+1$
α	$\alpha^9 = \alpha(\alpha^2+1) = \alpha^3+\alpha$
α^2	$\alpha^{10} = \alpha(\alpha^3+\alpha) = \alpha^4+\alpha^2 = \alpha^2+\alpha+1$
α^3	$\alpha^{11} = \alpha(\alpha^2+\alpha+1) = \alpha^3+\alpha^2+\alpha$
$\alpha^4 = \alpha+1$	$\alpha^{12} = \alpha(\alpha^3+\alpha^2+\alpha) = \alpha^4+\alpha^3+\alpha^2 = \alpha^3+\alpha^2+\alpha+1$
$\alpha^5 = \alpha(\alpha+1)$	$\alpha^{13} = \alpha(\alpha^3+\alpha^2+\alpha+1) = \alpha^4+\alpha^3+\alpha^2+\alpha = \alpha^3+\alpha^2+1$
$\alpha^6 = \alpha(\alpha^2+\alpha) = \alpha^3+\alpha^2$	$\alpha^{14} = \alpha^4+\alpha^3+\alpha = \alpha^3+1$

这时,$p(\alpha)=\alpha^4+\alpha+1=0$,或 $\alpha^4=\alpha+1$。表中的 $2^4=16$ 个元素都不相同,而且有 $\alpha^{15}=\alpha(\alpha^3+1)=\alpha^4+\alpha=1$。GF($2^m$) 中的元素 α 称为本原元。一般说来,若 GF(2^m) 中任意一个元素的幂能够生成 GF(2^m) 的全部非零元素,则称它为本原元。例如,α^4 是 GF(2^4) 的本原元。

附录 I 英文缩写名词对照表

缩写名词	英文全称	中文译名
AAL	ATM adaptation layer	ATM 适配层
ACELP	Algebraic CELP	代数码激励线性预测
ACK	Acknowledge	确认
A/D	Analog/Digital	数/模
ADPCM	Adaptive DPCM	自适应差分脉(冲编)码调制
ADSL	Asymmetric Digital Subscribers Loop	非对称数字用户环路
AM	Amplitude Modulation	振幅调制(调幅)
AMI	Alternative Mark Inverse	传号交替反转
ARPANET	Advanced Research Project Agency Network	阿帕网
ARQ	Automatic Repeat reQuest	自动要求重发
ASCII	American Standard Code for Information Interchange	美国标准信息交换码
ASK	Amplitude Shift Keying	振幅键控
ASIC	Application Specific Integraded Circuit	专用集成电路
ATM	Asynchronous Transfer Mode	异步传递方式
AU	Administration Unit	管理单元
AUG	Administration Unit Group	管理单元群
B–ISDN	Broadband ISDN	宽带综合业务数字网
BPF	Bandpass Filter	带通滤波器
BRAN	Broadband Radio Access Network	宽带射频接入网
BRI	Basic Rate Interface	基本速率接口
C	Container	容器
CAS	Channel Associated Signaling	随路信令
CCIR	International Consultive Committee for Radiotelecommunication	国际无线电咨询委员会
CCITT	International Consultive Committee for Telegraph and Telephone	国际电报电话咨询委员会
CCS	Common Channel Signaling	共路信令
CDM	Code Division Multiplexing	码分复用

CDMA	Code Division Mulitple Access	码分多址
CELP	Code-Excited Linear Prediction	码激励线性预测
CLP	Cell Lose Priority	信元丢失优先等级
CMI	Coded Mark Inversion	传号反转
CPFSK	Continuous-Phase FSK	连续相位 FSK
CRC	Cyclic Redundancy Check	循环冗余校验
CSMA/CD	Carrier Sense Multiple Access/Collision Detection	载波侦听/冲突检测
DAMA	Demand Assignment Multiple Address	按需分配多址
DC	Direct Current	直流
DCT	Discrete Cosine Trans form	离散余弦变换
DES	Data Encryption Standard	数据加密标准
DFT	Discrete Fourier Transform	离散傅里叶变换
DM	Delta Modulation	增量调制
DPCM	Differential PCM	差分脉(冲编)码调制
DPSK	Differential PSK	差分相移键控
DSB	Double Side Band	双边带
DSSS	Direct – Sequence Spread Spectrum	直接序列扩谱
DTMF	Dual Tone Multiple Frequency	双音多频
DVB	Digital Video Broadcasting	数字视频广播
EDGE	Enhanced Data Rates for GSM Evolution	提高 GSM 数据率的改进方案
EDI	Electronic Data Interchange	电子数据交换
EIRP	Effective Isotropic Radiated Power	有效全向辐射功率
Erl	Erlang	爱尔兰
ETSI	European Telecommunications Standards Institute	欧洲电信标准协会
F	Frame	帧
FDD	Frequency Division Duplex	频分双工
FDM	Frequency Division Multiplexing	频分复用
FDMA	Frequency Division Multiple Access	频分多址
FEC	Forward Error Correction	前向纠错
Fed	Free Euclidean Distance	自由欧几里得距离
FH	Frequency – Hopping	跳频
FIFO	First – In First – Out	先进先出
FIR	Finite Impulse Response	有限冲激响应
FSK	Frequency Shift Keying	频移键控
GFC	Generic Flow Control	一般流量控制
GOP	Group of Pictures	图片组
GPRS	General Packet Radio Services	通用分组无线业务
GMSK	Gaussian MSK	高斯最小频移键控
GSM	Global System for Mobile Communications	全球移动通信系统
HDB$_3$	High Density Bipolar of Order 3	3 阶高密度双极性
HDLC	High – level Data Link Control	高级数据链路控制
HDTV	High Definition Television	高清晰度电视
HEC	Header Error Control	信元头差错控制
HSCSD	High Speed Circuit Switched Data	高速电路交换数据

附录 I 英文缩写名词对照表

附录Ⅰ 英文缩写名词对照表

缩写	英文	中文
IC	Integrated Circuit	集成电路
IDFT	Inverse Discrete Fourier Transform	逆离散傅里叶变换
IEEE	Institute of Electrical and Electronics Engineers	电气和电子工程师学会
IIR	Infinite Impulse Response	无限冲激响应
ISDN	Integrated Services Digital Network	综合业务数字网
ISI	Inter Symbol Interference	码间串扰
ISO	International Standards Organization	国际标准化组织
ITM	Information Transfer Mode	信息传递方式
ITU	International Telecommunications Union	国际电信联盟
ITU–T	ITU Telecommunication Standardization Sector	国际电信联盟电讯标准部
JPEG	Joint Photographic Experts Group	联合图像专家组
LAN	Local Area Network	局域网
LCM	Lowest Common Multiple	最小公倍数
LD-CELP	Low-Delay CELP	低时延码激励线性预测
LDPC	Low–Density Parity–Check	低密度奇偶校验
LED	Light–Emitting Diode	发光二极管
MAN	Metropolitan Area Network	城域网
MASK	M–ary Amplitude Shift Keying	多进制振幅键控
MCPC	Multiple Channel Per Carrier	每载波多路
MFSK	M–ary Frequency Shift Keying	多进制频移键控
MPE-LPC	Multi-Pulse Excited Linear Predictive Coding	多脉冲激励线性预测编码
MPEG	Moving Picture Experts Group	动态图像专家组
MPSK	M–ary Phase Shift Keying	多进制相移键控
MSK	Minimum Shift Keying	最小频移键控
NAK	Negative Acknowledge	否认
NBFM	Narrow Band Frequency Modulation	窄带调频
NT	Network Termination	网络终端
N–ISDN	Narrowband ISDN	窄带综合业务数字网
NNI	Network Node Interface	网络节点接口
NRZ	Non Return–to–zero	不归零
OFDM	Orthogonal Frequency Division Multiplexing	正交频分复用
OOK	On Off Keying	通—断键控
OQPSK	Offset Quadrature Phase Shift Keying	偏置正交相移键控
OSI	Open Systems Interconnection	开放系统互连
PCM	Pulse Code Modulation	脉(冲编)码调制
PAM	Pulse Amplitude Modulation	脉冲振幅调制
PAN	Personal Area Network	个(人区)域网
PDH	Plesiochronous Digital Hierarchy	准同步数字体系
PDN	Public Data Network	公共数据网
PDU	Protocol Data Unit	协议数据单元
PIX	Pixel	像素
PLL	Phase–Locked Loop	锁相环
PN	Pseudo Noise	伪噪声
PPM	Pulse Position Modulation	脉冲位置调制

PRI	Primary Rate Interface	基群速率接口
PSK	Phase Shift Keying	相移键控
PSTN	Public Switch Telephone Network	公共交换电话网
PT	Payload Type	有用负荷类型
PWM	Pulse Width Modulation	脉冲宽度调制
QAM	Quadrature Amplitude Modulation	正交振幅调制
QDPSK	Quadrature DPSK	正交差分相移键控
QPSK	Quadrature Phase Shift Keying	正交相移键控
RAM	Random Access Memory	随机存取存储器
RLAN	Radio LAN	无线局域网
RLE	Run-Length Encoding	游程长度编码
ROM	Read – Only Memory	只读存储器
RPE – LTP	Regular Pulse Excitation with Long – Term Prediction	规则脉冲激励长时预测
RSCC	Recursive Systematic Convolution Code	递归系统卷积码
RZ	Return – to – zero	归零
SDH	Synchronous Digital Hierarchy	同步数字体系
SHF	Super High Frequency	超高频
SOC	System On Chip	单片系统
SOH	Section OverHead	段开销
SONET	Synchrous Optical Network	同步光纤网络
SPADE	Single – channel – per – carrier PCM multiple Access Demand assignment Equipment	每载波单路 PCM 多址按需分配设备
SSB	Single Side Band	单边带
STM	Synchronous Transport Module	同步传送模块
STM	Synchronous Transfer Mode	同步传递方式
TCM	Trellis Coded Modulation	网格编码调制
TDM	Time Division Multiplexing	时分复用
TD-SCDMA	Time Division-Synchronous Code Division Multiple Access	时分—同步码分多址
TDMA	Time Division Multiple Access	时分多址
TE	Terminal Equipment	用户终端设备
TS	Time Slot	时隙
TU	Tributary Unit	支路单元
TUG	Tributary Unit Group	支路单元群
UHF	Ultra High Frequency	特高频
UNI	User – Network Interface	用户—网络接口
VAN	Value – added Network	增值网
VC	Virtual Channel	虚信道
VC	Virtual Container	虚容器
VCC	Virtual Channel Connection	虚信道连接
VCI	Virtual Channel Identifier	虚信道标识符
VCO	Voltage Controlled Oscillator	压控振荡器
VP	Virtual Path	虚路径

VPC	Virtual Path Connection	虚路径连接
VPI	Virtual Path Identifier	虚路径标识符
VPN	Virtual Private Network	虚拟专用网
VSB	Vestigial Side Band	残留边带
WAN	Wide Area Network	广域网
WBFM	Wide Band Frequency Modulation	宽带调频
WDM	Wave Division Multiplexing	波分复用
WLAN	Wireless Local Area Network	无线局域网
WPAN	Wireless Personal Area Network	无线个域网
WRC	World Radiocommunication Conference	世界无线电通信大会
WT	Walsh Trasform	沃尔什变换
WWAN	Wireless Wide Area Network	无线广域网

附录 J 常用数学公式

J1 三角函数公式

$$\cos^2\theta = \frac{1}{2}(1+\cos2\theta)$$

$$\sin^2\theta = \frac{1}{2}(1-\cos2\theta)$$

$$\cos^2\theta + \sin^2\theta = 1$$

$$\sin2\theta = 2\sin\theta\cos\theta$$

$$\cos2\theta = \cos^2\theta - \sin^2\theta$$

$$\cos(\alpha\pm\beta) = \cos\alpha\cos\beta \mp \sin\alpha\sin\beta$$

$$\sin(\alpha\pm\beta) = \sin\alpha\cos\beta \pm \cos\alpha\sin\beta$$

$$\cos\alpha\cos\beta = \frac{1}{2}[\cos(\alpha-\beta)+\cos(\alpha+\beta)]$$

$$\sin\alpha\sin\beta = \frac{1}{2}[\cos(\alpha-\beta)-\cos(\alpha+\beta)]$$

$$\sin\alpha\cos\beta = \frac{1}{2}[\sin(\alpha-\beta)+\sin(\alpha+\beta)]$$

J2 欧拉公式

$$e^{\pm j\theta} = \cos\theta \pm j\sin\theta \quad \cos\theta = \frac{1}{2}(e^{j\theta}+e^{-j\theta}) \quad ; \quad \sin\theta = \frac{1}{2j}(e^{j\theta}-e^{-j\theta})$$

J3 对数的性质与运算法则

零与负数没有对数； $\log_a a = 1$ $\log_a 1 = 0$

$\log_a xy = \log_a x + \log_a y$ $\log_a \frac{x}{y} = \log_a x - \log_a y$

$\log_a x^{\alpha} = \alpha \log_a x$ $\log_a b \cdot \log_b a = 1$

换底公式 $\log_a y = \log_b y / \log_b a$ 如 $\log_2 y = 3.32 \log_{10} y$

J4 常用对数和自然对数

常用对数记作：$\lg x = \log_{10} x$；自然对数记作：$\ln x = \log_e x$

两者关系：$\lg y = \lg e \ln y \approx 0.43 \ln y$；$\ln y = \ln 10 \cdot \lg y \approx 2.30 \lg y$

J5 冲激函数及其性质

$$\delta(t) = \begin{cases} 0 & t \neq 0 \\ \infty & t = 0 \end{cases}, 且 \int_{-\infty}^{\infty} \delta(t)\mathrm{d}t = 1$$

筛选特性(抽样特性)：$f(t)\delta(t-t_0) = f(t_0)\delta(t-t_0)$ 或 $\int_{-\infty}^{\infty} f(t)\delta(t_0-t)\mathrm{d}t = f(t_0)$

搬移特性：$f(t)*\delta(t-t_0) = f(t-t_0); F(\omega)*\delta(\omega-\omega_0) = F(\omega-\omega_0)$

尺度变换性质：$\delta(\omega) = \frac{1}{2\pi}\delta(f), \quad \omega = 2\pi f$

傅里叶变换和反变换：$\delta(t) \Leftrightarrow 1; 1 \Leftrightarrow 2\pi\delta(\omega)$ 或 $\delta(f)$

单位冲激序列及其变换：$\delta_T(t) = \sum_{n=-\infty}^{\infty} \delta(t-nT) \Leftrightarrow \delta_T(\omega) = \frac{2\pi}{T} \sum_{n=-\infty}^{\infty} \delta\left(\omega - n\frac{2\pi}{T}\right)$

或 $\delta_T(t) = \sum_{n=-\infty}^{\infty} \delta(t-nT) \Leftrightarrow \delta_T(f) = \frac{1}{T} \sum_{n=-\infty}^{\infty} \delta\left(f - n\frac{1}{T}\right)$

附录 K 部分习题答案

第 1 章

1-1 3.25 b;u8.97 b

1-2 1.75b/符号

1-3 (1) 200 b/s;(2) 198.5 b/s

1-4 (1) 3.02 b/键;(2) 6.04 b/s

1-5 6.404×10^3 b/s

1-6 (1) 2500 b/s ;(2) 10000 b/s

1-7 (1) 2.23 b/符号;

(2) 8.028×10^6 b ;

(3) 8.352×10^6 b

1-8 10^{-4}

第 2 章

2-1 (1)非周期信号,能量信号;(2)周期信号,功率信号;(3) 非周期信号,既不是能量信号也不是功率信号。

2-2 略

2-3 (1) $|C_n| = 1$, $n = \pm 1$;

(2) $P(f) = \delta(f - f_0) + \delta(f + f_0)$

2-4 能量信号,能量谱密度

$|X(f)|^2 = 4/(1 + 4\pi^2 f^2)$

2-5 $S(\omega) = AT\mathrm{Sa}\left(\dfrac{\omega T}{2}\right)$

$E(\omega) = |S(\omega)|^2$

$R(\tau) = \begin{cases} A^2 T(1 - |\tau|/T) & |\tau| \le T \\ 0 & \text{其他} \end{cases}$

$E = A^2 T$

2-6 $R_s(\tau) = 1 - |\tau|$ $(-1 \le \tau \le 1)$

2-7 (1) $P_s(f) = \dfrac{k^2}{k^2 + 4\pi^2 f^2}$

$P = k/2$

2-8 $P(f) = \dfrac{1}{T}\sum_{n=-\infty}^{\infty}\mathrm{Sa}^2\left(\pi\dfrac{n}{T}\right)\delta\left(f - \dfrac{n}{T}\right) = \dfrac{1}{2}\sum_{n=-\infty}^{\infty}\mathrm{Sa}^2\left(\dfrac{1}{2}\pi n\right)\delta\left(f - \dfrac{n}{2}\right)$

2-9 (1) $j\pi[\delta(\omega + \omega_0) - \delta(\omega - \omega_0)]$;

(2) $\dfrac{1}{2j}[S(\omega - \omega_0) - S(\omega + \omega_0)]$

第 3 章

3-1 $f(y) = \dfrac{1}{\sqrt{2\pi c^2}}\exp\left(-\dfrac{(y-d)^2}{2c^2}\right)$

3-2 $E_\xi(1) = 1$; $\cup R_\xi(0,1) = 2$

3-3 (1) $E[Y(t)] = 0$, $\cup E[Y^2(t)] = \sigma^2$

(2) $f(y) = \dfrac{1}{\sqrt{2\pi}\sigma}\exp\left(-\dfrac{y^2}{2\sigma^2}\right)$

(3) $B(t_1, t_2) = R(t_1, t_2) = \sigma^2 \cos\omega_0\tau$

3-4 因为 $E[Z(t)] = a_X + a_Y$,$R_Z(t_1,t_2) = R_X(\tau) + R_Y(\tau) + 2a_X a_Y$,所以 $z(t)$ 平稳

3-5 $P_e(f) = \dfrac{1}{4}[P_s(f+f_c) + P_s(f-f_c)]$

3-6 (1) 因为 $E[z(t)] = 0$,

$R_z(t_1,t_2) = R_z(\tau)$,所以 $z(t)$ 平稳;

(2) $R_z(\tau) = \dfrac{1}{2}R_m(\tau)\cos\omega_0\tau$;

(3) $P_z(\omega) = \frac{1}{4}\left[\text{Sa}^2\left(\frac{\omega+\omega_0}{2}\right) + \text{Sa}^2\left(\frac{\omega-\omega_0}{2}\right)\right]$, $S = R_z(0) = \frac{1}{2}$

3-7 (1) 略；

(2) $R_Y(\tau) = 2R_X(\tau) + R_X(\tau - T) + R_X(\tau + T)$, $P_Y(\omega) = 2(1 + \cos\omega T)P_X(\omega)$;

(3) $R_Y(\tau) = 2R_X(0) + R_X(-T) + R_X(+T) = 2R_X(0) + 2R_X(+T)$

3-8 (1) $R_o(\tau) = n_0 B\text{Sa}(\pi B\tau)\cos 2\pi f_c\tau$;

(2) $N_o = n_0 B$;

(3) $f(x) = \frac{1}{\sqrt{2\pi n_0 B}}\exp\left[-\frac{x^2}{2n_0 B}\right]$

3-9 (1) $P_o(\omega) = \frac{n_0}{2} \cdot \frac{1}{1+(\omega RC)^2}$, $R_o(\tau) = \frac{n_0}{4RC}e^{-\frac{1}{RC}|\tau|}$;

(2) $f(x) = \sqrt{\frac{2RC}{\pi n_0}}\exp\left(-\frac{2RC}{n_0}x^2\right)$

3-10 略

3-11 $P_{12}(\omega) = P_\eta(\omega) \cdot H_1^*(\omega) \cdot H_2(\omega)$

3-12 (1) $Y(t)$ 平稳;

(2) $P_Y(\omega) = 2(1 + \cos\omega T) \cdot \omega^2 P_X(\omega)$

3-13 $P_x(\omega) = \pi \sum_n \text{Sa}^2\left(\frac{n\pi}{2}\right)\delta(\omega - n\pi)$

第 4 章

4-1 44.7 km

4-2 5274 km

4-3 583 km

4-4 幅频失真；群迟延失真

4-5 7.72 μV

4-6 1.967 b/符号

4-7 1967 b/s

4-8 801.6 s = 13.36 min

4-9 56.6 W

第 5 章

5-1 (1) $s_{AM}(t) = [100 + 60\cos(2\pi \times 10^3 t)]\cos(10^5 \pi t)$;

(2) $P_c = 100\text{W}$, $P_{USB} = P_{LSB} = \frac{m^2}{4}P_c = 9\text{W}$, $P_s = P_{USB} + P_{LSB} = \frac{m^2}{2}P_c = 18\text{W}$, $P_{AM} = P_c + P_s = (1 + \frac{m^2}{2})P_c = 118\text{W}$;

(3) $\eta_{AM} = \frac{P_s}{P_{AM}} = \frac{9}{59}$;

(4) $P_{AM} = (1 + \frac{m^2}{2})P_c = P_c = 100\text{W}$

5-3 略

5-4 $s_{USB}(t) = \frac{1}{2}\cos(12000\pi t) + \frac{1}{2}\cos(14000\pi t)$, $s_{LSB}(t) = \frac{1}{2}\cos(8000\pi t) + \frac{1}{2}\cos(6000\pi t)$

5-5 $s_{VSB}(t) = \frac{1}{2}m_0\cos 20000\pi t + \frac{A}{2}[0.55\sin 20100\pi t - 0.45\sin 19900\pi t + \sin 26000\pi t]$

5-6 $s(t) = \frac{1}{2}m(t)\cos(\omega_2 - \omega_1)t - \frac{1}{2}\hat{m}(t)\sin(\omega_2 - \omega_1)t$，它是载频为 $(\omega_2 - \omega_1)$ 的上边带信号

5-7 $c_1(t) = \cos\omega_0 t$, $c_2(t) = \sin\omega_0 t$

5-8 (1) 100 kHz, 10 kHz;

(2) $S_i/N_i = 1000$;

(3) $S_o/N_o = 2000$;

(4) $P_{no}(f) = 2.5 \times 10^{-9}$ mW/Hz, $|f| \leq 5$ kHz

5-9 (1) 102.5 kHz, 5 kHz;

(2) $S_i/N_i = 2000$;

(3) $S_o/N_o = 2000$;

(4) $P_{no}(f) = 1.25 \times 10^{-9}$ W/Hz, $|f| \leq 5$ kHz

5-10 (1) $S_i = \frac{\alpha}{2}f_m$; (2) $S_o = \frac{\alpha}{4}f_m$;

(3) $\frac{S_o}{N_o} = \frac{\alpha}{2n_o}$

5-11 (1) 2000 W; (2) 4000 W

5-12 略

5-13 (1) $S_i/N_i = 5000$，即 37dB；
(2) $S_o/N_o = 2000$，即 33dB；
(3) $G = 2/5$

5-14 略

5-15 (1) $S_{FM}(t) = 10\cos(2\pi \times 10^6 t + 10\sin 2\pi \times 10^3 t)$；
(2) $\Delta f = 10\text{kHz}$，$m_f = 10$，$B \approx 22\text{kHz}$；
(3) $\Delta f = 10\text{kHz}$，$m_f = 5$，$B \approx 24\text{kHz}$；
(4) 为原来的两倍

5-16 (1) 16MHz，1200W；
(2) 96MHz，10.67W

5-17 (1) 60kHz~108kHz，48 kHz；
(2) 420kHz、468kHz、516kHz、564kHz、612kHz

第6章

6-1 ~ 6-3 略

6-4 (1) $P_s(f) = 4f_B P(1-P)|G(f)|^2 + f_B^2(1-2P)^2 \sum_{-\infty}^{+\infty}|G(mf_B)|^2 \delta(f-mf_B)$，
$S = 4f_B P(1-P)\int_{-\infty}^{\infty}|G(f)|^2 df + f_B^2(1-2P)^2 \sum_{-\infty}^{\infty}|G(mf_B)|^2$
(2) 不存在；(3) 存在

6-5 (1) $P_s(\omega) = \frac{A^2 T_B}{16}\text{Sa}^4\left(\frac{\pi f T_B}{2}\right) + \frac{A^2}{16}\sum_{-\infty}^{\infty}\text{Sa}^4\left(\frac{m\pi}{2}\right)\delta(f-mf_B)$；
(2) 可以；功率为 $\frac{2A^2}{\pi^4}$

6-6 (1) $P_s(f) = f_B|G(f)|^2 = \begin{cases} \frac{T_B}{16}(1+\cos\pi f T_B)^2 & |f| \leq \frac{1}{T_B} \\ 0 & \text{其他} \end{cases}$
(2) 双极性等概时离散谱消失，故不存在定时分量；
(3) $R_B = 1000$ 波特，$B = 1000\text{Hz}$

6-7 AMI 码：+1 0 -1 +1 0 0 0 0 0 0 0 -1 0 +1
HDB$_3$ 码：+1 0 -1 +1 0 0 0 V$_+$ B$_-$ 0

0 V -0 +1 0 -1

6-8 双相码：10 01 10 10 01 01 10 01 10
CIM 码：11 01 00 11 01 01 00 01 11

6-9 (1) $H(\omega) = \frac{T_B}{2}\text{Sa}^2\left(\frac{\omega T_B}{4}\right)e^{-j\frac{\omega T_B}{2}}$；
(2) $G_T(\omega) = G_R(\omega) = \sqrt{H(\omega)} = \sqrt{\frac{T_B}{2}}\text{Sa}\left(\frac{\omega T_B}{4}\right)e^{-j\frac{\omega T_B}{4}}$

6-10 (1) $h(t) = \frac{\omega_0}{2\pi}\text{Sa}^2\left(\frac{\omega_0 t}{2}\right)$；
(2) 不能实现

6-11 只有图(c)满足无码间串扰条件

6-12 应从三个方面考虑：(1) 无码间串扰；(2) 频带利用率高；(3) 单位冲激响应的尾部收敛快。选择传输函数 (c) 较好

6-13 (1) 可以实现；
(2) $R_B = \frac{\omega_0}{\pi}$，$\eta = \frac{R_B}{B} = \frac{2}{1+\alpha}$

6-14 (1) $B = \frac{1}{2}(1+\alpha)R_B = 840\text{Hz}$，
$\eta = \frac{R_B}{B} = \frac{2}{1+\alpha} \approx 1.43\text{Baud/Hz}$，
$\eta_b = \frac{R_b}{B} = 2.86\text{b/(s·Hz)}$
(2) $B = 1200\text{Hz}$，$\eta = 1\text{ Baud/Hz}$，$\eta_b = 2\text{b/(s·Hz)}$
(3) 无 ISI

6-15 略

6-16 (1) $R_B = \frac{1}{2\tau_0}$；
(2) $N_o = \frac{n_0}{2}\text{W}$；
(3) $P_e = \frac{1}{2}\exp\left(-\frac{A}{2\lambda}\right)$

6-17 (1) $P_e = 6.21 \times 10^{-3}$；
(2) $A \geq 8.6\sigma_R$

6-18 (1) $P_e = 2.87 \times 10^{-7}$；
(2) $A \geq 4.3\sigma_R$

6-19 略

6-20 $h(t) = \text{Sa}\left(\frac{\pi}{T_B}t\right) - \text{Sa}\left(\frac{\pi}{T_B}(t-2T_B)\right)$；
$|H(\omega)| = \begin{cases} 2T_B\sin\omega T_B & |\omega| \leq \frac{\pi}{T_B} \\ 0 & \text{其他} \end{cases}$

6-21　3个,7个

6-22　略

6-23　$\dfrac{37}{48}$, $\dfrac{71}{480}$

6-24　(1) $C_{-1} = -0.1779$, $C_0 = 0.8897$, $C_1 = 0.2847$

(2) 均衡后的峰值失真(0.06766)比均衡前的峰值失真(0.6)减小8.87倍

第7章

7-1　(1) 2个; (3) $B_{2PSK} = B_{2DPSK} = B_{2ASK} = 2R_B = 4000\text{Hz}$

7-2　(2) 6000Hz;
(3) 相干解调或相关接收

7-3　略

7-4　$P_{2PSK}(f) = 288[|G(f+f_c)|^2 + |G(f-f_c)|^2] + 0.01[\delta(f+f_c) + \delta(f-f_c)]$

7-5　略

7-6　(1) $b^* = a/2$, $P_e = 0.0146$;
(2) $b^* > a/2$

7-7　(1) 110.8dB; (2) 111.8dB

7-8　(1) 113.9dB; (2) 114.8dB

7-9　(1) 3.37×10^{-3}, 2.27×10^{-5}, 10^{-9};
(2) 8.5×10^{-5}, 4.05×10^{-6}, 1.26×10^{-9}, 2.52×10^{-9}

7-10　(1) 2.24×10^{-8}W, 1.12×10^{-8}W, 0.56×10^{-8}W, 0.61×10^{-8}W
(2) 2.72×10^{-8}W, 1.36×10^{-8}W, 0.68×10^{-8}W

7-11　4×10^{-6}, 8×10^{-6}, 2.27×10^{-5}

7-12　4×10^{-2}, 3.93×10^{-6}

7-13　略、7-14　略

7-15　8.1×10^{-6}, 6.66×10^{-4}

7-16　(1) 4800Hz, 1/2(b/s)/Hz;
(2) 3360Hz, 0.71(b/s)/Hz
(3) 进制数 M 应提高,可以采用8PSK或16PSK

7-17　(1) 4800Hz, 1(b/s)/Hz;
(2) 3200Hz, 1.5(b/s)/Hz

第8章

8-1　(1) 2400Hz, 1(b/s)/Hz;

(2) 1680Hz, 1.43(b/s)/Hz;
(3) 应使 $M = 16$, 调制方式可采用16QAM

8-2　略

8-3　$f_0 = 750$ Hz

8-4、8-5　略

第9章

9-1　略

9-2　$P_e = \dfrac{1}{2}\text{erfc}\sqrt{\dfrac{E_b}{4n_0}} = \dfrac{1}{2}\text{erfc}\sqrt{\dfrac{A^2 T}{8n_0}}$

9-3　(3) $P_e = \dfrac{1}{2}\text{erfc}\sqrt{\dfrac{E_b}{2n_0}}$

$= \dfrac{1}{2}\text{erfc}\sqrt{\dfrac{A^2 T_s}{4n_0}}$

9-4　最佳接收机: $P_{e1} = 4 \times 10^{-6}$, 普通接收机: $P_{e2} = 3.4 \times 10^{-2}$, $P_{e2}/P_{e1} = 8500$

9-5　$R_B = 1/T_B = 5.55 \times 10^6$ 波特

9-6　1.008×10^{-9}W

9-7　略

9-8　(1) $t_0 \geq T$;

(2) $h(t) = f(T-t)$

$= \begin{cases} -A & 0 \leq t \leq T/2 \\ A & T/2 < t \leq T \\ 0 & \text{其他} \end{cases}$

$y(t) = h(t) * f(t)$

$= \begin{cases} -A^2 t & 0 \leq t \leq T/2 \\ A^2(3t - 2T) & T/2 < t \leq T \\ A^2(4T - 3t) & T < t \leq 3T/2 \\ A^2(t - 2T) & 3T/2 < t \leq 2T \\ 0 & \text{其他} \end{cases}$

(3) $r_{o\max} = \dfrac{2E}{n_0} = \dfrac{2A^2 T}{n_0}$

9-9　都可以

9-10　(2) $h_1(t) = s_1(T-t)$, $h_2(t) = s_2(T-t)$; 上支路输出

$\begin{cases} s_1(t) * h_1(t) \\ s_2(t) * h_1(t) \end{cases}$, 下支路输出

$\begin{cases} s_1(t) * h_2(t) \\ s_2(t) * h_2(t) \end{cases}$;

(3) $P_e = \frac{1}{2}\text{erfc}\left[\sqrt{\frac{A_0^2 T}{4n_0}}\right]$

9-11 (2) 广义瑞利分布,瑞利分布;

(3) $P_e = \frac{1}{2}\exp\left(-\frac{E_b}{2n_0}\right)$

$= \frac{1}{2}\exp\left(-\frac{A^2 T}{4n_0}\right)$

第10章

10-1 (1) $M_s(f) = 300\sum_{-\infty}^{\infty} M(f-300n)$;

(2) $M_s(f) = 400\sum_{-\infty}^{\infty} M(f-400n)$

10-2 (1) 不超过 0.25 ms;

(2) $M_s(f) = 5\sum_{n=-\infty}^{\infty} M(f-5n)$

10-3 1000 Hz

10-4 (1) 抽样速率应大于 $2f_1$;

(3) $H_2(\omega) = \begin{cases} \dfrac{1}{H_1(\omega)} & |\omega| \leq \omega_1 \\ 0 & |\omega| > \omega_1 \end{cases}$

10-5 $M_s(\omega) = \frac{1}{2\pi}M(\omega) * Q(\omega)$

$= \frac{\tau}{T}\sum_{n=-\infty}^{\infty} \text{Sa}^2(2\pi n\tau f_m)M(\omega - 4\pi nf_m)$

10-6 (1) $m_s(t) = m(t)p(t)$, $M_s(f) = 400\tau\sum_{n=-\infty}^{\infty} \text{Sa}(400\pi n\tau)M(f-400n)$

(2) $m_H(t) = m_s(t) * h(t)$, $h(t)$ 是宽度为 τ、幅度为 1 的矩形脉冲, $M_H(f) = 400\tau\sum_{n=-\infty}^{\infty} \text{Sa}(\pi\tau f)M(f-400n)$

10-7 $N = 6, \Delta v = 0.5$

10-8 8

10-9 输出为 0、1.5、5.2、7.06、8.52、9.38、10

10-10 (1) 编码码组为 1 110 0011,编码电平为 $I_C = 512 + 3 \times 32 = 608 \Delta$,量化误差为 $I_s - I_C = 27 \Delta$;

(2) 01001100000;

(3) 译码电平为 $I_D = I_C + \dfrac{\Delta v_7}{2}$

$= 608 + 16 = 624 \Delta$,量化误差为 $|I_s - I_D| = 635 - 624$

$= 11 \Delta$

10-11 (1) $I_D = -\left(256 + 3 \times 16 + \dfrac{16}{2}\right)$

$= -312 \Delta$;

(2) 001 0011 1000 0(不带极性)

10-12 (1) 0 011 0111,误差 3 Δ;

(2) 00001011100

10-13 略

10-14 (1) $N = 7$, $M = 2^7 = 128$;

(2) $R_b = 2f_H N = 58.8\text{Mb/s}$;

(3) 2169(33.4dB)

10-15 (1) 240 kb/s;

(2) $B = 240$ kHz, $B_{\min} = 120$ kHz;

(3) $B = 480$ kHz, $B_{\min} = 240$ kHz

10-16 (1) 560 kb/s;

(2) $B = 560$ kHz, $B_{\min} = 280$ kHz;

(3) $B = 1120$ kHz, $B_{\min} = 560$ kHz

10-17 $B_{\min} = 17$ kHz

10-18 (1) 1 011 1100,0;

(2) $R_b = 640$kb/s, $B = 640$ kHz

第11章

11-1 $d_0 = 3$

11-2 检2,纠1,不能同时检错和纠错

11-3 检3,纠1,纠1同时检2

11-4 不能,因为其行与列的错码均为偶数。

11-5 $r = 4$;码率 = 11/15

11-8 $g(x) = x^3 + x + 1$

11-13 码多项式 $A(x) = x^{14} + x^{11} + x^{10} + x^8 + x^7 + x^6 + x$

11-14 有错误

11-15 (1) 最小码距 $d_0 = 7$,可检测 6 位错码;可纠正 3 位错码;纠 1 同时检 5 或纠 2 同时检 4;

(2) $d_0 = 4$,可检 3,可纠 1,纠 1 同时检 2

11-18 输出码流为 1 1 1 0 0 1 0 1 0 1 0 0 …

11-20 111 111 100 111 001

11-21 解码输出为 00000

11-22 110011

第 12 章

12-1 略

12-2 1 1 1 1 0 1 0 1⋯;1 1 1 0 1 0 0 1⋯

12-3 ~ 12-5 略

12-6 − + + − + − −⋯;− + − + + + − − − + −⋯

12-7 略

12-8 20 μs

第 13 章

13-1 P_e 0.6 ×10^{-5}

13-2 $P_e = \frac{1}{2}[1 - (\text{erf}\sqrt{r}\cos(\varphi - \theta))^2]$

13-3 0.023(1/T)

13-4 略

13-5 (1) 7 ×10^{-4}

(2) 2.1 ×10^{-7}

13-6 (1) 1/128;

(2) 1/16

13-7 (1) 32;

(2) 6.4 ×10^{-4}

13-8 应选用高质量的晶体振荡器

内 容 简 介

《通信原理(第7版)》是在第6版的基础上,参考百余所用书院校教师的反馈意见对全书内容进行了全面修订,其主要目的是使论述更为准确、严谨、简明易读。

本书的修订着眼于基本理论、核心内容和应用背景的论述;章节之间相关内容的融合贯通;理论与实际的紧密联系;尽多采用对比或物理概念诠释的写法替代繁琐的公式推导;改进图表曲线绘制;更好地统一名词和符号;增添了信源编码内容;调整了个别章节顺序;增添和更改习题、例题;为方便演算推导,在附录中增加了常用数学公式。

本书共13章,分为3部分。第一部分(第1章~第5章)阐述通信基础知识和模拟调制原理。其中第2章和第3章在教学中视需要可作为复习性讲述。第二部分(第6章~第10章)主要论述数字通信、数字信号最佳接收和信源编码的原理。第三部分(第11章~第13章)讨论纠错编码、正交编码和同步等技术。

本书可作为信息与通信工程、电子技术、计算机技术等专业本科生和研究生的教科书,也可作为从事通信及相关专业的工程技术人员的参考书。